PLC 전기공압제어

이종신 지음

KM 경문사

머리말

공압 기술은 공장 자동화에 있어서 매우 중요한 분야이다. 그러나 한 분야로서 인정되고 발달한 것은 다른 분야에 비해 비교적 짧은 편이다. 이런 가운데 공압 기술을 이용함으로써 얻는 경제적 이득은 최근 공압 기기의 발달과 보급 확대에 촉매 역할을 하고 있다. 공압은 작업용 및 제어용 매체로 산업체 제조 공정에 폭넓게 사용되고 있으며, 산업용 장치는 물론 가정, 농업, 원자력, 우주 분야에까지 이용되고 있다. 생산, 조립 등의 반자동화 및 완전 자동화에 있어 PLC, 마이크로컴퓨터 등의 첨단 전자 장치를 이용하는 경우에도 최종 작업은 공압 장치를 이용하는 경우가 대부분이다.

이 책을 집필함에 있어 저자는 공압을 매체로 한 릴레이 및 PLC 시퀀스 제어를 처음 접하는 사람도 본 저서를 통해 스스로 학습이 가능하도록 하는 데에 최대한 중점을 두었다. 이를 위해 다양한 예제를 곁들여가며 회로 설계 방법을 쉽게 설명함으로써, 대학 및 전문대학 학생은 물론 현업에 종사하는 엔지니어도 공압을 이용한 시퀀스 제어 설계의 기본 개념을 단계별로 확실하게 정립할 수 있도록 구성한 것이 이 책의 가장 큰 특징이라 할 수 있다.

제1부에서는 먼저 제어의 개념 및 제어에 많이 사용되는 논리 기능과 제어용 기기인 릴레이, 스위치, 센서, 솔레노이드 밸브에 대해 상세하게 기술하였다. 다음으로 논리 기능 및 타이머 등을 이용한 기본 회로 구성 방법을 알아보고, 전기 릴레이를 이용하는 시퀀스 제어에서 회로 상으로 신호 간섭 현상을 해결하는 캐스케이드 방법, 전기 시퀀스 방법 및 스텝퍼 방법에 대해 여러 예제를 통해 반복 학습이 가능하도록 자세히 설명하였다. 또한, 작업자와 기계의 안전을 위한 부가 조건 및 비상 정지에 대한 회로도를 예시하여 필요할 때 실무에 활용할 수 있도록 하였다. 그리고 제1부 마지막 장에 제시된 회로도를 이용하여 독자 스스로 회로도를 독해한 후 변위 단계선도를 작성하고, 배관, 배선작업 및 작동실습을 수행해 본다면 실무능력 향상에 크게 도움이

될 것이다.

제2부에서는 PLC의 개념, 프로그래밍 방법, 공압 시퀀스 회로를 작성하는 방법에 대해 다루었다. 제1부의 릴레이 시퀀스 제어에 대한 개념을 파악하고, 본 저서를 통해 PLC 프로그래밍 방법을 습득한다면, PLC 시퀀스 제어 회로의 설계, 프로그램 작성, 배관 및 배선 후 작동 등 전체 과정을 이해하는 데 큰 어려움이 없을 것으로 생각된다. 한편, 부록에서는 KS에 규정된 유압·공기압 도면 기호를 첨부하여 필요할 때 수시로 참조할 수 있도록 하였다. 아무쪼록 이 책을 활용하는 학생들은 물론 산업현장에 종사하는 모든 분들에게도 실무능력 배양에 실질적인 도움이 되었으면 하는 바람이며, 책의 내용 중 보완이 필요한 부분에 대해서는 지속적으로 수정해 나갈 것을 약속드린다.

집필을 마무리하며, 모든 과학 및 공학도서가 그렇듯이 이 책 또한 본 저자보다 앞서 연구한 분들의 성과물임을 잘 알기에 본 저서에 참조되거나 인용된 자료의 저자들께 심심한 사의를 표한다. 끝으로 책이 출판되기까지 적극적으로 지원해 주신 경문사 대표님과 노재천 부장, 그리고 출판과정에서 정성껏 세심하게 많은 도움을 주신 편집부 이정현 대리에게 깊이 감사드린다. 무엇보다 항상 곁에서 큰 힘이 되어 주는 사랑하는 나의 가족들에게 고마운 마음을 전한다.

2017년 1월

이종신

차례

I 전기 공압 제어

I 전기공압제어

II PLC 공압제어

부록

전기 공압 제어

I

1

제어의 개념

1.1 제어의 개요

1.1.1 제어 개념

먼저 제어에 대한 개념을 이해해 보기로 한다. 일반적으로 제어(control)란 "**조작 또는 동작 등에 의하여 어떤 목적에 적합하도록 양의 증감이나 또는 상태의 변화를 갖게 하든가, 양 또는 상태를 일정하게 유지**"하는 것을 의미한다. 즉, 어떤 목적에 적합하도록 제어대상에 적당한 조작이나 동작을 주는 것을 제어라 하고 이 제어를 사람이 개입하여 하는 제어를 **수동 제어**, 사람의 개입 없이 제어 장치에 의해 자동적으로 수행되는 제어를 **자동 제어**라 한다. 여기서 제어 장치란 제어대상에 조합되어 제어를 수행하는 것을 말하며, 이 제어대상과 제어 장치를 주체로 하나의 목적을 가진 체계를 제어 시스템(control system) 또는 제어계라고 한다. 즉, 제어 시스템이란 제어의 목적을 위하여 구성된 시스템을 말한다.

우리가 자기 스스로의 행동을 추적해보면 무엇인가 행동을 할 때는 대개 어떤 목적이 있어서 그 목적을 달성하도록 행동하게 된다. 이와 같이 제어란 우리의 생활 속에 우리가 무심코 하고 있는 행동들도 제어에 포함되어 있다. 즉, 제어란 제어 목적에 적합하도록 제어 대상에 필요한 조작을 가하는 것을 말한다. 여기서 필요한 조작에는 현재의 상태를 계속 조정하거나, 목적에 맞게 수정 동작을 가하는 것을 말한다. 예를 들어, 실내가 어두워져 전등을 밝히려 한다고 하자. 여기서 제어 목적은 실내를 밝게 하는 것이고, 제어 대상은 전등 스위치가 될 것이며, 필요한 조작은 스위치를 ON이 되도록 누르는 것이다. 여기서 필요한 조작, 즉 전등 스위치를 누름에 있어 인력으로 하였으므로 수동제어라 한다. 이에 반해 만일 주변이 밝아지면 전등 스위치를 OFF 하고, 어두워지면 ON 되는 센서를 이용하여, 주변의 밝기에 따라 센서가 스스로 판단하여 전등을 ON/OFF 되게 하였다면 이는 자동 제어가 되는 것이다.

몇 가지 예를 더 들어보자. 우리가 수도꼭지로 더운 물과 찬 물의 유량을 조절함으로써 물의 온도와 세기를 제어하는 경우와, 자전거를 탈 때 페달을 밟는 힘과 브레이크를 잡는 힘으로 자전거의 속도를 조절하고 핸들을 이용하여 방향을 조절하여 제어하는 경우는 수동제어에 해당된다. 또한, 실내 온도 조절기의 온도를 설정하여 방안의 온도가 설정 온도보다 높으면 보일러가 작동을 멈추고, 설정 온도보다 낮으면 가스 밸브가 열리면서 보일러에서 물을 끓여 방안에 열을 공급하도록 한다면 이는 자동 제어에 속한다. 이와 같이 제어는 우리 일상생활에 항상 이용되고 있다. 그림 1.1은 이러한 제어계를 그림으로 나타낸 것이며, 몇 가지 제어에 관한 용어의 의미를 정리하면 다음과 같다.

* **조작:** 입력 또는 그 외의 방법에 의해 소정의 운동을 하게 하는 것
* **동작:** 어떤 원인이 주어짐에 따라 소정의 작용을 하는 것
* **조정:** 양 또는 상태를 일정하게 유지하거나 또는 일정한 기준에 맞춰 변화시키는 것
* **외란:** 의지대로 할 수 없는 양으로 잡음(noise)을 의미함.

조작(입력) ⇒ 제어대상 ⇒ 결과(출력)

그림 1.1 기본 제어계

1.1.2 자동 제어 의의

우리가 만일 빠르고, 정확하고, 안전하게 경비를 적게 들여 공장 설비를 가동하려 할 경우, 사람에 의해 제어하는 수동제어 방식을 이용한다면 작업 소요 시간이 짧은 시간일 경우에는 순간적인 판단력과 유사시에 적절하게 반응하여 처리하는 능력은 매우 우수하다고 할 수 있다. 그러나 장시간의 작업이 요구되는 경우에는 동작의 신속성은 물론, 낼 수 있는 힘의 크기에 있어서는 기계를 따라갈 수 없고, 특히 단조로운 일을 장기간 반복하게 됨으로써 피로가 쌓이고 주의력이 저하되는 단점이 있어, 균일한 품질의

작업을 기대하기란 어렵다.

따라서 수동제어는 제어의 판단이나 조작을 모두 사람이 하는 것이지만, 자동 제어(automatic control)는 사람이 아닌 기계가 하도록 되어 있어, 이와 같은 단점들을 보완할 수 있게 된다. 그러나 제어의 전 과정을 통해 각 단계 모두를 자동적으로 움직이게 하는 장치는 존재할 수 없다. 적어도 그 장치를 기동하는 명령은 인위적으로 사람이 부여해 주지 않으면 안 된다. 그러므로 자동 제어는 사람에 의해 부여된 명령을 자동적으로 장치가 실행하도록 하는 것이며, 어느 정도 복잡한 명령을 기억할 수는 있으나 그 장치 자신에게 부여해야 할 명령을 그 장치 스스로가 행할 수는 없는 것이다.

1.1.3 자동 제어의 역사

자동 제어가 공업적으로 최초로 이용된 것은 제임스 와트(J. Watt)가 1784년 증기 기관의 속도를 일정하게 유지시키기 위해 개발한 속도 조절기(speed governor)로 알려져 있다. 이 속도 조절기는 링에 추(fly ball)를 설치한 간단한 구조로서, 이것을 증기기관으로 회전시킴으로써 추에 작용하는 원심력으로 링에 병진 운동을 일으키게 하는 구조로 되어 있는데, 이것에 의해 증기의 유량을 조절하는 제어 밸브를 개폐하도록 만든 것이다. 이 속도 조절기는 속도를 조절하는 기능과 밸브를 조절하는 역할을 겸하고 있으며, 이것을 동작시키는 동력은 제어의 대상인 증기 기관에서 얻고 있는데, 오늘날 말하는 자동식 제어 장치의 일종이다. 자동 제어의 역사를 간단히 정리해 보면 다음과 같다.

① **18세기**: James Watt, 증기기관 속도 조절기

② **1922년**: Minorsky, 선박의 조향 장치를 위한 자동조절기(automatic controller)

③ **1932년**: Nyquist, 정상상태 정현파 입력에 대한 개루프 응답에 기초한

폐루프 시스템의 안전성을 결정하는 단순한 방법

④ **1934년**: Hazen, 변하는 입력을 추종하는 능력을 갖는 릴레이 서보 기구 개발

⑤ **1940년대**: 주파수 응답 방법으로 선형 궤환 시스템 설계

⑥ **1940년대**: 세계 1,2차 대전, 무기 제작에 사용

⑦ **1940년대 말**: Evans, 근궤적법 고안

⑧ **1950년대**: 우주 왕복선, 최적 제어(optimal control) 이론 개발

⑨ **1960년대**: 제품 개발에 이용, 고전 제어(classical control)인 PID 제어 적용

⑩ **1970년대**: 적응 제어(adaptive control), 플랜트의 파라미터가 미지인 경우

⑪ **1980년~현재**: 강인 제어(robust control)

1.1.4 자동 제어의 필요성

아무리 고도로 숙련된 작업자라 하더라도 오랜 시간 계속 동일한 작업에 주의력을 집중시할 수는 없으며, 특히 열악한 환경에서 사람이 작업하는 것은 매우 어려운 일로 대부분 이를 기피하고 있고, 방사능 오염 등 위험한 환경에서 사람에 의한 작업은 근본적으로 한계가 있다. 또한 숙련된 작업자라 할지라도 외부에서 불규칙하게 들어오는 외란의 영향을 원활히 극복할 수는 없다. 이러한 분야에 자동 제어를 적용하여 정확도나 정밀도를 증대하고 안전을 확보하게 되는 것이다. 자동 제어를 이용하는 경우 다음과 같이 여러 가지 이점이 있다.

① 운전 경비의 절감 및 품질향상

자동 제어를 통해 에너지 절약, 자원의 절약, 인력의 절감, 재고 감소 등을 실현할 수 있으며, 자동 제어에 의해 공정 제어가 고도화, 일정화가 되므로 제품의 품질이 향상되며 균일성을 확보할 수 있다.

② 인력의 효율적 활용

자동 제어를 통해 고급 인력을 고부가가치의 신규 사업에 활용이 가능하게 된다.

③ 작업환경의 개선

자동화를 통해 고온, 고압, 폭발성, 유독가스 등의 위험한 작업 환경에서의 작업이나 육체노동에서 벗어나게 되었으며, 운전 실수의 감소, 진단 기능의 추가로 안전 운전이 이루어지게 되었다.

④ 설비효율의 향상

자동화를 통해 생산량을 유연성 있게 조절할 수 있게 되어, 중간에 발생하는 재고를 감소할 수 있게 되고 플랜트 제어의 경우 저장 탱크나, 창고의 크기를 작게 할 수 있게 되었다.

1.1.5 제어 방식

① 수동 제어

인간이 직접적으로 제어 동작을 하는 것을 말한다. 예를 들어, 드릴, 선반, 프레스의 운전, 정지 등과 같이 사람이 직접 판단하여 제어 장치에 조작을 가하여 제어 대상의 동작을 결정하는 것이다.

② 자동 제어

전동식 실내 온풍기와 같이 제어 대상의 동작 하나하나가 인력에 의하지 않고 제어 장치 스스로의 판단에 의해서 자동적으로 행해지는 제어를 말한다.

③ 일인 제어(one man control)

우리가 많이 이용하고 있는 자동 엘리베이터와 같이 한 사람의 운전자가 인위적 원인을 주어서 정해진 조작 과정을 자동적으로 행하는 제어이다.

④ 원격 제어(remote control)

원방제어(遠方制御)라고도 하며, 기계 등을 직접 사람의 손이나 발로 조작하지 않고 어떤 장치를 사용하여 간접적으로 조작하는 제어를 말한다. 예를 들어, 리모트 컨트롤이 장착된 TV, 에어컨과 같이 어느 특정의 조건에 의해서 원거리에 있는 장치를 단독 장치마다의 전기적 제어 회로를 통해서 인위적으로 행할 수 있는 제어를 의미한다.

⑤ 원격 감시제어(supervisory control)

장치의 운용 상태 감시나 전원의 개폐 등을 떨어진 장소에서 행하는 제어를 의미한다. 예를 들어, 주 발전소와 무인 발전소와 같이 두 곳의 수력 발전소 사이에 신호용 케이블을 설치하고, 주 발전소에서 운전 신호를 보내고, 운전 결과를 다시 전기 신호로 받아보면서 무인 발전소의 운전, 정지를 행하는 것이다. 먼 곳에 있는 장치를 소수의 공통 전기 회로를 통해서 인위적 선택 제어 및 감시를 행하는 제어이다.

⑥ 총괄 제어(multiple control)

집중 제어에 상대되는 의미를 갖고 있으며, 예를 들어 전철의 지령실 및 한전의 급전 사령실과 같이 한 곳으로부터 전기적 제어 회로를 통해서 다수의 장치를 총괄적으로 제어하는 것이다. 그러나 이상의 방식들은 하나의 제어 방식으로 행하여지는 경우도 있으나 대개는 몇 개의 제어 방식을 병행하여 제어 대상을 제어하는 경우가 많다.

1.1.6 자동 제어의 종류

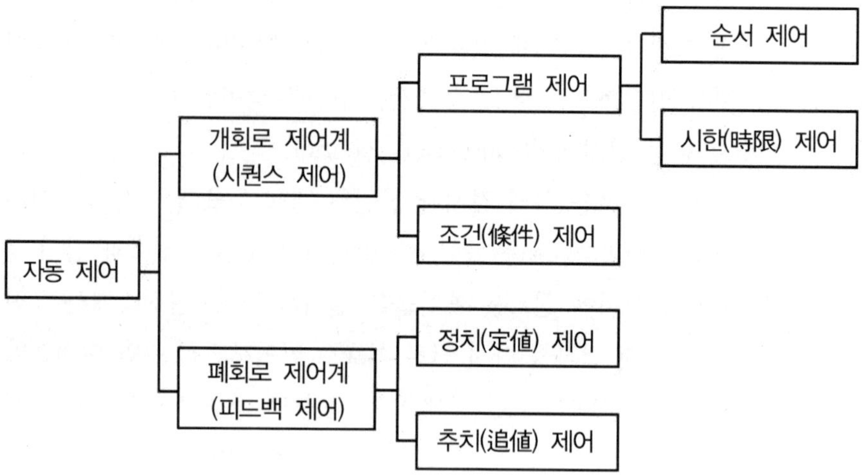

그림 1.2 자동 제어의 종류

제어계는 크게 **개회로 제어계(개루프 제어계**, open loop control system)와 **폐회로 제어계(폐루프 제어계**, closed loop control system)로 구분할 수 있으며, 그 차이는 제어 동작에 따라 정해진다. 또한 이들 제어계는 제어 방법에 따라 그림 1.2와 같은 종류로 나누어진다. 개회로 제어계는 **스케줄링 제어계**(scheduling control system), 폐회로 제어계는 **피드백 제어계**(feedback control system)라고도 한다.

본 저서에서는 개회로 제어계인 시퀀스 제어에 대해 다룬다.

(1) 개회로 제어계

개회로 제어계는 간단하고 복잡하지 않은 제어로서 좋은 점은 있으나, 제어 동작이 출력과 관계가 없어 오차가 생길 수도 있고, 가령 오차가 발생되었다 하더라도 이를 수정할 수 없는 단점이 있다. 또한 이 제어계는 미리 정해 놓은 순서에 따라 제어의 각 단계를 순차적으로 진행시키는 것으로 **시퀀스 제어**(sequential control)라고도 한다. 그림 1.3은 개회로 제어계의 제어 흐름을 나타낸 것이다. 시퀀스 제어에는 그림 1.2에서 분류한 것과 같

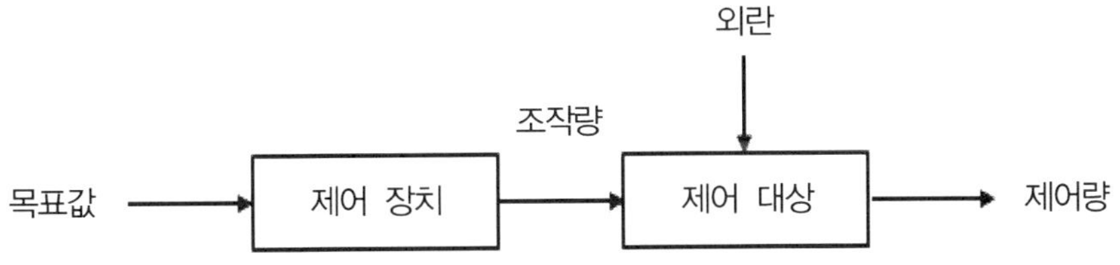

그림 1.3 개회로 제어계의 제어 흐름도

이 순서 제어, 시한 제어 및 조건 제어 등으로 나뉜다. 시퀀스 제어계는 그 목적, 제어 대상의 규모, 제어의 방법 등에 따라서 간단한 제어에서부터 복잡하고 거대한 것까지 넓은 범위에 적용되고 있으며, 다음과 같은 특징을 가지고 있다.

① 제어계의 구성이 간단하다.
② 조작이 용이하고 고도의 기술이 필요치 않다.
③ 설치비용이 저렴하다.

(2) 폐회로 제어계

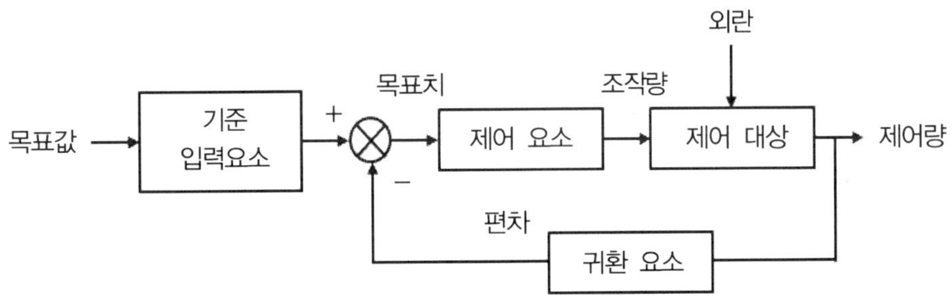

그림 1.4 폐회로 제어계의 제어 흐름도

폐회로 제어계는 그림 1.4에 제어 흐름도를 나타낸 것과 같이 좀 더 정확하고 신뢰성 있는 제어를 실현하기 위해 제어계의 출력값이 항상 목표값과 일치하는가를 비교하여 만일 일치하지 않을 때에는 그 차이 값에 비례하는 동작 신호가 제어계에 다시 보내져서 오차를 수정하도록 하는 귀환 경로를 가지고 있는 제어계를 말한다. 따라서 귀환 경로가 있기 때문에 이러한 제어계를 **피드백 제어계**라고도 한다. 피드백 제어계는 제어 목적에 따라서 정치(定値) 제어와 추치(追値) 제어로 대별되고, 제어량의 성질에 따라서도 서보 제어, 프로세스 제어, 자동 조정 등으로 분류된다. 또한 조절부의 동작에 따라서도 비례제어(P 동작), 비례 적분제어(PI 동작), 비례 적분 미분제어(PID 동작) 등이 있다.

정치 제어란 노 안의 온도 제어와 같이 제어량을 어떤 일정한 목표값으로 유지하는 것을 목적으로 하는 제어 방법이고, 임의의 시간적 변화를 하는 목표값에 제어량을 추종시키는 것을 목적으로 하는 제어 방법을 **추치 제어** 또는 **추종 제어**라고 한다.

제어량의 성질에 의한 분류 중 **서보 제어**는 물체의 위치, 방위, 자세 등의 기계적 변위를 제어량으로 해서 목표값의 임의의 변화에 추종하도록 구성된 제어계를 말하며, 미사일 발사대의 자동 위치 제어계, 비행기나 선박의 방향 제어계, 자동 평형 기록계 등이 이에 속한다.

또한 **프로세스 제어**는 제어량이 온도, 압력, 유량, 레벨, 농도, 밀도 등이며, 생산 공정 중의 상태량을 제어량으로 하는 제어로서, 프로세스에 가해지는 외란의 억제를 주된 목적으로 한다. 온도나 압력 제어 장치 등이 대표적인 프로세스 제어의 예이다. 그리고 **자동조정**은 정전압 장치나 조속기(調速機) 제어에서와 같이 전압, 전류, 주파수, 회전속도, 힘 등 전기적, 기계적 양을 주로 제어하는 것으로서, 응답 속도가 대단히 빠른 것이 특징이다. 이러한 피드백 제어계의 특징을 살펴보면 다음과 같다.

① 연료, 원료 및 동력을 절감할 수 있다.
② 품질이 향상된다.
③ 생산 속도를 상승시켜 생산량을 증대할 수 있다.
④ 설비의 수명을 연장할 수 있고, 생산 원가를 절감할 수 있다.
⑤ 제어의 설비에 비용이 많이 들고, 고도화된 기술이 필요하다.
⑥ 제어 장치의 운전 및 수리에 고도의 지식과 능숙한 기술이 필요하다.

1.2 시퀀스 제어

1.2.1 시퀀스 제어의 종류

본 저서에서 중점적으로 다루고자 하는 시퀀스 제어는 그 목적, 제어 대상의 규모, 제어의 방법 등에 따라 간단한 제어에서부터 복잡하고 거대한 것에 이르기까지 폭넓게 적용되고 있다. 시퀀스 제어는 제어계의 구성이 간단하고, 조작이 쉬워서 고도의 기술을 필요로 하지 않을 뿐만 아니라, 설치비용이 저렴한 것이 특징이다. 산업이 발달함에 따라 기계 및 장치의 다양화, 복잡화, 고속화가 가속화되면서 자동화, 성력화에 대한 제어의 역할은 매우 중요하며, 특히 공장 자동화 분야에서의 시퀀스 제어는 없어서는 안 되는 제어 수단이 되고 있다.

시퀀스 제어계를 구성하는 주요 기기를 살펴보면 먼저, 제어용 매체, 즉 제어 신호의 성분에 따라 전기적인 신호와 유체적인 신호로 나뉜다. 또한 전기적 신호를 사용하는 제어 방식에도 전자 릴레이, 타이머, 카운터 등을 제어 기기로 사용하는 유접점 방식과, 다이오드(diode), 트랜지스터(transistor), 집적회로(IC) 등의 반도체 스위칭 소자를 제어 기기로 사용하는 무접점 방식, 그리고 마이크로프로세서(micro processor)를 중심으로 한 각종 IC와 IC 메모리를 사용하여 프로그램 변경이 가능한 구조의 프로그래머블 컨트롤러(PLC) 등으로 나눌 수 있다.

제어에 필요한 검출용 기기는 제어 대상의 동작 상태나 이상을 검출하는 목적의 기기로 접촉식 센서로는 마이크로 스위치나 리밋 스위치가 있으며, 비접촉식 검출기로는 근접 스위치나 광센서, 초음파 센서, 적외선 센서 등이 있다. 이 밖에도 온도를 검출하는 온도 센서, 레벨을 검출하는 레벨 센서 등이 각종 목적에 따라 이용된다. 또한, 표시용 기기는 시스템의 상태를 표시 및 경보하기 위한 기기이며, 각종의 램프나 벨, 부저 등이 사용된다.

그리고 시퀀스 제어의 목표가 되는 제어 대상의 구동용 기기는 신호 처리부에서의 제어 신호가 일반적으로 제어 대상을 직접 구동하기에는 전압이나 전류값이 낮기 때문에 신호를 증폭시키는 기능의 기기와, 전기를 유체로, 유체를 전기 신호로 변환하는 변환기기 등이 있다. 즉 증폭용의 기기로는 파워 릴레이나 전자접촉기, 무접점의 SSR(solid state relay) 등이 사용되며 신호 변환 기기로는 각종의 전자(솔레노이드)밸브가 사용되고 있다. 시퀀스 제어계는 사람으로부터 명령을 받아 명령 처리부에 신호를 전달하는 조작부와, 조작부로부터 주어지는 지령이나 작업 명령을 처리하고 내용을 분석하는 명령 처리부, 제어 대상기기의 제어량 상태를 검출하는 검출부, 다시 제어 대상 기기의 동작 상태나 고장 상황 등을 보고하는 표시부, 경보의 표시부로 구성된다. 그림 1.5는 시퀀스 제어계의 개념도를 보여준다.

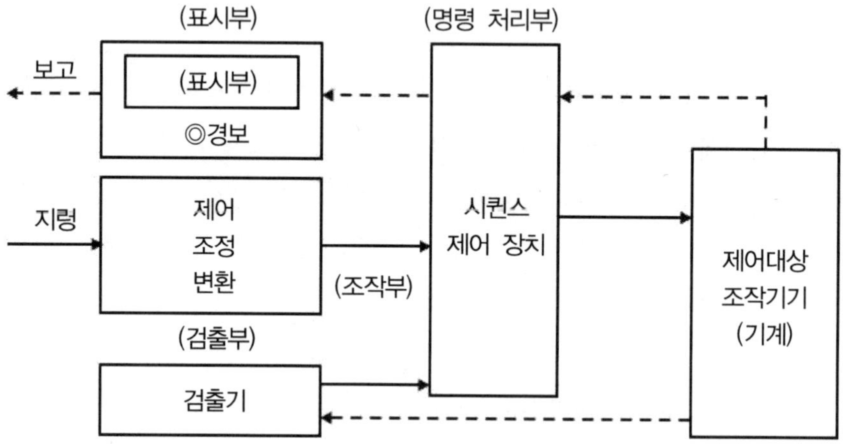

그림 1.5 시퀀스 제어의 개념도

(1) 시한 제어

타임 제어(time control)라고도 하며, 제어의 순서와 제어 시간이 기억되어 정해진 제어 순서를 정해진 시간에 행하는 제어이다. 또한 제어가 정해진 프로그램에 의해 순서적으로 수행되는 관계로 **프로그램 제어**(program control)라고도 한다. 검출기를 사용하지 않고 시간의 경과에 따라 작업의 각 단계를 진행시켜 나가는 제어로서 대표적인 적용 예는 가정의 세탁기 제어나 교통 신호기, 네온사인의 점등 및 소등 제어에서 찾아볼 수 있다.

이와 같이 시한 제어는 일상생활과 밀접한 곳에 많이 사용되고 있음을 알 수 있다.

(2) 순서 제어

순서 제어란 제어의 순서만이 기억되고 시간은 검출기에 의해 이루어지는 제어이다. 즉, 제어의 각 단계를 순차적으로 실행하는 데 있어 각각의 동작이 완료되었는지의 여부를 검출기 등으로 확인한 후, 다음 단계의 동작을 실행해 나가는 제어로서 컨베이어 장치, 전용 공작기계, 자동 조립 기계 등과 같은 생산 공장에서 많이 적용되는 제어이다. 순서 제어에는 순서 제어의 기억장치 외에 리밋 스위치, 압력 스위치, 근접 센서, 광센서 등이 필요하다. 공작기계의 프로그램 제어가 그 일례이다. 평삭반 등에서 제품을 가공하는 경우와 같이 물품과 제품의 움직이는 순서를 정해두고, 리밋 스위치에 의해서 개개 동작의 완료를 검출하여 차례대로 동작을 진행시켜 나가는 방법이다.

(3) 조건 제어

조건 제어는 검출 결과에 따라 제어 명령이 결정되는 제어를 말한다. 즉, 입력 조건에 상응된 여러 가지의 패턴 제어를 실행하는 것으로서 빌딩의 엘리베이터 제어가 대표적인 조건 제어의 적용 예이고, 자동화 기계에서는 각종의 위험 방지 조건이나 불량품 처리 제어 등에 주로 적용된다. 예를 들어, 4층에서 엘리베이터의 호출 버튼을 눌렀을 때, 엘리베이터의 위치가 5층 이상에 있으면 하강 제어 명령을 내리고, 3층 이하에 있는 경우는 상승 제어 명령을 내려야 한다. 즉, 그때의 조건에 따라서 적절한 제어 명령을 만들어 내는 것이다. 조건 제어는 이외에 위험 방지, 기기의 파손 방지를 위해서 응용되는 예가 많다. 시한 제어, 순시 제이, 조건 제어는 제어 방식에 따른 분류에 불과하며 실제의 시퀀스 제어 장치는 이러한 방식이 적절히 혼합되고 결합되어 구성되는 것이 일반적이다.

1.2.2 제어 에너지 형태별 특징

제어 장치는 생산 수단이 기계화를 거쳐 자동화로 옮겨가는 과정에 무엇보다도 중요하다. 이 제어 장치의 역사는 매우 길며, 처음으로 등장한 것은 기계 구조물의 연속적인 맞물림 운동에 의한 자동 장치라 할 수 있다. 이것은 앞서 언급한 바와 같이 제임스 와트가 증기 기관을 발명하여 증기 기관에 거버너를 도입하면서 시작되었다. 거버너는 레버에 부착되어 있는 회전 금속구가 증기 기관이 고속으로 되면 원심력에 의해 바깥 측으로 밀어 당겨져 교축 밸브를 닫아 기관의 속도를 떨어뜨리는 원리이다. 즉 링크나 레버, 캠축 등을 이용한 기계적 자동장치는 공작기계의 자동 선반이나 방적기, 인쇄기 등에 특히 많이 사용되었고 현재까지도 우리 주변에서 찾아볼 수 있다. 그러나 이와 같은 제어 장치는 기계 조작부와 제어 장치부가 별개가 아니고 서로 맞물려 상관된 운동에 따라 제어 신호나 동력을 전달하므로 별도의 제어 장치로 볼 수 없는 경우가 많다. 또한 이 제어 방식은 매우 확실하면서 눈에 보이는 **물상적 장치**라는 장점은 있으나, 기계적 접촉 운동에 기인한 마모에 따른 불확실성, 제조 원가의 과다는 물론 사양 변경에 따른 프로그램 변경이 전혀 불가능하다는 점 등이 다품종 소량 생산의 현대적 의미와는 거리가 멀어 줄어들고 있는 추세이다.

다음으로 등장한 것은 공기압과 유압을 이용한 **유체적 방식**이고, 이어서 **전기 제어 방식**이 출현되고 **전자 제어 방식**으로 이어져 가고 있다. 이들 3가지 제어 방식은 제어 장치의 종류에 따른 것이 아니고 제어용 매체로 이용하는 에너지원에 따른 것이다. 이 제어 부분의 에너지 형태에 따른 3가지 방식은 각각의 특징이 있어 현재 여러 분야에서 그 특징을 적절히 살려 활용되고 있으므로 자세히 알아보기로 한다. 하나의 에너지 신호를 신호 변환기를 사용하여 또 다른 에너지 신호 형태로 변환할 수만 있다면 하나의 제어계에서 여러 가지 형태의 에너지를 사용할 수 있어, 그 제어계는 경제적, 기술적인 면에서 최적 설계가 가능해진다. 그러나 실제로는 최적의 제어계를 얻는 것은 그리 쉽지만은 않다. 이것은 작업의 성격에 따른 점 외에도, 설비의 위치, 설치 환경, 작업자의 정비 기술 등을 들 수 있다. 따라서 에너지의 형태를 선정하는 것은 매우 중요하며 또한 힘든 일이기도 하다. 제어 에너지의 형태를 선정하는 데 있어서 가장 보편적이면서 중요한 항목을 들면 다음과 같다.

① 제어 장치로서의 신뢰성
② 작동 시 부품의 안정성
③ 설치 환경에 의한 영향
④ 신호 전달 속도 및 기기의 응답속도
⑤ 스위칭 시간
⑥ 수명
⑦ 보수 유지의 용이성
⑧ 사용자의 숙달 여부

이 밖에도 여러 가지 점을 고려하여 선정되어야 하며, 표 1.1은 제어용 에너지 선정 시 고려해야 할 사항을 표로 정리한 것이다.

표 1.1 제어 에너지 형태별 특성비교

구분	전기(electrics)	전자(electronics)	공기압(pneumatics)
신호전달 속도	매우 빠름(광속)	매우 빠름(광속)	40~70 m/s
스위칭 시간	15ms 이하	1ms 이하	20ms 이상
신호의 종류	디지털	디지털/아날로그	디지털
신호전달 거리	제한 없음	제한 없음	기기에 따라 제한받음
공간적 여유	비교적 큼	작음	큼
수명	짧음	길	길 (깨끗한 공기 사용 시)
신뢰성	먼지나 습기가 많은 장소에서는 사용 곤란	먼지나 습기가 많은 장소에서는 사용이 곤란하고, 특히 전자계 노이즈에 약함	먼지, 습기 등의 외부 환경에 비교적 둔감함

(1) 유접점 시퀀스

제어 회로에 사용되는 소자로서 유접점 릴레이, 즉 전자 계전기에 의하여 구성되는 시퀀스를 접점을 가진 기기를 사용한다고 하여 **유접점 시퀀스**라 하며, 보통 **릴레이 시퀀스**라 부른다.

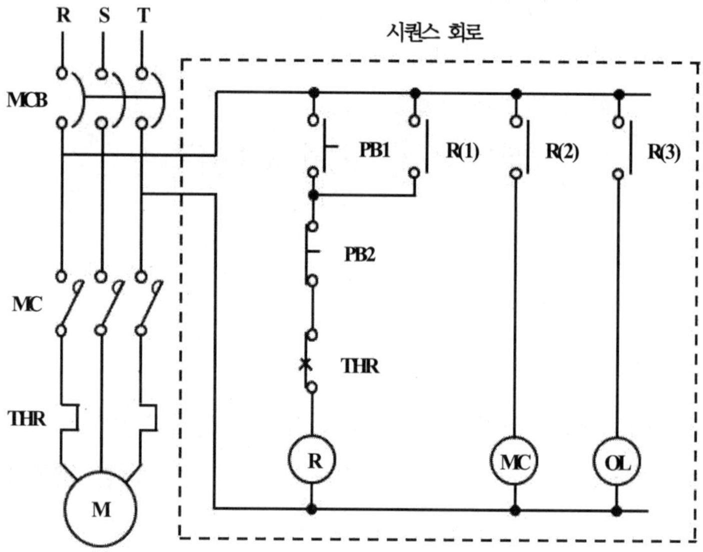

그림 1.6 유접점 시퀀스

릴레이 시퀀스는 기계적 가동 접점이 전자석에 의해 동작되어 통전(ON), 또는 단전(OFF) 시키는 것으로 비교적 단순하고 저렴하다는 장점 때문에 한때 양적으로 가장 많이 사용되어 왔던 방식이나, 수명의 한계점과 프로그램 변경이 곤란하다는 이유 등으로 이제는 그 사용이 점점 축소되어 가고 있다. 그림 1.6은 릴레이 시퀀스의 대표적인 회로의 예로 3상 유도전동기의 운전·정지의 제어를 릴레이와 전자개폐기를 사용한 회로이다. 이 회로의 동작 원리는 다음과 같다.

① 모터 운전 스위치 PB1을 누르면 릴레이 R이 동작하고, 릴레이 자신의 접점인 R(1)으로 자기유지회로를 구성한다.

② 동시에 R(2) 접점이 닫혀 전자접촉기 MC 코일이 여자되고, 그 결과

MC 접점이 닫혀 모터가 회전한다. 이때 R(3) 접점도 닫히므로 운전 표시 램프 OL도 점등된다.

③ 정지 스위치인 PB2를 누르면 릴레이 R이 복귀한다. 따라서 접점 R(1), R(2), R(3)가 동시에 복귀되므로 자기유지회로가 해제되고 전자개폐기 MC도 복귀되며, 동작 표시 램프 OL도 소등된다.

이와 같이 릴레이 시퀀스는 릴레이 접점들의 개폐에 의해 제어가 이루어지는 것으로 무접점 시퀀스와 비교할 때 표 1.2와 같은 특징을 가지고 있다.

표 1.2 유접점 시퀀스의 특징

장점	난섬
① 개폐 부하 용량이 크다. ② 과부하에 견디는 힘이 크다. ③ 독립된 다수의 출력을 동시에 얻을 수 있다. ④ 전기적 잡음에 안정적이다. ⑤ 온도 특성이 비교적 양호하다. ⑥ 입력과 출력이 분리되어 있다. ⑦ 동작 상태의 확인이 용이하다.	① 접점이 마모되므로 수명에 한계가 있다. ② 동작 속도가 느리다. ③ 소비 전력이 비교적 크다. ④ 신동 및 충격에 약하다. ⑤ 외형이 크다.

(2) 무접점 시퀀스

제어 회로에 사용되는 소자로서 반도체 스위칭 소자를 이용한 무접점 릴레이에 의하여 구성되는 시퀀스를 **무접점 시퀀스** 또는 **로직 시퀀스**라 한다. 무접점 릴레이로는 트랜지스터, 다이오드, IC 등의 반도체 스위칭 소자를 사용하며, 이들의 상태 변화인 전압 레벨(voltage level)의 고·저나 신호의 유·무는 유접점 릴레이의 ON(1), OFF(0)에 대응된다. 그림 1.7은 그림 1.6의 유접점 시퀀스를 로직 시퀀스로 바꾸어 나타낸 것으로 논리 회로만을 나타낸 것이다. 회로에서는 릴레이 R을 기준으로 하고 입력 기기로는 PB1, PB2, THR, 출력측 기기로는 MC, OL을 설정한 것이다. 릴레이 시퀀스와 비교할 때 무접점 시퀀스는 표 1.3과 같은 특징을 갖고 있다.

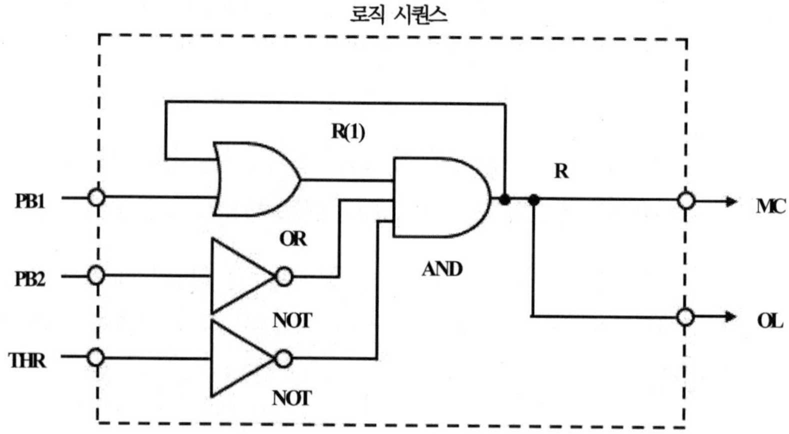

그림 1.7 무접점 시퀀스(로직 시퀀스)

표 1.3 무접점 시퀀스의 특징

장점	단점
① 동작 속도가 빠르다. ② 수명이 길다. ③ 진동 및 충격에 강하다. ④ 장치가 소형화 된다. ⑤ 소비 전력이 적다.	① 전기적 노이즈에 약하다. ② 개폐 부하 용량이 작으므로 증폭 회로가 필요하다. ③ 온도 변화에 약하다. ④ 동작 상태의 확인이 어렵다.

(3) 공기압 시퀀스

유체의 압력 에너지를 직선적인 기계적 힘이나 운동 또는 회전 에너지로 변환하는 공·유압 기기가 개발되면서부터 생산 현장에서의 자동화는 비약적으로 발전되었다고 해도 과언은 아니다. 이것은 전용기나 일반 산업기계의 자동화 장치에 이용되는 구동 에너지를 기계적 방식, 전기·전자 방식, 유체 방식으로 분류하여 비교할 때, 유체적 방식인 공기압과 유압은 동력 전달과 제어성 면에서 나름대로의 많은 장점이 있기 때문이다. 우선 동력 전달 측면에서 살펴보면 유체적 방식은 이동이나 가압, 또는 반전 등의 기계적 조작이 전기나 기계적인 방식에 비하여 매우 간단하며, 또한 출력이 크고 출력의 유지도 용이할 뿐만 아니라 보수성도 용이하기 때문이다. 제어성 면에서도 작동 매체로서 유체를 이용하므로 압력 조정만으로 출력을 단계적 또는 무단으로 자유로이 조절할 수 있으며, 속도나 회전수는 유량을 조정함으로써 무단으로 쉽게 제어할 수 있다. 또한 과부하에 대한 안전대책도 간단히 해결할 수 있으며, 특히 공기압은 작동 유체인 공기가 압축성이 있으므로 에너지 축적이 용이하며, 공기탱크를 이용함으로써 정전 시 비상 운전을 할 수 있다는 점도 큰 장점이다.

그러나 한편으로 신호의 검출이나 전달, 신호 처리 등은 유체 소자들의 구조적인 면과 에너지의 특성으로 인해 전기적인 방식이 훨씬 편리하다는 것을 부인할 수 없다. 따라서 명령 처리까지를 전기적으로 행하고 그 이후부터는 유체적으로 조작하면 각 방식의 장점을 살릴 수가 있어서 전체적으로 합리적인 제어계를 형성할 수 있을 것이다. 실제로도 액추에이터의 구동 에너지는 공기압이나 유압을 사용하고 제어는 전기적으로 실현하는 경우가 많이 있다. 그러나 명령 처리가 비교적 단순한 경우에는 일부를 전기적으로 하는 것보다는 제어계 전체를 유압이나 공기압 방식으로 통일하는 편이 사용상이나 보수성 면에서 오히려 편리할 때도 많다. 또한 작업장 환경 내에 가스가 존재한다든지 또는 수분이 많은 장소에서는 폭발의 위험성이나 감전의 우려 때문에 전기의 사용이 제한되기도 한다. 이러한 환경하에서는 유체적 방식이 그 진가를 발휘하기 때문에 지금도 사용되고 있는 이유 중의 하나라고 할 수 있다. 그림 1.8은 공기압 시퀀스 회로의 일례를 보여준다.

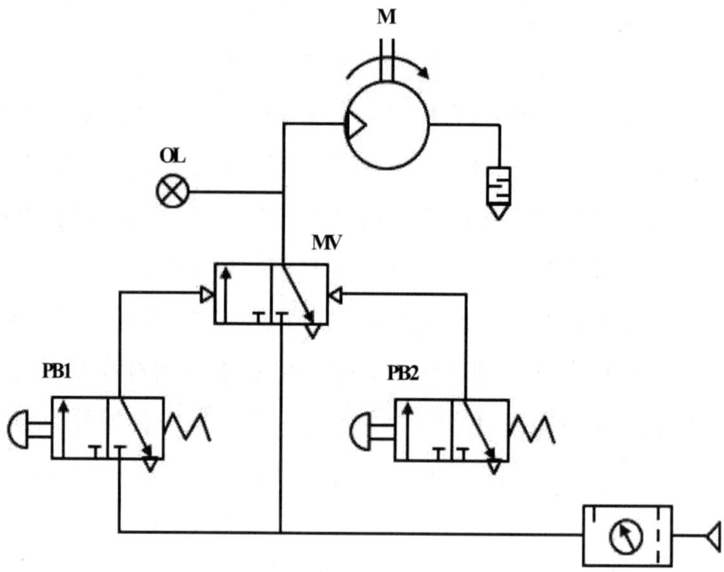

그림 1.8 공압 시퀀스

(4) PLC 시퀀스

PLC(Programmable Logic Controler)와는 프로그램이 변경 가능한 논리 제어 장치를 말한다. 즉 각종 제어반에서 사용해 오던 여러 종류의 릴레이, 타이머, 카운터 등의 기능을 반도체 소자인 IC 등으로 대체한 일종의 마이컴(μ-com)으로, 각 제어 소자 사이의 배선은 프로그램이라고 하는 소프트웨어적인 방법으로 처리하는 기기로서 논리 연산이 뛰어난 컴퓨터를 시퀀스 제어에 채용한 무접점 시퀀스의 일종이다. 그러나 무접점 시퀀스라 함은 제어 조건에 따라 회로를 설계하고 회로에 맞춰 각종의 반도체 소자를 프린트 기판 위에 실장하여 납땜 등의 결선 작업으로 제어 장치를 완성해 나가나, PLC는 소프트웨어적으로 처리함으로써 프로그램의 변경이 자유자재라는 큰 장점을 지니고 있다. 현대의 생산 형태는 다품종 소량 생산 형태이다. 즉 소비자의 요구에 따라 제품을 개발하고 기능을 추가하는 등의 신제품을 생산하지 않으면 소비자를 만족시킬 수 없다. 따라서 생산 라인은 여러 가지 모델을 생산할 수 있도록 대응되어야 하고, 이에 **FMS**(Flexible

Manufacturing System)라고 일컬어지는 새로운 생산 시스템이 출현되었다. FMS의 일반적인 정의에 대해서는 여러 가지 관점이 있어 다양하지만, 가공 시스템의 경우 FMS란 "합리화된 유연성과 다양성이 있는 시스템으로, 핵심 부분은 자동화된 가공 시스템을 갖추고, 가공 시스템과 유기적으로 결합된 자동 반송 시스템과 통합적으로 제어하는 장치와 종합 소프트웨어 기능을 구비하고 있어야 한다."라고 정의되고 있다.

그러므로 FMS가 구축되려면 무엇보다도 구성되는 기계의 형태도 중요하지만 그 기계를 제어하는 제어 장치의 가변성 없이는 실현할 수 없는 것이다. 그러나 지금까지 설명한 유접점 시퀀스나 무접점 시퀀스, 그리고 공기압 시퀀스 등은 시퀀스를 실현하기 위해서는 납땜 작업이나 결선 또는 배관 작업 없이는 제어 장치화될 수 없는 **하드 와이어드 로직**(hard wired logic) 방식이다. 결론적으로 이상의 제어 장치는 시퀀스 제어를 실현하는데 있어 다음과 같은 몇 가지의 단점들이 있다.

① 실제로 장치에 연결하여 그 동작을 실현하여 보기까지는 프로그램, 즉 로직을 확정 지을 수 없고 따라서 현장에서의 수정, 변경이 많아지게 된다.

② 릴레이 회로의 변경을 위해서는 납땜이나 결선 작업 등의 특수 기능을 필요로 하므로 전기 기술자가 아니면 변경 작업이 곤란해진다. 따라서 생산 라인의 변경 실시까지는 운전 방안의 변경 작성, 시퀀스 설계, 결선도 작성, 제조, 검사, 시험, 현지 개조 등의 단계를 거쳐야 하고 시간도 많이 소요된다.

③ 고도성장 과정에서 설비는 고급화 및 거대화된다. 따라서 그에 따라 시퀀스 제어에 사용되는 릴레이 등의 제어 소자 수도 매우 많아지고, 릴레이의 접촉 신뢰성이나 수명의 한계 등으로 인해 매일 몇 개의 릴레이가 고장을 일으켜도 이것이 당연한 것으로 간주된다.

④ 다품종 소량 생산 방식에서는 자주 프로그램의 변경이 요구되는데, 이때는 제어 장치의 배선을 변경하는 방법 외에는 대응할 수 없고 그 작

업이 간단하지가 않다.

이상의 구조적인 문제점 때문에 새로운 제어 장치의 출현이 요구되었고, 그 해결책으로 **소프트 와이어드 로직**(soft wired logic) 방식인 PLC가 각광을 받게 되었다. 그림 1.9는 하드 와이어드 로직 및 소프트 와이어드 로직에 대한 특징을, 그림 1.10은 그림 1.6의 전동기 운전 회로를 PLC에 적용한 회로를 나타낸다.

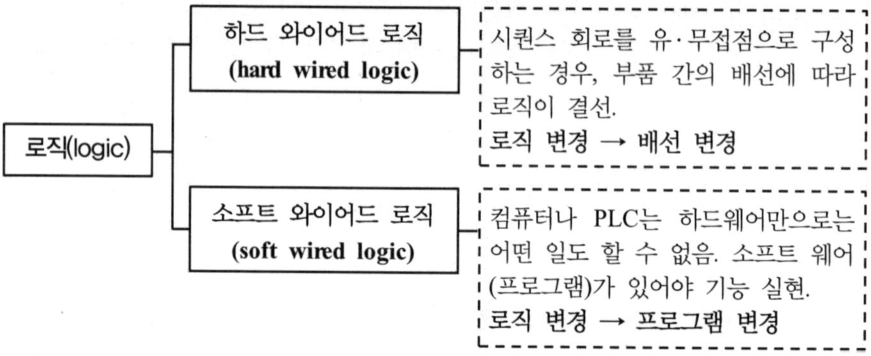

그림 1.9 하드 와이어드 로직 및 소프트 와이어드 로직

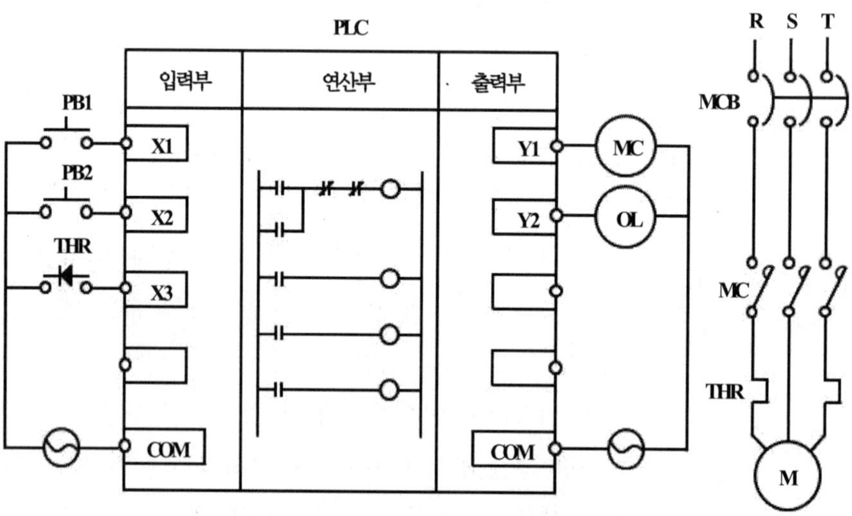

그림 1.10 PLC 시퀀스

1.2.3 시퀀스 작도법

각종 제어 장치는 복잡한 제어 회로가 사용되는데, 기기 상호 간의 접속을 표시할 때, 단선 접속도, 복선 접속도, 배치도 등을 보고는 작동이 어떻게 이루어지는지, 제어는 어떤 형태로 이루어지는지 이해하기 어려울 때가 많다. 이러한 불편함을 개선하여 알기 쉽도록 만들어진 도면, 즉 전기 회로도를 **시퀀스도**라고 한다. 시퀀스도란 전기 장치 및 관련 기기 또는 기구 등을 작동 기능을 중심으로 전개하여 표시한 것으로 **전개 접속도**라고도 한다.

또한, 이 도면은 회로의 모양이 마치 사다리를 벽에 걸쳐 놓은 모양을 하고 있다 하여 **래더 다이어그램**(ladder diagram)이라고도 부른다.

(1) 시퀀스 작도 시 규칙

① 먼저, 제어 전원을 공급하게 되는 모선은, **종서**로 그릴 경우는 도면 상하에 가로선으로 표시하고, **횡서**로 그릴 경우는 도면 좌우에 세로선으로 표시한다.

② 제어 기기 및 접점을 연결하는 접속선 또는 신호선은 상하의 모선 사이에 세로선, 즉 종서로 표시하거나, 좌우 모선 사이에 가로선, 즉 횡서로 표시한다.

③ 접속선은 작동 순서에 따라 좌에서 우, 즉 종서로, 또는 위에서 아래, 즉 횡서로 그려 나간다. 따라서 시퀀스가 진행되는 순서대로 그려 나간다.

④ 제어 기기는 작동되지 않은 상태로, 또한 전원이 가해지지 않은 평상시 상태로 그린다.

⑤ 개폐 접점을 가진 제어 기기는 그 기구 부분이나 지지, 보호 부분 등을 생략하고 접점, 코일 등만으로 표시하며 접점과 코일은 분리하여 표시한다.

⑥ 제어 기기의 접점과 코일 등이 분산되어 사용된 경우는 그 제어 기기명을 표시한 문자 기호를 첨가하여 서로의 관련 상태를 표시한다.

(2) 횡서와 종서

① 종서란 신호선, 즉 접속선이 상하 방향으로 그려진 것으로, 모선은 가로로 위아래에 그린다. 신호선은 작동 순서에 따라 좌에서부터 우로 그려 나가는 것을 원칙으로 한다.

② 횡서는 신호선이 좌우 방향으로 그려진 것으로, 모선은 세로로 좌우에 그린다. 신호선은 작동 순서에 따라 위에서 아래로 그려 나가는 것을 원칙으로 한다.

1.2.4 타임 차트

타임 차트(time chart)는 시간은 가로축에, 전류는 세로축에 잡아 시간이 흐름에 따라 각 순간마다 사용된 제어 요소들의 ON/OFF 상태를 한눈에 알아볼 수 있도록 만든 표를 말한다. 그림 1.11에 간단한 회로와 이 회로의 동작에 따라 작성된 타임 차트를 나타내었다.

그림 1.11 (b)의 타임 차트에서 임의의 시각 t1일 때 회로의 작동 상태를 보면 누름 스위치 PB는 누르지 않은 상태, 전자 계전기는 무여자 상태, 전구 L1과 L3는 소등 상태이고, L2와 L4는 점등 상태이다. 또한 시각 t2일 때 작동 상태를 보면 누름 스위치가 이제 막 눌려진 상태로, 전자 계전기는 여자 상태로 바뀌고, 전구 L1과 L3는 점등 상태로 바뀌고, L2와 L4는 소등 상태로 바로 바뀐 것을 알 수 있다. t3의 시각에서 회로의 동작 상태를 보면 t2일 때의 상태가 그대로 유지됨을 알 수 있고, t4의 시각에서 동작 상태를 보면 누름 스위치에서 이제 막 손을 떼었고, 전자 계전기는 다시 무여자 상태가 되고, 전구 L1과 L3는 다시 소등 상태로, L2와 L4는 다시 점등 상태가 되어 초기와 같은 상태로 돌아감을 알 수 있다. 이와 같이 타임 차트는 어느 임의의 시각에, 사용된 제어 요소들의 상태를 한눈에 파악할 수 있도록 만든 것이다. 회로의 동작을 정확하게 파악하지 못하면 타임 차

트를 그릴 수 없고, 타임 차트를 그릴 수 있다는 것은 회로의 동작을 정확하게 파악하고 있다는 것을 의미한다.

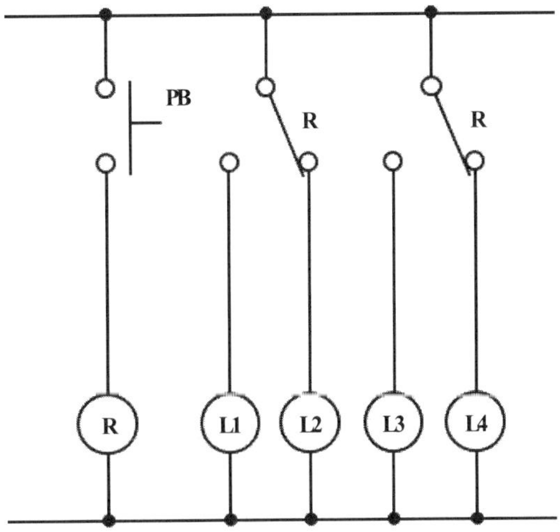

(a) 전자 계전기 회로

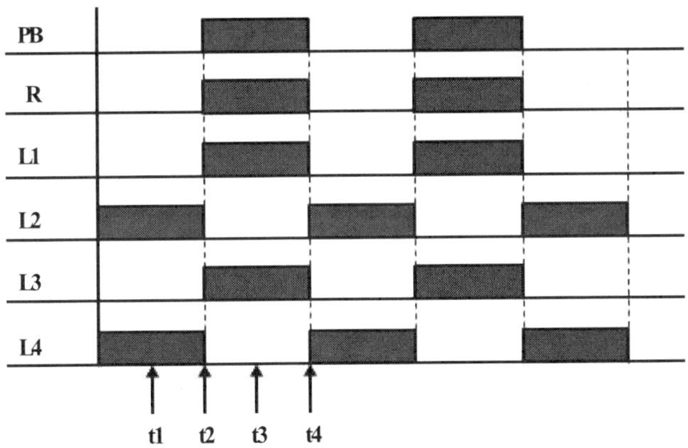

(b) 타임 차트

그림 1.11 전자 계전기 회로와 타임 차트

2
접점 및 스위치

2.1 전기 회로의 구성

전기적인 제어 방법은 가장 비용이 적게 들고, 제어에 사용되는 부품의 종류와 작동원리가 간단하기 때문에 전기공학을 전공하지 않은 사람도 쉽게 배울 수 있어 많이 이용되고 있다. 그러나 전기 제어에 의하여 기계적인 부품의 접점이 이루어지는 것이기 때문에 약 100만 회 정도로 수명이 짧고, 습기나 먼지 등의 주변 환경에 민감하기 때문에 높은 신뢰성을 보장할 수 없는 단점이 있어 현재는 그 이용이 점점 감소하고 있는 추세이다. 가장 기본적인 전기 회로도를 완성하기 위해서는 다음의 4가지 부품이 필요하게 되며 그림 2.1은 이를 나타내고 있다.

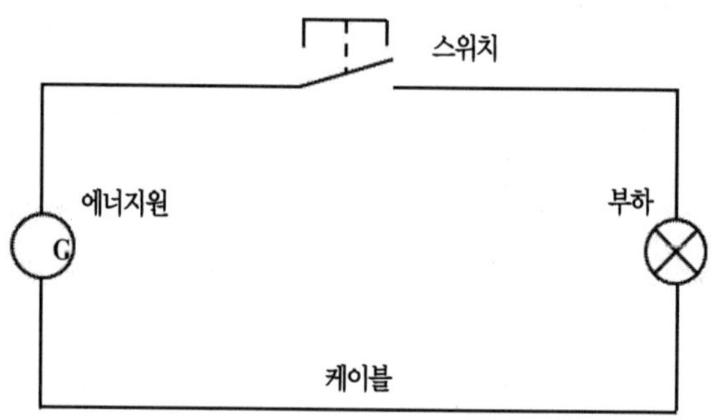

그림 2.1 기본적인 전기 회로도

① 에너지원(power source)
② 스위치(switch)
③ 부하(load, 램프, 모터, 솔레노이드 코일 등)
④ 전선(cable)

이상의 4가지 부품 중에서 제어 회로에서 가장 핵심적인 역할을 수행하는 것은 스위치이기 때문에 스위치에 대하여 먼저 알아보기로 하자.

2.2 전기 스위치

전기 에너지는 전기적인 기구에 의해서 제어 장치와 작업 요소에 공급된다. 이러한 전기적인 기구들은 전기 회로도에 간단하고 명료하게 나타낼 수 있도록 기호로 표시되는데 이러한 기호를 이용하여 자동화 장치를 설계할 수도 있고 보수할 수도 있다. 그러나 단순히 회로도나 설비에 있는 기호를 이해하는 것만으로는 최적의 제어계를 구성하기에는 충분하지 않다. 따라서 제어계를 구성하려는 전문가들은 전기공학에서 사용되는 모든 전기 요소들의 기호 및 작동 원리, 내부 구조 등에 대하여 좀 더 잘 알고 있어야 한다.

한국공업규격 'KSC00102'는 최근의 국제적인 기술 진보에 대응하고, 국제 규격인 IEC 규격과의 정합을 추진하기 위해 개정되었는데, 접점, 개폐기, 제어 장치, 보호 계전기 관계의 그림 기호에 대해서는 IEC 규격과 KS 규격과의 차이 때문에 IEC 규격에 준한 것을 계열 1에, 구 규격(JIS에 기초)에 준한 것을 계열 2로서 병기하고 있다. 장래에는 가능한 한 계열 1의 사용을 권장하는 것이 명기되어 있으므로 앞으로는 IEC 규격을 이용하여 부품 기호와 회로를 설명하기로 하고 보충으로 구 규격도 함께 사용하고자 한다. 여기서 **IEC**는 전기 관계의 국제 표준화를 위해 설립된 국제단체로 '국제전기표준회의(International Electro-technical Commission)'로 불리는 기관의 약칭인데, 이 기관은 전기에 관한 세계 각국 간의 규격을 조정하여 이것을 통일하려는 것을 목적으로 1906년에 창립되었으며 우리나라도 가맹하고 있다. 각 나라에서는 규격을 제정하거나 개정할 때 가급적 IEC 규격을 존중하여 따르도록 노력하는 것을 원칙으로 하고 있다.

전기 스위치는 제어 시스템의 입력 요소로 사용되는 대표적인 전기 요소로서 누름버튼 스위치와 리밋 스위치, 토글 스위치, 잔류 접점 붙이 스위치 등이 있다. 이러한 스위치들의 명칭은 접점의 개폐 방법에 따라 분류되는 것이고 제어의 관점에서 보면 접점의 동작 상태에 따른 분류가 더 중요한데 이를 알아보기로 하자.

접점이란 회로가 연결되거나 떨어지는 동작을 행하는 곳을 말하며, 동작 상태에 따라 a접점, b접점, c접점이 있다. 접점은 항상 기기가 작동하지 않는 상태인 평상의 상태, 즉 외부의 어떠한 힘도 작용하지 않은 상태로 나타낸다.

그림 2.2는 접점의 평상시 상태와 동작 상태를 나타낸다.

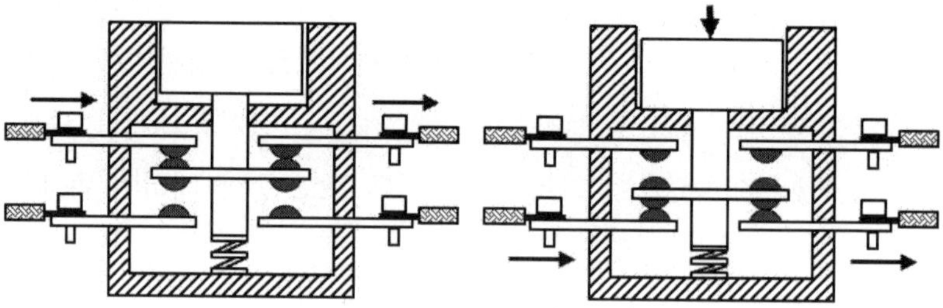

【평상시 상태】 【동작 상태】

그림 2.2 접점의 평상시 상태와 동작 상태

① a접점(arbeit contact, make contact, Normal Open; NO)

일하는 접점이란 뜻으로 평상시 열려 있다가 외부의 힘에 의해서 닫히는 접점을 말한다. a접점 스위치는 외력이 작용하고 있지 않을 때 접점이 열려 있기 때문에 **상시 열림형**, 또는 **정상상태 열림형**(normally open, NO형) **접점**이라고 한다. a접점 스위치는 접점에 외력이 작용하고 있지 않은 상태에서는 접점이 열려 있어 전기가 통하지 않으나 스위치가 작동되면 접점이 닫혀서 통전되므로 **'arbeit contact'**이라 하며, 이를 약하여 a접점이라고 한다. a접점은 작용하는 접점이라는 뜻인데 일명 **'make contact'**이라고도 한다.

제어 회로도에서는 모든 부품을 표준화된 기호로 표시하게 되는데 유럽에서 많이 사용하고 있는 IEC 방식과 미국과 일본 등지에서 많이 사용하고 있는 래더(ladder)방식(구 규격 방식)의 두 가지가 있다. IEC 방식과 래더 방식은 표현 방법에 차이가 있을 뿐이지 사용되는 부품은 마찬가지이다. a접점은 IEC 방식에서 접점 번호가 3, 4로 표시되나 래더 방식에서는 특별한 표기 방법이 없다.

그림 2.3은 a접점의 푸시버튼 스위치를 나타낸 것이고, 그림 2.4는 a접점의 기호를 나타낸 것이다.

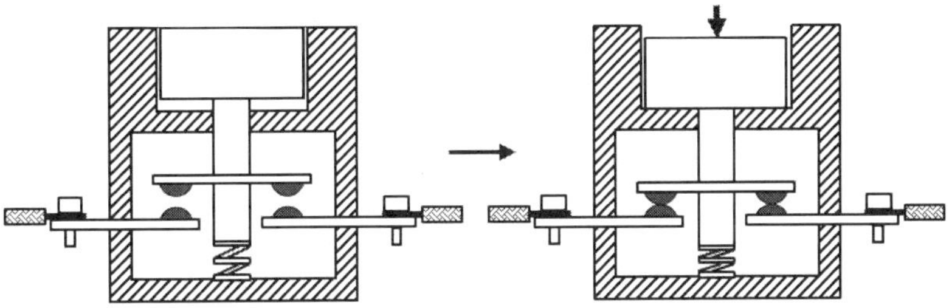

그림 2.3 a접점의 푸시버튼 스위치

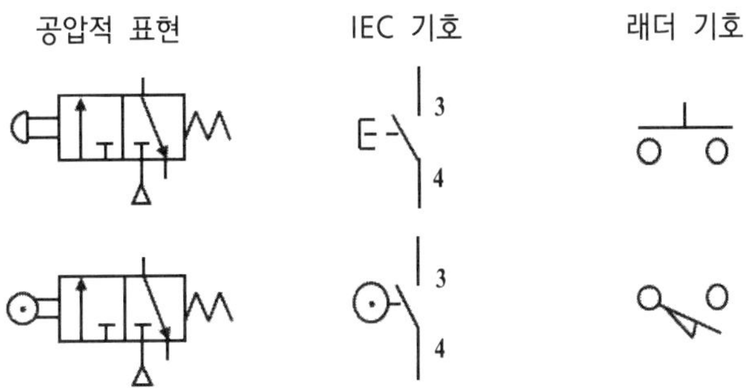

그림 2.4 a접점의 기호

② b접점(break contact, Normal Close; NC)

열리는 접점이란 뜻으로 평상시 닫혀 있다가 외부에 힘에 의해서 열리는 접점을 말한다. b접점 스위치는 a접점 스위치와는 반대로 동작된다. 스위치가 작동되지 않은 평상시에는 접점이 닫혀 있기 때문에 **상시 닫힘형**, 또는 **정상 상태 닫힘형**(normally closed, NC형) **접점**이라고 한다. 그리고 스위치가 작동되면 연결되어 있던 섭섬이 떨어지게 되므로 '**break contact**'이라 하며 이를 약하여 b접점이라고 한다. 즉 b접점은 끊어지는 접점이라는 뜻이다. b접점은 IEC 방식에서 접점 번호가 1, 2로 표시되나 래더 방식에서는 특별한 표기 방법이 없다. 그림 2.5와 그림 2.6에서는 b접점의 푸시버튼 스위치와 b접점의 기호를 보여준다.

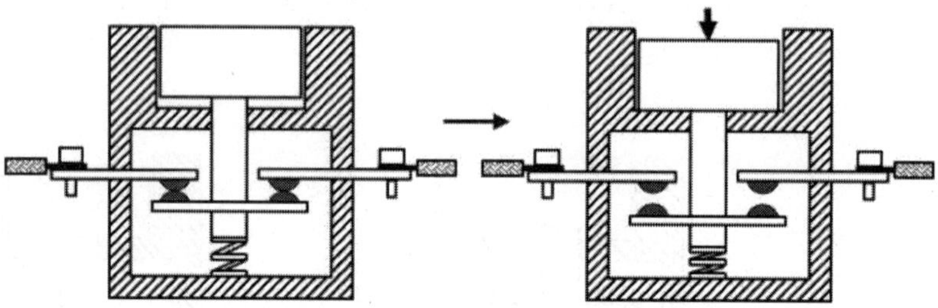

그림 2.5 b접점의 푸시버튼 스위치

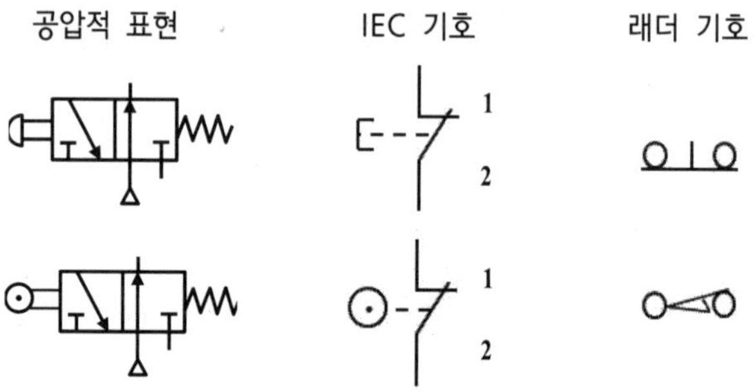

그림 2.6 b접점의 기호

③ c접점(change-over contact)

전환 접점이란 뜻으로 a접점과 b접점을 공유한 접점을 말한다. c접점 스위치는 하나의 스위치를 a접점이나 b접점으로 사용이 가능하도록 만든 스위치이다. 이 스위치가 작동되면 접점의 전환이 일어나서 a접점은 달라붙게 되고 b접점은 떨어지게 된다. 스위치 동작을 정지하면 접점들이 원래의 상태로 되돌아와서 a접점은 떨어지게 되고 b접점은 달라붙는 형태가 된다. c접점이라는 말은 '**change-over contact**'을 약하여 부르는 것인데 번역하는 사람에 따라서 **절환 접점** 또는 **전환 접점**이라고 부른다. 그림 2.7과 그림 2.8에서 c접점의 푸시버튼 스위치와 c접점의 기호를 보여준다.

대부분의 전기스위치는 c접점 형태로 제작되어 있어 사용하기에 따라 a접점 또는 b접점으로 사용이 가능하다. 그러나 c접점은 전기적으로 독립되어 있지 않으므로 a접점이나 b접점을 동시에 사용할 수 없고 a접점이나 b 접점 중의 하나의 기능을 선택하여 사용하여야 한다.

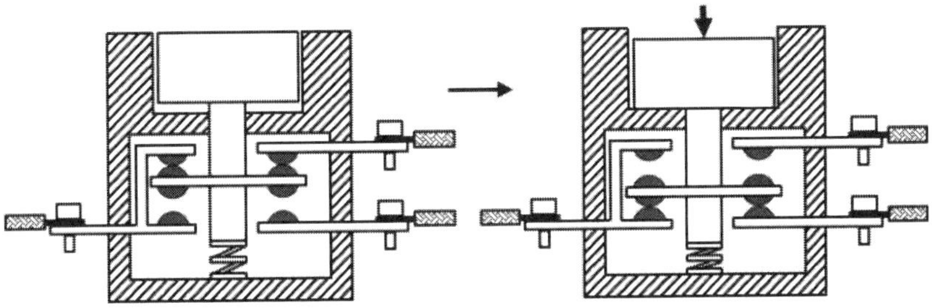

그림 2.7 c접점의 푸시버튼 스위치

그림 2.8 c접점의 기호

④ 다접점 스위치

다접점 스위치는 하나의 스위치가 여러 개의 독립된 접점을 갖고 있다. 즉, 스위치를 작동하면 여러 개의 접점이 동시에 ON/OFF 된다. 독립된 접점이란 여러 개의 접점이 기계적으로는 연결되어 있어 같이 작동되지만 전기적으로는 완전히 독립되어 있다는 것을 의미한다. 따라서 각각의 접점에 상이한 전압을 사용하여도 각 접점 간에는 충분히 절연되어 있으므로 아무런 문제가 발생되지 않는다.

a접점이 3개이고 b접점이 1개인 스위치가 있다면 이를 3a-1b형이라고 부르며 a접점이 2개이고 b접점이 2개인 스위치가 있다면 이를 2a-2b형이 된다. 그림 2.9는 1a-1b형의 푸시버튼 스위치를 나타내고, 그 다음 그림 2.10은 3a-1b형의 전기 푸시버튼 스위치의 기호를 보여준다. 이 기호에서 점선은 각각의 접점이 기계적으로 연동되는 것을 의미한다. IEC 기호에서

(13, 14)는 첫 번째 a접점을, (23, 24)는 두 번째 a접점을, (33, 34)는 세 번째 a접점을, (41, 42)는 네 번째 b접점을 나타낸다. 즉, 첫 번째 숫자는 접점의 순서를 나타내고 두 번째 숫자는 접점의 종류를 나타낸다. 다접점 스위치가 사용되는 경우에 관용적으로 a접점은 첫 번째 접점부터, b접점은 마지막 접점부터 거꾸로 사용한다.

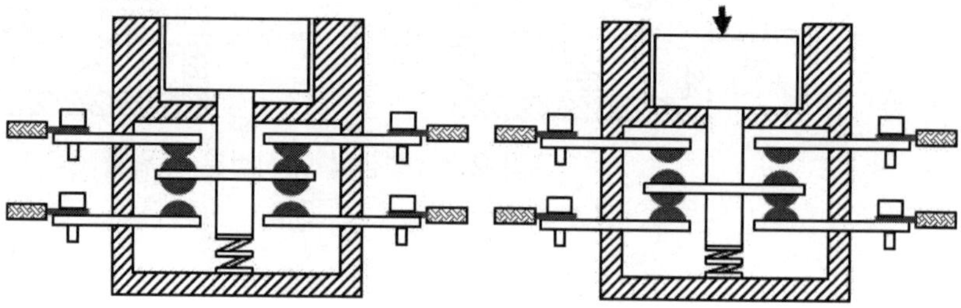

그림 2.9 1a-1b형 푸시버튼 스위치

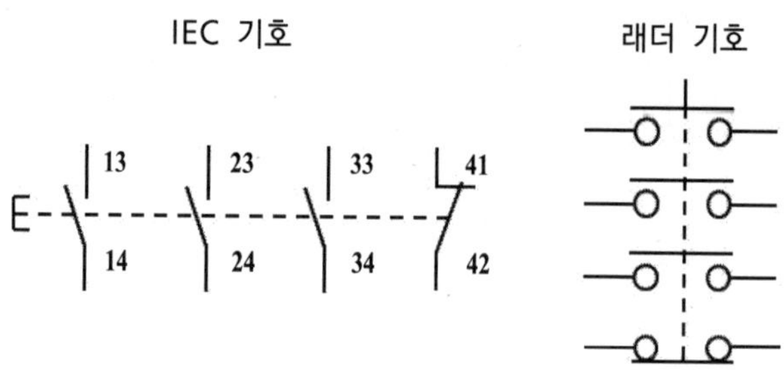

그림 2.10 3a-1b형의 다접점 푸시버튼 스위치의 기호

⑤ 스위치의 초기상태

제어 회로도에서는 모든 스위치가 초기 시동조건 상태로 표시된다. **초기 시동조건**이란 다음의 상태를 의미한다.

* 모든 에너지는 OFF 되어 있다.
* 모든 수동조작 스위치는 OFF 되어 있다.
* 모든 구동장치는 작업 전의 원래 위치를 유지하고 있다.
* 작업할 대상물은 존재하고 있다.

즉, 에너지를 공급하고 시동 스위치를 ON 시키면 작업이 시작될 수 있는 상태를 의미한다. 전기 제어 회로도에서 기계적으로 작동되는 리밋 스위치는 초기상태에서 작동된 상태로 존재하는 것은 작동된 상태로 표시되어야 한다. 그림 2.11에서는 리밋 스위치가 작동되기 전의 상태와 작동된 후의 상태를 기호로 보여준다.

공압 기호	IEC 기호	래더 기호	비고
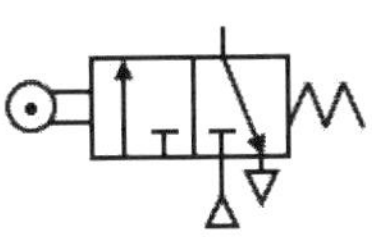			a접점
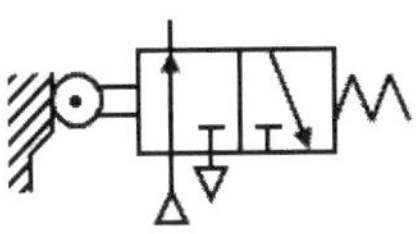	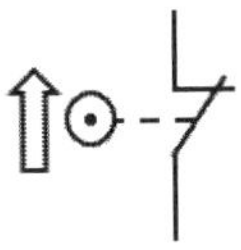		a접점 작동된 상태
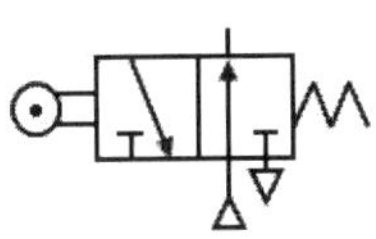	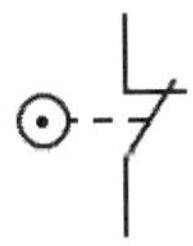		b접점
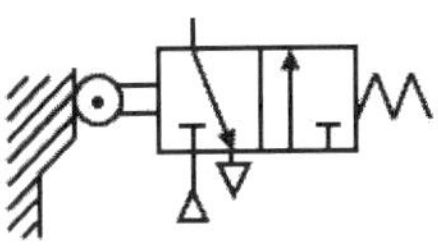			b접점 작동된 상태

그림 2.11 전기 리밋 스위치의 상태 표시

제어 시스템에 사용되는 푸시 버튼이나 지시등은 색깔을 이용하여 작업의 내용이나 이상 유무를 나타내기도 하는데 대표적으로 사용되는 예를 정리하면 표 2.1과 같다.

표 2.1 푸시버튼의 색

색	명령	목적
적색	정지 OFF 비상정지	• 1개 또는 여러 개의 모터 정지 • 기계의 구성단위 정지 • 클램프 장치의 해제 • 사이클의 정지(작업 중 푸시버튼이 눌리면 현재 진행 중인 사이클이 완료된 후 멈춘다.) • 비상 사태 시의 시스템 정지
녹색 및 흑색	시동 ON 인칭	• 시스템의 작동 준비 상태 • 1개 또는 여러 개의 모터 기동 • 기계의 구성단위 시동 • 클램프 장치의 작동 • 인칭작업
황색	초기 상태로의 복귀	• 작업 중 비정상 상태가 발생될 경우 초기위치로 되돌리기 위한 스위치 • 작업 사이클이 끝나지 않은 상태에서 출발 위치로 복귀 • 황색 푸시버튼을 누르면 조금 전에 선택된 기능들이 무효화된다.
흰색 또는 밝은 청색	기타 기능	• 작업 사이클에 식섭 관련이 없는 보조 제어기능 • 리셋용 보조 릴레이의 해제

⑥ 조작 방식

* 수동 조작: 인력으로 작동, 예를 들면 푸시버튼 스위치, 토글 스위치, 셀렉터 스위치 등
* 기계 조작: 기계의 움직임에 의한 작동, 예를 들면 리밋 스위치 등
* 전자 계전기: 전기 신호에 의한 작동, 예를 들면 릴레이, 전자접촉기, 타이머 등

⑦ 복귀 방식

* 수동 복귀: 인력으로 작동시키고, 인력으로 복귀하는 방식, 예를 들면 토글 스위치, 셀렉터 스위치 등
* 자동 복귀: 수동, 기계, 전자 계전기에 의해 작동되고 외력이 없어질 경

우 자동으로 복귀한다. 예를 들면 푸시버튼 스위치, 릴레이, 타이머 등

그림 2.12는 방향제어밸브의 조작 방식에 따른 분류를 나타낸다.

조작 방식	종류	KS 기호	비고
인력 조작 방식	누름버튼방식	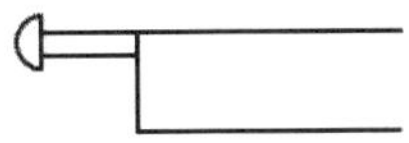	기본기호 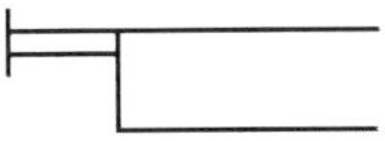
	레버방식	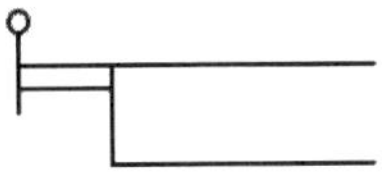	
	페달방식	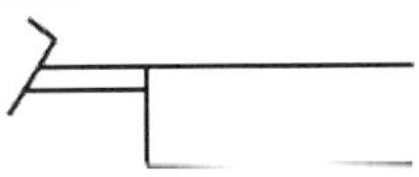	
기계 방식	플런저방식		기본기호 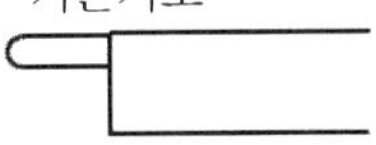
	롤러방식	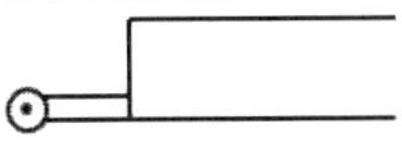	
	스프링방식		
전자 방식	직접작동방식	(1) 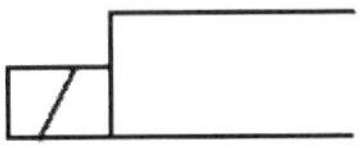	(1) 직동식
	간접작동방식	(2) 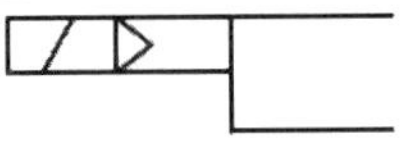	(2) 파일럿식
공기압 방식	직접파일럿	(1) 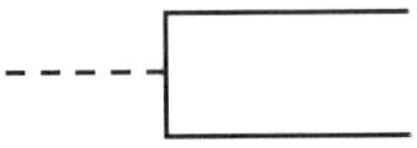 (2) 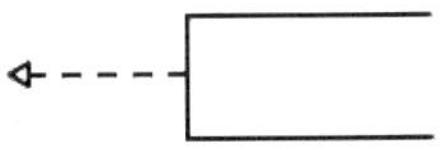	(1) 압력을 가해서 작동 (2) 압력을 제거해서 작동
	간접파일럿	(1)  (2) 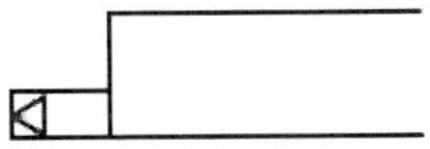	
기타 방식	디텐트		어느 값 이상의 힘을 주지 않으면 작동하지 않음

그림 2.12 방향제어밸브의 조작 방식에 따른 분류

그림기호(symbol)

그림 2.13에서와 같이 각 접점의 횡서 및 종서에 대한 그림 기호는 시퀀스 도면에서 가장 많이 사용되는 전자 계전기의 접점을 기본으로 하여 간단하게 표시한다. 고정 접점 부분은 2개의 조그만 원으로 하고 여기에 전선을 짧게 붙이며, 움직이는 가동 접점 부분은 막대 모양의 직선으로 나타낸다. 여기에 접점이 동작하게 되는 힘이나 조작의 종류에 따라 가동 접점에 꼭지를 붙이거나 삼각형을 붙이는 방법으로 그림 기호를 다르게 나타낸다.

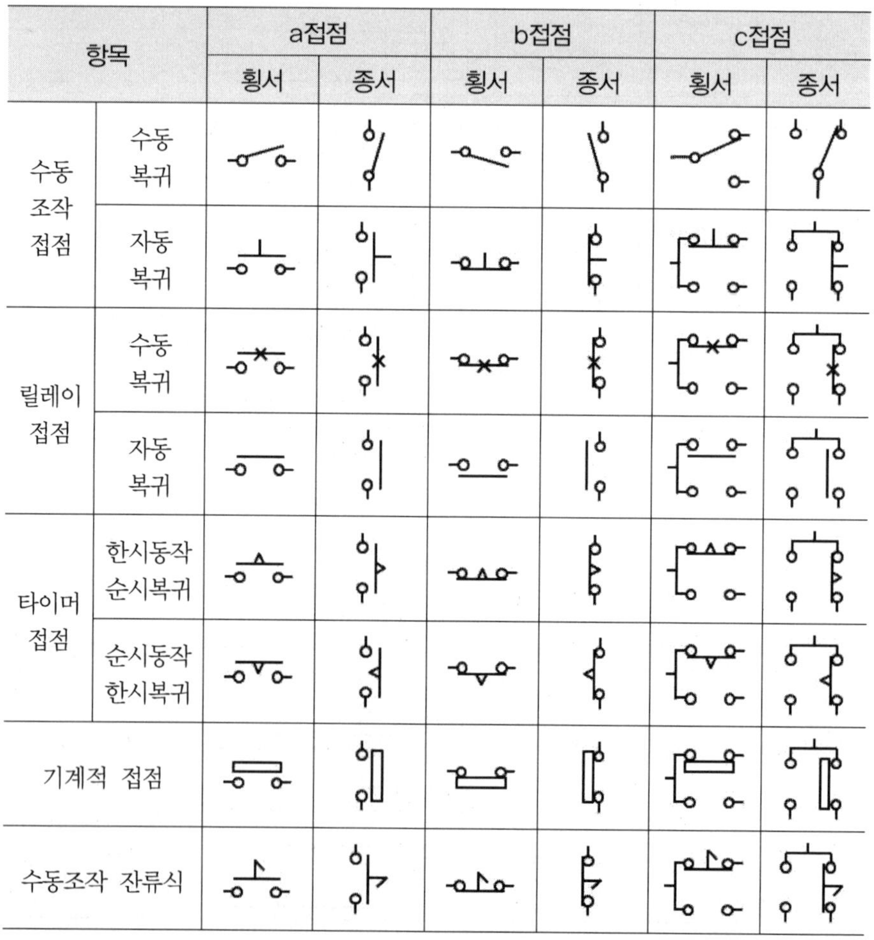

그림 2.13 접점의 형태

2.3 논리

전기에서의 **논리 제어**는 일정한 조건이 충족되면 일정한 출력이 나오는 제어를 의미한다. 전기에서는 보통 스위치의 접점을 이용하여 논리를 해결하기 때문에 특수한 부품을 사용하지 않는다. 논리 기능에는 YES, NOT, AND, OR, NAND, NOR, XOR, XNOR 등 여러 가지가 있으나 YES, NOT, AND, OR의 네 가지 기본 논리 기능을 조합하면 모두 해결할 수 있게 된다.

2.3.1 불 대수

(1) 불 대수

① 불 대수는 어떠한 조건이 참인가 거짓인가, 또는 이 조건을 조합한 것이 참인가 거짓인가를 논하는 것으로 **논리 수학**이라고도 한다.

② 불 대수에서 취급하는 숫자는 2개로, 보통 '0'과 '1'로 나타낸다. 즉 전기가 흐르는 상태를 '1', 전기가 흐르지 않는 상태를 '0'으로 나타내거나, 스위치가 닫힌 상태를 '1', 열린 상태를 '0'으로 나타낸다.

③ 불 대수를 이용하면 '0'또는 '1'로 표현된 2가 상태를 나타내는 변수에 대한 진리표와 논리 회로의 입출력 관계를 함수 형태로 표현할 수 있으며, 같은 기능을 갖는 간단한 회로를 찾을 수도 있다.

④ 불 대수는 전화 교환기 등의 통신 장치 및 컴퓨터의 설계 등에 널리 이용되고 있다.

(2) 불 대수의 기본 관계식

① 항등 법칙

$A+0=A$ $\quad$ $A+1=1$ $\quad$ $A+A=A$ $\quad$ $A+\overline{A}=1$

$A \cdot 0=0$ $\quad$ $A \cdot 1=A$ $\quad$ $A \cdot A=A$ $\quad$ $A \cdot \overline{A}=0$

② 교환 법칙

$A \cdot B = B \cdot A$

③ 결합 법칙

$A + B \cdot C = (A + B) \cdot (A + C)$　　　$A \cdot (B + C) = A \cdot B + A \cdot C$

④ 드모르간의 법칙

$\overline{(A + B)} = \overline{A} \cdot \overline{B}$　　　$\overline{(A \cdot B)} = \overline{A} + \overline{B}$

2.3.2 논리 기능

(1) YES 논리

YES 논리란 입력이 존재하게 되면 출력이 존재하게 되는 논리를 의미한다. 그러므로 전기에서 YES 논리가 요구될 때에는 a접점 스위치가 사용된다. 평상시에는 스위치의 접점이 열려 있다가 입력이 존재하게 되면(스위치가 작동되면) 접점이 연결되기 때문에 출력 신호가 존재하게 된다. 스위치를 입력 요소로, 램프를 출력 요소로 가정하고 스위치를 누르면 램프에 불이 켜져야 하고 스위치를 OFF 시키면 램프가 소등되는 상황이 YES 논리이다.

① 논리식: $X = A$

② 진리표

입력	출력
A	X
0	0
1	1

③ 유접점 논리 회로

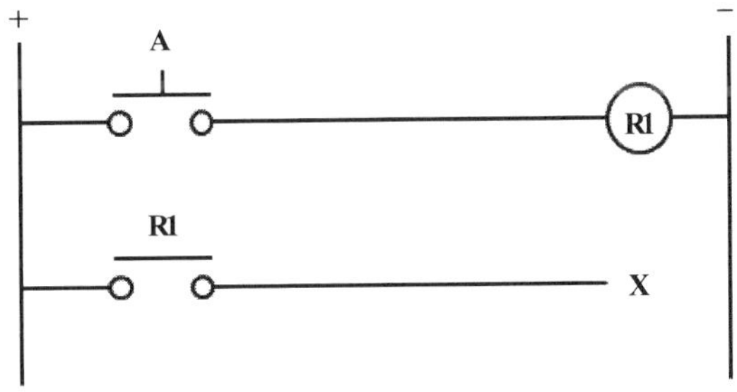

④ 타임 차트

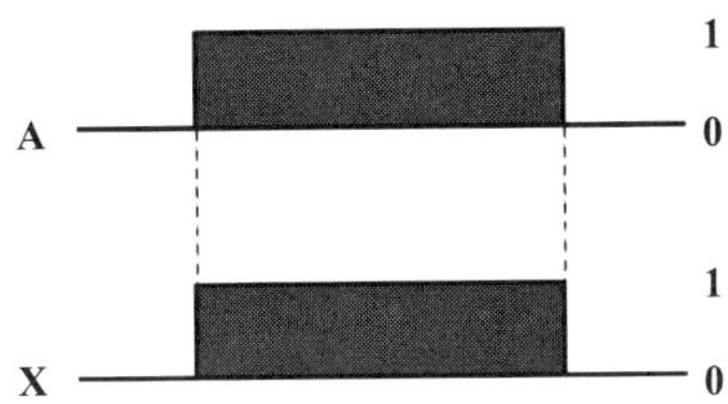

⑤ 논리 기호

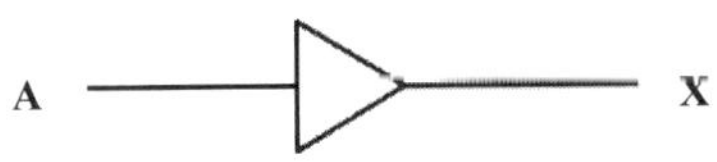

(MIL에 의한 표시)

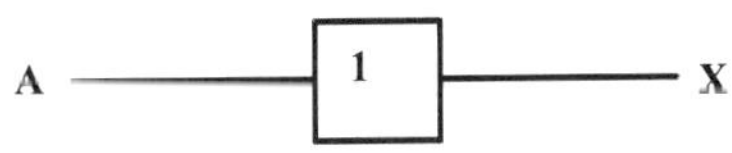

(IEC에 의한 표시)

(2) NOT 논리

NOT 논리는 입력 조건이 충족되면 출력 신호가 존재하지 않게 되고, 입력 조건이 충족되지 않게 되면 출력 신호가 존재하게 되는 논리이다. 즉, YES 논리의 반대 논리이다. NOT 논리는 부정의 논리이므로 전기에서는 상시 닫힘형의 스위치 접점, 즉 b접점의 스위치가 사용된다. b접점 스위치는 평상시에 스위치의 접점이 연결되어 있기 때문에 출력 신호가 존재하게 된다. 스위치가 작동하게 되면 스위치의 접점이 떨어지게 되기 때문에 NOT 논리를 나타내게 된다. 스위치를 입력 요소로, 램프를 출력 요소로 가정하고 스위치를 누르면 램프에 불이 꺼지고 스위치를 놓으면 램프에 불이 들어오는 상황이 NOT 논리이다.

PLC 프로그램에서는 전기 스위치는 a접점을 사용하고 프로그램상에서 b

접점을 사용하여 NOT 논리를 해결한다.

① 논리식: $X = \overline{A}$

② 진리표

입력	출력
A	X
0	1
1	0

③ 유접점 논리회로

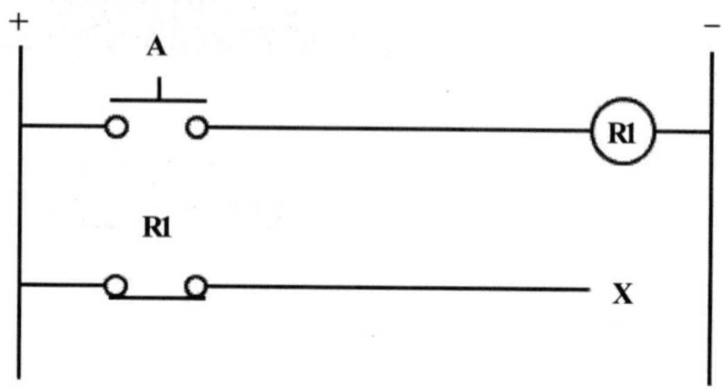

④ 타임 차트

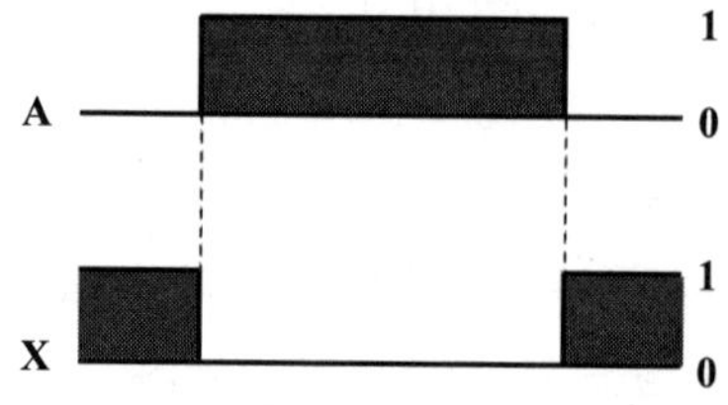

⑤ 논리 기호

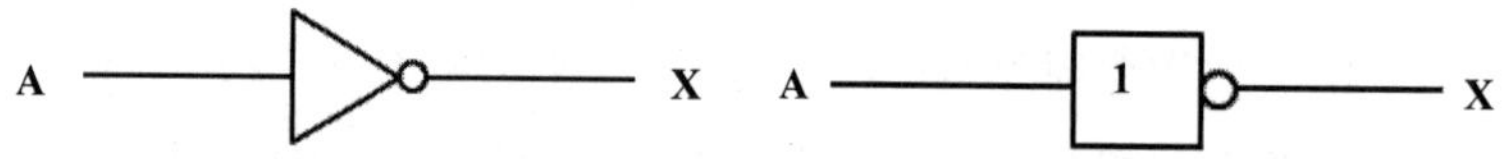

(MIL에 의한 표시) (IEC에 의한 표시)

(3) AND 논리

AND 논리는 두 가지 이상의 조건이 요구될 때 입력되는 모든 조건이 만족될 때에만 출력 신호가 존재하게 되는 논리이다. 2개의 입력 조건이 있는 경우, AND 논리가 요구될 때 전기에서는 2개의 a접점 스위치를 직렬로 연결하여 해결한다. 2개의 a접점 스위치를 직렬로 연결하게 되면 2개의 스위치가 모두 작동되어야만 최종 출력 신호가 존재하게 되므로 AND 논리를 나타내게 된다. AND 논리는 모든 조건이 만족될 때에만 출력 신호가 존재하게 되므로 물체의 존재 유무 등을 확인하는 검사 회로 또는 작업자의 안전을 위한 안전 회로 등에 많이 이용되고 있다. 다음의 표는 2개의 입력 조건이 있을 때의 AND 논리의 진리표이다. AND 논리는 집합으로 표현하면 교집합을 의미하고 논리 방성식으로는 나음의 식과 길이 곱하기로 표현되기 때문에 **논리적 논리**라고도 한다.

PLC 프로그램에서도 접점을 직렬로 배열하도록 프로그램을 작성하여 AND 논리를 해결한다.

① 논리식: $X = A \cdot B$

② 진리표

입력		출력
A	B	X
0	0	0
0	1	0
1	0	0
1	1	1

③ 유접점 논리회로

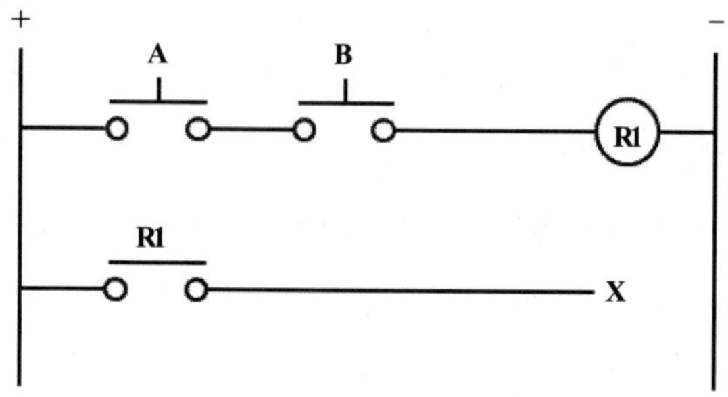

④ 타임 차트

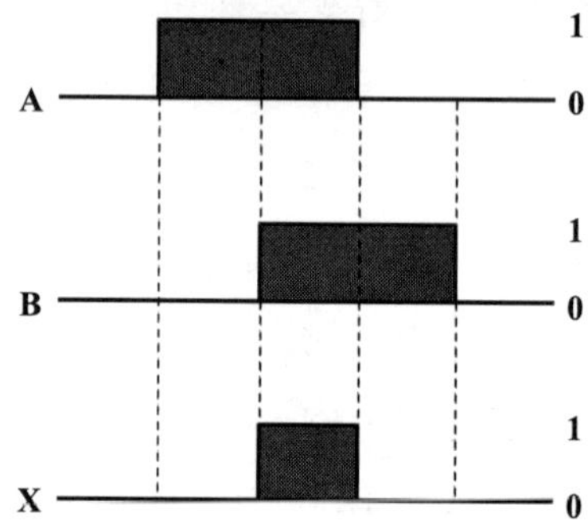

⑤ 논리 기호

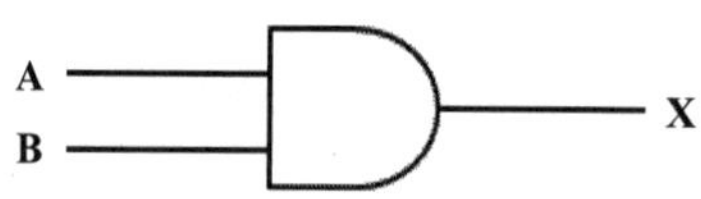

(MIL에 의한 표시)

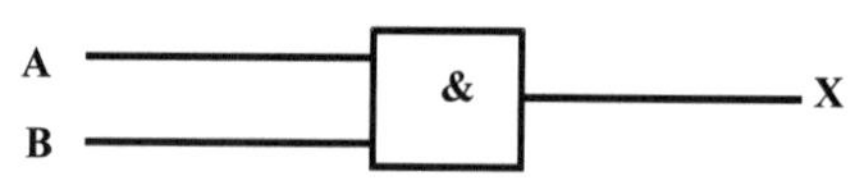

(IEC에 의한 표시)

(4) OR 논리

OR 논리는 여러 개의 입력 신호 중에서 어느 하나의 입력 신호만 존재하여도 출력 신호가 존재하게 되는 논리이다. 공압에서는 OR 논리가 요구될 때에는 OR 밸브(셔틀 밸브)가 필요했으나 전기에서는 2개의 제어 신호를 병렬로 연결하여 해결한다. 즉, 2개의 a접점 스위치를 병렬로 연결하면 2개의 스위치 중 어느 하나만 작동되어도 출력 신호를 얻을 수 있게 된다. OR 논리를 입력 A, B와 출력 X를 이용하여 진리표로 나타내면 다음 표와 같게 된다. OR 논리를 집합으로 표현하면 합집합을 의미하고 논리 방정식으로는 더하기로 표현되므로 논리합 논리라고도 한다.

PLC 프로그램에서도 접점을 병렬로 배열하도록 프로그램을 작성하여 OR 논리를 해결한다.

① 논리식: $X = A + B$

② 진리표

입력		출력
A	B	X
0	0	0
0	1	1
1	0	1
1	1	1

③ 유접점 논리회로

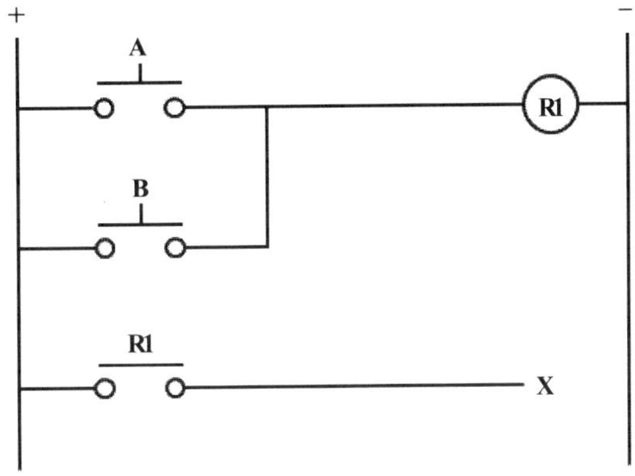

④ 타임 차트

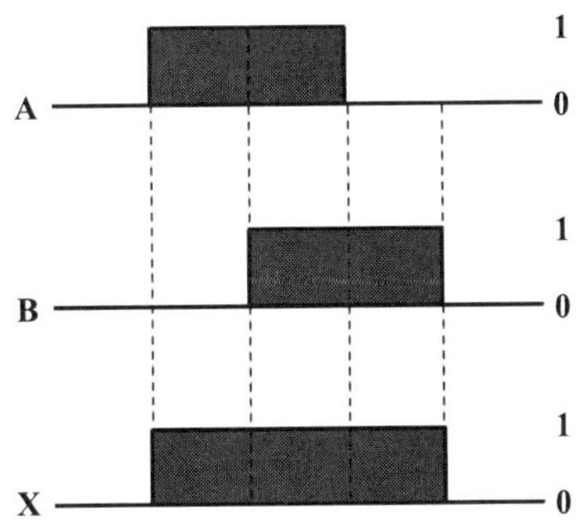

⑤ 논리 기호

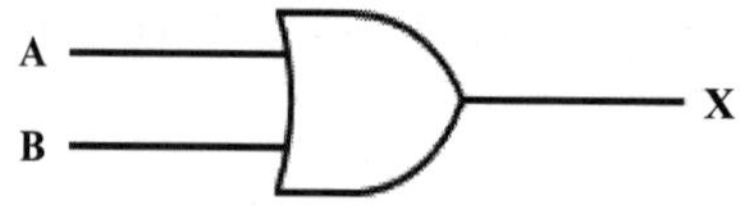

(MIL에 의한 표시)

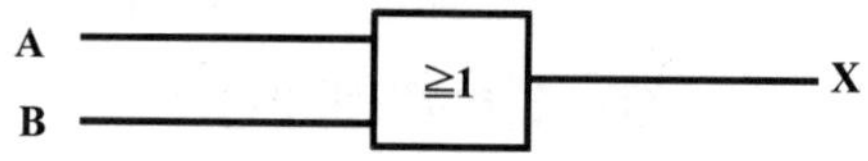

(IEC에 의한 표시)

(5) NAND 논리

NAND 논리는 AND 논리의 반대(NOT+AND)로 부정 논리적 논리라고도 한다. 따라서 입력 A와 B 양쪽에 신호가 존재하는 경우에만 출력 X에 신호가 존재하지 않게 된다.

① 논리식

$X = \overline{A \cdot B} = \overline{A} + \overline{B}$ **(드모르간의 법칙)**

② 진리표

입력		출력
A	B	X
0	0	1
0	1	1
1	0	1
1	1	0

③ 유접점 논리회로

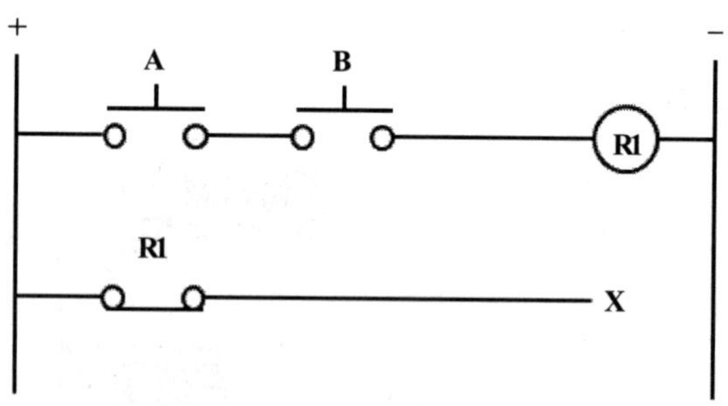

④ 타임 차트

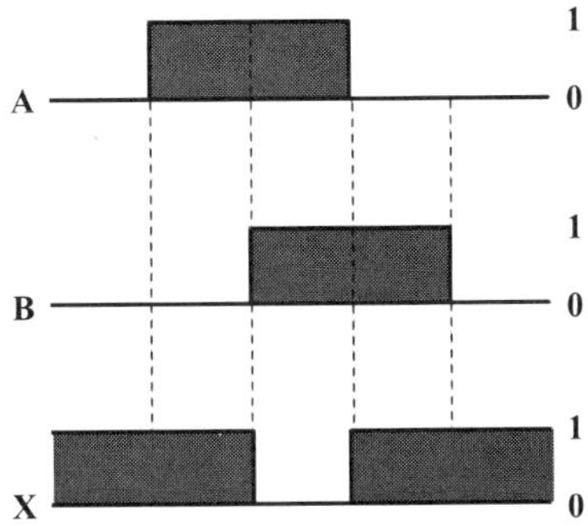

⑤ 논리 기호

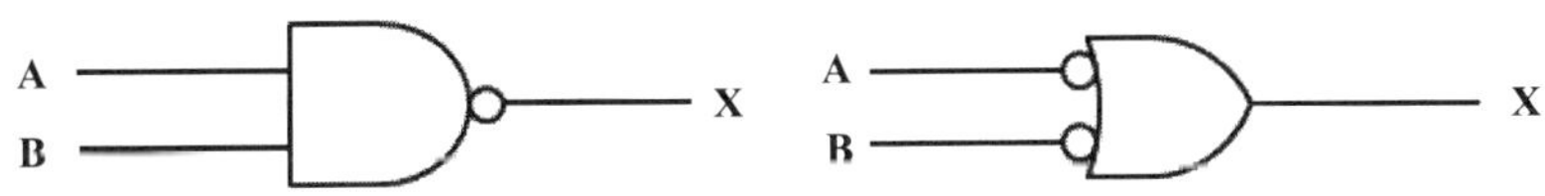

(MIL에 의한 표시)

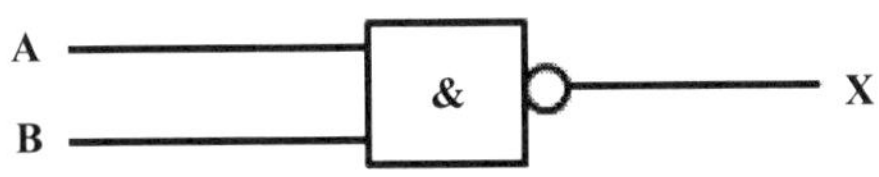

(IEC에 의한 표시)

(6) NOR 논리

NOR 논리는 OR 논리의 반대(NOT+OR)로 부정 논리합 논리라고도 한다. 입력 A와 B 양쪽에 신호가 존재하지 않는 경우에만 출력 X에 신호가 존재하게 된다.

① 논리 기호

$X = \overline{A+B} = \overline{A} \cdot \overline{B}$ **(드모르간의 법칙)**

② 진리표

입력		출력
A	B	X
0	0	1
0	1	0
1	0	0
1	1	0

③ 유접점 논리 회로

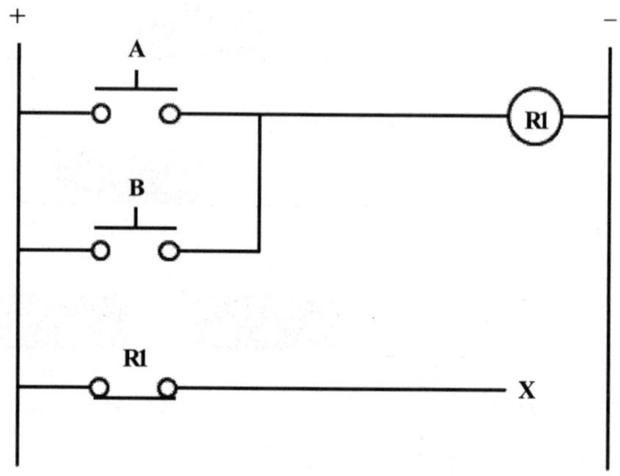

④ 타임 차트

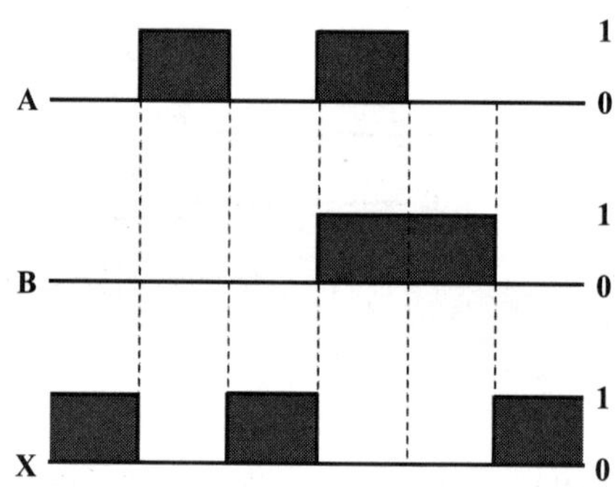

⑤ 논리 기호

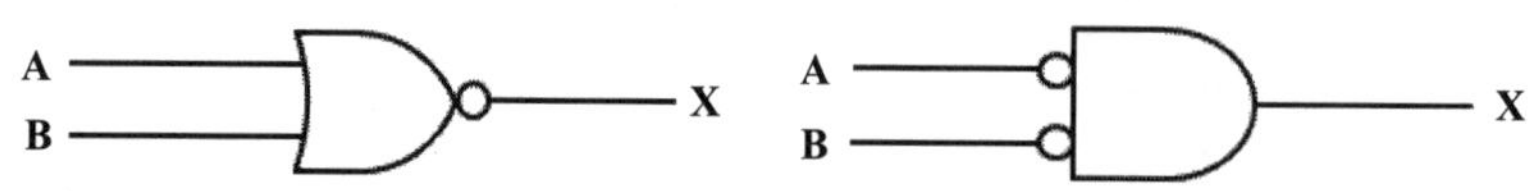

(MIL에 의한 표시)

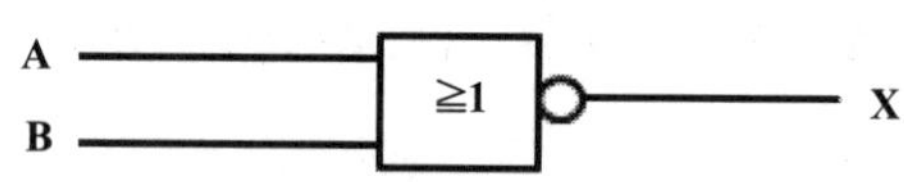

(IEC에 의한 표시)

(7) XOR 논리

XOR 논리는 두 입력 신호가 다른 경우에만 출력이 나오는 논리이다. XOR 논리를 배타적 OR(Exclusive OR) 논리라고도 한다.

① 논리식

$$X = A \oplus B = \overline{A} \cdot B + A \cdot \overline{B}$$

② 진리표

입력		출력
A	B	X
0	0	0
0	1	1
1	0	1
1	1	0

③ 유접점 논리회로

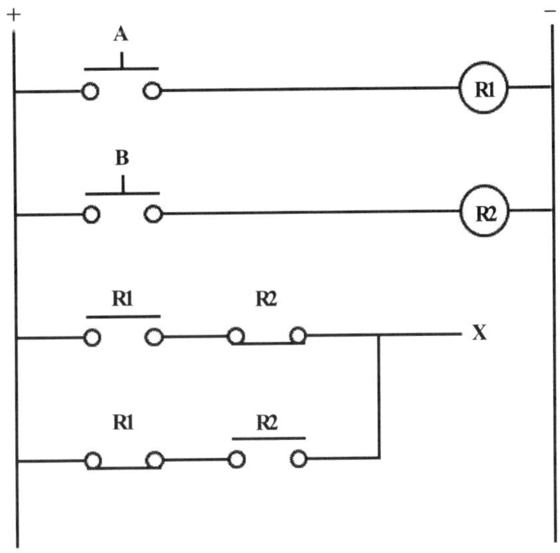

④ 타임 차트

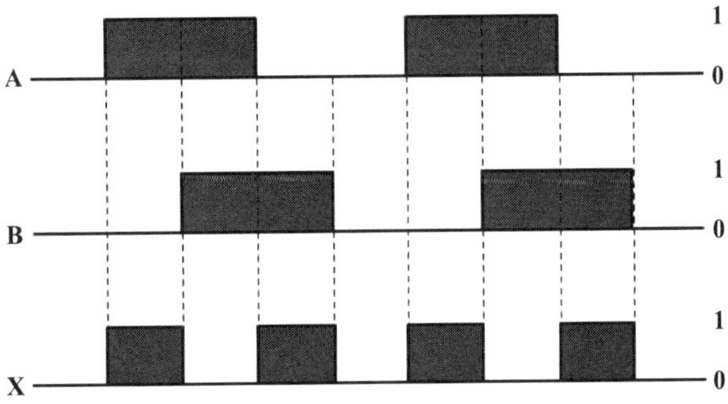

⑤ 논리 기호

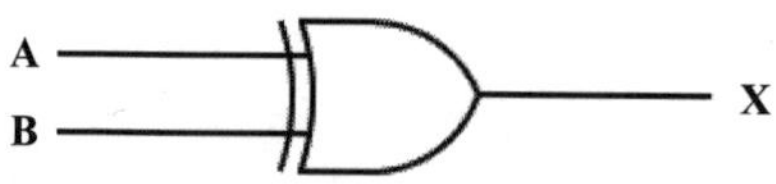

(MIL에 의한 표시)

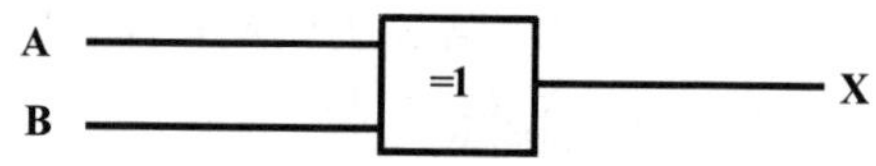

(IEC에 의한 표시)

(8) XNOR 논리

XNOR 논리는 XOR 논리의 반대(NOT+XOR)로, 배타적 NOR(Exclusive NOR) 논리라고도 하며, 두 입력 신호가 같은 경우에만 출력이 존재하는 논리이다.

① 논리식: $X = A \odot B = \overline{A \oplus B} = A \cdot B + \overline{A} \cdot \overline{B}$

② 진리표

입력		출력
A	B	X
0	0	1
0	1	0
1	0	0
1	1	1

③ 유접점 논리회로

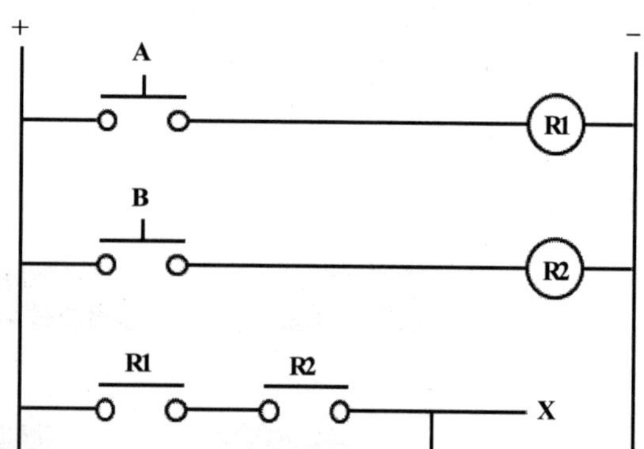

④ 타임 차트

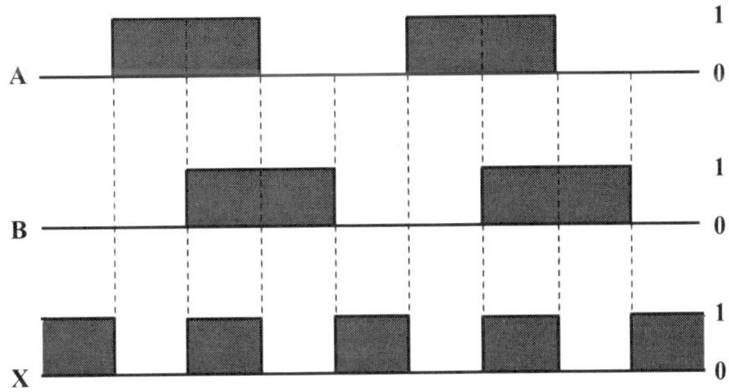

⑤ 논리 기호

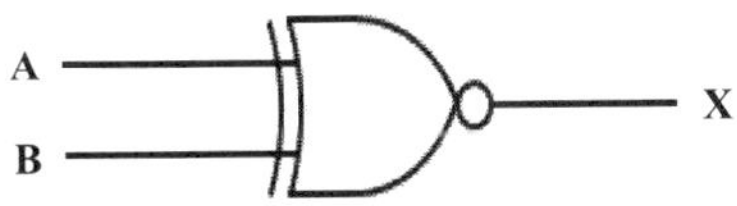

(MIL에 의한 표시)

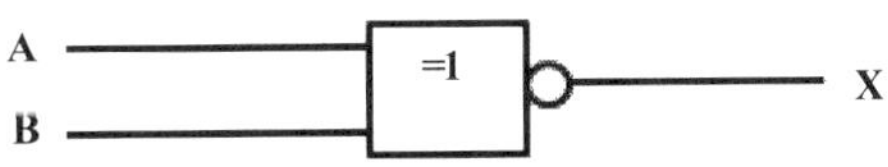

(IEC에 의한 표시)

3

제어 기기

3.1 제어 기기

3.1.1 배선용 차단기

배선용 차단기(molded case circuit breaker, MCCB)에 대한 국내 KS 규격(KS C 8321)에 의하면, '개폐기구, 트립 장치 등을 절연물의 용기 내에 일체로 조립한 것이며, 통상 사용 상태의 전로를 수동 또는 절연물 용기 외부의 전기 조작 장치 등에 의하여 개폐할 수 있고, 또 과부하 및 단락 등일 경우 자동적으로 전류를 차단하는 기구를 말한다.'로 정의되어 있다.

차단기와 개폐기의 경우 회로를 ON/OFF 하는 기능은 같다고 할 수 있지만, 두 제품에는 큰 차이가 있다. 개폐기는 정상적인 회로에서도 사용자가 임의로 ON/OFF 할 수 있는 기기이지만, 차단기는 제품의 목적이 전기회로에 이상 전류 등이 발생한 경우, 즉 회로 내부에 심각한 문제가 발생되는 시점에서 이를 사전에 감지해 강제로 회로를 차단하는 기능을 갖고 있다. 배선용 차단기는 다음과 같은 기능을 갖는다.

① 전원을 ON/OFF 하는 스위칭 기능을 가지고 있다.
② 과전류로부터의 보호를 목적으로 하는 자동차단 기능을 가지고 있다.

이 차단기의 부하 측에 일정 규모 이상의 과전류가 별도로 정해진 시간 지속되어 흐르면 차단(trip) 되도록 되어 있다. 차단된 스위치는 퓨즈(fuse)와는 달리, 과전류의 원인이 없어지면 다시 투입하여 계속 사용할 수 있다. 사용 전원에 따라 단상용과 3상용이 있으며 규격은 전류 값으로 표시하는데, 스위치 기구를 싸고 있는 프레임(frame)의 전류값과 차단 전류값을 같이 표기해 준다. 규격이 30AF 20AT인 배선용 차단기를 예로 들어보자. 이 배선용 차단기는 프레임 정격은 30A이고, 이 프레임 안에 넣을 수 있는 스위치 기구의 차단 값(trip)은 20A 이하이어야 한다. 스위치 기구는 보통 30A, 20A, 15A, 10A, 5A 등이 있는데 예로 든 배선용 차단기는 20A에 차단되는 것이다. 출력이 0.2kw 이상의 전동기에는 전동기의 소손을 방지하기 위하여 반드시 배선용 차단기를 설치하도록 하고 있다.

3.1.2 전자 계전기

넓은 의미에 있어서 계전기(relay)란 온도, 습도, 전압, 유속, 압력 등과 같은 물리량에 의해서 접점이 개폐되는 것을 말한다. 못에 코일을 감고 이 코일에 전류를 흘리면 못이 전자력을 가지게 되어 다른 자성체를 끌어당기는 전자력이 발생하게 된다. 이 전자력을 이용하여 접점이 개폐되도록 한 것을 전자 계전기(electro magnetic relay)라고 한다. 전자 계전기는 유접점 시퀀스 제어에 사용되는 기기의 중심 역할을 하는 것이고 전자 계전기의 진보에 따라 각종 장치의 자동화가 발전하여 왔다. 따라서 전자 계전기의 종류를 자세히 분류하면 수천 가지에 이르므로 사용 목적에 가장 적합한 것을 선정할 필요가 있다.

(1) 전자 계전기의 원리

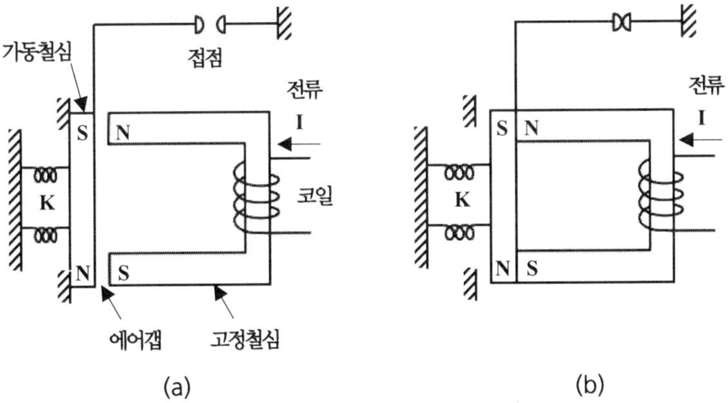

그림 3.1 전자 계전기의 원리

전자 계전기란 이미 규정된 전기량 또는 물리량에 의해서 전기 입력의 유무 또는 대소 등의 형태를 식별하고 다른 전기 회로의 개폐를 제어하는 기능을 가지는 전기 기기라 말하고 있다. 즉, 계전기란 전기 입력량에 대응해서 접점 기구를 개폐하는 기기이다.

그림 3.1 (a)와 같이 고정 철심에 코일을 감고 전류를 흐르게 하면 고정 철심의 끝은 그림과 같은 극성으로 자화된다. 그리고 고정 철심에 대응해서 가동 철심을 두면 양 끝은 공극을 통해, 고정 철심 양 끝의 자극에 의한 자기유도작용으로 고정 철심 양끝의 극성과는 반대의 자극이 생긴다. 그 때문에 고정 철심과 가동 철심 사이에는 흡인력이 작용하게 된다. 만약 이 흡인력이 가동 철심과 연결되어 있는 스프링의 힘보다 크면 가동 철심은 그림 3.1 (b)와 같이 고정 철심에 붙게 된다.

코일의 전류를 작게 하거나 '0'으로 하면 자기 흡인력이 스프링의 힘보다 약해져 가동 철심은 고정 철심으로부터 떨어지고, 가동 철심이 움직임에 따라 그것에 연동되어 있는 한 쌍의 접점을 개폐하게 되는 것이다.

(2) 전자 계전기의 분류와 구조

전자 계전기를 구조와 기능상으로 분류하면 다음과 같다.

* 구조상의 분류: 힌지형, 플런저형
* 기능상의 분류: 제어용 계전기, 전자접촉기, 전자개폐기

① 힌지형 계전기

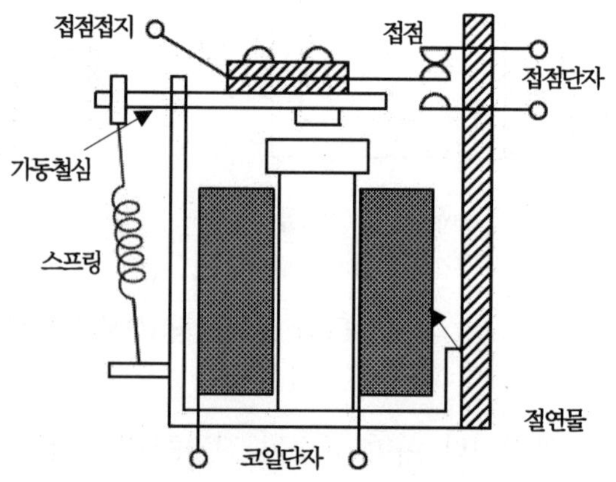

그림 3.2 힌지형 전자 계전기

힌지형은 그림 3.2와 같이 코일에 전류가 흐르면 가동 철심이 한쪽 끝을 지지점으로 하여 회전 운동을 하고 다른 쪽 끝에 부착된 접점이 응동(應動)해서 개폐하며, 코일의 전류를 끊으면 스프링의 힘에 의해서 가동 철심과 접점이 원 상태로 복귀하는 것이다. 그림 3.2의 접점에서 코일에 전류가 흐르면 지금까지의 접점의 접촉 상태는 반대가 된다. 즉, 한쪽을 공통으로 하여 반대쪽의 접점 부위는 한쪽이 닫히면 다른 쪽은 열리는 것이다. 이를 c 접점이라 한다. 이와 같이 일단을 지지점으로 하여 원 운동을 하는 기구를 힌지 기구라 하고, 가동 철심에 이 힌지 기구를 이용한 계전기를 **힌지형 계전기**라 한다. 힌지형 계전기는 가동 접점이 동작하는 시간이 짧은 구조를 가지고 있다. 이 형식의 것은 제어용 계전기에 많이 쓰이며 흔히 **릴레이**(relay)라고 부른다.

② 플런저형 계전기

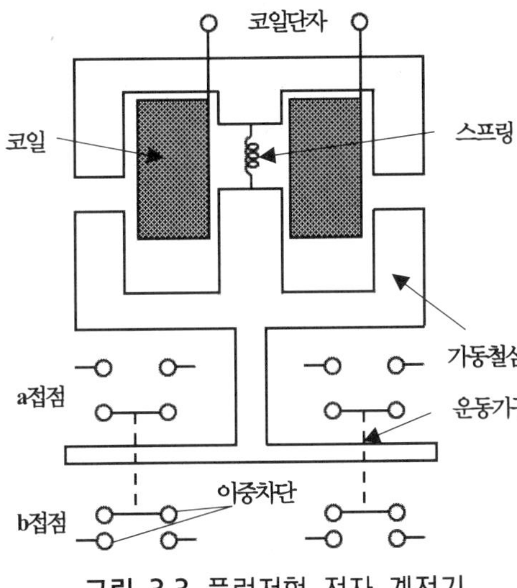

그림 3.3 플런저형 전자 계전기

그림 3.3에서 코일에 전류가 흐르면 자화된 가동 철심이 스프링의 힘을 이겨내고 위쪽에 흡인되면서 가동 철심과 기계적으로 연동하는 접점이 붙고, 코일의 전류를 끊으면 전자력은 없어지고 가동 철심은 스프링의 힘에

의해서 아래쪽으로 복귀되어 접점은 떨어지게 된다. 이와 같이 가동 철심이 코일 내부에서 직선 운동을 하게 되는 기구를 플런저 기구라 하고, 가동 철심에 플런저 기구를 사용한 계전기를 **플런저형 계전기**라 한다. 플런저형 계전기는 가동 접점이 직선 운동을 하게 됨으로써 접점의 형태는 c접점이 아닌 a접점 또는 b접점이 될 수 있다. 부하의 운전 전류용으로 많이 사용하며 흔히 **전자접촉기**(magnetic contactor)라고 부른다.

전자접촉기에는 부하의 운전 전류를 흘릴 수 있는 주 접점을 가지고 있는 것과, 주 접점은 없고 신호 전류를 흘릴 수 있는 보조 접점만을 가지고 있는 것이 있다. 전자를 **주접촉기**라 하고 후자는 **보조 접촉기**라 부르기도 한다. 즉, 보조 접촉기의 접점은 히터, 전동기 등의 부하 전류와 같이 큰 전류를 감당할 수 없어서 부하 운전용으로는 사용할 수 없다.

(3) 힌지형과 플런저형의 비교

① 동작 속도

구조상 힌지형 릴레이는 플런저형에 비해 동작 속도가 빠르게 되어 있다. 따라서 이 장점을 살리기 위하여 접점의 간격을 좁혀 동작 속도를 더욱 빠르게 하였다. 일반적으로 힌지형 릴레이의 동작속도는 20msec 정도이고 고속형은 5msec 정도이다. 고속형의 계전기 중에는 리드 릴레이와 같이 1msec 정도의 매우 빠른 릴레이도 사용되고 있다.

② 차단 전류

플런저형 릴레이는 힌지형 릴레이에 비해 접점이 차단점이 2곳이 있는 2중 차단식이어서 차단성이 훨씬 우수하다. 또 동작 속도를 빠르게 하는 대신 접점의 간격을 넓혀 동작 속도는 느린 대신 큰 전류를 차단할 수 있도록 하여 주로 부하의 운전 전류와 같이 큰 전류를 흘리고 차단할 수 있도록 하였다.

(4) 전자 계전기의 장단점

전자 계전기를 무접점 계전기와 비교하면 다음과 같은 장점과 단점이 있다.

① 장점

* 금속 접점이므로 출력 회로의 내부 저항이 적고, 대 전류용이 된다.
* 수많은 출력 회로가 구성되어 입출력이 전기적으로 분리된다.
* 과부하에 대하여 여유도가 크다.
* 가격이 싸다.

② 단점

* 동작에 필요한 입력이 크고, 동작 및 복귀 시간이 길다.
* 접점이 개방되어 있는 경우에는 외기의 영향을 받기 쉽다.

(5) 교류용과 직류용 전자 계전기

전자 계전기는 사용 전원에 따라 직류용과 교류용으로 구분되는데 직류용은 코일에 가해지는 전류 값이 항상 일정하므로 가동 철심을 흡인하는 힘($F \propto N \cdot I$)도 항상 일정하다. 그러나 교류용은 전류 값이 사인파형으로 변화하기 때문에 1주기마다 (+)에서 (−)로, (−)에서 (+)로 바뀌는 시점에 전류 값이 '0'인 점을 지나게 된다. 전류 값이 '0'이라는 것은 가동 철심을 당겨주는 힘이 '0'이라는 것이다. 또 전류 값이 최대인 사인파의 꼭지점에서는 흡인력도 최대가 된다. 즉 흡인력은 입력 전류 값의 변화에 따라 '0'이었다가 점점 커져 최대 점에 도달하고 다시 작아져 '0'으로 가고, 다시 커지는 과정을 반복하게 되는 것이다, 이러한 이유로 가동 철심이 고정 철심에 항상 일정한 힘으로 붙어 있지 못하고 달그락거리는 소음이 발생하게 되는 것이다. 이 소음을 없애기 위하여 교류용 전자 계전기는 고정 철심의 한끝을 갈라 단락 링을 끼운다. 단락 링으로 세이드 폴(shade pole)을 사용하게 되는데, 이것은 고정 철심에서 생긴 자속에 비해 단락 링에 흐르는 맴돌이 전류에 의해 생긴 자속은 약간 늦게 나오도록 만들어 줌으로써,

이 위상차를 가진 두 자속에 의해서 발생하는 두 힘의 합은 어느 경우라도 '0'이 되지 않도록 한 것이다. 힌지형 릴레이는 코일이 감긴 보빈(bobbin)의 안쪽에 위치한 고정 철심의 끝을 갈라 4각 모양의 구리로 된 단락 링이 끼워져 있는데 이것이 세이드 폴이다. 플런저형 릴레이에서는 E자형의 철심을 사용하는데, 이 역시 교류용은 고정 철심의 한쪽 끝을 갈라 단락 링을 끼운 세이드 폴을 채용하고 있다. 그러나 직류용 전자 계전기에서는 세이드 폴을 사용하지 않는다. 다만 전원의 극성은 맞추어 주어야 한다.

(6) 전자 계전기의 규격표시

전자 계전기의 규격은 보통 코일의 정격 전압, 접점의 개수와 허용 전류의 크기로 나타낸다. 경우에 따라서는 접점의 허용 전류 대신 5마력용, 10마력용 등과 같이 사용 가능한 전동기의 마력수로 규격을 표시하기도 한다.

3.1.3 제어용 계전기

시퀀스 제어에서의 제어용 계전기(control relay)는 주로 힌지형 계전기가 사용되며, 제어 회로 구성상 매우 중요한 역할을 하고 있다. 이 제어용 계전기는 ON, OFF의 전기 신호가 주어져서 그것을 기억하거나, 새로운 전기 신호를 발생시켜 시퀀스 제어를 각 단계마다 순차적으로 진행하는 역할을 한다. 제어용 계전기의 뜻은 정상 상태에 있어서 특정 입력에 응동해서 다른 계전기 혹은 장치를 제어하는 것을 목적으로 하는 계전기를 말한다. 주로 사용되는 제어용 계전기의 종류에 대해서 알아보기로 하자.

(1) 일반용 계전기

일반용 계전기는 코일을 여자하면 접점이 순식간에 동작하고, 무여자 하면 순식간에 복귀하는 계전기로, 보통 정보의 기억이나 신호의 전달에 많이 쓰인다. 이 경우 접점의 전류 용량은 그다지 크지 않으나 동작 빈도가 높기 때문에 신뢰도와 수명이 중시된다. 구조상 힌지형이 많이 사용되고 있다.

(2) 한계 계전기

한계(限界) 계전기는 코일에 걸리는 전압 또는 전류를 미리 설정해 놓고 전압, 전류 값이 설정 값에 도달하면 접점이 순식간에 동작 또는 복귀하는 계전기를 말한다. 이 계전기는 보통 전압, 전류의 변화가 완만한 경우의 전압, 전류 검출에 사용된다.

(3) 한시 계전기

한시(限時) 계전기는 선사 코일을 여자 또는 무여자하여도 접점이 순간적으로 동작하지 않고 코일의 신호에 대하여 접점의 동작 또는 복귀에 시간적 뒤짐이 있는 계전기로 타임 릴레이 또는 타이머(timer)라고도 부른다. 동작 원리에 따라 기계식, 전자(電子)식, 전동기식 등이 있다.

① 기계식 타이머

일명 태엽식 타이머라고도 하는 것으로 정확하지 않아도 되는 대략의 시간을 제어하는 곳에 사용된다. 사용 예로는 선풍기, 세탁기의 탈수기, 원심력 분리기 등이 있다. 제어시간은 수 분~수십 분 정도의 것들이 있다.

② 전자식 타이머

콘덴서(C)와 저항기(R)를 사용하여 충, 방전 시간을 이용한 것으로 CR 타이머라고도 한다. 비교적 정확한 시간제어가 가능하며 제어 방식에 따라 On-delay 타이머와 Off-delay 타이머가 있다. 제어 시간은 1초 미만 ~ 수십 분 정도의 것들이 있나.

③ 전동기식 타이머

회전 속도가 항상 일정한 동기 전동기를 사용한 타이머로, 전동기의 축에 필요한 단수만큼 기어를 연결하여 1시간 또는 24시간에 1회전이 되도록 하여 접점을 개폐하는 타이머이다. 보통 24시간 타이머가 많으며 15분 단위로 접점의 ON/OFF를 설정할 수 있다.

(4) 유지형 계전기

유지형(維持形) 계전기는 입력 신호가 들어가서 한 번 동작하면 입력 신호가 끊어져도 접점은 기계적, 전기적으로 계속 동작하는 상태를 유지하게 되며 이것을 원 상태로 복귀시키자면 수동이나 별도의 입력 신호를 가하지 않으면 안 되도록 설계된 것이고, 키프 계전기, 카운터 등에 응용되고 있는 래치얼식 계전기가 대표적인 것이다.

3.1.4 계전기의 접점 용량

시퀀스 제어에 쓰이는 계전기의 접점 용량은, 그 접점에 흐르는 최대 전류의 값 이상이면 기본적으로 문제는 없으나, 접점 용량을 필요 이상 크게 하면 비경제적이 되고 또 용량이 작으면 접점이 과열하든가 파손된다. 보통 접점 용량은 다음의 사항을 검토하여야 한다.

① 접점에 흐르는 최대 전류

② 동작 빈도와 주위 조건

③ 접점에 접속되는 부하의 종류(특히 유도성 부하)

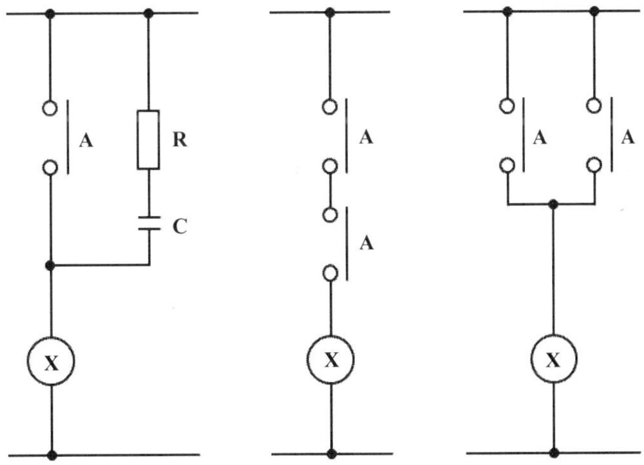

(a) 아크 제거 (b) 차단 전류의 증대 (c) 통전 전류의 증대

그림 3.4 접점 용량 부족의 해결법

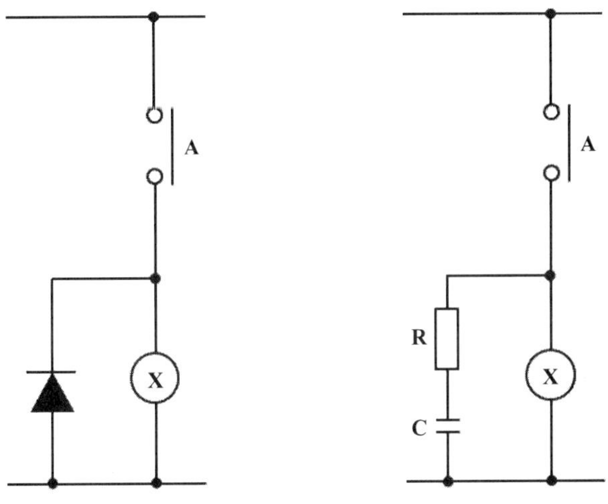

(a) 환류 다이오드 사용 (b) C와 R 사용

그림 3.5 접점 보호회로

그림 3.4는 접점 용량 부족을 해결하기 위한 몇 가지의 예를 보여 준다. 그림 3.5는 접점을 보호하기 위한 방법 중에서 몇 가지의 예를 보여 준다. 접점이 개폐할 때는 아크(arc)가 발생하게 되는데, 아크는 접점의 수명을

단축시키고, 또 디지털 회로에는 잡음(noise)으로 작용하여 디지털 회로 오작동의 원인이 되기도 한다. 그림 3.4 (a)는 접점과 병렬로 콘덴서 C와 저항 R을 달아 접점에서 발생하는 아크를 소멸시키도록 한 것이다. 그림 3.4 (b)는 2개의 접점을 직렬로 연결하여 전류의 차단점을 2곳에서 4곳으로 늘려줌으로써 접점에서 발생하는 아크의 세기를 약화하거나, 같은 양의 아크를 허용한다면 차단 전류의 용량을 크게 해줄 수 있는 경우이다. 그림 3.4 (c)는 접점의 허용전류 용량이 부족할 경우에 사용하는 방법으로, 접점 2개를 병렬로 연결하여 전류가 각각의 접점에 1/2씩 나누어 흐르도록 함으로써 접점의 부담을 줄이거나, 흐르는 전체 전류의 값을 2배로 키울 수 있는 방법이다. 접점 보호 방법에 대해서는 3.5절에서 좀 더 자세히 다루기로 한다.

직류용 타이머나 부저, 릴레이 등을 사용할 때에는 특별한 주의가 요구된다. 릴레이 등의 코일은 L 성분으로 직류를 흘리면 코일에는 에너지가 축적된다. 접점이 열려 전류의 흐름이 끊기면 축적되어 있던 에너지는 매우 큰 역기전력으로 발생하여 회로 내를 돌면서 상내적으로 취약한 섭섬 등을 파괴하게 된다. 그림 3.5 (a)와 같이 릴레이 등의 코일 양단에 병렬로 정류 다이오드를 붙여 주면 코일에 축적되어 있던 에너지에 의해 발생한 역기전력은 다이오드와 코일로 구성된 회로를 순환하면서 소멸하게 된다. 이 다이오드를 **환류 다이오드**(free wheeling diode)라 하고, 접속 방법은 정류 다이오드의 캐소드가 제어 전원의 (+)쪽으로 가도록 극성을 맞추어 주면 된다. 정류 다이오드가 없을 경우는 그림 3.5 (b)와 같이 C와 R을 사용할 수도 있는데 권장할 만한 방법은 아니다.

3.1.5 전자접촉기와 전자개폐기

전자접촉기는 일반 제어용 계전기보다 훨씬 큰 용량의 전류를 개폐할 수 있는 접점을 가지는 계전기이다. 접점은 은-텅스텐 합금, 은-산화카드뮴 합금 등을 사용해서 접촉 저항을 낮추고 개폐 시 접점 간에 발생하는 아크를 빨리 끄는 소호장치, 아크 단락을 방지하기 위한 각 상간의 간격판 등을 설치한 것이다. 전자접촉기에는 직류용과 교류용이 있고 전기 회로의 개폐 빈도가 높은 전동기 기타의 교류, 직류 회로의 부하전류 개폐에 쓰인다. 전자개폐기는 전자접촉기에 과부하 보호 장치를 더한 개폐기로 교류 전동기의 운전에 대단히 많이 사용된다. 과부하 보호 장치로는 열동형 과부하 계전기나 전자식 과부하 계전기가 있다. 그러므로 전자개폐기는 전자접촉기에 과부하 계전기(열동식, 전자식)가 부착된 것으로 볼 수 있다.

3.1.6 전자접촉기

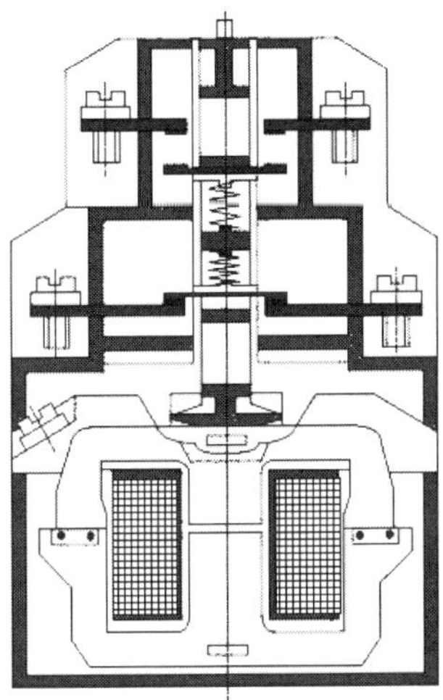

그림 3.6 전자접촉기의 구조

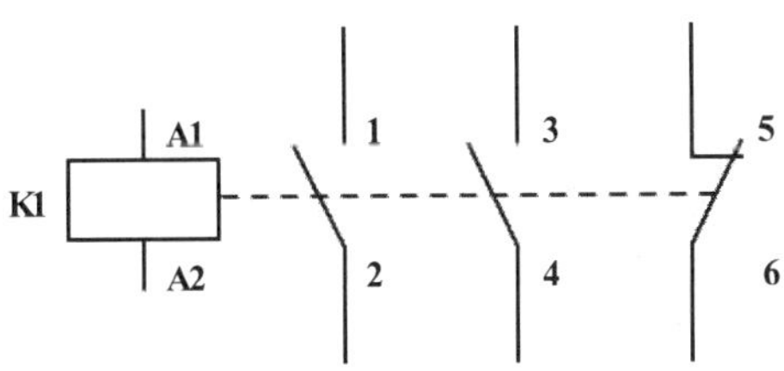

그림 3.7 전자접촉기의 기호

전자접촉기란 적은 양의 제어 동력으로 고부하를 개폐하는 자장으로 작동되는, 즉 전자석의 원리를 이용한 스위치를 말한다. 접점의 스위칭은 자장에 의한 전기자의 작동에 의해 ON/OFF 된다. 코일에 의해서 접촉기가 여자되면 전류에 의한 자장이 형성되고 전기자가 작동할 수 있는 힘이 생기게 된다. 접촉기는 가열 시스템, 에어컨, 전동기, 야간 저장 히터, 크레인 등의 개폐에 사용된다. 전자접촉기가 동작 원리가 같은 소형 릴레이와 다른 점은 주 접점과 보조 접점이 있다는 것이다. 주 접점이란 큰 전류를 흘려도 안전한 대 전류 용량의 접점을 말하고, 보조 접점이란 전자 릴레이 접점과 같이 작은 전류 용량의 접점을 말한다. 전자접촉기의 회로 기호는 릴레이와 동일하나 접점의 명칭은 다르다. 접촉기를 잘 선정하기 위해서는 사용 동력, 적용 등급, 스위칭 회수 등을 고려해야 한다. 그림 3.6과 그림 3.7은 전자접촉기의 구조 및 기호를 보여준다.

전자접촉기는 사용 용도에 따라 여러 가지 종류가 있다. 여기서는 가장 많이 사용되는 제품을 기준으로 알아보도록 하겠다.

(1) 표준형 전자접촉기

전자접촉기의 가장 기본적인 제품으로 그림 3.8과 같은 외관을 하고 있으며, 단독부하 개폐 시 사용된다. 일반적으로 개방형으로 불리기도 하는데, 이는 상입형을 제외하고는 모두 개방형으로 분류할 수 있다.

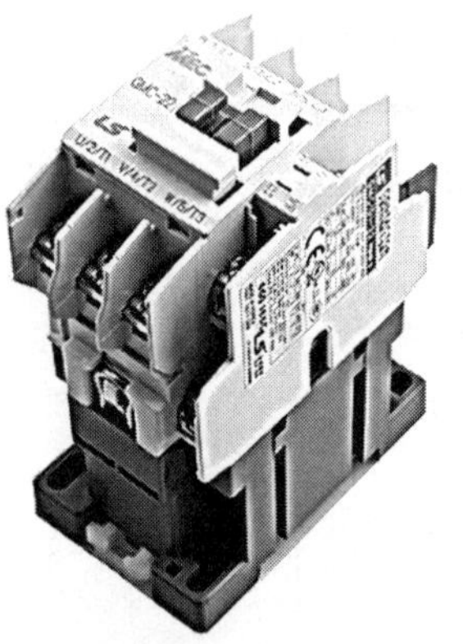

그림 3.8 표준형 전자접촉기

그림 3.9 가역형 전자접촉기

(2) 가역형 전자접촉기

전자접촉기는 주로 모터 부하의 개폐를 위하여 설치하게 되는데 모터의 정역회전을 제어하기 위해서는 3상 전원을 제어해주어야 한다. 이를 제어하기 위해 사용되는 접촉기가 가역형 제품이다. 그림 3.9에서 보는 바와 같이 표준형 제품 2대를 조합하여 구성되어 있으며, 두 제품 간의 기계적 인터록 장치가 되어 있다. 이 제품은 가역형 기능 이외에 다른 용도로도 사용될 수 있다. 회로 구성에 따라 저압 자동전환개폐기(auto transfer switch, ATS) 기능으로도 구현이 가능하다.

(3) 지연석방형, 래치형 전자접촉기

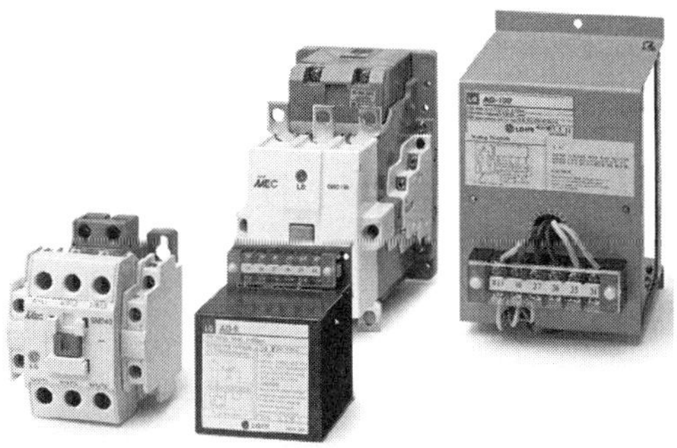

그림 3.10 지연석방형 전자접촉기

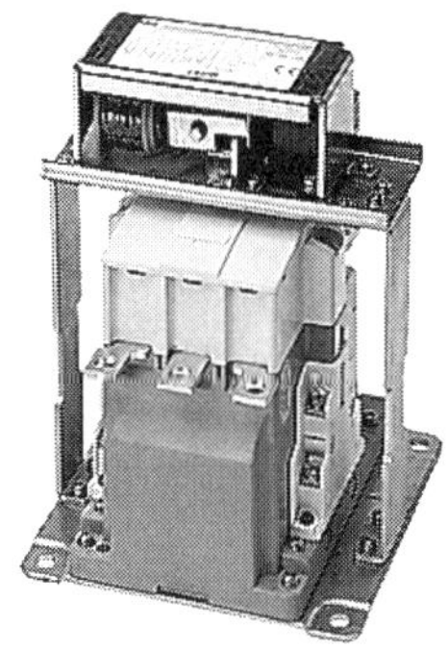

그림 3.11 래치형 전자접촉기

전압 변동이 크거나, 순간 정전이 많은 지역의 경우에는 전자접촉기의 조작코일에 인가되는 전원의 불평형으로 인하여 접촉기가 정상 상태에서도 채터링(chattering) 현상이 나타날 수 있으며, 이는 안정적인 전력공급에 문제를 발생시킬 수도 있다. 전력 계통상에 일정한 전원을 정전 없이 받도록 설계가 되는 것이 원칙이지만, 위에 말한 것과 같이 전원 자체가 안정적이지 못한 경우에는 지연석방형, 래치형 전자접촉기를 사용하는 것이 최적이다. 먼저 **지연 석방형 전자접촉기** 제품에 대하여 설명하면, 순간 정전이 많은 지역의 경우에 주로 적용되는 제품으로 일반형 전자접촉기(직류 조작코일 제품)에 지연석방 유닛을 별도로 구입하여 조작코일과 연결하여 사용하는 제품으로 지연석방 유닛은 내부에 설치되어 있는 콘덴서가 일정 전원을 충전하고 있어서 순간 정전 시 몇 초간은 전원이 OFF 되더라도 접촉기 조작 코일단에 전원을 공급해준다. 따라서 순간 정전 또는 전압 강하가 되더라도 접촉기 코일단에는 일정 전원이 공급되므로 접촉기가 OFF 되거나 채터링 현상은 나타나지 않는다. **래치형 전자접촉기**는 지연석방형 제품과는 좀 더 다른 용도로 사용된다. 지연석방 유닛이 전기적으로 구성되는 반면에 래치형 제품은 접촉기를 기계적으로 ON을 유지하게 해준다. 따라서, 래치유닛에 조작전원을 인가한 후에는 접촉기 조작 코일단에 전원을 OFF 하여도 접촉기는 ON 상태를 유지하게 된다. 래치형 접촉기를 사용하는 주된 이유는 조작전원이 OFF 되더라도 주전원은 계속적으로 유지되어야 하는 회로에 주로 적용된다. 또한, 기계적으로 접촉기를 ON시켜 주므로 유지 시 접촉기의 소음이 전혀 없다. 무소음이 요구되는 회로에 매우 적합하다고 할 수 있다. 그림 3.10, 그림 3.11은 각각 지연석방형과 래치형 전자접촉기 외관을 나타내고 있다.

(4) 상입형 전자접촉기

상입형(enclosed type)이란 전자접촉기를 외함 구조를 가진 케이스에 넣은 것이다. 사용 용도는 전자접촉기를 단독으로 사용할 경우 주로 적용한다. 외함 구조에 따라 철제형과 플라스틱형으로 구분이 되며, 외함에 조작용 버튼의 설치 유무에 따라 버튼형으로 구분한다. 그림 3.12 (a), (b)는 각각 플라스틱형 외함과 철제형 외함 제품을 나타내고 있다.

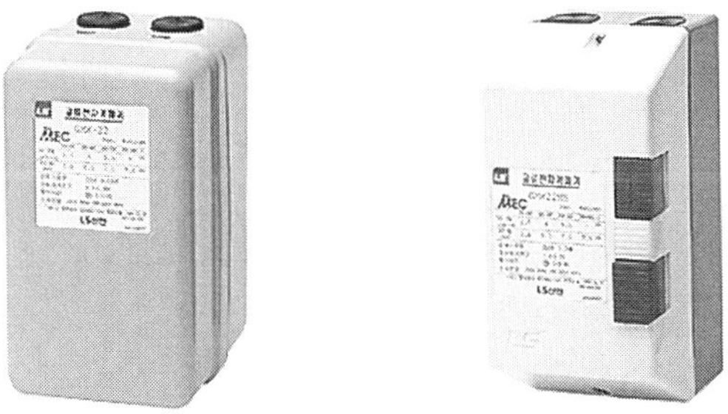

(a) 플라스틱형　　　　　　　　(b) 철제형

그림 3.12 상입형 전자접촉기

(5) 4극형 전자접촉기

4극형 전지접촉기란 주접점 구조가 4극형 제품으로서, 소용량부터 대용량까지(9~800A) 전체 프레임에 걸쳐 시판되고 있다. 이 제품은 3극형 제품과 같은 용도로 사용이 가능하지만, 3극형 제품이 구현하지 못하는 기능의 구현이 가능하다. 3상 4선식 회로에 적용 시 'N'상까지의 제어가 가능하다. 또한, 단싱 부하 제이 시 1대의 제품으로 2회로 동시 제어가 가능하므로 3극형 제품을 적용 시 2대를 사용하던 것을 4극형 제품은 1대로 가능하다. 이외에도 직류 전용, 고감도형, 단상전용 등 용도에 따른 제품이 있다. 그림 3.13은 4극형 전자접촉기의 외형을 나타낸다.

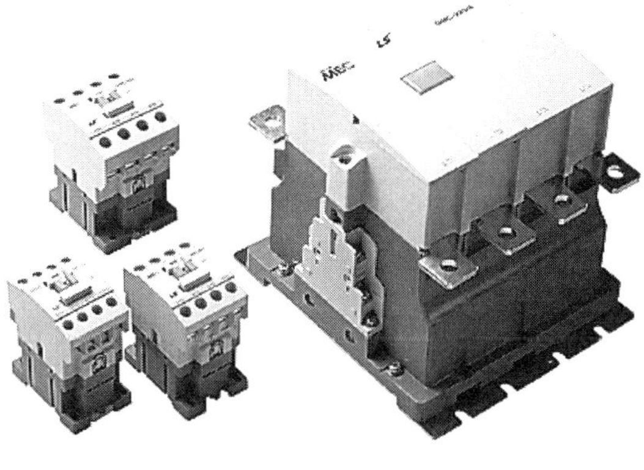

그림 3.13 4극형 전자접촉기

3.1.7 퓨즈

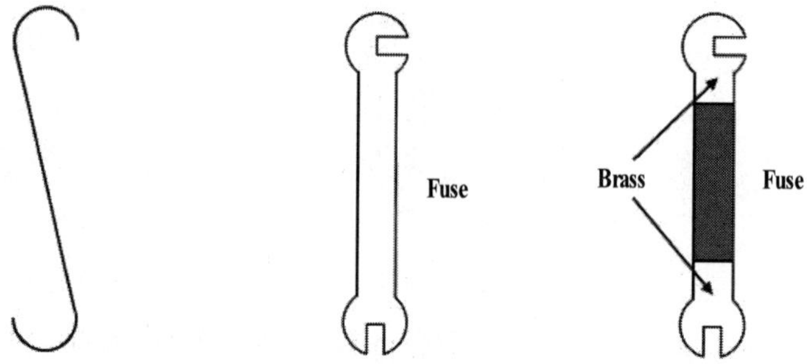

(a) 실 퓨즈 (b) 판 퓨즈 (c) 고리 퓨즈

그림 3.14 비포장 퓨즈

퓨즈(fuse)는 과부하에 대한 1회용 자동 차단기로, 포장 여부에 따라 포장 퓨즈와 비포장 퓨즈로 나눌 수 있다. 비포장 퓨즈는 포장되지 않아 퓨즈가 그대로 노출되어 있는 것으로 실 퓨즈, 판 퓨즈, 고리 퓨즈(hook fuse) 등이 있다. 실 퓨즈는 그림 3.14 (a)와 같이 실 납 모양을 하고 있으며 스위치의 단자에 전선을 물리듯이 접속하여 사용하는 것인데 요즘은 잘 사용하지 않는다. 판 퓨즈는 그림 3.14 (b)와 같이 전체가 퓨즈로 되어 있으며 커버나이프스위치 등에 많이 사용된다. 판 퓨즈는 스위치 단자와 접촉하는 부분도 퓨즈로 되어 있어 접촉 저항이 커서 자칫 과열로 인한 화재의 원인이 되기도 한다. 이런 단점을 보완하기 위하여 그림 3.14 (c)와 같이 스위치 단자와 접촉하는 부분은 접촉저항이 적은 황동으로 하고 가운데 부분만 퓨즈로 하여 자동 차단을 하도록 만들어진 퓨즈를 고리 퓨즈라 한다. 물론 판 퓨즈보다 우수한 것이지만 더 비싸다. 그림 3.15는 판 퓨즈와 고리 퓨즈의 설치 방법을 보여준다.

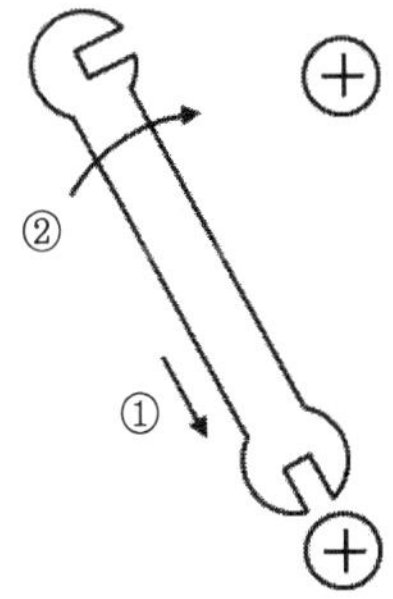

그림 3.15 판 퓨즈와 고리 퓨즈 설치 방법

판 퓨즈와 고리 퓨즈는 스위치 단자와의 편리한 접속을 위하여 단자와의 접속부 한쪽이 열려 있는데, 이 퓨즈들을 설치할 때는 반드시 퓨즈의 아래가 열린 쪽이 스위치의 밑에 있는 단자에 위에서 아래로 꽂고, 위쪽의 단자에는 퓨즈의 열린 쪽이 우측으로 가도록 하여 좌측에서 우측으로 밀어 넣고 볼트를 조여야 한다. 퓨즈를 우측에서 좌측으로 밀어 넣고 볼트를 조이면 퓨즈가 밖으로 빠져 나오며 접속이 제대로 되지 않는다. 포장형 퓨즈는 퓨즈가 노출되지 않도록 포장되어 있는 형태의 것으로, 드럼 봉 모양에 양쪽의 금속부 사이에 퓨즈를 용접하고 가운데 부분을 유리로 포장한 유리관 퓨즈, 종이로 포장한 통형 퓨즈, 파이버 퓨즈 등 용도에 따라 수많은 종류가 만들어져 사용되고 있다. 다이젯 퓨즈(dizet fuse)는 마치 거꾸로 세워 놓은 병 모양을 하고 있는 포장 퓨즈의 일종이다. 양단의 금속부 사이에 퓨즈를 용접하고 가운데 부분이 자기질의 포장재로 싸여 있다. 이 포장 안에는 가루 모양의 화학 약품이 들어 있어, 퓨즈가 과전류로 인해 녹아 끊어지는 용단 시에 발생하는 아크를 잡아주는 기능을 한다. 즉 일종의 방폭형 퓨즈인 것이다. 또, 이 퓨즈는 내부에 있는 퓨즈의 용단 여부를 바로 눈으로 확인할 수 있도록 하기 위하여 퓨즈의 한쪽에 적색, 황색, 청색의 눈을 만들어 놓고 퓨즈가 용단되면 이 눈이 없어지도록 하였다. 퓨즈 홀더의 유리창은 바로 이 눈을 확인하기 위한 것이다. 다이젯 퓨즈는 전류 용량이 커지면 길이보다는 굵기가 굵어지는데 이에 따라 퓨즈 홀더의 크기도 다르게 된다. 그림 3.16은 각종 포장형 퓨즈를 보여준다.

(a) 유리관 퓨즈 (b) 통형 퓨즈 (c) 다이젯 퓨즈

그림 3.16 각종 포장형 퓨즈

3.1.8 열동형 과부하 계전기

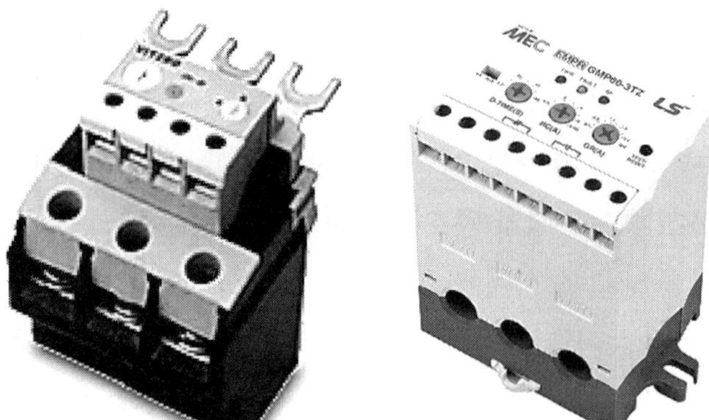

(a) 열동형 과부하 계전기 (b) 전자식 과부하 계전기

그림 3.17 과부하 계전기

열동형 과부하 계전기(thermal relay, THR)는 유도전동기의 주 회로에 전자접촉기와 같이 사용되어, 전동기의 운전 전류가 흐르도록 하고, 운전 전류가 설정해 놓은 허용 전류 값 이상으로 일정 시간 지속되면, 내장된 접점을 트립(trip)시켜 전자접촉기를 개방하고 전동기에 공급되는 전원을 차단함으로써 전동기의 소손을 방지할 목적으로 사용하는 계전기이다. 그림 3.17은 과부하 계전기를 보여준다.

그림 3.18의 오른쪽에 수동 복귀형 열동형 과부하 계전기의 그림기호를 나타내었다.

전자접촉기 접점	a접점	b접점	과부하 계전기
주접점			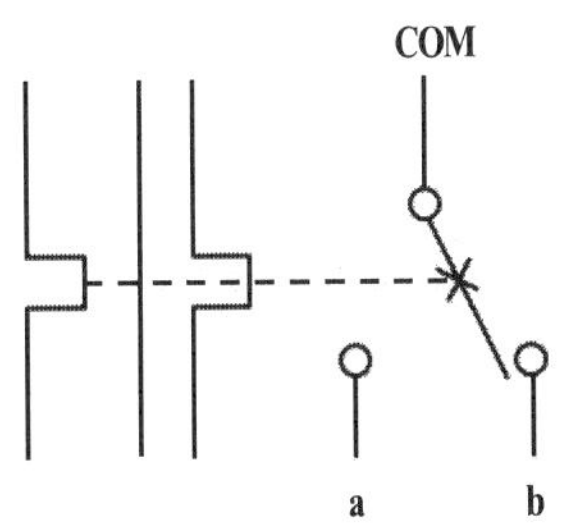
보조접점			

그림 3.18 전자접촉기 접점과 열동형 과부하 계전기

그림 3.18 기호에서 좌측의 3선 중 양쪽에 있는 반 'ㄷ'자 형태의 모양은 바이메탈을 나타낸 것으로 바이메탈에 부하 전류를 흐르게 하였고, 부하 전류에 따라 바이메탈이 휘어지게 만들어져 있다. 바이메탈이 일정 정도 이상으로 휘어지면 그림 기호 오른쪽의 자동동작 및 수동복귀 접점이 b접점 측으로 트립되게 되어 있다. 이렇게 트립된 접점은 반드시 리셋 바(reset bar)를 눌러 수동으로 복귀시키도록 되어 있다. 이는 접점이 동작하면 이 접점을 이용하여 전동기를 운전하기 위한 전자 접촉의 여자를 풀어 전동기가 정지되도록 하는 것이 일반적인데, 전동기가 정지된다는 것은 전동기에 전원이 공급되지 않는다는 것이고 자연히 부하 전류도 흐르지 않으므로 바이메탈이 서서히 식으면서 원위치로 가게 된다. 이때 운전자는 과전류의 원인을 찾아내어 수리하고 안전이 확인된 다음에 리셋 바를 눌러 접점을 복귀시키고 다시 운전 대기상태가 되도록 하여 준다. 만일 바이메탈이 식었다 하여 이 수동 접점이 자동으로 복귀된다면 운전자가 원인을 찾아 수리를 하기 전에 다시 전원이 투입될 수 있는데 이는 매우 위험한 일이다.

그림에서 보면 바이메탈은 3선 중 양쪽의 2선에만 설치하는데, 3선에 각

각 설치하지 않아도 부하 전류를 검출하는 데는 충분하기에 경제성을 고려하여 1선은 뺀 것이다. 열동형 과부하 계전기는 과부하 전류를 흘리지 않고도 수동 접점의 동작을 확인할 수 있도록 수동으로 트립시킬 수 있는 바(bar) 또는 버튼을 가지고 있다. 또한 트립 전류 값을 조절할 수 있는 다이얼이 있어 전동기의 부하를 고려하여 적절한 값으로 설정하게 된다. 이 다이얼은 접점의 간격을 넓게 또는 좁게 조절함으로써, 바이메탈이 휘어져야 할 범위를 조절하는 것이다. 이와 같이 트립 전류 값의 설정을 기계적으로 하도록 되어 있어 매우 부정확하다. 따라서 이러한 이유로 전동기를 태우는 일이 자주 일어나게 된다. 전자식 과부하 계전기(electronic over current relay, EOCR)는 이와 같은 단점을 없앤 것으로 최근에 많이 사용되고 있다.

3.1.9 누름 스위치

누름 스위치(push button switch)는 제어 명령을 내리거나 명령 처리 방법을 변경하고자 할 때 사용하며, 사람이 수동 조작으로 제어 장치에 입력 신호를 넣어주는 기기이다. 누름 스위치는 기능상으로 볼 때 논 로크형과 로크형의 두 가지로 나눌 수 있다. 그림 3.19는 각종 누름 스위치를 보여준다.

(1) 복귀형 누름 스위치(논 로크형, none lock type 또는 spring return)

누름 스위치의 대부분을 차지하며, 스위치의 버튼을 누르고 있는 동안만 접점이 개폐 상태를 유지하고 버튼에서 손을 떼면 내부의 스프링에 의하여 원 상태로 복귀하는 스위치를 **복귀형 누름 스위치** 또는 **논 로크형 푸시버튼 스위치**라 한다. 수동조작 자동복귀 방식의 스위치이다.

(2) 유지형 누름 스위치(로크형, lock type)

(a) 복귀형 스위치 (b) 로크형 스위치 (c) 셀렉터 스위치

그림 3.19 각종 누름 스위치

전등용 스위치, TV 수상기의 스위치와 같이 한 번 조작하면 접점이 ON 되어 손을 떼어도 계속 ON 상태를 유지하고 다시 한 번 누르면 원 상태로 되돌아오는 스위치를 **유지형 누름 스위치** 또는 **로크형 푸시버튼 스위치**라 한다. 수동조작 및 수동복귀 방식의 스위치이다. 이 밖에 스위치에 램프를 부착하여 스위치와 표시등의 기능을 한 곳에 모아 놓은 조광형 누름 스위치도 있나. 누름 스위치의 규격은 접점의 종류와 개수를 표시해 주고 또 패널에 부착할 때 뚫어주어야 할 구멍의 직경을 ϕ로 나타낸다. 접점은 1a용, 1b용, 1a-1b용, 2a-2b용 등이 있으며 구멍의 크기는 25mm용과 30mm용이 있다(25ϕ, 1a-1b용 누름 스위치, 30ϕ 1a용 누름 스위치 등).

3.1.10 표시등

표시등(pilot lamp)은 시퀀스 장치의 운전 상태를 운전자에게 빛으로 알려주기 위한 것으로 표 3.1과 같이 보통 색깔을 달리하여 색깔마다 기능을 부여하고 있다.

표 3.1 표시등 구분

구분	표시등
WL(white lamp)	전원 표시등
GL(green lamp)	정지 표시등
BL(blue lamp)	정지 표시등
RL(red lamp)	운전 표시등
OL(orange lamp)	경보 표시등
YL(yellow lamp)	경보 표시등

그림 3.20 표시등

이때 표시등의 색은 전구의 색이 아니라 표시등의 전구를 싸고 있는 유리구의 색을 말한다. 규격은 DC 24V, AC 110V, AC 220V 등의 사용 전압의 크기와 패널 부착용 구멍의 크기로 나타내며 ϕ25용과 ϕ30용이 있다. 직류용의 표시등은 전원의 극성을 맞추어 주어야 점등되는 것도 있다. 교류용 표시등의 경우 전구는 보통 6.3V의 것이 사용되고 표시등 내부에 교류 220V를 교류 6.3V로 낮추어주는 소형 변압기를 가지고 있다. 따라서 테스터기로 표시등의 단선 유무를 확인하고자 할 때는 표시등의 전원 인가용 단자가 아닌, 안에 있는 전구를 빼내어 베이스에서 확인하여야 한다. 그림 3.20은 표시등을 보여준다.

3.1.11 부저

부저(buzzer)는 시퀀스 장치에 이상이 생기거나 고장이 발생하였을 때 운전자에게 소리로 알려주는 경보용으로 사용된다. 직류용과 교류용이 있으며, 직류용은 전자 회로를 사용하여 다양한 소리를 내는 것들이 있다. 사용 전원은 DC24V용이 있고, 크기는 16mm용이 시판되고 있다. 교류용은 철판의 떨림으로 인한 소리라서 듣기에 매우 거북한 소리를 낸다. 사용 전원은 AC 220V용이 있고, 크기는 30mm용이 시판되고 있다. 그림 3.21은 부저를 보여준다.

그림 3.21 부저

3.1.12 단자대

단자대(terminal)는 제어반 내부의 결선과 전동기와 같은 외부 장치를 전기적으로 연결해 주는 접속부로서 고정식과 조립식이 있다. 조립식 단자대는 1개용의 단자를 알미늄 채널에 끼우는 방식으로 필요한 수만큼 조립하여 사용한다. 조립식 단자대는 15A, 25A 등 전류 규격이 다른 단자도 같은 채널에 필요한 수만큼 조립하여 사용할 수 있다. 그림 3.22는 단자대를 보여준다.

그림 3.22 단자대

3.1.13 유도전동기

유도전동기(induction motor)는 구조가 간단하고 취급이 용이하여 전동기 중에서 가장 많이 사용되는 것으로서, 가정의 세탁기, 냉장고, 선풍기 등의 가전제품으로부터, 농촌의 양수기, 산업 현장의 컨베이어, 선반 CNC 머신 등의 공작기계에 이르기까지 폭넓게 사용되고 있다.

(1) 유도전동기의 종류

유도전동기는 회전자의 철심에 축 방향으로 구리 막대 또는 알루미늄 막대를 끼우고 양단의 단락 링과 용접 또는 주조하여 2차 권선으로 한 것인데 그 모양이 마치 바구니 모양과 흡사하다 하여 이름 붙여진 농형 유도전동기와 회전자에 원형 동선 또는 평각 동선을 감아 넣은 다음 Y결선으로 접속하여 슬립 링과 브러시를 통하여 3선을 인출한 2차 권선을 가지고 있는 권선형 유도전동기가 있다.

① 농형 유도전동기

농형 유도전동기는 구조가 간단하고 값이 싸며 튼튼하고 고장이 적어 다루기가 간편하다. 또한 속도 변동도 적어 거의 정속도 운전이 가능하다. 단점으로는 기동전류가 매우 크고 기동 토크가 작다.

② 권선형 유도전동기

권선형 유도전동기는 기동 시 특별히 큰 토크가 필요한 경우 좋은 기동 특성을 가지고 있어 대용량의 유도전동기에 많이 쓰인다. 전원 용량이 작아 기동 전류에 의한 기동 시의 전압 강하가 문제가 되는 경우, 속도 제어가 필요한 경우 농형 유도전동기 대신 많이 사용된다. 구조가 복잡하고 가격이 비싸며 약간만 토크가 변해도 속도가 심하게 변화하므로 안전한 운전을 할 수 없는 단점이 있다.

③ 단상 유도전동기

단상 유도전동기는 대부분 농형 유도전동기가 사용된다. 보통 1Hp 이하의 출력을 가지는 전동기가 많이 사용되며 특수한 경우 1Hp 이상의 것도 있다. 가정의 전원으로 간단하게 사용할 수 있다. 대부분 출력이 400W 이하인 소형기로 가정용 전기 기구인 선풍기, 전기세탁기 등에 사용되고 있다. 3상 유도전동기에 비해 효율이 떨어지고, 기동토크가 작고, 크기가 크며 가격이 비싼 것이 단점이다.

(2) 유도전동기의 기동법

유도전동기는 기동 시 매우 큰 전류가 흐르게 되는데 이 전류를 기동 전류라 하고 보통 정상 전류의 4~6배 이상의 큰 전류가 흐르게 된다. 이 큰 기동 전류는 같은 배전선에 연결되어 있는 다른 부하에는 물론 전원에도 나쁜 영향을 준다. 따라서 기동 시에도 가급적 정상 전류와 비슷한 크기로 기동 전류의 값을 제한해 줄 목적으로 기동법을 생각하게 되었다. 기동법의 근본 원리는 전동기에 가해지는 전원 전압을 기동 시에는 정격전압보다 낮은 값을 가하여 기동전류가 적게 흐르도록 하면서 기동하고 회전속도가 정상 속도에 가까워지면 정격 전압으로 바꾸어 공급해주는 것이다.

① 권선형 유도전동기의 기동법

권선형 유도전동기는 회전자에 감긴 2차 권선을 슬립 링과 브러시에 접속하고, 여기에 저항기를 접속하여 2차 권선과 외부의 저항기가 직렬로 연결되도록 한 다음 전원 전압을 인가하여 기동한다. 전원 전압은 저항기에 걸린 전압 강하만큼을 뺀 나머지 전압만 2차 권선에 걸리게 되므로 기동전류가 제한되면서 기동을 시작하고, 점차 이 저항 값을 감소시켜 최종적으로는 연결된 저항기가 제거되고 2차 권선을 모두 단락하여 운전상태로 들어가는 것이다. 이와 같이 2차 권선측에 저항기를 연결하여 기동한다 하여 2차 저항 기동법이라고 한다.

② 농형 유도전동기의 기동법

(ㄱ) 직입 기동

소형 유도전동기는 기동 전류의 값도 작아 같은 배전선의 다른 부하나 전원에 미치는 영향이 별로 크지 않을 때 처음부터 정격 전압을 인가한 상태에서 그대로 기동하게 되는데 이를 **직입 기동** 또는 **전전압 기동**이라 하고, 5kW 이하의 소형 전동기에 적용된다. 정격전류의 약 4~9배의 기동전류가 흐른다.

(ㄴ) Y-Δ기동법

농형 유도전동기의 용량이 5~15[Kw] 사이의 것을 운전하려 할 때 사용한다. 고정자 권선의 결선을 외부에 연결된 마그네트 스위치에 의하여 기동 시에는 Y결선으로 하여 전전압의 $1/\sqrt{3}$의 전압만큼 가하고 기동이 완료된 후 Δ결선으로 바꾸어 전전압을 인가하는 기동방식이다. 기동전류는 1/3로 감소된다.

(ㄷ) 리액터 기동법

유도전동기의 고정자 권선의 외부에 리액터를 직렬로 접속하여 전원전압을 인가함으로써 전동기 권선에는 리액터에 걸리는 전압 강하분만큼을 뺀 낮은 전압을 가하여 기동 전류를 제한해주는 방식으로 고압 전동기에 적용된다. 펌프나 송풍기와 같이 기동할 때는 부하 토크가 작고, 가속하는데 따라 부하 토크가 증가하는 부하에 쓰인다.

(ㄹ) 저항 기동법

위의 리액터 기동법에서 리액터 대신 저항기를 사용한 기동법을 말한다.

(ㅁ) 쿠사 기동회로

쿠사(KUSA) 기동회로란 3상 유도전동기의 외부에 3개의 저항기를 직렬로 연결하여 기동하는 저항 기동법과는 달리 저항기를 1개만 연결하여 기동 특성을 오히려 나쁘게 함으로써, 전동기를 기동할 때 그 속도를 서서히 증가시키고 기동전류도 제한하는 기동법이다. 이 기동법은 방적기, 권선기, 제지공장, 합판 공장 등의 기동회로에 많이 사용된다.

(ㅂ) 기동 보상기 기동법

15[KW] 이상의 농형 유도전동기를 사용하고자 할 경우 단권 변압기에 선로 전압을 인가하고 그 중간의 탭(tap)에 전동기를 접속하여 기동하고 기동완료 후 직접 연결하는 방식의 기동법이다.

③ 단상 유도전동기의 기동법

단상 유도전동기는 3상 유도전동기와는 다른 구조를 가지고 있어 기동법 또한 다르다. 각 기동법에 대해 설명하기로 한다.

(ㄱ) 분상 기동형

주권선은 상당히 낮은 저항과 높은 리액턴스를 가지고 있고, 기동권선은 높은 저항과 낮은 리액턴스를 가지고 있다. 주권선과 기동권선을 병렬로 연결하는데, 기동권선에는 원심력 스위치를 부착하여 기동하고 정상속도에 가까워지면 원심력 스위치가 벌어져 기동권선을 전원으로부터 제거하는 방법이다. 기동권선은 기동 시에만 필요한 것으로 운전 중에도 연결되어 있으면 역률이 나빠져 전원으로부터 분리해 주는 것이다. 회전방향을 바꾸어 주려면 주권선이나 기동권선 중 어느 한쪽을 반대로 접속하면 된다. 이 전동기는 기동토크가 매우 작아 0.5HP 이하의 소형 전동기가 제작되고 있다.

(ㄴ) 콘덴서 기동형

기동 권선에 직렬로 콘덴서를 접속하여 기동하는 방식으로 높은 기동토크를 얻을 수 있다. 기동 콘덴서는 전동기가 70%의 속도에 도달하면 원심력 스위치에 의해 기동 권선과 함께 분리된다. 단상 유도전동기 중에서 가장 큰 기동토크를 낼 수 있어 최대 10HP의 전동기까지 있다.

(ㄷ) 영구 콘덴서형(콘덴서 런형)

기동 권선에 연결된 콘덴서를 기동이 끝난 후 운전할 때도 계속 접속한 채로 운전하는 것으로 이 콘덴서 값을 잘 조절하여 기동 토크도 크게 하고 운전 중에는 역률 개선용으로도 사용하게 되는 것이다. 선풍기나 세탁기 등에 많이 쓰인다.

㈃ 세이드 코일형(shade coil)

권선이 감긴 자극의 한쪽 끝을 갈라 여기에 단락 링을 끼운 세이드 폴(shade pole)을 사용한 전동기로, 전동기의 회전 방향은 주 자극에서 단락 링 쪽으로 회전하게 된다. 이 전동기는 기동토크가 매우 작고, 제작할 때부터 회전 방향이 결정되는 구조를 가지고 있어, 회전 방향의 변경이 필요 없고 힘이 작아도 되는 전축의 턴테이블, 팬(fan) 등의 전동기에만 사용된다.

3.2 전기 릴레이

3.2.1 전기 릴레이

앞에서 설명한 수동조작 스위치는 여러 개의 독립된 접점을 갖고 있지만 전기 리밋 스위치나 센서는 일반적으로 하나의 독립된 접점밖에는 없다. 그러므로 전기적으로 독립된 여러 개의 접점이 필요한 경우에는 다른 전기 부품을 이용하여 접점을 늘려 주어야만 한다. 이때, 접점을 늘려주는 것이 전기 제어에서 핵심적인 역할을 수행하는 전기 릴레이이다. 전기 릴레이는 과거에 통신 분야에서 약해진 신호를 중계해 주는 증폭기의 역할을 많이 담당하였으나, 현재는 통신 분야 보다는 공장자동화를 위한 제어 분야에 주로 이용되고 있다. 전기 릴레이는 전자석으로 작동되는 여러 개의 접점을 가진 전기 스위치라고 간단하게 표현할 수 있다.

(1) 전기 릴레이의 구조

전기 릴레이의 모형과 구조는 그림 3.23과 같이 자장을 형성하기 위한 코일, 전자석에 의하여 작동되는 접점 및 복귀 스프링으로 구성되어 있다. 전기 릴레이의 코일에 전기를 통하면 코일에 자장이 형성되어 릴레이의 아마추어(armature)가 코일의 코어(core)로 끌려가게 된다. 즉, 전자석에 의하여 아마추어와 기계적으로 연결된 여러 개의 접점이 작동되어 개폐된다. 그리고 코일에 통하는 전류를 차단하게 되면 자장이 사라지게 되므로 각 접점은 복귀 스프링에 의하여 원상태로 복귀된다. 전기 릴레이는 전기적으로 독립된 여러 개의 접점을 갖고 있으며 릴레이의 각 접점들은 전기적으로는 충분히 절연되어 있기 때문에 각 접점에는 서로 상이한 전압을 이용하여도 아무 문제가 발생되지 않는다. 24V용 전기 릴레이란 릴레이를 작동시키기 위한 코일이 24V용이란 뜻이다. 그러므로 24V용 릴레이라 할지라도 각 접점에는 110V, 220V 등의 상이한 전압을 사용하여도 무방하다.

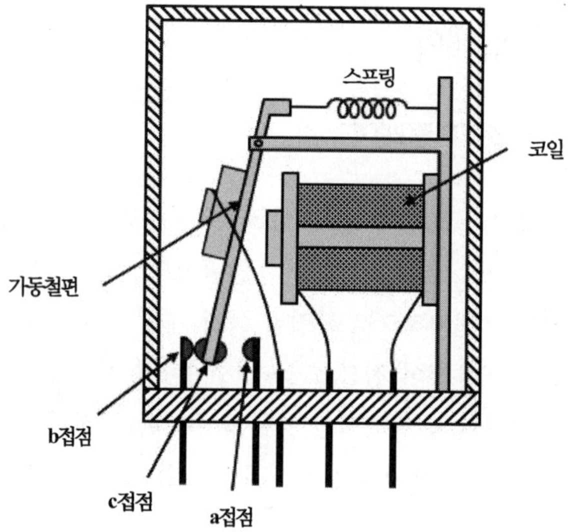

그림 3.23 전기 릴레이의 구조

(2) 일반 전기 릴레이

릴레이란 소량의 에너지를 이용하여 스위치 개폐나 제어에 이용되는 요소로서 주로 신호처리에 사용된다. 이는 특수 개폐능력을 가진 전기 스위치로 생각할 수 있다.

신호처리 요소로서 릴레이가 갖추어야 할 요건은 다음과 같다.

* 거의 정비를 요하지 않을 것.
* 많은 독립 회로를 개폐할 수 있을 것.
* 여러 동작 전압, 고 전류에 쉽게 사용 가능할 것.
* 개폐 시간이 짧을 것.

일반적으로 릴레이를 호칭할 경우에는 릴레이가 갖고 있는 접점을 이용한다. 즉, a접점을 3개, b접점을 1개 갖고 있는 릴레이는 3a-1b형이고, a접점이 2개, b접점이 2개인 릴레이는 2a-2b형이라고 부르고 있다. 제어 회로도에서 릴레이도 역시 표준화된 기호로만 표시되어야 한다. 릴레이의 표시기호에는 IEC 방식과 래더 방식의 두 가지가 있다. 그림 3.24에는 3a-1b형의 릴레이 기호를 보여준다. IEC 방식에서 릴레이는 K라는 약호로 표시되고, 래더에서는 CR 또는 R로 표시한다.

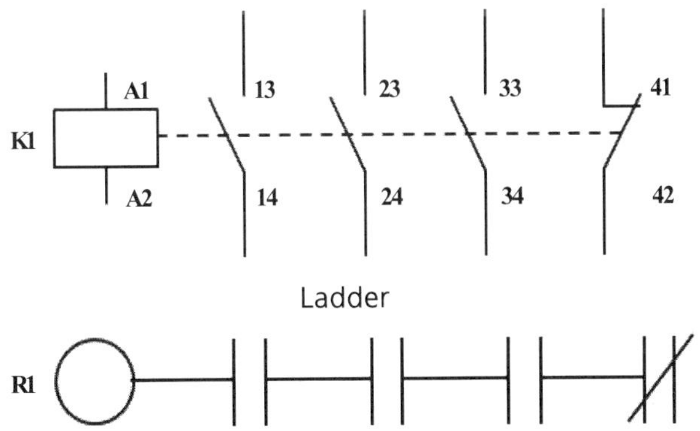

그림 3.24 3a-1b형 릴레이 기호

IEC 방식에서 (A1, A2)는 릴레이의 코일을 나타내고 (13, 14)는 첫 번째 a접점을, (23, 24)는 두 번째 a접점을, (33, 34)는 세 번째 a접점을, (41, 42)는 네 번째 b접전을 나타낸다. 즉 첫 번째 숫자는 접점의 순서를 나타내고 두 번째 숫자는 접점의 종류를 나타낸다. (1, 2)는 b접점을 나타내고 (3, 4)는 a접점을 뜻한다.

그러나 래더 방식에서는 각 접점을 표시하는 특별한 방식은 없다. 래더 회로도에서는 그림 3.25와 같이 릴레이 기호를 표시한다.

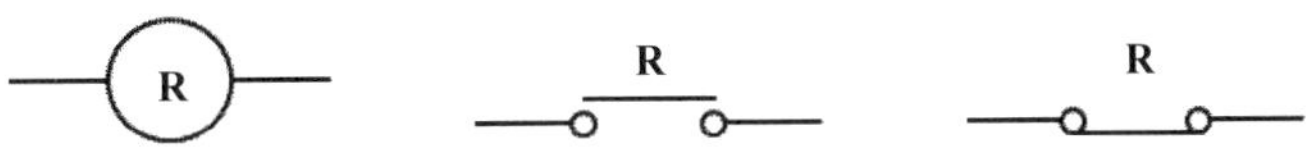

(a) 릴레이 코일 (b) 릴레이 a접점 (c) 릴레이 b접점

그림 3.25 래더 회로에서의 릴레이 기호

(3) 릴레이의 장단점

① 장점

* 여러 동작 전압에 쉽게 작동한다.
* 주위 온도의 영향을 많이 받지 않는다.

* −40°C~80°C에서 확실히 작동한다(일상생활에서 확실한 작동 보장).
* 개방 상태에서의 접점은 상대적으로 고전압이다.
* 여러 독립 회로의 개폐가 가능하다.
* 제어 회로와 주 회로 사이에 금속 절연이 되어 있다.

② 단점

* 상시 개방점은 아크나 산화에 의해 마모되기 쉽다.
* 트랜지스터에 비해 큰 공간이 요구된다.
* 개폐 시 딱딱거리는 소음이 발생한다.
* 개폐시간이 3~17ms로 제한된다.
* 접점이 먼지 등의 오염에 영향을 받으면 오작동의 주 원인이 된다.

3.3 센서

전기 회로에서 입력 신호 요소는 크게 나누어 접촉식 센서와 비접촉식 센서로 구분할 수 있다. 대표적인 접촉식 감지 센서로는 리밋 스위치가 있는데 스위치에 부착된 롤러, 바, 핀 등이 감지하고자 하는 물체에 의하여 눌려지면 접점이 개폐되어 물체의 유무나 위치를 감지한다. 사용되는 곳으로는 기계나 실린더 운동에서 특정 위치나 실린더나 기구의 최종 운동 위치를 감지하는 데 이용되며 신뢰성이나 개폐점의 정확도 등을 고려하여 선정하여야 한다.

비접촉식 센서에는 자력에 의하여 작동되는 리드 스위치, 광전 소자에 의하여 작동되는 광센서, 고주파 발진 원리에 의하여 작동되는 유도형 센서, 정전 용량형 센서처럼 유전율의 변화를 이용한 센서 등이 있다. 그림 3.26은 비접촉식 센서를 보여준다. 비접촉식 센서는 다음과 같은 장점을 갖고 있다.

* 센서에 마모가 발생되지 않는다.
* 접촉식 센서보다 보수 유지 측면에서 매우 유리하다.
* 근접하여 감지 작업을 하므로 센서에 무리가 발생되지 않는다.
* 센서를 작동시키는 데 외력이 필요하지 않다.
* 스위칭 주파수가 매우 높으므로 감지 분해능이 매우 좋다.
* 대부분의 위치에 설치 가능하다.
* 내구 수명이 스위칭 사이클에 종속되지 않으므로 수명이 오래간다.

(a) 유도형 센서 (b) 정전 용량형 센서 (c) 광 센서

그림 3.26 비접촉식 센서

3.3.1 유도형 센서

유도형 센서(inductive sensor)는 금속에만 반응하는 센서이다. 이 센서는 LC 회로를 이용하여 센서 앞에 높은 주파수의 전장을 형성한다. 만약 금속 물체가 이 전장 내에 들어오게 되면 금속 물체에 와전류(eddy current)가 형성되어 센서 내부의 진동자(oscillator)에 전압 강하 현상이 발생하게 된다. 그러면 물체의 존재 유무를 감지할 수 있게 된다. 이 센서의 감지 거리는 대체로 센서 직경의 1/2 정도로 크지 않지만, 스위칭 시간은 매우 짧아 2,000 pulse/sec 정도가 된다. 유도형 센서는 작동력이 충분하지 못해 기계적 리밋 스위치를 사용할 수 없거나, 자장에 의한 감지 능력이 부족해 리드 스위치의 사용도 불가능한 경우에 이용된다. 유도형 센서는 발진기(oscillator), 스위칭 단계(signalling stage), 증폭기(amplifier)로 구성된다. 작동방식은 센서 내부의 코일에 의하여 센서 앞에 원형 형태의 고주파 교류장을 만들고, 금속 부분이 교류장 내에 들어오면 금속 내에 와전류가 발생하여 발진기의 에너지를 빼앗아 간다. 이에 의한 발진기 내의 전압 강하를 감지하여 신호를 발생시킨다. 유도형 센서는 사용하는 전기에 따라 교류형과 직류형이 있다. 그림 3.27~그림 3.29는 유도형 센서의 기호, 구조 및 발진 파형을 보여준다.

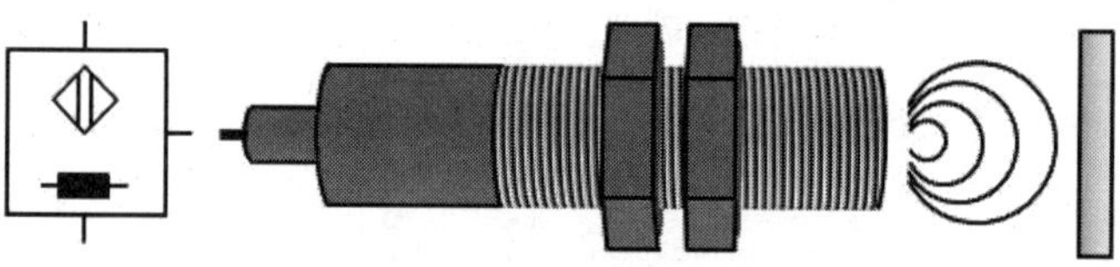

그림 3.27 유도형 센서 기호

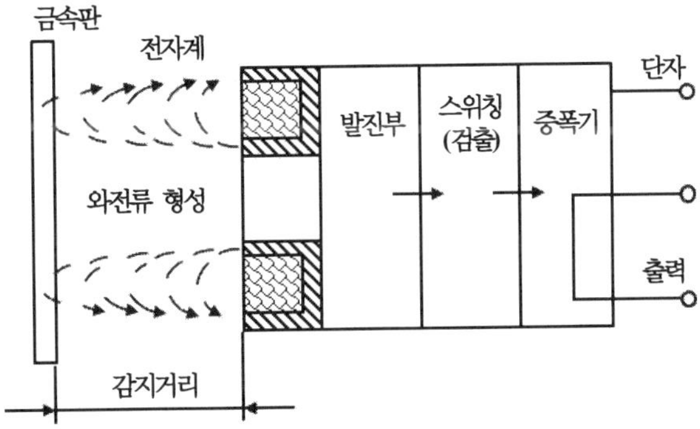

그림 3.28 유도형 센서의 구조

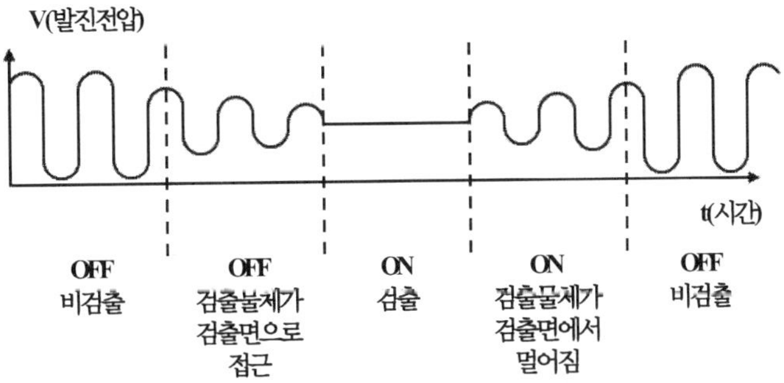

그림 3.29 발진 파형

3.3.2 정전 용량형 센서

정전 용량형 센서(capacitive sensor)는 유도형 센서와는 달리 금속, 비금속에 관계없이 모든 물체에 반응을 나타낸다. 센서의 분극 현상을 이용하므로 플라스틱, 유리, 도자기, 목재와 같은 절연물과 물, 기름, 약물과 같은 액체도 검출이 가능하다. 이 센서의 앞에 물체가 놓이게 되면 센서와 그라운드 사이의 정전 용량(electric capacitance)이 증가하게 된다. 즉 콘덴서의 두 판 사이에 유전율(dielectric constant)이 1보다 큰 물질이 놓여서 콘덴서의 용량이 증가하는 것과 마찬가지로 센서 앞에 어떤 물체가 놓이게 되면 센서에 평소보다 많은 전기가 저장될 수 있게 된다. 공기를 제외한 모든 물체는 유전율이 1보다 크기 때문에 이 센서는 모든 물체를 감지할 수 있게 된다. 그러나 종이와 같이 유전율이 크지 않은 물체는 어느 정도 이상의 두께가 되어야 감지가 가능하며 스위칭 시간은 유도형 센서보다 길어서 10pulse/sec 정도이다. 좀 더 자세히 정전 용량형 센서의 원리를 알아보기로 하자. 그림 3.24와 같이 극관에 (+)전압을 인가하면 극판면에는 (+)전하가 대지 쪽에는 (−)전하가 발생하면서 극판과 대지 사이에 전계가 생긴다. 물체가 극판 쪽으로 접근하면 정전 유도를 받아서 물체 내부에 있는 전하들이 극판 쪽으로는 (−)전하가, 반대쪽으로는 (+)전하가 이동하게 되는데, 이것을 분극 현상이라고 한다. 물체가 극판에서 멀어지면 분극 현상이 약해져서 정전 용량이 적어지고, 반대로 극판 쪽으로 접근하면 분극 현상이 커져 극판면의 (+)전하가 증가하여 정전 용량이 커지는데 이 변화를 검출하여 물체의 유무를 판별하게 되는 것이다. 그림 3.30~그림 3.33은 용량형 센서의 원리, 기호, 구조 및 발진 파형을 보여준다.

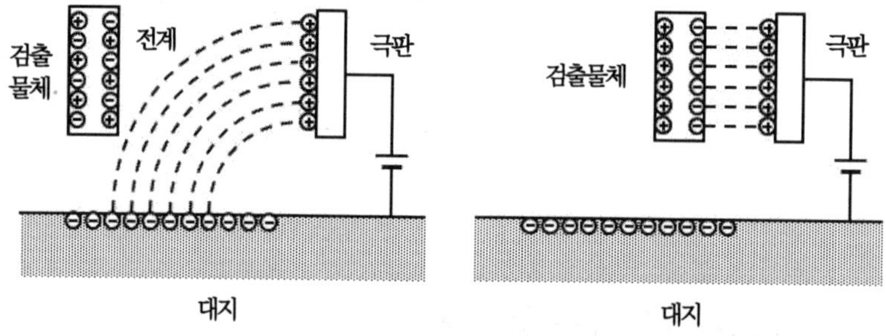

그림 3.30 용량형 센서의 원리

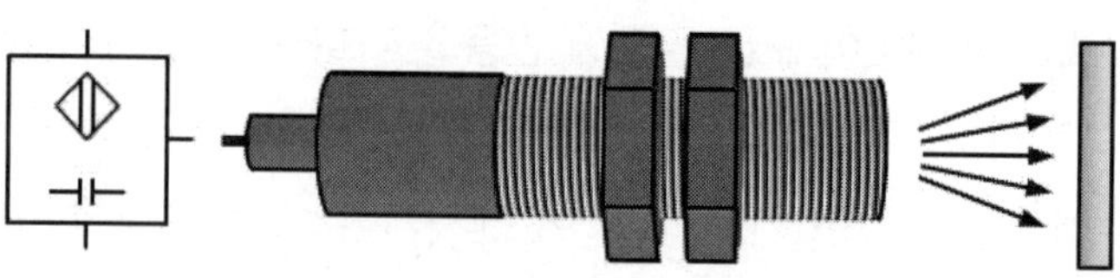

그림 3.31 용량형 센서 기호

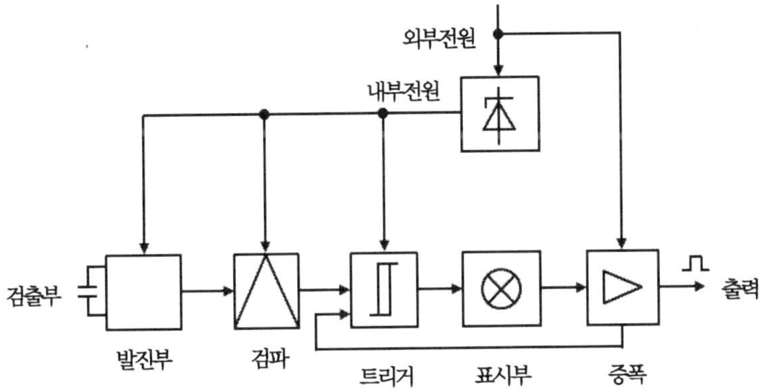

그림 3.32 용량형 센서의 구조

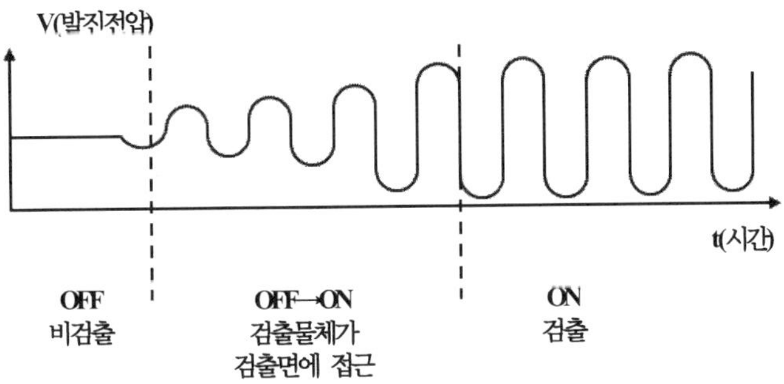

그림 3.33 발진 파형

3.3.3 광센서

광센서(optical sensor)도 정전 유도형 센서와 마찬가지로 모든 물체를 감지할 수 있으며 감지거리가 가장 길다. 빛을 이용하여 물체 유무, 속도나 위치 검출, 레벨, 특정표시 식별 등을 하는 곳에 사용되며, **포토센서**(photo sensor) 또는 **광학센서**(optical sensor)라고도 한다. 자외광에서 적외광까지 넓은 영역에 걸쳐 광 에너지를 검출하며, 제어의 용이함 때문에 전기 신호로 변환되는 경우가 많아 광기전력 효과형, 광도전 효과형, 광전자 방출형으로 분류하기도 한다. 그러나 투명한 유리 등을 감지할 경우에는 센서를 주의하여 설치하여야 한다. 그림 3.34는 광센의 기호를 나타낸다.

① 광도전 효과형

카메라 조도계에 이용되는 황화카드뮴 센서(CdS)가 대표적으로 반도체에 빛이 닿으면 자유전자와 정공이 증가하고 반도체의 저항변화에 의해 광량에 비례한 전류가 증가하는 광도전 효과를 이용한 것이다.

② 광기전력 효과형

P-N접합부에 발생하는 광기전력 효과를 이용한 것으로 포토 다이오드, 포토 트랜지스터 등이 있으며, 입사광을 유효하게 이용하기 위해 표면에 반사 방지층을 설치한다.

③ 광전자 방출형

미약광을 검출할 수 있는 것으로 응답속도가 빨라 정밀 광계측 기기에 응용되는 광전자 증배관이 대표적이다.

(1) 구조 및 동작 원리

① 광센서는 발광부(투광부)와 수광부로 나누어지며 발광부에 의해 만들어진 신호를 전기적 신호로 변환하는 장치이다.

② 수광부의 응답은 파장의 종류에 따라 달라진다.

③ 빛은 전자파의 일종으로 입자성을 띤 파동이다.

④ 가시광의 영역은 보라색(약 380nm)에서 빨간색(약 780nm)까지 좁은 부분이며, 주파수 영역은 1015Hz 범위에 있다.

⑤ 가시광선용과 적외선 및 레이저 센서 등으로 크게 구분된다.

⑥ 발광부는 적색광 또는 적외광을 방출하는데, 이들 빛은 직진, 굴절, 집중, 간섭, 반사, 산란과 같은 광학적 현상을 갖는다. 수광부는 이들 빛을 외란 광과 분리하여 받아들인다.

⑦ 구조적으로는 발광부와 수광부가 한 몸체로 구성된 확산 반사형 센서(직접 반사형, diffuse sensor)와 회귀 반사형 센서(미러 반사형 또는 거

울 반사형, retro reflective sensor), 서로 다른 몸체로 구성된 투과형 센서(분리형, through beam sensor)가 있다.

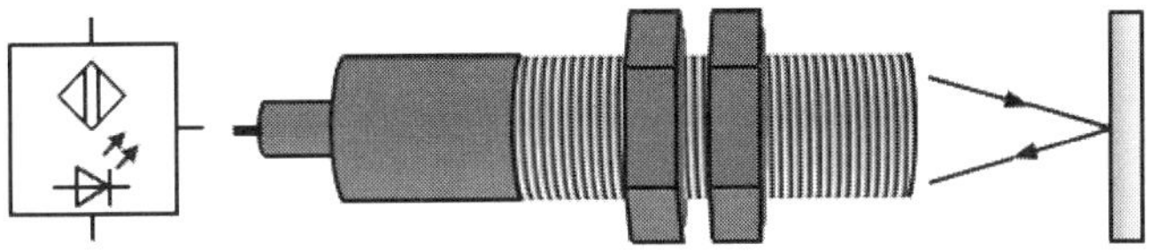

그림 3.34 광 센서 기호

(2) 광 센서의 종류와 특징

① 투과형 센서

마주 보는 투광기와 수광기 간의 광축을 검출 물체가 차단하여 검출한다

* 투광기와 수광기로 구성되며, 설치할 때는 광축이 일치하도록 일직선상에 마주 보도록 해야 한다.
* 검출체가 접근하여 빛을 차단하면 수광기에서 검출신호가 발생한다.
* 검출거리가 가장 길고 검출 정도도 높으나 투명물체의 검출은 곤란하다.

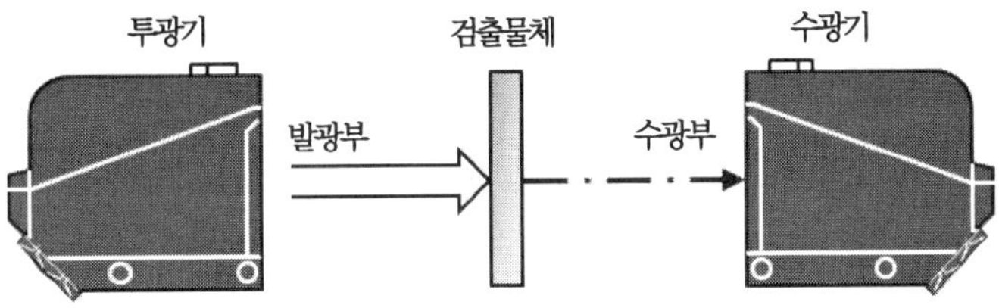

그림 3.35 투과형 광센서 원리

② 미러 반사형

센서로부터 나와 반사판(미러)에서 되돌아오는 빛을 검출 물체가 차단하여 검출한다.

* 투광기와 수광기가 한 몸에 조립되어 있고, 반사경으로 거울인 미러를 사용한다.

* 동작원리는 투광기와 미러 사이에 미러보다 반사율이 낮은 물체가 광을 차단하면 출력신호가 나온다.
* 광축 조정은 쉬우나, 반사율이 높은 물체는 검출이 곤란하다.
* 편측 배선뿐이므로 설치 장소나 배선비용이 투과형에 비해 싸게 들고 직접 반사형보다 검출 거리가 길다는 장점이 있다.

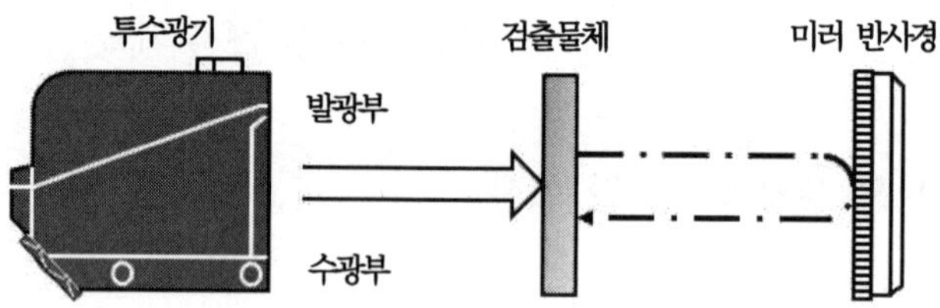

그림 3.36 미러 반사형 광센서 원리

③ 직접 반사형

검출 물체에 빛을 조사한 후 검출 물체에서 나오는 반사광을 수광하여 검출한다.

* **확산 반사형**이라고도 한다.
* 미러 반사형처럼 투광기와 수광기가 하나의 케이스에 내장되어 있으며, 투광부로부터 나온 빛이 검출물체에 직접 부딪혀 그 표면에 반사하고, 수광부는 그 반사광을 출력신호를 발생시킨다.

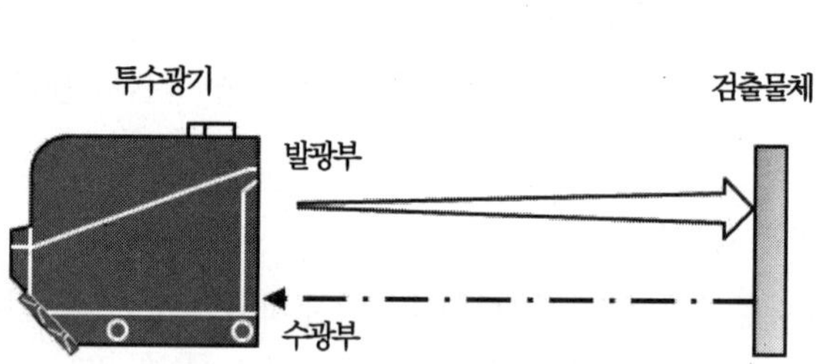

그림 3.37 직접 반사형 광센서 원리

④ 협시계 반사형

검출 물체에 스폿광을 조사한 후 검출 물체에서 나오는 반사광을 수광하여 검출한다.

* 배경의 영향이 적다.
* 마크 검출이 가능하다.
* 기계 등의 틈에서 검출이 가능하다.
* 검출 스폿을 눈으로 확인하는 것이 가능하다.

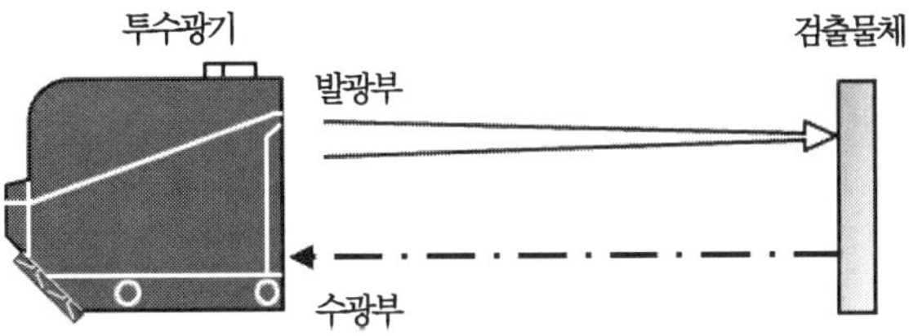

그림 3.38 협시계 반사형 광센서 원리

⑤ 한정 반사형

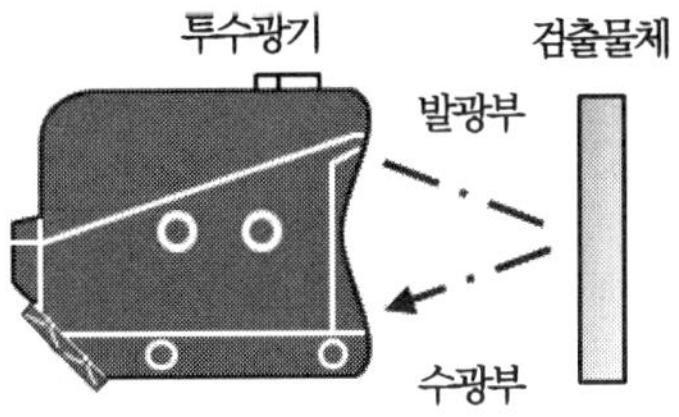

그림 3.39 한정 반사형 광센서 원리

투광기와 수광기를 각도가 있는 구조로 하여 각각의 광축이 교차하는 한정된 영역에서만 검출한다.

* 배경의 영향이 적다.
* 응차 거리가 짧다. 여기서, 응차 거리는 반사형의 동작 거리와 복귀 거리의 차이에 대한 절대값을 의미한다.
* 작은 요철 검출이 가능하다.

⑥ 거리 설정형

검출 물체에 스폿을 조사한 후 검출 물체에서 나오는 반사광의 각도 차이로 검출한다.

* 반사율이 높은 배경물의 영향을 받지 않는다.
* 검출 물체의 색과 재질의 반사율이 달라도 안정 검출이 가능하다.
* 소형 물체의 고정도 검출이 가능하다.

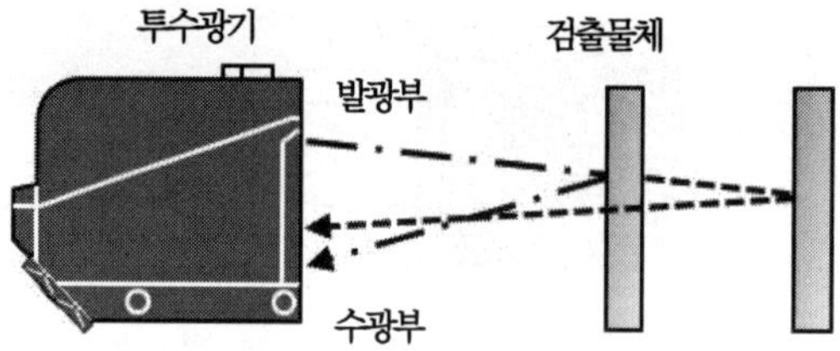

그림 3.40 거리 설정형 광센서 원리

⑦ 광택도 판별용 반사형

검출 물체에 스폿을 조사한 후 정반사와 확산 반사의 차이로 광택도의 차이를 검출한다.

* 온라인 상태에서 사용이 가능하다.
* 색의 영향을 받지 않는다.
* 투명체라도 검출이 가능하다.

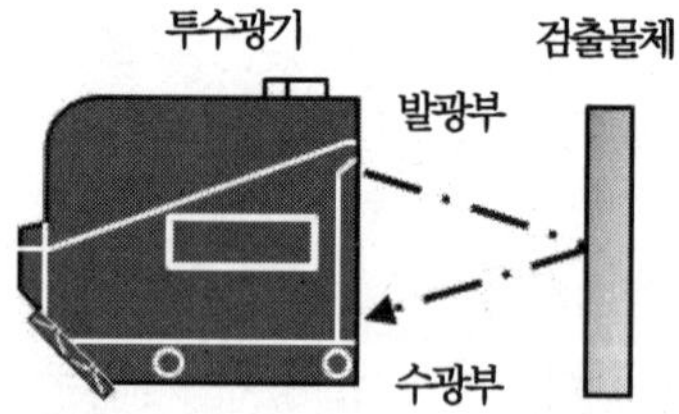

그림 3.41 광택도 판별용 반사형 광센서 원리

3.3.4 리드 센서

리드 센서(reed sensor)는 **리드 스위치**(reed switch)라고도 하며, 2개의 강자성체의 리드(lead)편이 서로 대립이 되어 유리관 안에 봉입이 되어 있다. 유리관 안에는 접점의 손상을 막기 위해 불활성 가스가 봉입되어 있으며, 접점은 로듐(Rh) 또는 루테늄(Ru) 등으로 도금이 되어 있다. 리드 센서는 코일 또는 영구 자석에 의해 양쪽 리드편에 N극과 S극이 유도되어 자기 흡인력에 의하여 작동을 하게 된다. 또 자계가 소거되면 리드편의 탄성에 의하여 접점이 복귀된다. 접점의 마모 염려가 없고, 수명이 길며 응답 속도가 빠르다. 접촉 신뢰성이 높은 장점을 가지고 있으나, 자성체만 감지된다. 리드 센서의 응답 속도는 1초에 100회 정도의 성능을 가지고 있으며, 허용 전류는 0.02~0.3A까지 흘릴 수 있다. 그림 3.42는 리드 센서의 원리 및 기호를 보여준다.

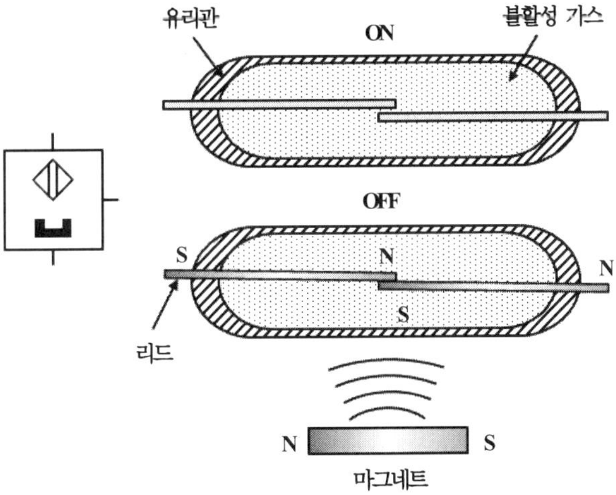

그림 3.42 리드 센서의 원리 및 기호

3.4 솔레노이드 밸브

3.4.1 솔레노이드의 원리

솔레노이드 밸브는 전기 신호로 작동되는 방향 제어 밸브, 즉 전자석으로 작동이 되는 밸브이므로 공·유압유의 흐름의 변환, 즉 방향 제어 밸브의 스위칭을 전기 신호로 원격 제어할 수 있기 때문에 가장 많이 사용되고 있는 작동 방법이다. 솔레노이드의 원리를 요약해 보면 다음과 같다.

① 전선에 전류가 흐르게 되면 전선 주위에 자장이 형성되게 된다.
② 전선 한 가닥에 생기는 자장은 매우 약하지만 전선이 코일(coil) 형태를 이루게 되면 자력이 집중되어 큰 자력이 생기게 된다.
③ 솔레노이드 밸브는 이렇게 코일에 의하여 형성된 자력의 힘으로 밸브의 스풀을 움직여 밸브를 작동시키는 것이다.
④ 솔레노이드 코일에 의하여 형성되는 자력의 세기는 코일의 감긴 회수와 전류의 세기에 비례하여 커진다.

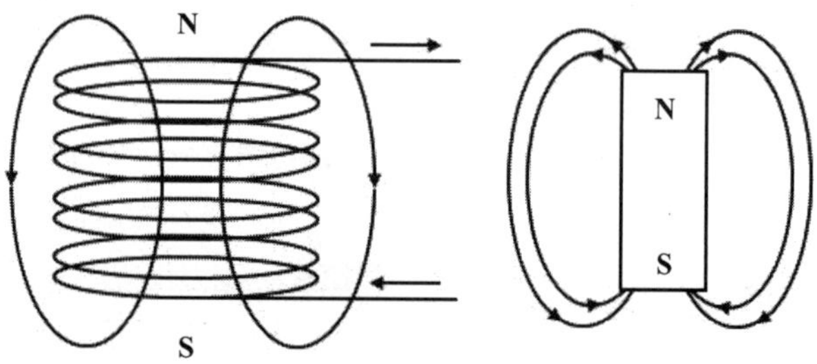

그림 3.43 솔레노이드의 원리

3.4.2 솔레노이드 밸브

제어의 개념을 다룰 때 이미 설명한 바와 같이, 제어계에서 압축 공기와 전기를 모두 사용하여 두 매체의 장점을 이용하려면 신호 변환 장치가 필요하게 된다. 변환 장치에는 전기 신호를 공압 신호로 변환해 주는 솔레노이드 밸브가 있으며 이는 공압 밸브와 전기 개폐 부분으로 구성되어 있다. 솔레노이드 밸브는 크게 편측 솔레노이드 밸브와 양측 솔레노이드 밸브로 구분된다. 편측 솔레노이드 밸브는 공압 밸브의 한쪽에만 솔레노이드가 부착되어 있다. 편측 솔레노이드 밸브에서는 솔레노이드가 동작하면 공기의 유로가 변경되고 솔레노이드의 동작이 멈추면 내장된 스프링의 힘으로 유로가 원래 상태로 돌아오게 된다. 따라서 편측 솔레노이드 밸브를 이용하여 유로를 계속 변경된 상태로 만들기 위해서는 지속 작동을 시켜야 한다. 지속 작동이란 밸브를 작동시키기 위해서는 계속해서 신호를 가해 주어야 하는 작동 방법을 말한다. 대부분의 경우 밸브의 원위치는 보통 스프링에 의하여 이루어진다.

양측 솔레노이드 밸브는 공압 밸브의 양쪽에 솔레노이드가 부착되어 있다. 따라서 한쪽 솔레노이드에 전기 신호를 주면 유로가 변경되고 전기 신호가 제거 되어도 유로가 변경된 상태를 유지한다. 다시 유로를 원래대로 변경하려면 반대쪽에 부착되어 있는 솔레노이드에 전기 신호를 가해 주어야 한다. 따라서 양측 솔레노이드는 순간 작동이 된다. 순간 작동이란 순간적인 신호만으로 밸브를 작동시킬 수 있는 경우이다. 짧은 신호만으로도 밸브의 전환이 일어나며 신호가 없어져도 그냥 그 위치가 유지된다. 유로를 원래대로 변경하려면 반대 방향의 신호가 필요하다. 따라서 이러한 순간 작동으로 동작되는 밸브들은 메모리 기능이 있다고 한다. 솔레노이드 밸브는 DC를 사용하는 경우와 AC를 사용하는 경우가 있다. 대부분 DC24V의 솔레노이드 밸브가 사용되고 있으나 교류를 사용하는 경우도 있으므로 주의가 필요하며, 각 솔레노이드의 특징은 다음과 같다.

DC 솔레노이드의 특징

① DC 솔레노이드에 전압이 인가되면 코일을 통과하는 전류는 0에서 최대치까지 서서히 상승한다.

② DC 솔레노이드에서는 주어진 전압하에서 코일의 저항이 일정하므로 코일을 통과하는 전류도 일정하다.
③ 그러므로 전류의 세기가 최대치까지 서서히 상승한 후에는 전류 세기의 변화는 없게 된다.
④ 전기 부품 취급 시 안전하고, 사람에게 안전적 지장을 주지 않는 최대 전압을 사용한다.
⑤ 현장 수리 시 안전하고 작업자가 배선 실수를 했을 때 타 장비로의 손실을 일으키지 않는다.
⑥ 부품 적용성이 뛰어나고 기술의 접목이 좋으며 수명이 길다.
⑦ 신호 전송 시 신호의 왜곡이 생길 우려가 있다.

AC 솔레노이드의 특징

① AC 솔레노이드에서 총 저항에 해당하는 임피던스(impedance)는 플런저가 자유 위치(초기 위치)에 있을 때는 매우 작고, 플런저가 자력에 의하여 당겨져서 평형 위치로 이동될수록 증가하게 된다.
② 따라서 AC 솔레노이드에 전압을 인가하면, 처음에는 저항이 작다가 점차 증가하게 되므로 코일에 흐르는 전류의 세기는 반대로 처음에는 강하나 점점 작아지게 된다.
③ AC 솔레노이드에서는 전압이 인가될 때 많은 전류가 흐르게 되는데 이 전류를 돌입 전류라 하고, 솔레노이드 밸브가 완전히 작동되었을 때의 전류를 유지 전류(holding current)라 한다.
④ 돌입 전류의 세기는 밸브의 종류에 따라 다르지만 일반적으로 유지 전류의 10배 이상이 된다.
⑤ 높은 전압이므로 안전사고에 주의하여야 하며, 부품의 적용성이 적고, 수명이 DC보다 짧다.
⑥ 강한 전류를 보내므로 신호 전송 시 신호의 왜곡이나 손실이 거의 없다.

표 3.2는 전자석의 종류에 따른 솔레노이드 밸브의 분류를 나타낸다.

표 3.2 전자석의 종류에 따른 분류

구분	종류	특징
조작 방식	직동형	• 응답성이 좋다. • 소비전력이 크다.
	파일럿형	• 소비전력이 작다. • 응답성이 느리다. 동작이 조용하다.
전자석의 종류	T플런저형	• 형상이 크고 소비전력이 크다. • 흡인력이 커서 행정길이를 길게 할 수 있다. • 스풀형의 직동식에 많이 사용된다.
	I플런저형	• 크기가 소형이다. • 파일럿 작동형에 주로 채용된다.
전원의 종류	DC 전원형	• 작동이 원활하다. 스위칭이 용이하다. • 사용 수명이 길다. 소음이 적다.
	AC 전원형	• 스위칭 시간이 빠르다. • 흡인력이 세다. 잡음이 생긴다.

다음에 대표적인 솔레노이드 밸브를 간략히 소개하도록 한다.

(1) 2/2-way 편측 솔레노이드 밸브(NC형)

솔레노이드에 전기 신호가 입력되면 아마추어(armature)는 위로 당겨진다. 이 결과로 P와 A는 서로 연결되어 유로가 형성되고 출구 R은 닫힌다. 솔레노이드에 공급되던 전기 신호가 차단되면 스프링에 의하여 아마추어는 원위치 되어 P와 A에 형성되었던 유로는 차단된다.

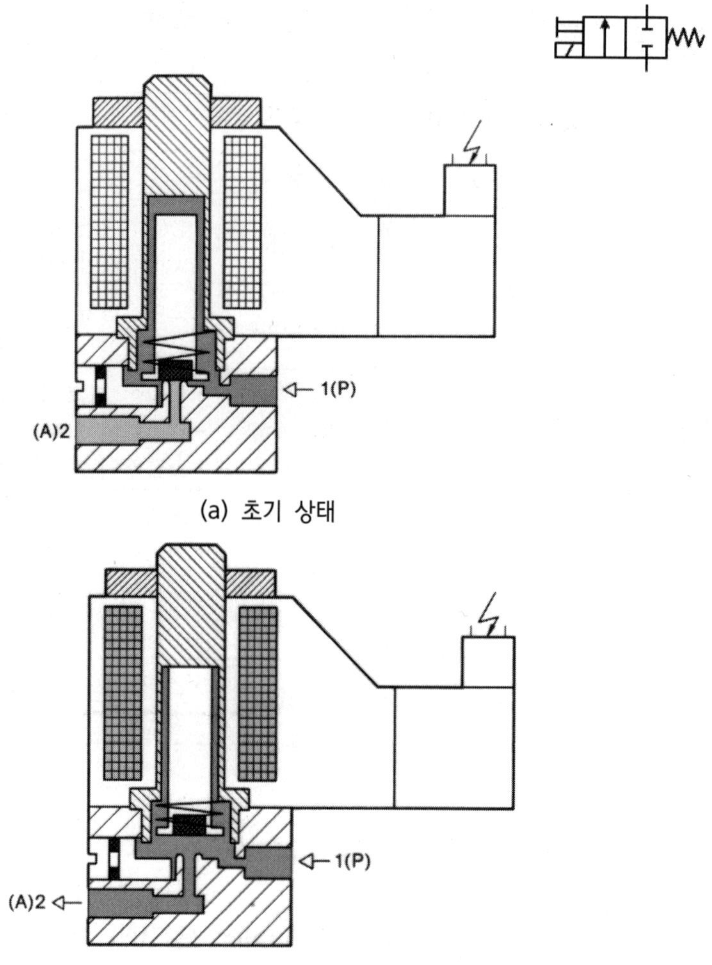

(a) 초기 상태

(b) 동작 상태

그림 3.44 2/2-way 밸브(솔레노이드 작동, 직동형, N/C)

(2) 3/2-way 편측 솔레노이드 밸브(NC, 직접 작동형)

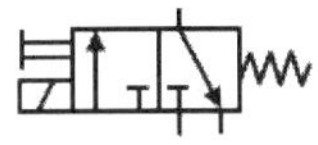

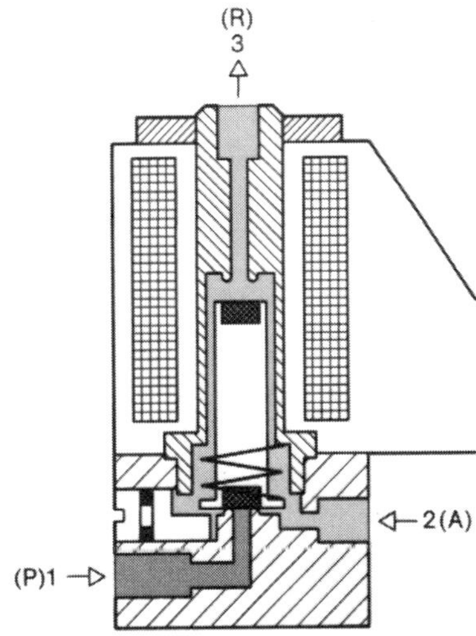

(a) 초기 상태

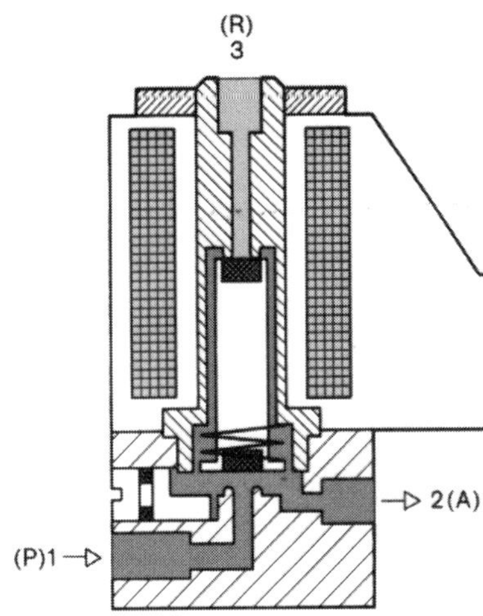

(b) 동작 상태

그림 3.45 3/2-way 밸브(솔레노이드 작동, 직동형, N/C)

솔레노이드에 전기 신호가 입력되면 아마추어는 위로 당겨진다. 이 결과로 P와 A는 서로 연결되어 유로가 형성되고 출구 R은 닫힌다. 솔레노이드에 공급되던 전기 신호가 차단되면 스프링에 의하여 아마추어는 원위치 되어 P와 A에 형성되었던 유로는 차단된다. 이와 같은 직동형 솔레노이드 밸브는 일반적으로 자력이 충분하지 못한 경우에 밸브의 공칭 치수가 커지면 솔레노이드 부가 너무 커지게 되어 전기 소모도 많아지고 아마추어 부와의 간극에 이물질이 끼게 되면 전류가 많이 흘러 솔레노이드 부가 타는 경우도 발생된다. 따라서 직동형의 솔레노이드 밸브가 사용되는 경우는 공압 밸브 본체가 소형인 경우로 국한되고 일반적으로 1/8″ 이상의 솔레노이드 밸브인 경우에는 대부분 간접 작동형의 밸브가 사용된다.

(3) 3/2-way 편측 솔레노이드 밸브(NO, 직접 작동형)

솔레노이드에 전기 신호가 입력되면 아마추어는 위로 당겨진다. 이 결과로 P와 A는 서로 차단되어 유로가 닫힌다. 솔레노이드에 공급되던 전기 신호가 차단되면 스프링에 의하여 아마추어는 원위치 되어 출구 R은 닫히고 P와 A의 유로가 형성된다.

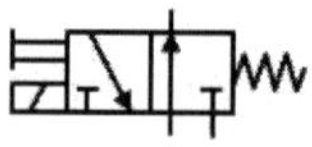

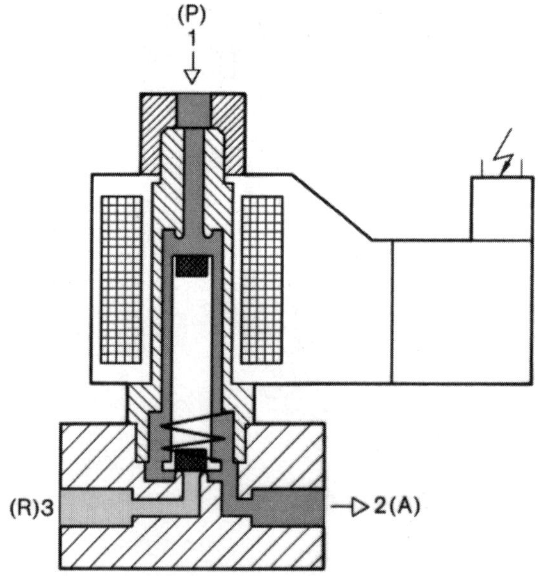

(a) 초기 상태

그림 3.46 3/2-way 밸브(솔레노이드 작동, 직접 작동형)

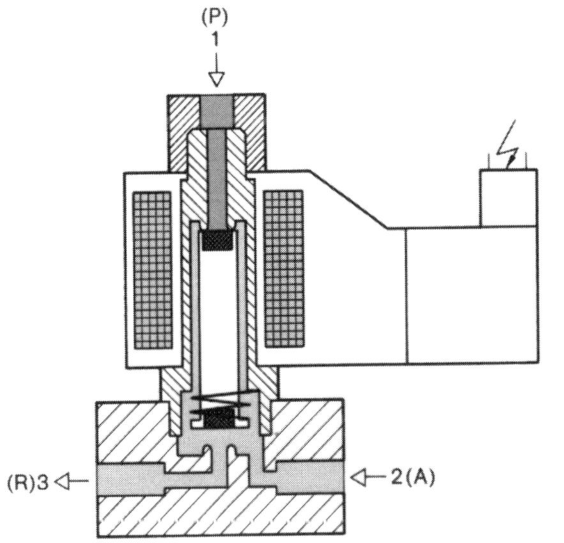

(b) 동작 상태

그림 3.46 3/2-way 밸브(솔레노이드 작동, 직접 작동형) (계속)

(4) 3/2-way 편측 솔레노이드 밸브(NC, 간접 작동형)

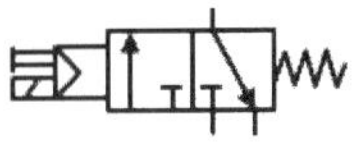

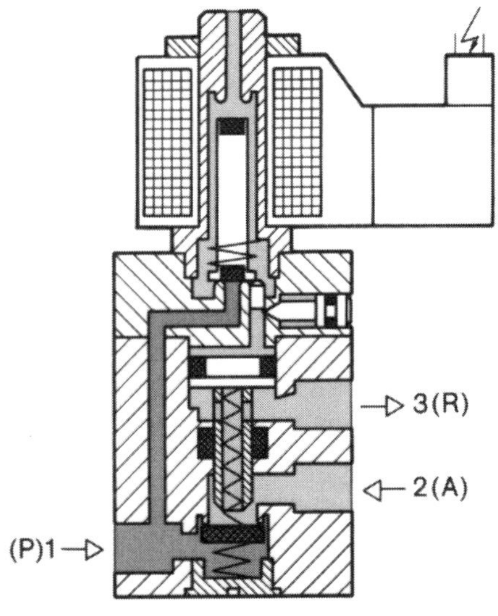

(a) 초기 상태

그림 3.47 3/2-way 밸브(솔레노이드 작동, 간접 작동형)

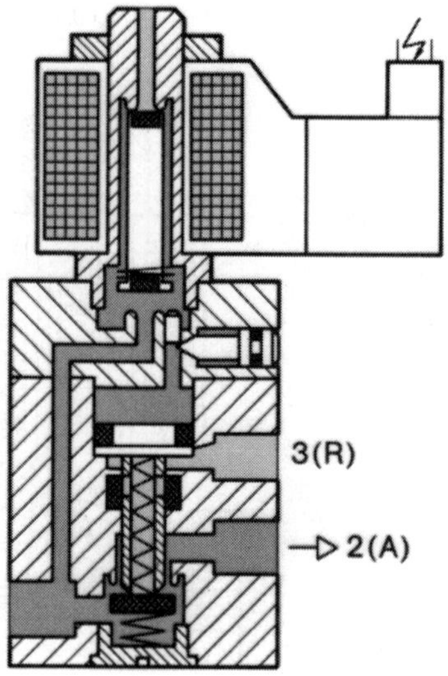

(b) 동작 상태

그림 3.47 3/2-way 밸브(솔레노이드 작동, 간접 작동형) (계속)

압력 공급선 P와 파이로트 밸브는 작은 관으로 연결되어 있다. 솔레노이드에 통전이 되면 파이로트 밸브가 열리게 되고 압축공기는 주 밸브의 제어 피스톤으로 흐르게 된다. 그러면 제어 피스톤에 압력을 가하게 되어 P와 A가 연결된다. 솔레노이드가 소자되면 내장된 스프링에 의해 피스톤이 원위치로 돌아오게 되며 A에서 R로 유로가 형성된다.

(5) 4/2-way 편측 솔레노이드 밸브(간접 작동형)

압력 공급선 P와 파이로트 밸브는 작은 관으로 연결되어 있다. 솔레노이드에 통전이 되면 파이로트 밸브가 열리게 되고 압축공기는 주 밸브의 제어 피스톤으로 흐르게 된다. 그러면 2개의 제어 피스톤에 압력을 가하게 되어 P와 A, B와 R이 연결된다. 솔레노이드에 전기를 제거하면 내장된 스프링에 의해 원위치로 돌아오게 되며 P에서 B로, A에서 R로 유로가 형성된다.

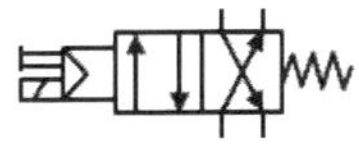

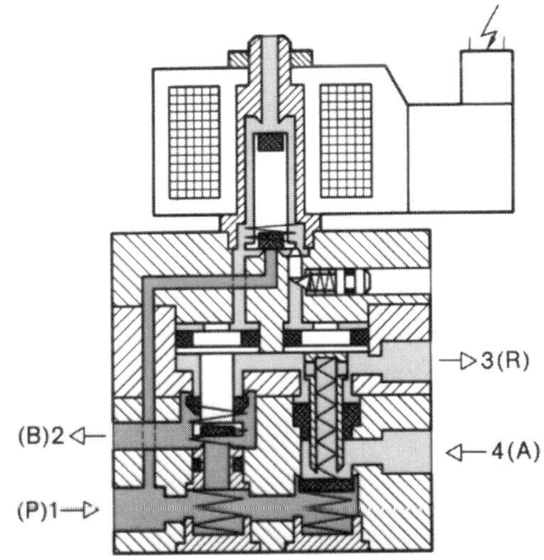

(a) 초기 상태

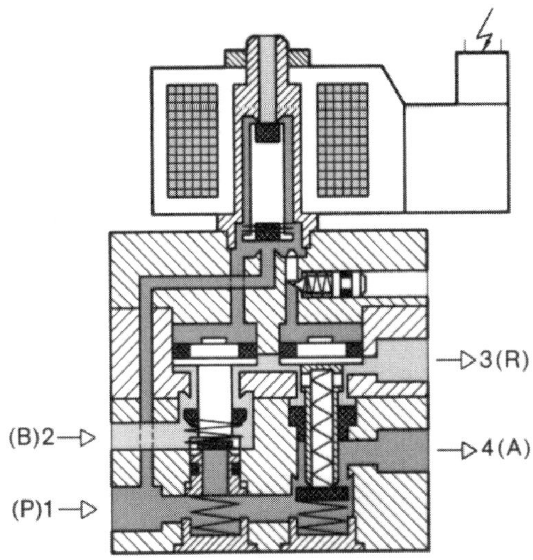

(b) 동작 상태

그림 3.48 4/2-way 밸브(솔레노이드 작동, 간접 작동형)

(6) 5/2-way 편측 솔레노이드 밸브(간접 작동형)

이 밸브는 4/2-way 편측 솔레노이드 밸브와 기능이 동일하나 구조는 다르다. 제어 밸브와 주 밸브로 구성되어 있고 제어 밸브는 전기적 신호로 주 밸브는 압축 공기의 간접 가압 작용에 의해서 제어된다. 전기 신호가 아마추어에 작동되면 압축 공기가 제어 관로를 통해서 밸브 피스톤을 움직여 압축 공기는 P에서 A로, 배출 공기는 B에서 S로 연결되고, 전기 신호가 제거되면 정상 위치가 되어 압축공기는 P에서 B로, 배출공기는 A에서 R로 연결된다.

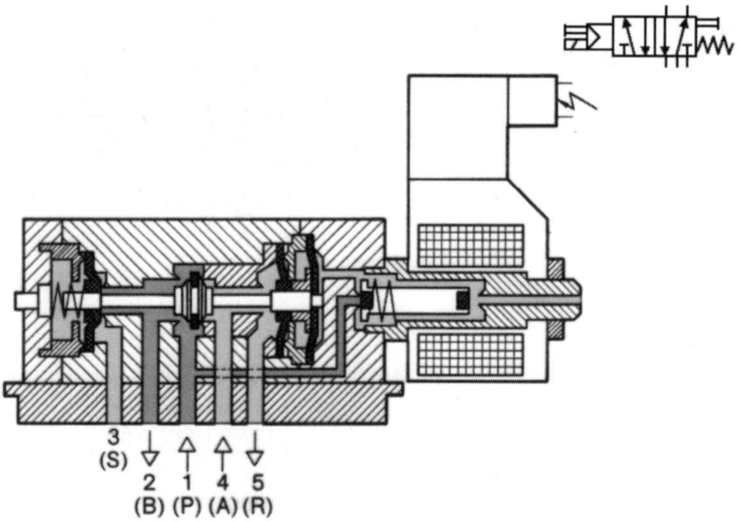

(a) 초기 상태

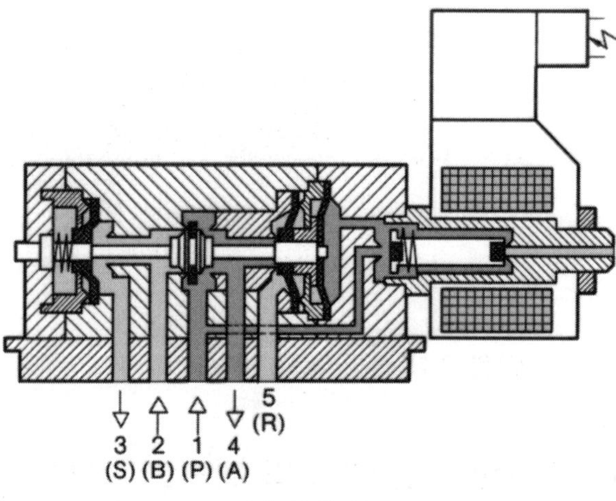

(b) 동작 상태

그림 3.49 5/2-way 단동 솔레노이드 밸브

(7) 4/2-way 양측 솔레노이드 밸브

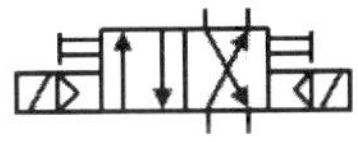

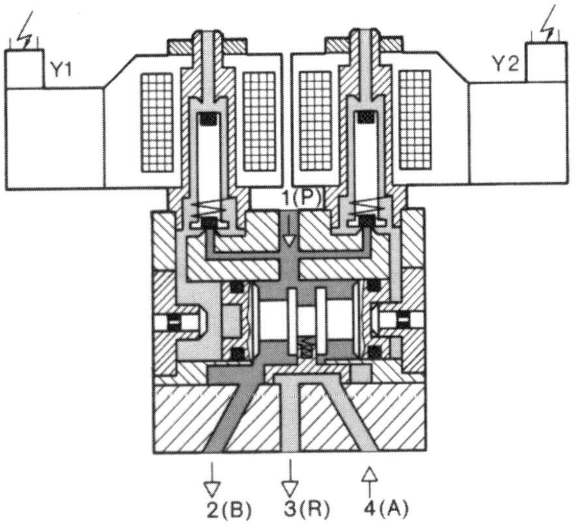

(a) 초기상태

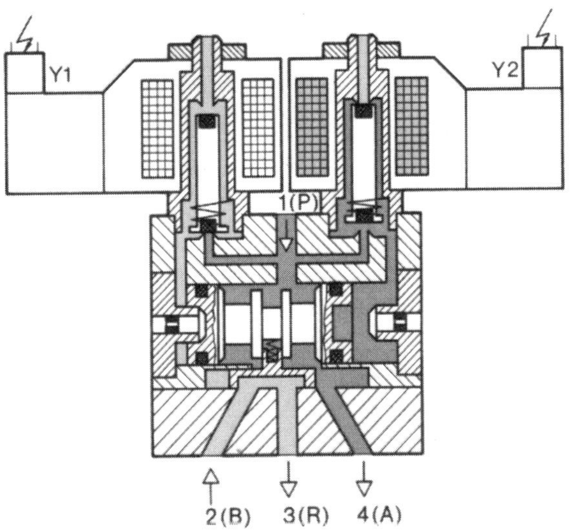

(b) 동작 상태

그림 3.50 4/2-way 복동 솔레노이드 밸브

이 밸브는 축 방향 평면 슬라이드 밸브로 되어 있으며 Y1에 전기 신호가 들어오면 밸브가 왼쪽으로 움직여서 압축 공기가 P에서 A로 들어가고 B에서 R로 배기된다. Y2에 전기 신호가 들어오기 전까지는 Y1에서 전기 신호가 끊어져도 현 상태를 유지한다. Y2에 전기신호가 들어오면 밸브가 오른쪽으로 움직여서 압축공기가 P에서 B로 들어가고 A에서 R로 배기된다.

2개의 신호가 같이 들어오면 먼저 도달한 신호가 우선이다. 이 밸브는 복동 실린더의 제어와 메모리 기능을 갖는 제어에 사용되며 한 번 입력된 제어 신호가 없어져도 반대편의 제어 신호가 입력될 때까지는 그때의 위치를 유지하므로 다른 말로 **메모리 밸브**라고도 한다.

(8) 5/2-way 양측 솔레노이드 밸브(간접 작동형)

이 밸브의 기능은 4/2-way 밸브의 방식과 동일하나 구조상에서 격판 작동식 시트 밸브로 되어 있다. 지금 Y1에 전기 신호가 들어오면 밸브가 왼쪽으로 움직여서 압축 공기가 P에서 A로 들어가고 B에서 S로 배기된다. Y2에 전기 신호가 들어오기 전까지는 현 상태를 유지힌다. Y2에 전기 신호가 들어오면 밸브가 오른쪽으로 움직여서 압축 공기가 P에서 B로 들어가고 A에서 R로 배기된다.

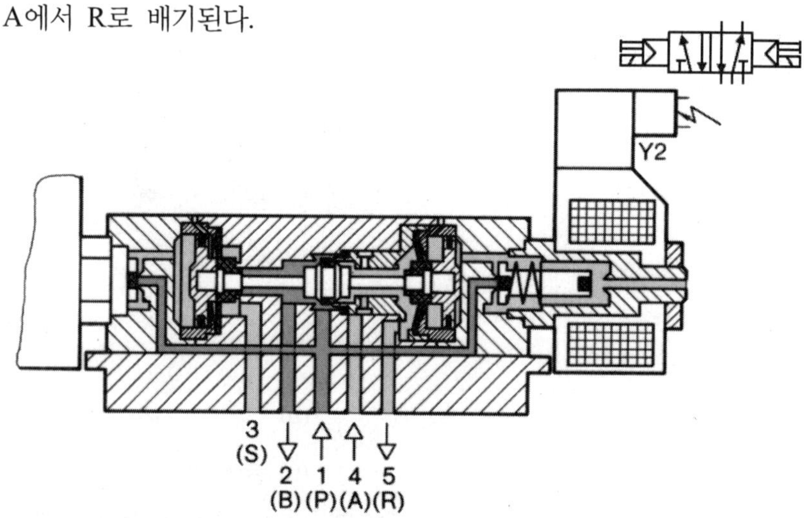

(a) 초기상태

그림 3.51 5/2-way 복동 솔레노이드 밸브

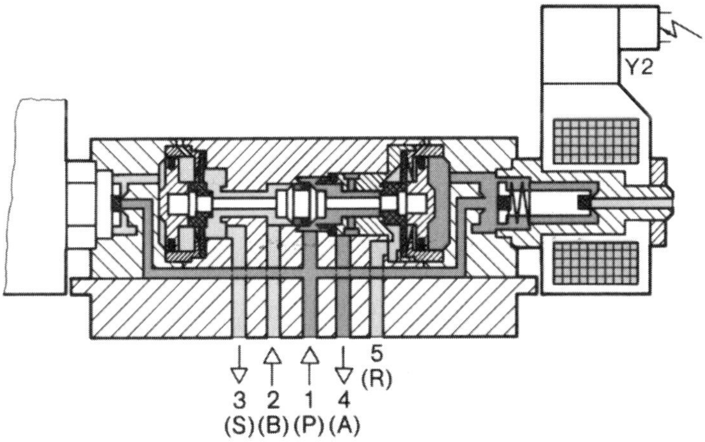

(b) 동작 상태

그림 3.51 5/2-way 복동 솔레노이드 밸브(계속)

3.4.3 방향 제어밸브의 명칭

방향 제어 밸브의 명칭은 제어 연결구와 제어 위치의 수에 기초를 두어 정해진다. 밸브 명칭의 첫 번째 숫자는 제어 연결구의 수이고 두 번째 숫자는 제어위치의 수를 나타낸다.

예

- 3/2-way 밸브: 3개의 제어 연결구와 2개의 제어 위치(2개의 사각형)

- 4/2-way 밸브: 4개의 제어 연결구와 2개의 제어 위치(2개의 사각형)

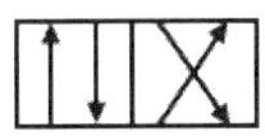

- 5/2-way 밸브: 5개의 제어 연결구와 2개의 제어 위치(2개의 사각형)

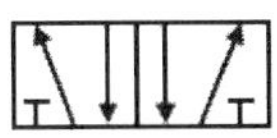

3.4.4 방향 제어밸브의 보조 개념

① 정상 위치(normal position)

밸브가 작동되지 않은 상태에서 그 밸브가 갖는 제어 위치로서 정상 상태 열림(normally open)과 정상 상태 닫힘(normally closed)이 있다. 정상 위치는 2/2-way 밸브나 3/2-way 밸브에서만 사용된다.

② 기본 위치(basic position)

4/2-way 밸브나 5/2-way 밸브에서 스프링에 의하여 복귀되어 있는 위치를 말한다. 많이 사용하는 용어는 아니다.

③ 중립 위치(neutral position)

3개 이상의 제어위치를 갖는 밸브가 작동되지 않은 상태에서 갖는 제어 위치를 말한다.

④ 초기 위치(initial position)

밸브를 시스템 내에 설치하고 압축공기나 전기와 같은 작동 매체를 공급하고 작업을 시작하려고 할 때에 그 밸브가 갖는 제어 위치를 말한다.

3.4.5 방향 제어밸브의 연결구

밸브와 밸브 또는 밸브와 실린더를 연결하기 위해서는 각 밸브의 연결구에 특정 표시를 해주어야 하는데 이를 정리하면 표 3.3과 같다.

표 3.3 밸브의 연결구 표시

	ISO-1219 (문자 표기법)	ISO-5599 (숫자 표기법)
파워 포트(연결구)	P	1
작업 포트(연결구)	A, B	2, 4
배기 포트(연결구)	R, S, T	3, 5, 7
제어 포트(연결구)	Z, Y, X	10, 12, 14

3.5 릴레이 접점 보호회로

전기 릴레이는 직류용과 교류용의 2종류가 있다. 전기 릴레이의 코일에 교류 전원이 입력되면 그림 3.52와 같이 순간적으로 강한 **돌입 전류**가 흐르게 된다. 이 돌입 전류의 세기는 정상 상태에서 흐르는 전류의 10배 이상이 되게 된다.

즉 110V용 코일에 순간적으로 1000V이상의 전압이 가해진 것과 같은 이치이기 때문에 릴레이의 작동 시간(switching time)은 짧게 되는 장점은 있게 되나, 코일과 연결된 접점에는 전기스파크가 발생하여 접점의 수명이 짧아지고, 전기 스파크로 인해 접점에 형성된 이물질 때문에 접점이 불확실하게 되어 오동작의 원인이 되기도 한다.

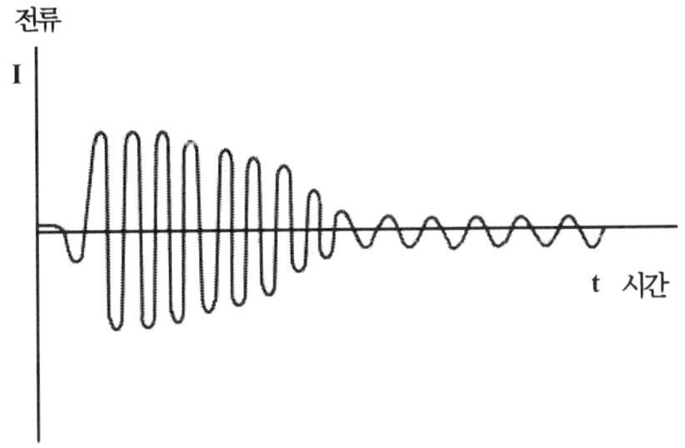

그림 3.52 AC용 릴레이의 시간에 따른 전류특성

직류용 릴레이의 코일에 직류 전원을 공급하면 그림 3.53과 같이 전류의 세기는 서서히 형성되게 된다. 그러므로 DC용 릴레이는 교류용 릴레이보다 스윗칭 시간이 길게 되는 단점이 있다. 그러나 AC용 릴레이는 교류의 특성상 코일에 통하는 전류의 세기와 방향이 주기적으로 변하므로 자장의 세기와 방향도 변하게 되어 전압이 규정된 전압 이하로 떨어지게 되면 부저소리가 나게 되며, 교류 전류의 히스테리시스(hysteresis)현상에 의한 철손(iron loss)으로 인해 많은 열이 발생하여 코일이 소손(burn out)될 우려

가 있다.

DC용 릴레이는 AC용 릴레이보다 작동이 부드럽고 전압 변화에 둔감하고 열이 적게 발생되는 장점은 있으나, 코일에 통하는 전류를 차단하면 코일에 저장되어 있던 자장에너지가 순간적으로 방출되므로 릴레이의 코일에 전류를 공급하는 접점에 강한 스파크가 발생하며, 접점의 용량이 작은 경우에는 접점이 용접(welding)되는 경우도 있다.

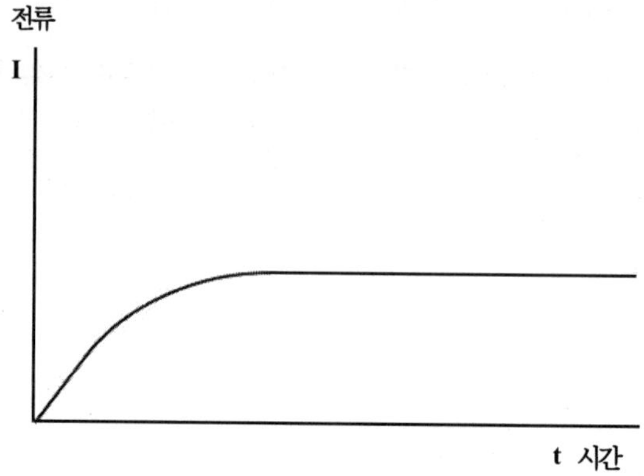

그림 3.53 DC용 릴레이의 시간에 따른 전류특성

즉, AC에서는 스위치를 ON 시킬 때, DC에서는 스위치를 OFF 시킬 때 스위치의 접점에 스파크 현상이 발생한다. 이러한 스파크 현상이 발생하면 스위치의 접점에 심각한 손상을 입히게 되어 릴레이 제어 회로도의 신뢰성과 수명에 직접적인 영향을 미치게 되므로 이러한 현상이 발생하지 않도록 방지해 주어야 하며, 이에는 다음과 같은 몇 가지 방법이 있다.

(1) 저항을 이용한 스파크 방지회로

저항 R을 이용하는 방법은 릴레이 또는 솔레노이드 밸브의 코일을 ON/OFF 시킬 때에 스파크를 방지해 주는 가장 간단한 방법이 된다. 이 방법은 그림 3.54와 같이 저항 R을 스위치의 접점 S와 병렬로 연결해 주면 된다. 이 방지회로는 저항 R을 통하여 이미 코일 M에 계속해서 전기가 통하고 있기 때문에 교류에서는 스위치 S가 ON 되어도 돌입 전류가 흐르지 않게 된다. DC에서는 스위치 S를 OFF 시켜도 저항 R이 연결되어 있어 완전히 OFF 된 것이 아니기 때문에 스파크가 발생하지 않게 되어 스위치 S가 보호받게 된다. 그러나 코일 M에 계속해서 저항 R을 통하여 전기가 공급되고 있기 때문에 필요 없는 전기에너지의 소비가 있게 되고 저항 R이 작을 경우에는 스위치 S는 제 역할을 할 수가 없게 되므로 주의하여야 한다.

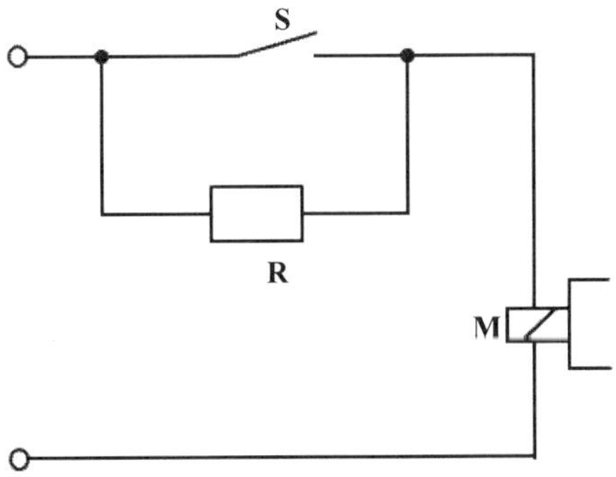

그림 3.54 저항 R을 이용한 스파크 방지회로

(2) R-C를 이용한 스파크 방지회로

이 방법은 스파크를 방지하기 위한 보호 회로에 통상적으로 많이 이용되고 있는 방법이다. 이 방법은 그림 3.55와 같이 저항 R과 콘덴서 C를 보호하고자 하는 접점 S와 병렬로 연결하게 된다.

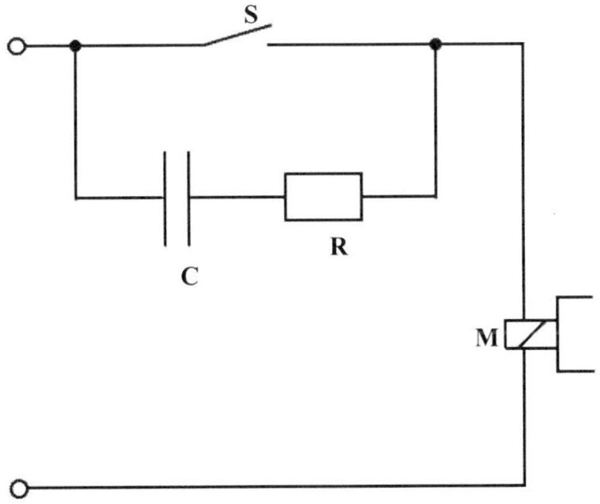

그림 3.55 R-C 스파크 방지회로

교류에서 콘덴서 C는 저항(impedance)으로 작용하기 때문에 이 방법은 저항 R만을 이용하는 회로와 마찬가지 방법으로 스파크를 방지해 준다. 그러나 직류에서는 콘덴서 C는 무한대의 저항을 가진 장치이기 때문에 평상시에는 코일 M에 전류가 흐르지 않게 된다. 그러므로 직류에서는 필요 없는 에너지의 낭비가 없어진다. DC에서 스위치 S를 ON 시키면 코일 M에 전기가 통하게 되어 릴레이 또는 솔레노이드 밸브가 작동된다. 그리고 스위치 S를 OFF 시키게 되면 코일에서 방출되는 에너지가 일단 콘덴서 C에 저장되었다가 서서히 방출되기 때문에 접점 S가 보호받는다. DC 24V를 이용하는 경우에 저항 R은 1Ω, 콘덴서 C는 0.1μF 정도가 적당하다.

(3) 다이오드를 이용한 스파크 방지회로

이 방법은 AC에서는 사용할 수 없고 DC에서만 사용이 가능한 방법이다. 그림 3.56에서 스위치 S를 ON 시키게 되면 다이오드 D의 극성이 맞지 않으므로, 즉 다이오드의 저항이 무한대로, 코일 M에만 전류가 통하게 되어 릴레이가 작동되게 된다.

그러나 스위치 S를 OFF 시키게 되면 코일 M에서 방출되는 전기는 역기전력이기 때문에 다이오드 D의 극성이 맞게 되어, 즉 다이오드의 저항이 0이 되어 코일 M에서 순간적으로 방출되는 에너지는 코일 자체에서 열로서 소진되므로 접점 S에 영향을 미치지 않게 된다. 그러나 이 방식은 +, −의 극을 항상 정확하게 지키면서 사용하여야 하기 때문에 많이 이용되고 있지는 않다.

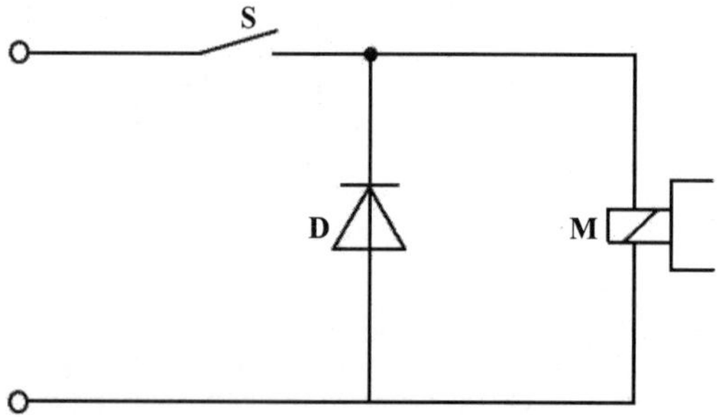

그림 3.56 다이오드를 이용한 스파크 방지회로

(4) 제너다이오드를 이용한 스파크 방지회로

보통의 다이오드를 이용하는 방법은 AC에서는 사용이 불가능하고 DC에서도 극을 정확하게 유지해 주어야만 하기 때문에 불편하다. 그러나 제너다이오드(Zener Diode)를 이용하면 DC나 AC에서 모두 사용가능하고 극을 지키지 않아도 되기 때문에 편리하다. 제너다이드는 다이오드의 양단에 걸리는 전압이 다이오드 자체가 이길 수 있는 내전압 범위인 경우에는 다이오드의 저항이 무한대이나 자체의 내전압보다 큰 전압이 걸리게 되면 저항이 0이 되는 특수 다이오드이다. 그러므로 이 제너다이오드를 이용하면 AC에서는 스위치를 ON 시킬 때, DC에서는 스위치를 OFF 시킬 때 내전압보다 큰 전압이 걸리게 되므로 전기를 바이패스(by-pass)시켜주어 접점을 보호해준다.

그러나 하나의 제너다이오드는 내전압이 작기 때문에 AC 100V에서는 2개 이상, 220V에서는 4~6개의 제너다이오드를 직렬로 연결하여 사용해야 하는 단점이 있다.

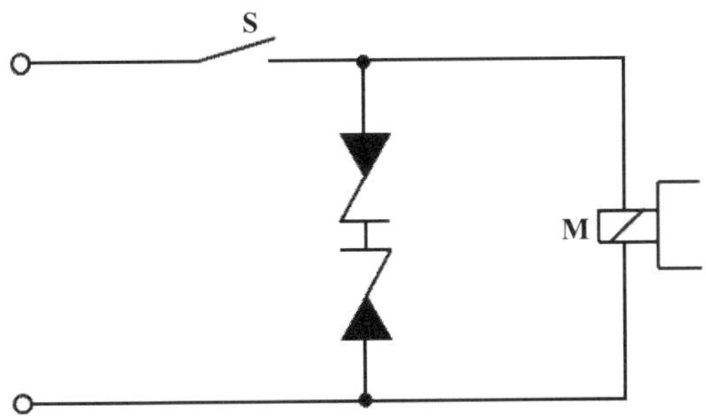

그림 3.57 제너 다이오드를 이용한 스파크 방지회로

(5) 바리스터를 이용한 스파크 방지회로

바리스터(varistor)는 'variable resistor'의 약자로 'voltage - dependant - resister'를 의미한다. 즉, 바리스터의 양단에 걸리는 전압이 작으면 저항은 커지고 큰 전압이 걸리게 되면 저항이 작아지는 특수한 기능을 가진 저항이다. 그러므로 바리스터를 이용하면 제너다이오드와 마찬가지 방법으로

스파크를 방지해 주게 된다. 이 방법은 제너 다이오드보다는 특성이 떨어지지만 가장 값싸고 간단하게 스파크를 방지해 줄 수 있는 방법이기 때문에 가장 많이 이용되고 있는 방법이다.

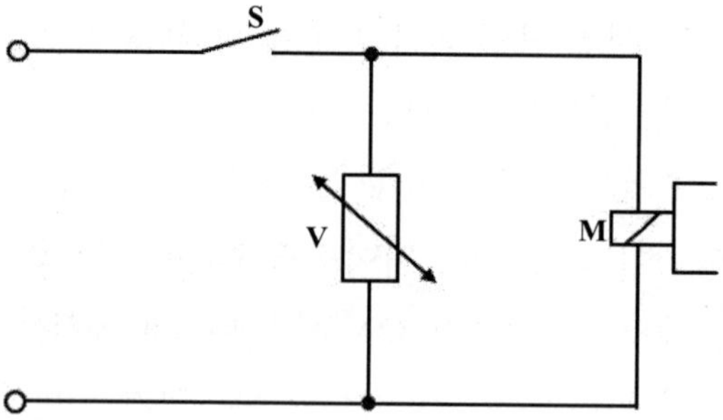

그림 3.58 바리스터를 이용한 스파크 방지회로

기초 회로

4

4.1 자기유지회로

자기유지회로(self holding circuit)에는 자기유지를 하기 위한 ON 신호가 자기유지를 해제하기 위한 OFF 신호보다 우선하는 ON 우선회로(dominant ON)와 OFF 신호가 ON 신호보다 우선하는 OFF 우선회로(dominant OFF)의 두 가지가 있다. ON 우선회로를 **시동 우선회로**, OFF 우선회로를 **정지 우선회로**라고도 한다.

(1) ON 우선 자기유지회로

릴레이를 작동시키기 위한 전기 신호가 짧은 시간 동안만 살아 있다 없어져도 릴레이가 계속하여 작동된 상태로 있기 위해서는 그 릴레이가 갖고 있는 접점 중의 하나를 이용하여 자기 자신에게 전기를 공급하여 주면 된다. 그림 4.1에서와 같이 ON 스위치를 작동시키면 릴레이가 작동하게 되고 자신의 접점 K1을 이용하여 릴레이의 코일에 전류가 공급되므로 ON 스위치가 원위치 되어도 릴레이 K1은 계속하여 작동된 상태를 유지할 수 있게 된다. 이러한 회로를 **자기유지회로**라고 하며 릴레이 K1을 OFF 시키

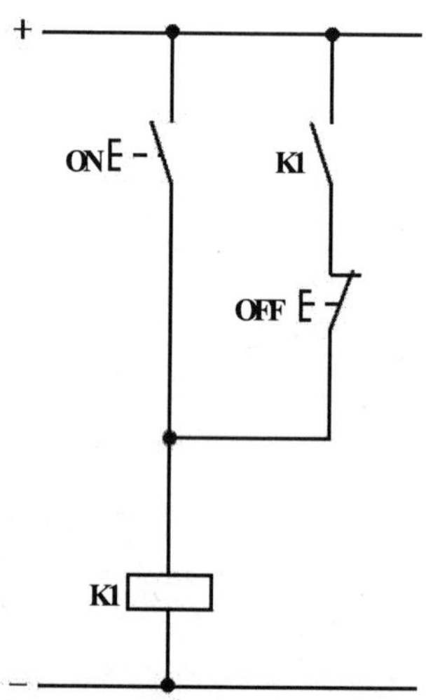

그림 4.1 ON 우선 자기유지회로

기 위해서는 OFF 스위치를 작동시키면 된다. ON 스위치와 OFF 스위치를 같이 작동시키면 릴레이가 OFF 스위치와는 관계없이 ON 스위치에 의하여 작동되므로 이와 같은 자기유지회로를 **ON 우선 자기유지회로**라고 한다. PLC에서는 내부 메모리를 이용하여 프로그램으로 작성된다.

(2) OFF 우선 자기유지회로

이 회로에서는 릴레이를 작동시키기 위한 ON 신호가 릴레이를 OFF 시키기 위한 신호가 그림 4.2와 같이 직렬로 연결되어 있다. 자기유지의 원리는 ON 우선 자기유지회로와 동일하다. ON 스위치와 OFF 스위치를 같이 작동시키면 릴레이가 ON 스위치와는 관계없이 OFF 스위치에 의하여 릴레이가 작동될 수 없으므로 이와 같은 자기유지회로를 **OFF 우선 자기유지회로**라고 한다. 실제의 적용 회로에서는 OFF 신호가 ON 신호보다 우선되어야 하므로 이 방식의 자기유지회로가 많이 사용된다. 보통은 안전을 위해 OFF 우선 자기유지회로가 사용되고 있다. 그렇기 때문에 일반적으로 자기유지회로라 하면 OFF 우선 자기유지회로를 의미한다. PLC에서는 내부 메모리를 이용하여 프로그램으로 작성된다.

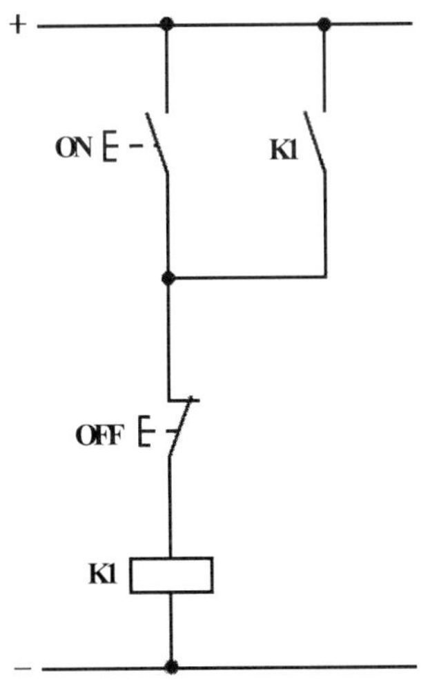

그림 4.2 OFF 우선 자기유지회로

4.2 시간 지연 회로

시간 지연 릴레이는 회로상에서 특정 시간 후 상시 개방이나 상시 폐쇄의 접점을 개폐시키는 데 이용된다. 시간 지연 회로는 소자 지연을 이용하는 방법과 여자 지연을 이용하는 방법이 있다.

(1) 여자 지연 릴레이

여자 지연(delay ON) 방법은 그림 4.3 (a)에서와 같이 누름버튼 S를 작동시키면 이미 설정된 시간을 지연하기 시작하는 방법이다. 설정된 시간이 지나고 나면 18번 단자에 접점이 연결되어 출력 신호가 나오게 된다. PLC에서는 내장 타이머 기능을 사용한다.

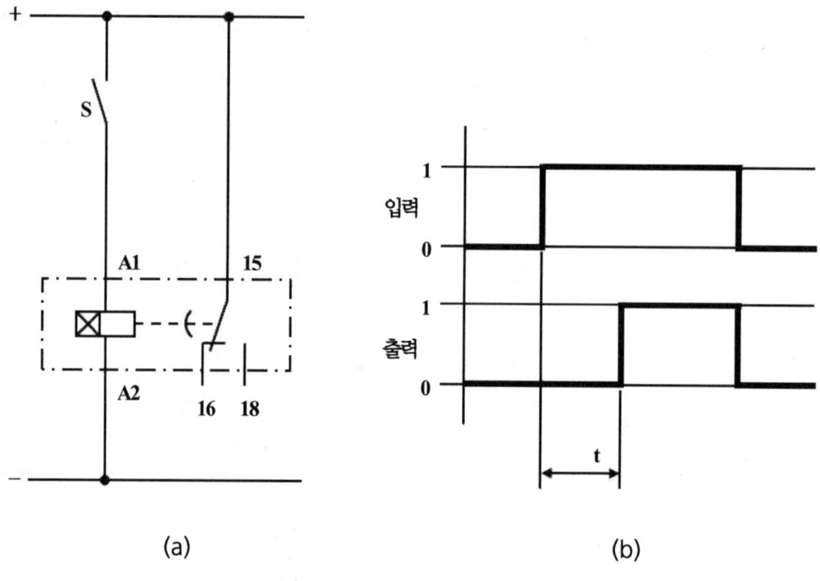

그림 4.3 여자 지연 릴레이

(2) 소자 지연 릴레이

소자 지연(delay OFF)의 경우에는 누름버튼 S가 작동되자마자 출력 신호가 존재하게 되고, 누름버튼을 놓으면 출력 신호가 계속 살아 있다가 설정해 놓은 일정 시간이 지나면 출력신호가 사라진다. PLC에서는 내장 타이머 기능을 사용한다.

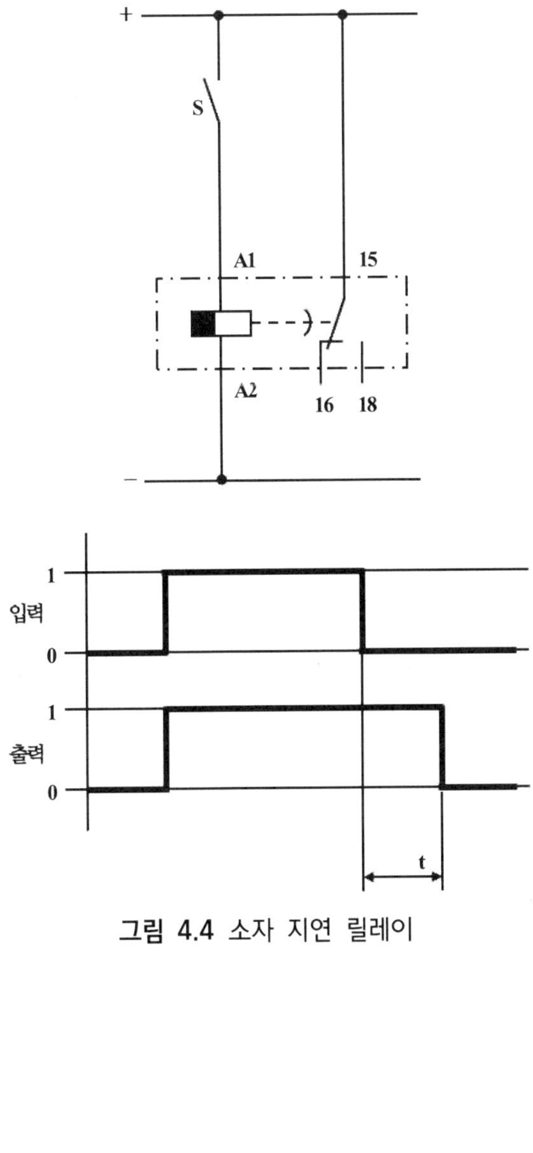

그림 4.4 소자 지연 릴레이

4.3 인터록 회로

전기 회로에서 **인터록 회로**라 함은 서로 반대되는 신호가 존재할 때 어느 한 신호가 유효하게 되면 그 반대되는 신호가 더 이상 입력될 수 없도록 인위적으로 차단하는 회로를 말한다. 이 회로를 구성하기 위해서는 다접점 스위치를 이용하거나 릴레이의 접점을 이용하여 반대 신호를 차단하게 된다. 또는 다접점 스위치와 릴레이 접점을 이용하여 이중으로 인터록 회로를 구성할 수도 있다. 인터록 회로에서 어느 스위치든 누르면 상대의 신호를 끊고 연결되기 때문에 동시에 스위치를 누르면 서로 상대의 신호를 끊게 되므로 둘 다 기동이 불가능하게 된다. 이 때문에 정·역운전 등 안전을 요하는 회로에도 많이 사용되고 있다. 인터록 회로는 한쪽의 전자 릴레이가 동작하고 있는 사이에는 상대방의 전자 릴레이 동작을 금지하기 때문에 **상대동작 금지회로**라고도 한다. PLC에서는 프로그램을 이용하여 간단하게 구현할 수 있다.

(1) 푸시 버튼의 다접점 스위치를 이용한 인터록 회로

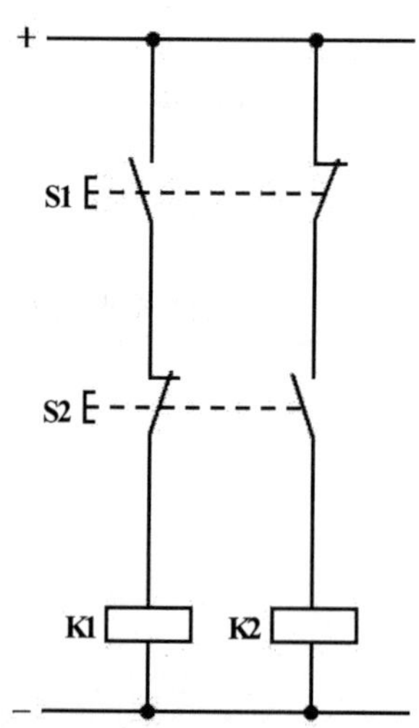

그림 4.5 인터록 회로 (1)

(2) 릴레이 접점을 이용한 인터록 회로(입력 신호가 2개인 경우)

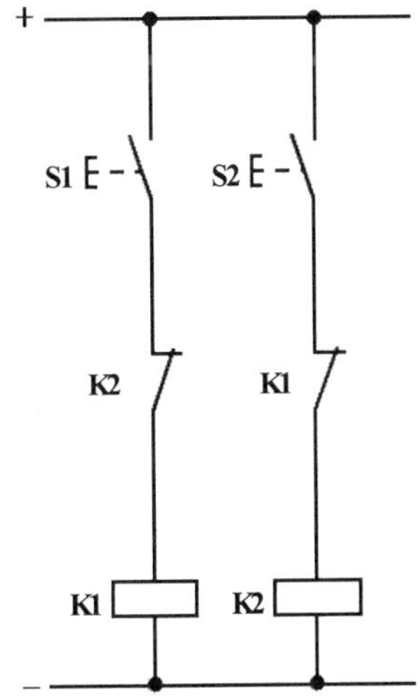

그림 4.6 인터록 회로 (2)

(3) 릴레이 집짐을 이용한 인티록 회로(입력 신호가 3개인 경우)

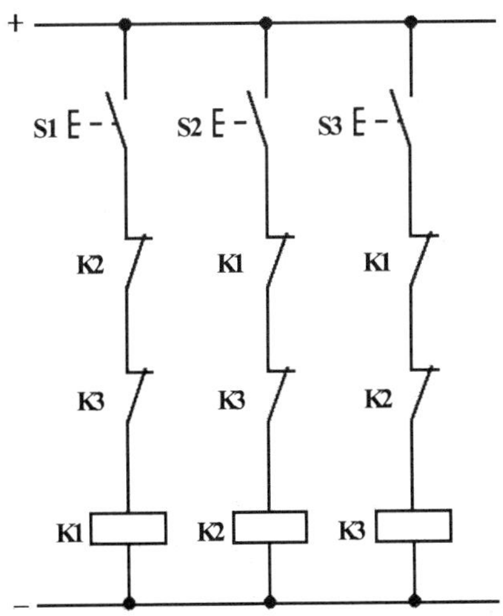

그림 4.7 인터록 회로 (3)

(4) 릴레이와 푸시 버튼을 이용한 이중 인터록 회로

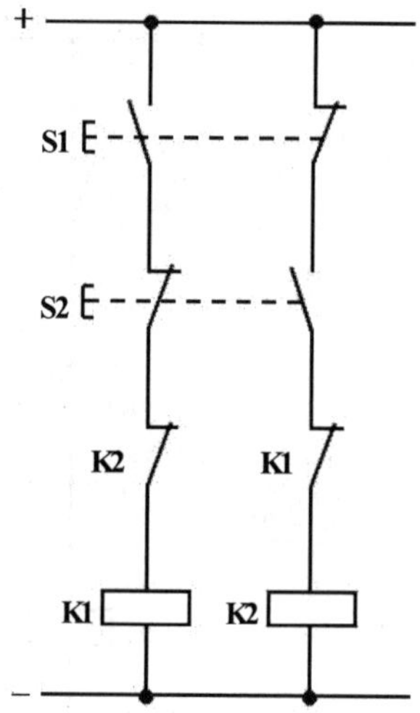

그림 4.8 인터록 회로 (4)

(5) 대칭형 인터록 회로

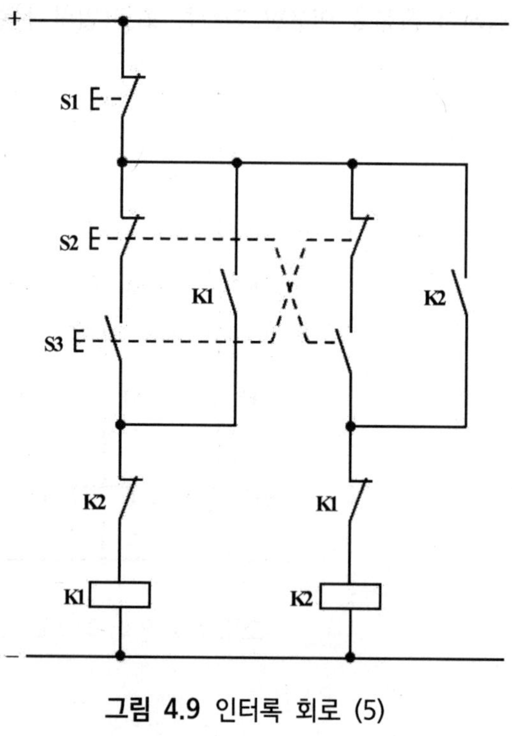

그림 4.9 인터록 회로 (5)

4.4 단동 실린더 제어하기

요구사항

누름버튼 스위치 PB1을 누르면 솔레노이드 밸브 SOL1이 여자되고 밸브의 제어 위치가 전환되어 단동 실린더가 전진하고, PB1을 놓으면 단동 실린더가 후진되어야 한다. 다른 방법으로 누름버튼 스위치 PB1을 누르면 릴레이 K1이 여자되어 단동 실린더가 전진하며 PB1을 놓으면 릴레이 K1은 소자되고 단동 실린더는 후진되어야 한다.

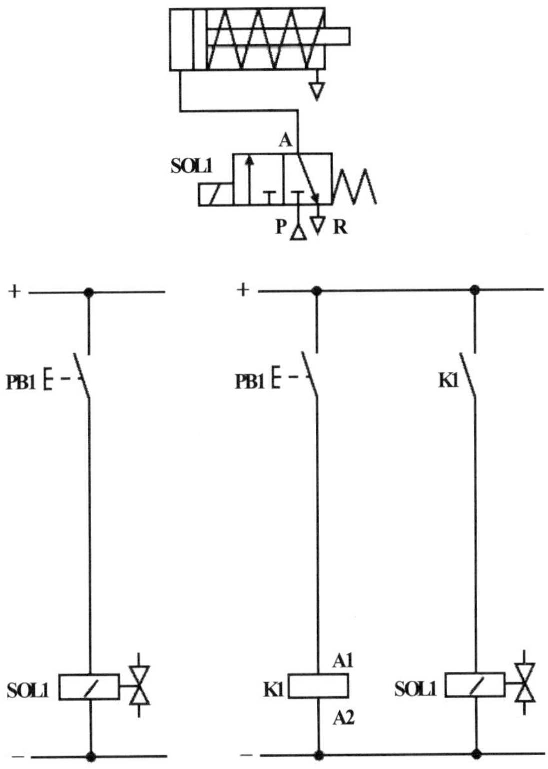

(a) 직접 제어 회로 (b) 간접 제어 회로

그림 4.10 단동 실린더 제어 회로도

준비물

① 전기공압 실습테이블 1SET, ② 서비스 유닛 1SET,
③ 전원 공급기 DC24V, ④ 스위치 모듈 1SET,
⑤ 릴레이 모듈 1SET, ⑥ 연결 케이블 1SET,
⑦ 3/2-way 편측 솔레노이드 밸브 1EA, ⑧ 단동 실린더 1EA

동작설명

누름버튼 스위치 PB1을 작동시키면 3/2-way 솔레노이드 밸브의 입력 신호가 들어가 단동 실린더는 전진하게 되며 누름버튼을 놓으면 실린더는 후진하게 된다. 그림 4.10 (a)에서와 같이 릴레이를 사용하지 않고 누름버튼 스위치를 누르면 솔레노이드가 곧바로 여자되어 실린더가 작동하도록 회로를 구성하면 이를 **직접 제어 회로**라 하고, 그림 4.10 (b)와 같이 누름버튼 스위치를 누르면 릴레이 K1이 여자되고, 이 릴레이 접점 K1에 의해 솔레노이드가 여자되어 실린더가 전진하도록 구성한 회로를 **간접 제어 회로**라고 한다. 즉, 릴레이를 통해 솔레노이드 밸브가 작동하도록 하면 이를 간접 제어라고 한다. 직접 제어 회로를 이용하면 접점의 부하가 커지는 것은 물론 다음에 설명할 시퀀스 제어 회로를 구성하기 쉽지 않으므로 간접제어 회로를 사용하는 것이 바람직하다.

4.5 복동 실린더 제어하기 (1)

요구사항

누름버튼 스위치 PB1을 누르면 솔레노이드 밸브 SOL1이 여자되고 밸브의 제어위치가 전환되어 복동 실린더가 전진하고, PB1을 놓으면 복동 실린더가 후진되어야 한다. 누름버튼 스위치 PB1을 누르면 릴레이 K1이 여자되어 복동 실린더가 전진하며 PB1을 놓으면 릴레이 K1은 소자되고 복동 실린더는 후진되어야 한다.

준비물

① 전기공압 실습테이블 1SET, ② 서비스 유닛 1SET,
③ 전원 공급기 DC24V, ④ 스위치 모듈 1SET,
⑤ 릴레이 모듈 1SET, ⑥ 연결 케이블 1SET,
⑦ 5/2 way(또는 4/2-way) 편측 솔레노이드 밸브 1EA,
⑧ 복동 실린더 1EA

동작설명

누름버튼 PB1을 작동시켜 5/2-way 솔레노이드 밸브 또는 4/2-way 솔레노이드 밸브에 신호가 입력되면 이때 복동 실린더는 전진하게 되고 버튼을 놓으면 SOL1이 소자되어 실린더는 후진하게 된다.

그림 4.11 (a)는 누름버튼 스위치 PB1을 작동시키면 솔레노이드 밸브 SOL1이 여자되어 실린더가 전진하게 되므로 직접 제어이고, 그림 4.11 (b)는 누름버튼 스위치 PB1을 작동시키면 릴레이 K1이 여자되고 릴레이 접점 K1이 달리붙어 솔레노이드 밸브 SOL1을 여자시켜 실린더가 전진하게 되므로 간접 제어가 된다.

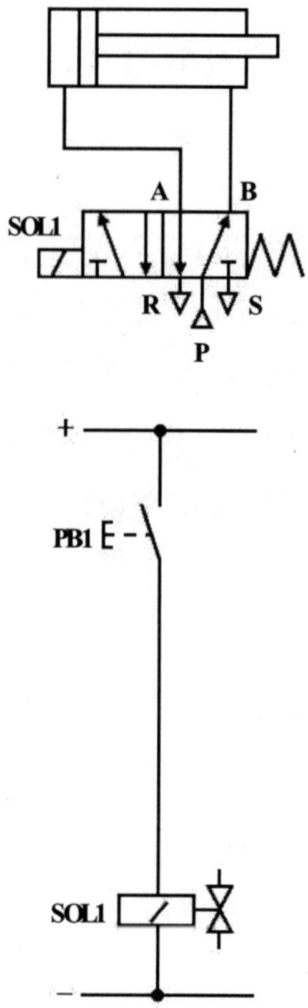

(a) 5/2-way 솔레노이드 밸브를 이용한 직접 제어 회로

그림 4.11 복동 실린더 제어 회로도 (1)

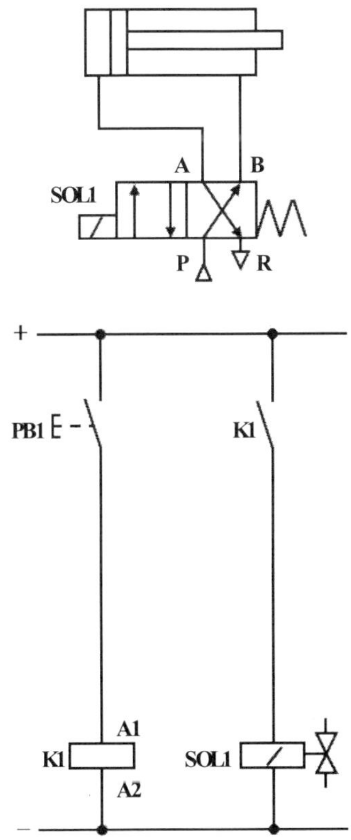

(b) 4/2-way 솔레노이드 밸브를 이용한 간접 제어 회로

그림 4.11 복동 실린더 제어 회로도 (1)(계속)

4.6 복동 실린더 제어하기 (2)

요구사항

복동 실린더가 전진 신호용 누름버튼 PB1을 ON 시키면 전진하고, 누름버튼 PB1을 놓아도 실린더는 전진 상태를 유지하여야 한다. 후진 신호용 누름버튼 PB2를 누르면 후진되어야 한다.

준비물

① 전기공압 실습테이블 1SET, ② 서비스 유닛 1SET,
③ 전원 공급기 DC24V, ④ 스위치 모듈 1SET,
⑤ 릴레이 모듈 1SET, ⑥ 연결 케이블 1SET,
⑦ 5/2-way(또는 4/2-way) 편측 솔레노이드 밸브 1EA,
⑧ 복동 실린더 1EA

동작설명

공압 복동 실린더를 제어하려면 4/2-way 밸브나 5/2-way 밸브가 필요하다. 그림 4.12의 공압 회로도는 5/2-way 편측 솔레노이드 밸브로 복동 실린더를 제어하는 구성도이다. 그림 4.12의 회로도에서 누름버튼 스위치 PB1을 누르면 릴레이 K1에 의해 자기유지 되고 실린더가 전진한다. 복귀는 PB2를 ON 시켜 자기유지를 해제하면 밸브가 원위치 되고 실린더가 후진하게 된다. 이와 같이 편측 솔레노이드 밸브로 실린더를 제어하려면 자기유지회로가 필요하다.

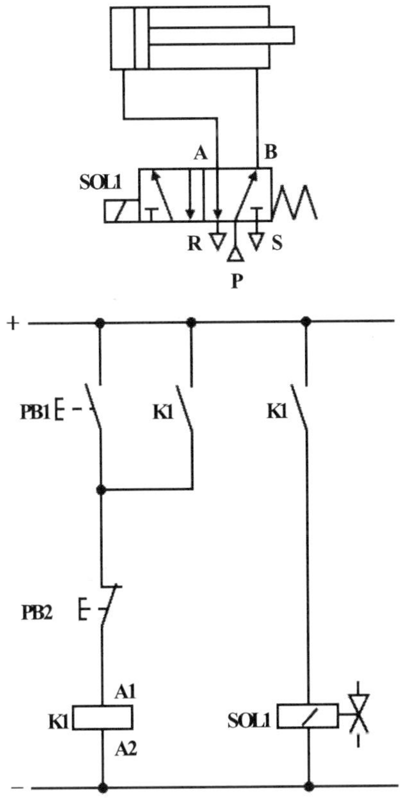

그림 4.12 복동 실린더 제어 회로도 (2)

4.7 복동 실린더 제어하기 (3)

요구사항

복동 실린더가 전진 신호용 누름버튼을 ON 시키면 전진하고, 후진 신호용 누름버튼을 누르면 후진되어야 한다.

준비물

① 전기공압 실습테이블 1SET, ② 서비스 유닛 1SET,
③ 전원 공급기 DC24V, ④ 스위치 모듈 1SET,
⑤ 릴레이 모듈 1SET, ⑥ 연결 케이블 1SET,
⑦ 5/2-way(또는 4/2-way) 양측 솔레노이드 밸브 1EA,
⑧ 복동 실린더 1EA

동작설명

공압 실린더를 제어하는 전자 밸브가 양측 솔레노이드인 경우는 신호를 주었다 제거해도 밸브는 반대신호를 줄 때까지 그 상태를 유지하므로, 편측 솔레노이드 밸브에서와 같이 반드시 자기유지회로를 구성할 필요가 없다. 그림 4.13 (a)는 직접 제어 회로, 그림 4.13 (b)는 간접 제어 회로를 나타낸다. 누름버튼 스위치 PB1을 누르면 실린더가 전진하고 PB2를 누르면 실린더가 후진하는 회로이다. 그러나 이 회로는 만일 PB1과 PB2가 동시에 눌려진다면 솔레노이드 밸브의 양측 솔레노이드가 여자되고 실린더는 그 상태대로 있으나, 통전 시간이 길어지면 솔레노이드가 타버리는 일이 발생된다. 이것을 방지하기 위해서는 다음에 설명할 4.11절의 회로와 같이 인터록 회로로 구성해야 한다. 즉 그림 4.17의 회로에서는 K1이 ON 되어 있는 동안은 K2가 여자될 수 없고, 반대로 K2가 ON 되어 있는 동안은 K1이 동작할 수 없도록 인터록을 취한 회로이다.

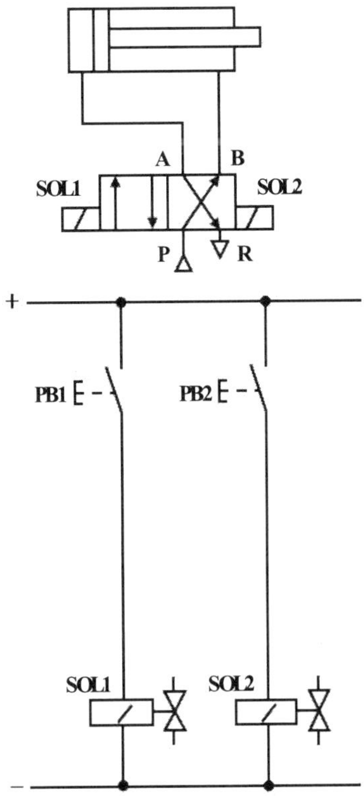

(a)

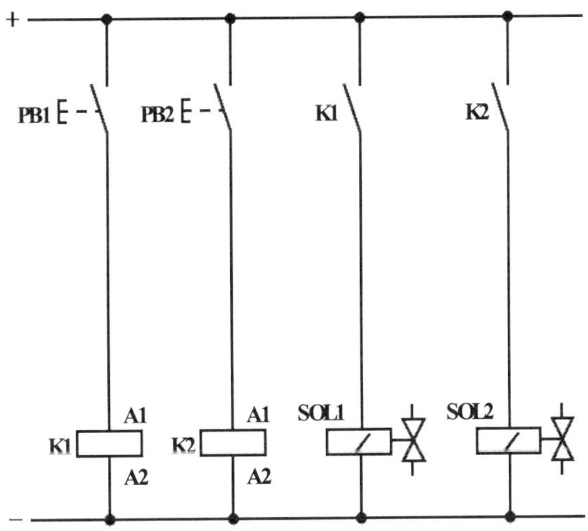

(b)

그림 4.13 복동 실린더 제어 회로도 (3)

4.8 AND 회로 제어하기

요구사항

누름버튼 스위치 PB1과 PB2를 동시에 누르면 릴레이 K1이 여자되어 솔레노이드 밸브 SOL1이 여자되고 복동 실린더는 전진하게 되며, PB3를 누르면 솔레노이드 밸브 SOL2가 여자되어 복동 실린더는 후진하여야 한다.

준비물

① 전기공압 실습테이블 1SET, ② 서비스 유닛 1SET,
③ 전원 공급기 DC24V, ④ 스위치 모듈 1SET,
⑤ 릴레이 모듈 1SET, ⑥ 연결 케이블 1SET,
⑦ 5/2-way(또는 4/2-way) 양측 솔레노이드 밸브 1EA,
⑧ 복동 실린더 1EA

동작설명

누름버튼 PB1과 PB2를 모두 다 눌러야 릴레이 K1이 여자되어 릴레이 접점 K1이 달라붙어 솔레노이드 밸브 SOL1에 신호가 입력되며 복동 실린더가 전진하게 된다. 후진은 PB1 또는 PB2를 놓고 PB3를 누르면 솔레노이드 밸브 SOL2에 신호가 입력되어 복동 실린더는 후진하게 된다.

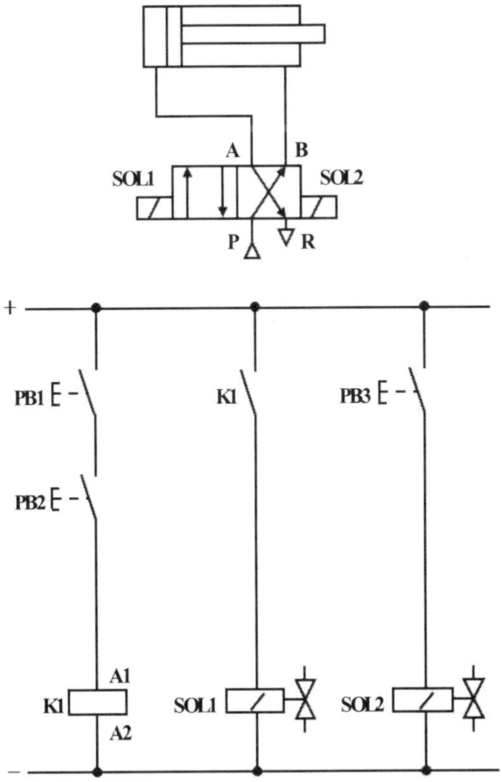

그림 4.14 AND(직렬) 제어 회로도

4.9 OR 회로 제어하기

요구사항

누름버튼 PB1이나 PB2의 어느 하나만 작동시켜도 실린더는 전진해야 하며 PB3를 작동시키면 실린더는 후진하여야 한다.

준비물

① 전기공압 실습테이블 1SET, ② 서비스 유닛 1SET,
③ 전원 공급기 DC24V, ④ 스위치 모듈 1SET,
⑤ 릴레이 모듈 1SET, ⑥ 연결 케이블 1SET,
⑦ 5/2-way(또는 4/2-way) 양측 솔레노이드 밸브 1EA,
⑧ 복동 실린더 1EA

동작설명

누름버튼 PB1 또는 PB2 중 어느 버튼이든 누르면 릴레이 K1이 여자되어 접점 K1이 달라붙어 솔레노이드 밸브 SOL1의 입력 신호가 들어가며 복동 실린더는 전진하게 된다. 후진은 PB1과 PB2를 둘 다 놓은 상태에서 PB3를 누르면 솔레노이드 밸브 SOL2에 입력 신호가 들어가 복동 실린더는 후진하게 된다.

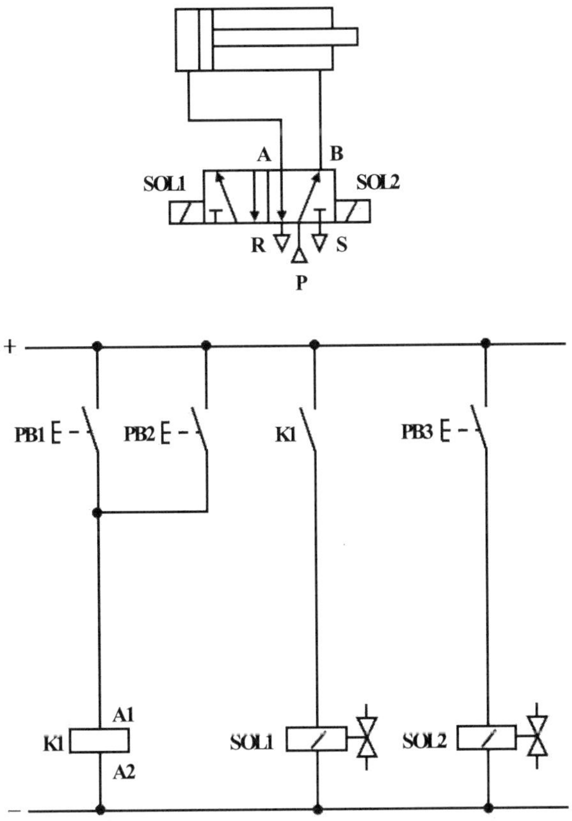

그림 4.15 OR(병렬) 제어 회로

4.10 NOT 회로 구성하기

요구사항

누름버튼 스위치. PB1을 누르지 않으면 출력이 ON 되어 있어야 하고, 누름버튼 스위치를 ON 시키면 출력이 OFF 되어야 한다.

준비물

① 전기공압 실습테이블 1SET, ② 서비스 유닛 1SET,
③ 전원 공급기 DC24V, ④ 스위치 모듈 1SET,
⑤ 릴레이 모듈 1SET, ⑥ 연결 케이블 1SET,
⑦ 5/2-way(또는 4/2-way) 편측 솔레노이드 밸브 1EA,
⑧ 복동 실린더 1EA

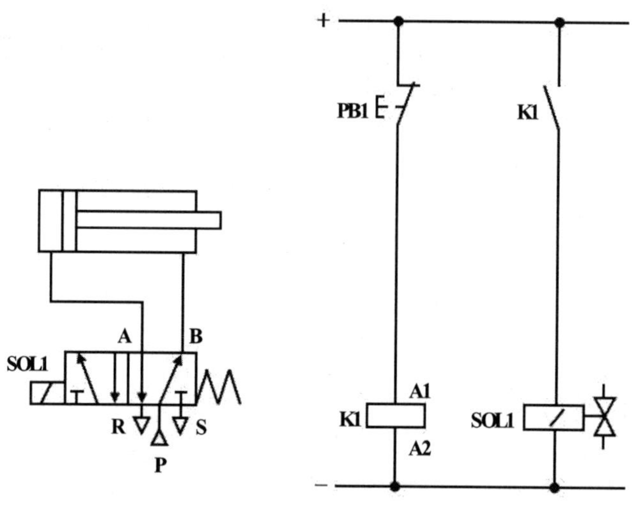

그림 4.16 NOT 회로도

4.11 인터록 회로 구성하기

요구사항

복동 실린더는 누름버튼 스위치로 제어하며 전진 운동은 두 군데에서 시킬 수 있어야 한다. 2개의 입력 신호 중 먼저 입력된 신호가 ON 되면 나중에 입력되는 신호는 동작할 수 없다.

준비물

① 전기공압 실습테이블 1SET, ② 서비스 유닛 1SET,
③ 전원 공급기 DC24V, ④ 스위치 모듈 1SET,
⑤ 릴레이 모듈 1SET, ⑥ 연결 케이블 1SET,
⑦ 5/2-way(또는 4/2-way) 양측 솔레노이드 밸브 1EA,
⑧ 복동 실린더 1EA

동작설명

우선 회로란 먼저 입력된 신호가 유효하고 후에 입력된 신호는 동작할 수 없는 회로이며, 인터록 회로란 기기의 보호나 조작자의 안전을 위해 기기의 동작 상태를 나타내는 접점을 사용하여 관련된 기기의 동작을 금지하는 회로를 말한다. 그림 4.17의 회로는 릴레이의 b접점을 이용, 상대 기기의 회로를 끊어 동작을 금지시키는 회로로서, 인터록 회로 또는 **상대 동작 금지 회로, 선행 동작 우선 회로**라고도 한다.

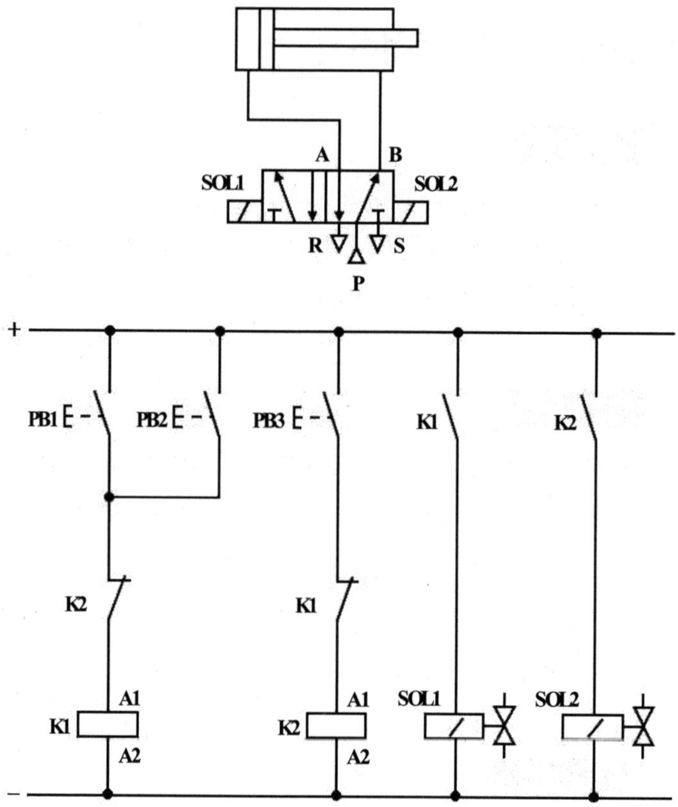

그림 4.17 인터록 전기 회로(우선회로)

4.12 온 딜레이 회로 구성하기

요구사항

누름버튼 스위치를 누르면 5초 후에 출력이 ON 되어야 한다.

준비물

① 전기공압 실습테이블 1SET, ② 전원 공급기 DC24V, ③ 스위치 모듈 1SET, ④ 릴레이 모듈 1SET, ⑤ 타임 릴레이 모듈 1SET, ⑥ 연결 케이블 1SET, ⑦ 램프 모듈 1SET

동작설명

그림 4.18의 회로는 ON 시간 지연 회로로서 누름버튼 스위치 PB1을 누르면 릴레이 코일이 여자되고 동시에 타이머 코일이 동작을 시작한다. 이때 누름버튼에서 손을 떼도 릴레이 접점에 의해 자기유지가 되어 타이머는 계속 동작하고, 설정된 시간 후에 타이머 접점을 닫아 램프를 점등시키는 **온 딜레이**(ON delay) **회로**이다. 누름버튼 스위치 PB2는 자기유지 해제 스위치로, PB2가 ON 되면 릴레이가 복귀되고 동시에 타이머도 복귀되어 램프가 소등된다.

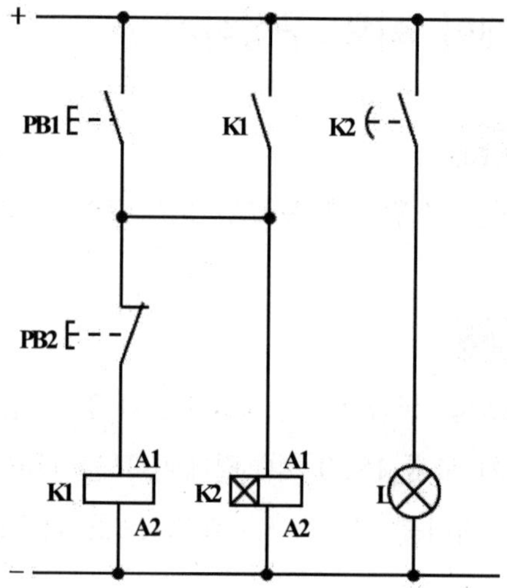

그림 4.18 온 딜레이 회로

4.13 자기유지에 의한 실린더 제어하기

요구사항

전진용 누름버튼을 누르면 실린더가 전진을 하고 누름버튼을 놓아도 실린더가 전진 상태를 유지하여야 한다. 후진용 누름버튼을 누르면 실린더가 후진하여야 하고 누름버튼을 놓아도 실린더는 후진 상태를 유지하여야 한다.

준비물

① 전기공압 실습테이블 1SET, ② 서비스 유닛 1SET,
③ 전원 공급기 DC24V, ④ 스위치 모듈 1SET, ⑤ 릴레이 모듈 1SET,
⑥ 연결 케이블 1SET, ⑦ 3/2-way 편측 솔레노이드 밸브 1EA,
⑧ 5/2-way(또는 4/2-way) 편측 솔레노이드 밸브 1EA
⑨ 단동 실린더 1EA, ⑩ 복동 실린더 1EA

동작설명

누름버튼 PB1을 누른 후 즉시 놓는다. 누름버튼 스위치 PB1을 누르면 릴레이 K1은 a접점 K1에 의해 입력 신호가 자기유지되어 솔레노이드 밸브 SOL1에 입력 신호가 들어가며 단동 실린더 및 복동 실린더는 전진한다. 누름버튼 PB2를 누르면 자기유지가 해제되고 솔레노이드 밸브 SOL1은 소자되며 단동 실린더 및 복동 실린더는 후진하게 된다.

그림 4.19는 단동 실린더를 이용한 경우의 회로를 나타내고, 그림 4.20은 복동 실린더를 사용한 경우의 회로를 나타낸다.

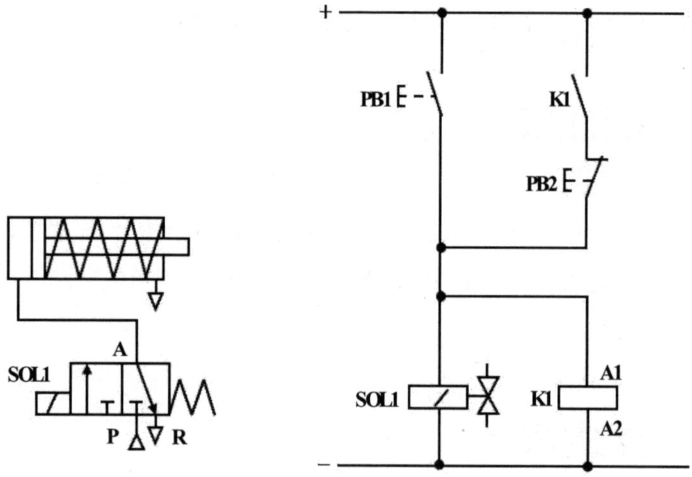

그림 4.19 자기유지에 의한 단동 실린더 제어 회로

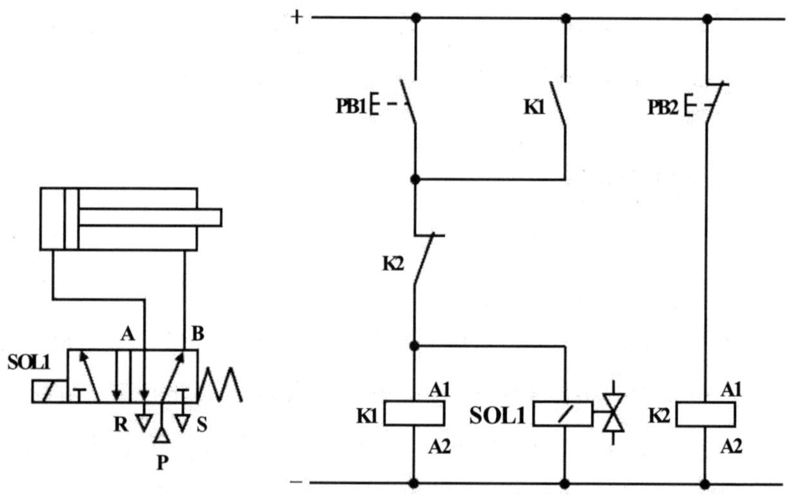

그림 4.20 자기유지에 의한 복동 실린더 제어 회로

4.14 복동 실린더의 자동 귀환 회로 (1)

요구사항

복동 실린더가 누름버튼 스위치를 누르면 전진하고, 전진 끝단에 도달된 후 스스로 복귀되어야 한다.

준비물

① 전기공압 실습테이블 1SET, ② 서비스 유닛 1SET,
③ 전원 공급기 DC24V, ④ 스위치 모듈 1SET, ⑤ 릴레이 모듈 1SET,
⑥ 연결 케이블 1SET, ⑦ 리밋 스위치 1EA,
⑧ 5/2-way(또는 4/2-way) 편측 솔레노이드 밸브 1EA,
⑨ 복동 실린더 1EA

동작설명

그림 4.21의 회로는 누름버튼 스위치 PB1을 누르면 K1 릴레이가 여자되고 자기유지 되며, 동시에 솔레노이드 코일 Y1에 통전시켜 실린더를 전진시킨다. 실린더의 피스톤이 전진 완료되어 LS1 리밋 스위치를 ON 시키면, K2 릴레이가 여자되어 솔레노이드에 통전하고 있는 K1릴레이를 복귀시킴에 따라 5/2-way 밸브가 스프링에 의해 원위치 되고 실린더가 후진한다. 다시 실린더를 전진시키려면 누름버튼 스위치를 눌러야 된다.

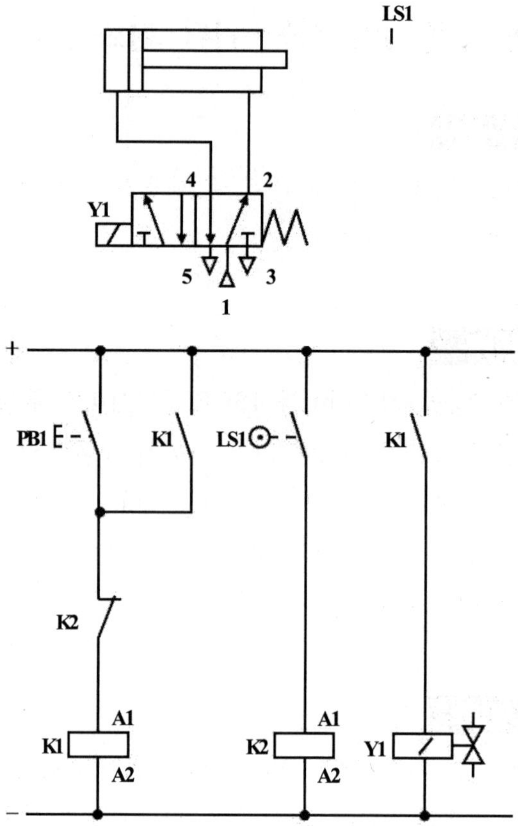

그림 4.21 복동 실린더의 자동 귀환 회로 (1)

4.15 복동 실린더의 자동 귀환 회로 (2)

요구사항

누름버튼을 순간 작동하면 복동 실린더가 전진 후 자동 귀환하여 원래의 위치에 정지하여야 한다.

준비물

① 전기공압 실습테이블 1SET, ② 서비스 유닛 1SET,
③ 전원 공급기 DC24V, ④ 스위치 모듈 1SET, ⑤ 릴레이 모듈 1SET,
⑥ 연결 케이블 1SET, ⑦ 리밋 스위치 1EA,
⑧ 5/2-way(또는 4/2-way) 양측 솔레노이드 밸브 1EA,
⑨ 복동 실린더 1EA

동작설명

누름버튼 PB1을 순간적으로 작동하면 릴레이 K1이 여자되고 또 다른 a접점 K1을 통해 릴레이 K2가 여자된다. 이때 솔레노이드 밸브 Y1에 신호가 입력되고 복동 실린더는 전진한다. 전진이 완료되면 리밋 스위치 LS1이 동작되고 릴레이 K3를 통해 릴레이 K4를 여자시킨다. 이때 b접점 K4가 소자되고 릴레이 K2도 소자된다. 릴레이 K4의 여자로 솔레노이드 밸브 Y2가 여자되고 복동 실린더는 후진을 한다. 간섭 현상을 방지하기 위해 b접점 K2, K4를 사용한다.

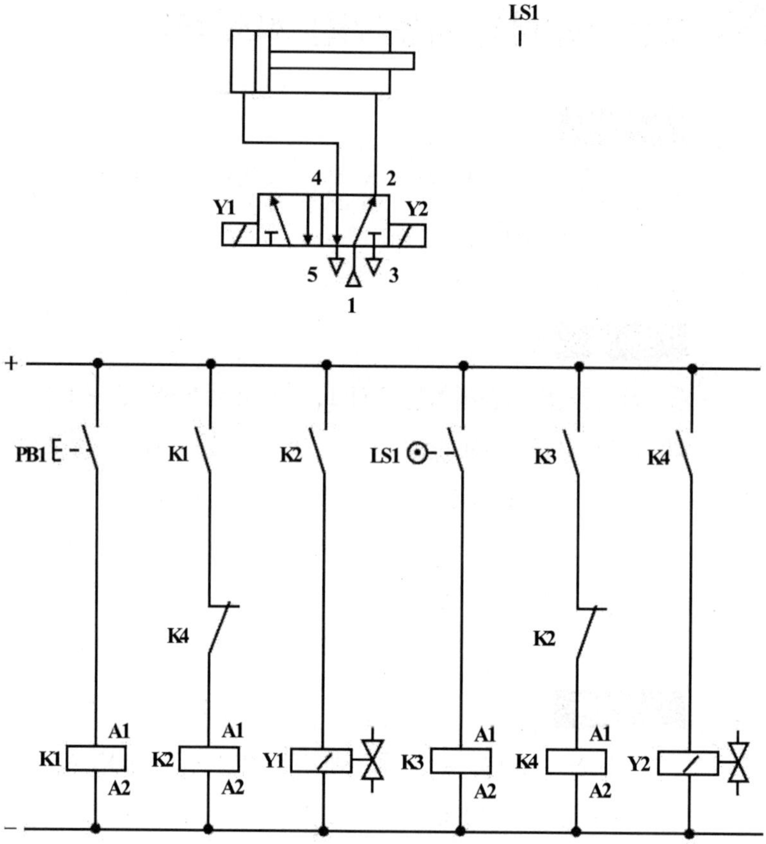

그림 4.22 복동 실린더의 자동 귀환 제어 회로 (2)

4.16 복동 실린더의 자동왕복회로 제어하기 (1)

요구사항

시동 신호를 주면 복동 실린더가 전진과 후진을 반복하고, 정지 신호가 입력되면 반드시 후진된 상태에서 정지되어야 한다.

준비물

① 전기공압 실습테이블 1SET, ② 서비스 유닛 1SET,
③ 전원 공급기 DC24V, ④ 스위치 모듈 1SET, ⑤ 릴레이 모듈 1SET,
⑥ 연결 케이블 1SET, ⑦ 리밋 스위치 2EA,
⑧ 5/2-way(또는 4/2-way) 편측 솔레노이드 밸브 1EA,
⑨ 복동 실린더 1 EA

동작설명

그림 4.23 회로에서 PB1은 시동 스위치이고 PB2는 정지 스위치이다. 먼저 누름버튼 스위치 PB1을 누르면 릴레이 K1이 여자되고 자기유지 된다. 이때 실린더가 후진되어 있어 LS1이 ON 상태이므로 K2가 여자되고 자기유지 되며, 솔레노이드 Y1에 통전시켜 밸브가 위치 전환되고 실린더가 전진한다. 실린더가 전진 완료되어 전진 끝단에 설치되어 있는 리밋 스위치 LS2가 ON 되면 릴레이 K2 코일 위의 LS2가 b접점이므로 끊어져 K2의 자기유지를 해제한다. 따라서 K2 릴레이 a접점에 의해 Y1에 통전하던 전류가 끊기므로 밸브가 내장된 스프링에 의해 원위치 되고 실린더가 후진한다. 실린더가 후진하면서 LS2에서 떨어지면 LS2가 OFF 되므로 LS2 b접점은 다시 원위치 되며, 실린더가 완전히 복귀하여 LS1 리밋 스위치를 ON 시키면 다시 K2가 여자되어 자기유지 되고 실린더가 전진한다. 즉 이와 같이 K1이 ON 되어 있는 동안은 실린더가 전진과 후진 운동을 반복하고, 정지시키기 위해서는 K1의 자기유지를 해제하는 PB2를 ON 시키면 된다.

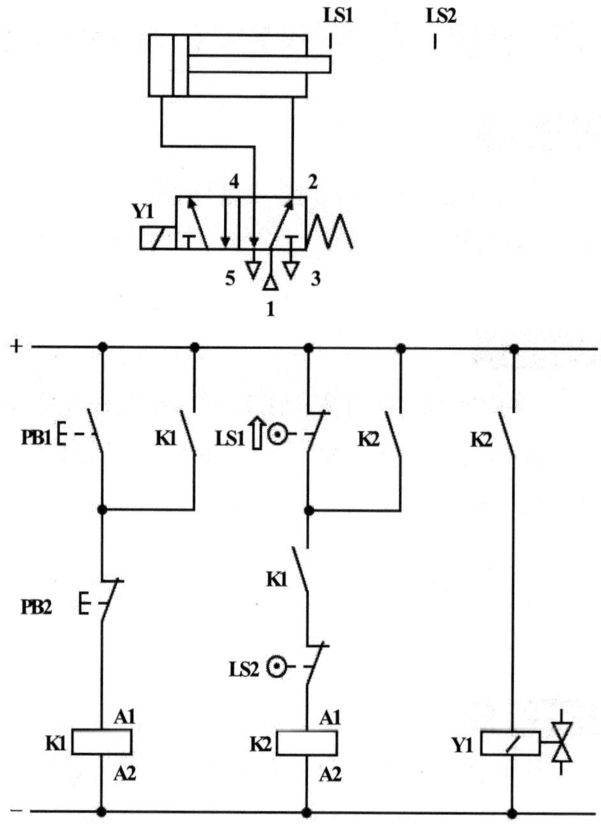

그림 4.23 복동 실린더 자동왕복 제어 회로 (1)

4.17 복동 실린더의 자동왕복회로 제어하기 (2)

요구사항

로커 스위치를 ON 하면 복동 실린더가 왕복 운동을 계속하고 스위치를 리셋하면 피스톤이 후진된 상태에서 정지하여야 한다.

준비물

① 전기공압 실습테이블 1SET, ② 서비스 유닛 1SET,
③ 전원 공급기 DC24V, ④ 스위치 모듈 1SET, ⑤ 릴레이 모듈 1SET,
⑥ 연결 케이블 1SET, ⑦ 리밋 스위치 2EA,
⑧ 5/2-way(또는 4/2-way) 양측 솔레노이드 밸브 1EA,
⑨ 복동 실린더 1 EA

동작설명

① 유지형 시작 스위치 PB1을 ON 시키면 리밋 스위치 LS1이 ON 된 상태이므로 K1이 여자된다. a접점 K1이 여자되어 솔레노이드 밸브 Y1을 여자시키므로 복동 실린더가 전진한다. 전진을 완료하면 리밋 스위치 LS2를 작동시켜 리밋 스위치 LS2의 작동으로 릴레이 K2를 여자시키며 솔레노이드 밸브의 Y2가 여자되어 복동 실린더는 후진 운동을 하게 된다.

② 시작 스위치가 ON 된 상태에서는 위의 동작을 계속해서 반복한다.

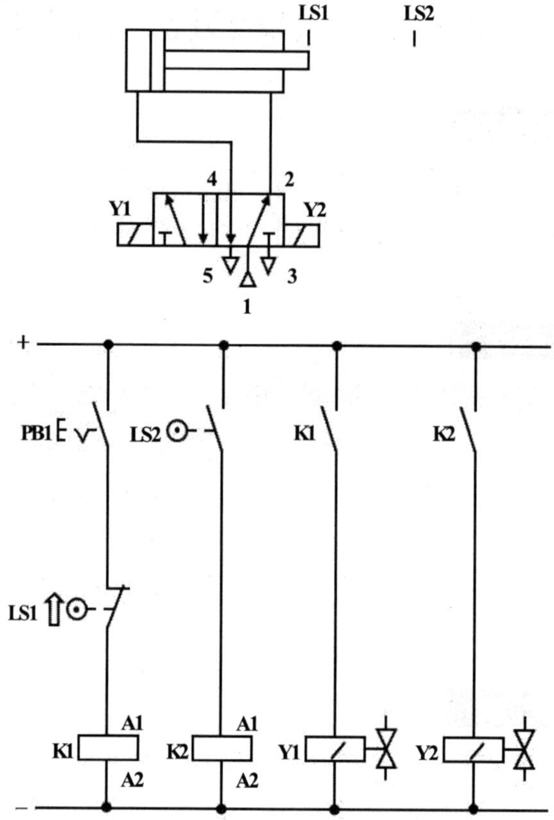

그림 4.24 복동 실린더 자동왕복 제어 회로 (2)

4.18 복동 실린더의 자동왕복회로 제어하기 (3)

요구사항

시동 신호를 누르면 복동 실린더가 전진과 후진을 반복하고 정지 신호가 입력되면 반드시 후진된 상태에서 정지되어야 한다.

준비물

① 전기공압 실습테이블 1SET, ② 서비스 유닛 1SET,
③ 전원 공급기 DC24V, ④ 스위치 모듈 1SET, ⑤ 릴레이 모듈 1SET,
⑥ 연결 케이블 1SET, ⑦ 리밋 스위치 2EA,
⑧ 5/2-way(또는 4/2-way) 양측 솔레노이드 밸브 1EA,
⑨ 복동 실린더 1 EA

동작설명

그림 4.25 회로는 양측 솔레노이드 밸브를 사용하므로 주 회로에 솔레노이드가 2개이고 제어 회로에서 자기유지회로로 하지 않은 것이다.

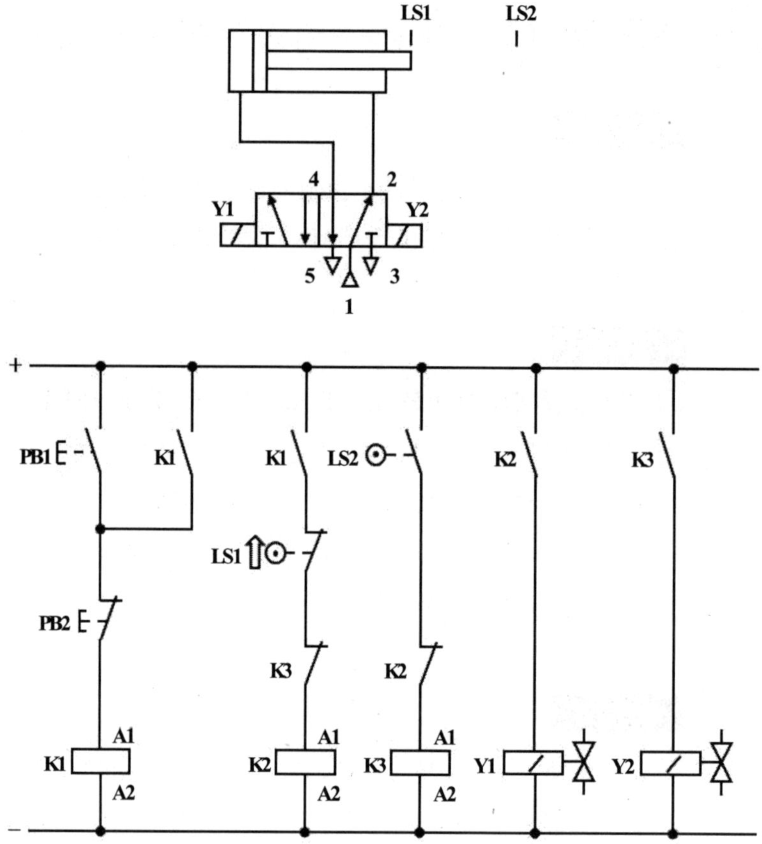

그림 4.25 복동 실린더 자동왕복 제어 회로 (3)

4.19 자동 단/연속 사이클 제어하기

요구사항

복동 실린더를 자동으로 단속 또는 연속 왕복 운동하여야 한다.

준비물

① 전기공압 실습테이블 1SET, ② 서비스 유닛 1SET,
③ 전원 공급기 DC24V, ④ 스위치 모듈 1SET, ⑤ 릴레이 모듈 1SET,
⑥ 연결 케이블 1SET, ⑦ 리밋 스위치 2EA,
⑧ 5/2-way(또는 4/2-way) 양측 솔레노이드 밸브 1EA,
⑨ 복동 실린더 1 EA

동작설명

① 단속 사이클 시 누름버튼 스위치 PB1을 ON 하면 리밋 스위치 LS1이 ON 된 상태이므로 릴레이 K1이 여자되고 a접점 K1이 여자되어 솔레노이드 밸브 Y1을 여자시키므로 실린더는 전진하게 된다. 전진이 완료되면 리밋 스위치 LS2를 작동시키며 LS2에 의해 릴레이 K2가 여자되어 Y2가 여자되므로 복동 실린더는 후진한다.

② 연속 사이클 시 유지형 스위치 PB2를 ON 하면 리밋 스위치 LS1이 ON 된 상태이므로 K1에 의해 실린더는 전진한다. 전진된 실린더에 의해 LS2가 ON 되고 K2가 여자되어 복동 실린더는 후진 운동을 한다. 이때 유지형 스위치가 ON 된 상태에서는 위의 동작을 연속적으로 반복한다.

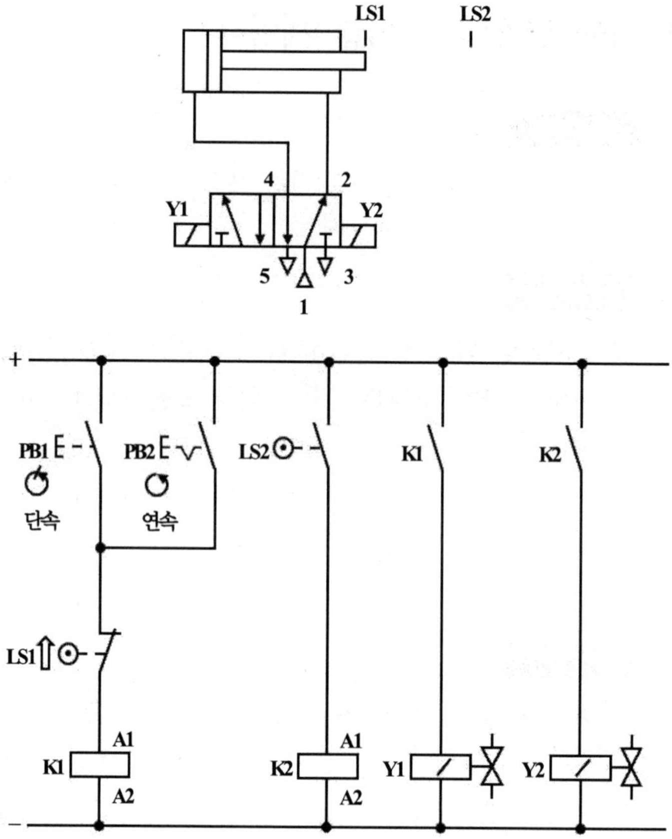

그림 4.26 자동 단/연속 사이클 제어 회로

4.20 비상정지회로 제어하기

요구사항

복동 실린더를 자동으로 연속 왕복 운동을 하다가 비상 정지 버튼을 누르면 작동 중의 실린더는 모두 초기 위치로 귀환해야 한다.

준비물

① 전기공압 실습테이블 1SET, ② 서비스 유닛 1SET,
③ 전원 공급기 DC24V, ④ 스위치 모듈 1SET, ⑤ 릴레이 모듈 1SET,
⑥ 연결 케이블 1SET, ⑦ 리밋 스위치 2EA,
⑧ 5/2-way(또는 4/2-way) 양측 솔레노이드 밸브 1EA,
⑨ 복동 실린더 1 EA

동작설명

누름버튼 PB1을 누르면 LS1이 여자된 상태이므로 K1이 여자되어 a접점 K1이 달라붙어 솔레노이드 밸브 Y1을 여자시키므로 복동 실린더는 전진한다. 전진한 실린더에 의해 LS2가 ON 되고 K2가 여자되어 a접점 K2가 달라붙어 솔레노이드 밸브 Y2를 여자시켜 복동 실린더는 후진 운동을 하게 된다. 이때 실린더가 자동왕복 운동을 하다가 비상정지 스위치를 누르면 K3는 소자되며 a접점 K3가 떨어져 전원 공급이 해제되고, 차단되었던 b접점 K3가 여자되어 Y2에만 전원이 공급되며 실린더는 초기 위치로 귀환하게 된다.

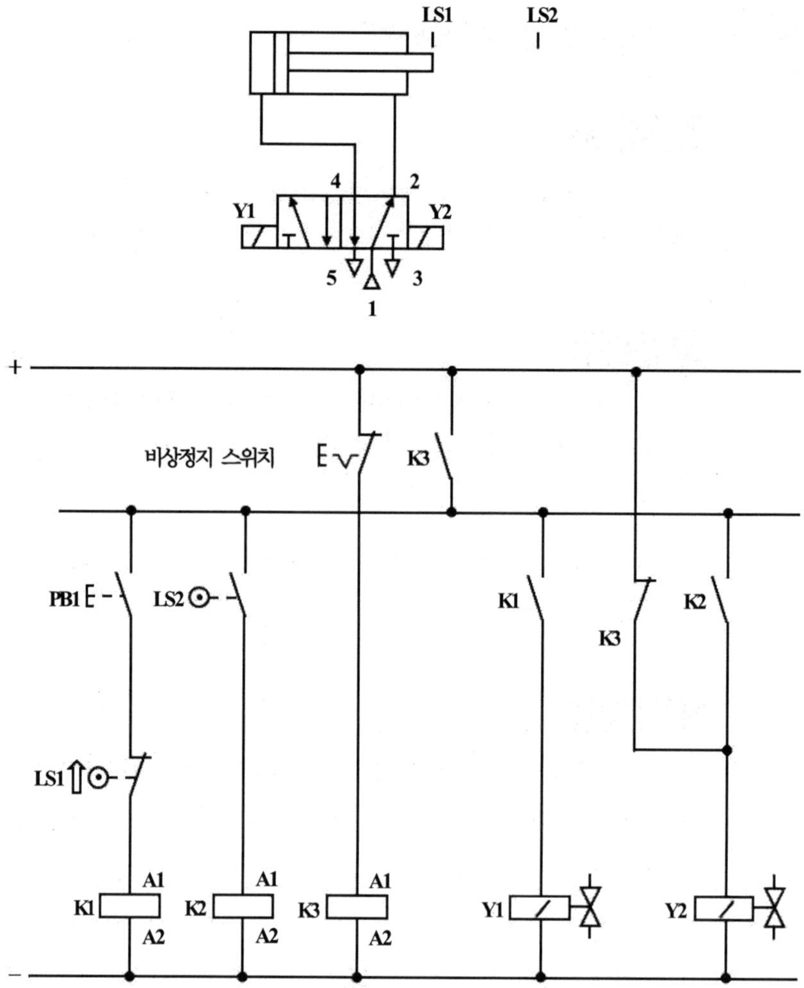

그림 4.27 비상정지 제어 회로

4.21 여자 지연회로 제어하기

요구사항

누름버튼 스위치 PB1을 누른 후 손에서 떼면 피스톤은 전진하고 최종 전진 위치에서 설정된 지연시간만큼 머무른 다음 피스톤은 자동적으로 후진한다.

준비물

① 전기공압 실습테이블 1SET, ② 서비스 유닛 1SET,
③ 전원 공급기 DC24V, ④ 스위치 모듈 1SET, ⑤ 릴레이 모듈 1SET,
⑥ 타임 릴레이 모듈 1SET, ⑦ 연결 케이블 1SET, ⑧ 리밋 스위치 1EA,
⑨ 5/2-way(또는 4/2-way) 편측 솔레노이드 밸브 1EA,
⑩ 복동 실린더 1 EA

동작설명

누름버튼 PB1을 누르면 릴레이 K1과 a접점 K1에 의해 입력 신호는 자기유지 되어 솔레노이드 밸브 Y1에 신호가 입력되며 복동 실린더는 전진하며 실린더가 전진이 완료되면 리밋 스위치 LS1을 작동시키고 한시 타이머 K2가 작동하기 시작한다. 설정된 시간이 되면 K2가 여자되어 b접점 K2를 OFF 시키고, 자기유지 되었던 릴레이 K1은 자기유지가 해제된다. 솔레노이드 밸브 Y1이 소자되어 스프링력에 의해 밸브는 원위치로 돌아가고 실린더는 후진하게 된다.

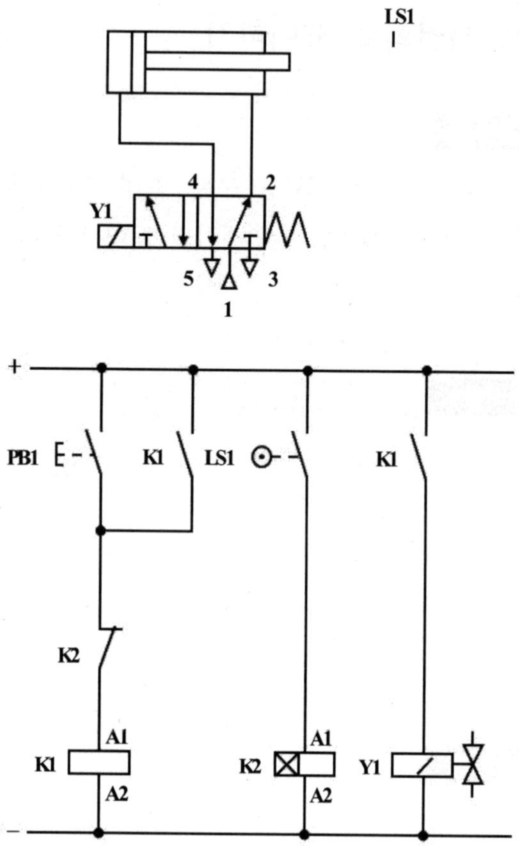

그림 4.28 여자 지연 제어 회로

4.22 소자 지연회로 제어하기

요구사항

누름버튼 스위치 PB1 또는 PB2를 작동하면 피스톤은 즉시 전진하고 둘 다 놓으면 최종 전진 위치에서 얼마 동안 머무른 다음 피스톤은 복귀한다.

준비물

① 전기공압 실습테이블 1SET, ② 서비스 유닛 1SET,
③ 전원 공급기 DC24V, ④ 스위치 모듈 1SET,
⑤ 디임 릴레이 모듈 1SET, ⑥ 연결 케이블 1SET,
⑦ 5/2-way(또는 4/2-way) 편측 솔레노이드 밸브 1EA,
⑧ 복동 실린더 1 EA

동작설명

누름버튼 PB1 또는 PB2를 누르면 솔레노이드 밸브 Y1의 신호가 입력되고 복동 실린더는 전진한다. 실린더의 전진과 함께 순시 타이머 K1이 작동하고 설정된 시간이 되면 K1이 여자되어 a접점 K1을 OFF 시킨다. 이때 솔레노이드 밸브 Y1이 소자되고 스프링력에 의해 밸브는 원위치로 오며 실린더는 후진한다.

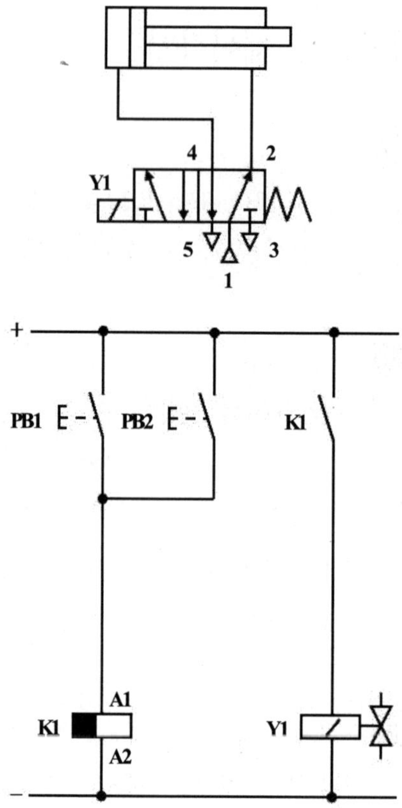

그림 4.29 소자 지연 제어 회로

4.23 카운터 회로 구성하기

요구사항

복동 실린더가 시동신호를 주면 연속적으로 왕복 작동해야 하고, 5회 동작하면 스스로 정지되어야 한다.

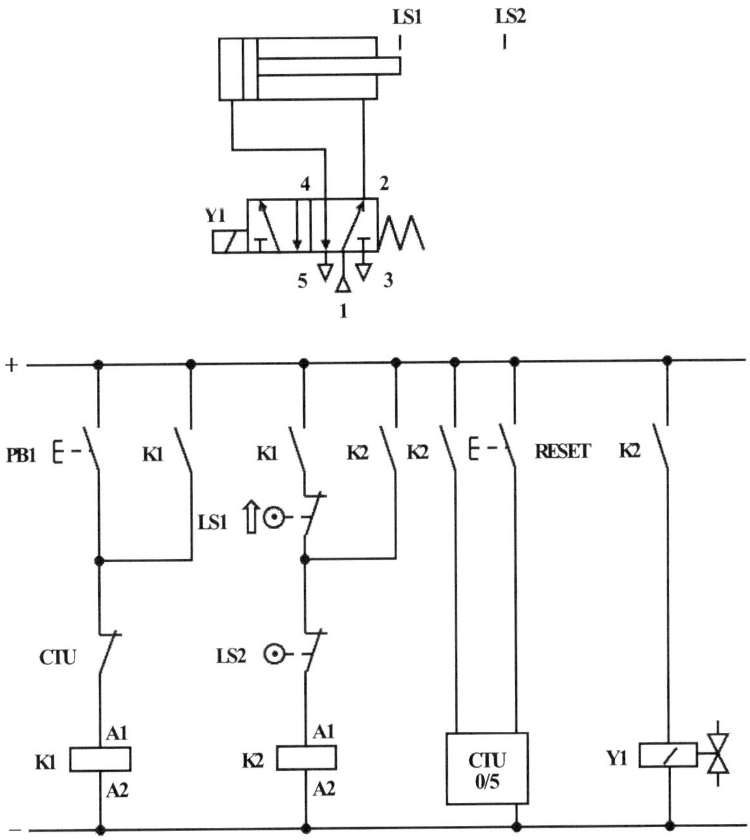

그림 4.31 공압 회로 및 제어 회로

준비물

① 전기공압 실습테이블 1SET, ② 서비스 유닛 1SET,
③ 전원 공급기 DC24V, ④ 스위치 모듈 1SET, ⑤ 릴레이 모듈 1SET,
⑥ 카운터 모듈 1SET, ⑦ 연결 케이블 1SET, ⑧ 리밋 스위치 2EA,
⑨ 5/2-way(또는 4/2-way) 편측 솔레노이드 밸브 1EA,
⑩ 복동 실린더 1 EA

동작설명

그림 4.31의 회로는 기계의 동작 횟수 계수를 위한 카운터 회로의 예로서, PB1을 누르면 실린더가 전진과 후진을 반복한다. 그리고 실린더를 제어하는 릴레이 K2의 a접점에 의해 카운터(CNT)가 계수를 하고 카운터의 설정치 만큼 실린더가 동작하면 카운터 출력 접점이 시동 신호인 K1의 자기유지를 해제하므로 스스로 정지하는 회로이다.

5

시퀀스 제어 회로

먼저, 시퀀스 제어 회로 작성법의 이해를 돕기 위해 1개의 복동 실린더를 이용하여 작업이 이루어지는 장치의 제어 회로를 작성해 보기로 하자. 즉, 시동스위치를 작동시키면 실린더가 전진 운동을 하여 작업을 하고, 작업이 끝나게 되면 이의 완료 여부를 확인하는 리밋 스위치에 의하여 후진 운동을 하게 된다. 일반적으로 실린더의 후진된 위치를 확인하는 리밋 스위치는 LS1, LS3, …와 같이 홀수번호를 부여하고, 전진된 위치를 확인하는 리밋 스위치는 LS2, LS4, …와 같이 짝수 번호를 부여하게 된다. 전기 릴레이를 이용하여 실린더를 제어하는 데는 실린더를 제어하는 제어 밸브에 양측 솔레노이드 밸브를 이용하는 방법과 편측 솔레노이드 밸브를 이용하는 두 가지 방법이 있다. 양측 솔레노이드 밸브와 편측 솔레노이드 밸브를 이용한 제어 회로도를 각각 작성해 보기로 한다.

5.1 양측 솔레노이드 밸브를 이용한 제어 회로도

(1) 실린더의 전진 운동

실린더가 전진 운동을 하기 위해서는 실린더의 후진된 위치를 감지하는 리밋 스위치 LS1이 작동되어 있어야 하고 작업자가 시동 스위치를 작동시켜야만 한다. 초기 조건상태에서 시동 스위치 PB1은 작동되지 않은 상태로 존재하게 되고, 리밋 스위치 LS1은 작동된 상태로 있기 때문에 LS1은 작동된 상태로 그려지게 된다. 즉, 시동스위치와 리밋 스위치 LS1은 릴레이 K1을 작동시키고, 릴레이 K1의 하나의 접점을 이용하여 솔레노이드 Y1을 작동시키면 된다. 그림 5.1은 1단계 회로도를 나타낸다.

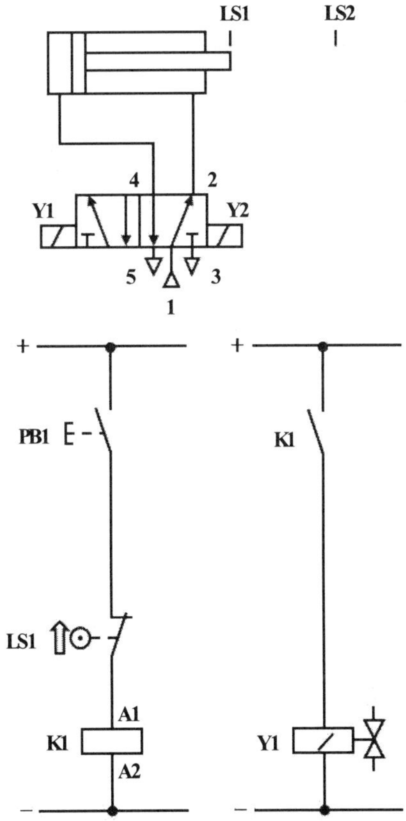

그림 5.1 1단계 제어 회로도

(2) 실린더의 후진운동

실린더가 후진 운동을 하기 위한 조건은 리밋 스위치 LS2가 작동되면 된다. 그러므로 리밋 스위치 LS2로는 릴레이 K2를 작동시키고, 릴레이 K2의 하나의 접점을 이용하여 후진 운동을 위한 솔레노이드 코일 Y2를 작동시키면 된다. 그림 5.2는 이를 나타낸다.

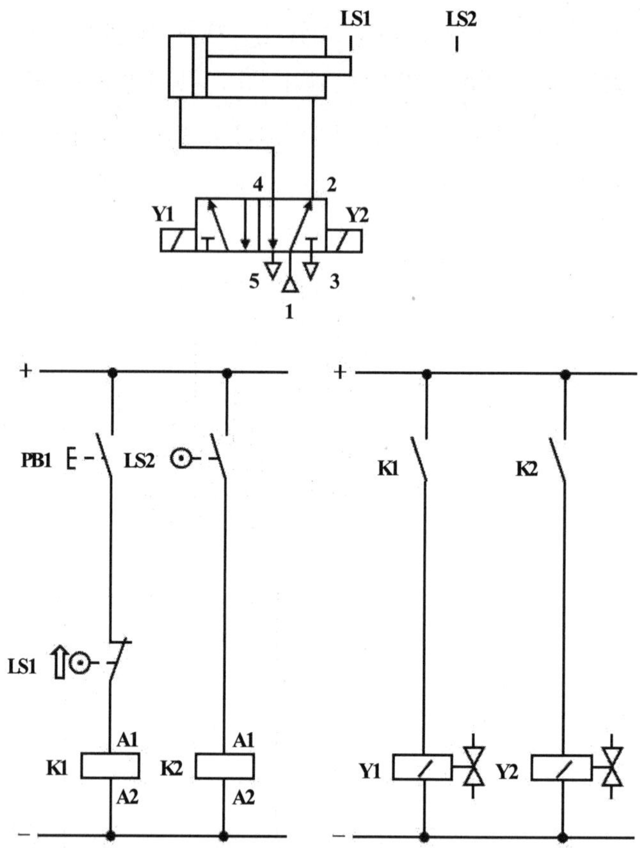

그림 5.2 2단계 제어 회로도

(3) 제어 회로도의 완성

제어 회로도를 완성한 후, 각 릴레이의 접점에는 접점 표시를 하여야 하며, 제어 회로도의 각 라인에는 라인 표시를 하여야 한다. 그리고 각각의 릴레이 밑에는 그 릴레이의 접점이 있는 라인의 숫자를 기입하여야 한다.

간단한 회로도에서는 이와 같은 표시를 하지 않아도 되지만, 복잡한 제어 회로도에서는 이러한 표시 없이는 제어 회로도의 판독이 사실상 불가능하게 된다. K1 릴레이 밑의 $\dfrac{a \mid b}{3 \mid}$는 K1 릴레이의 a접점은 3번 라인에 있다는 것을 의미한다. 그림 5.3은 완성된 IES 방식의 제어 회로도를 나타낸다.

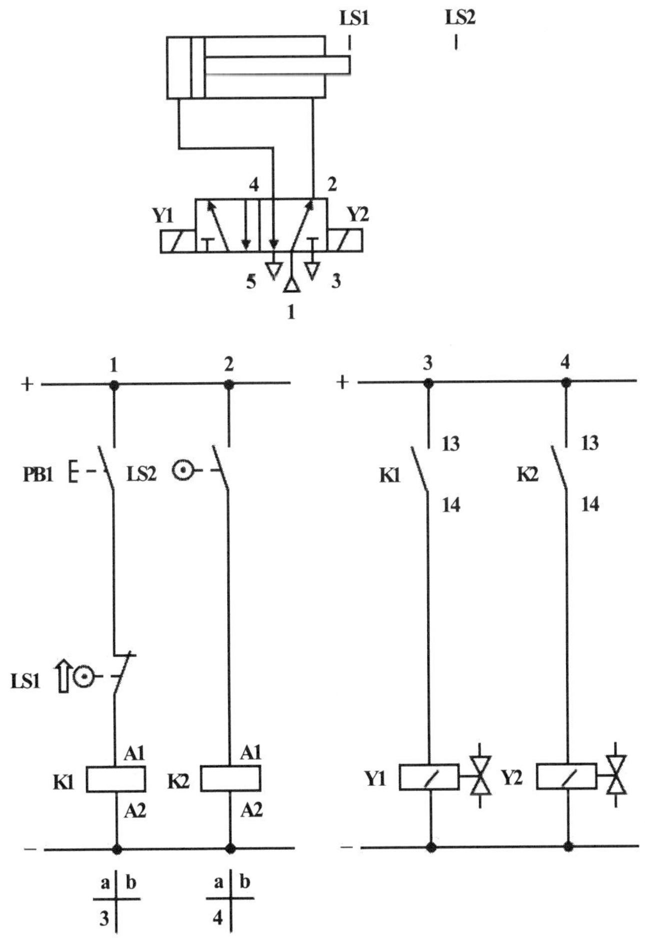

그림 5.3 IES 방식의 완성된 제어 회로도

5.2 편측 솔레노이드 밸브를 이용한 제어 회로

앞에서 완성한 양측 솔레노이드 밸브를 이용한 제어 회로도에서는 시동 스위치 PB1을 작동시키면 릴레이 K1이 작동되고, 릴레이 K1이 작동되면 솔레노이드 Y1이 작동되어 실린더가 전진 운동을 하게 된다. 실린더가 전진 운동을 하면 리밋 스위치 LS1이 OFF 되어 릴레이 K1이 OFF 된다. 그러면 솔레노이드 Y1에 공급되는 전원이 차단된다. 그러나 양측 솔레노이드 밸브는 한 번 밸브가 스위칭 되면 반대쪽의 솔레노이드 코일 Y2에 제어 신호가 입력될 때까지는 그때의 위치를 유지해 주고 있기 때문에 실린더는 계속하여 전진 운동을 할 수 있게 되며, 전진 운동이 완료되어 리밋 스위치 LS2가 작동되면 릴레이 K2가 작동되고 솔레노이드 코일 Y2가 작동되기 때문에 후진 운동이 일어날 수 있게 된다.

그러나 편측 솔레노이드 밸브는 솔레노이드 코일 Y1에 공급되는 전기가 차단되면 밸브에 내장된 스프링에 의하여 밸브가 즉시 원위치 되므로 전진 운동을 계속할 수 없게 된다.

그러므로 편측 솔레노이드 밸브를 이용하는 제어 회로도에서는 리밋 스위치 LS1 또는 시동 스위치 PB1이 OFF 되어도 실린더가 전진 운동을 완료할 때까지는 계속하여 솔레노이드 코일 Y1에 전기가 통하고 있어야만 한다. 즉, 스위치 PB1 또는 LS1이 OFF 되어도 릴레이 K1은 계속하여 작동된 상태를 유지하여야 한다. 이는 자기유지회로(self holding circuit)를 이용하면 가능하게 된다.

자기유지회로를 이용한 실린더의 제어

양측 솔레노이드 밸브를 이용하여 실린더의 운동을 제어할 때에는 솔레노이드 코일에 계속하여 전기 신호가 존재하지 않아도 밸브 자체가 반대편의 솔레노이드 코일이 작동될 때까지 그때의 위치를 유지해 주기 때문에 릴레이는 필요할 때에만 잠깐만 작동되어도 관계가 없다. 그러나 편측 솔레노이드 밸브를 이용할 때에는 솔레노이드 코일에 필요할 때까지 계속하여 전기가 통하고 있어야 하기 때문에 자기유지회로를 이용하여야만 한다. 그러므로 전진 운동을 하기 위한 LS1 리밋 스위치와 시동 스위치는 릴레이 K1을 작동시키고 K1 릴레이는 자신의 한 접점을 이용하여 자기유지 되어야 한다. 그리고 실린더의 전진 운동 완료를 확인하는 리밋 스위치 LS2는 자기유지회로를 OFF 시켜야 한다. 실린더의 운동을 제어하는 데는 특별한 경우를 제외하고는 OFF 우선회로가 채택되어야만 한다. 그림 5.4는 편측 솔레노이드를 이용하는 IES 방식의 제어 회로도를 나타낸다.

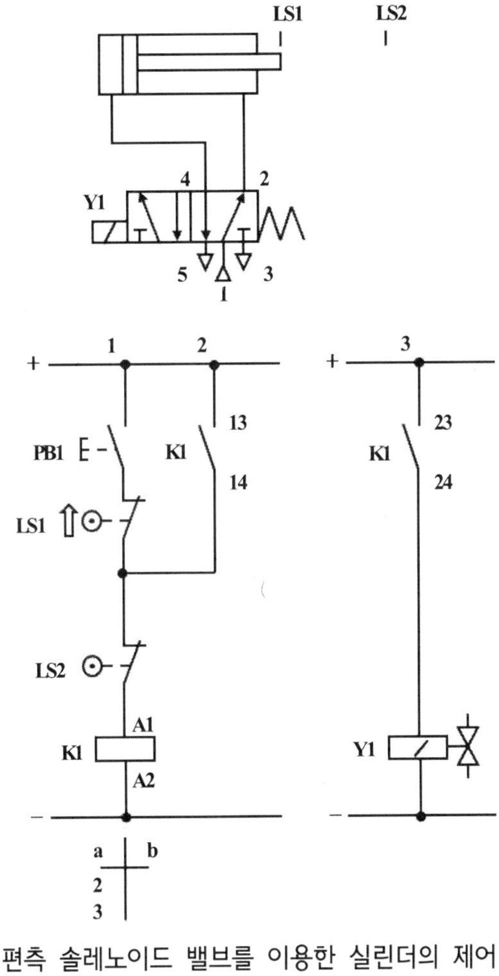

그림 5.4 편측 솔레노이드 밸브를 이용한 실린더의 제어 (IES방식)

5.3 시퀀스 제어 방식

앞에서 설명한 바와 같이, 시퀀스 제어(sequence control)란 말 그대로 순차적으로 제어 신호가 출력되는 것을 의미한다. 즉, 주어진 조건이 충족되면 미리 프로그램에 의하여 결정된 순서대로 제어 신호가 출력되어 순차적으로 작업이 수행되는 제어방법으로 실제의 공장자동화에 가장 많이 이용되고 있는 방법이다.

시퀀스 제어는 제어 방법에 따라 일정한 시간이 경과되면 그 다음 단계의 작업이 수행되는 시간에 따른 제어 방법과 전 단계 작업의 완료 여부를 리밋 스위치나 센서 등으로 확인하여 다음 단계의 작업을 수행하는 위치에 따른 제어 방법의 2가지가 있다. 타이머를 이용하는 시간에 따른 제어 방법은 전기세탁기 등과 같은 곳에 응용되고 있으나, 공장자동화에는 위치에 따른 제어 방법이 주로 이용되고 있다. 그러므로 여기에서도 위치에 따른 시퀀스 제어에 대해 알아보기로 하자.

시퀀스 제어에서는 상반된 제어 신호가 같이 존재하게 되면 문제가 발생되게 된다. 즉, 같은 실린더의 전진 운동 제어 신호와 후진 운동 제어 신호가 같이 기능을 발휘할 수 없게 되며 솔레노이드 밸브에서는 코일 소손의 원인이 되기도 한다. 그러므로 시퀀스 제어에서는 상반된 제어 신호가 같이 존재하게 되는 제어 **신호의 중첩 현상**이 발생되지 않도록 해야 되며, 제어 신호의 중첩 현상을 없애주는 방법에 따라 시퀀스 제어에는 몇 가지 방법이 있게 된다. 일반적으로 제어 신호의 중첩 현상은 한 번 입력된 제어 신호가 너무 길게 지속되기 때문에 제어 신호가 짧은 기간 동안만 지속되는 펄스(pulse) 신호화 하면 해결할 수 있다. 신호의 중첩 현상을 **신호의 간섭 현상** 또는 **신호의 중복 현상**이라고도 한다.

공압 밸브를 이용하는 방법에서는 제어 신호의 펄스화에 공압 타이머 및 방향성 리밋 스위치 등도 이용되었으나, 전기적인 방법에서는 이 방법이 거의 사용되지 않는다. 그 이유는 전기 타임 릴레이는 보통 릴레이보다 고가이며 전기 방향성 리밋 스위치는 작은 작동력으로도 작동될 수 있어 작동의 신뢰성을 보장할 수 없기 때문이다. 그러므로 전기 릴레이를 이용하는 시퀀스 제어는 회로상으로 해결하는 **캐스케이드(cascade) 방법**, **전기 시퀀스(electric sequences) 방법** 및 **스텝퍼(stepper) 방법**의 3가지가 주로 이용되고 있다. 먼저 직관에 의한 회로 설계에 대해 예를 들어 설명하고, 다음으로 3가지 회로 설계 방법에 대해 여러 가지 예제를 통해 알아보기로 한다.

5.4 직관에 의한 A+A−B+B− 제어 회로 설계

2개의 복동 실린더가 시동 신호를 주면 A+A−B+B−의 순서로 순차 작동되도록 직관에 의해 제어 회로를 설계해 보기로 한다.

그림 5.5의 회로도는 직관에 의한 설계 방법으로 공압 실린더를 A+A−B+B−의 순서로 순차 작동시키는 회로를 작성한 예를 보여준다.

회로의 동작 원리는 시동 스위치인 PB1을 누르면 릴레이 K1이 여자되고 자기유지 된다. 그리고 8열의 K1 a접점에 의해 Y1이 ON 되어 그 결과로 실린더 A가 전진한다. 실린더 A가 전진 완료 되어 LS2 리밋 스위치가 ON 되면, K2 b접점이 끊어져 K1이 OFF 되므로 8열의 K1 a접점도 복귀되어 밸브는 내장된 스프링에 의해 원위치 되고 실린더 A가 후진한다. 실린더 A가 후진 완료되어 LS1 리밋 스위치가 ON 되면, 5열의 K2 a접점과 AND로 신호가 형성되어 K3 릴레이가 여자되고 자기유지 되며, 9열의 K3 a접점에 의해 Y2가 ON 되어 실린더 B를 전진시킨다. 실린더 B가 전진 완료되어 LS4가 ON 되면 7열의 K4 릴레이가 여자되고 3열의 K4 접점이 열리므로 K3 릴레이가 OFF 되어 실린더 B가 후진한다. 이렇게 하여 1사이클이 종료되고 모든 제어 기기는 회로도와 같은 초기 상태로 복귀한다.

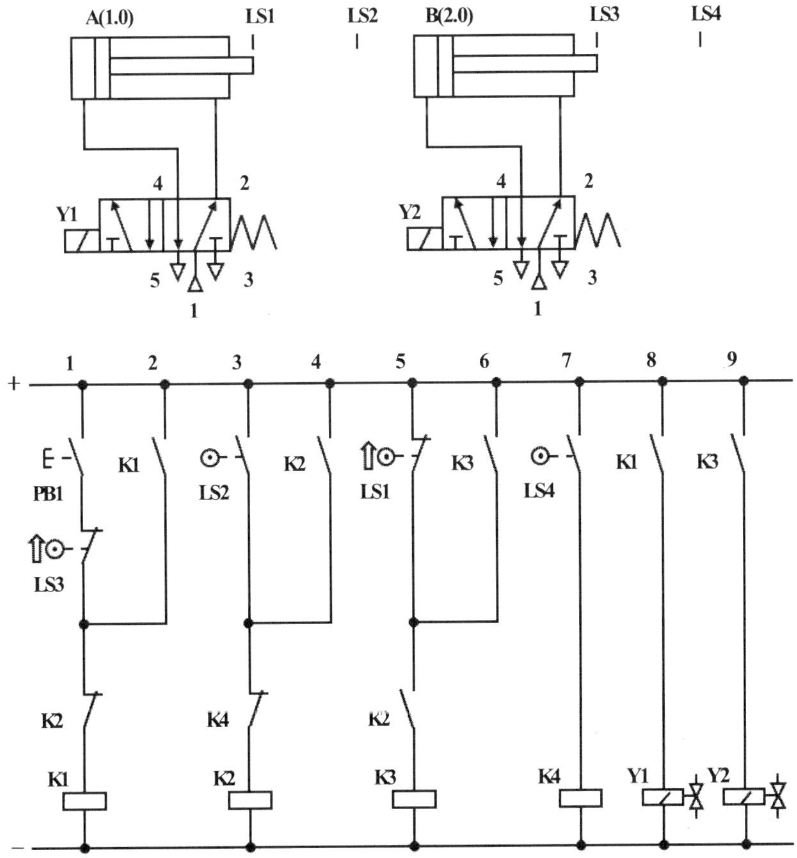

그림 5.5 직관에 의한 제어 회로

5.5 캐스케이드 제어방법

전편에서 설명한 바와 같이 시퀀스 제어에서 제어 신호의 간섭 현상은 같은 액추에이터(actuator)에 상반된 제어 신호가 함께 존재하기 때문에 발생한다. 즉, 같은 실린더의 전진 운동 제어 신호가 존재하는 상태에서 후진 운동 제어 신호가 입력되면 제어 시스템의 구조상 늦게 입력되는 제어 신호는 제 기능을 발휘할 수 없게 된다. 그러므로 시퀀스 제어에서 항상 발생되는 이와 같은 제어 신호의 중첩현상을 근원적으로 해결하는 방법은 작동 시퀀스를 간섭 현상이 발생되지 않게 몇 개의 제어 그룹으로 분류하여 필요한 제어 그룹에만 에너지가 공급되도록 하는 것이다. 제어 그룹을 분류하기 위해서는 우선적으로 작동 시퀀스를 약호로 표시하는 것이 바람직하다. 가장 많이 이용되는 표현 방법은 전진 운동을 +, 후진 운동을 −로 표시하는 것이다. 즉, A 실린더의 전진 운동을 A+, B 실린더의 후진 운동을 B−와 같이 표현하는 것이다. 이와 같이 작동 시퀀스를 약호로 표시하면 제어 그룹을 쉽게 분류할 수 있게 된다. 제어 그룹을 분류하는 방법은 같은 액추에이터의 상반된 운동이 같은 그룹에 포함되지 않게만 하면 된다. 즉, A 실린더의 전진 운동인 A+와 후진 운동인 A−, B+와 B−는 같은 그룹에 속할 수 없게 된다. 그러나 A+와 B−는 서로 다른 액추에이터가 되기 때문에 같은 그룹에 포함되어도 제어 신호의 간섭 현상은 발생되지 않게 된다.

한 예로 다음과 같은 작동 시퀀스는 2개의 제어 그룹으로 나눌 수 있다.

A+, B+, C+	C−, B−, A−
그룹 1	그룹 2

실린더의 개수가 같더라도 작동 시퀀스가 다르게 되면 제어 그룹의 개수는 다르게 된다. 즉, 다음과 같은 경우는 같은 3개의 실린더가 사용된 경우지만 제어 그룹의 개수는 각각 3개와 4개가 된다.

A+ B+	B− A− C+	C−
그룹 1	그룹 2	그룹 3

A+	A− B+	B− C+	C−
그룹 1	그룹 2	그룹 3	그룹 4

제어그룹의 개수가 N개인 작동시퀀스를 제어하려면 N개의 릴레이가 필요하게 되나, 제어그룹이 2개인 경우에 한해서 1개의 릴레이로 제어할 수 있게 된다.

캐스케이드 방법을 최소신호 차단법이라고도 한다. 신호를 최소화하여 회로를 설계하는 **최소신호 차단법**은 회로설계가 간단하고 제어 기기가 최소화되어 경제적이기는 하나, 기계나 장치가 정지 시에도 주 전원을 차단하지 않는 한 어느 한 그룹에 신호가 존재함에 따라 솔레노이드에 통전한다는 단점이 있다. 캐스케이드 방법은 실린더를 제어하는 데 양측 솔레노이드 밸브만이 적용된다는 점에서 전기 공압 회로에서 제한적으로 이용되고 있다는 사실을 알 수 있다.

몇 가지 예들을 이용하여 캐스케이드 제어 회로의 작성 방법을 알아보기로 하자.

5.5.1 캐스케이드를 이용한 A+A-B+B- 회로 설계

그림 5.6과 같이 부품에 문자를 각인하는 스탬핑 작업을 하려고 한다. 각인하려는 부품은 수동으로 삽입하고, 실린더 A를 이용하여 각인 작업을 하고, 작업이 끝나면 실린더 B가 부품을 밀어내게 된다.

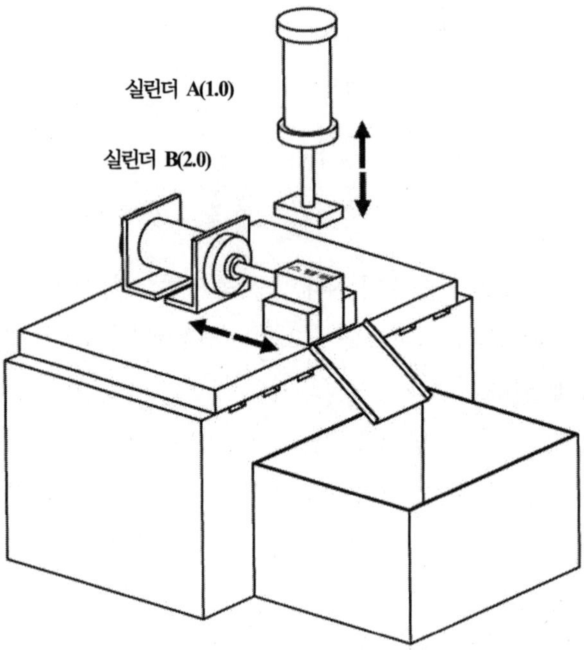

그림 5.6 스탬핑 작업

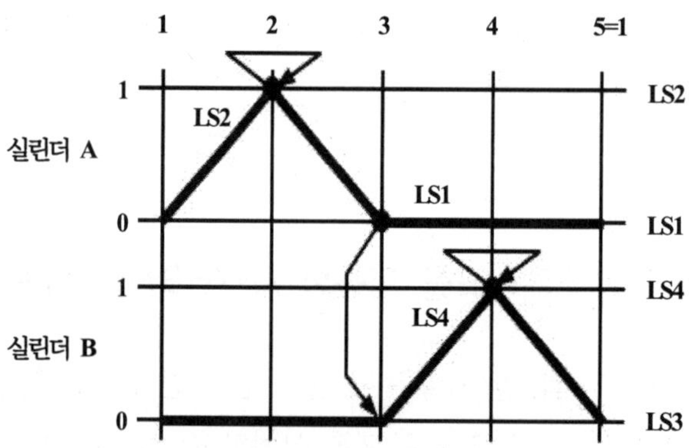

그림 5.7 변위 단계선도

(1) 캐스케이드 회로 작성을 위한 그룹 분리

① 전진 운동은 +, 후진운동은 −로 표시, A+ A− B+ B−

② 그룹의 분리

하나의 그룹에 같은 실린더의 전진, 혹은 후진운동이 한 가지만 표시되어야 한다.

A+	A−	B+	B−
1 그룹	2 그룹		3 그룹

③ 그룹의 수(=릴레이의 수)

그룹의 수가 3개이므로 3개의 릴레이를 사용, 제어 선도 3개

(2) 제어 회로 구성

① 각 그룹은 순서대로 살아간다.

② 각 그룹들은 매 순간에 한 그룹만 살아간다.

③ 마지막 그룹은 살아 있어야 한다.

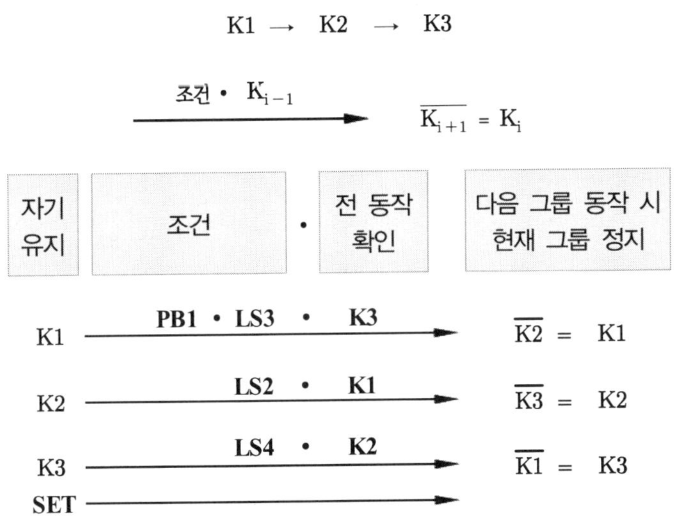

(3) 캐스케이드 회로 설계 순서

① 공압 엑추에이터와 솔레노이드 밸브를 그리고 센서와 공압 에너지원, 배기구 및 각 공압 요소의 배관을 그린 후, 해당 번호 또는 문자를 기입한다.

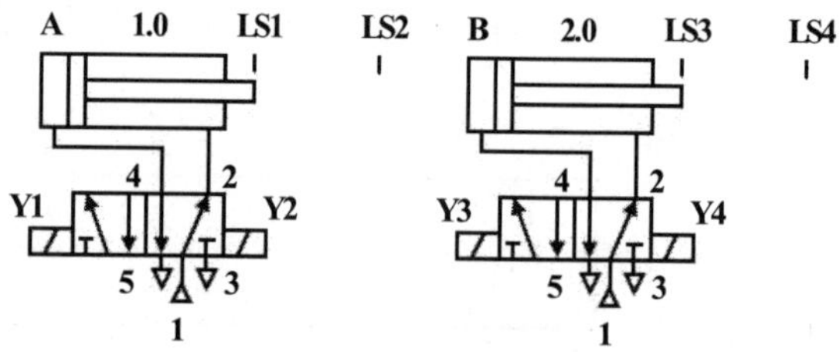

② 전원 모선을 그리고 각 라인번호를 기록하고, 제어라인 3개를 그리고 접점 K1을 8번 라인에서 1 그룹선에, 접점 K2를 9번 라인에서 2 그룹선에, 접점 K3를 12번 라인에서 3 그룹선에 각각 연결하고 각 문자와 숫자를 기록한다.

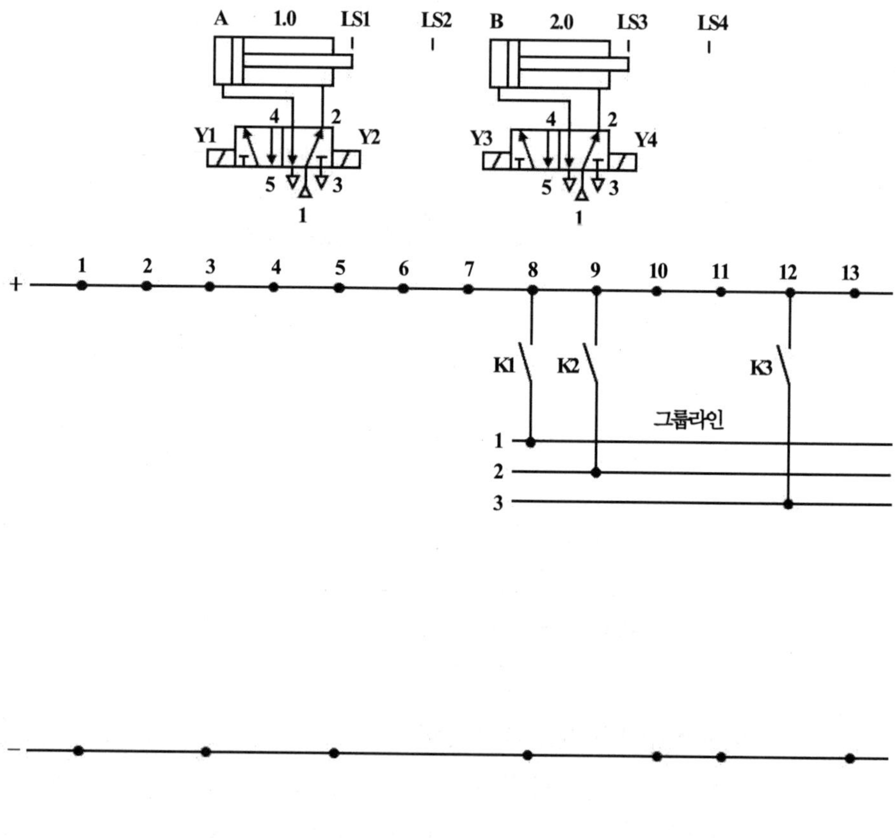

③ 1번 라인에 시작 버튼, 리밋 스위치 LS3, 접점 K3, 인터록 접점으로 b 접점 K2와 릴레이 K1을 그리고 2번 라인에 자기유지접점 K1을 그리고 제어선을 연결하며, 각 문자와 숫자를 기록한다.

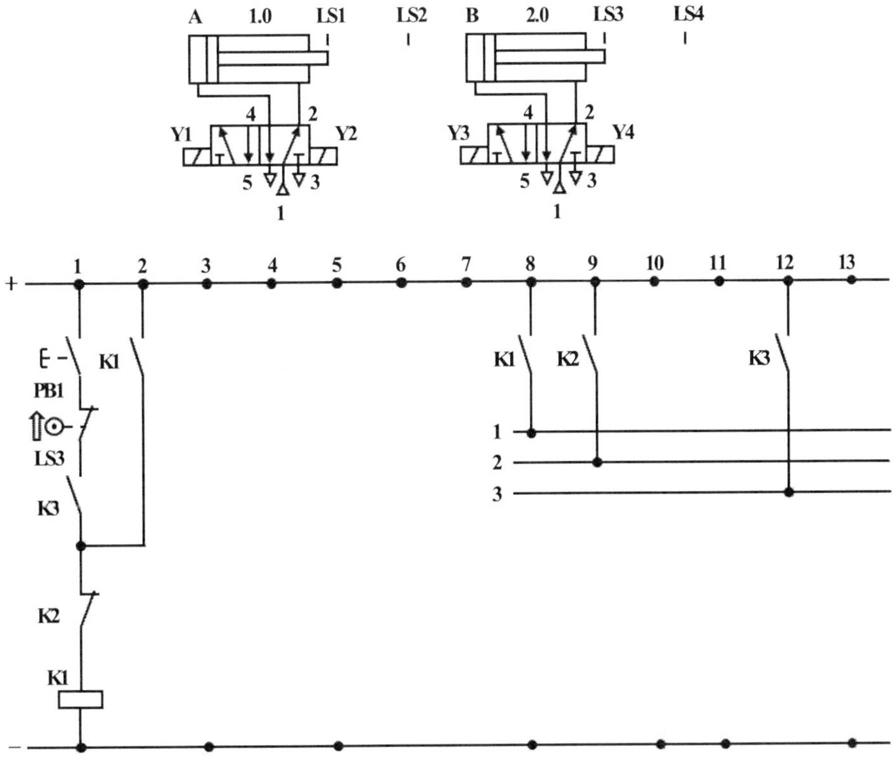

④ 8번 라인에 솔레노이드 밸브 Y1을 1그룹 제어 라인에 연결하고 해당 번호 또는 문자를 기입한다.

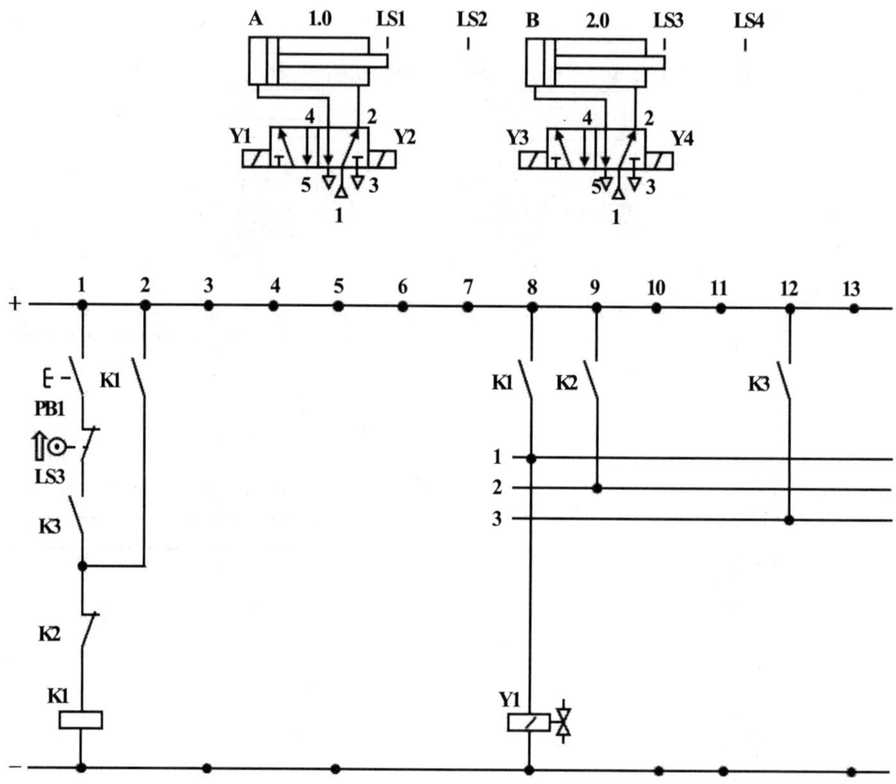

⑤ 3번 라인에 리밋 스위치 LS2와 접점 K1, 인터록 접점으로 b접점 K3와 릴레이 K2를 그리고 4번 라인에 자기유지접점 K2를 그리고 제어선을 연결하며, 각 문자와 숫자를 기록한다.

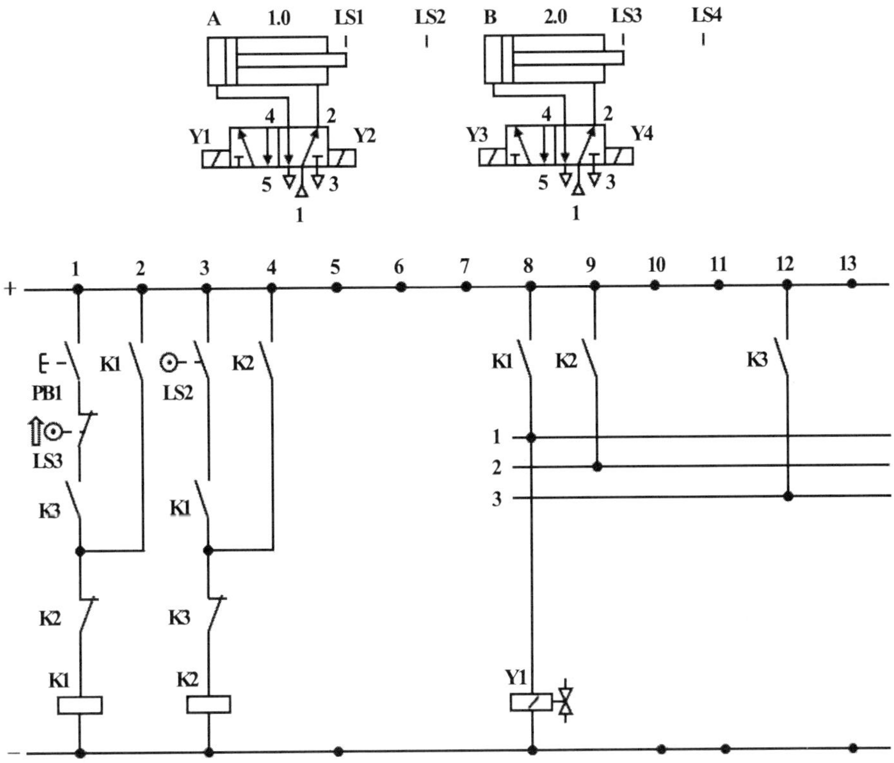

⑥ 10번 모선의 제어라인 2그룹에 솔레노이드 밸브 Y2를 그리고 해당 번호 또는 문자를 기입한다.

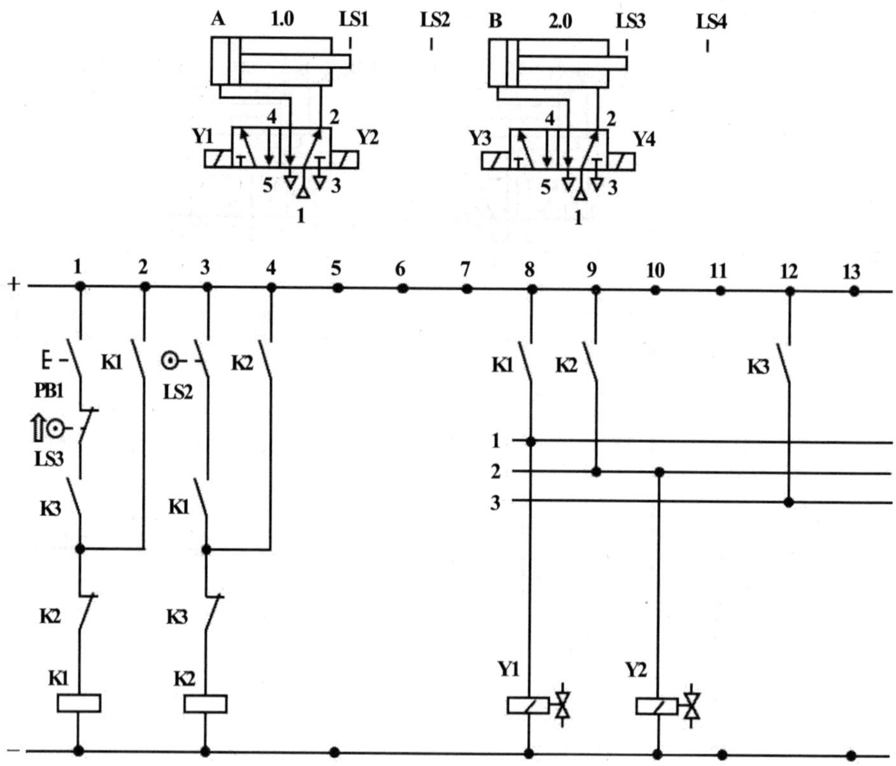

⑦ 11번 모선에서 10번 모선의 솔레노이드 밸브 Y2 직전에 리밋 스위치 LS1과 솔레노이드 밸브 Y3를 그리고 각 문자와 숫자를 기록한다.

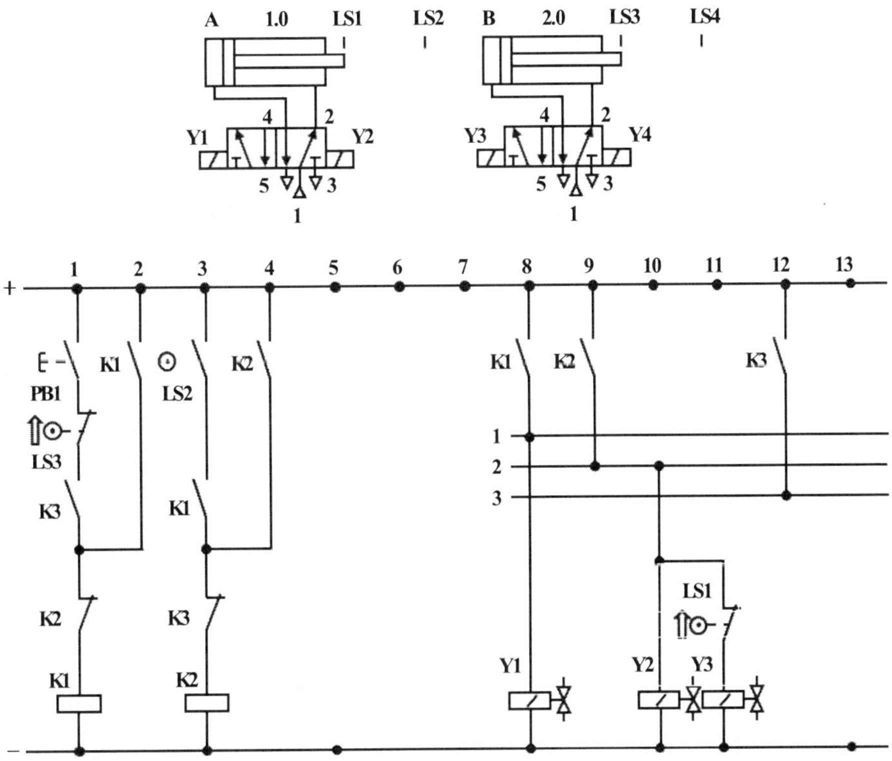

⑧ 5번 라인에 리밋 스위치 LS4와 접점 K2, 인터록 접점으로 b접점 K1과 릴레이 K3를 그리고 6번 라인에 자기유지접점 K3, 7번 라인에 SET 스위치를 그리고 제어선을 연결하며, 각 문자와 숫자를 기록한다.

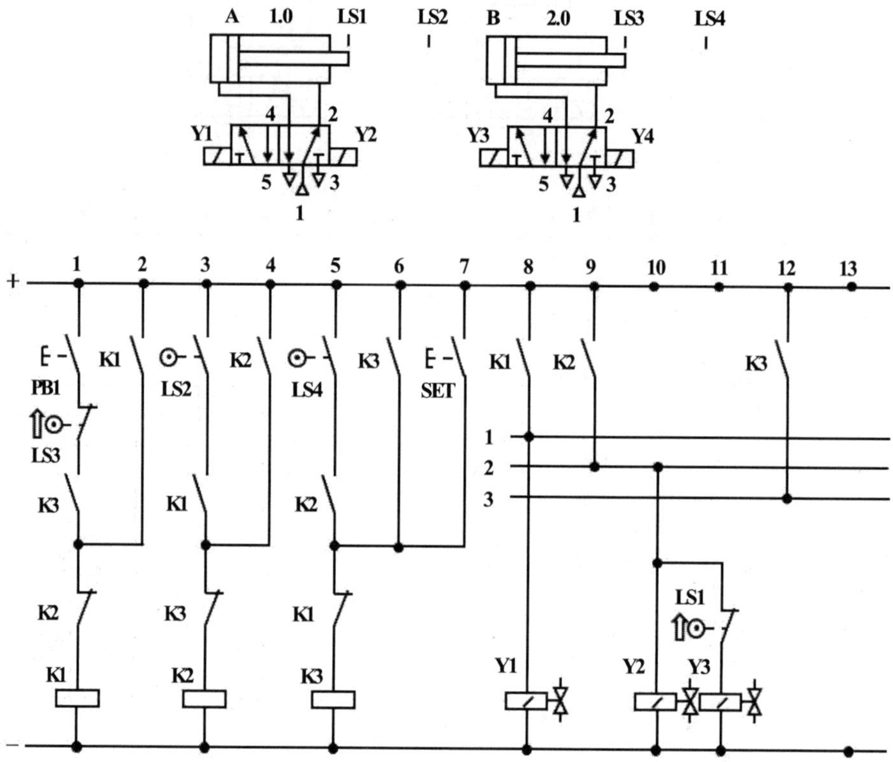

⑨ 13번 모선의 3그룹 제어라인에 솔레노이드 밸브 Y4를 그리고 각 문자와 숫자를 기록한다.

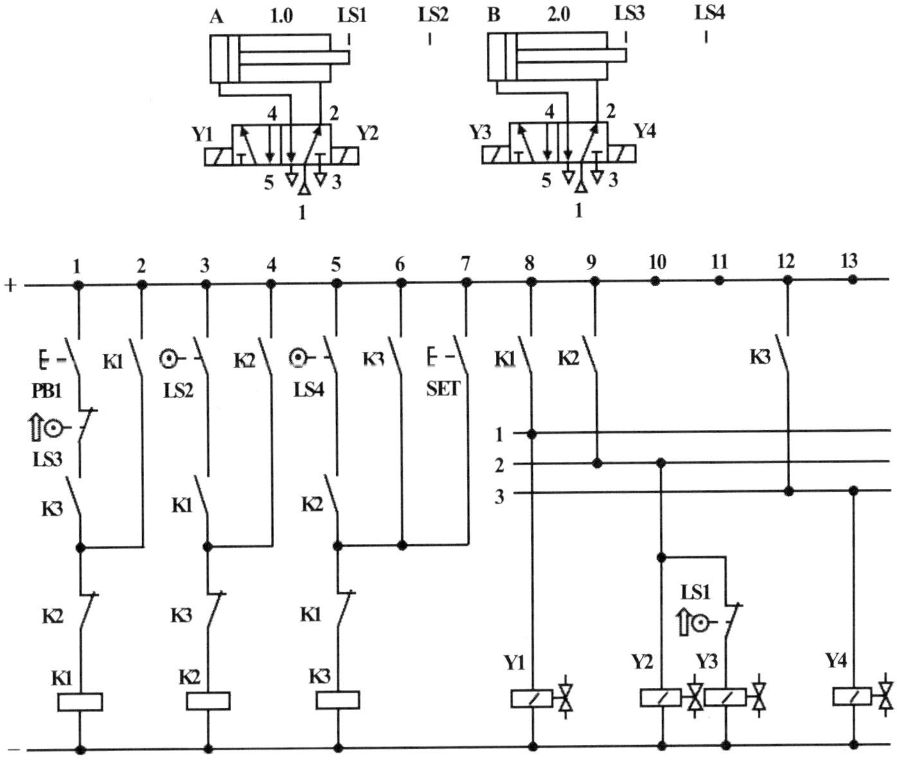

그림 5.8 캐스케이드를 이용한 A+A-B+B- 완성 회로

5.5.2 캐스케이드를 이용한 A+B+B-A- 회로 설계

그림 5.9와 같이 2개의 클립을 반자동 프레스에서 리벳으로 연결하고자 한다. 클립과 리벳은 수동으로 놓이고, 리벳 작업이 끝나면 수동으로 제거된다. 작업은 실린더 A가 소재를 고정하고 실린더 B가 리벳 작업을 하는 사이클로 구성된다. 작업 시작 스위치를 누르면 한 사이클의 작업이 수행되어야 한다. 즉, **A+B+B−A−**의 순서로 작업이 이루어지는 제어 회로로 캐스케이드 방법을 이용해 작성해 보기로 하자.

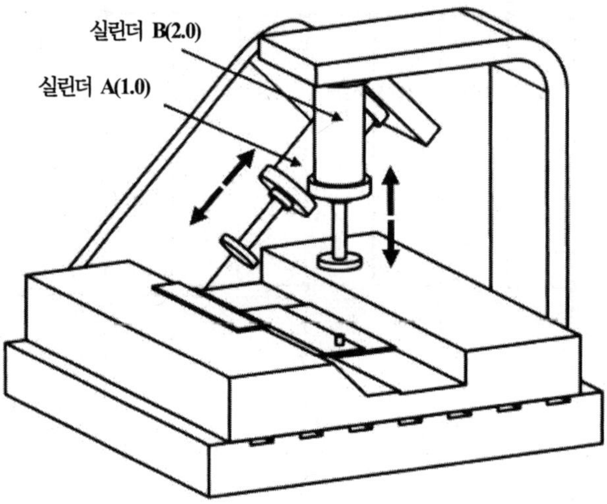

그림 5.9 리벳 작업

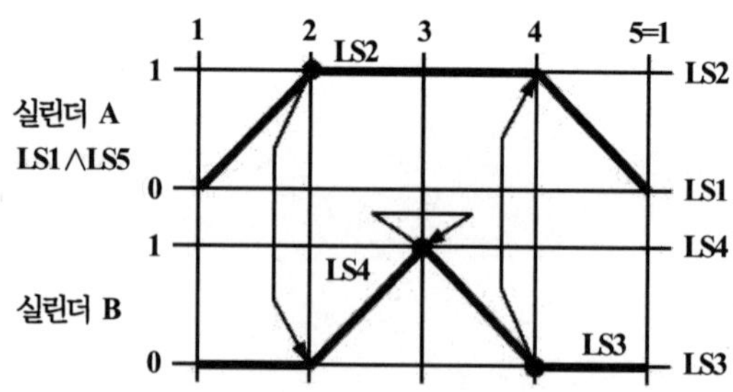

그림 5.10 변위 단계선도

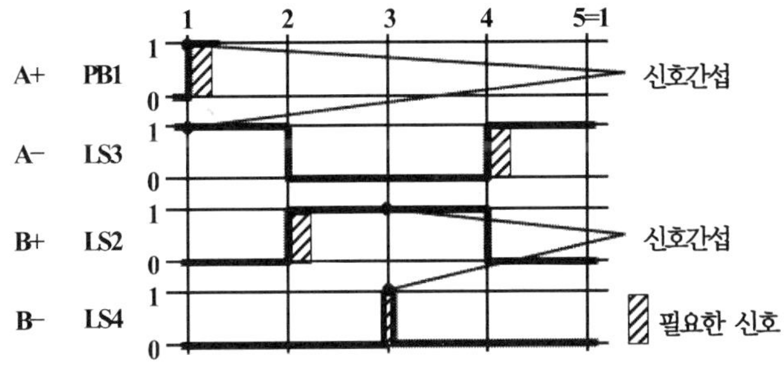

그림 5.11 제어 선도

그림 5.11과 같이 단계나 시간에 따른 제어 요소의 스위칭 상태를 나타낸 것을 제어 선도라고 한다.

① 1단계, 제어그룹의 분류 및 캐스케이드 제어 라인 준비

그림 5.9의 작업이 이루어지는 작동 순서를 약호로 나타내고 간섭 현상이 발생되지 않게 그룹을 나누게 되면, 즉 B+ 운동과 B− 운동이 일어나는 곳에 그룹이 분류되어 다음과 같이 2개로 나눌 수 있게 된다.

작동 순서	A+	B+	B−	A−
체크백 신호	LS2	LS4	LS3	LS1
그룹	1		2	

여기에서 LS1, LS2, … 는 실린더의 운동 완료 여부를 확인하는 리밋 스위치를 나타낸다. 전기 제어 회로도에서 모든 리밋 스위치는 LS라는 약호로 표시하기로 약속한다. 실린더의 전진 운동을 확인하는 리밋 스위치는 짝수, 후진 운동을 확인하는 리밋 스위치는 홀수로 표시된다. 즉, A 실린더의 후진 운동을 확인하는 리밋 스위치는 LS1, A 실린더의 전진 운동을 확인하는 리밋 스위치는 LS2가 된다. 앞의 작동 시퀀스에서 LS2 리밋 스위치는 A+ 작업의 완료를 확인하여 다음 단계인 B+ 작업을 발생시켜 주고, LS4 리밋 스위치는 B+ 작업의 완료를 확인하여 다음 단계인 B− 작업

을 가능하게 하여 주기 때문에 이 신호를 '체크백 신호(check back signal)'라 한다.

제어그룹이 2개인 경우에는 1개의 릴레이를 이용하여 제어할 수 있게 된다. 캐스케이드 방법에서는 실린더의 운동을 제어하는 밸브는 양측 솔레노이드 밸브가 사용된다. 전기 공압 제어 회로도에서 공압 액추에이터는 상단에, 전기 제어부는 하단에 위치하게 된다. 그림 5.12에서 Y1의 Y는 솔레노이드 코일을 나타내며 K1의 K는 릴레이를 나타낸다.

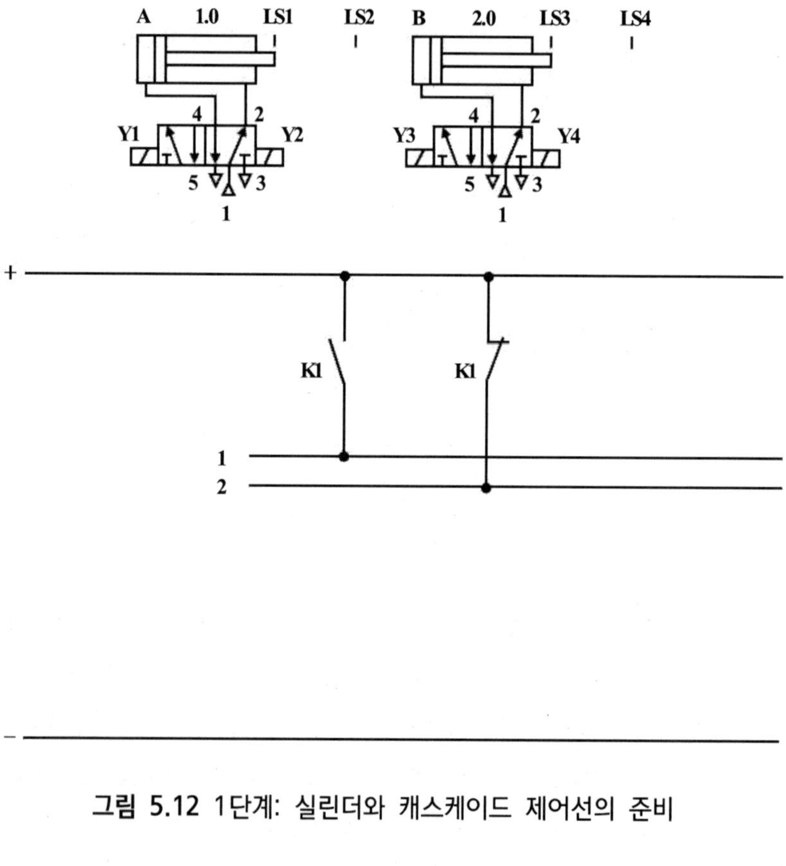

그림 5.12 1단계: 실린더와 캐스케이드 제어선의 준비

② 2단계, A+ 작업

첫 번째 작업인 A+ 작업은 첫 번째 제어 그룹에 속하는 작업이다. 그러므로 A+ 작업이 가능하기 위해서는 첫 번째 제어선에 에너지가 공급되어야 하므로 K1 릴레이가 ON 되어야만 한다. A+ 작업을 담당하는 맨 마지막 그룹의 마지막 작업(A−)의 완료여부를 확인하는 리밋 스위치 LS1과 작업을 시작하겠다는 의지를 나타내는 시동 스위치 PB1은 K1 릴레이를 ON 시켜 주어야만 한다. K1 릴레이가 ON 되면 우선 자기유지회로를 이용하여 자기유지 되어야만, LS1 리밋 스위치가 OFF 되어도 한 제어 그룹을 관장하는 K1 릴레이는 작동된 상태로 있게 된다.

A+ 작업을 담당하는 Y1 솔레노이드는 K1 릴레이(첫 번째 제어선)를 통하여 직접 에너지를 공급받게 되어 A 실린더가 전진 운동을 할 수 있게 된다. LS1 리밋 스위치는 초기 시동 조건에서 A 실린더에 의하여 작동된 상태로 존재하기 때문에 작동된 상태로 제어 회로도에 표시된다. 즉, LS1 리밋 스위지의 섭섬은 b접점과 같이 표시되어 있지민 a접점 스위치를 나타낸다.

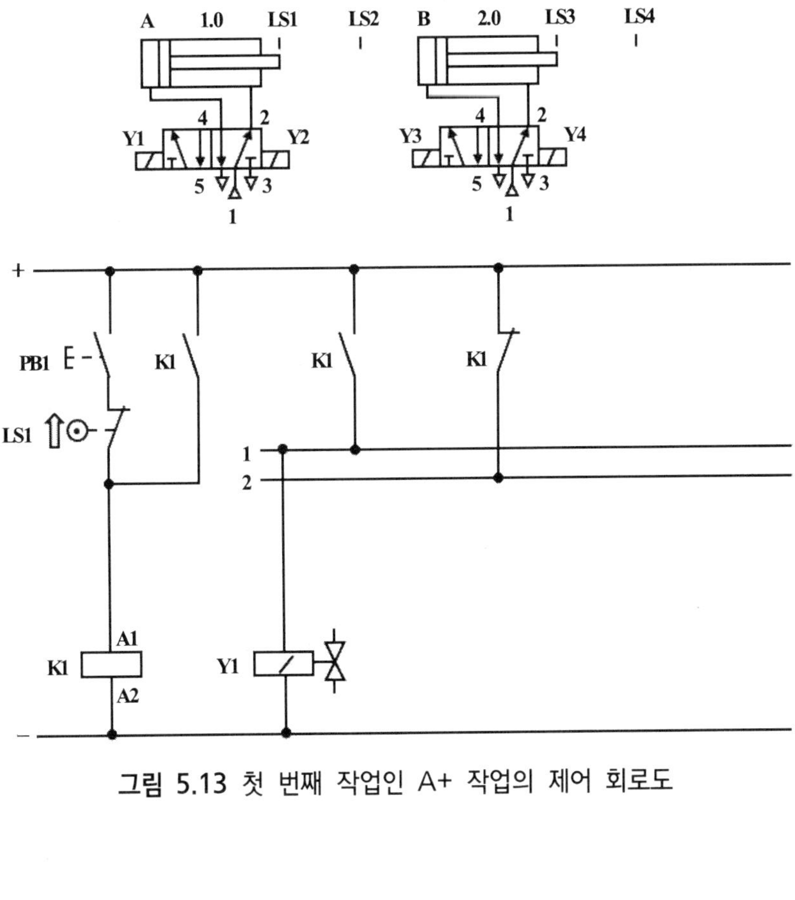

그림 5.13 첫 번째 작업인 A+ 작업의 제어 회로도

③ 3단계, B+ 작업

2번째 작업인 B+ 작업은 전단계의 A+ 작업과 마찬가지로 첫 번째 제어 그룹에 속하는 작업이다. 그러므로 B+ 작업을 하기 위해서는 제어선을 바꿀 필요가 없이 이미 바뀌어져 있는 첫 번째 제어선을 이용하여 작업을 하면 된다. 즉, A+ 작업의 완료 여부를 확인하는 LS2 리밋 스위치가 첫 번째 제어선으로부터 에너지를 공급받아 Y3 솔레노이드 밸브를 작동시켜 주면 B+ 작업이 가능하게 된다.

④ 4단계, B− 작업

3번째 B− 작업은 2번째 제어 그룹에 속하는 작업이다. 그러므로 B− 작업이 가능하기 위해서는 먼저 첫 번째 제어선으로부터 2번째 제어선으로 바꿔 주어야만 한다. 첫 번째 제어선으로부터 2번째 제어선으로 바꿔주기 위해서는 K1 릴레이를 OFF 시켜야 하므로 B− 작업을 담당하는 리밋 스위치 LS4는 K1을 OFF 시켜주게 된다. 즉, 첫 번째 제어그룹의 마지막 작업인 B+의 완료 여부를 확인하는 리밋 스위치 LS4는 제어선을 첫 번째로부터 2번째로 바꿔주게 된다. 그러면 B− 작업을 담당하는 Y4 솔레노이드가 2번째 제어선으로부터 직접 에너지를 공급받게 되어 B− 작업이 일어난다.

⑤ 5단계, A− 작업 및 제어 회로도 완성

A− 작업은 2번째 제어 그룹에 속하는 작업이다. 3번째 B− 작업을 하기 위하여 제어선을 2번째로 이미 바꿔 놓았기 때문에 다시 제어선을 바꿀 필요가 없다. 그러므로 A− 작업을 담당하는 리밋 스위치 LS3는 두 번째 제어선에서 에너지를 공급받아 Y2 솔레노이드를 작동시켜 A− 작업을 가능하게 한다. LS3 리밋 스위치는 초기 시동조건에서 B 실린더에 의하여 작동된 상태로 존재하고 있기 때문에 작동된 상태로 표시된다. 이와 같이 하여 제어 회로도가 완성되면 제어 회로도의 배선 및 보수유지를 용이하게 하기 위하여 제어 회로도의 각 라인에는 라인 번호, 접점에는 접점 번호를

부여하게 된다. K1 릴레이 밑의

a	b
2	6
4	

은 K1 릴레이의 a접점이 2번과 4번 라인에, b접점은 6번 라인에 있다는 것을 나타낸다.

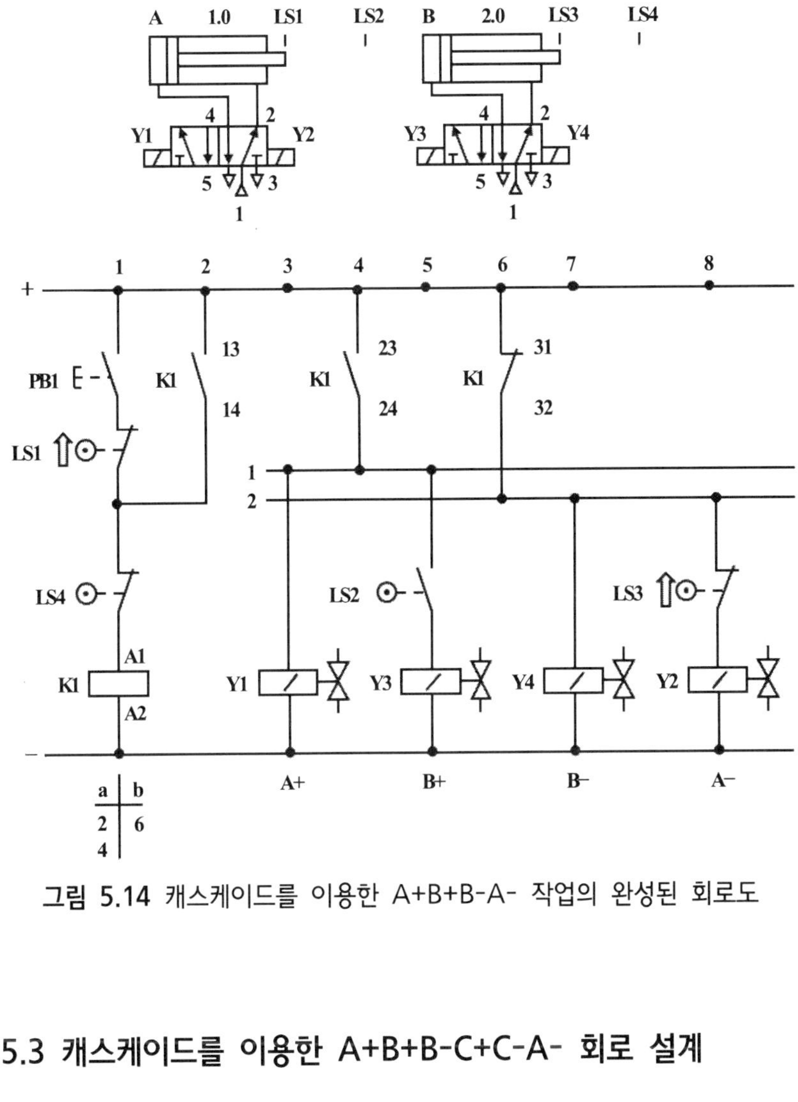

그림 5.14 캐스케이드를 이용한 A+B+B-A- 작업의 완성된 회로도

5.5.3 캐스케이드를 이용한 A+B+B-C+C-A- 회로 설계

그림 5.15와 같이 금속판의 벤딩 작업을 하는 전용기를 제작하려고 한다. 복동 실린더 A에 의해서 소재가 클램핑 되고, 복동 실린더 B에 의해 첫 번

째 벤딩 작업을 한 후 복동 실린더 C에 의해서 마지막 벤딩 작업을 함으로써 작업이 완료되도록 회로를 구성하고자 한다. 단, 금속판인 클립의 로딩 및 언로딩은 수동으로 이루어진다. 이 작업에 대한 변위 단계선도를 작성하고, 단계적으로 캐스케이드 방법을 이용하여 회로를 완성해 보기로 하자. 벤딩 작업은 그림 5.16의 변위 단계선도에서와 같이 실린더의 작동 순서는 A+B+B−C+C−A−가 된다. 변위 단계선도를 운동 선도 또는 액추에이터의 작업 순서를 도표로 나타낸 것으로 통상 시퀀스 차트라고도 한다.

이 작업을 간섭 현상이 발생되지 않게 그룹을 나누게 되면, 다음과 같이 3개의 그룹으로 나눌 수 있게 된다.

작동 순서	A+	B+	B−	C+	C−	A−
체크백 신호	LS2	LS4	LS3	LS6	LS5	LS1
그룹	1		2		3	

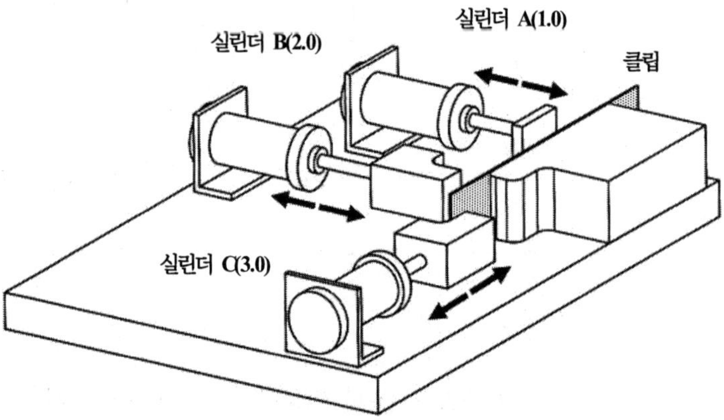

그림 5.15 벤딩 작업

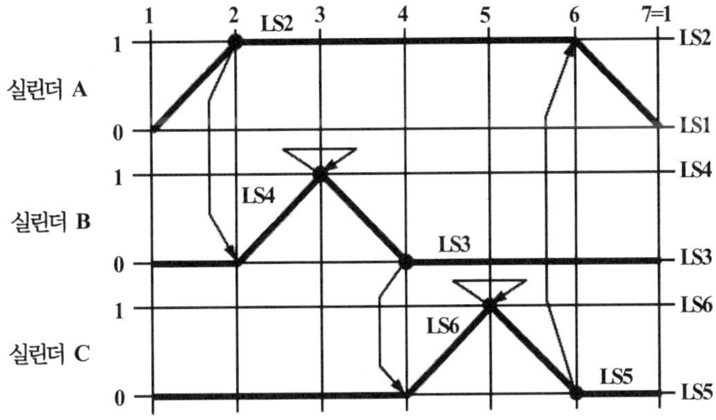

그림 5.16 변위 단계선도

① 공압 액추에이터와 솔레노이드 밸브를 그리고 센서와 공압 에너지원, 배기구 및 각 공압 요소의 배관을 그린 후, 해당 번호 또는 문자를 기입한다.

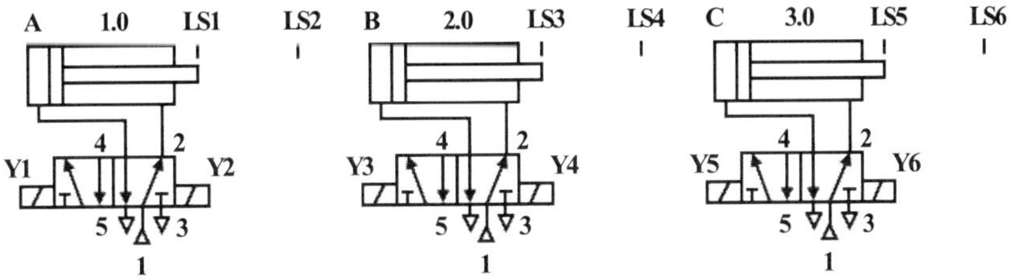

② 전원 모선, 제어 라인인 캐스케이드 제어 라인 3개 선 및 단계별 번호를 기입하고, 8번 라인에 접점 K1을 1그룹 제어라인에 연결하고, 10번 라인에 접점 K2를 2그룹 제어 라인에 연결, 12번 라인에 K3를 3그룹 제어라인에 연결하고 해당 번호 또는 문자를 기입한다.

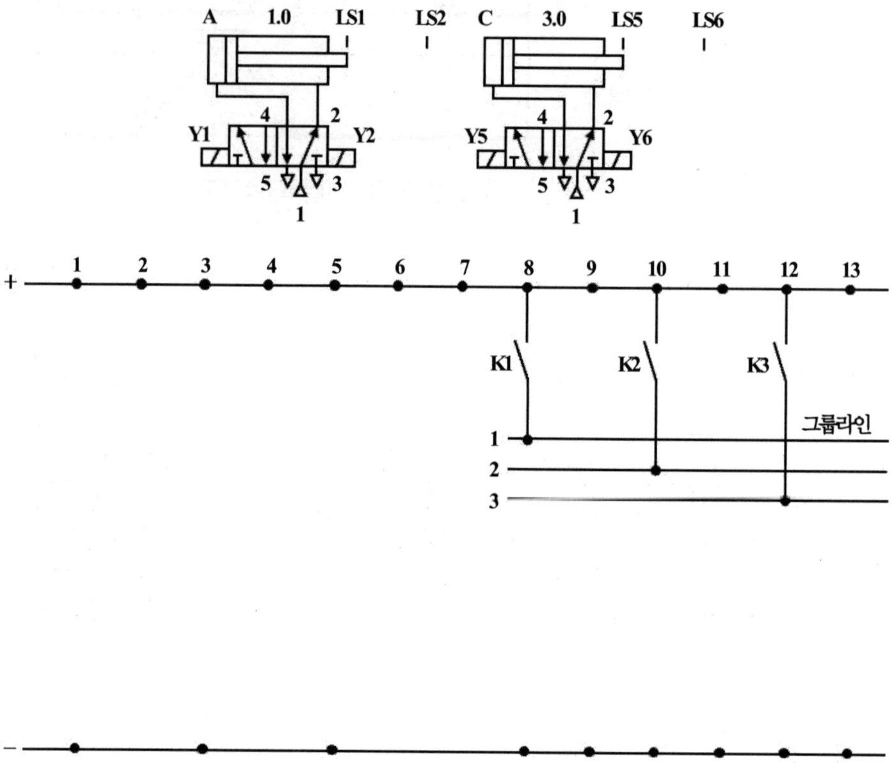

③ 1번 라인에 시작 버튼과 리밋 스위치 LS1, 접점 K3, 인터록 접점으로 b접점 K2, 릴레이 K1을 그린 후 2번 라인에 자기유지접점 K1을 그리고 해당 번호 또는 문자를 기입한다.

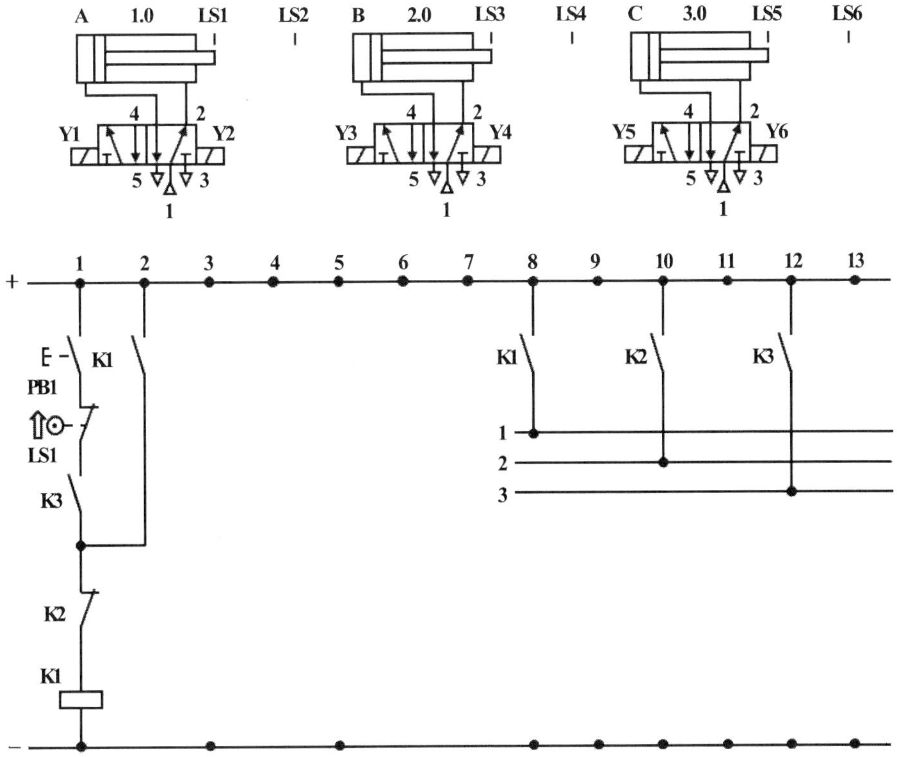

④ 8번 라인에 솔레노이드 밸브 Y1를 1그룹 제어 라인에 연결하고 해당 번호 또는 문자를 기입한다.

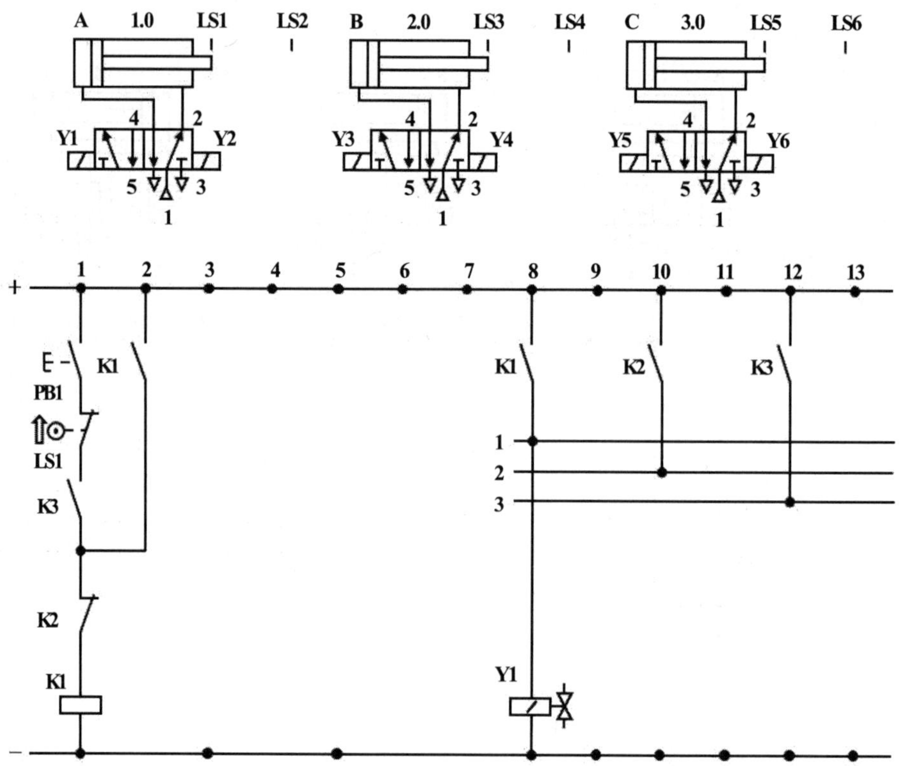

⑤ 9번 라인에 리밋 스위치 LS2와 솔레노이드 밸브 Y3를 직렬로 1그룹 제어 라인에 연결하고 해당 번호 또는 문자를 기입한다.

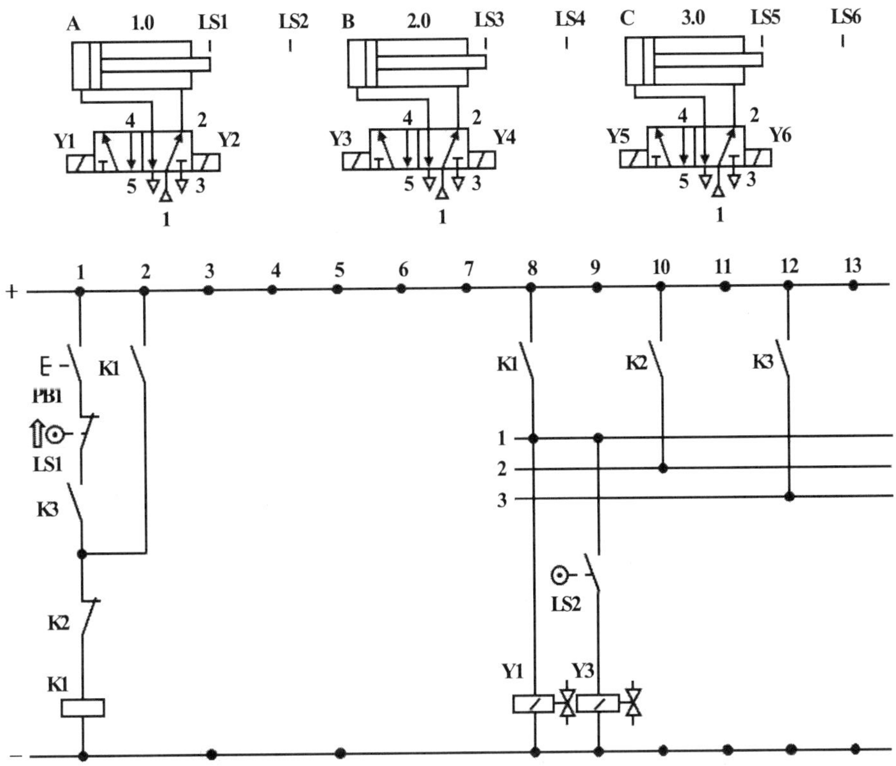

⑥ 3번 라인에 리밋 스위치 LS4, 접점 K1과 인터록 접점으로 b접점 K3, 릴레이 K2를 그리고 4번 라인에 자기유지접점 K2를 그리고 해당 번호 또는 문자를 기입한다.

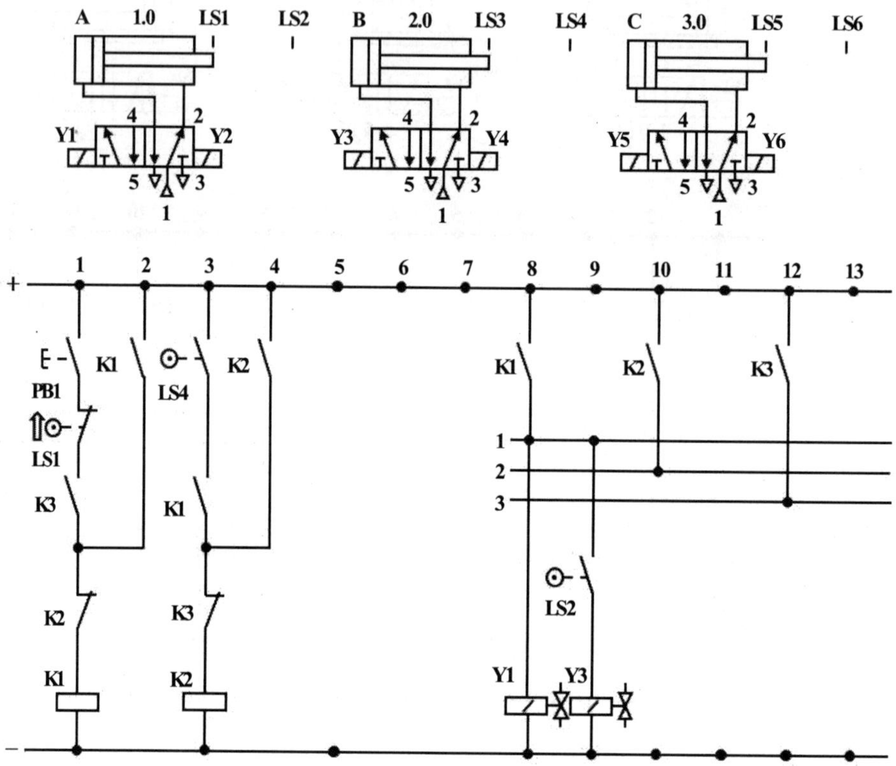

⑦ 10번 라인에 솔레노이드 밸브 Y4를 직렬로 2그룹 제어라인에 연결하고 해당 번호 또는 문자를 기입한다.

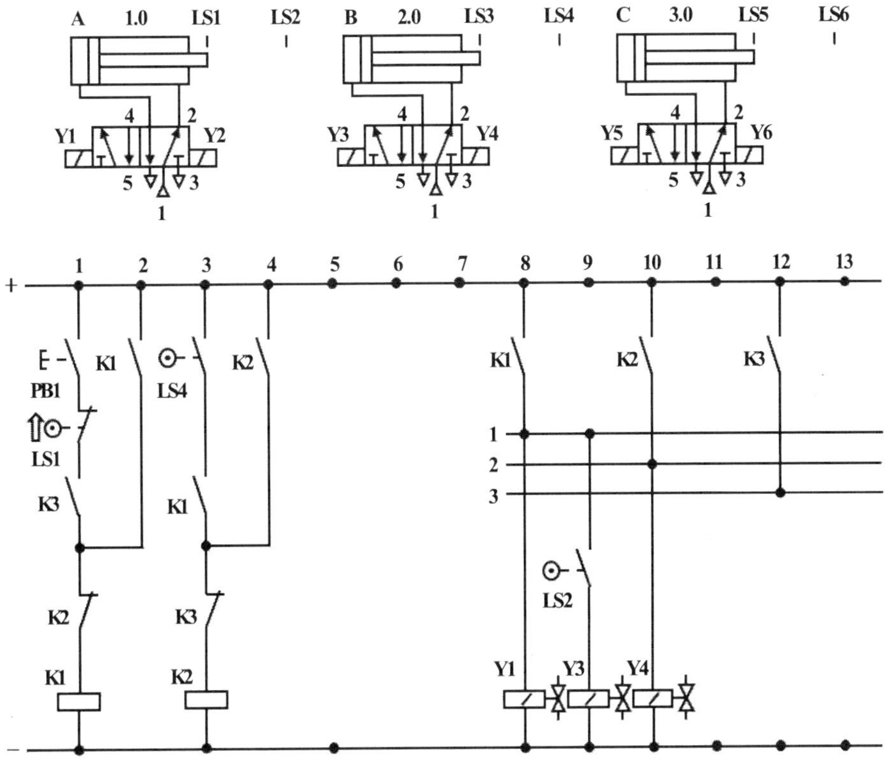

⑧ 11번 라인에 리밋 스위치 LS3와 솔레노이드 밸브 Y5를 직렬로 2그룹 제어 라인과 연결하고 해당 번호 또는 문자를 기입한다.

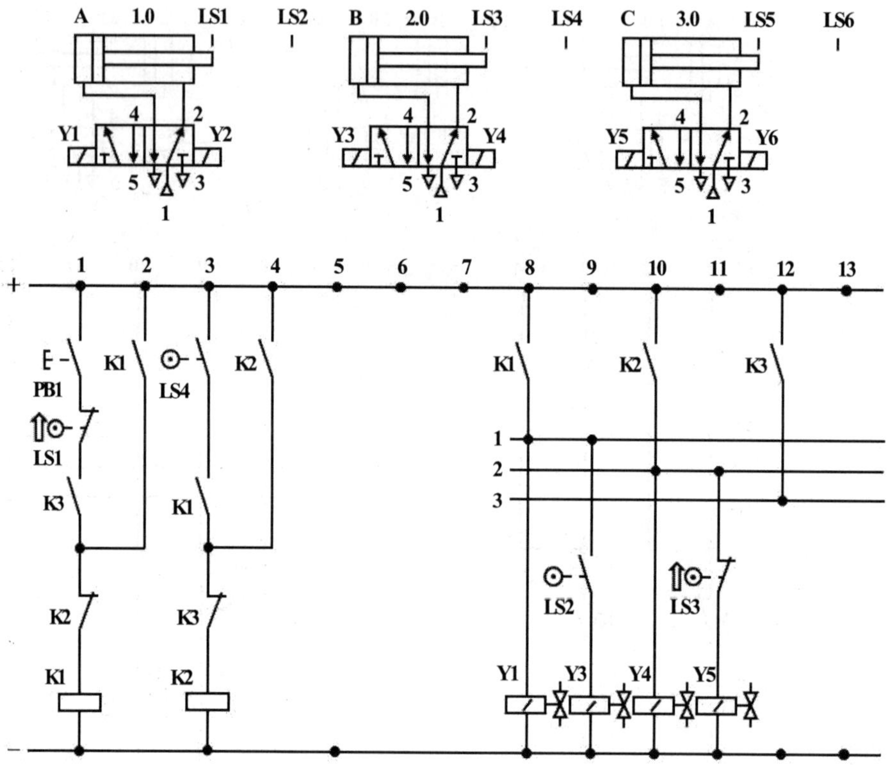

⑨ 5번 라인에 리밋 스위치 LS6, 접점 K2와 인터록 접점으로 b접점 K1, 릴레이 K3를 그리고 6번 라인에 자기유지접점 K3을 그리고, 7번 라인에 SET 스위치를 그린 후 해당 번호 또는 문자를 기입한다.

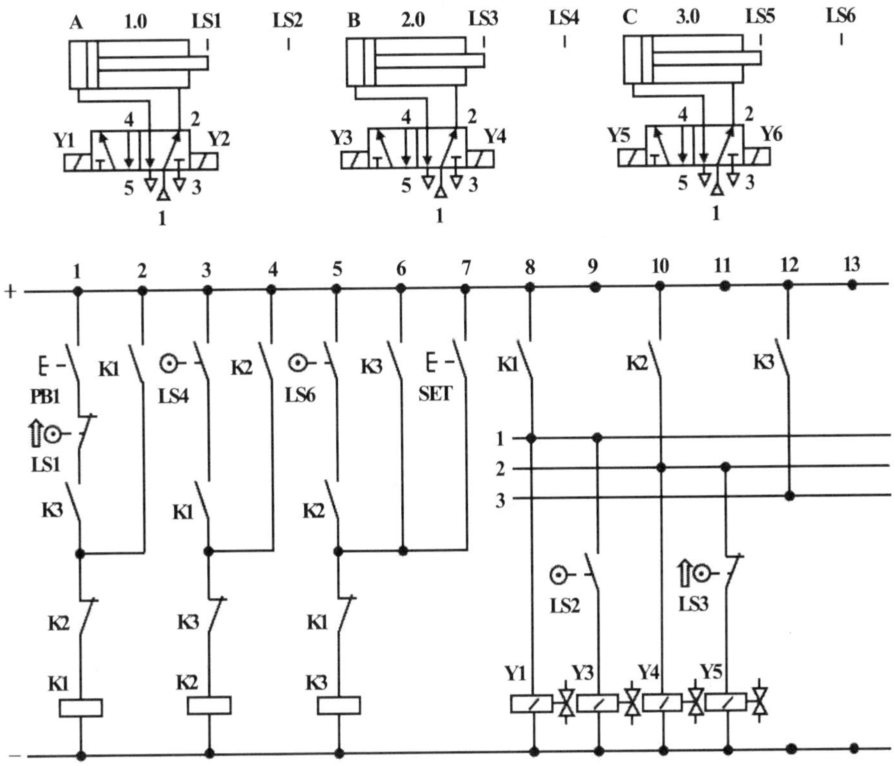

⑩ 12번 라인에 솔레노이드 밸브 Y6를 직렬로 3그룹 제어 라인과 연결하고 해당 번호 또는 문자를 기입한다.

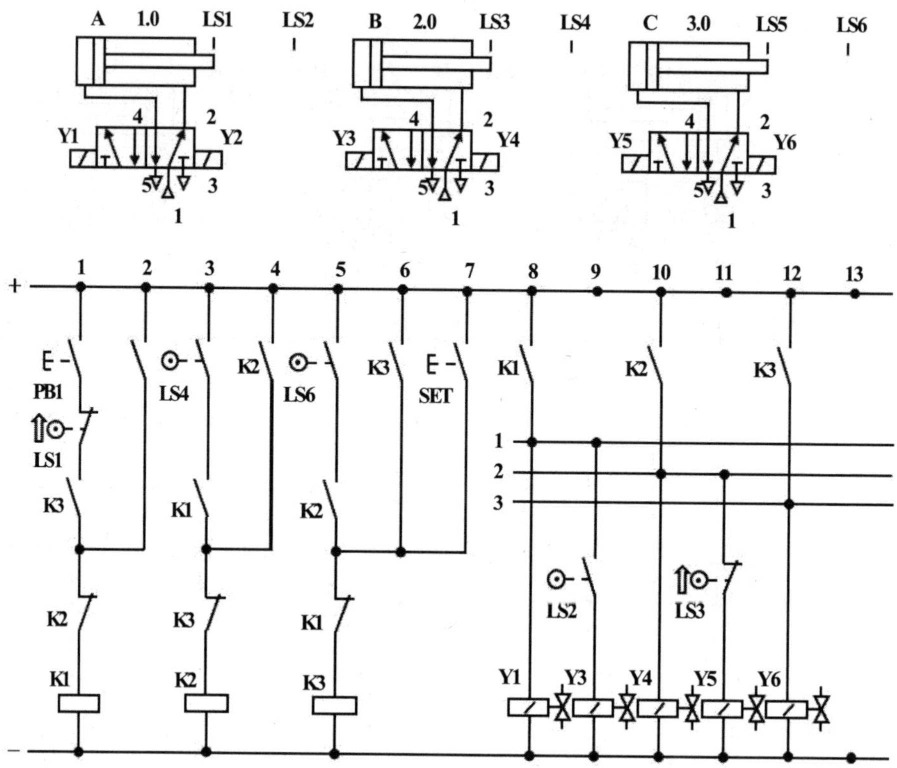

⑪ 13번 라인에 리밋 스위치 LS5와 솔레노이드 밸브 Y2를 3그룹 제어 라인에 연결하고 해당 번호 또는 문자를 기입한다.

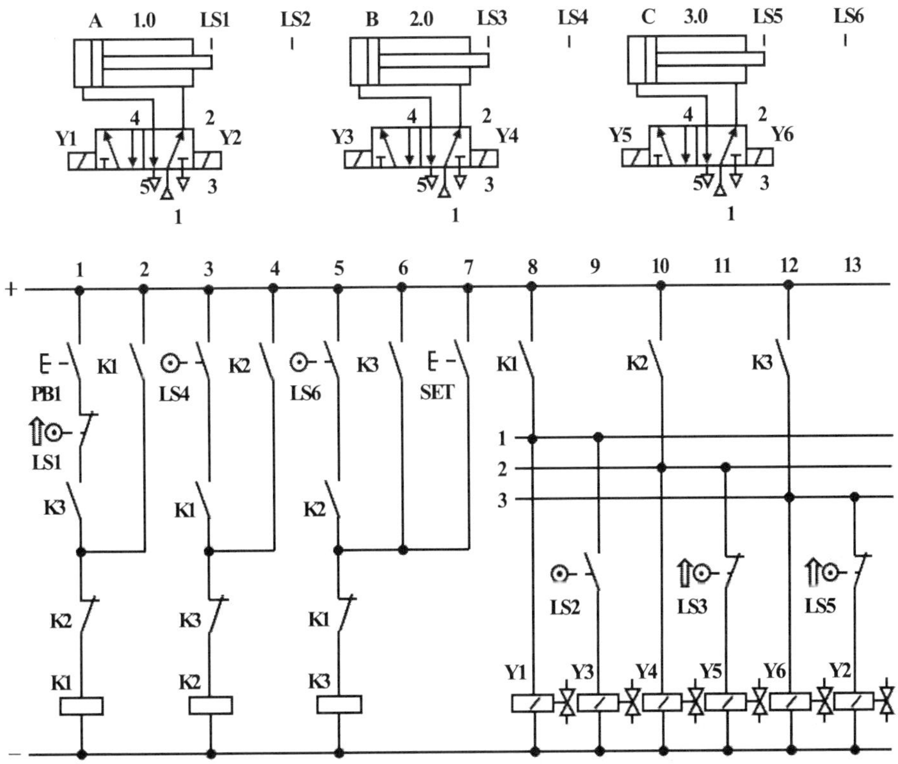

그림 5.17 캐스케이드를 이용한 A+B+B-C+C-A- 작업의 완성된 회로도

5.5.4 캐스케이드를 이용한 A-B+B-A+C+C- 회로 설계

그림 5.18과 같이 시어링 머신을 제작하려고 한다. 복동 실린더 A에 의해서 소재가 클램핑 되고, 복동 실린더 B의 칼날로 소재를 절단하고, 절단 후 복동 실린더 B가 후진한다. 고정용 실린더 A가 복귀하고, 이송용 복동 실린더 C가 전진하여 소재를 이송하고, 실린더 C가 복귀함으로써 작업이 완료되도록 회로를 구성하고자 한다. 이 작업에 대한 변위 단계선도를 작성하고, 단계적으로 캐스케이드 방법을 이용하여 회로를 완성시켜 보기로 하자. 벤딩 작업은 그림 5.19의 변위 단계선도에서와 같이 실린더의 작동 순서는 A−B+B−A+C+C−가 된다.

이 작업을 간섭 현상이 발생되지 않게 그룹을 나누게 되면, 다음과 같이 3개의 그룹으로 나눌 수 있게 된다.

작동 순서	A−	B+	B−	A+	C+	C−
체크백 신호	LS1	LS4	LS3	LS2	LS6	LS5
그룹	1		2			3

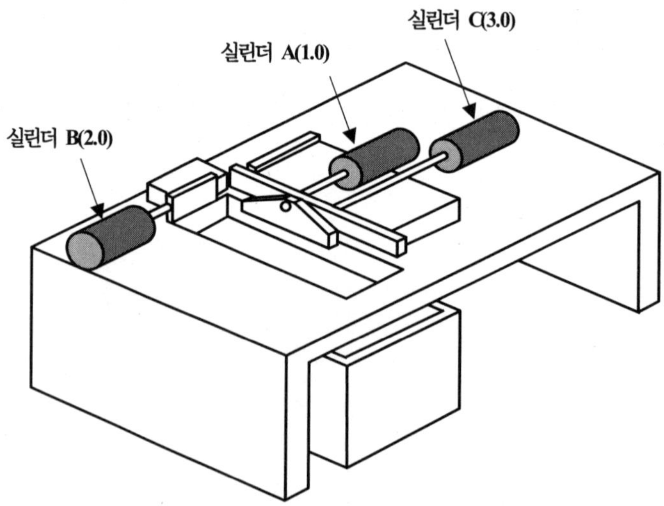

그림 5.18 시어링 작업

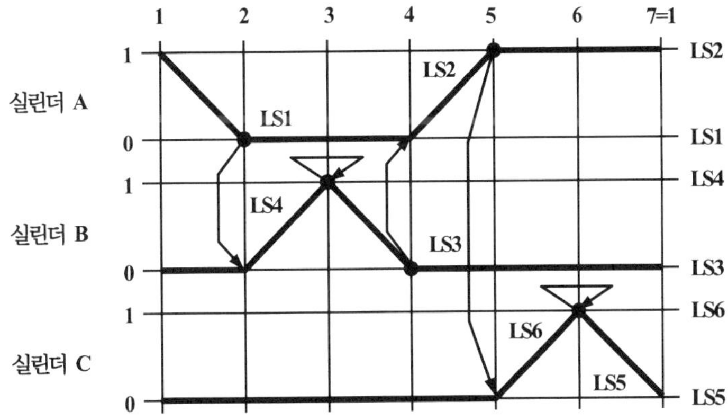

그림 5.19 변위 단계선도

① 공압 액추에이터와 솔레노이드 밸브를 그리고 센서와 공압 에너지원, 배기구 및 각 공압 요소의 배관을 그린 후, 해당 번호 또는 문자를 기입한다.

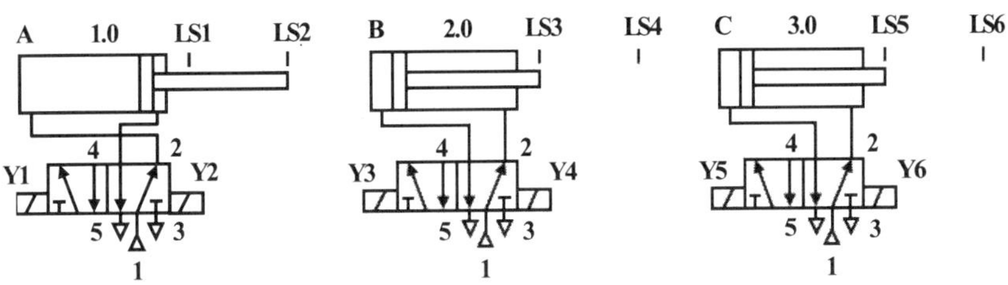

② 전원 모선, 제어 라인인 캐스케이드 제어 라인 3개 선 및 단계별 번호를 기입하고, 8번 라인에 접점 K1을 1그룹 제어라인에, 10번 라인에 접점 K2를 2그룹 제어 라인에, 13번 라인에 K3를 3그룹 제어라인에 각각 연결하고 해당 번호 또는 문자를 기입한다.

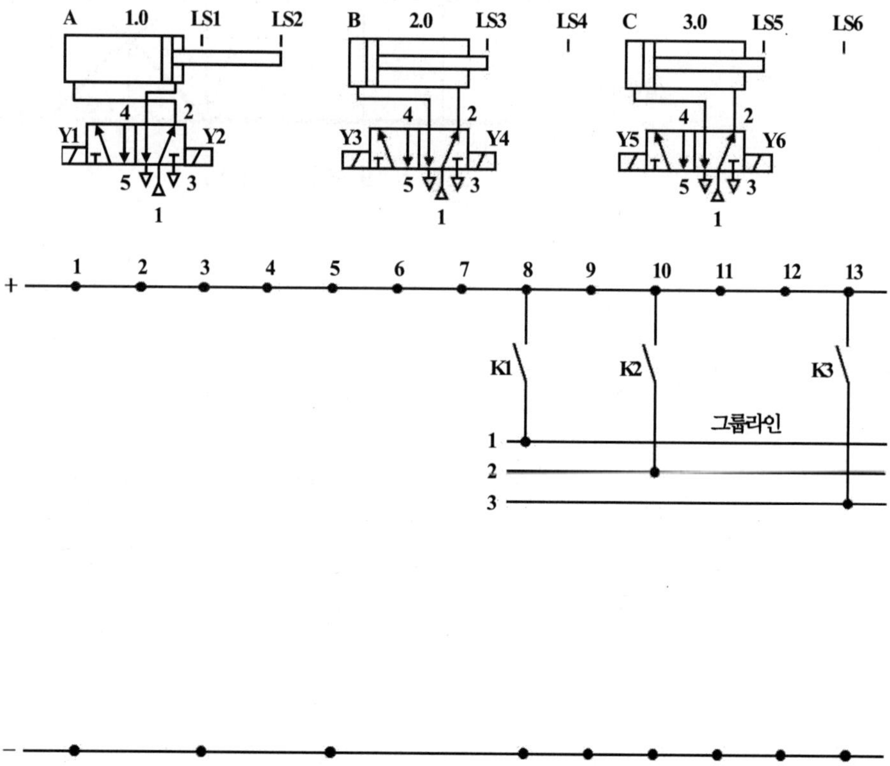

③ 1번 라인에 시작 버튼과 리밋 스위치 LS5, 접점 K3, 인터록 접점으로 b접점 K2, 릴레이 K1을 그린 후 2번 라인에 자기유지접점 K1을 그리고 해당 번호 또는 문자를 기입한다.

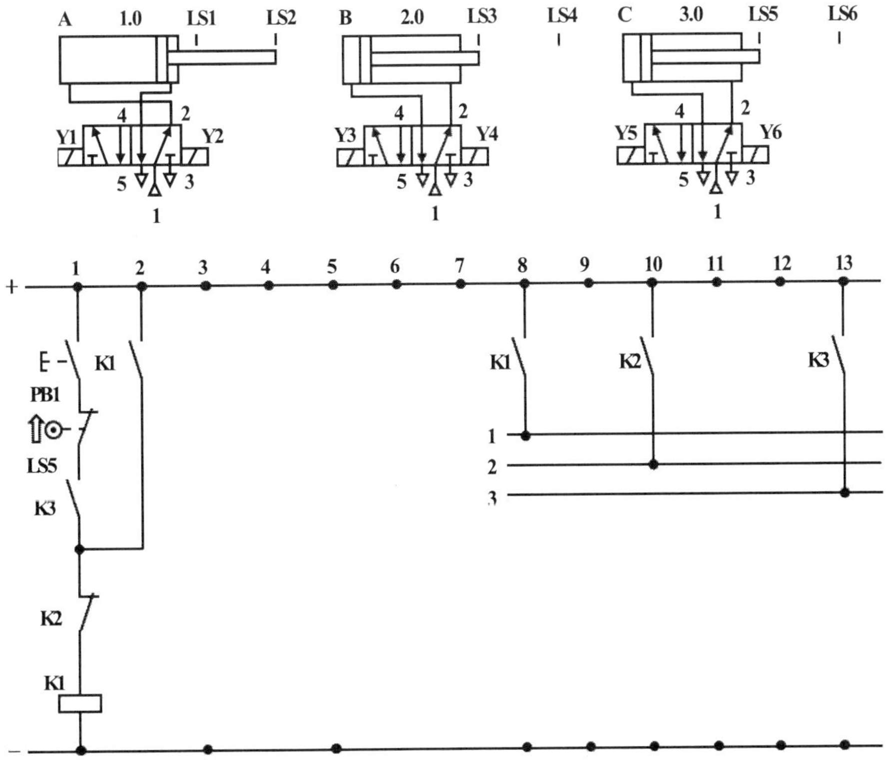

④ 8번 라인에 솔레노이드 밸브 Y1을 1그룹 제어 라인에 연결하고 해당 번호 또는 문자를 기입한다.

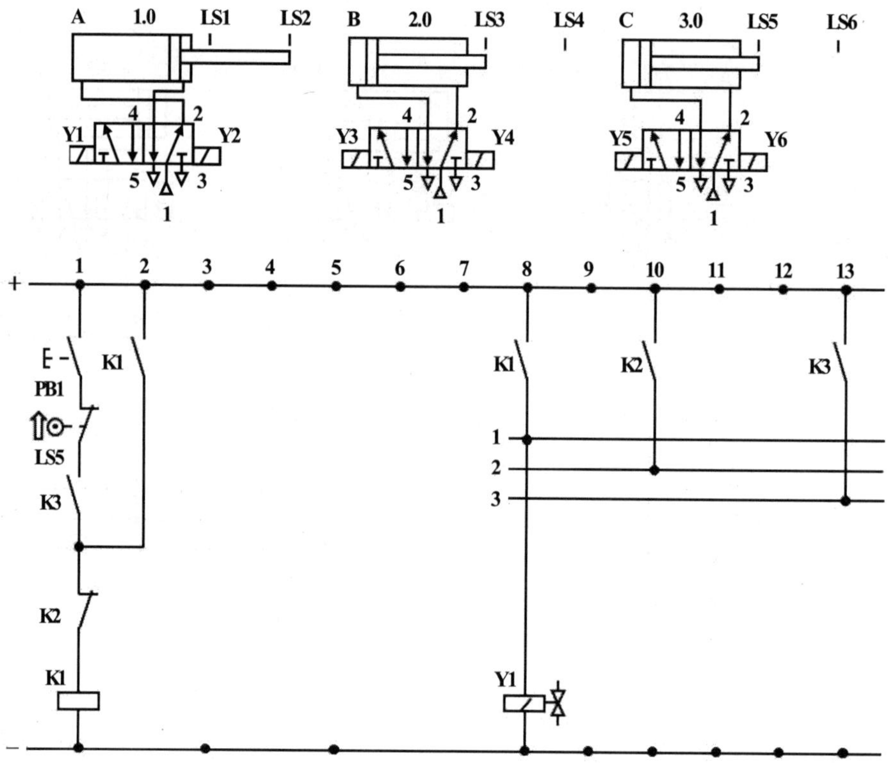

⑤ 9번 라인에 리밋 스위치 LS1과 솔레노이드 밸브 Y3를 직렬로 1그룹 제어 라인에 연결하고 해당 번호 또는 문자를 기입한다.

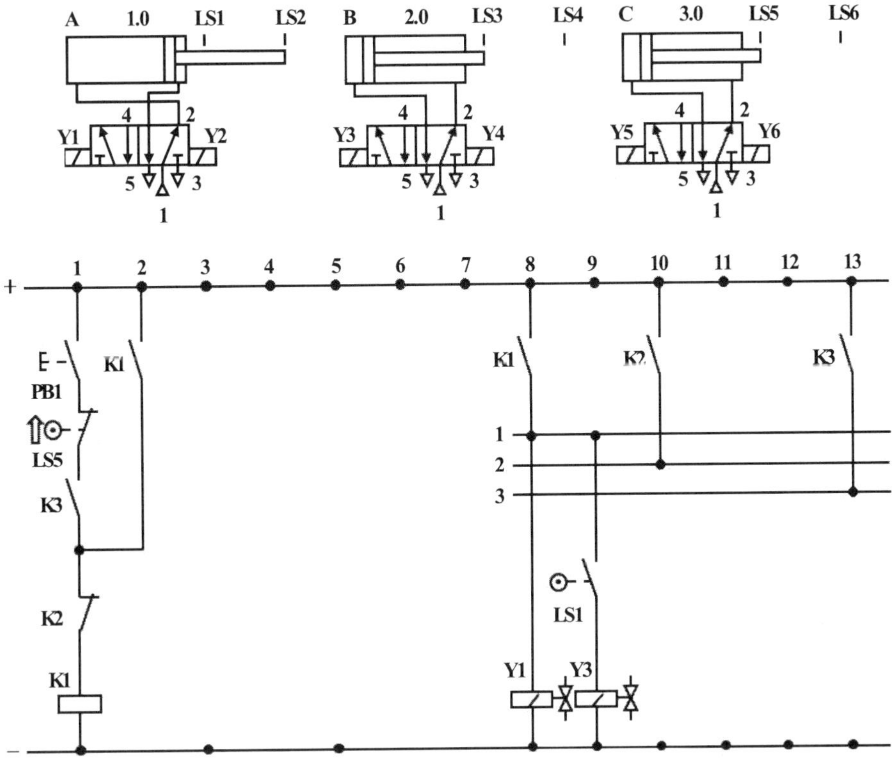

⑥ 3번 라인에 리밋 스위치 LS4, 접점 K1과 인터록 접점으로 b접점 K3, 릴레이 K2를 그리고 4번 라인에 자기유지접점 K2를 그리고 해당 번호 또는 문자를 기입한다.

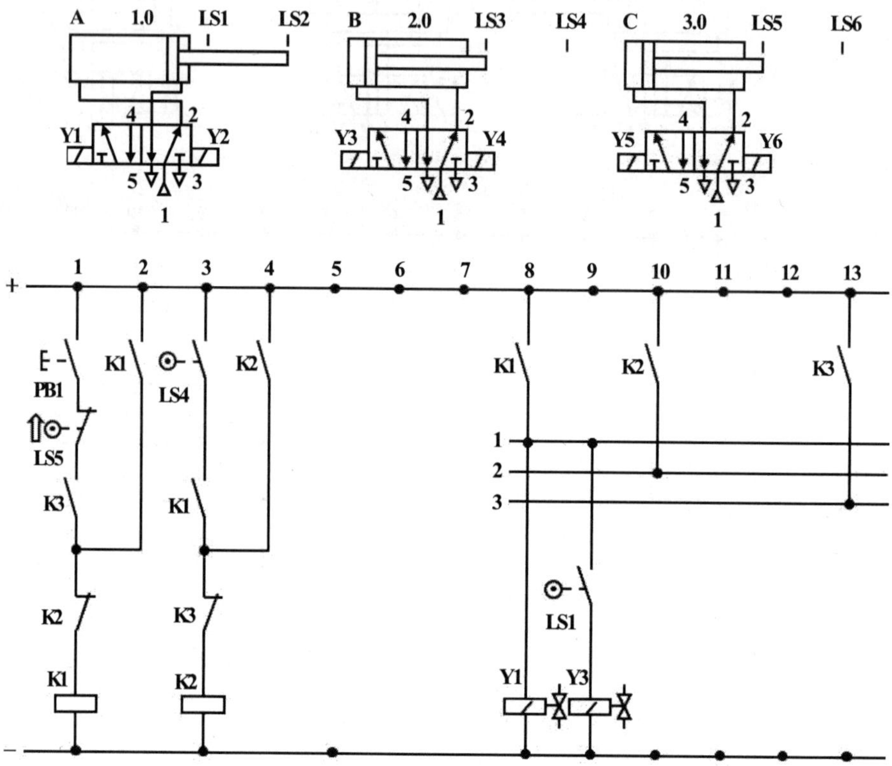

⑦ 10번 라인에 솔레노이드 밸브 Y4를 직렬로 2그룹 제어 라인에 연결하고 해당 번호 또는 문자를 기입한다.

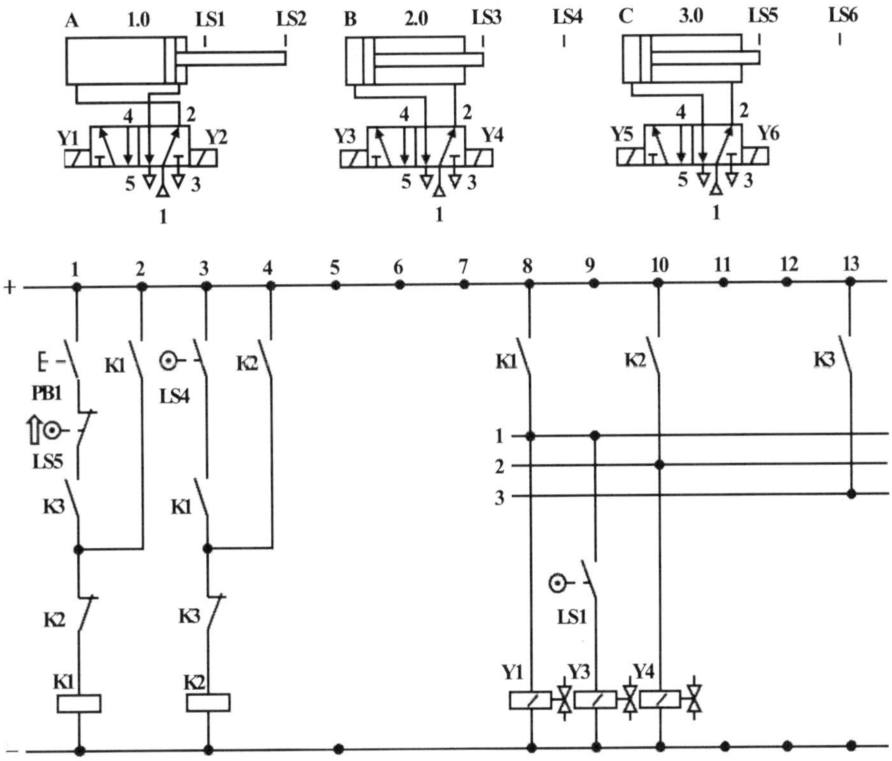

⑧ 11번 라인에 리밋 스위치 LS3와 솔레노이드 밸브 Y2를 직렬로 2그룹 제어 라인과 연결하고 해당 번호 또는 문자를 기입한다.

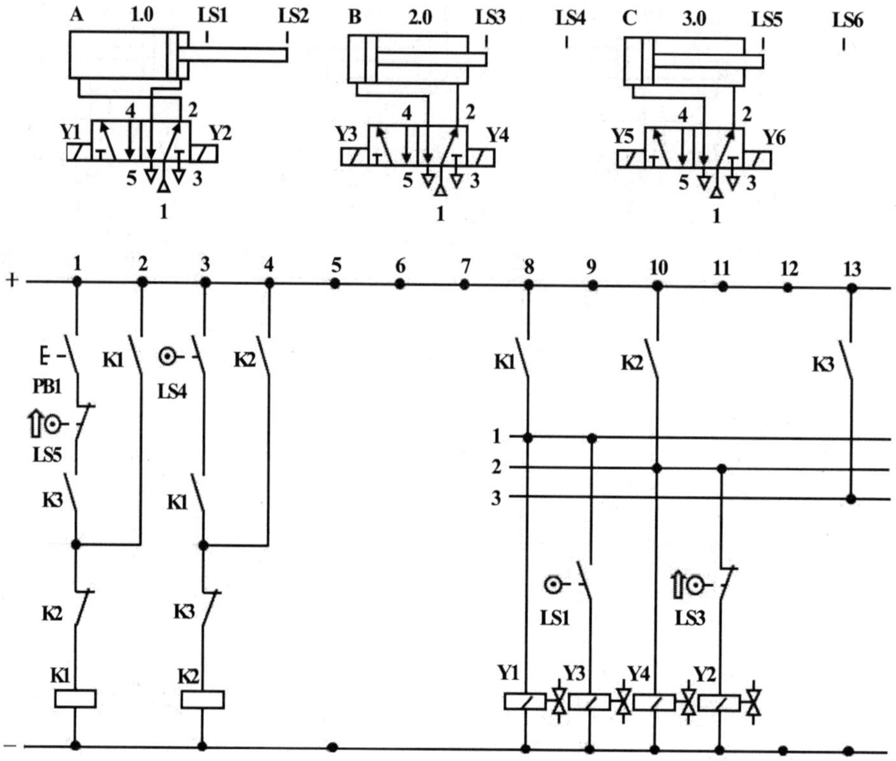

⑨ 12번 라인에 리밋 스위치 LS2와 솔레노이드 밸브 Y5를 직렬로 2그룹 제어 라인에 연결하고 해당 번호 또는 문자를 기입한다.

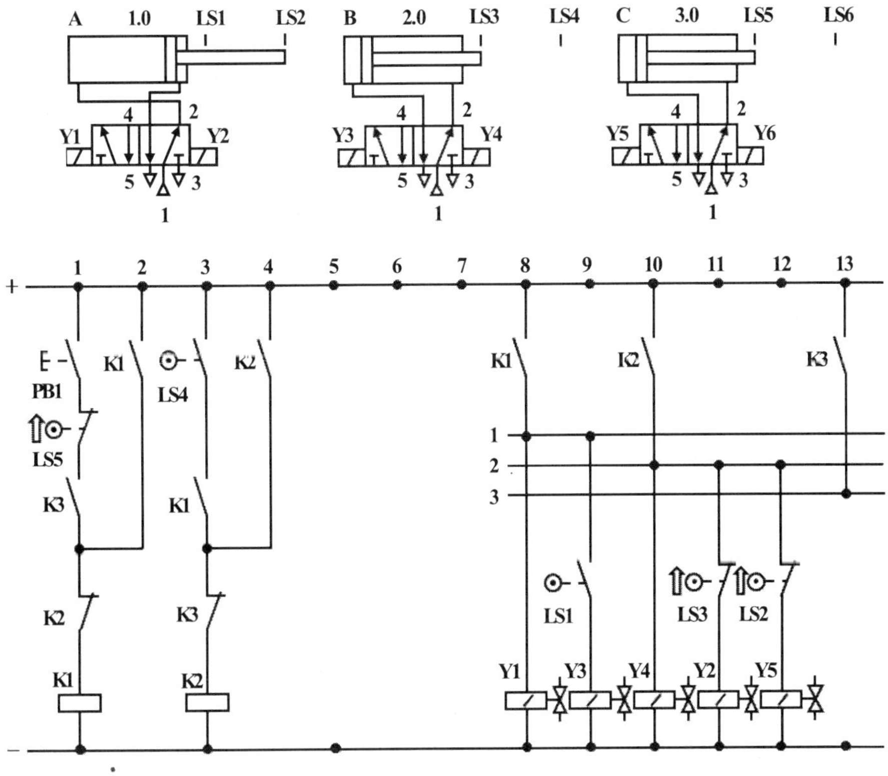

⑩ 5번 라인에 리밋 스위치 LS6, 접점 K2와 인터록 접점으로 b접점 K1, 릴레이 K3를 그리고 6번 라인에 자기유지접점 K3를 그리고, 7번 라인에 SET 스위치를 그린 후 해당 번호 또는 문자를 기입한다.

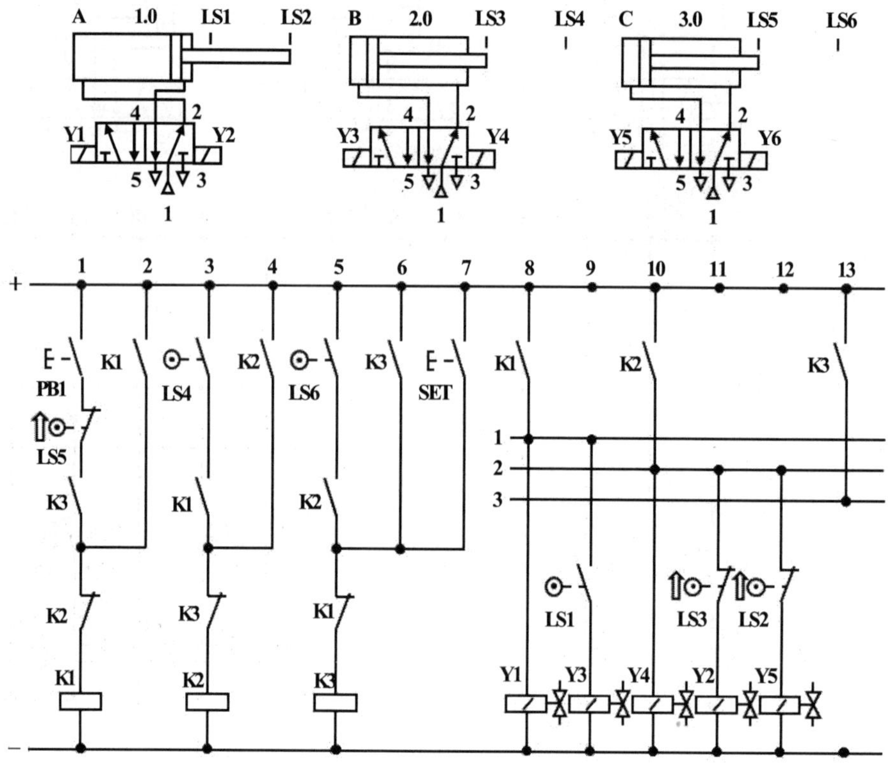

⑪ 13번 라인에 솔레노이드 밸브 Y6를 3그룹 제어 라인에 연결하고 해당 번호 또는 문자를 기입한다.

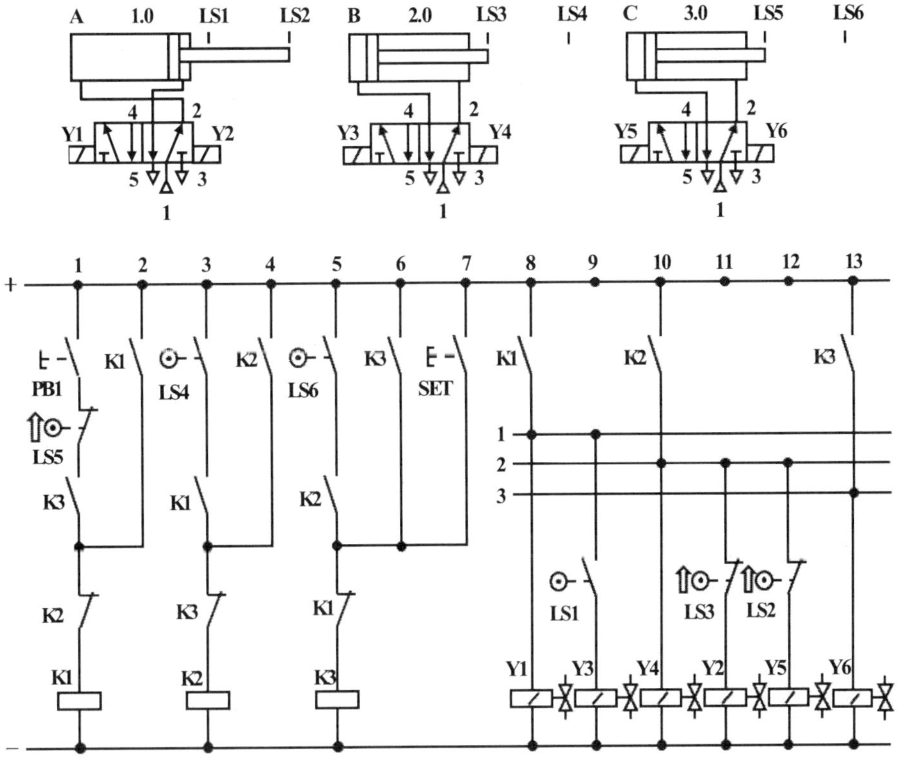

그림 5.20 캐스케이드를 이용한 A-B+B-A+C+C- 작업의 완성된 회로도

5.5.5 캐스케이드를 이용한 A+A-B+B-C+C- 회로 설계

그림 5.21과 같이 소재에 엠보싱 작업을 하려고 한다. 소재는 수동으로 삽입되어 고정된다. 실린더 A, 실린더 B, 실린더 C가 순서대로 엠보싱 작업을 하며 작업이 완료되면 즉시 원래의 위치로 돌아오도록 한다. 이 작업에 대한 변위 단계선도를 그리고 캐스케이드 방법을 이용해 회로를 작성해 보기로 하자.

이 작업을 간섭 현상이 발생되지 않게 그룹을 나누게 되면, 다음과 같이 4개의 그룹으로 나눌 수 있게 된다.

작동 순서	A+	A–	B+	B–	C+	C–
체크백 신호	LS2	LS1	LS4	LS3	LS6	LS5
그룹	1	2		3		4

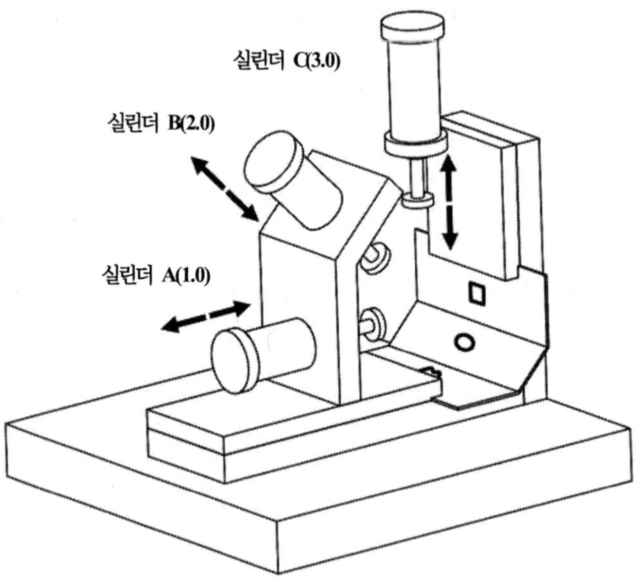

그림 5.21 엠보싱 작업

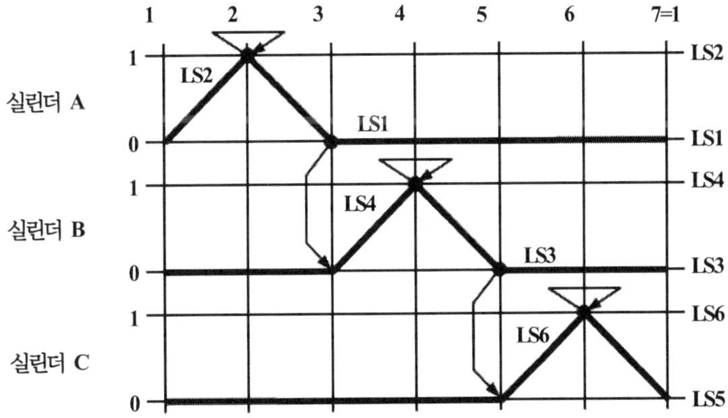

그림 5.22 변위 단계선도(운동 선도)

① 공압 엑추에이터와 솔레노이드 밸브를 그리고 센서와 공압 에너지원, 배기구 및 각 공압 요소의 배관을 그리고 해당 번호 또는 문자를 기입한다.

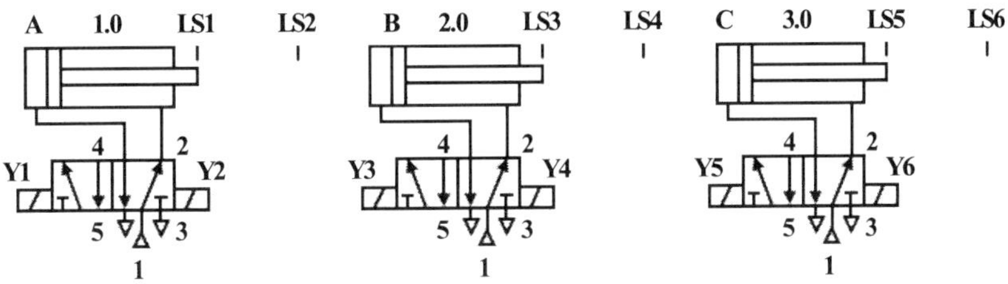

② 전원모선, 캐스케이드 제어라인 4개 선 및 단계별 번호를 기입하고, 9번 라인에 접점 K1을 1그룹 제어라인에 연결한 다음, 10번 라인에 접점 K2를 2그룹 제어라인에, 12번 라인에 K3를 3그룹 제어라인에 각각 연결하고, 14번 라인에 K4를 4그룹 제어라인에 연결한 후 해당 번호 또는 문자를 기입한다.

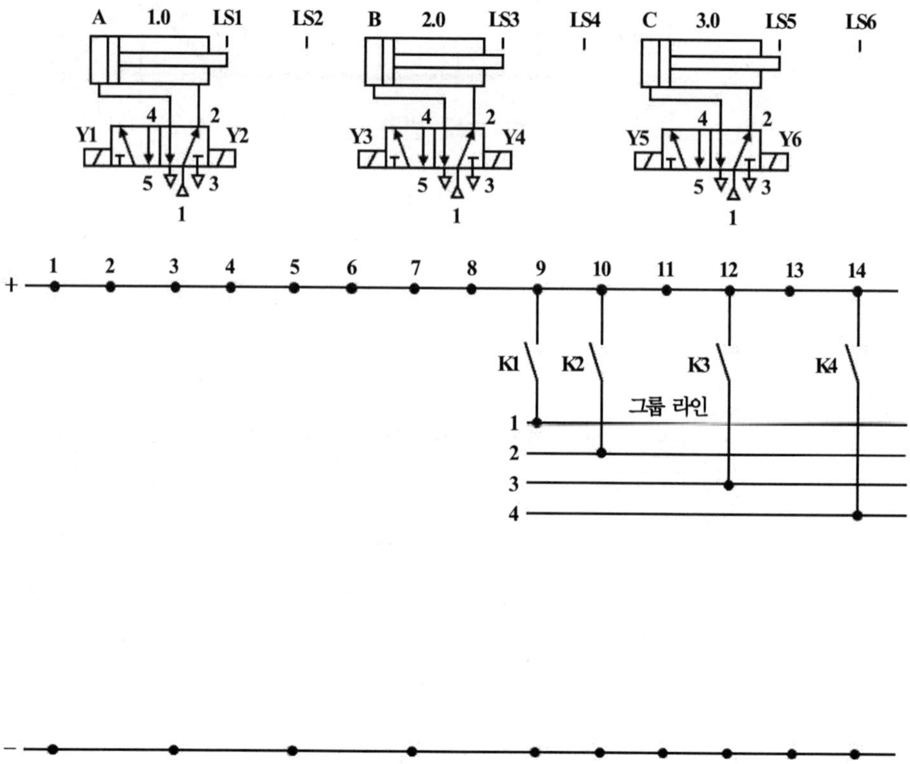

③ 1번 라인에 시작 버튼과 리밋 스위치 LS5, 인터록 접점으로 b접점 K2, 릴레이 K1을 그린 후 2번 라인에 자기유지접점 K1을 그리고 해당 번호 또는 문자를 기입한다.

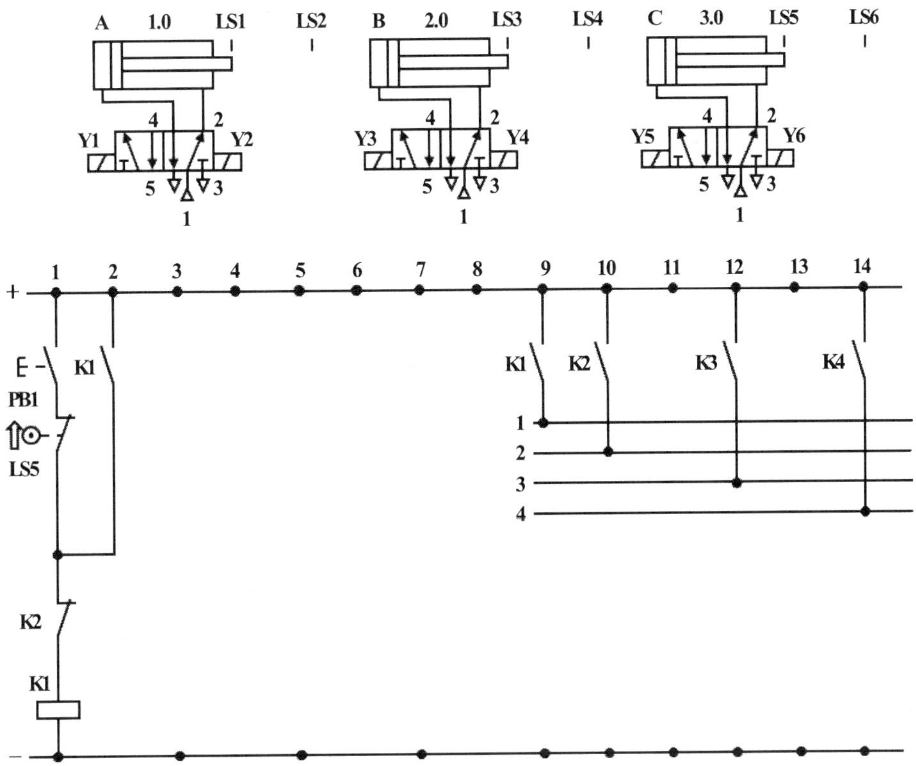

④ 9번 라인에 솔레노이드 밸브 Y1을 1그룹에 연결하고 해당 번호 또는 문자를 기입한다.

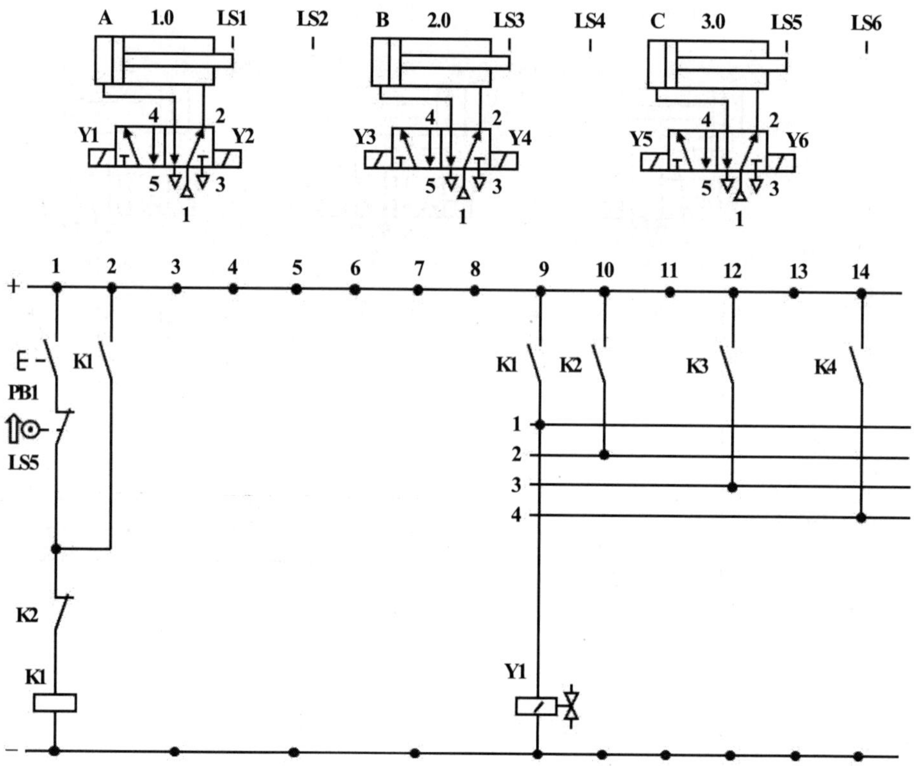

⑤ 3번 라인에 리밋 스위치 LS2와 인터록 접점으로 b접점 K3, 릴레이 K2를 연결하고, 4번 라인에 자기유지접점 K2를 그린 후 해당 번호 또는 문자를 기입한다.

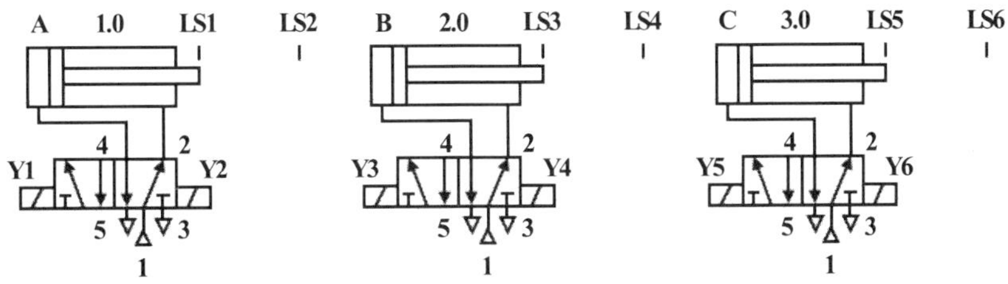

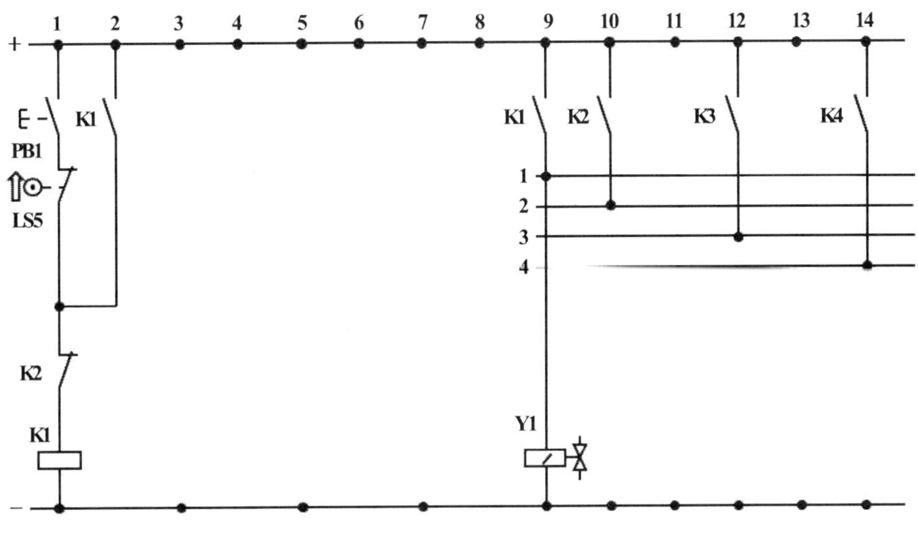

⑥ 10번 라인에서 2그룹 제어라인에 솔레노이드 밸브 Y2를 그리고 11번 라인에 리밋 스위치 LS1과 솔레노이드 밸브 Y3를 Y2위에 연결하여 그린 후 해당 번호 또는 문자를 기입한다.

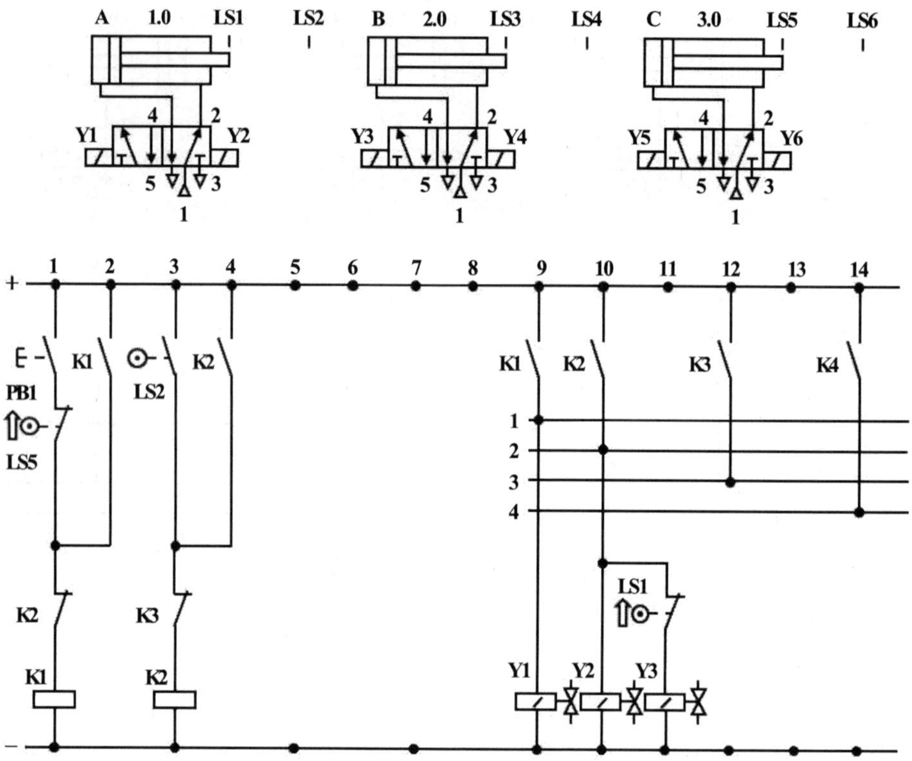

⑦ 5번 라인에 리밋 스위치 LS4와 인터록 접점으로 b접점 K4, 릴레이 K3를 연결하고, 6번 라인에 자기유지 접점 K3를 그리고 해당 번호 또는 문자를 기입한다.

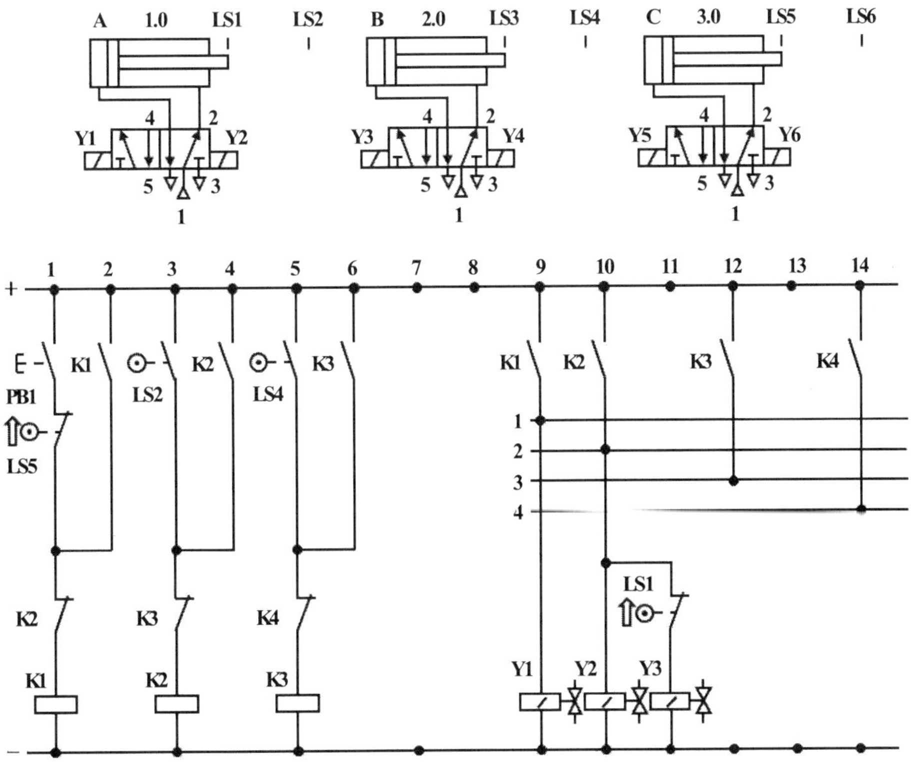

⑧ 12번 라인에서 3그룹 제어라인에 솔레노이드 밸브 Y4를 그리고 13번 라인에 리밋 스위치 LS3와 솔레노이드 밸브 Y5를 Y4위에 연결하여 그린 후 해당 번호 또는 문자를 기입한다.

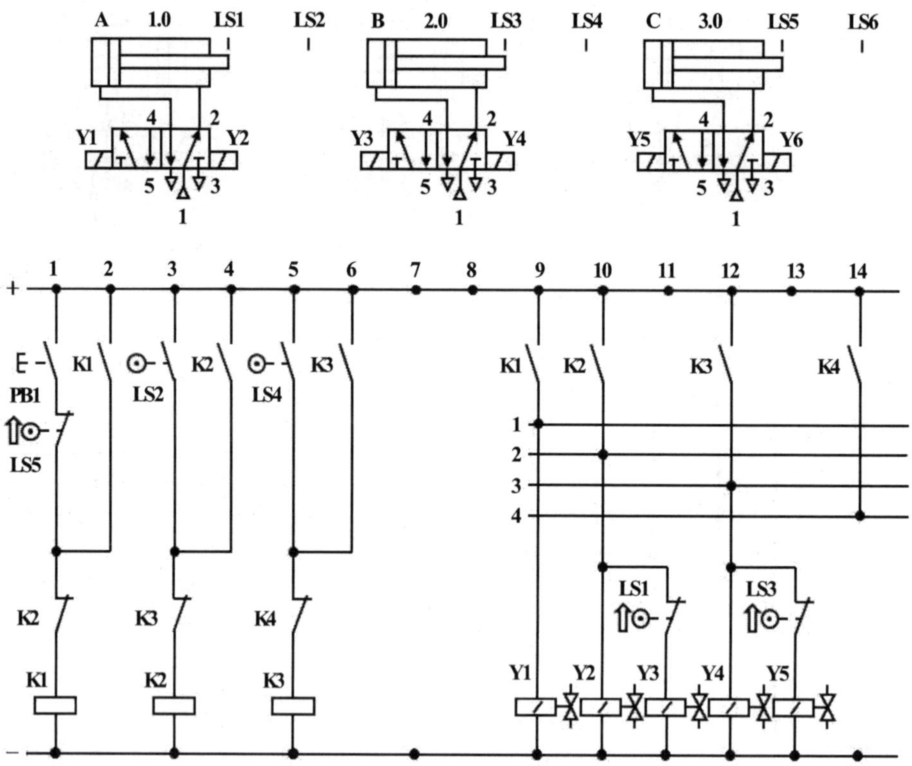

⑨ 7번 라인에 리밋 스위치 LS6, 인터록 접점으로 b접점 K1, 릴레이 K4를 그리고 8번 라인에 자기유지접점 K4를 그린 후 해당 번호 또는 문자를 기입한다.

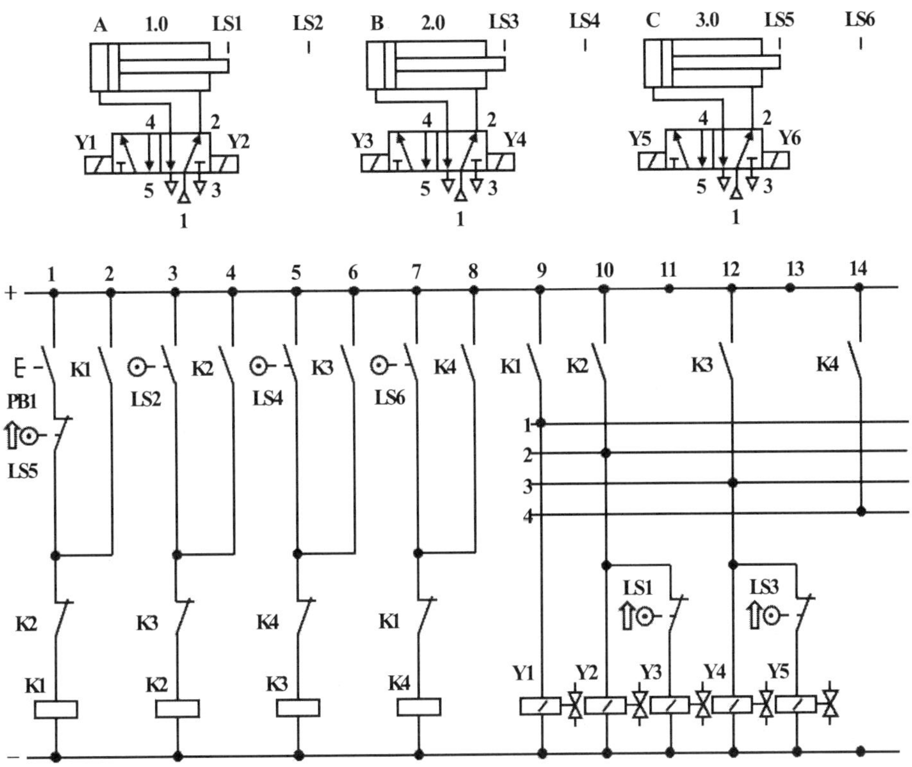

⑩ 14번 라인에서 4그룹선에 솔레노이드 밸브 Y6를 직렬로 연결하고 해당 번호 또는 문자를 기입한다.

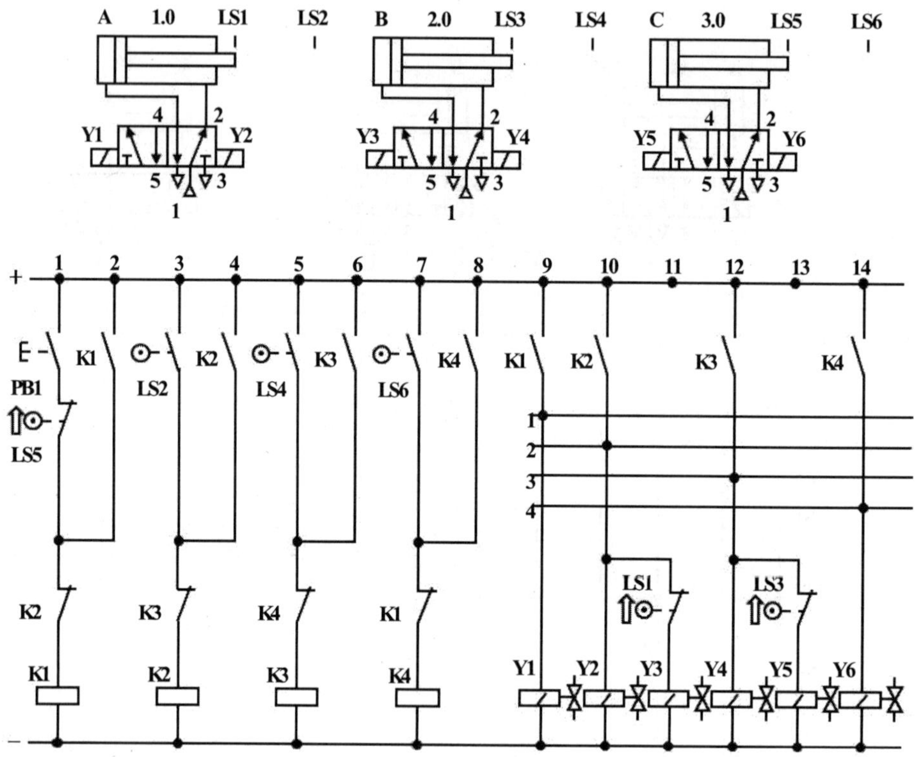

그림 5.23 캐스케이드를 이용한 A+A-B+B-C+C- 작업의 완성된 회로도

5.5.6 캐스케이드를 이용한 $A^{+}\ B^{+}\ C^{+}\ \genfrac{}{}{0pt}{}{A^{-}}{C^{-}}\ B^{-}$

그림 5.24와 같이 3개의 부품을 조립하려고 한다. 각 부품은 중력에 의해 자동으로 매거진에서 내려온다. 실린더 A가 케이스를 밀어 조립 위치에 도달되게 하면 실린더 B가 1차 조립을 하고, 실린더 C가 2차 조립을 하게 된다. 즉, $A^{+}\ B^{+}\ C^{+}\ \genfrac{}{}{0pt}{}{A^{-}}{C^{-}}\ B^{-}$ 의 순서로 작업이 이루어진다. 앞서 설명한 캐스케이드 회로 작성 방법을 이용하여 각자 제어 회로도를 작성해 보기로 한다. 이 작업을 간섭 현상이 발생되지 않게 그룹을 나누게 되면, 다음과 같이 2개의 그룹으로 나눌 수 있게 된다.

작동 순서	A+	B+	C+	A− C−	B−
체크백 신호	LS2	LS4	LS6	LS1 LS5	LS3
그룹	1			2	

그림 5.26은 완성된 회로도를 보여준다.

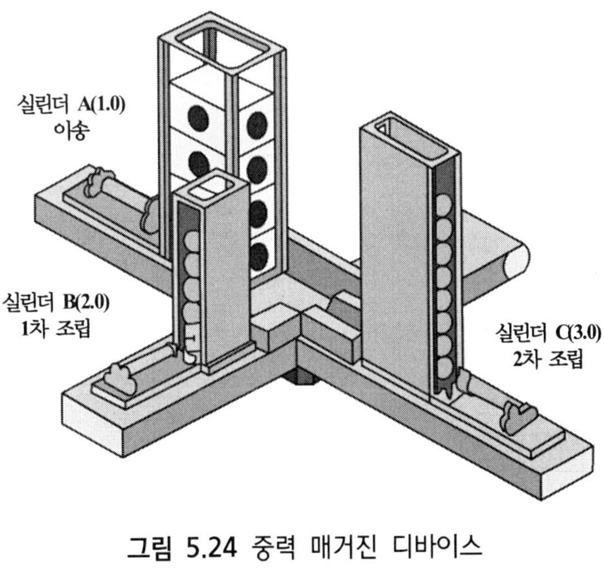

그림 5.24 중력 매거진 디바이스

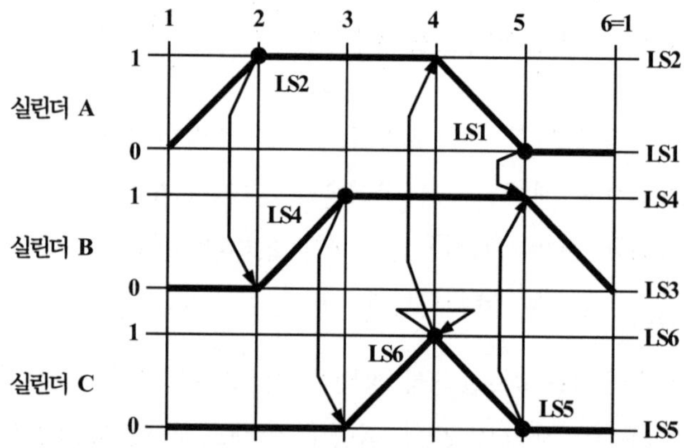

그림 5.25 변위 단계선도

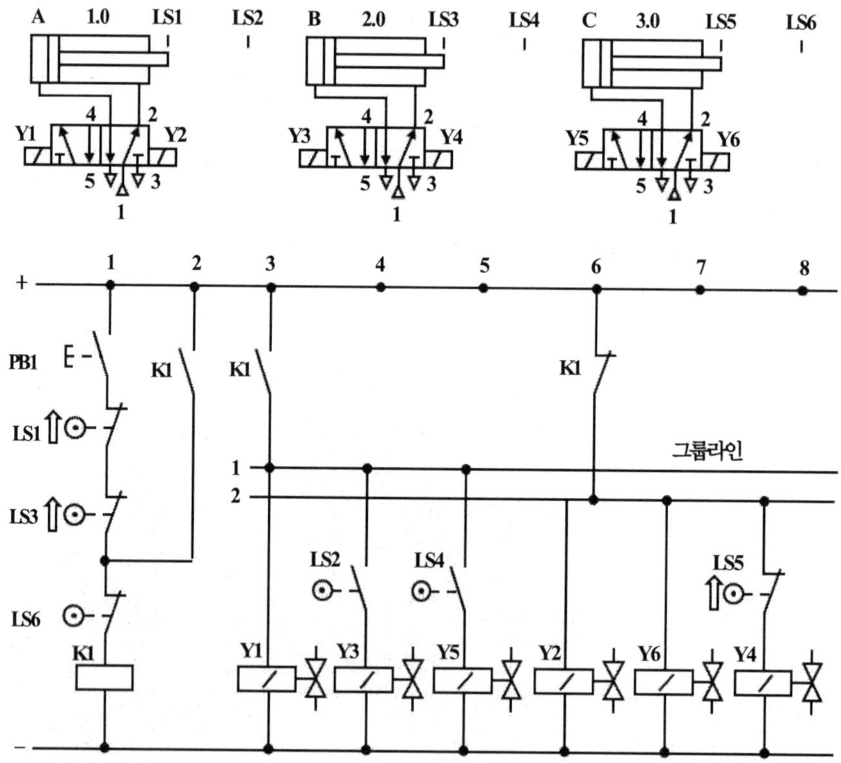

그림 5.26 캐스케이드를 이용한 A+ B+ C+ A− B− C− 작업의 완성된 회로도

5.6 전기 시퀀스 제어 회로

캐스케이드 제어 방법은 가장 적은 개수의 릴레이가 소요되게 되므로 어느 면에서는 가장 경제적인 해결책이 될 수도 있다. 그러나 캐스케이드 제어 방법은 하나의 릴레이가 한 그룹 전체를 담당하게 되어 비상 스위치나 수동 조작 스위치 등의 부가 조건이 삽입되면 제어 회로가 복잡해지는 단점이 있게 된다. 또한 배선이 복잡하고, 운전 중에 제어 시스템에 문제가 발생하면 트러블 슈팅(trouble shooting)이 쉽지 않게 된다. 그러므로 캐스케이드 방식은 많이 이용되지는 않는다. 전기 시퀀스(electric sequences) 제어 회로 설계 방법을 **최대신호 차단법**이라고도 한다. 리밋 스위치의 신호와 전 신호의 동작 신호인 릴레이의 a접점을 AND로 하여 다음 스텝의 릴레이를 동작시키고, 그 스텝 신호의 b접점으로 전 신호를 차단하도록 구성된 회로이다. 이와 같이 각각의 제어 신호를 자기유지 시키고 다음 운동 스텝 신호에 인터록 시킴으로써 운동의 제어가 확실한 설계 방법이라고 할 수 있다. 회로 설계 순서를 요약하면 다음과 같다.

① 시동 신호인 누름버튼 스위치와 최종 스텝 완료 신호인 리밋 스위치를 직렬로 연결하고 자기유지 시킨다.

② 첫 번째 스텝 완료 신호인 리밋 스위치와 전 단계 신호 릴레이 K1의 a접점을 직렬로 연결하고 자기유지 시킨다. 이와 같이 리밋 스위치의 동작 순서대로 전 단계 신호와 직렬로 차례로 연결하고 각 동작마다 자기유지 시킨다.

③ 전 단계 신호의 리셋은 릴레이의 b접점을 자기유지 라인 밑에 삽입하여 다음 스텝이 동작되면 자기유지가 해제되도록 한다.

④ 마지막 스텝은 자기유지회로와 병렬로 SET 스위치를 접속하여 시퀀스 첫 스텝에 전 단계 보증 신호를 줄 수 있도록 한다.

⑤ 주 회로를 그리고 작동 순서에 따라 릴레이의 a접점을 솔레노이드와 접속하여 회로를 완성한다.

5.6.1 전기 시퀀스 방법을 이용한 A+B+B-A- 회로 설계

그룹의 분리 K1(A+) / K2(B+) / K3(B−) / K4(A−)

(1) 제어 회로 설계

* 각 그룹은 순서대로 살아간다.
* 각 그룹은 매 순간에 1 그룹씩 살아간다.
* 마지막 그룹은 살아 있어야 한다.

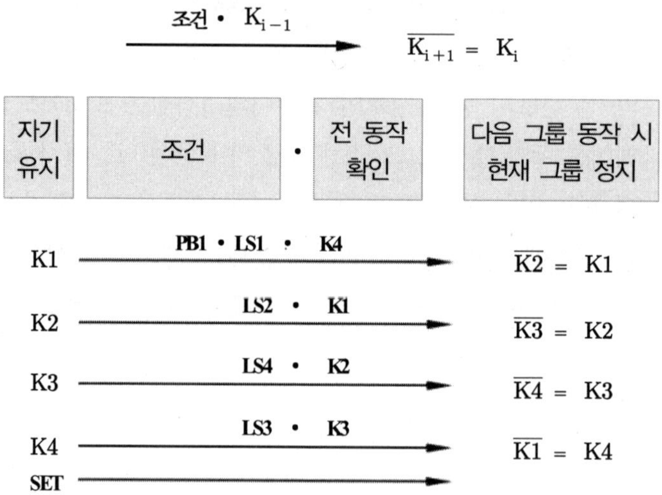

(2) 복동 솔레노이드 밸브를 사용한 설계 순서

① 공압 액추에이터와 솔레노이드 밸브를 그리고 센서와 공압 에너지원, 배기구 및 각 공압 요소의 배관을 그리고 해당 번호 또는 문자를 기입한다.

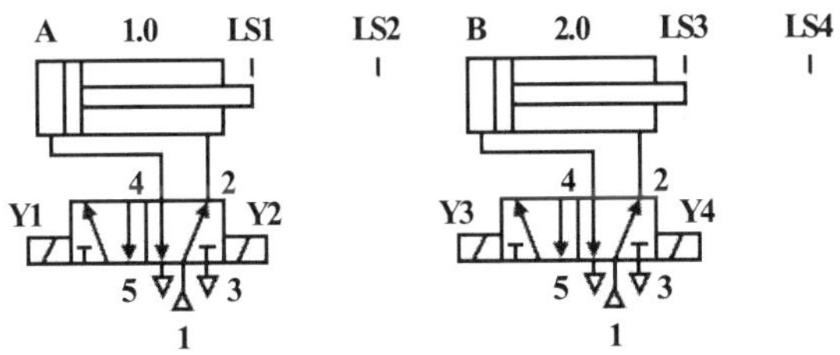

② 전원 모선을 그린다. 다음으로 1번 라인에 전원을 공급하면 실린더 A가 전진할 수 있도록 시작 버튼과 마지막 그룹인 접점 K4와 2번 라인에 자기유지접점 K1을 그리고, 인터록 접점으로 b접점 K2 및 릴레이 K1을 그린 다음 해당 번호 또는 문자를 기입하고 모선에서부터 아래로 그린다.

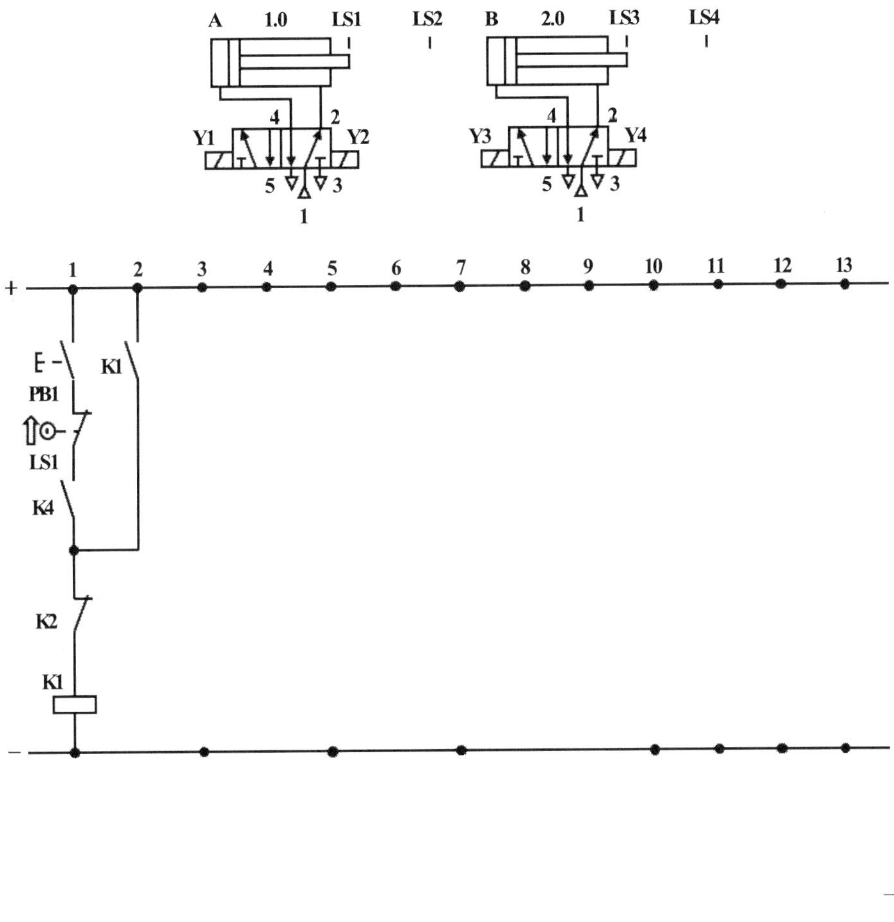

③ 10번 라인에 접점 K1과 솔레노이드 밸브 Y1을 그리고 해당 번호 또는 문자를 기입한다.

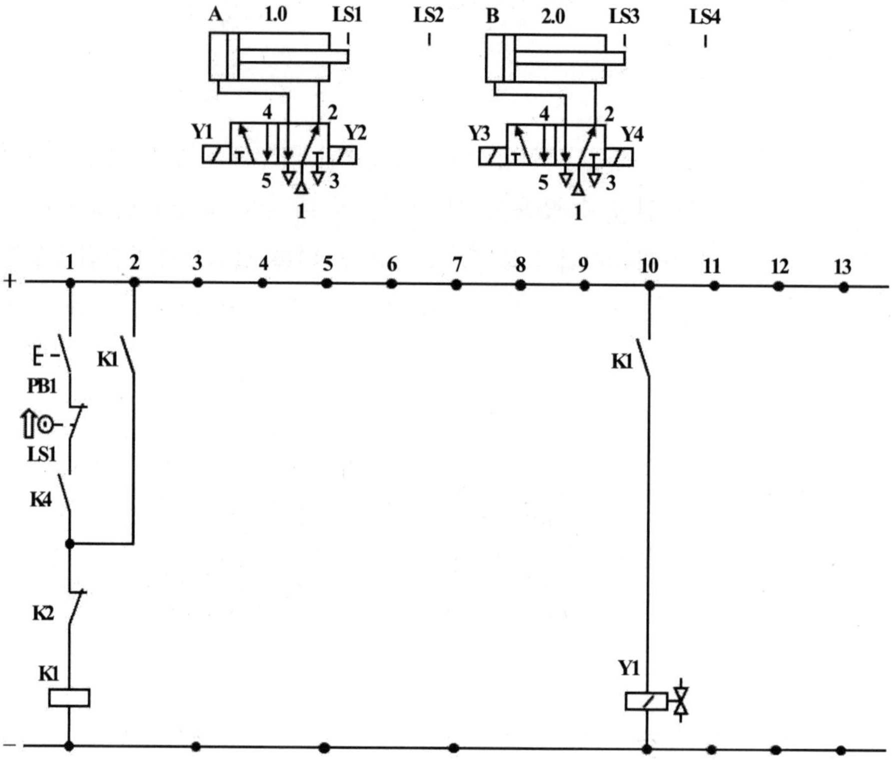

④ 3번 라인에 리밋 스위치 LS2와 접점 K1, 4번 라인에 자기유지접점 K2를 그리고 인터록 접점으로 b접점 K3 및 릴레이 K2를 그린 후 해당 번호 또는 문자를 기입한다.

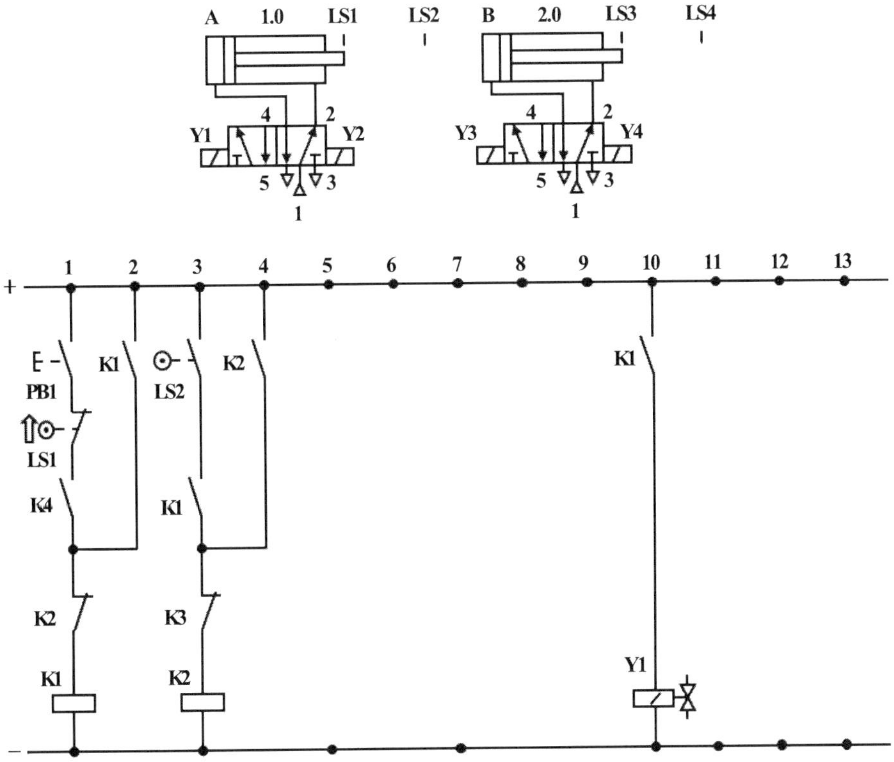

⑤ 11번 라인에 접점 K2와 솔레노이드 밸브 Y3를 그리고 해당 번호 또는 문자를 기입한다.

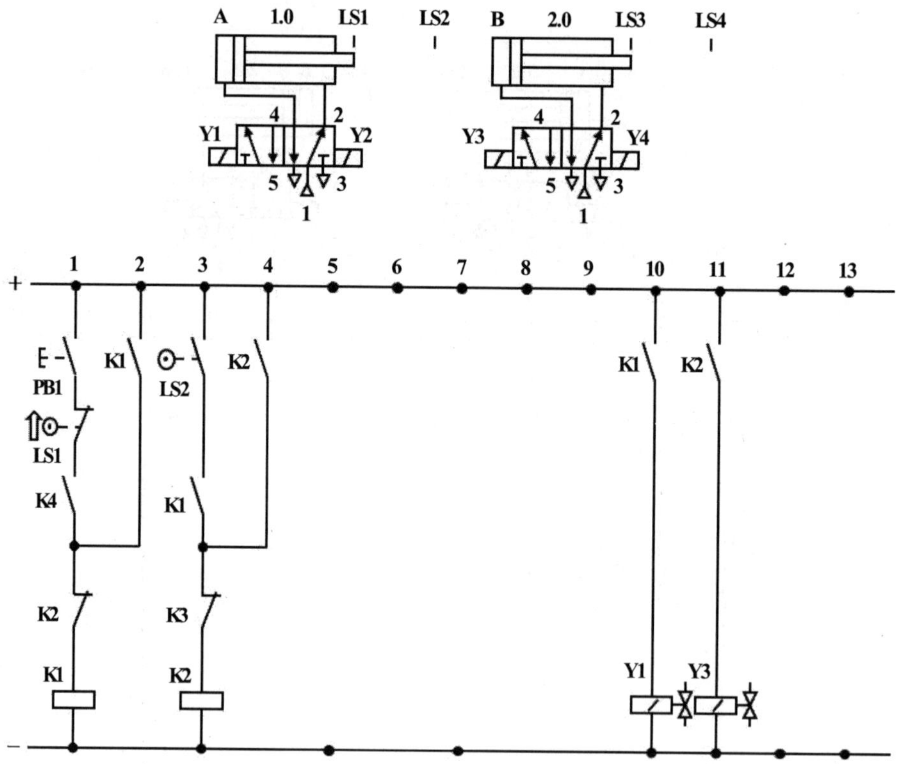

⑥ 5번 라인에 리밋 스위치 LS4와 접점 K2, 6번 라인에 자기유지접점 K3를 그리고 인터록 접점으로 b접점 K4 및 릴레이 K3를 그린 후 해당 번호 또는 문자를 기입하고 제어선을 그린다.

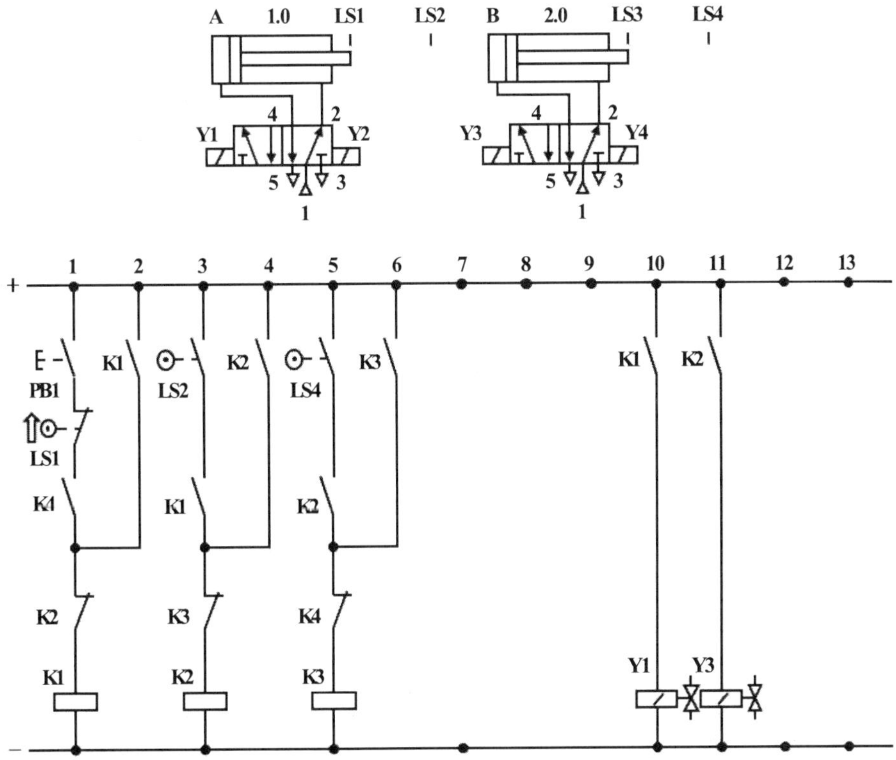

⑦ 12번 라인에 접점 K3와 솔레노이드 밸브 Y4를 그리고 해당 번호 또는 문자를 기입한다.

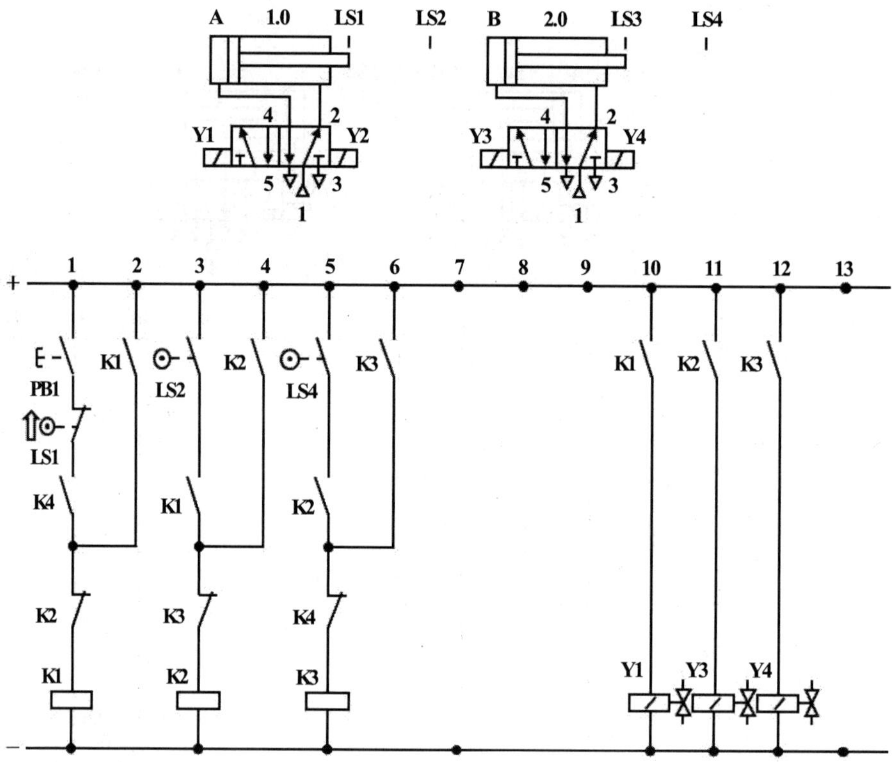

⑧ 7번 라인에 리밋 스위치 LS3와 접점 K3, 8번 라인에 자기유지접점 K4, 9번 라인에 마지막이자 첫 신호인 SET용 스위치를 그리고 인터록 접점으로 b접점 K1 및 릴레이 K4를 그린 후 해당 번호 또는 문자를 기입한다.

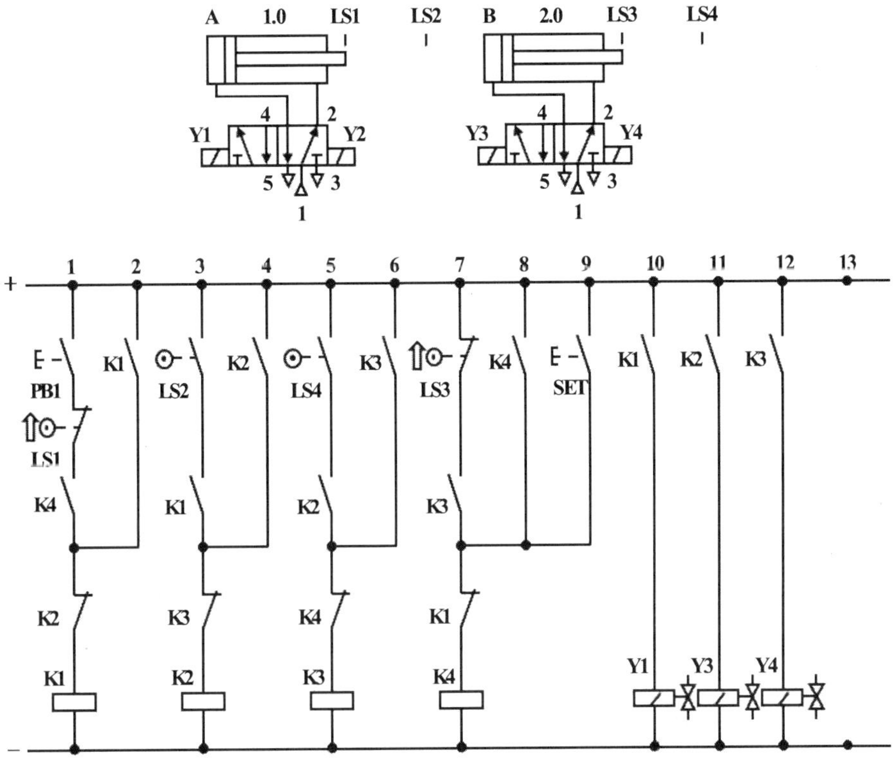

⑨ 13번 라인에 접점 K4와 솔레노이드 밸브 Y2를 그리고 해당 번호 또는 문자를 기입한다.

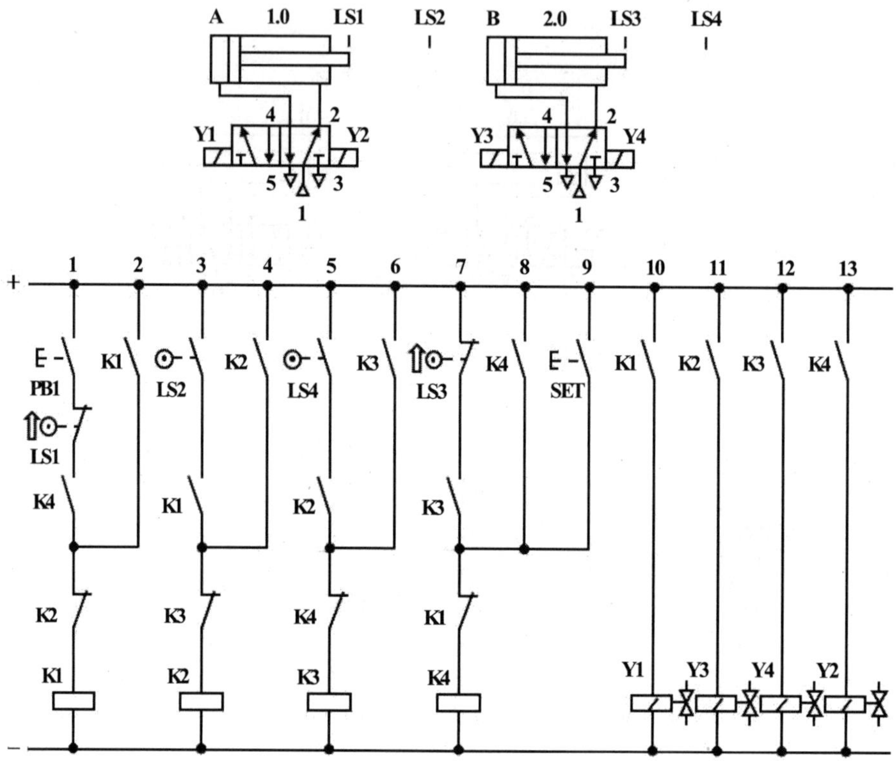

그림 5.27 전기 시퀀스 방법을 이용한 A+B+B-A- 작업 완성 회로도

5.6.2 전기 시퀀스 방법을 이용한 A-B+B-A+C+C- 회로 설계

① 공압 액추에이터와 솔레노이드 밸브를 그리고 센서와 공압 에너지원, 배기구 및 각 공압 요소의 배관을 그리고 해당 번호 또는 문자를 기입한다.

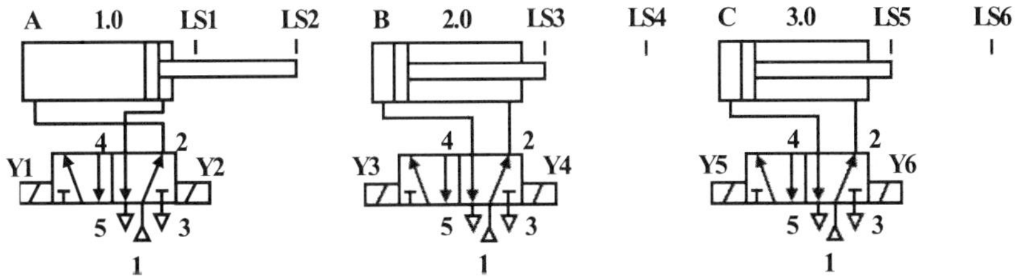

② 전원 모선을 그리고 단계별 번호를 기입하고, 1번 라인에 시작 버튼과 리밋 스위치 LS5, 접점 K6와 인터록 접점으로 b접점 K2, 릴레이 K1을 그리고, 2번 라인에 자기유지 접점 K1을 그린 후 해당 번호 또는 문자를 기입한다.

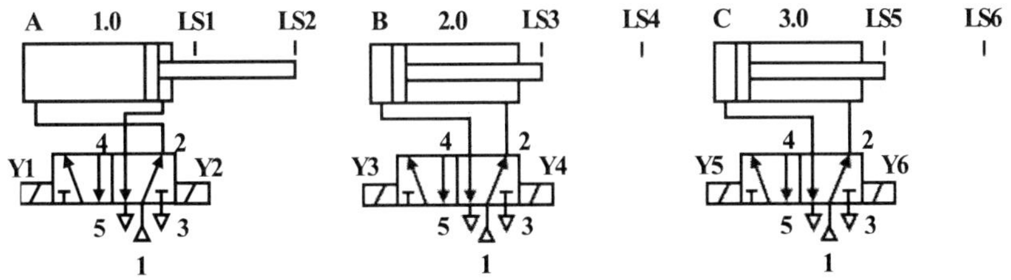

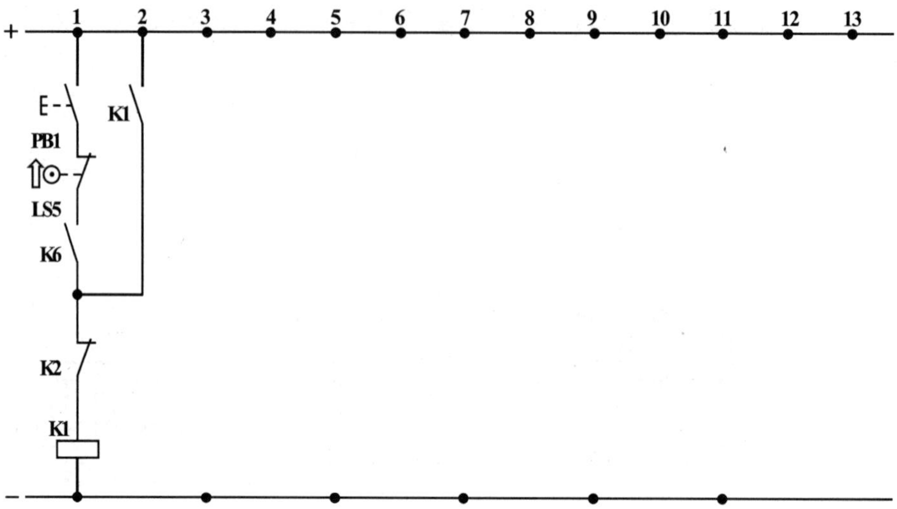

③ 14번 라인에 접점 K1과 솔레노이드 Y1을 연결하고 해당 번호 또는 문자를 기입한다.

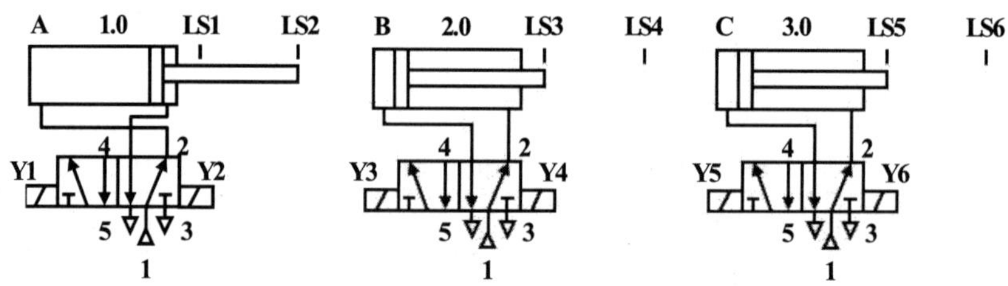

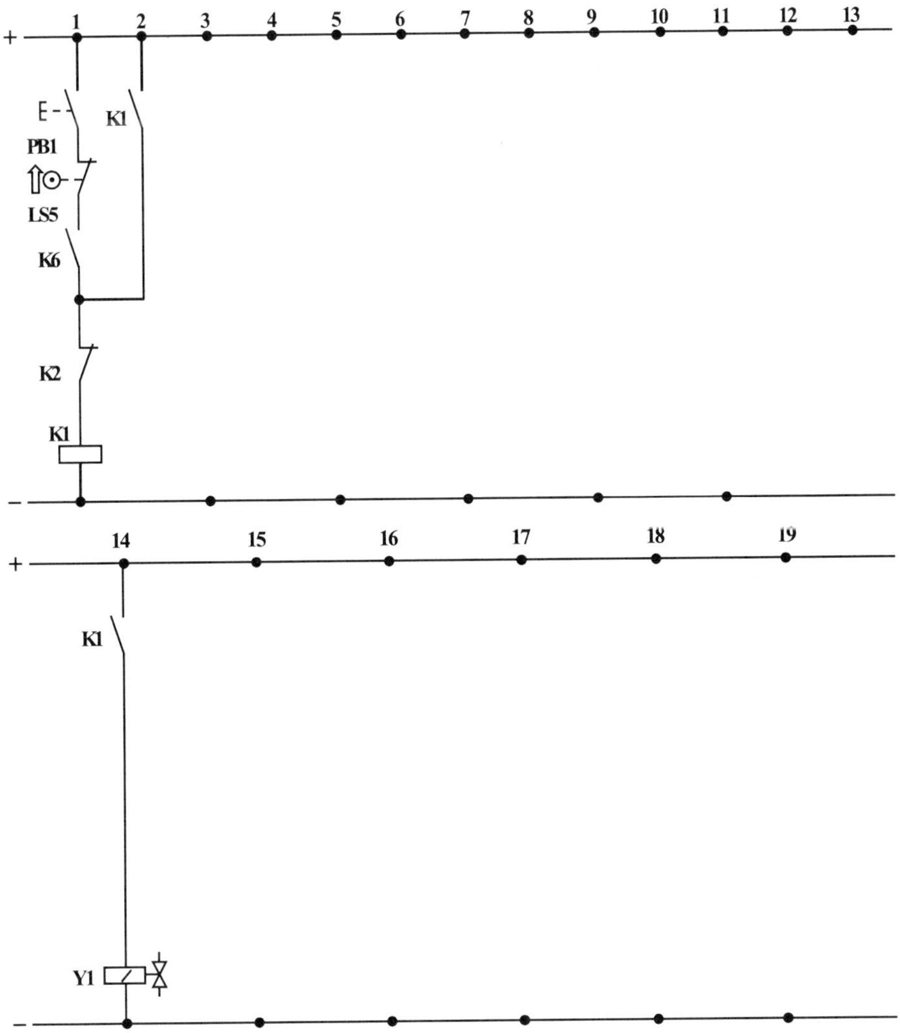
+
1
2
3
4
5
6
7
8
9
10
11
12
13
E
K1
PB1
LS5
K6
K2
K1
−
+
14
15
16
17
18
19
K1
Y1
−

④ 3번 라인에 리밋 스위치 LS1, 접점 K1과 인터록 접점으로 b접점 K3, 릴레이 K2를 그리고, 4번 라인에 자기유지 접점 K2를 그린 후 해당 번호 또는 문자를 기입한다.

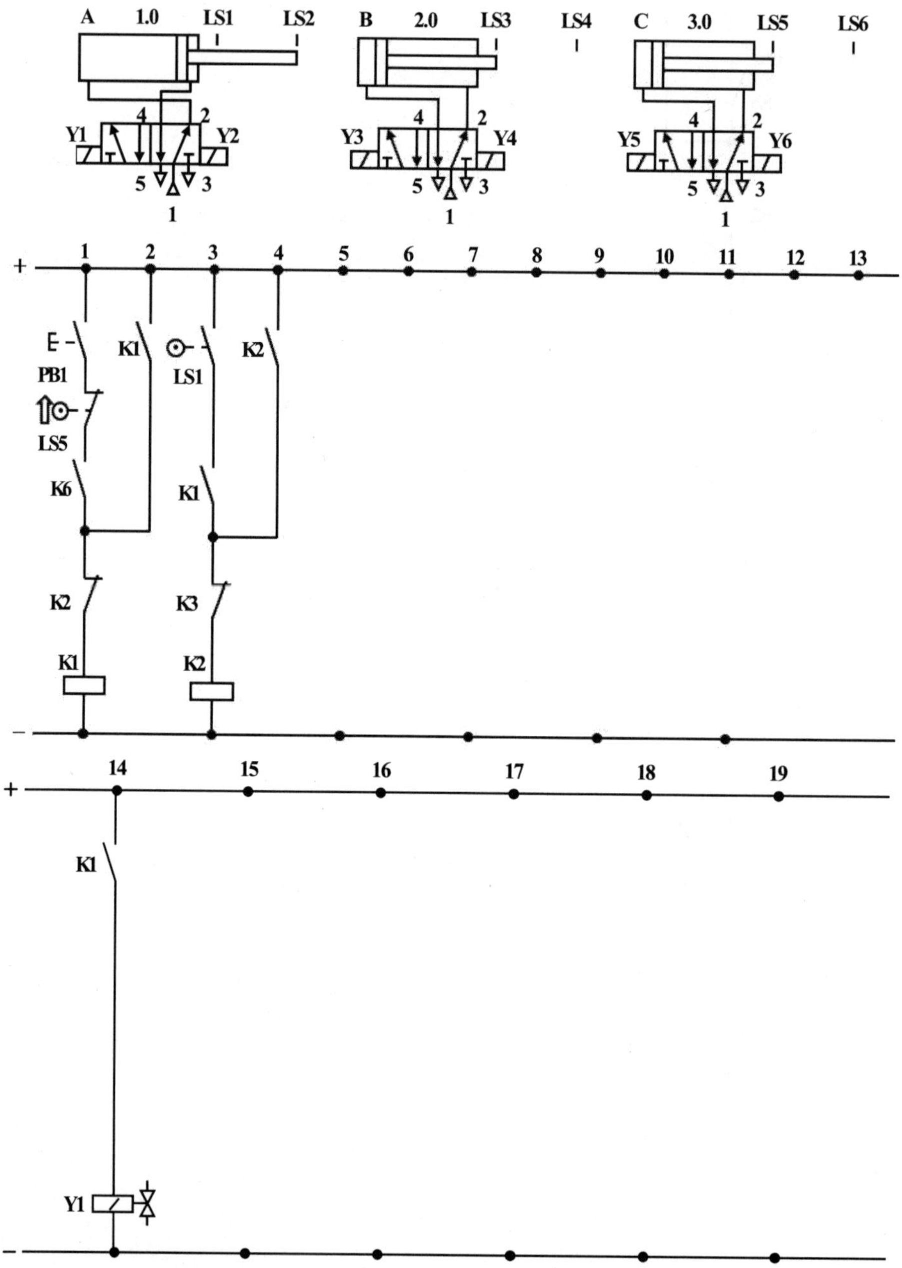

⑤ 15번 라인에 접점 K2와 솔레노이드 Y3를 연결하고 해당 번호 또는 문자를 기입한다.

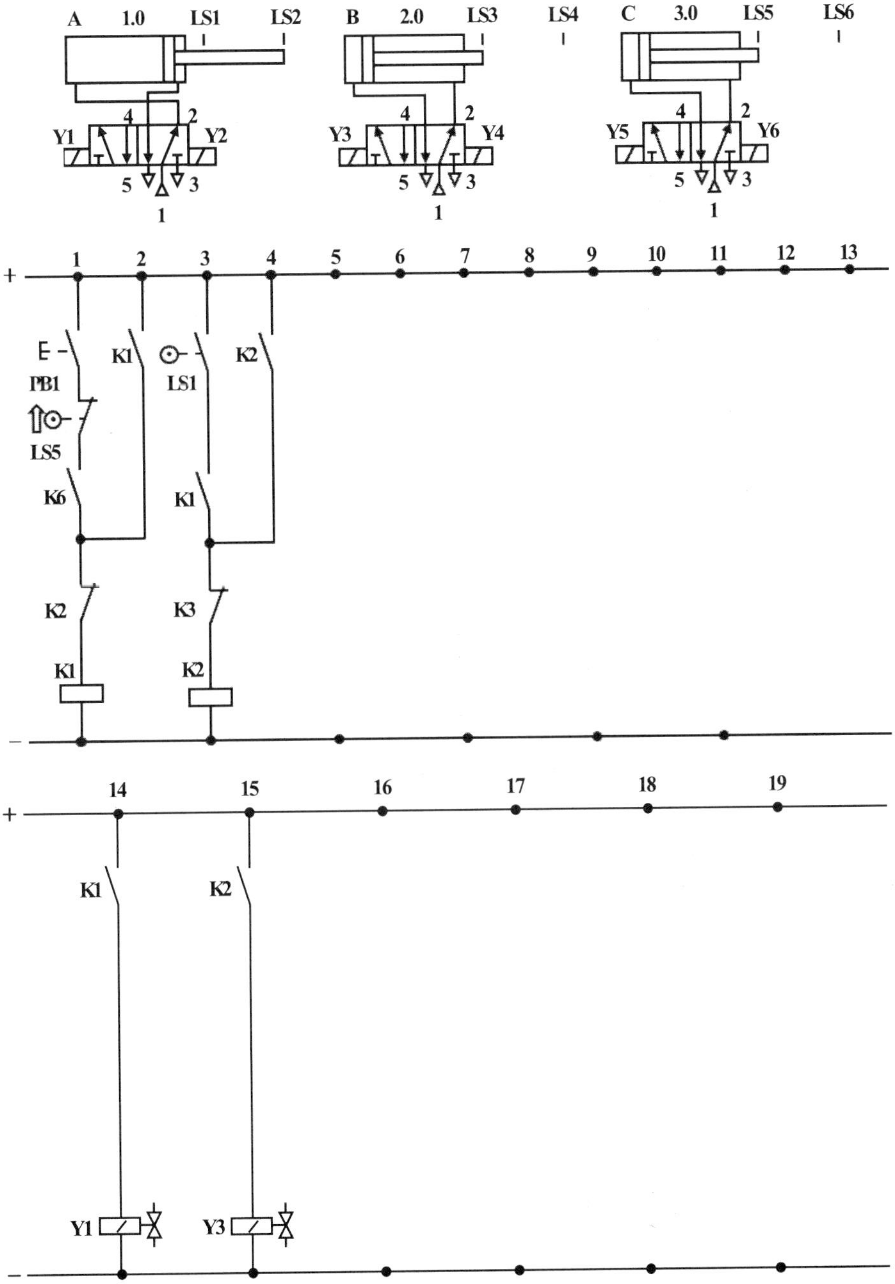

⑥ 5번 라인에 리밋 스위치 LS4, 접점 K2와 인터록 접점으로 b접점 K4, 릴레이 K3를 그리고, 6번 라인에 자기유지 접점 K3를 그린 후 해당 번호 또는 문자를 기입한다.

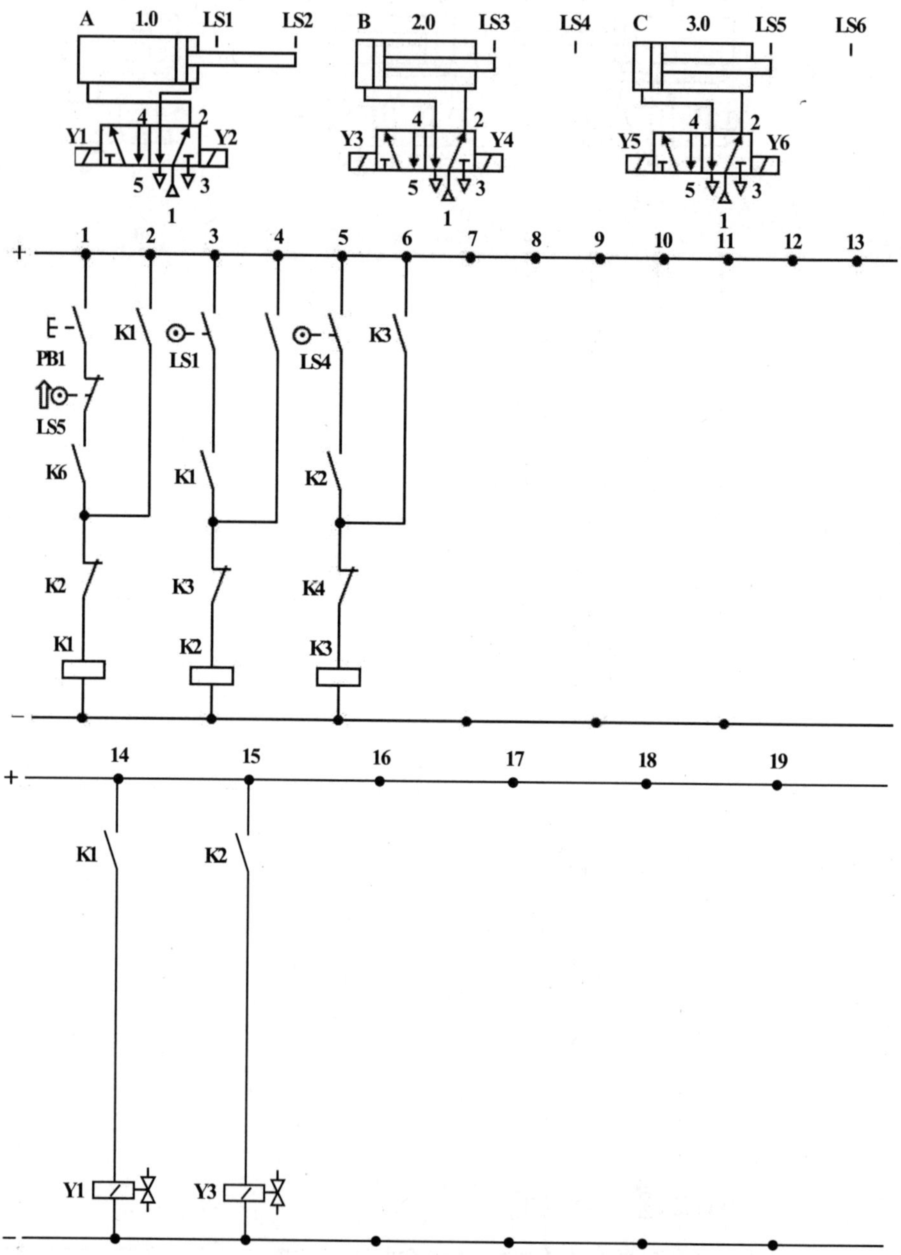

⑦ 16번 라인에 접점 K3와 솔레노이드 Y4를 연결하고 해당 번호 또는 문자를 기입한다.

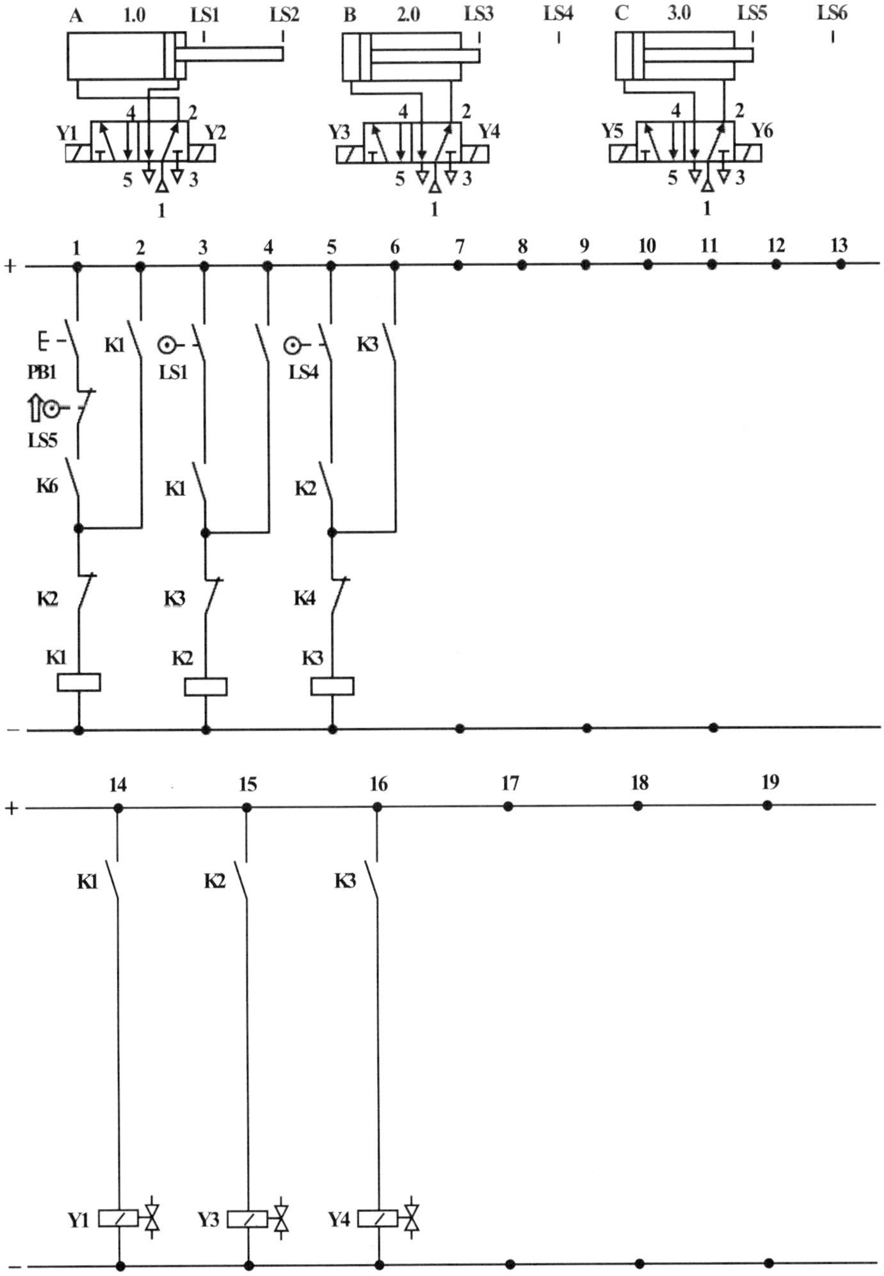

⑧ 7번 라인에 리밋 스위치 LS3, 접점 K3와 인터록 접점으로 b접점 K5, 릴레이 K4를 그리고, 8번 라인에 자기유지 접점 K4를 그린 후 해당 번호 또는 문자를 기입한다.

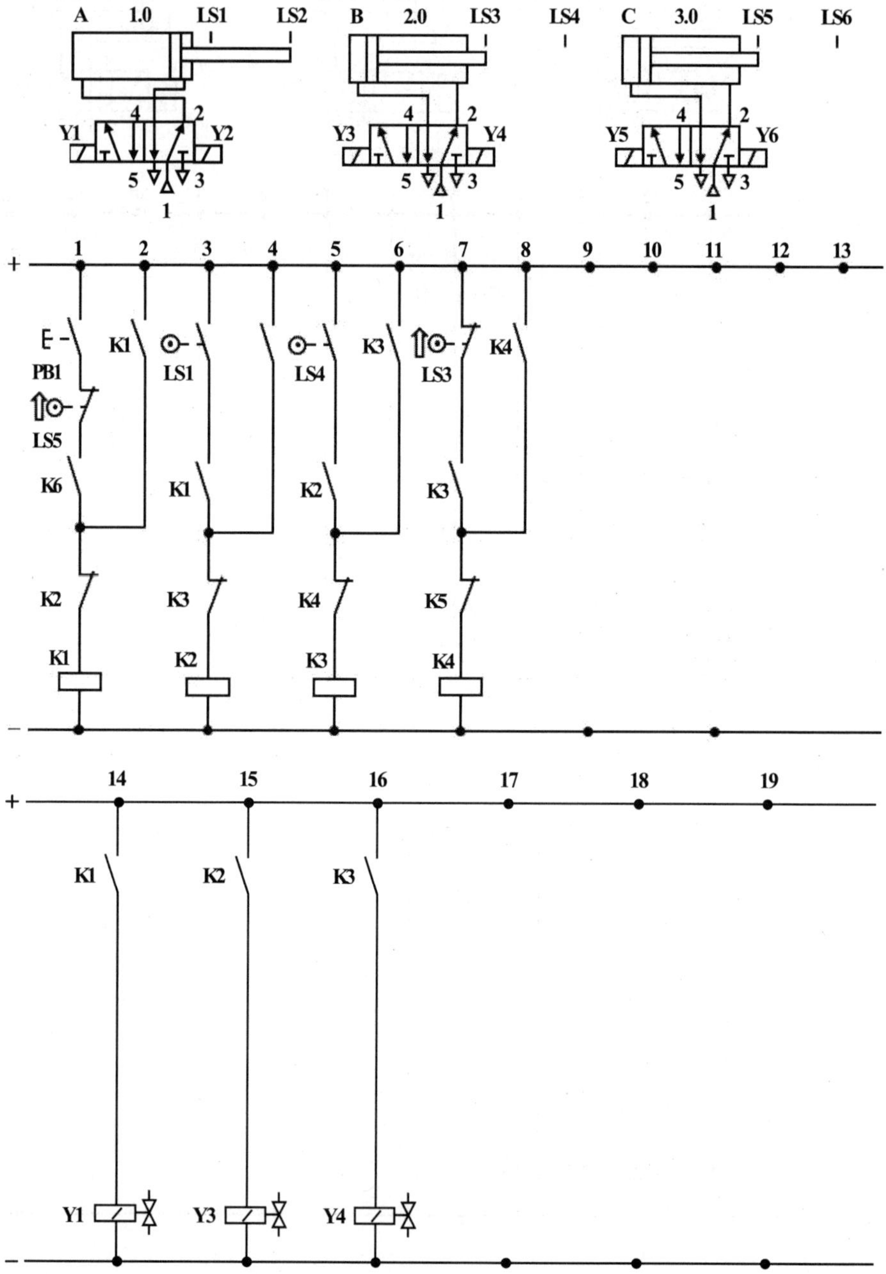

⑨ 17번 라인에 접점 K4와 솔레노이드 Y2를 연결하고 해당 번호 또는 문자를 기입한다.

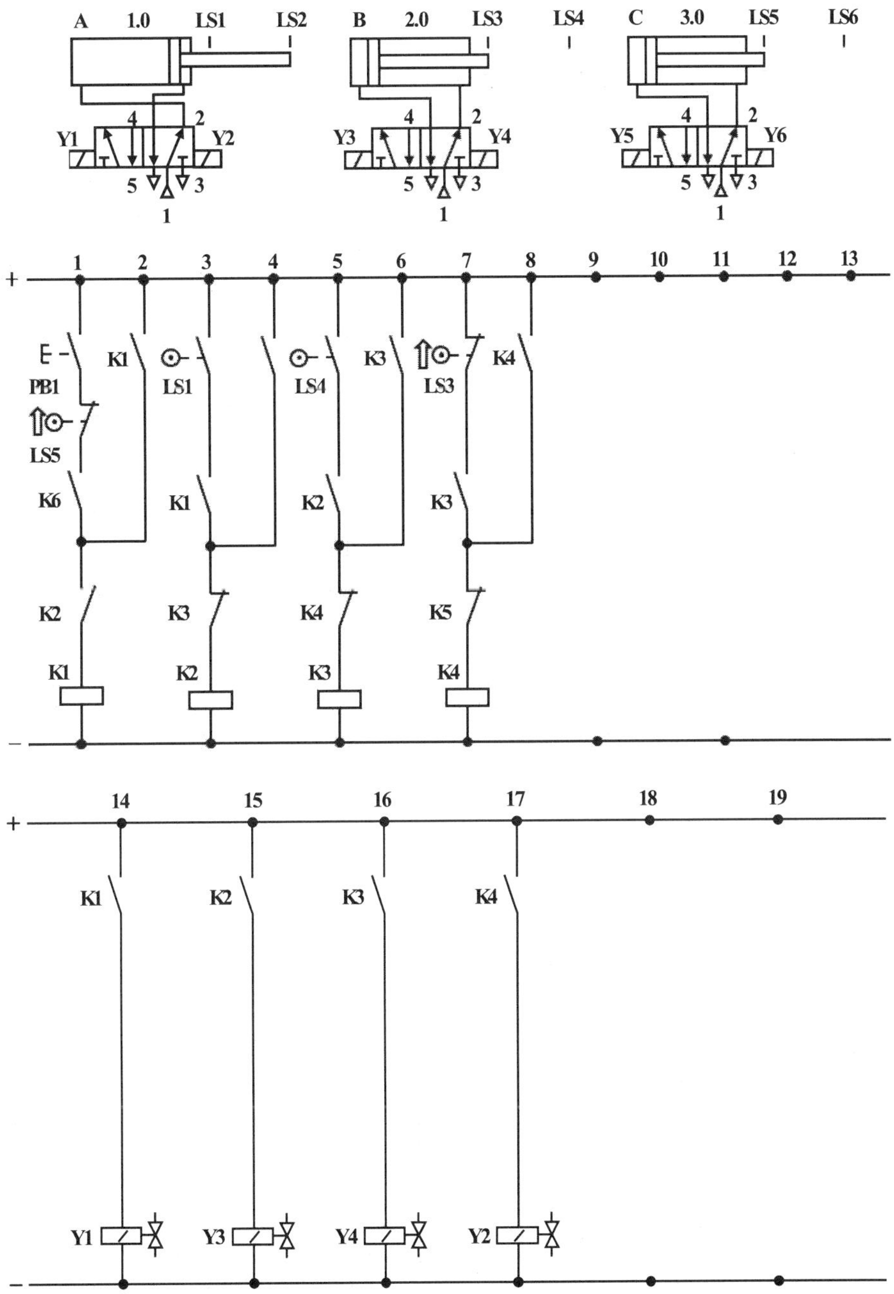

⑩ 9번 라인에 리밋 스위치 LS2, 접점 K4와 인터록 접점으로 b접점 K6, 릴레이 K5를 그리고, 10번 라인에 자기유지 접점 K5를 그린 후 해당 번호 또는 문자를 기입한다.

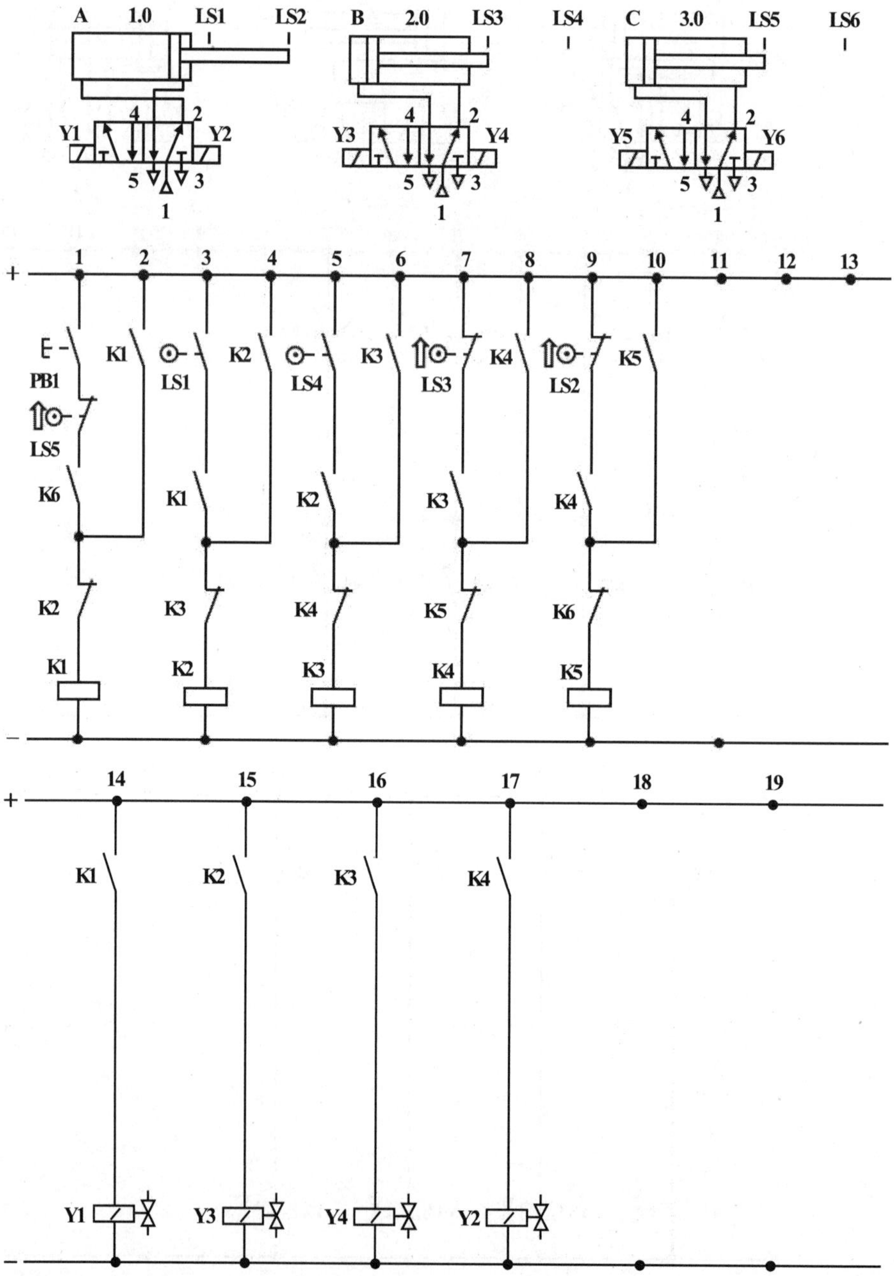

⑪ 18번 라인에 접점 K5와 솔레노이드 Y5를 연결하고 해당 번호 또는 문자를 기입한다.

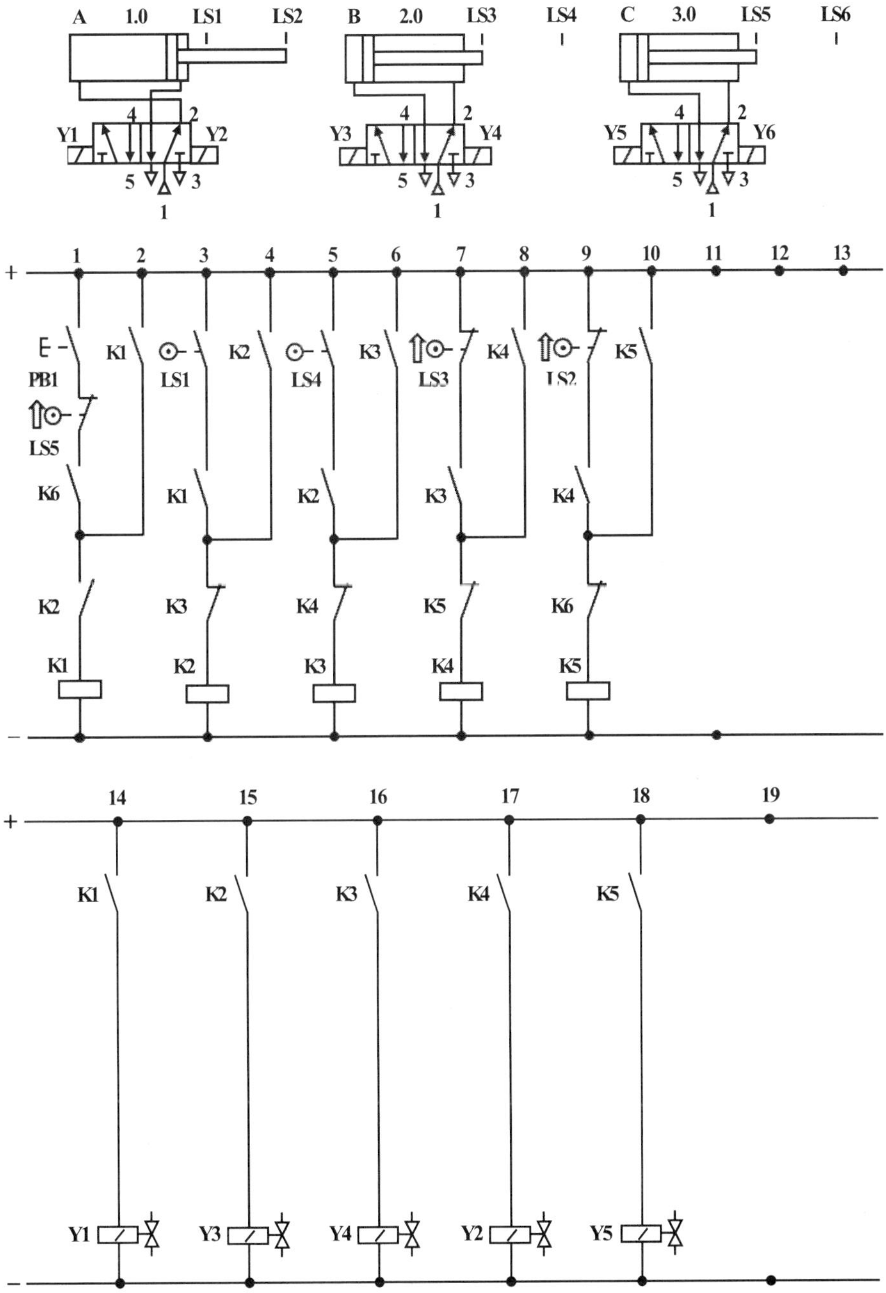

⑫ 11번 라인에 리밋 스위치 LS6, 접점 K5와 인터록 접점으로 b접점 K1, 릴레이 K6를 그리고, 12번 라인에 자기유지 접점 K6를, 13번 라인에 SET 스위치를 그린 후 해당 번호 또는 문자를 기입한다.

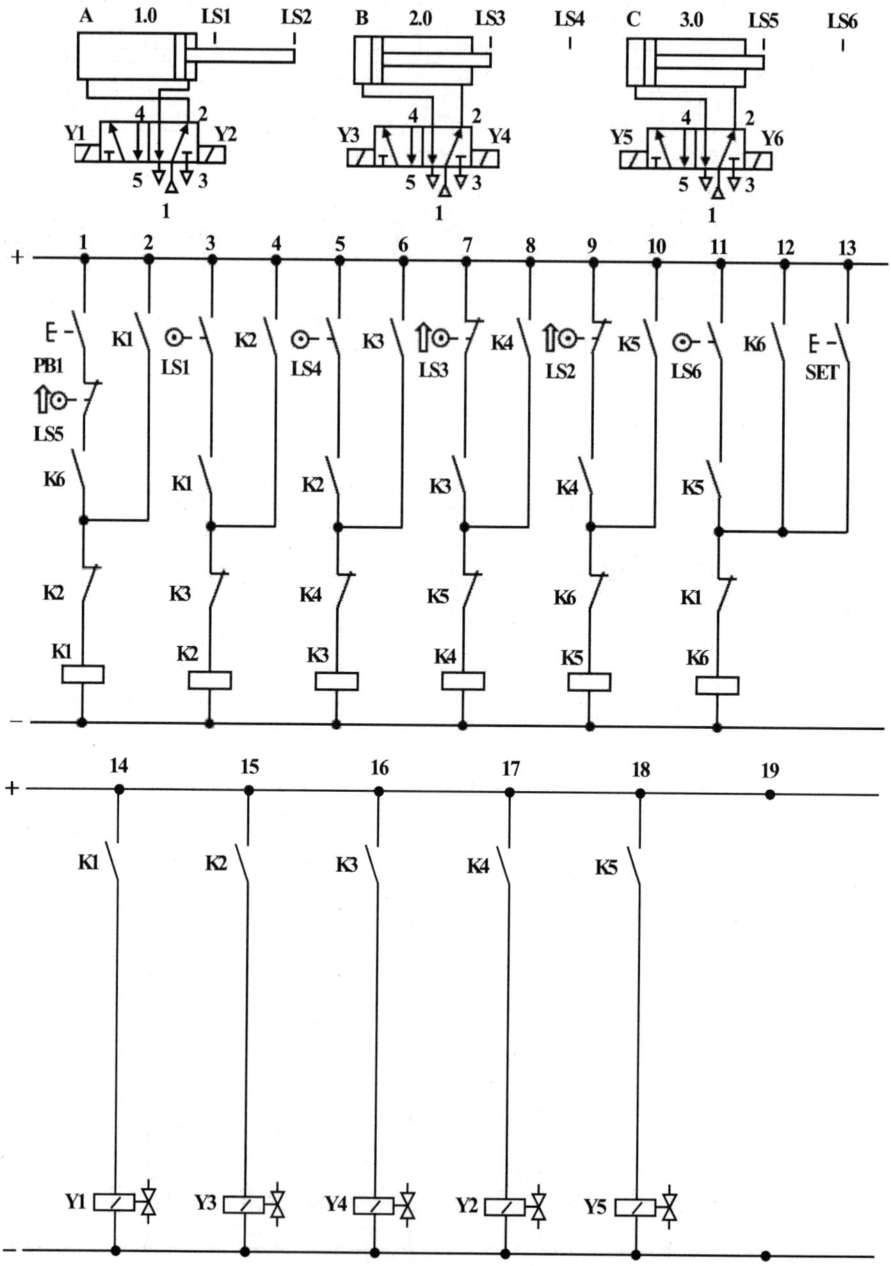

⑬ 19번 라인에 접점 K6와 솔레노이드 Y6를 연결하고 해당 번호 또는 문자를 기입한다.

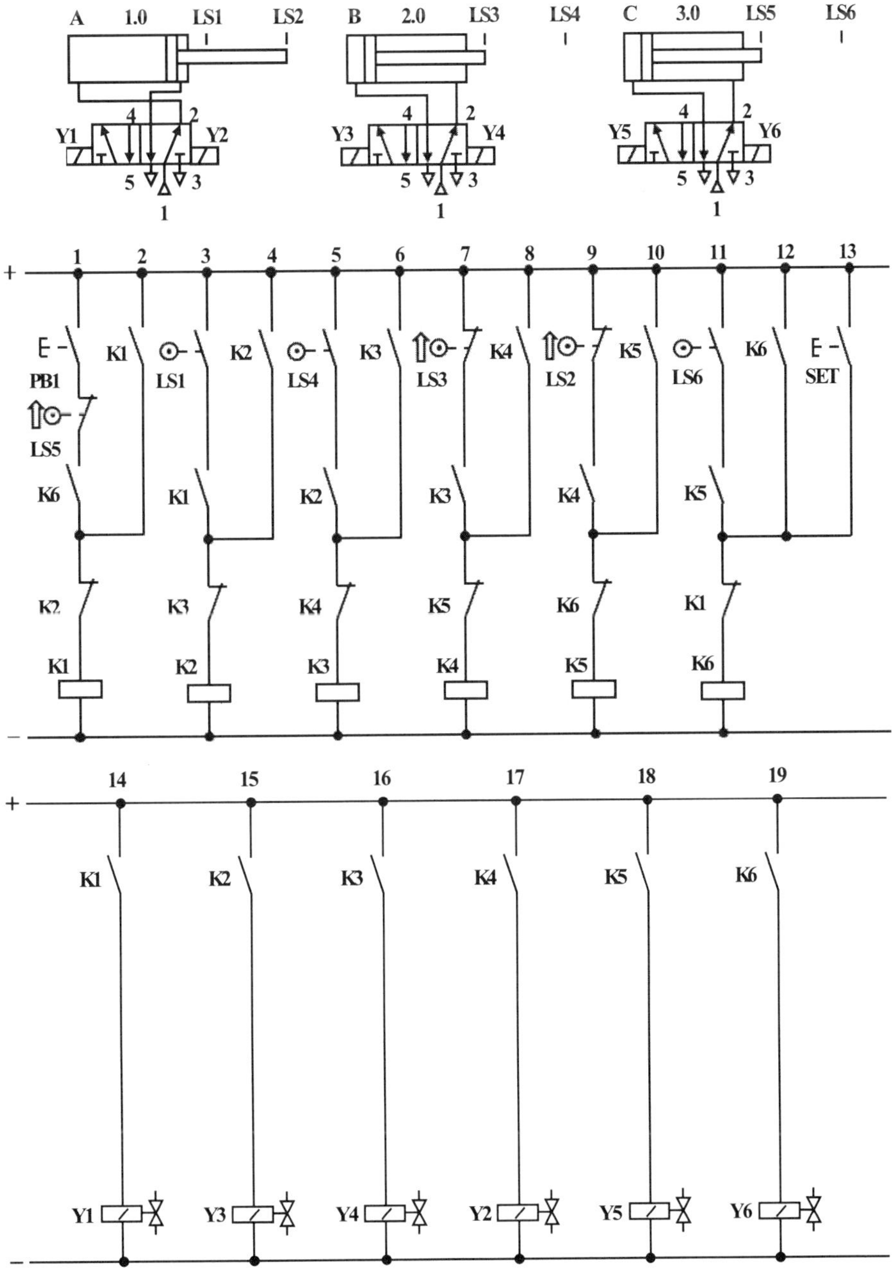

그림 5.28 전기 시퀀스 방법을 이용한 A-B+B-A+C+C- 작업 완성 회로도

5.6.3 전기 시퀀스 방법을 이용한 A+B+B-C+B+B-C-A- 회로 설계

그림 5.29와 같은 드릴 프레스를 이용해 하나의 소재에 2개의 구멍을 드릴 작업하려고 한다. 가공물은 중력 매거진에 의해 공급되고 실린더 A로 스토퍼까지 이송되어 클램핑 된다. 작업하는 동안에 실린더 A는 전진 운동된 상태를 유지하고 실린더 B에 의해 이송되어 드릴 작업을 하게 된다. 작업이 끝나면 실린더 C에 의해 두 번째 작업 위치로 이송되어 같은 방법에 의해 작업이 수행된다. 그림 5.30은 변위 단계선도를 나타낸다. 전기 시퀀스 회로설계 방법을 이용하여 회로를 구성해 보기로 한다.

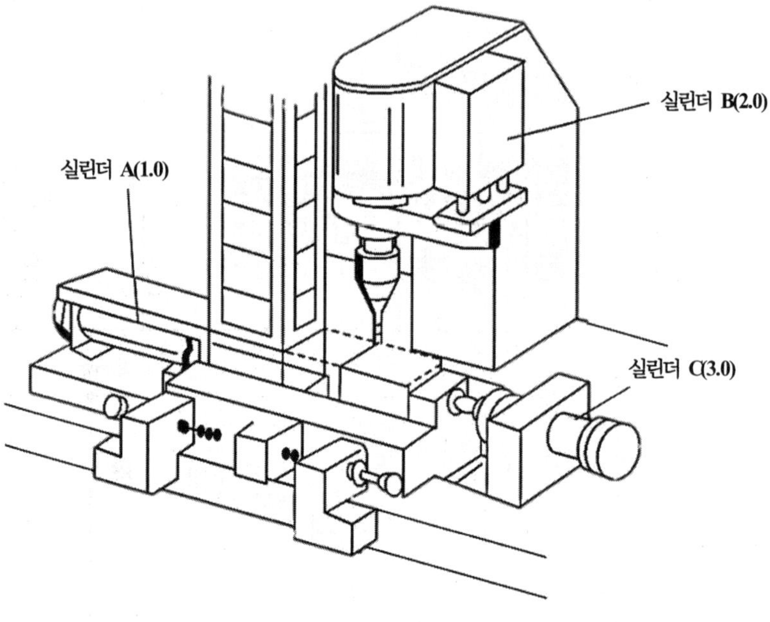

그림 5.29 드릴 프레스

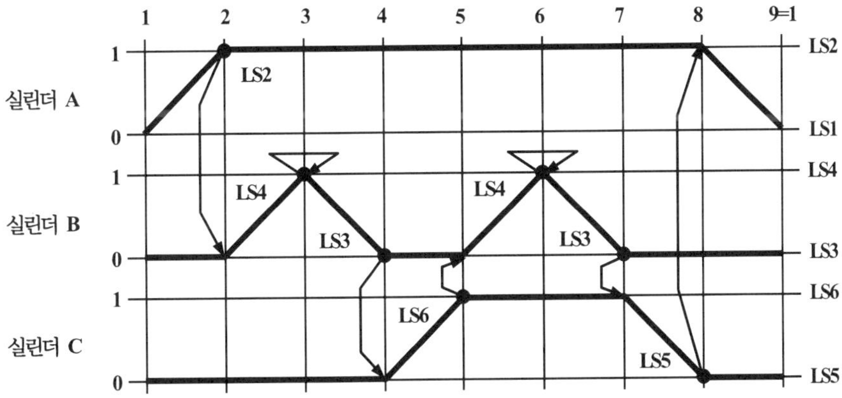

그림 5.30 변위 단계선도

① 공압 액추에이터와 솔레노이드 밸브를 그리고 센서와 공압 에너지원, 배기구 및 각 공압 요소의 배관을 그리고 해당 번호 또는 문자를 기입한다.

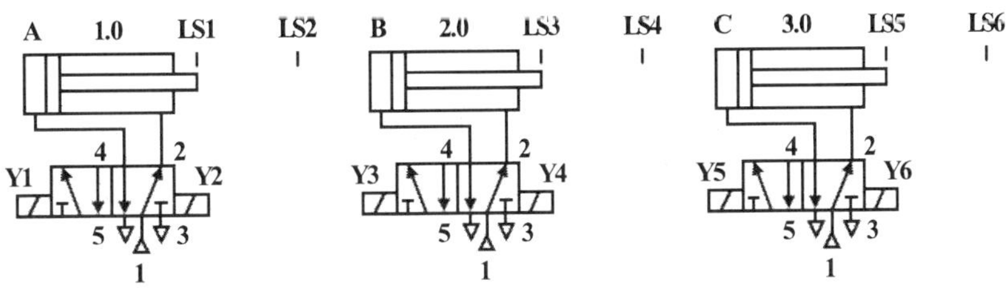

② 전원 모선을 그리고 단계별 번호를 기입하고, 1번 라인에 시작 버튼과 리밋 스위치 LS1, 인터록 접점으로 b접점 K2, 릴레이 K1을 그리고, 2번 라인에 자기유지 접점 K1을 그린 후 해당 번호 또는 문자를 기입한다.

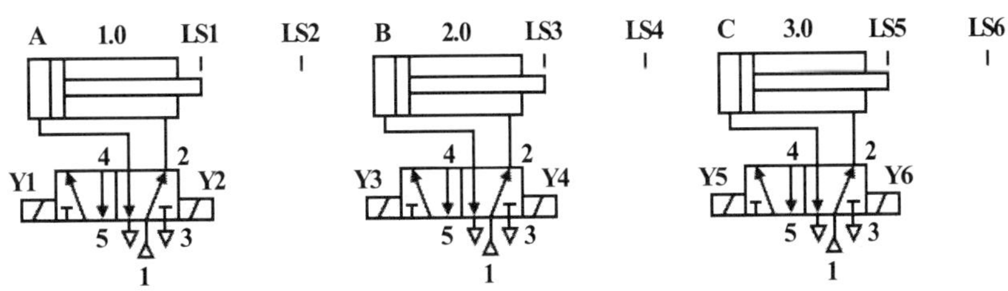

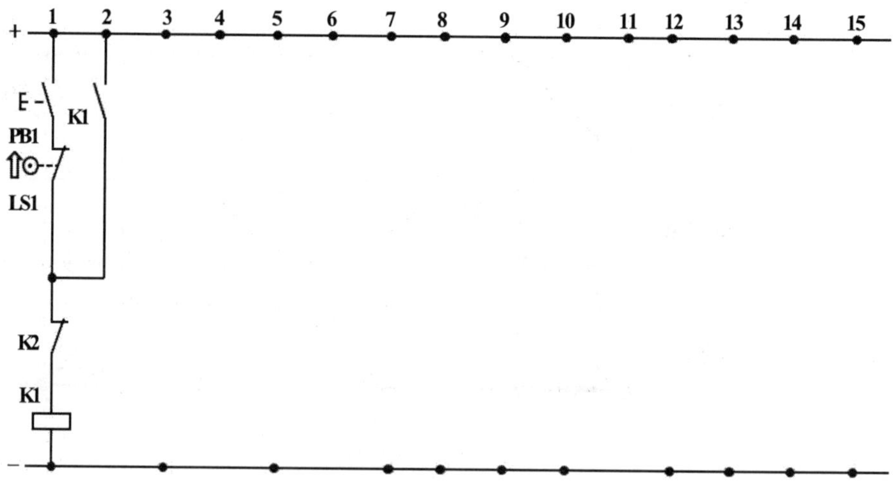

③ 9번 라인에 K1 접점과 솔레노이드 밸브 Y1을 연결하고, 10번 라인에 9번 라인 K1 아래에 병렬로 리밋 스위치 LS2와 b 접점 K3 및 솔레노이드 밸브 Y3를 연결한 후 해당 번호 또는 문자를 기입한다.

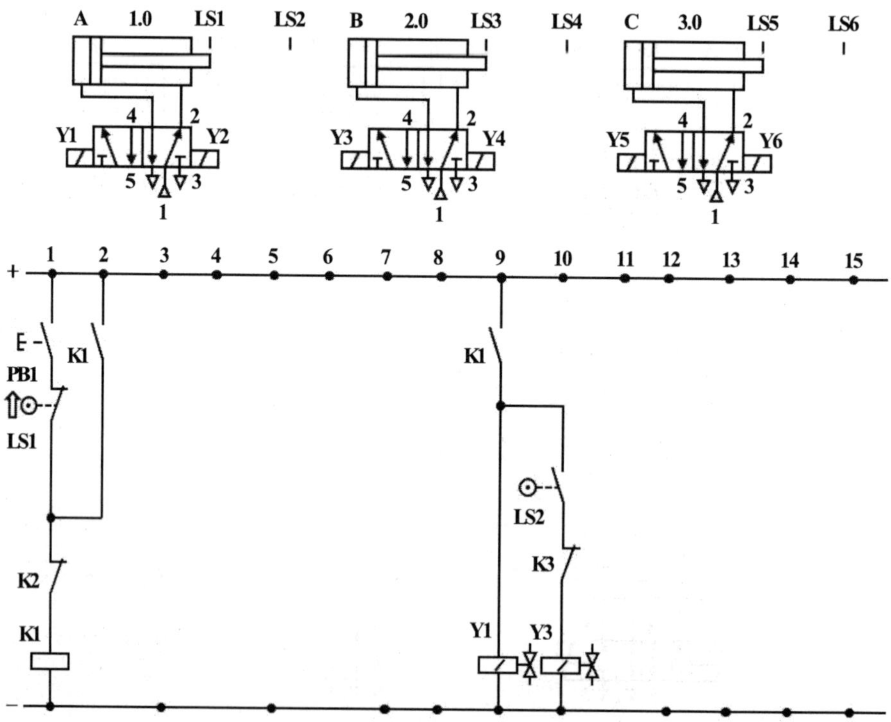

④ 3번 라인에 시작 버튼과 리밋 스위치 LS4, 접점 K1, 인터록 접점으로 b접점 K3, 릴레이 K2를 그리고, 4번 라인에 자기유지 접점 K2를 그린 후 해당 번호 또는 문자를 기입한다.

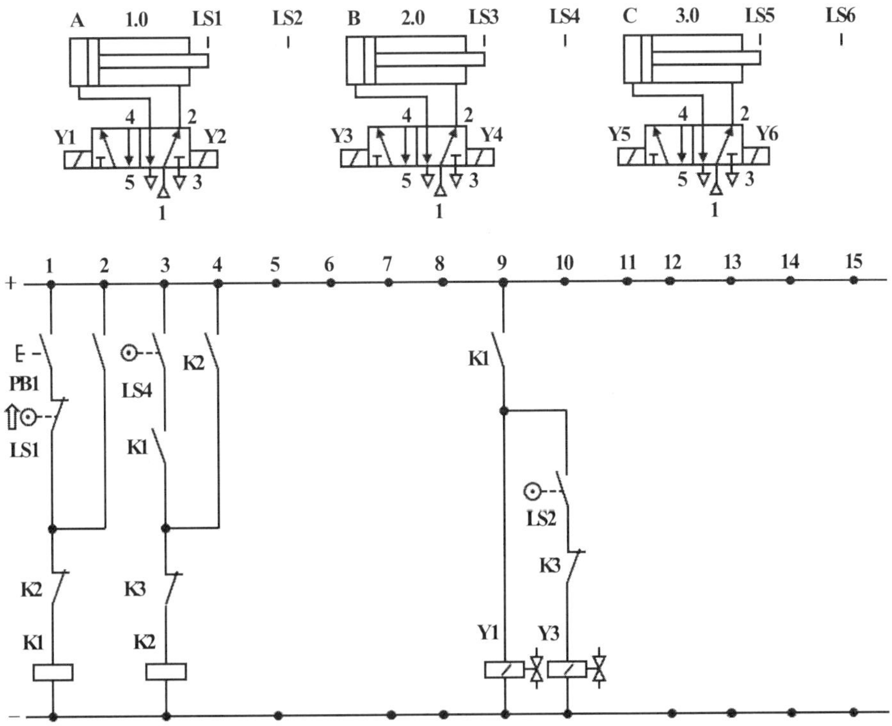

⑤ 12번 라인에 K2 접점과 솔레노이드 밸브 Y4를 연결하고, 해당 번호 또는 문자를 기입한다.

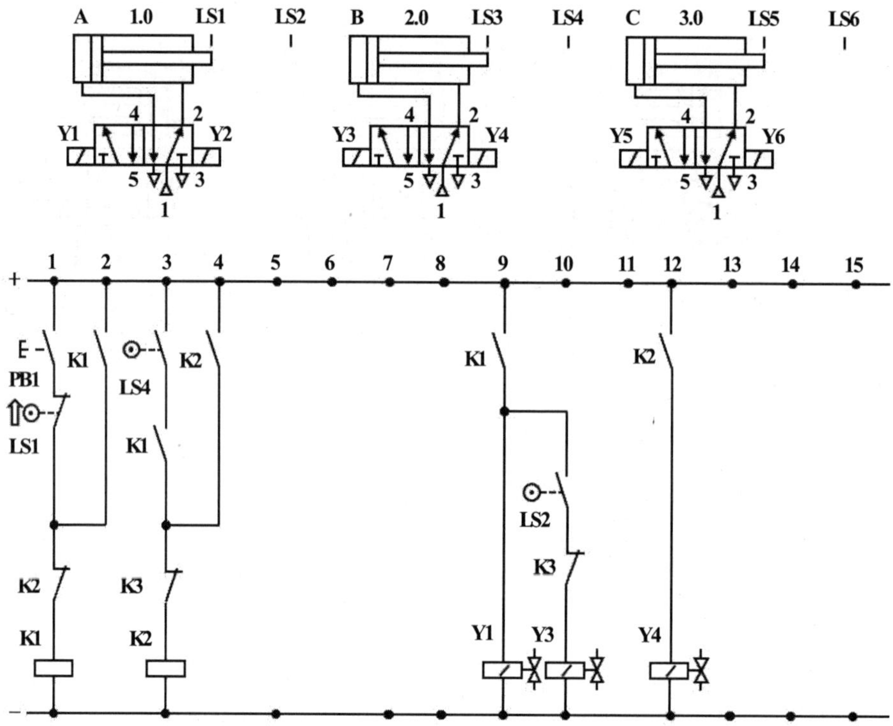

⑥ 13번 라인에 12번 라인 K2 아래에 병렬로 리밋 스위치 LS3와 인터록 b 접점 K4, 솔레노이드 밸브 Y5를 그려 실린더 C가 전진하도록 하고 해당 번호 또는 문자를 기입한다.

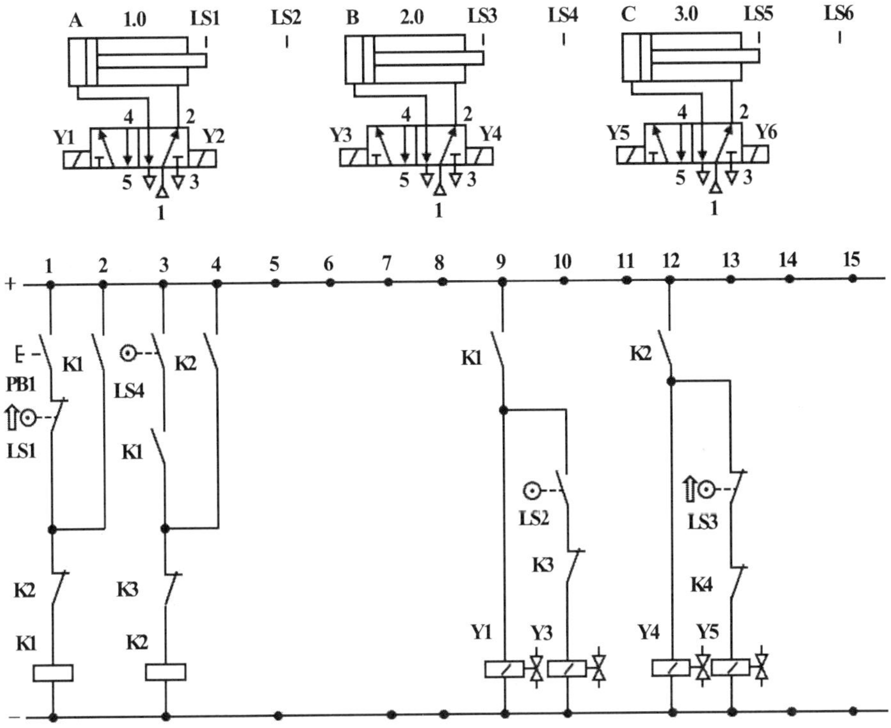

⑦ 5번 라인에 리밋 스위치 LS6, 접점 K2, 인터록 접점으로 b접점 K4, 릴레이 K3를 그리고, 6번 라인에 자기유지 접점 K3를 그린 후 해당 번호 또는 문자를 기입한다.

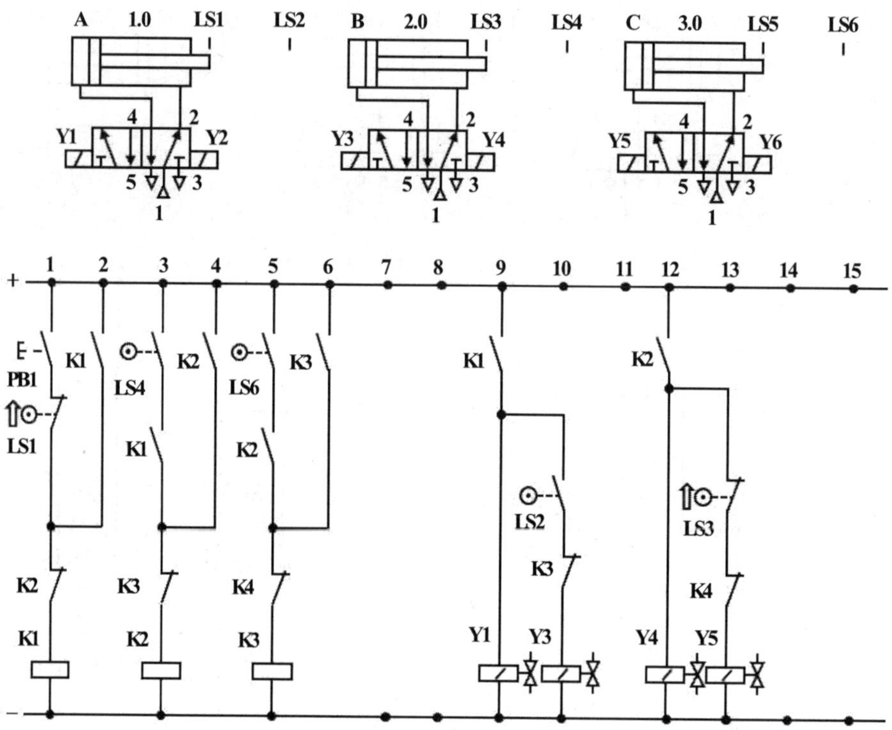

⑧ 11번 라인에 K3 접점을 그리고, 10번 라인 솔레노이드 밸브 Y3 바로 위에 병렬로 연결한 후 해당 번호 또는 문자를 기입한다.

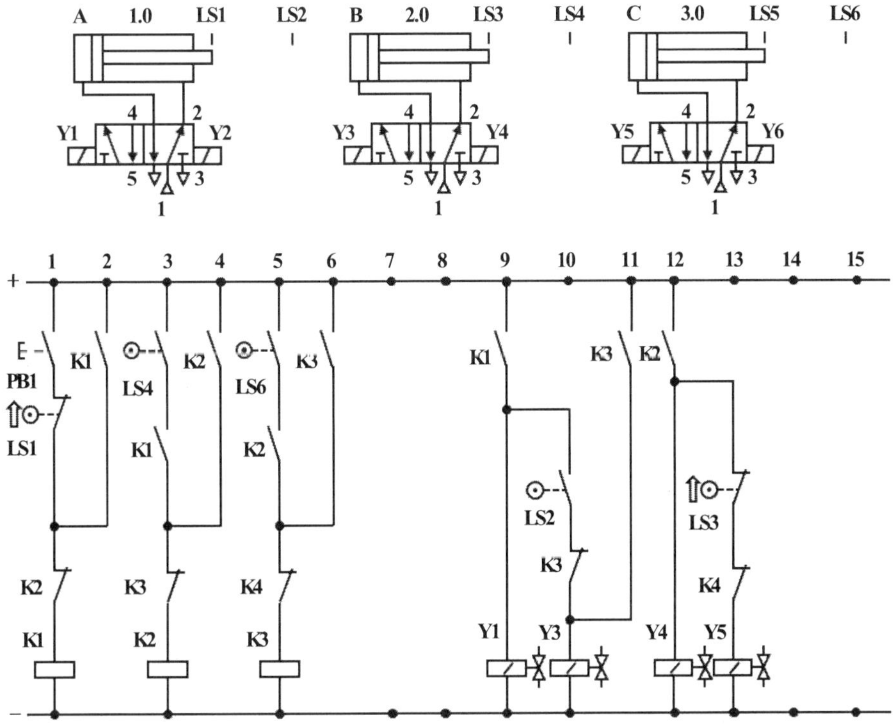

⑨ 7번 라인에 리밋 스위치 LS4, 접점 K3, 인터록 접점으로 b접점 K1, 릴레이 K4를 그리고, 8번 라인에 자기유지 접점 K4를 그리고, 그 아래에 릴레이 K4와 병렬로 K5를 그린 후 해당 번호 또는 문자를 기입한다.

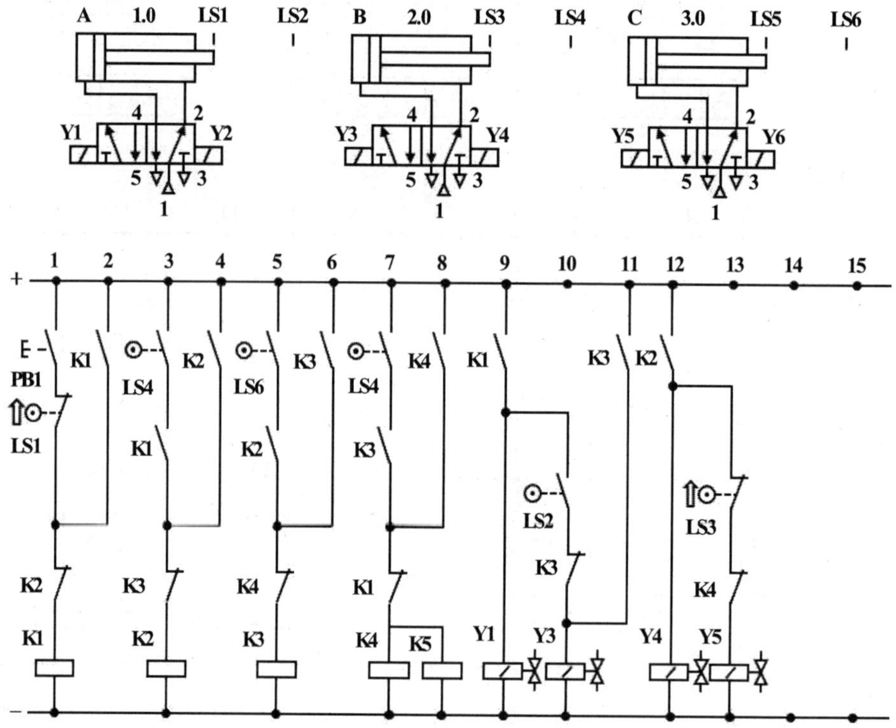

⑩ 14번 라인에 K4 접점을 그리고, 12번 라인 K2 접점 아래에서부터 시작하여 14번 라인의 K4 접점 아래까지 수평으로 연결한 후, K4 접점 아래에 리밋 스위치 LS3와 접점 K5와 솔레노이드 밸브 Y6를 그리고 해당 번호 또는 문자를 기입한다.

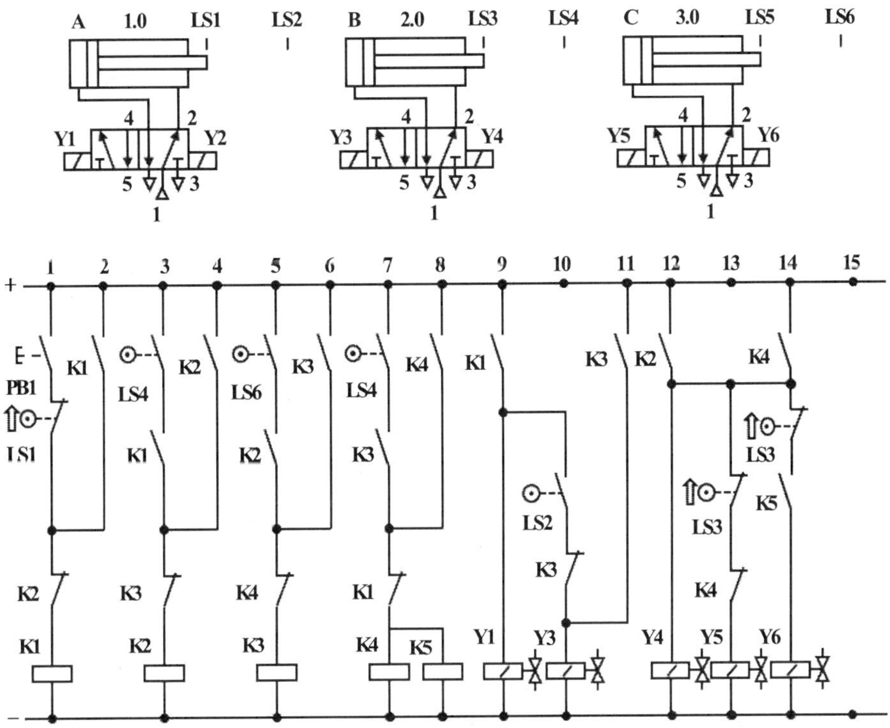

⑪ 15번 라인에 리밋 스위치 LS5와 솔레노이드 밸브 Y2를 14번 라인 접점 K5와 솔레노이드 Y6 사이에 연결하고 해당 번호 또는 문자를 기입한다.

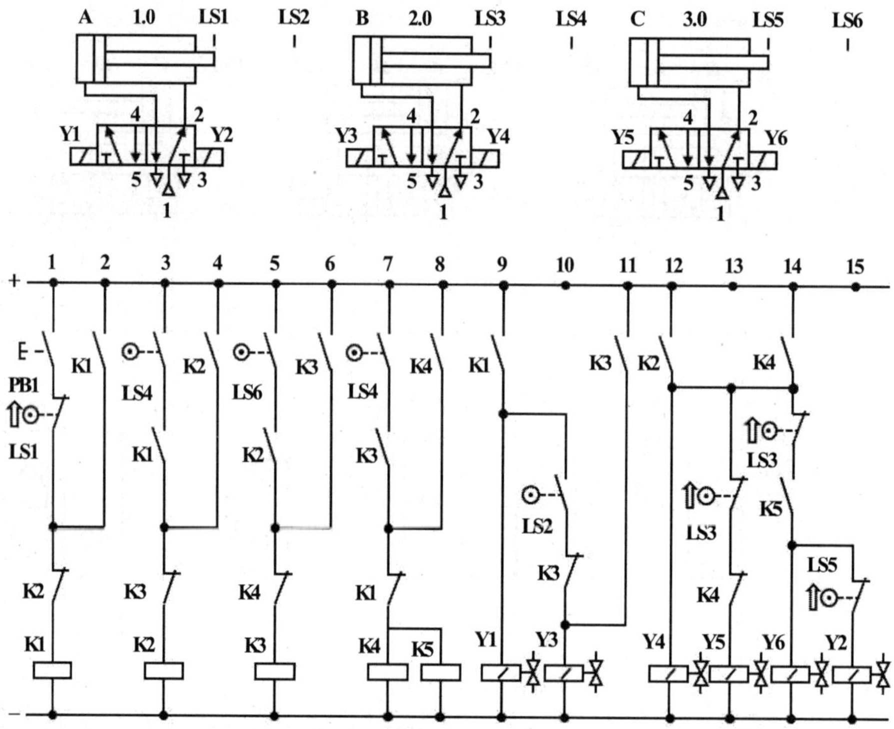

그림 5.31 전기 시퀀스 방법을 이용한 A+B+B-C+B+B-C-A- 작업 완성 회로도

5.6.4 전기 시퀀스 방법을 이용한 A+B+B-C+C-A- 회로 설계

이미 설명한 바와 같이, 그림 5.32의 운동 순서도와 같이 이루어지는 작업을 캐스케이드 방법으로 제어그룹을 나누면 3개가 된다. 그러나 작동 시퀀스 하나하나를 하나의 제어 그룹으로 간주하면 6개의 그룹으로 나눌 수 있다. 이렇게 하나하나의 작동 시퀀스를 하나의 제어 그룹으로 생각하여 제어 회로도를 작성하는 것이 전기 시퀀스 방법이다.

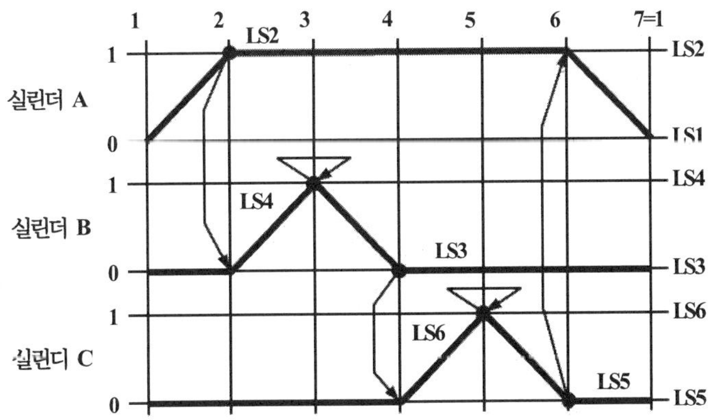

그림 5.32 운동 선도

그러므로 전기 시퀀스 방식은 캐스케이드 방식을 확장한 것이기 때문에 캐스케이드 방식에서 지키는 모든 규칙이 그대로 적용된다. 즉, 실린더를 제어하는 제어밸브는 메모리(memory) 기능이 있는 양측 솔레노이드 밸브여야만 한다. 이 전기 시퀀스 방식은 캐스케이드 방식에 비해 전기 릴레이는 많이 필요하게 되지만 제어 회로도의 작성이 용이하고 복잡한 부가 조건이 요구되는 경우에도 쉽게 해결할 수 있는 장점이 있다. 그리고 리밋 스위치가 부착되는 위치를 제외하고는 어느 작동 시퀀스나 공통이므로 리밋 스위치의 위치만 바꿔주면 작동 시퀀스를 쉽게 바꿀 수가 있게 된다. 그리고 불시에 정전이 되어도 제어 밸브가 그때의 제어 위치를 기억하기 때문에 실린더가 돌발적인 운동을 하지 않게 되는 장점 또한 있다. 그러나 제어 밸브가 비싼 양측 솔레노이드 밸브가 사용되고, 제어 회로도가 복잡하다는 단점이 있다.

그림 5.33은 전기 시퀀스 방식을 이용한 벤딩 작업기의 제어 회로도이다. 이 제어 회로도에도 각 릴레이에는 DC 전원을 이용하는 경우 스윗칭 OFF 시간을 지연시키기 위한 파일로트 램프 또는 저항을 연결하여야만 한다.

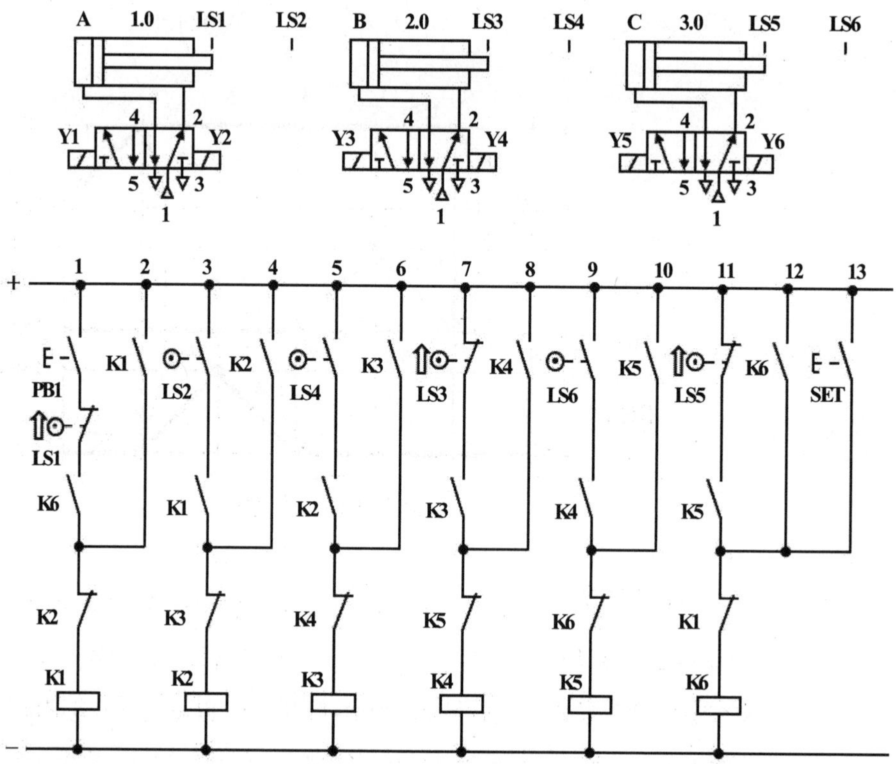

그림 5.33 전기 시퀀스 방법을 이용한 A+B+B-C+C-A- 작업 완성 회로도

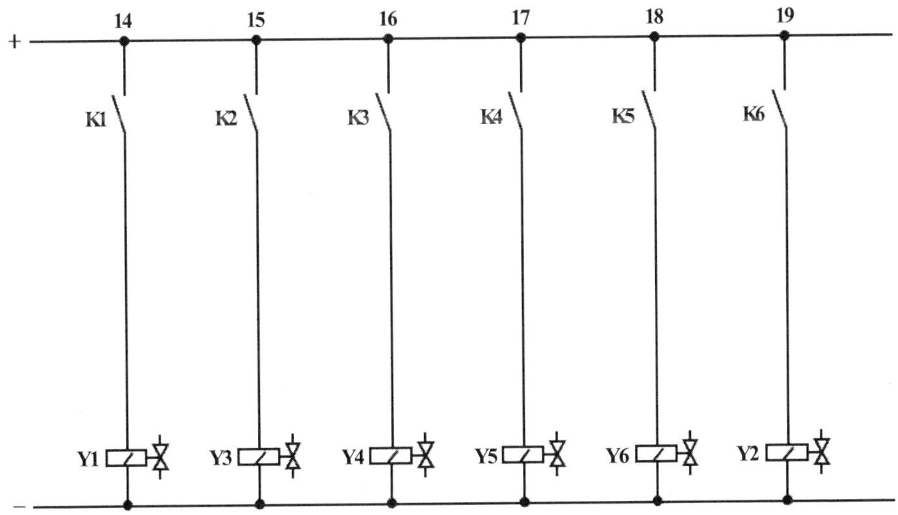

그림 5.33 전기 시퀀스 방법을 이용한 A+B+B-C+C-A- 작업 완성 회로도(계속)

5.7 전기 스텝퍼 제어 회로

앞에서 살펴본 캐스케이드 방법과 전기 시퀀스 방법은 모두 실린더를 제어하는 밸브에 양측 솔레노이드 밸브를 이용한다. 양측 솔레노이드 밸브를 이용하면 갑자기 전원이 차단되어도 제어 밸브는 기계적으로 그때의 제어 위치를 유지하게 되므로 실린더가 돌발적인 운동을 하지 않는 장점은 있으나 배선이 복잡하고 비싼 밸브를 사용하므로 값 비싼 해결 방법이 될 수 있다. 그러므로 전기 릴레이를 이용하여 시퀀스 제어를 할 경우에는 실린더의 제어에 편측 솔레노이드 밸브를 이용하는 것을 원칙으로 하는 전기 스텝퍼(stepper) 제어 방법이 가장 널리 이용되고 있다. 전기 스텝퍼 방식을 주 회로 차단법이라고도 한다.

주 회로 차단법이란 말 그대로 솔레노이드를 구동하는 주 회로 구간에서 복귀 신호를 주어 솔레노이드에 통전하던 신호를 차단하여 제어하는 것을 의미한다. 이 제어 방법은 편측 솔레노이드 밸브로 제어하는 회로에 적용되므로 공압 실린더를 제어하려면 먼저 릴레이의 a접점으로 솔레노이드를 통전시켜 동작시키고, 이 릴레이를 OFF 시키면 밸브는 내장된 스프링에 의해 원위치 되어 실린더가 후진되므로, 주 회로 구간에서 솔레노이드에 통전하는 전류를 릴레이의 b접점으로 차단시킴으로써 실린더를 후진시키는 일이 가능한 것이다.

전기 스텝퍼 방법을 요약하면, 액추에이터의 동작 순서에 따라 리밋 스위치 신호와 전 단계 신호로서 릴레이를 여자시키고 자기유지 시키며, 전진 신호는 릴레이의 a접점으로 주회로 구간에서 솔레노이드와 접속하고, 복귀 신호는 해당 릴레이의 b접점으로 주회로 구간에서 솔레노이드 위에 접속하여 구성하고 마지막 스텝의 릴레이가 동작하면 모든 릴레이가 순차적으로 자기유지가 해제되도록 구성하는 것이다. 전기 스텝퍼 방법은 회로 설계가 규칙적이고 신호의 처리가 간단하여 설계는 용이하나 시스템의 동작 시간이 길면 그에 따라 릴레이의 동작 시간도 길어진다는 단점도 있다.

5.7.1 스텝퍼 방법을 이용한 A+B+B-A- 회로 설계

그룹의 분리 K1(A+)/ K2(B+)/ K3(B−)/ K4(A−)

(1) 제어 회로 설계

* 각 그룹은 순서대로 살아간다.
* 각 그룹은 매 순간에 1그룹씩 살아간다.

$$K1 \xrightarrow{\text{조건}} \overline{K_{last}} = K1$$

$$K_i \xrightarrow{\text{조건}} K_{i-1} = K_i$$

자기 유지	조건	순서대로 살아 감

$$K1 \xrightarrow{PB1 \cdot LS1} \overline{K_4} = K1$$

$$K2 \xrightarrow{LS2} K1 = K2$$

$$K3 \xrightarrow{LS4} K2 = K3$$

$$K4 \xrightarrow{LS3} K3 = K4$$

(2) 단동 솔레노이드 밸브를 사용한 설계 순서

① 공압 액추에이터와 솔레노이드 밸브를 그리고 센서와 공압 에너지원, 배기구 및 각 공압 요소의 배관을 그린 후 해당 번호 또는 문자를 기입한다.

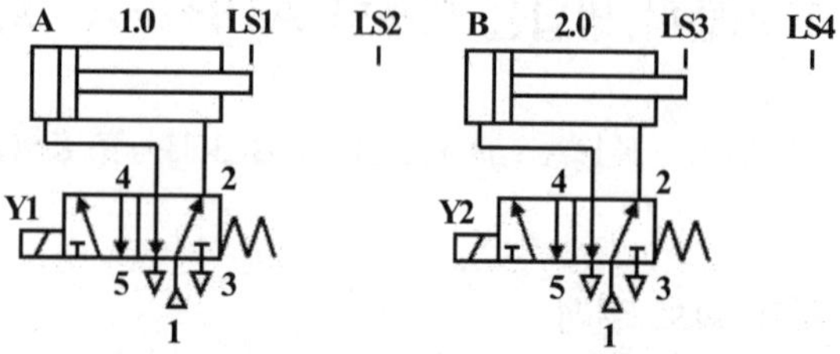

② 전원 모선을 그리고, 각 라인에 번호를 기록한다. 다음에 1번 라인에 전원을 공급하면, 실린더 A가 전진할 수 있도록 시작 버튼과 마지막 그룹인 접점 리밋 스위치 LS1 및 인터록 접점으로 b접점 K4와 릴레이 K1을 그리고 2번 라인에 자기유지접점 K1을 그린 후 해당 번호 또는 문자를 기입하고 모선에서부터 아래로 그린다.

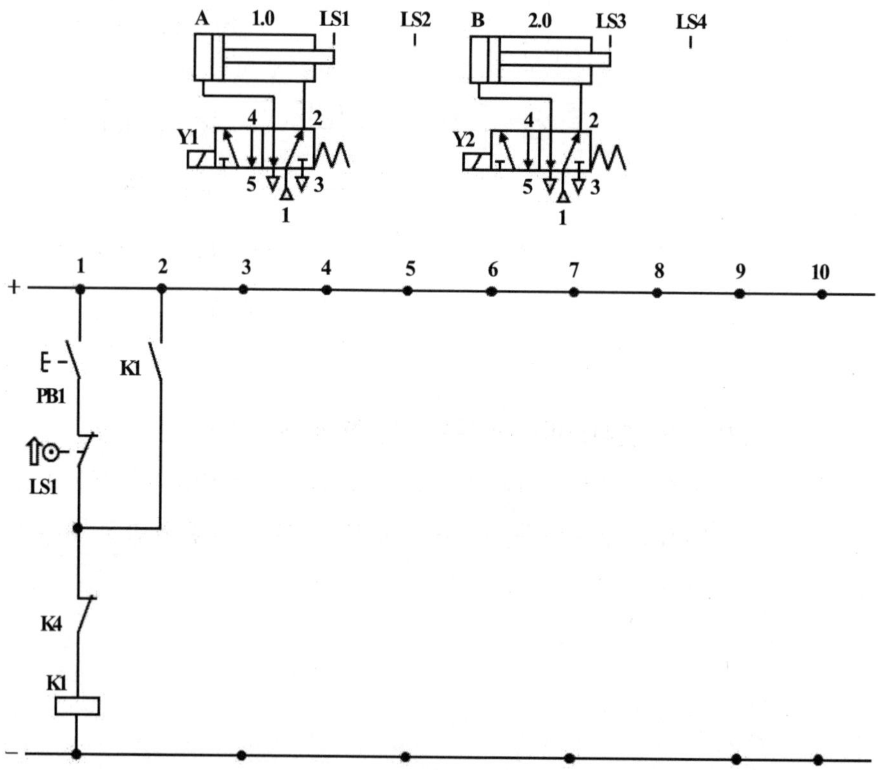

③ 9번 라인에 접점 K1과 솔레노이드 밸브 Y1을 그리고 해당 번호 또는 문자를 기입한다.

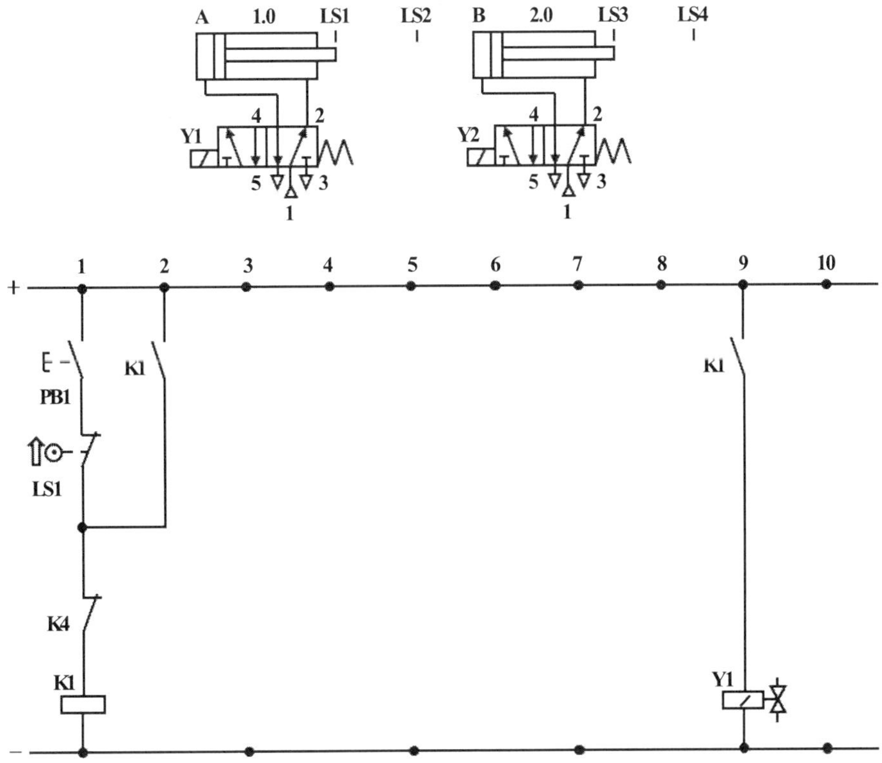

④ 3번 라인에 리밋 스위치 LS2와 접점 K1, 릴레이 K2을 그리고 4번 라인에 자기유지접점 K2 및 해당 번호 또는 문자를 기입한다.

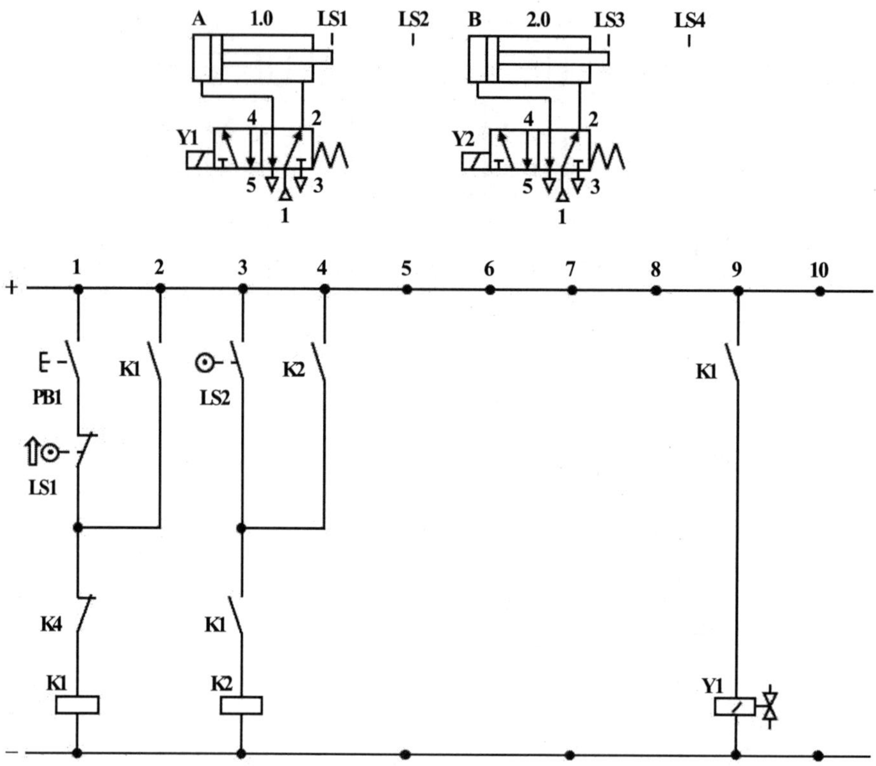

⑤ 10번 라인에 접점 K2와 K3 b접점과 솔레노이드 밸브 Y2를 그리고 해당 번호 또는 문자를 기입한다.

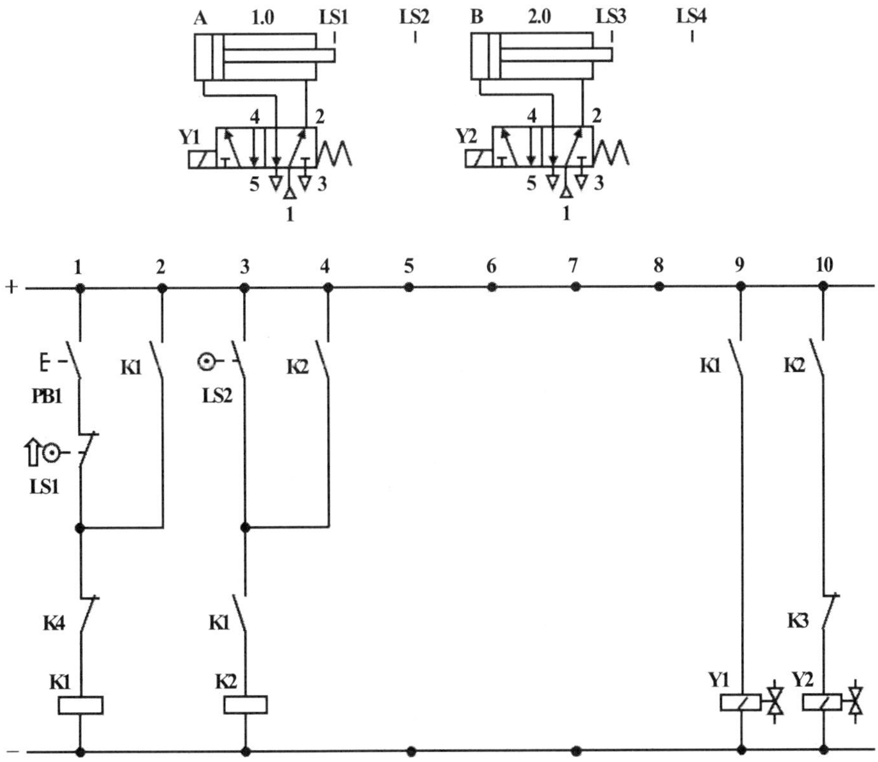

⑥ 5번 라인에 리밋 스위치 LS4와 접점 K2, 릴레이 K3를 그리고 6번 라인에 자기유지접점 K3를 그린 후 해당 번호 또는 문자를 기입한다.

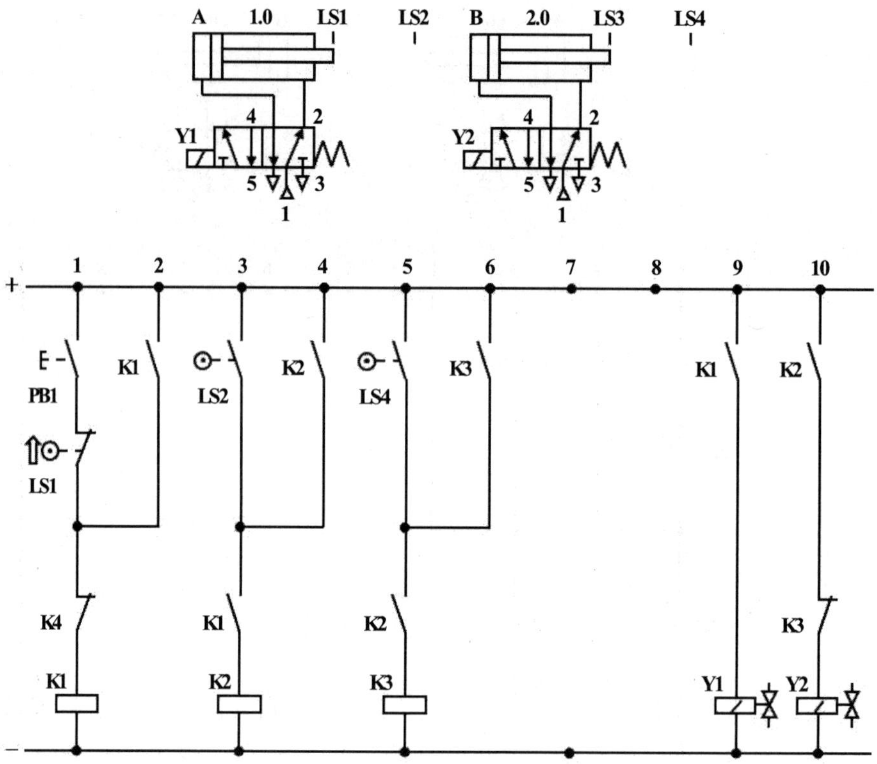

⑦ 7번 라인에 리밋 스위치 LS3와 접점 K3, 릴레이 K4를 그리고 8번 라인에 자기유지접점 K4 및 해당 번호 또는 문자를 기입한다.

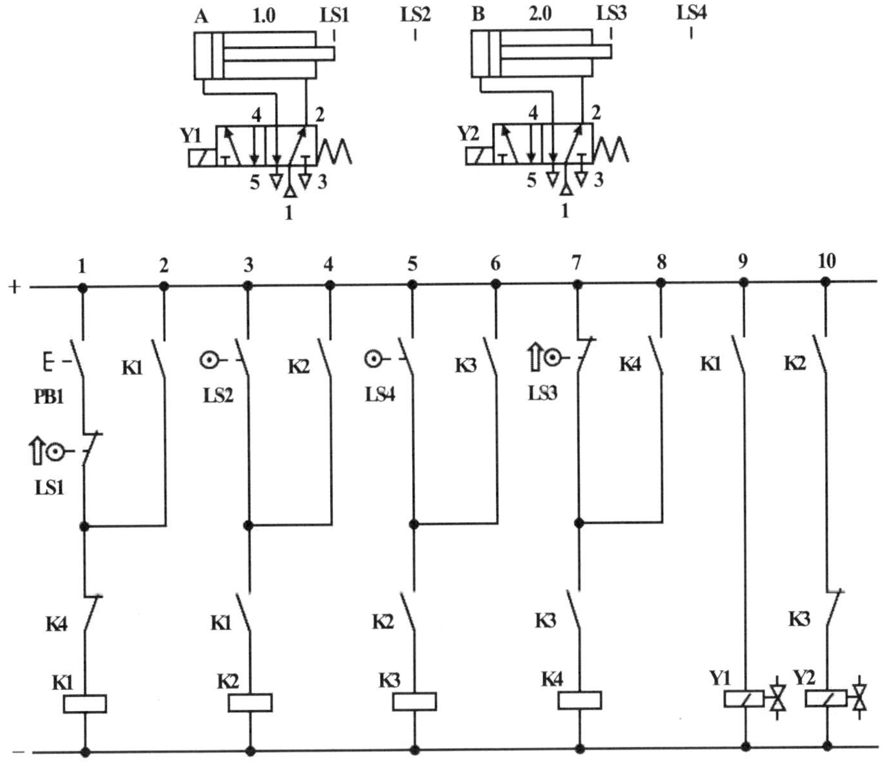

그림 5.34 스텝퍼 방법을 이용한 A+B+B-A- 작업 완성 회로도

5.7.2 스텝퍼 방법을 이용한 A+B+A-B- 회로 설계

그림 5.35와 같은 상자 운반 장치를 예로 들어 설명하기로 한다. 그림에서 롤러 컨베이어에 의하여 운반된 상자가 공압 실린더 A에 의해 들어 올려지고, 실린더 B에 의하여 다른 컨베이어로 옮겨진다. 이 문제에서 요구되는 사항은 실린더 A가 후진 완료한 후에 실린더 B가 후진하도록 하고자 한다.

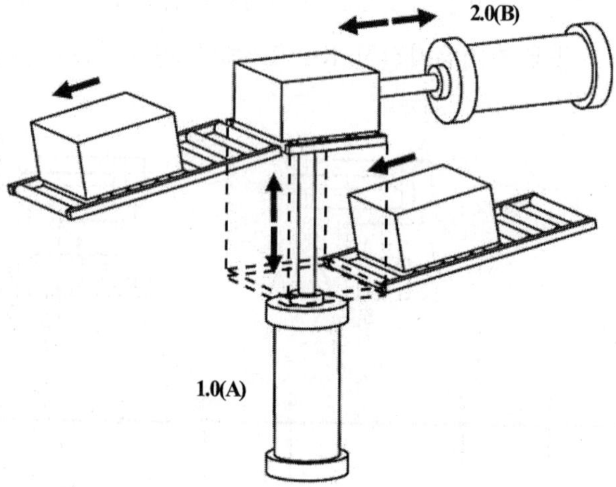

그림 5.35 상자 운반 장치

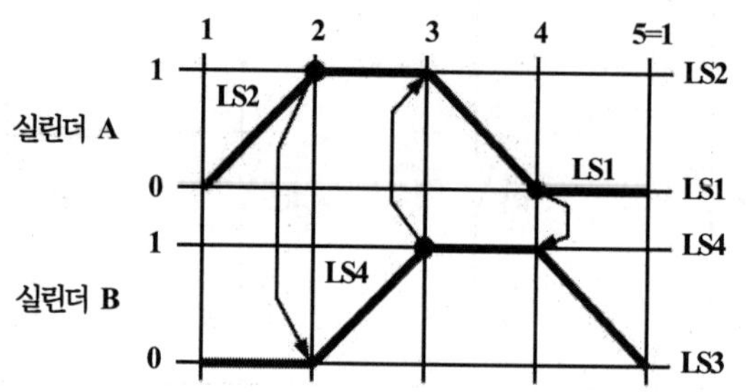

그림 5.36 상자 운동 선도

동작순서는 운동 선도에 나타낸 바와 같이 다음과 같다.

A+ B+ A− B−

실습 예제에 대해 제어 회로 작성 방법을 요약하면 다음과 같다.

① 먼저, 제어 모선을 수직 평행 또는 수평 평행하게 두 줄을 긋고 그 사이에 운동 스텝 수만큼 제어 요소인 릴레이를 배치한다.

② 시퀀스 마지막 스텝 완료 신호인 LS3와 시동 신호를 직렬로 K1에 접속하고 자기유지 시킨다.

③ K1의 신호로 첫 스텝인 A+를 시키기 위해 주회로 구간에서 그림 5.37의 9열과 같이 K1의 a접점을 통해 Yl에 접속한다.

④ A실린더가 전진 완료하면 LS2 리밋 스위치가 동작되므로, 그림 5.37의 3, 4열과 같이 LS2와 전 단계 신호인 K1의 a접점을 직렬로 K2 릴레이에 접속하고 자기유지 시킨다.

⑤ 이 신호로써 두 번째 스텝인 B+를 진행시켜야 되므로, 그림 5.37의 10열과 같이 주 회로 구간에서 K2의 a접점을 통해 Y2에 접속한다.

⑥ 그림 5.37의 5, 6열과 같이, 두 번째 스텝이 완료되었다는 신호 LS4와 전 단계 신호 K2를 직렬로 하여 K3에 접속하고 자기유지 시킨다. 또, 그림 5.37의 9열과 같이 이 신호로써 세 번째 스텝인 A−를 시켜야 하므로 주회로 구간에서 A실린더 제어용 솔레노이드 Y1 위에 K3의 b접점을 삽입한다.

⑦ 세 번째 스텝이 완료되면 LS1 리밋 스위치가 동작되므로, 그림 5.37의 7, 8열과 같이 LS1과 전 단계 신호 K3를 직렬로 하여 K4의 릴레이에 접속하고 자기유지 시킨다. 이 신호로써 네 번째 스텝인 B−를 시켜야 하므로 ⑥항과 같이 주회로 구간에서 Y2 위에 K4의 b접점을 접속한다. 그리고 마지막 스텝까지 설계가 완료되면 자기유지를 해제하기 위해 마지막 스텝의 릴레이 K4의 b접점을 첫 스텝 신호인 K1 릴레이 코일과 자기유지 라인 중간에 삽입한다.

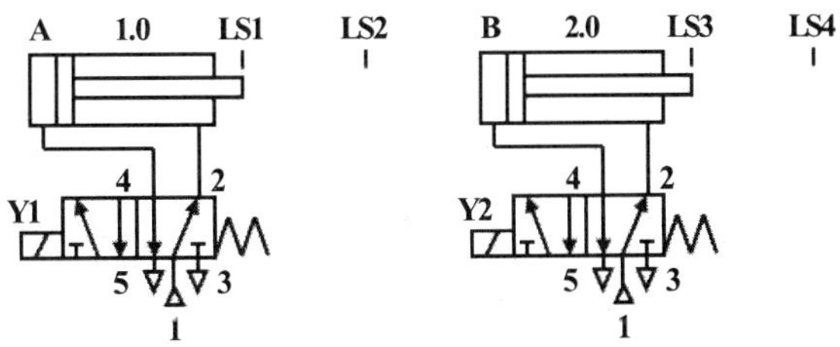

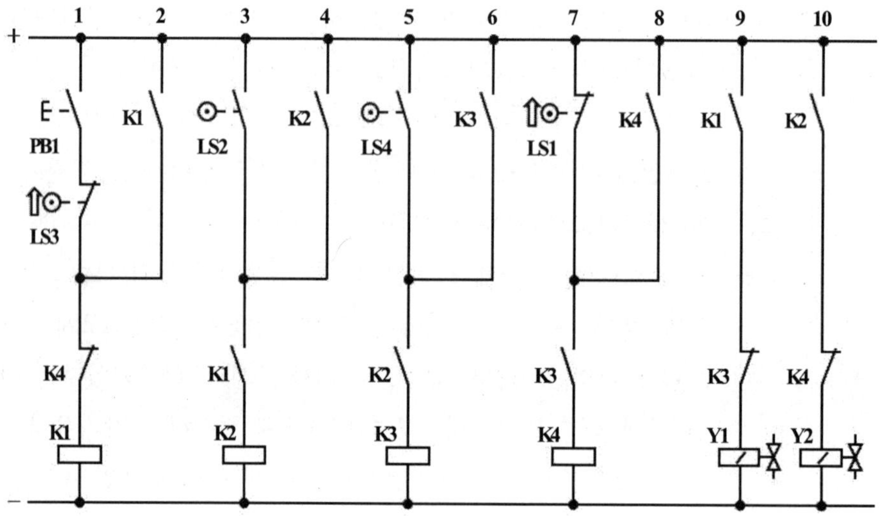

그림 5.37 스텝퍼 방법을 이용한 A+B+A-B- 작업 완성 회로도

5.7.3 스텝퍼 방법을 이용한 A+B+C+C-A-B- 회로 설계

그림 5.38의 운동 선도와 같이 작업이 이루어지는 경우에 대해 전기 스텝퍼 제어 회로도의 작성법을 알아보기로 한다.

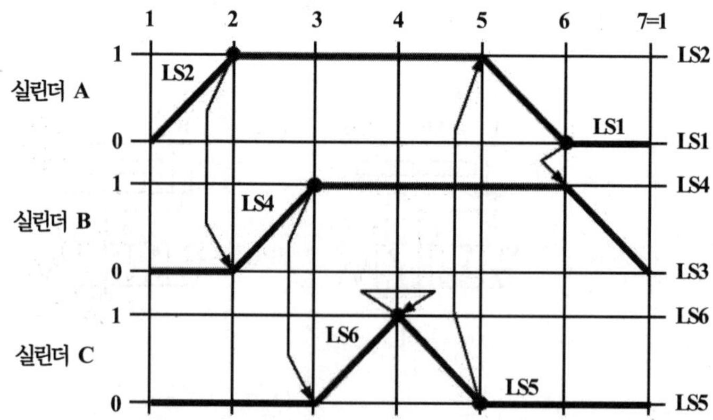

그림 5.38 운동 순서도

① 1단계, A+ 작업

전기 스텝퍼 방법도 전기 시퀀스 방법과 마찬가지로 하나하나의 작동 시퀀스를 하나의 제어그룹으로 간주하여 제어한다. 첫 번째 A+ 작업이 일어나기 위한 조건은 맨 마지막 작업인 B− 작업의 완료여부를 확인하는 리밋 스위치 LS3와 시동 스위치 PB1이 작동되어야만 한다. 그러나 전기 시퀀스 방법에서는 다음 단계의 릴레이가 ON 되면 전 단계의 릴레이가 OFF 됐으나, 이 방식에서는 실린더의 제어에 메모리 기능이 없는 편측 솔레노이드 밸브를 이용하기 때문에 필요할 때까지 계속 ON 되어 있어야 하므로 다음 단계의 릴레이에 의하여 OFF 되지 않고 맨 마지막 릴레이 K6에 의하여 OFF 된다.

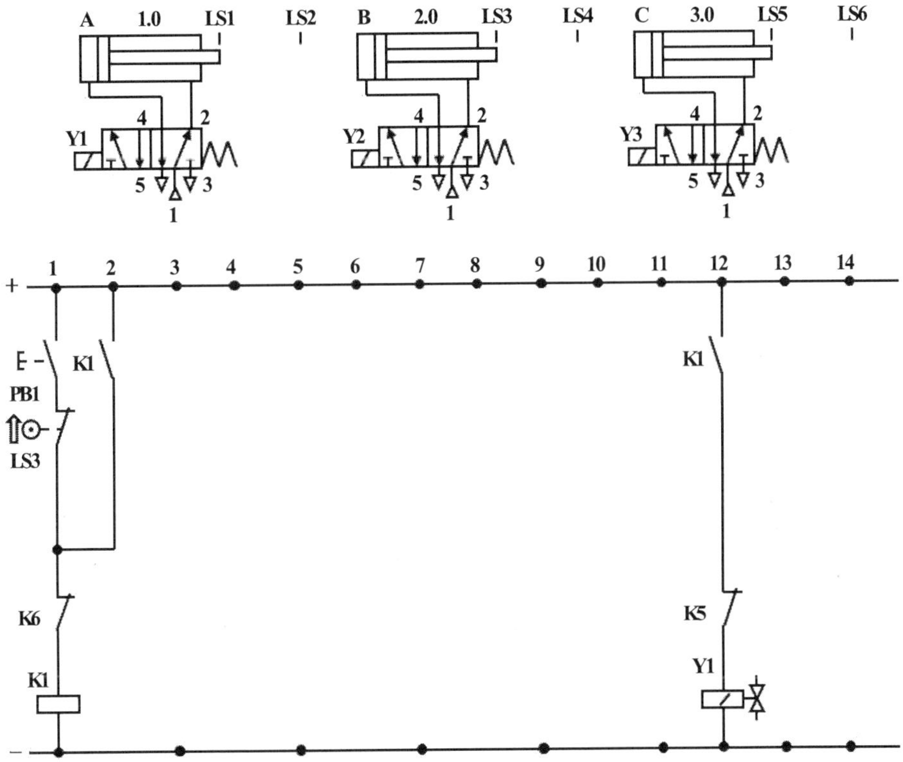

그림 5.39 첫 번째 A+ 작업의 제어 회로도

② 2단계, B+ 작업

두 번째의 B+ 작업이 일어나기 위해서는 첫 번째 A+ 작업의 완료여부를 확인하는 LS2 리밋 스위치의 제어 신호가 필요하게 된다. 그리고 두 번째 작업은 첫 번째 작업 다음이므로 작업의 순서를 지키기 위해 K1 릴레이가 ON 되어 있어야만 한다. 즉 K2 릴레이가 작동되기 위해서는 K1과 LS2가 모두 ON 되어 있어야만 하며 K2 릴레이 또한 자기유지 되어야만 한다.

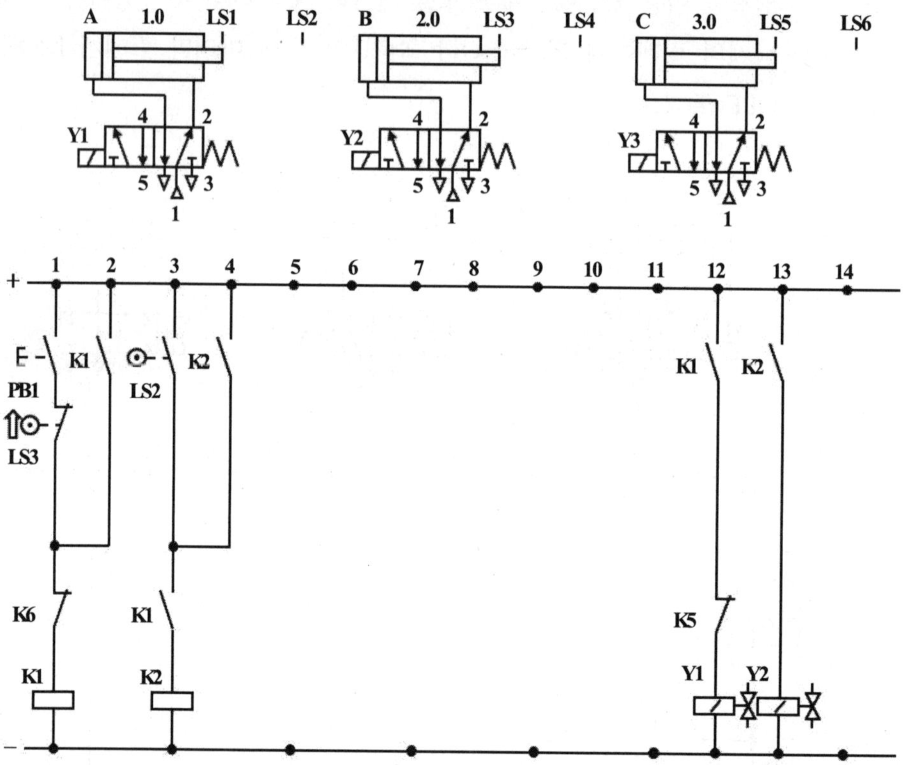

그림 5.40 두 번째 B+ 작업의 제어 회로도

③ 3단계, C+ 작업

세 번째 작업인 C+ 작업이 일어나기 위해서는 2번째 작업의 완료 여부를 확인하는 리밋 스위치 LS4와 두 번째 작업을 담당하는 릴레이 K2가 모두 작동된 상태로 있어야만 한다. 이때 릴레이 K1, K2, K3는 모두 ON 된 상태로 존재하게 된다.

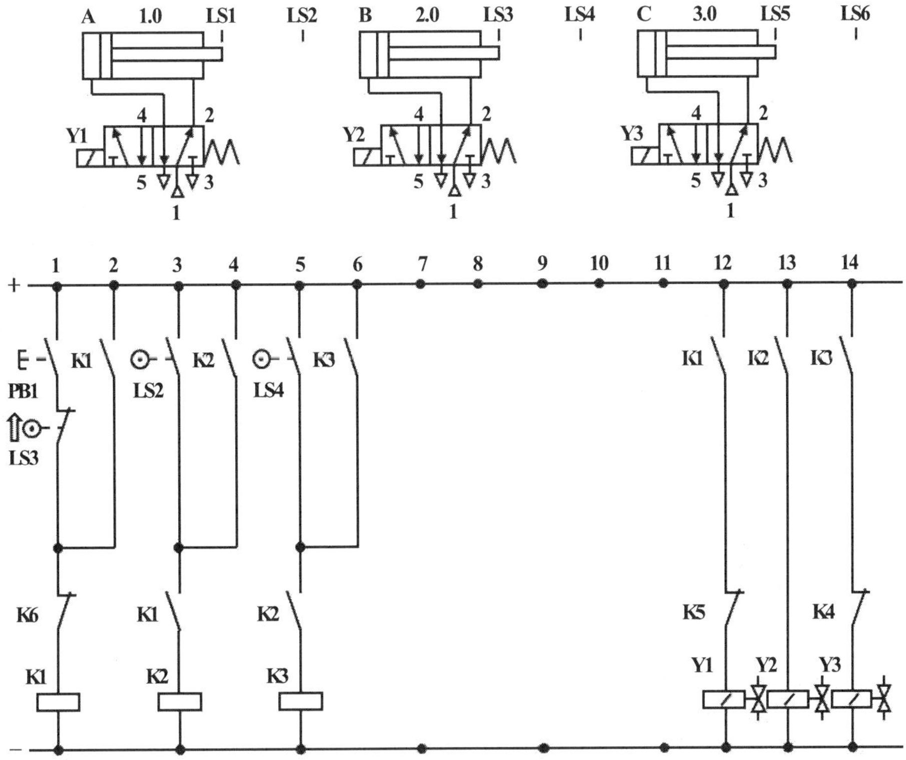

그림 5.41 세 번째 C+ 작업의 제어 회로도

④ 4단계, C− 작업

C− 작업을 관장하는 릴레이 K4가 ON 되기 위해서는 3번째 작업 완료를 확인하는 리밋 스위치 LS6와 K3 릴레이가 ON 되어 있어야 한다. K4 릴레이가 작동 되어도 K1, K2, K3 릴레이가 모두 작동된 상태로 존재하기 때문에 K4 릴레이를 이용하여 C− 작업을 하기 위해서는 솔레노이드 코일 Y3에 공급되는 전원을 차단하여야만 한다.

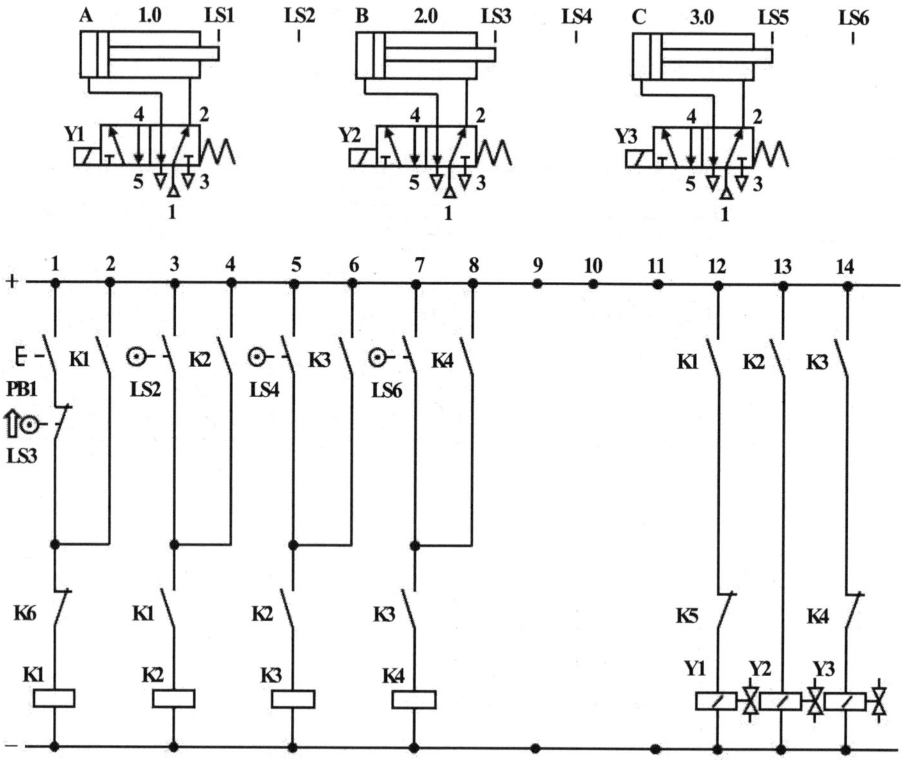

그림 5.42 네 번째 C- 작업의 제어 회로도

⑤ 5단계, A− 작업

전 단계와 마찬가지로 A− 작업을 담당하는 K5 릴레이가 작동되기 위해서는 C− 작업의 체크백 신호인 LS5 리밋 스위치의 제어 신호와 K4 릴레이가 ON 되어 있어야만 한다. K5 릴레이가 작동된 상태에서는 K1에서 K5까지의 모든 릴레이가 작동된 상태로 존재하게 되기 때문에 A− 작업을 하기 위해서는 K5 릴레이의 b접점을 이용하여 Y1 솔레노이드 코일에 공급되는 전원을 차단시켜 주어야만 한다. Y1 솔레노이드 코일에 공급되는 전원이 차단되면 밸브가 내장된 스프링에 의하여 원위치 되게 되므로 A 실린더는 귀환운동을 할 수 있게 된다.

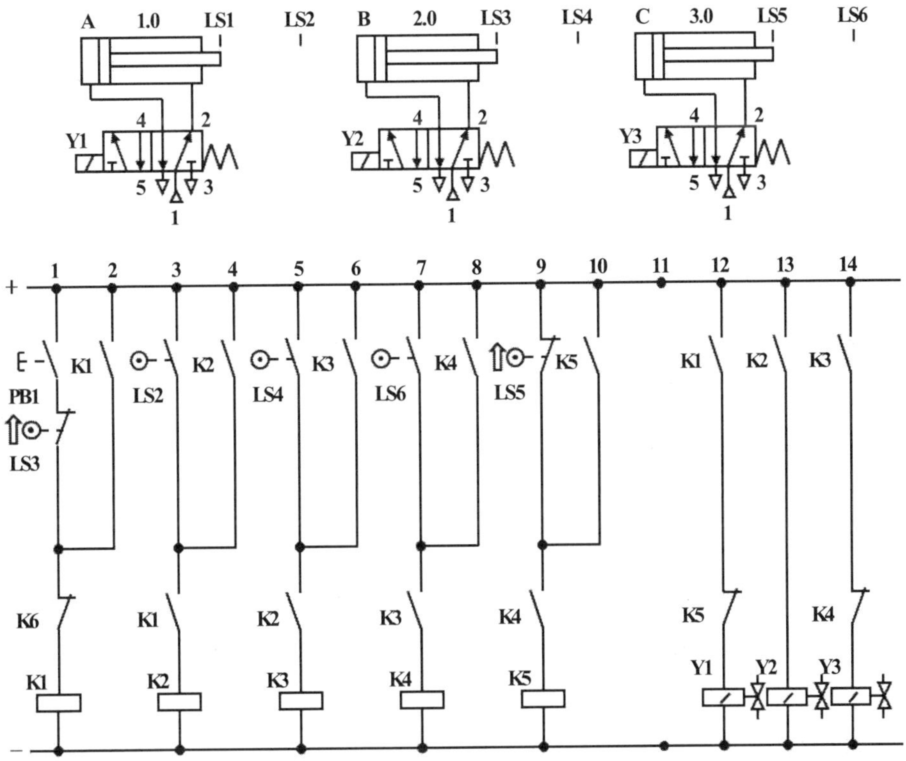

그림 5.43 다섯 번째 A- 작업의 제어 회로도

⑥ 6단계, B− 작업 및 제어 회로도 완성

마지막 작업인 B− 작업을 담당하는 릴레이 K6가 작동되기 위한 조건은 전 단계 작업을 확인하는 리밋 스위치 LS1과 전 단계의 릴레이 K5가 모두 ON 되어 있어야 한다. B− 작업은 이 작동 시퀀스에서 마지막 작업이기 때문에 이 작업이 끝나면 모든 제어 시스템은 리셋(reset) 되어야만 한다.

즉, K6 릴레이에 의하여 모든 릴레이가 OFF 되어야 한다. 모든 릴레이를 OFF 시키는 가장 간단한 방법은 K1 릴레이를 OFF 시키는 것이다. K1 릴레이가 OFF 되면 K2 릴레이가, K2 릴레이는 K3를 순차적으로 OFF 시키기 때문에 K6를 포함한 모든 릴레이가 OFF 되기 때문에 모든 제어 시스템이 리셋되고 B 실린더도 후진운동을 할 수 있게 된다.

마지막 작업을 관장하는 릴레이는 자기유지될 필요가 없다. 전기 스텝퍼 방식은 실린더의 제어에 편측 솔레노이드 밸브를 이용하고 배선이 간단하기 때문에 가장 경제적인 방법이 되나 전원이 갑자기 차단되면 모든 실린더가 즉시 원래의 위치로 돌아가기 때문에 작업 환경에 따라서는 큰 사고를 야기할 수도 있으므로 주의하여야 한다.

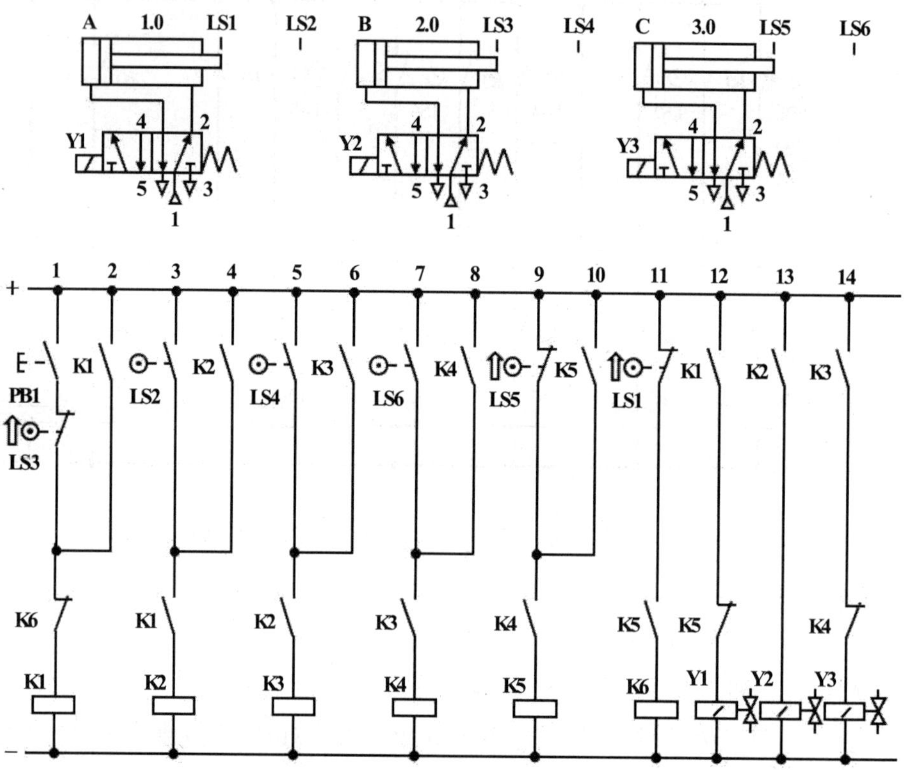

그림 5.44 스텝퍼 방법을 이용한 A+B+C+C-A-B- 작업 완성 회로도

5.7.4 양측 및 편측 솔레노이드 밸브를 혼용한 제어 회로

모두 양측 솔레노이드가 사용된 경우나 양측 솔레노이드와 편측 솔레노이드가 함께 사용된 경우에도 시퀀스 제어 회로 방법은 유사하다. 즉, 계속

릴레이를 살려가면서 해당되는 작업을 시켜 주는데 다음의 경우를 주의하여 회로를 설계한다.

(1) 마지막 작업이 편측 솔레노이드 밸브를 소자시킬 때

마지막 작업이 편측 솔레노이드 밸브를 소자시키는 경우에는 맨 마지막 릴레이가 살았을 때 첫 번째 릴레이를 b접점으로 끊어줌으로써 모든 릴레이가 소자되며 이때에는 마지막 작업이 편측 솔레노이드가 소자됨으로써 저절로 이루어지게 된다. 그리고 릴레이 접점을 이용하여 양측 솔레노이드 밸브의 코일에 신호를 줄 경우에는 신호를 가하는 코일의 반대쪽 코일이 죽어 있는지 살아 있는지를 확인하여야 한다. 신호를 가하는 코일의 반대쪽 코일이 죽어 있는 경우에는 릴레이 접점을 통하여 신호를 가하여 주면 되지만 신호를 가하는 코일의 반대쪽 코일이 살아 있는 경우에는 릴레이 접점을 통하여 반대쪽 코일을 죽이고 내가 살리고자 하는 코일에 접점을 통하여 신호를 가해 주어야 한다.

(2) 마지막 작업이 양측 솔레노이드 밸브를 사용할 때

마지막 작업이 양측 솔레노이드를 살려서 이루어지는 경우에서는 맨 마지막 릴레이를 릴레이 코일 전에서 자기유지를 시켜 주고 첫 번째 릴레이를 b접점으로 끊어줌으로써 마지막 릴레이를 제외한 모든 릴레이를 소자시킨다. 즉 마지막 릴레이가 자기유지 되어 살아 있는 것을 제외하고는 모든 릴레이들이 소자된다. 마지막 릴레이만 살아 있으므로 이 릴레이의 접점을 이용하여 마지막 작업을 수행해 주는 솔레노이드 코일에 신호를 주어 작업을 완료한다. 그런데 마지막 작업이 수행된 후에 마지막 릴레이가 계속 자기유지가 되어 있으므로 첫 단계부터 다시 작업이 이루어질 수 없게 된다. 따라서 마지막 작업이 끝났을 때 이를 확인하는 리밋 스위치나 센서를 이용하여 마지막 릴레이에 설정되어 있는 자기유지를 해제시켜 주어야 한다. 그러나 마지막 작업을 수행하는 리밋 스위치나 센서는 다른 제어에도 사용되므로 릴레이를 이용하여 신호를 여러 곳에서 사용할 수 있도록 만들어 주면 된다.

여기에서도 마찬가지로 릴레이 접점을 이용하여 양측 솔레노이드 밸브의 코일에 신호를 줄 경우에는 신호를 가하는 코일의 반대쪽 코일이 죽어 있는지 살아 있는지를 확인하여야 한다. 신호를 가하는 코일의 반대쪽 코일이 죽어 있는 경우에는 릴레이 접점을 통하여 신호를 가하여 주면 되지만 신호를 가하는 코일의 반대쪽 코일이 살아 있는 경우에는 릴레이 접점을 통하여 반대쪽 코일을 죽이고 내가 살리고자 하는 코일에 접점을 통하여 신호를 가해 주어야 한다.

5.5.2절의 리벳 작업을 예로 들어 설명하기로 한다. 작업 순서는 A+B+B−A−로 이루어지는데, 실린더 A는 양측 솔레노이드 밸브를 사용하고 실린더 B는 편측 솔레노이드 밸브를 사용하기로 한다.

리벳 작업의 변위 단계선도는 그림 5.45와 같다.

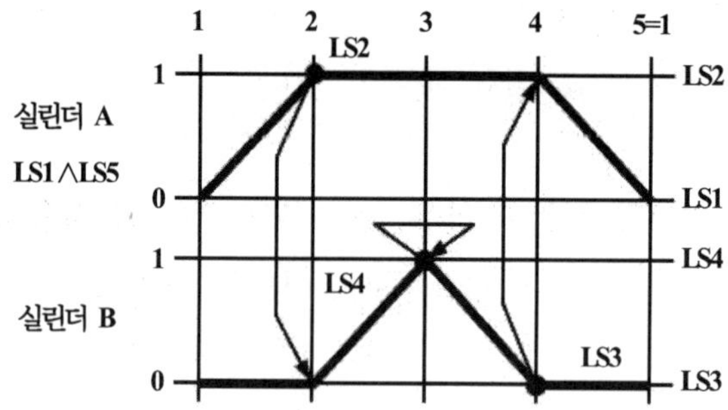

그림 5.45 변위 단계선도

그림 5.46의 완성된 제어 회로에서 보듯이 리밋 스위치 LS1이 두 군데에서 사용되었으므로 릴레이를 사용하여 리밋 스위치 LS1의 신호가 필요한 곳에 릴레이 신호로 대체하였다. 또한 마지막 작업이 양측 솔레노이드를 작동시켜서 이루어지는 작업이 A− 작업이므로 맨 마지막 릴레이 K4를 자기유지시켜서 마지막 작업을 수행하고 마지막 작업을 확인하는 리밋 스위치 LS1 신호, 즉 K5 신호를 이용하여 자기유지회로를 해제하였다. 결론적으로 한 사이클이 끝난 상태에서 제어 회로는 초기 상태를 유지하여야 한다.

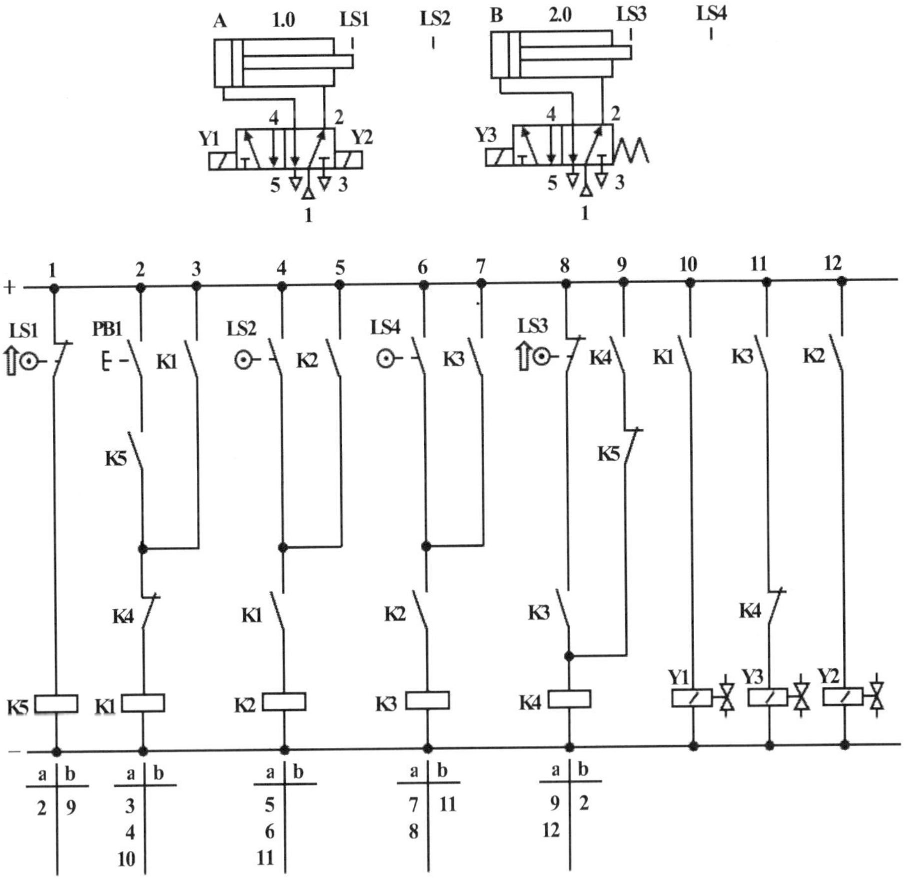

그림 5.46 양측 및 편측 솔레노이드 밸브 혼용한 A+B+B-A- 작업 완성 회로도

5.7.5 스텝퍼 방법을 이용한 A+ B+ C+ A−/C− B− 제어 회로 설계

앞서 설명한 스텝퍼 회로 작성 방법을 이용하여 각자 제어 회로도를 작성해 보기로 한다. 그림 5.47은 완성된 회로도를 보여준다.

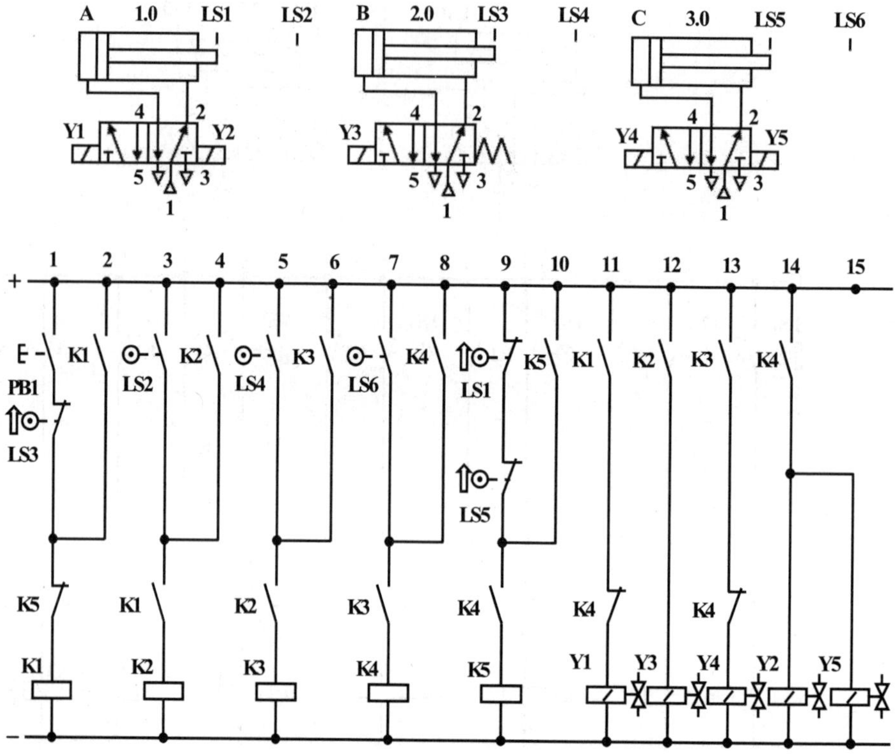

그림 5.47 스텝퍼 방법을 이용한 A+ B+ C+ A− B− C− 작업 완성 회로도

6

부가 조건 및 비상정지 회로

6.1 부가조건

6.1.1 부가조건이 있는 순차 제어계

앞에서 살펴본 바와 같이 작업을 수행하기 위해서 기본적으로 시동 스위치와 리밋 스위치 혹은 센서가 필요하다. 그러나 실제의 제어계에서는 작업자나 기계가 위험으로부터 안전할 수 있는 조건이 필요하며 작업자에게 좀 더 쉬운 작업이 제공될 수 있어야 한다. 따라서 부가적인 조건이 필요하고 이와 같은 조건은 계속 비슷한 형태로 나타나게 된다. 그러므로 이와 같은 조건은 특수한 형태의 입력 장치를 이용하면 회로 설계나 구성이 편리하게 될 것이다.

6.1.2 부가조건의 정의

(1) 제어 스위치 ON-OFF(메인 스위치)

모든 기계는 세척, 보수 유지 작업 혹은 장기간 정지 시에 동력을 차단할 수 있는 메인 스위치를 가지고 있어야 하며 다음의 조건을 만족할 수 있어야 한다.

(a) 이 스위치는 수동으로 작동시킬 수 있어야 하며 ON 스위치와 OFF 스위치가 있어야 한다.
(b) 차단된 위치나 그 상태가 표시될 수 있어야 한다.
(c) 조작은 외부에서 가능해야 하며 ON과 OFF 위치는 1과 0으로 표시한다. OFF 위치에는 잠금 장치가 있어야 한다.
(d) 다음 회로의 경우에는 메인 스위치로 동력을 차단할 필요가 없다.
 * 보수 유지를 위하여 사용되는 램프나 소켓 회로
 * 보조 회로 65V(50V)

(2) 제어계의 시동 및 정지

* 시동 스위치의 작동으로 제어계는 작업을 시작한다.
* 시동은 전원을 공급한 상태에서 이루어져야 한다.

(3) 수동 - 자동 제어

선택 스위치로 수동 혹은 자동을 선택한다. 자동으로 작업이 진행되는 기계에서도 연결 및 테스트를 위한 수동 조작과 개별 조작의 필요성으로 인하여 수동은 꼭 필요하게 된다.

(4) 수동(MAN)

이 상태로 선택되면 모든 작업 요소는 또 다른 누름버튼 스위치를 이용하여 움직이게 된다. 자동 및 시동 스위치 쪽의 동력은 차단된다. 즉, 수동 조작 및 개별 조작 과정에서 자동 작업은 불가능하다.

(5) 자동(AUTO)

이 상태에서는 시동조건이 만족되면 자동으로 작업할 수 있으며 단속 및 연속 작업을 선택할 수 있다.

(6) 연속 작업

시동 조건이 만족되면 프로그램은 자체적으로 계속해서 작업하게 되며 정지 버튼이 눌려지면 작업이 중지된다.

(7) 정지 버튼

이 버튼은 연속 사이클을 중단시킨다.

(8) 제어계의 세팅

세팅 버튼은 모든 제어계가 시동이 가능하도록 초기 위치로 돌아올 수 있는 신호를 발생시킨다.

(9) 제어계에서의 비상정지

* 비상시에는 모든 기계가 즉각적으로 정지할 수 있어야 한다.
* 전기 장치들은 동력원으로부터 모두 차단되어야 한다.

(10) 비상정지 기구

비상정지 기구는 비상시에 작업자와 기계의 안전을 위하여 모든 기계를 정지시켜야 한다. 전기 혹은 기계적으로 작동될 수 있는 비상정지 스위치는 기계의 전기적인 장비의 공급 라인 쪽에 설치되어야 한다. 다음의 내용들이 비상정지 상황에서 적용될 수 있는 작업이다.

* 프로그램은 즉시 중단된다.
* 작동부와 관계없이 제어계는 동력원으로부터 차단된다.
* 작업 요소는 최종 제어 요소를 통하여 즉각적으로 비상 정지의 영향을 받는다.

제어계는 비상 정지 신호가 제거되었을 때 또 다시 시동될 수 있는 위치로 바뀌게 된다. 비상정지 기구의 조작 버튼은 적색으로 하여야 하고 버튼을 쉽게 판별할 수 있도록 바탕은 황색으로 한다. 작업자는 그의 작업위치에서 비상 정지 버튼에 쉽게, 어떤 위험도 없이 접근할 수 있어야 한다. 자기적으로 고정된 판재와 같은 경우에는 회로의 차단이 작업자나 기계에 위험을 줄 수 있는데, 이때는 비상정지 기구의 영향을 받지 않도록 하여야 한다. 기계가 빠른 속도로 작업을 수행하는 경우에는 비상 정지 시에 제동 장치가 필요하게 되며 비상 정지 장치로는 모든 작업 요소를 귀환운동 시킬 수도 있다. 단, 이때에는 초기 위치가 작업자에게 어떤 위험도 없어야 한다. 비상 정지 제어 스위치는 수동으로 직접 혹은 간접으로 작동될 수 있는 버섯 모양의 스위치를 사용하며 램프 내장형은 사용하지 않는다. 또한, 비상 정지 스위치의 잠금 장치를 해제한 후에 기계는 시동 스위치에 의해서 시동될 수 있어야 한다. 비상정지 및 비상정지 회로에 대해서는 다음 6.2절에서 좀 더 상세히 다루기로 한다.

그럼, 여러 가지 부가 조건 회로에 대해 자세히 알아보기로 하자.

6.1.3 부가 조건 회로

(1) 자동 연속 사이클 1

편측 솔레노이드 밸브를 사용하는 경우, 자동 연속 사이클은 자기유지회로 내의 스위치 PB1을 누름으로써 가능하다. PB1을 풀어주면 작업 요소는 처음의 시동 위치에 있게 된다.

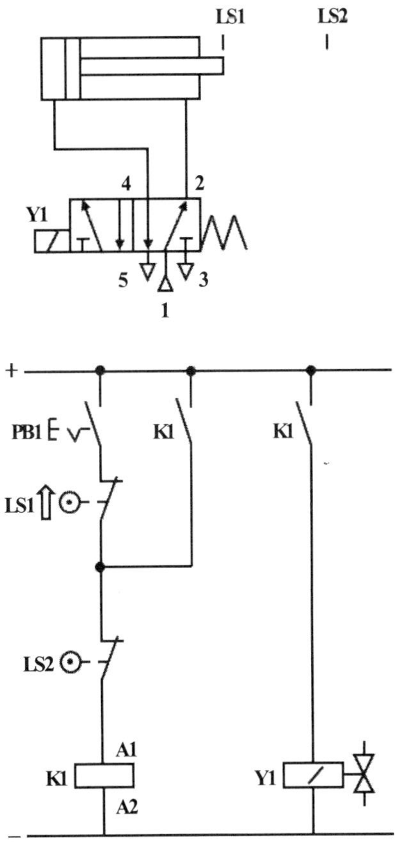

(2) 자동 연속 사이클 2

양측 솔레노이드 밸브를 사용하는 경우, 자동 연속 사이클은 PB1을 작동시키면 가능하다. 제어 회로는 잠금 장치가 해제될 때까지 작업을 계속 수행하게 된다.

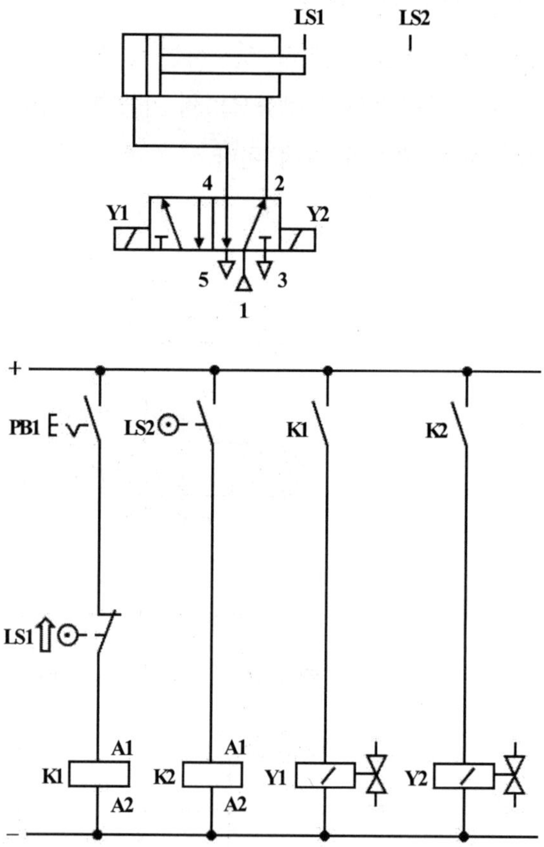

(3) 자동 단/연속 사이클 1

단속 혹은 연속 작업이 모두 필요한 경우 두 가지 조건은 병렬연결로 서로 분리된다. PB1은 단속 작업을 위한 스위치이고 PB2는 연속 작업을 위한 스위치이다.

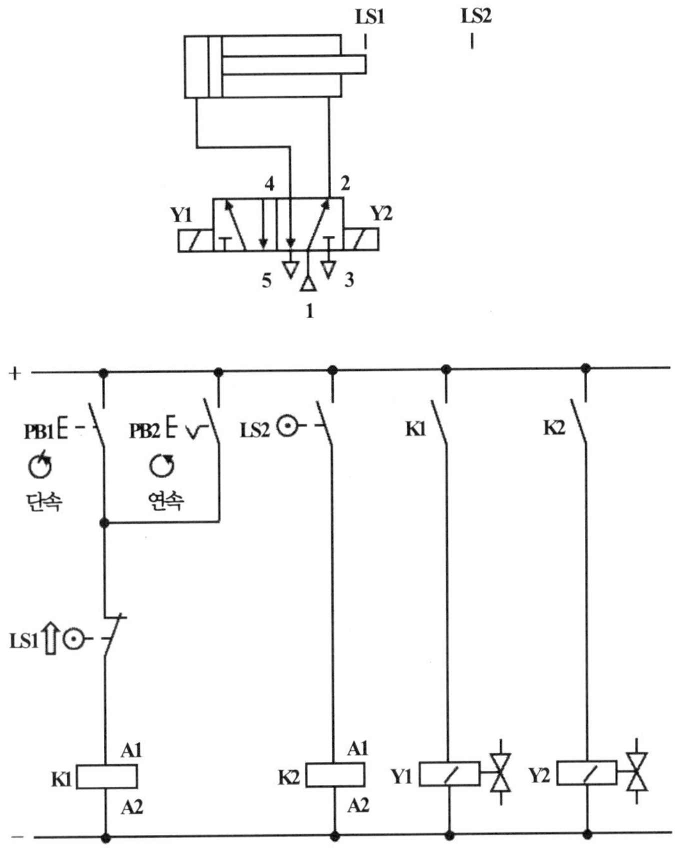

(4) 자동 단/연속 사이클 2

자기유지회로가 있는 제어계에서 PB1은 단속 작업을 위한 스위치이고 PB2는 잠금 장치가 해제될 때까지 연속 작업을 하기 위한 스위치이다.

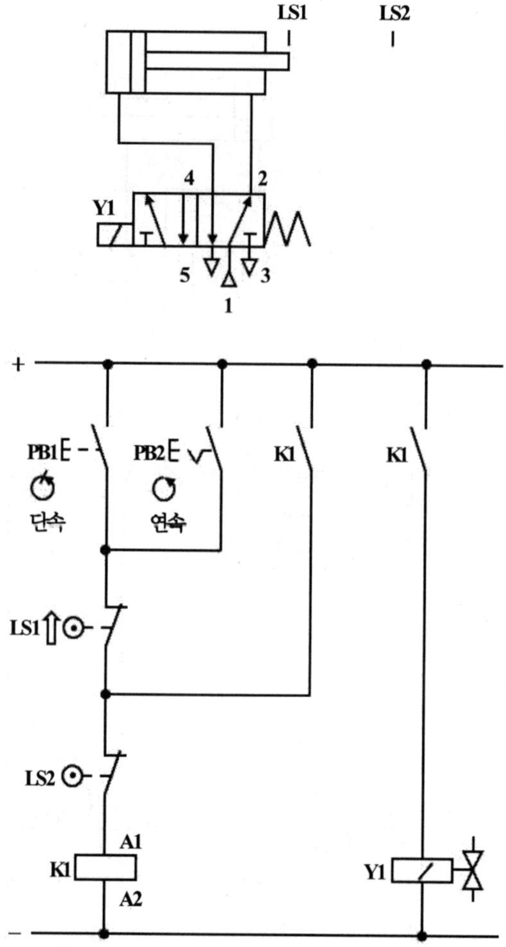

(5) 자동 단/연속 사이클(ON/OFF) 1

이 제어계는 단속 사이클은 시동 스위치 PB1에 의해 진행되고 연속 작업은 PB2 스위치를 작동시켜 K3 릴레이를 이용하여 시동된다. 작업의 정지는 PB3 스위치에 의해 일어난다.

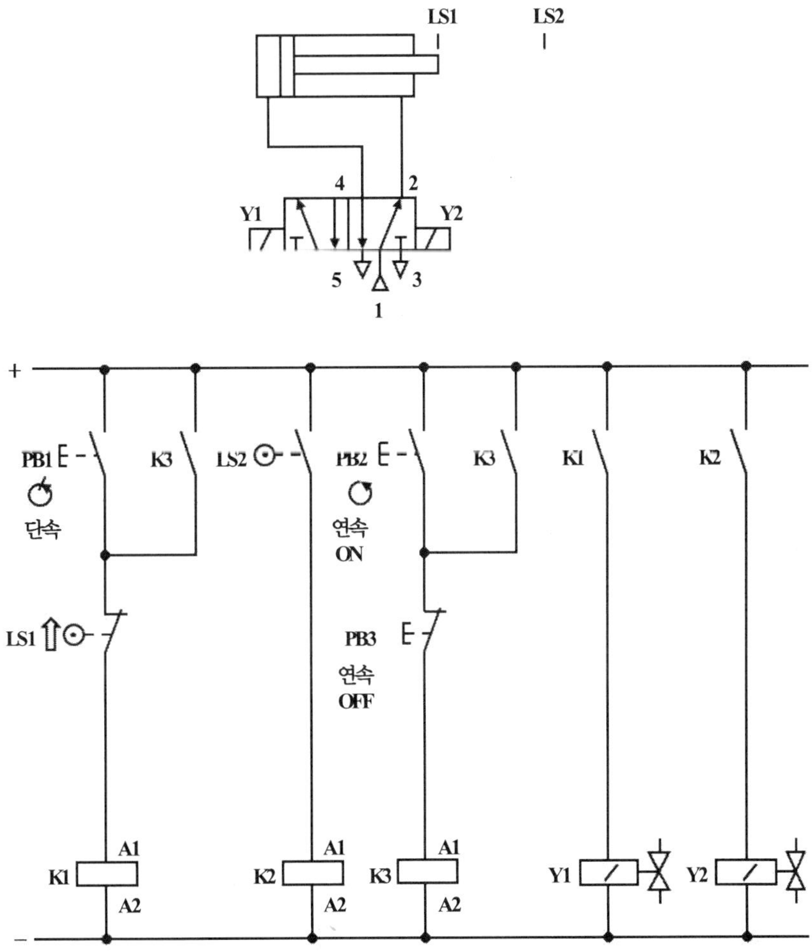

(6) 자동 단/연속 사이클(ON/OFF) 2

스프링 복귀형의 밸브를 사용하기 위해서는 릴레이 K1에 자기유지회로를 이용하여야 한다. 스위치의 작동 과정은 앞의 회로도와 동일하다.

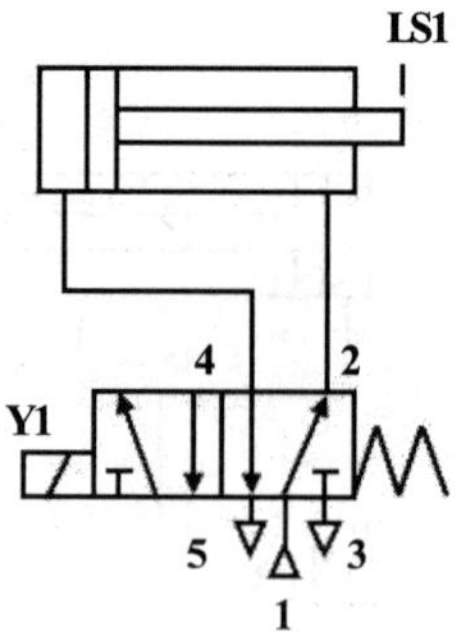

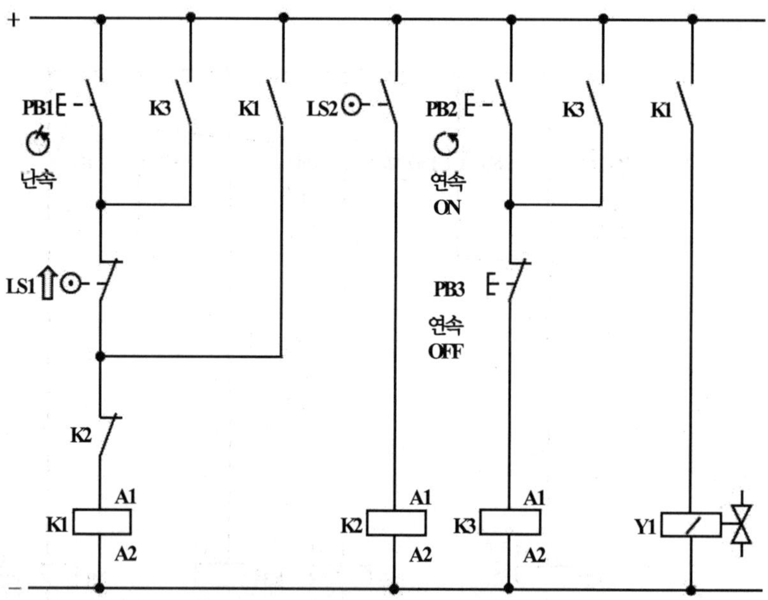

(7) 자동 단속 사이클 연속 사이클(ON/OFF), 시동 스위치 있음

이 제어 회로는 연속 사이클이 먼저 선택되고 시동 스위치에 의해 작업을 진행하는 경우이다. 릴레이 K4가 필요하다.

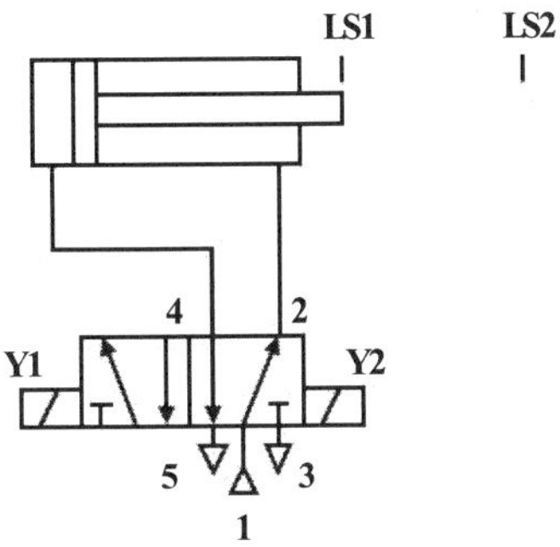

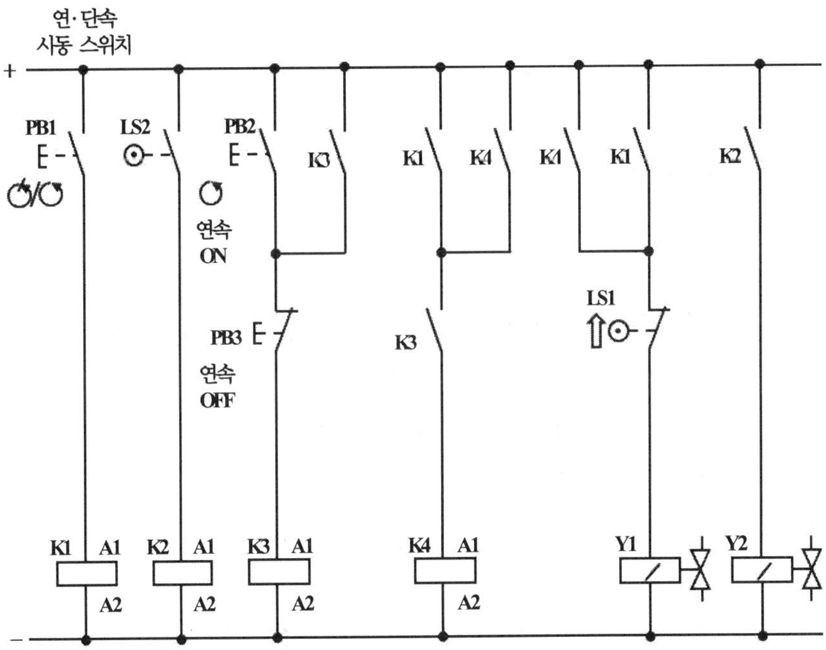

6.2 비상정지

6.2.1 비상정지 요건

비상 정지와 관련하여, 산업안전보건법에 의하면 **비상정지 기능**(emergency stop function)이란, 작업자에 대한 현존 위험이나 공정상 기계류 또는 작업에 의한 피해를 감소시키거나 발생하지 않도록 해야 하며, 이 목적 달성을 위한 정상적인 기능이 부착되었을 때 비상 정지는 작업자의 단 한 번 조작으로 하는 것으로 규정되어 있다. 또한, **비상정지장치**(emergency stop equipment)는 비상정지 기능을 얻기 위한 부품들이 조합된 것을 의미한다.

비상정지 기능은 기계 구동 장치 전원의 즉각적인 제거, 위험 부품과 이를 구동시키는 구동장치 사이의 기계적인 클러치 분리와 필요한 경우의 제동, 정지가 가능하도록 기계 구동 장치의 전원에 의한 제어 정지 및 정지 완료 후 전원을 제거하는 것으로 규정하고 있다. 또한, 비상정지 명령은 어떤 명령보다도 우선되어야 하는 것으로 되어 있다. 비상정지 명령 결과에 따라 작동하는 구동 장치의 작동이 작동 중 정지되었을 때에도 제어 장치가 복귀(reset)될 때까지 비상정지 명령이 유지되도록 제어 장치는 계속 잠금 상태를 유지하여야 한다. 따라서 공압 제어에서도 이와 같은 비상정지 기능이 부가되어야 하며 이를 위해 다음과 같은 비상정지 기능이 요구된다.

기계가 위험으로부터 즉시 차단되어야 하며 주 동력원으로부터 모든 장치가 차단되어야 한다.

비상정지는 작업자의 안전을 위해서도 매우 중요한 요소이다. 그러나 전기와 공압이 조합된 장치에서는 위의 방법이 사용될 수 없는 경우가 있는데, 즉 이는 제어계는 순서에 의해서만 작동되고 작업 요소는 직선 운동 혹은 회전 운동 등 어떤 상태든지 운동이 진행되고 있는 경우이다. 그러므로 기계는 장비와 작업자가 어떤 위험에서도 안전하기 위해서는 정지하도록 한다. 전기 공압 제어계의 설계자는 비상 정지조건에서 그것이 어떻게 사용될 것인가, 순서의 형태는 어떻게 할 것인가를 결정해야 한다.

다음은 회로 설계자가 회로 조건에 적합하게 활용할 수 있는 다양한 비상정지 회로를 알아보기로 한다.

6.2.2 비상정지 회로

(1) 작동 중의 실린더는 모두 초기위치로 귀환한다

① 이 예제에서는 실린더의 후진 운동 위치가 초기 위치이다. 제어계는 신호가 통과할 수 없는 상태이고 따라서 솔레노이드 코일 Y1은 여자될 수 없고 K3의 상시 폐쇄 접점을 통하여 솔레노이드 코일 Y2가 여자된 상태이다. 따라서 실린더는 후진 운동을 한다.

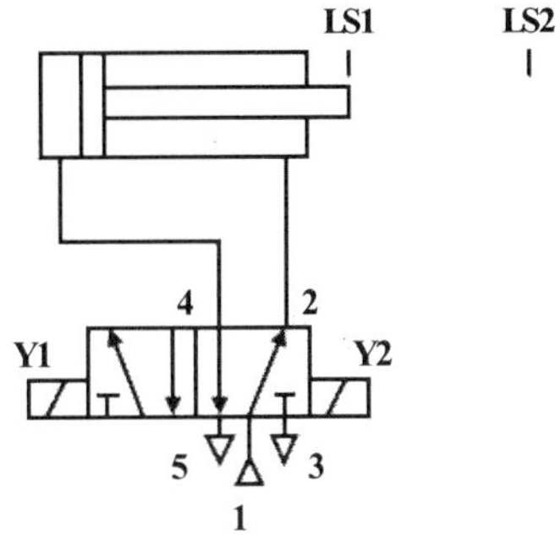

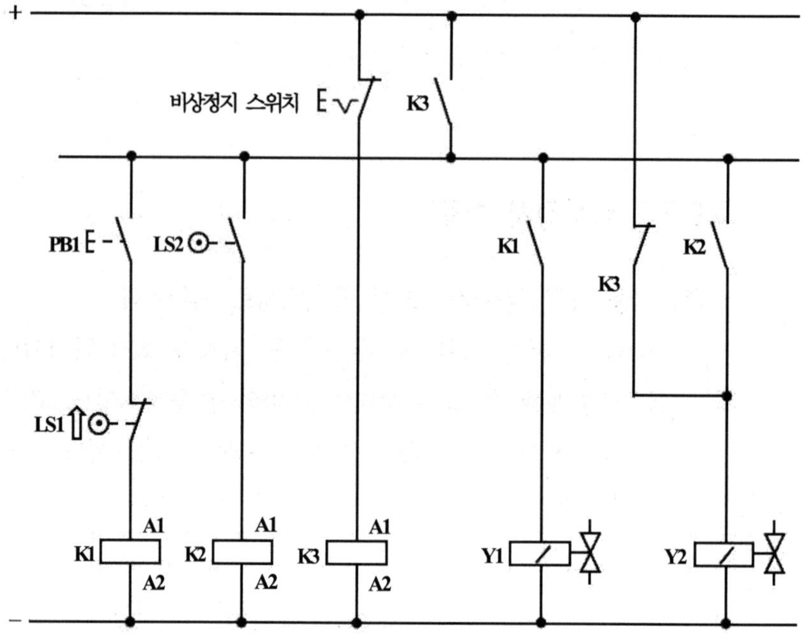
+
비상정지 스위치
K3
PB1
LS2
K1
K3
K2
LS1
A1
K1
A2
A1
K2
A2
A1
K3
A2
Y1
Y2
–

② 다음의 제어 회로도는 비상정지 스위치로 전환 접점이 사용된 예이다.

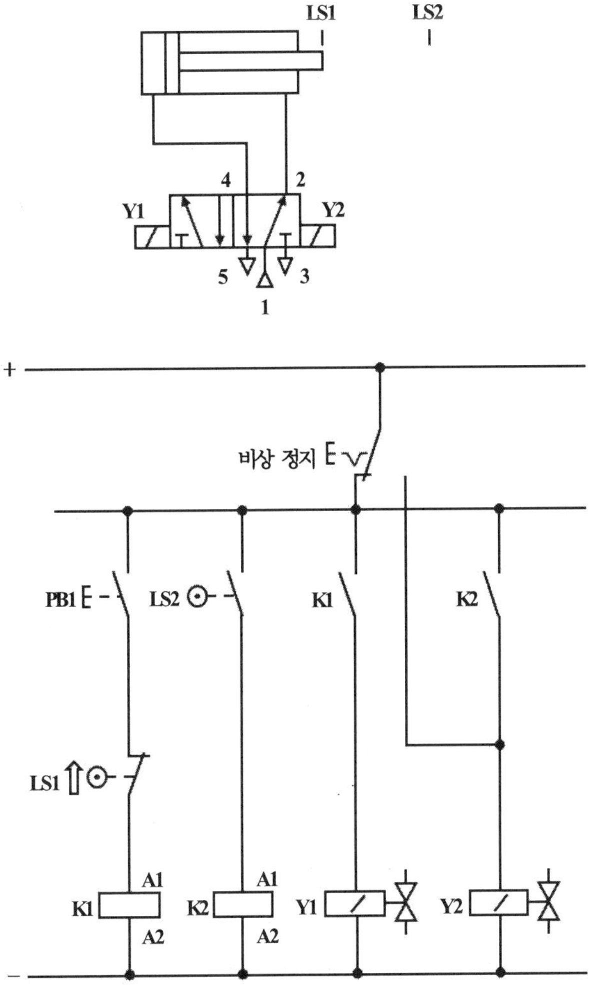

③ 비상 정지의 가장 간단한 예로 스프링 복귀형인 편측 솔레노이드 밸브를 사용한 경우이다.

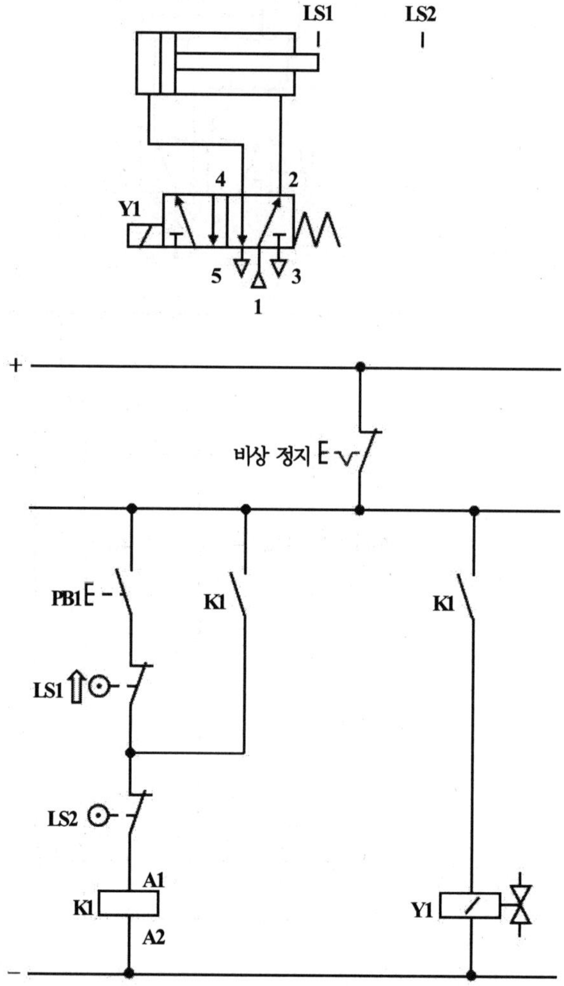

(2) 공압 실린더는 압력이 공급되지 않는 상태를 유지하여야 한다

① 이런 형태의 비상정지회로에서는 피스톤 로드에 외력이 작용하면 그 방향을 따라 피스톤 로드가 운동을 하는 경우가 발생된다.

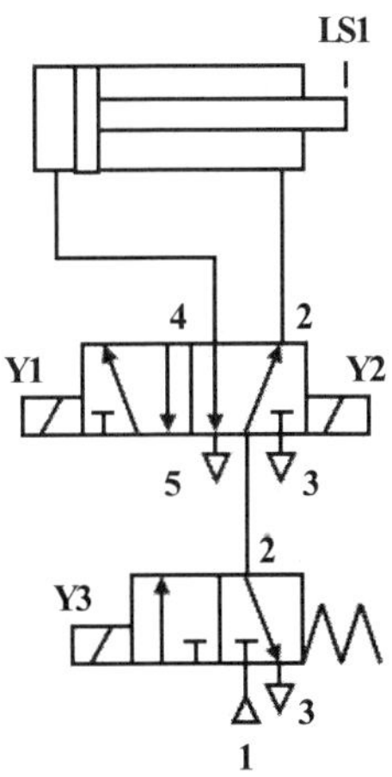

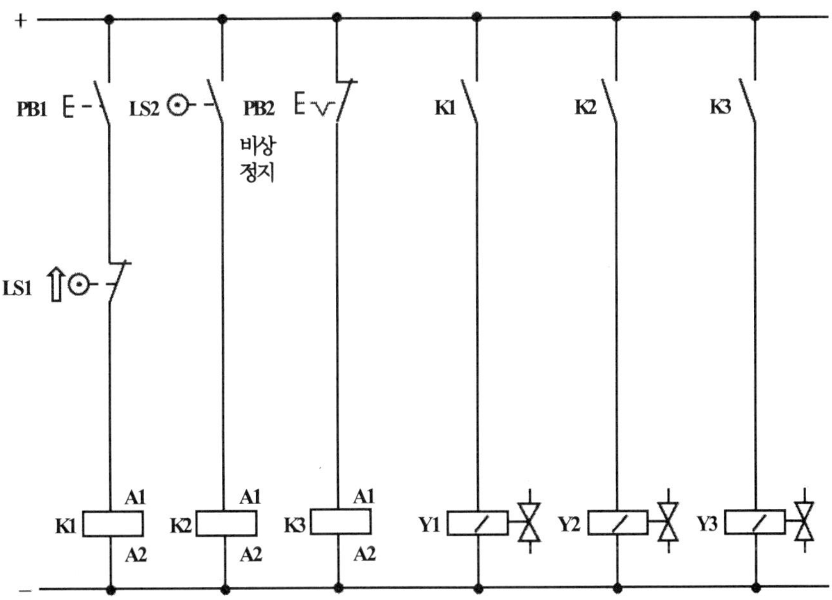

② 비상 스위치를 작동시키면 실린더에 공급되는 압축 공기는 모두 배기된다.

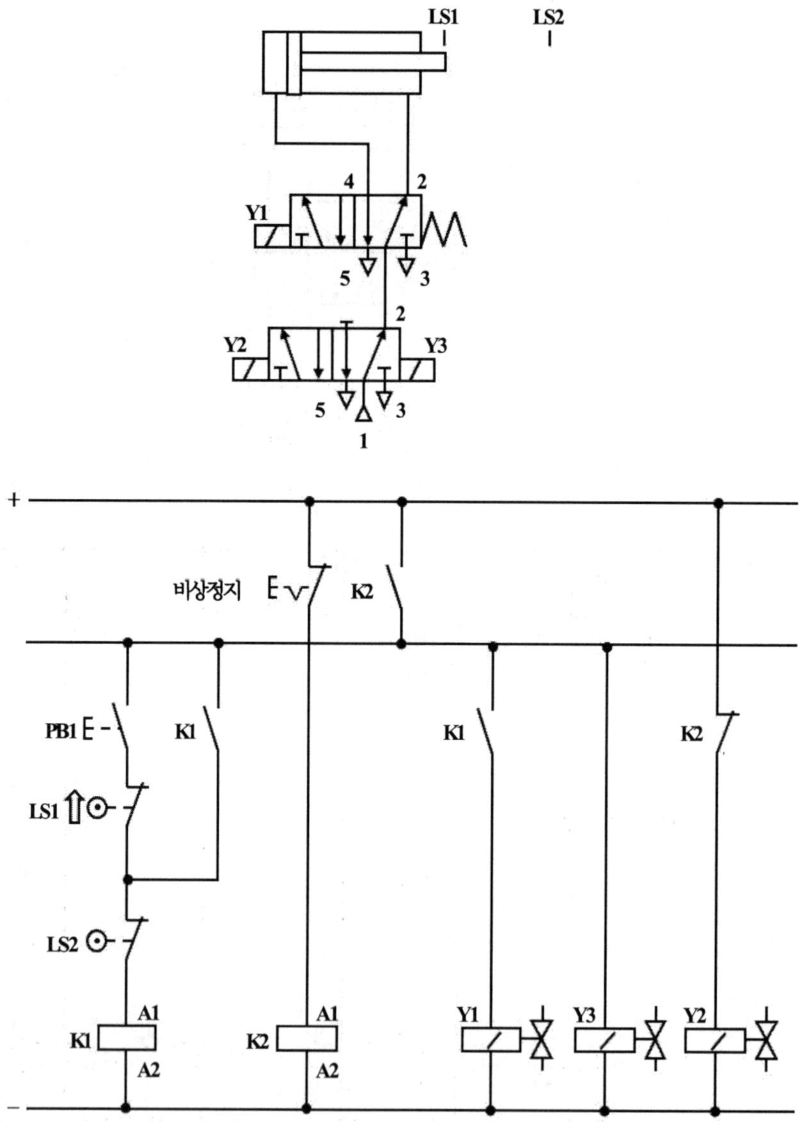

③ 비상 스위치를 작동시키면 솔레노이드 코일 Y1과 Y2 모두에 전기가 통하지 않게 된다. 공압 밸브는 모든 연결구가 막혀 있는 중립 위치 상태를 유지하게 되고 실린더는 동작하지 않게 된다.

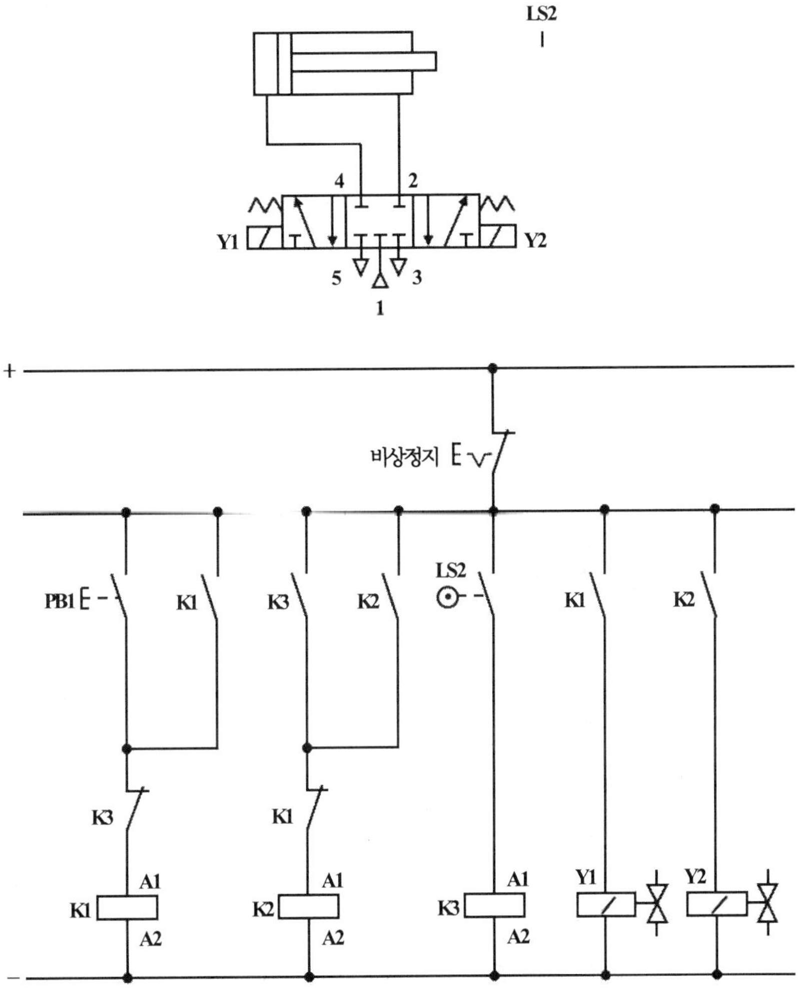

④ 5/4-way 솔레노이드 밸브를 사용한 경우이다. 비상 스위치가 작동하게 되면 릴레이 K3의 상시 폐쇄 접점을 통하여 솔레노이드 코일 Y1과 Y2가 여자되고, 실린더의 공기는 밸브를 통하여 모두 배기된다.

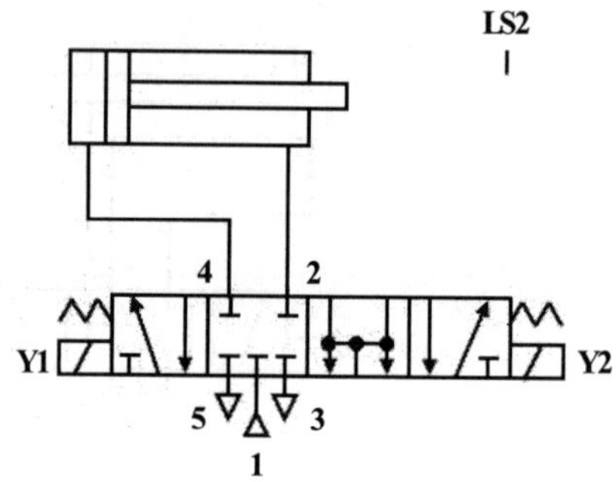

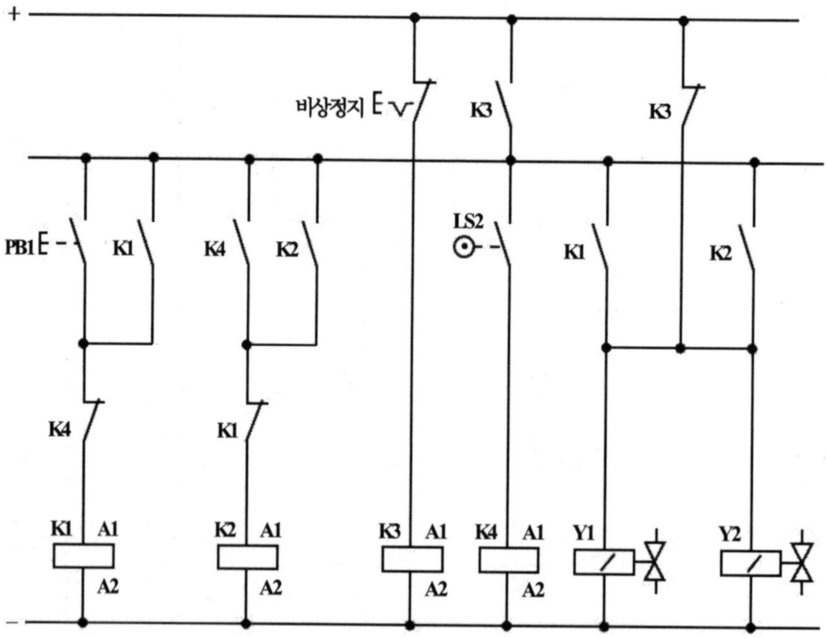

⑤ 비상정지가 해제되었을 때 밸브가 원래의 위치로 돌아오는 것이 필요하다.

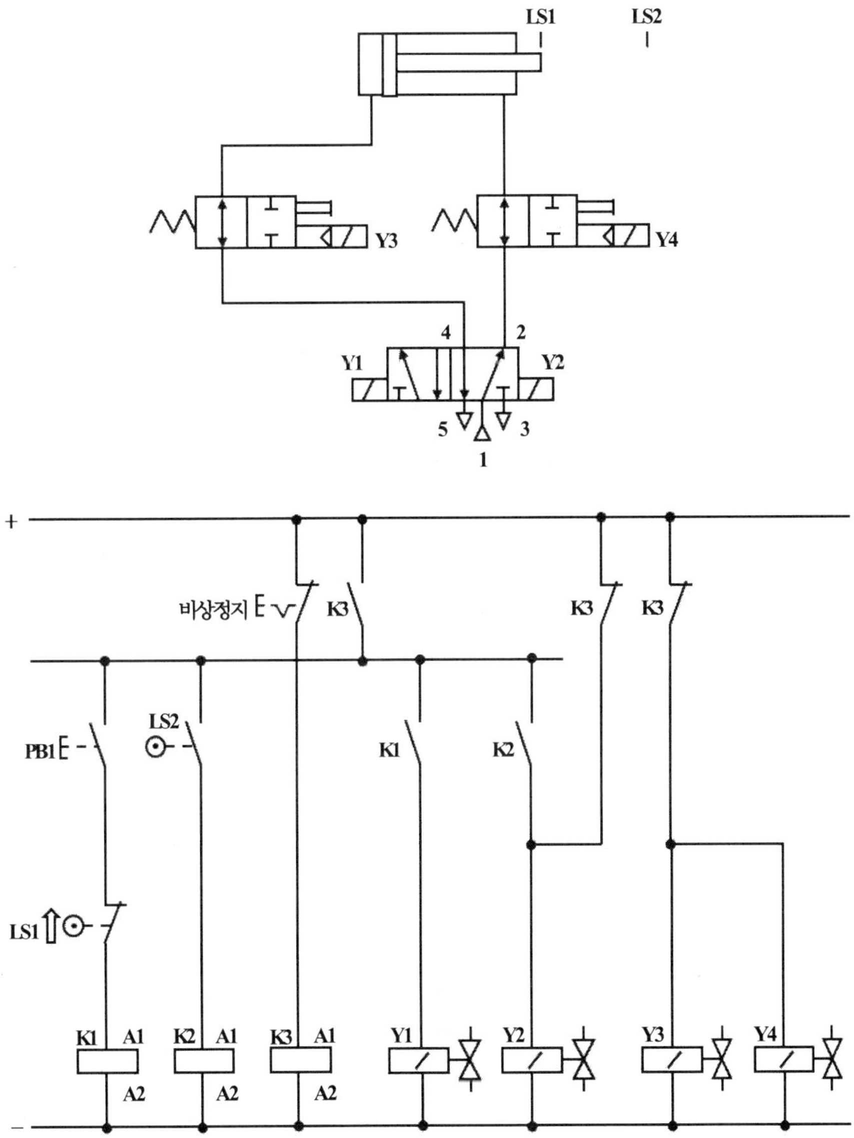

(3) 운동 중에 있는 실린더는 항상 원래의 위치로 돌아올 수 있어야 한다

단, 실린더가 운동을 완료한 경우면 그 상태가 유지되어야 한다.

예 A－ ＝비상정지 · LS2

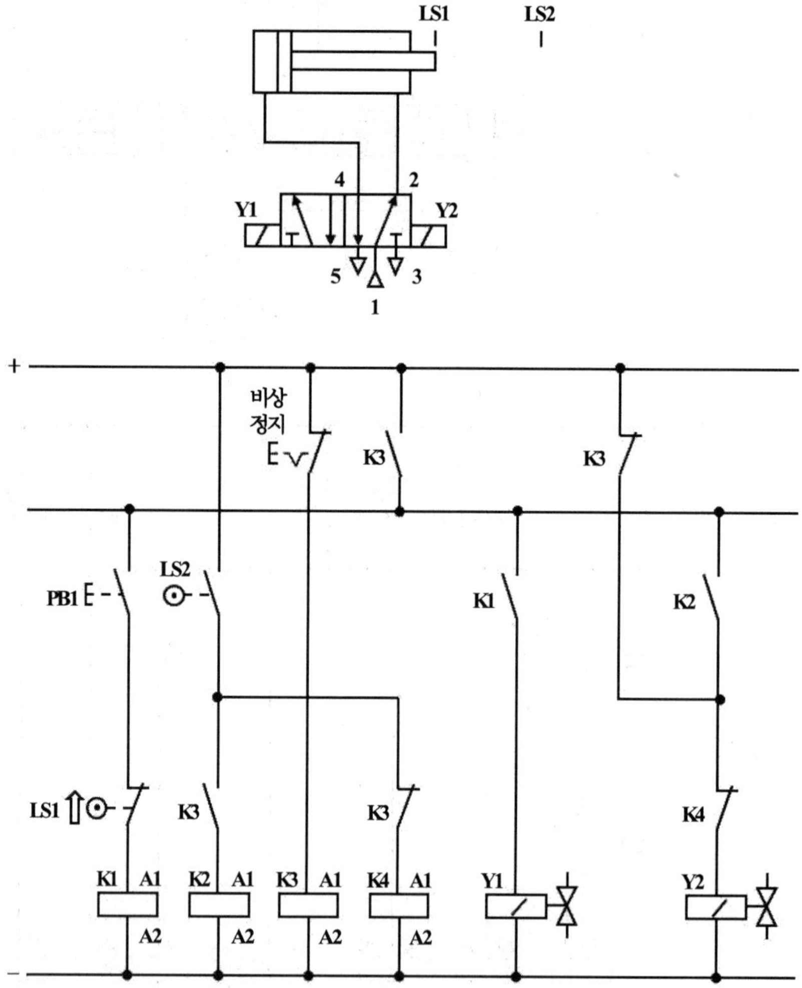

(4) 비상정지의 경우에 실린더들은 정해진 순서에 의해서 복귀하여야 한다

예 실린더 B가 먼저 귀환하고 A가 후진운동을 한다.

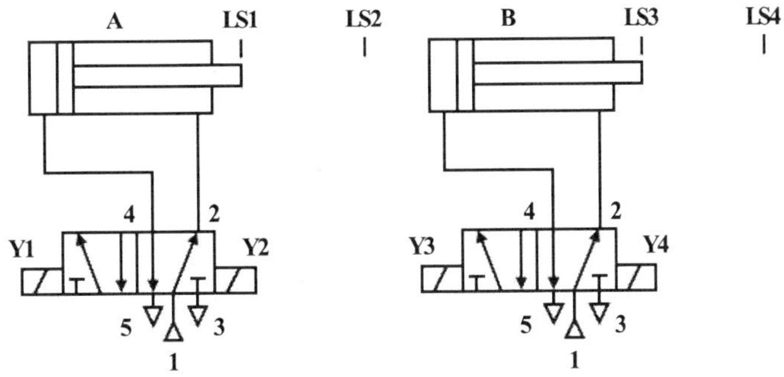

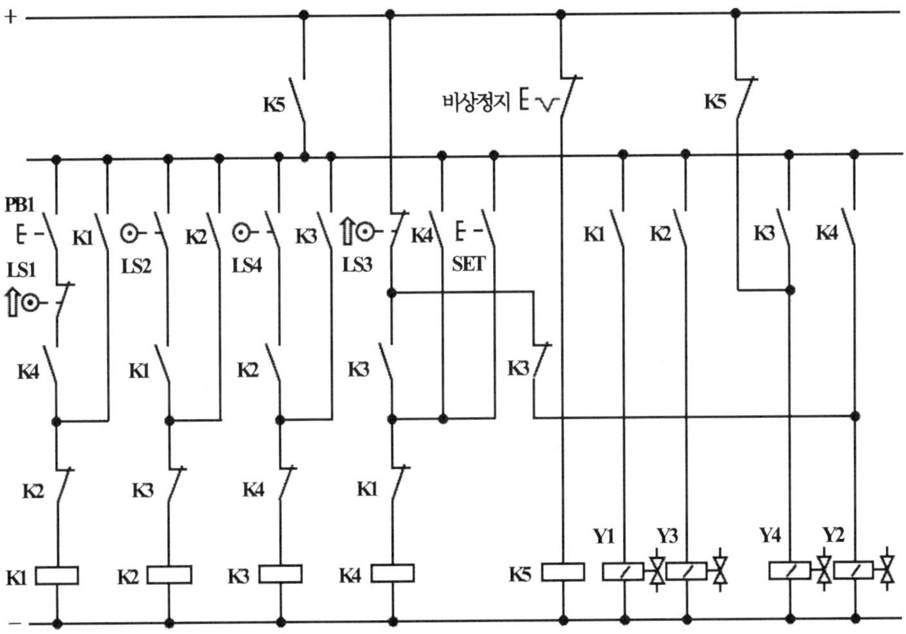

6.2.3 수동 작동의 해결

수동으로 작업하는 경우에 모든 작업 요소들은 또 다른 스위치나 누름버튼에 의해서 작업이 가능해야 한다. 자동 작업과 관련이 있는 신호 요소에는 동력이 공급되어서는 안 된다.

(1) 해결 방법 1

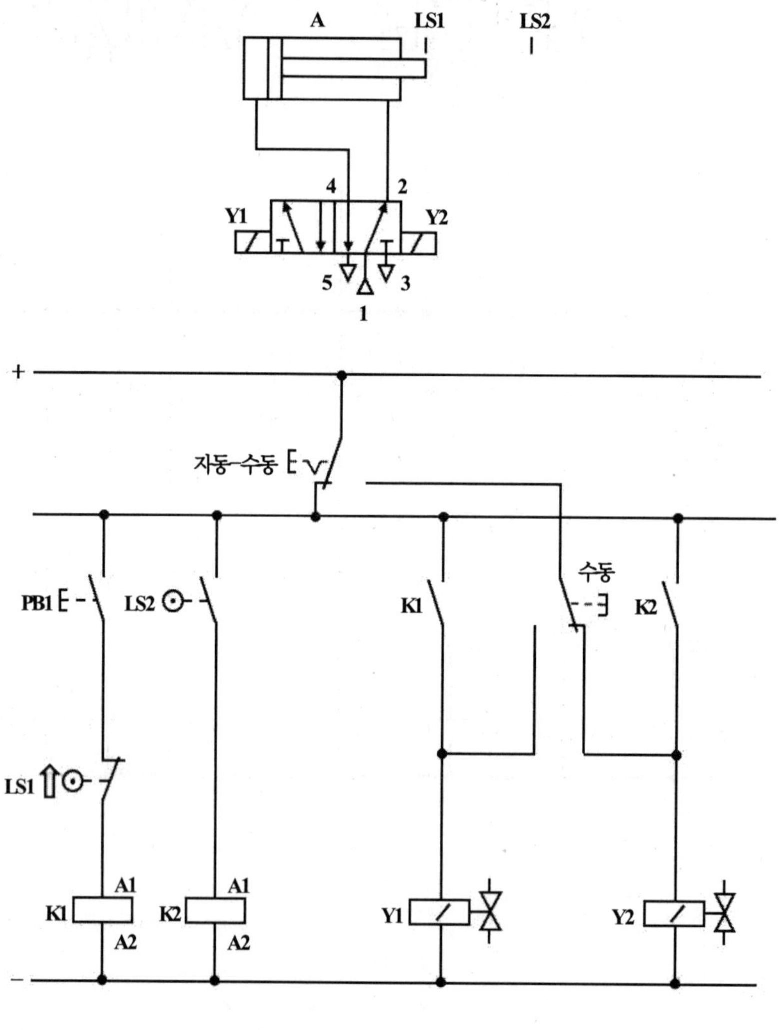

이 경우는 자동－수동 선택 스위치에 의해서 자동(단/연속 사이클)쪽의 모든 동력을 차단할 수 있다. 단지 수동 푸시 버튼에 의해서만 동력이 공급되고 이 버튼의 전환접점을 이용하여 솔레노이드 코일 Y1과 Y2에 교대로 전기를 공급하여 실린더를 전·후진 운동시키게 된다.

(2) 해결 방법 2

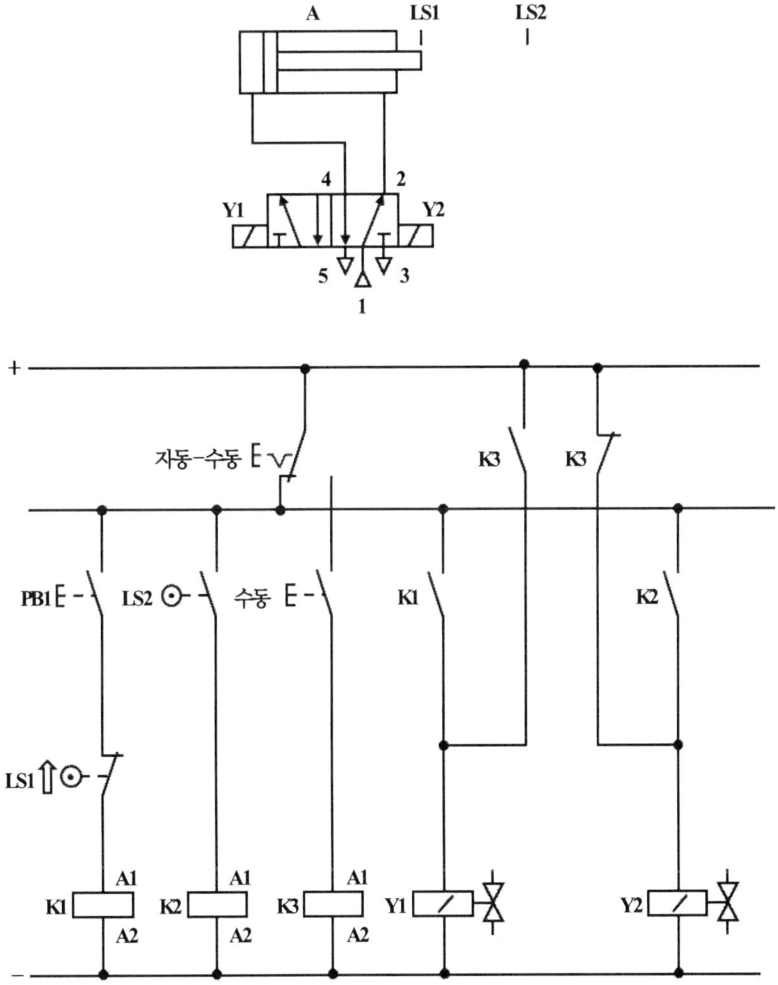

여기서는 수동 조작 스위치로 릴레이 K3를 작동시키게 된다. 이 릴레이의 상시 개방 접점과 상시 폐쇄 접점에 의해서 실린더가 전·후진 운동을 한다.

(3) 해결 방법 3

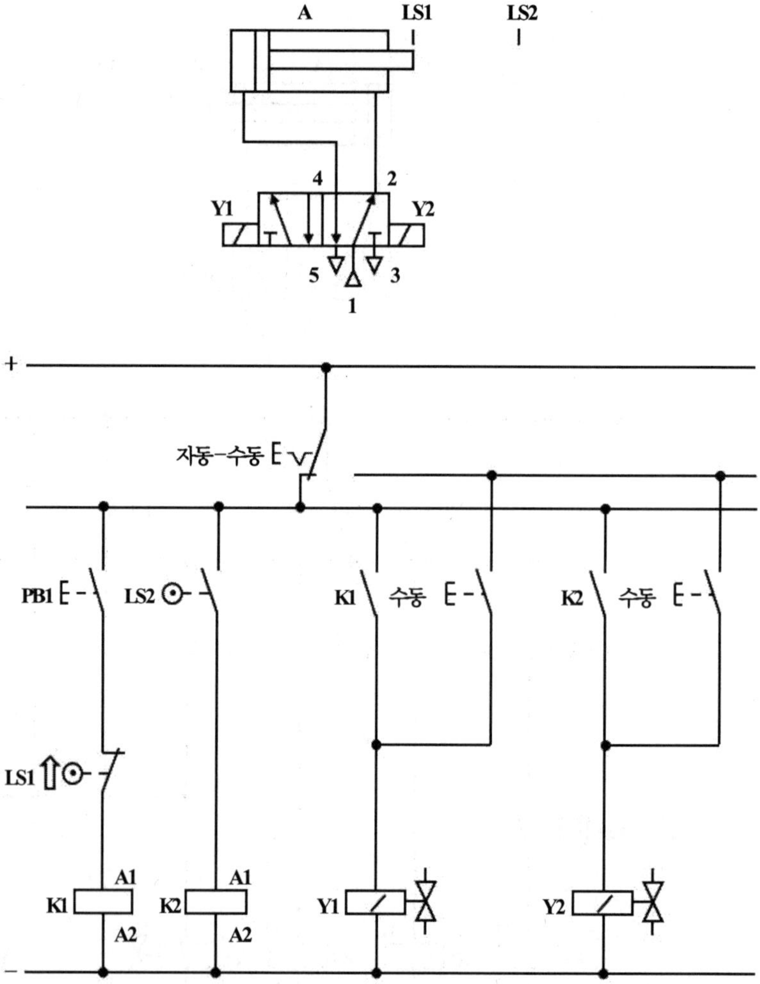

전원의 공급을 자동－수동 스위치에 의해서 단락시킨다. 즉, 수동 작업에서 전류의 공급은 단지 수동 누름버튼에 의존한다. 수동 조건에서 누름버튼을 단지 한 순간만 작동시키더라도 실린더는 전·후진운동을 완료하게 된다.

(4) 해결 방법 4

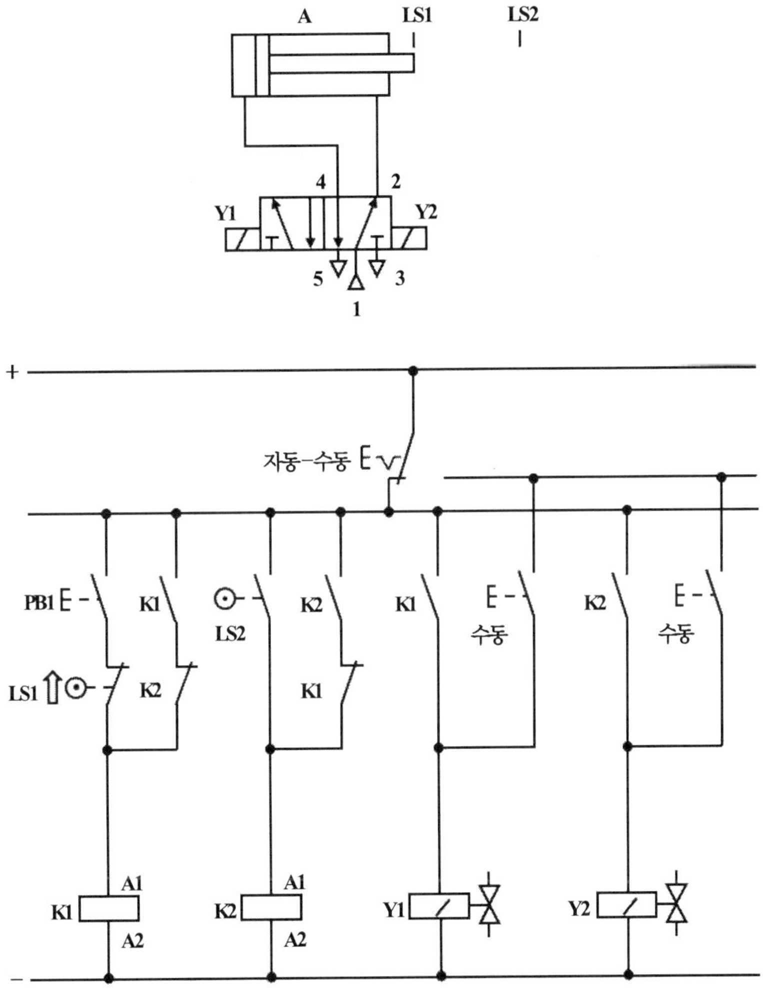

실제 적용의 경우에는 누름버튼이 눌러져 있는 동안 계속해서 일정한 방향으로 실린더가 움직이고, 또한 버튼이 눌려지지 않으면 즉시 실린더가 정지하는 것을 요구하는 경우가 있다. 이 요구를 만족시키기 위해서는 4/3-way 솔레노이드 밸브를 사용해야 하며 릴레이 K1과 K2의 자기유지회로도 필요하다. 자기유지회로는 스프링으로 중립위치를 요구하는 밸브의 솔레노이드 코일 Y1과 Y2에 신호가 계속 존재하도록 한다.

7

회로도 파악, 배관·배선 및 운전실습

회로도 파악, 배관·배선 및 운전실습 (1)

(1) 실습목표

① 시퀀스 제어를 알 수 있다.

② 변위 단계선도를 작성할 수 있다.

③ 공압배관과 전기배선을 하여 작동시킬 수 있다.

(2) 실습장비 및 재료

① 전기공압 실습테이블 1SET ② 서비스 유닛 1SET

③ 전원 공급기 DC24V ④ 스위치 모듈 1SET

⑤ 릴레이 모듈 1SET ⑥ 연결 케이블 1SET

⑦ 리밋 스위치 4EA

⑧ 5/2-way(또는 4/2-way) 양측 솔레노이드 밸브 2EA

⑨ 속도 조절 밸브 2EA

⑩ 복동 실린더 2EA

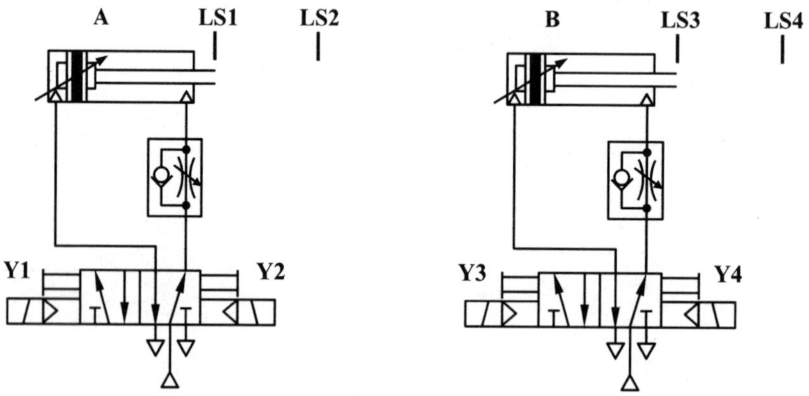

(공압 회로도)

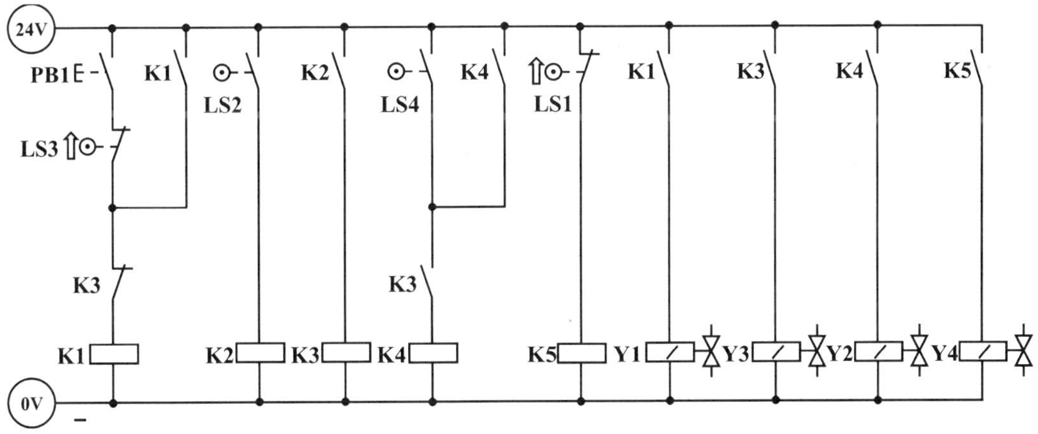

(전기 회로도)

(3) 변위 단계선도 작성하기

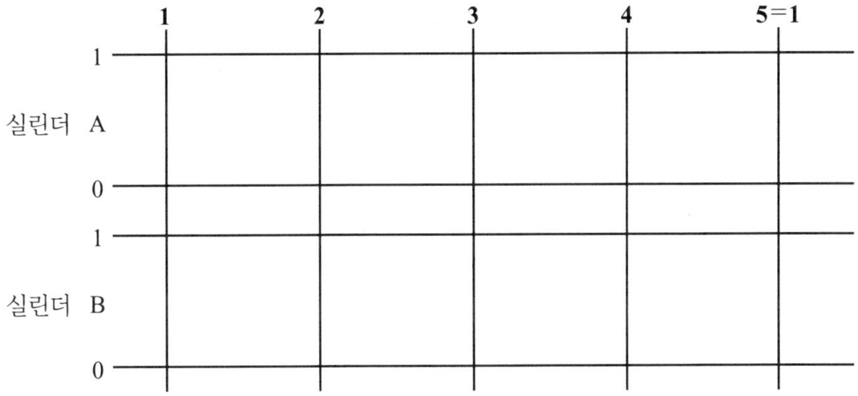

(4) 실습과정

① 공압 부품과 전기 부품을 배치한다.

② 전기 회로도와 공압 회로도에 의해 시스템을 구성한다.

③ 적당한 길이의 공압 호스로 배관을 하고 케이블로 전기배선을 한다.

④ 배관, 배선이 완료되면 시스템을 작동하여 이상 유무를 파악한다.

⑤ 공압과 전기를 차단하고 각종 부품을 정리 정돈한다.

회로도 파악, 배관·배선 및 운전실습 (2)

(1) 실습목표

① 시퀀스 제어를 알 수 있다.

② 변위 단계선도를 작성할 수 있다.

③ 공압배관과 전기배선을 하여 작동시킬 수 있다.

(2) 실습장비 및 재료

① 전기공압 실습테이블 1SET
② 서비스 유닛 1SET
③ 전원 공급기 DC24V
④ 스위치 모듈 1SET
⑤ 릴레이 모듈 1SET
⑥ 연결 케이블 1SET
⑦ 리밋 스위치 4EA
⑧ 5/2-way(또는 4/2-way) 편측 솔레노이드 밸브 1EA
⑨ 5/2-way(또는 4/2-way) 양측 솔레노이드 밸브 1EA
⑩ 속도 조절 밸브 2EA
⑪ 복동 실린더 2EA

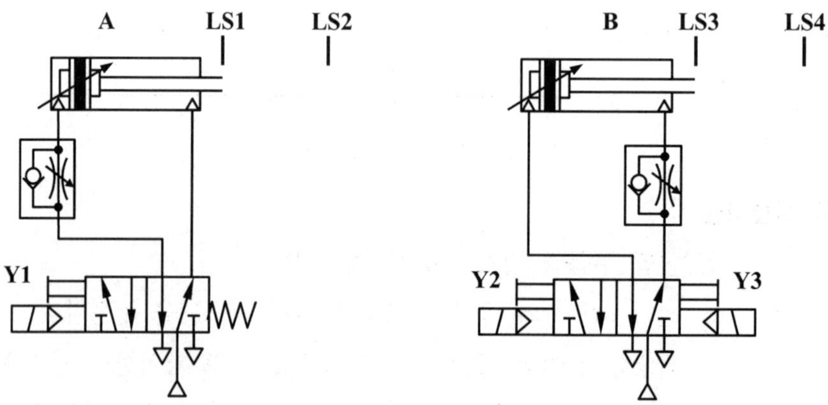

(공압 회로도)

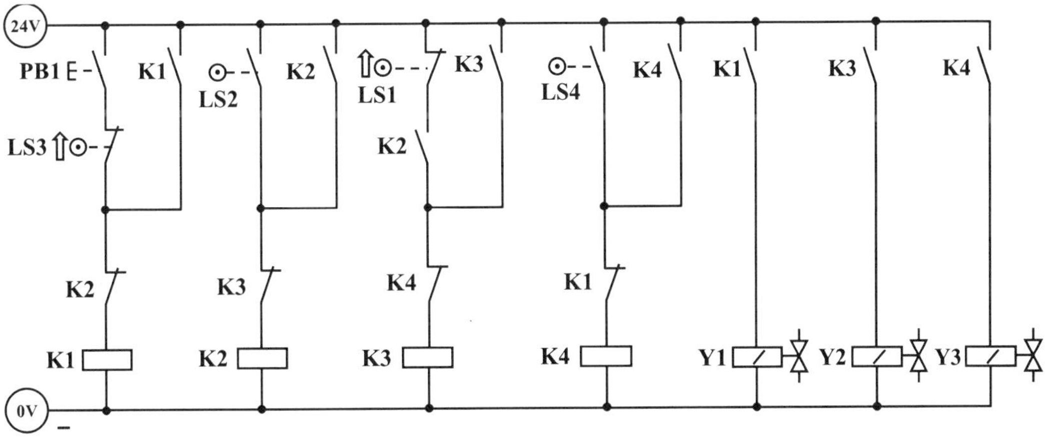

(전기 회로도)

(3) 변위 단계선도 작성하기

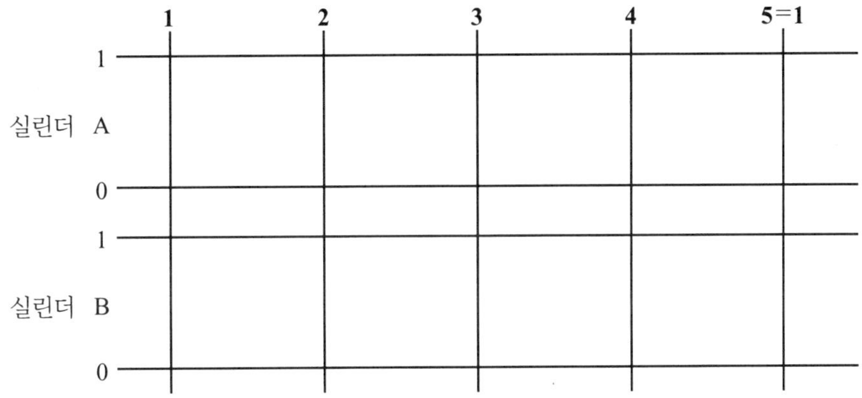

(4) 실습과정

① 공압 부품과 전기 부품을 배치한다.

② 전기 회로도와 공압 회로도에 의해 시스템을 구성한다.

③ 적당한 길이의 공압 호스로 배관을 하고 케이블로 전기배선을 한다.

④ 배관, 배선이 완료되면 시스템을 작동하여 이상 유무를 파악한다.

⑤ 공압과 전기를 차단하고 각종 부품을 정리 정돈한다.

회로도 파악, 배관·배선 및 운전실습 (3)

(1) 실습목표

① 시퀀스 제어를 알 수 있다.

② 변위 단계선도를 작성할 수 있다.

③ 공압배관과 전기배선을 하여 작동시킬 수 있다.

(2) 실습장비 및 재료

① 전기공압 실습테이블 1SET

② 서비스 유닛 1SET

③ 전원 공급기 DC24V

④ 스위치 모듈 1SET

⑤ 릴레이 모듈 1SET

⑥ 연결 케이블 1SET

⑦ 리밋 스위치 4EA

⑧ 5/2-way(또는 4/2-way) 편측 솔레노이드 밸브 2EA

⑨ 속도 조절 밸브 2EA

⑩ 복동 실린더 2EA

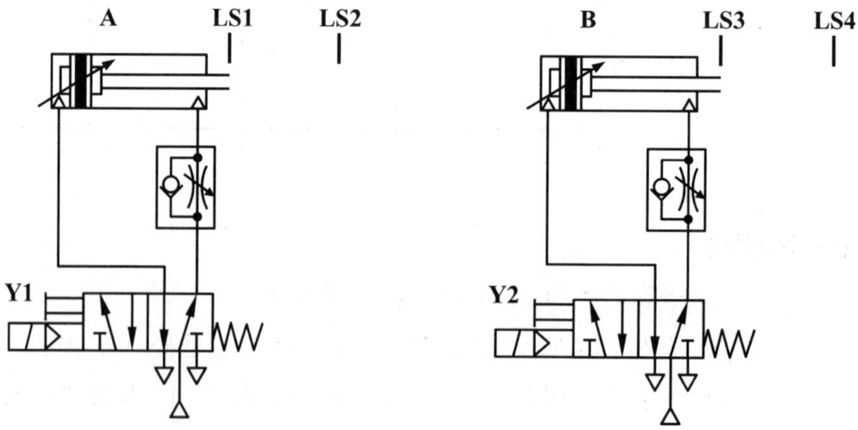

(공압 회로도)

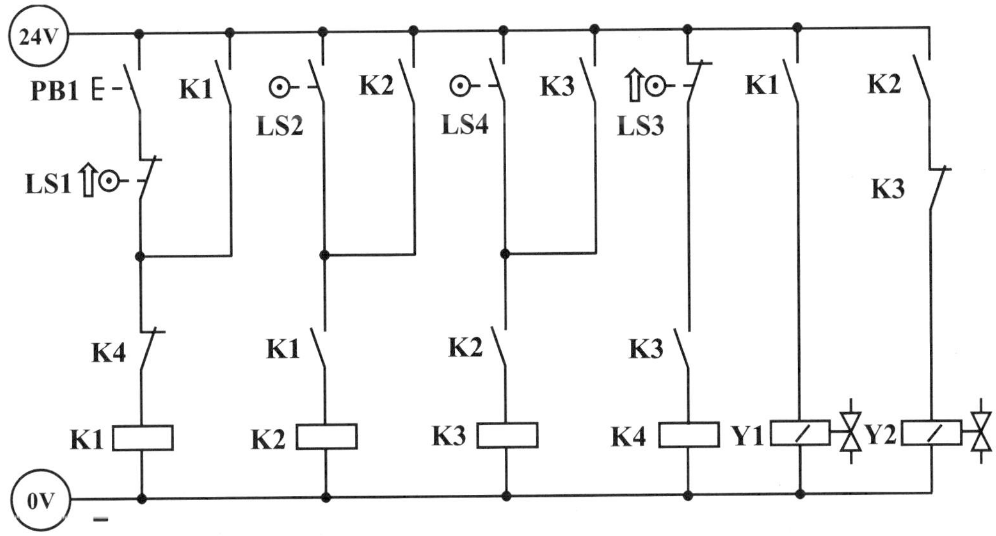

(전기 회로도)

(3) 변위 단계선도 작성하기

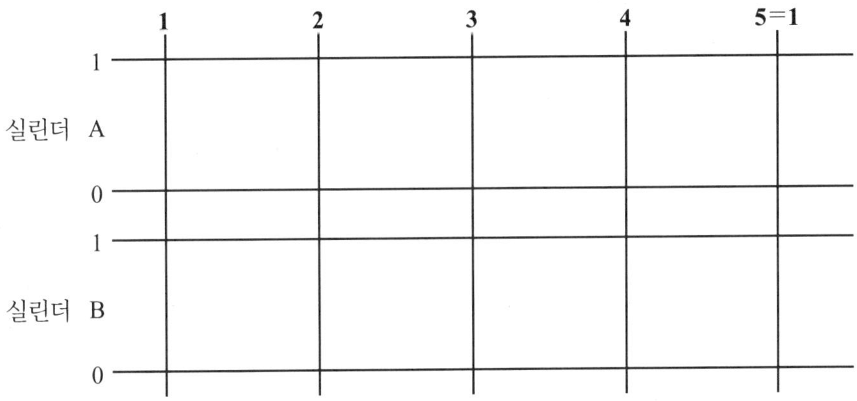

(4) 실습과정

① 공압 부품과 전기 부품을 배치한다.

② 전기 회로도와 공압 회로도에 의해 시스템을 구성한다.

③ 적당한 길이의 공압 호스로 배관을 하고 케이블로 전기배선을 한다.

④ 배관, 배선이 완료되면 시스템을 작동하여 이상 유무를 파악한다.

⑤ 공압과 전기를 차단하고 각종 부품을 정리 정돈한다.

회로도 파악, 배관·배선 및 운전실습 (4)

(1) 실습목표

① 시퀀스 제어를 알 수 있다.

② 변위 단계선도를 작성할 수 있다.

③ 공압배관과 전기배선을 하여 작동시킬 수 있다.

(2) 실습장비 및 재료

① 전기공압 실습테이블 1SET
② 서비스 유닛 1SET
③ 전원 공급기 DC24V
④ 스위치 모듈 1SET
⑤ 릴레이 모듈 1SET
⑥ 연결 케이블 1SET
⑦ 리밋 스위치 4EA
⑧ 5/2-way(또는 4/2-way) 편측 솔레노이드 밸브 2EA
⑨ 속도 조절 밸브 1EA
⑩ 복동 실린더 2EA

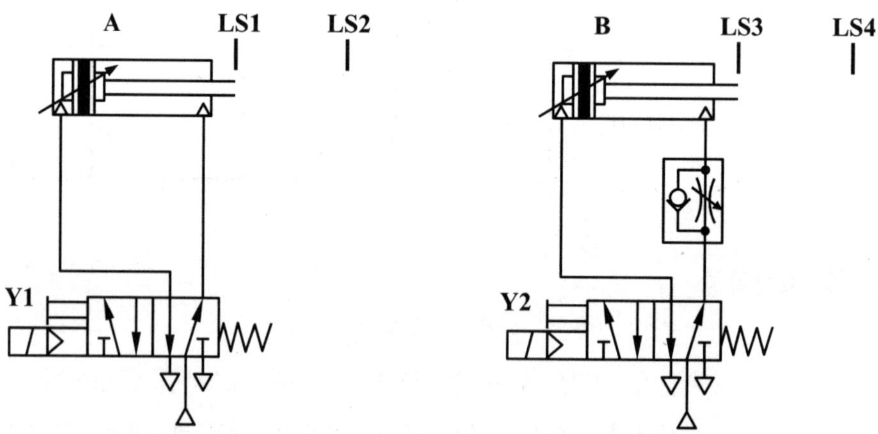

(공압 회로도)

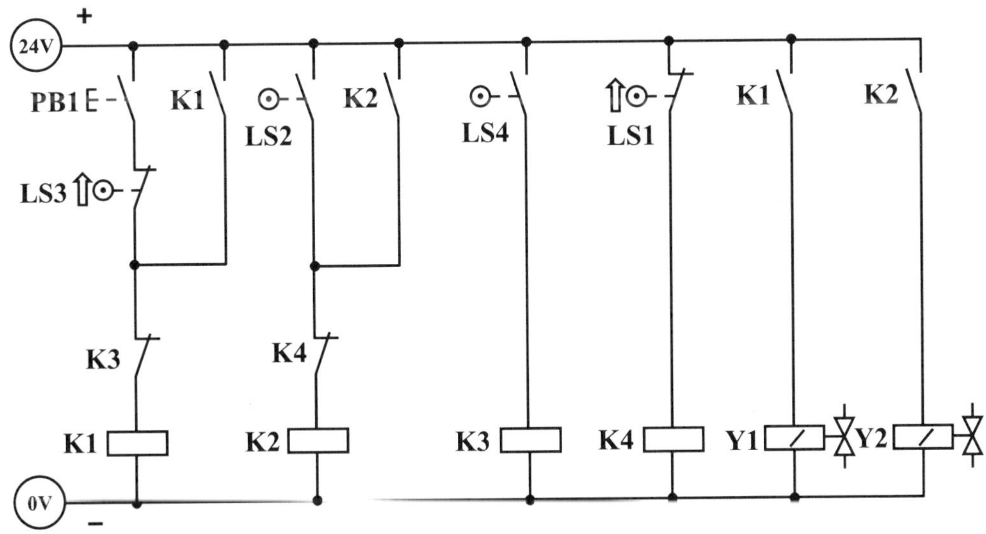

(전기 회로도)

(3) 변위 단계선도 작성하기

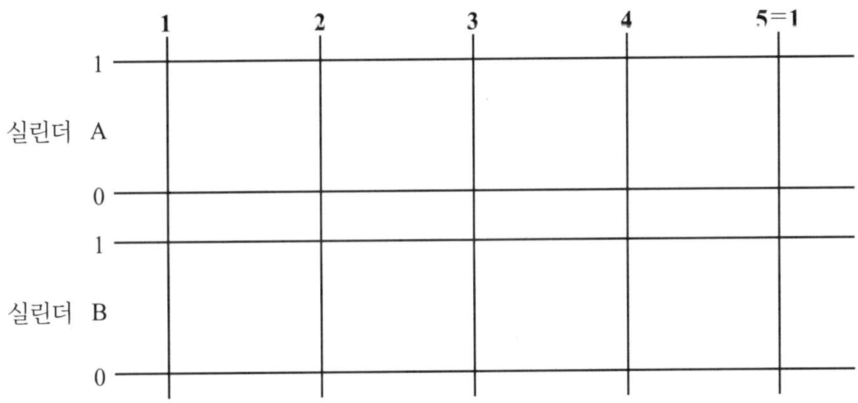

(4) 실습과정

① 공압 부품과 전기 부품을 배치한다.

② 전기 회로도와 공압 회로도에 의해 시스템을 구성한다.

③ 적당한 길이의 공압 호스로 배관을 하고 케이블로 전기배선을 한다.

④ 배관, 배선이 완료되면 시스템을 작동하여 이상 유무를 파악한다.

⑤ 공압과 전기를 차단하고 각종 부품을 정리 정돈한다.

회로도 파악, 배관·배선 및 운전실습 (5)

(1) 실습목표

① 시퀀스 제어를 알 수 있다.

② 변위 단계선도를 작성할 수 있다.

③ 공압배관과 전기배선을 하여 작동시킬 수 있다.

(2) 실습장비 및 재료

① 전기공압 실습테이블 1SET ② 서비스 유닛 1SET

③ 전원 공급기 DC24V ④ 스위치 모듈 1SET

⑤ 릴레이 모듈 1SET ⑥ 연결 케이블 1SET

⑦ 리밋 스위치 4EA

⑧ 5/2-way(또는 4/2-way) 양측 솔레노이드 밸브 2EA

⑨ 속도 조절 밸브 2EA

⑩ 복동 실린더 2EA

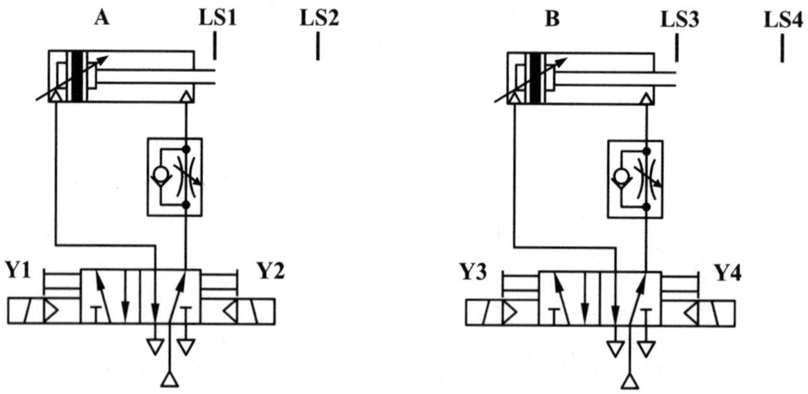

(공압 회로도)

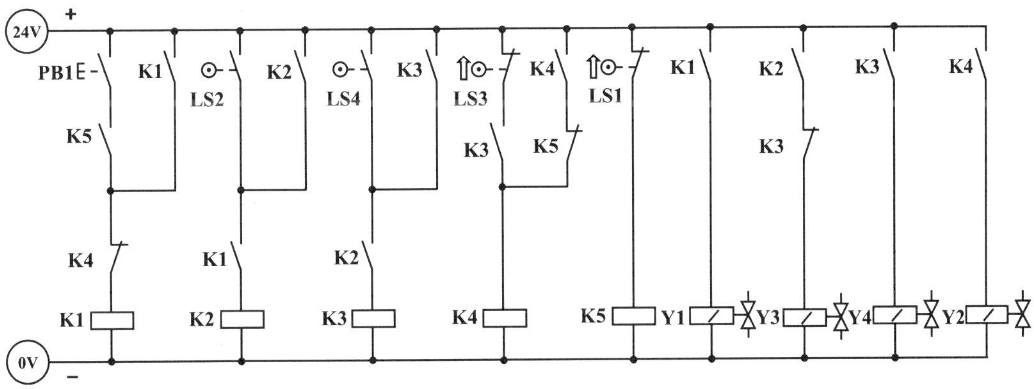

(전기 회로도)

(3) 변위 단계선도 작성하기

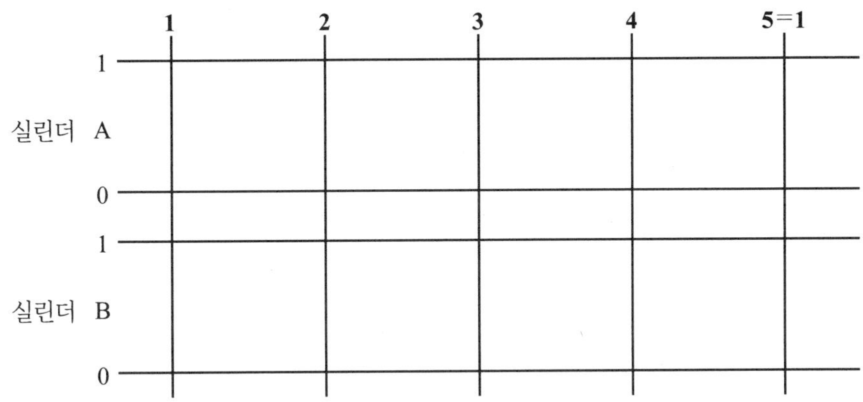

(4) 실습과정

① 공압 부품과 전기 부품을 배치한다.

② 전기 회로도와 공압 회로도에 의해 시스템을 구성한다.

③ 적당한 길이의 공압 호스로 배관을 하고 케이블로 전기배선을 한다.

④ 배관, 배선이 완료되면 시스템을 작동하여 이상 유무를 파악한다.

⑤ 공압과 전기를 차단하고 각종 부품을 정리 정돈한다.

회로도 파악, 배관·배선 및 운전실습 (6)

(1) 실습목표

① 시퀀스 제어를 알 수 있다.

② 변위 단계선도를 작성할 수 있다.

③ 공압배관과 전기배선을 하여 작동시킬 수 있다.

(2) 실습장비 및 재료

① 전기공압 실습테이블 1SET ② 서비스 유닛 1SET

③ 전원 공급기 DC24V ④ 스위치 모듈 1SET

⑤ 릴레이 모듈 1SET ⑥ 연결 케이블 1SET

⑦ 리밋 스위치 4EA

⑧ 5/2-way(또는 4/2-way) 양측 솔레노이드 밸브 2EA

⑨ 속도 조절 밸브 2EA

⑩ 복동 실린더 2EA

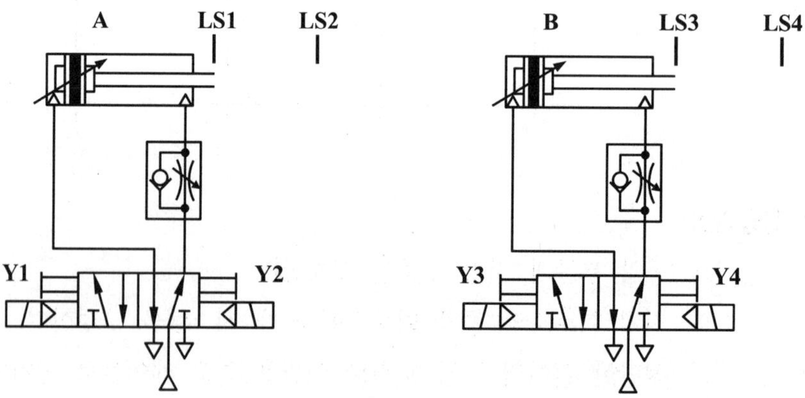

(공압 회로도)

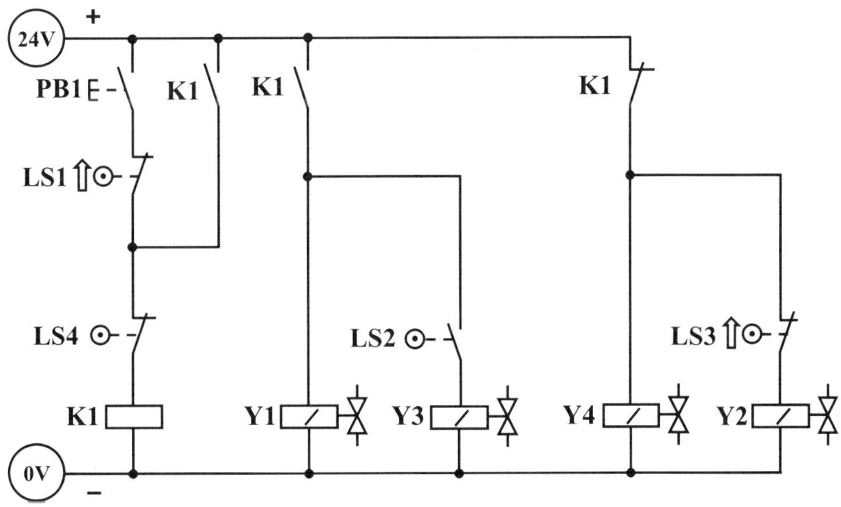

(전기 회로도)

(3) 변위 단계선도 작성하기

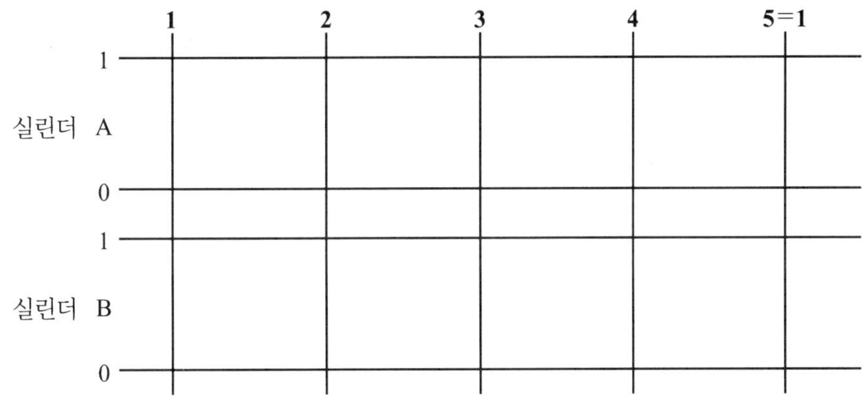

(4) 실습과정

① 공압 부품과 전기 부품을 배치한다.

② 전기 회로도와 공압 회로도에 의해 시스템을 구성한다.

③ 적당한 길이의 공압 호스로 배관을 하고 케이블로 전기배선을 한다.

④ 배관, 배선이 완료되면 시스템을 작동하여 이상 유무를 파악한다.

⑤ 공압과 전기를 차단하고 각종 부품을 정리 정돈한다.

회로도 파악, 배관·배선 및 운전실습 (7)

(1) 실습목표

① 시퀀스 제어를 알 수 있다.

② 변위 단계선도를 작성할 수 있다.

③ 공압배관과 전기배선을 하여 작동시킬 수 있다.

(2) 실습장비 및 재료

① 전기공압 실습테이블 1SET ② 서비스 유닛 1SET

③ 전원 공급기 DC24V ④ 스위치 모듈 1SET

⑤ 릴레이 모듈 1SET ⑥ 연결 케이블 1SET

⑦ 리밋 스위치 4EA

⑧ 5/2-way(또는 4/2-way) 양측 솔레노이드 밸브 1EA

⑨ 5/2-way(또는 4/2-way) 편측 솔레노이드 밸브 1EA

⑩ 속도 조절 밸브 2EA

⑪ 복동 실린더 2EA

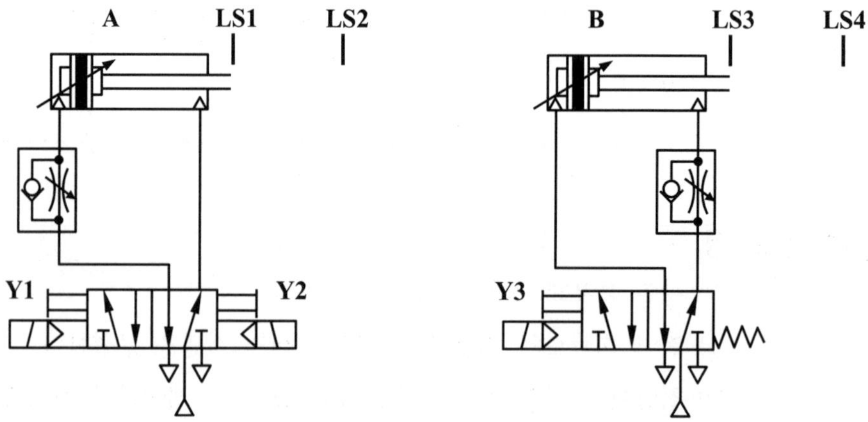

(공압 회로도)

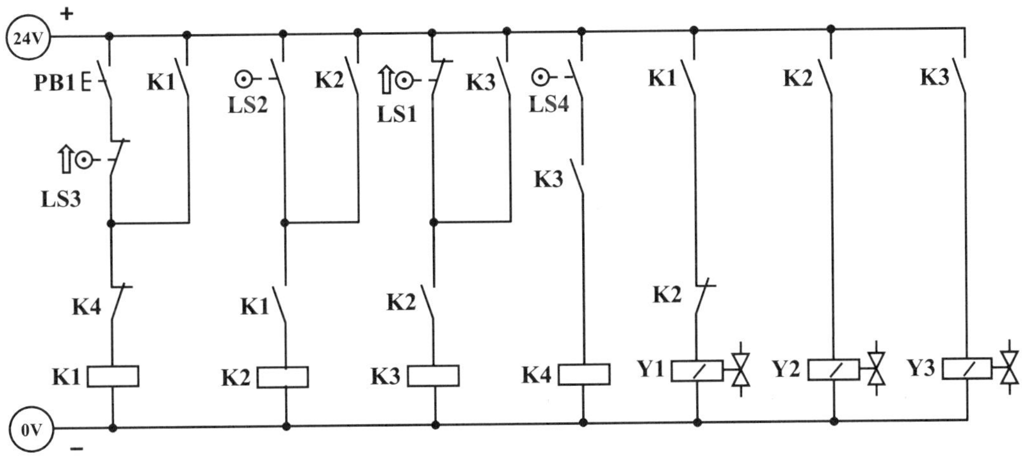

(전기 회로도)

(3) 변위 단계선도 작성하기

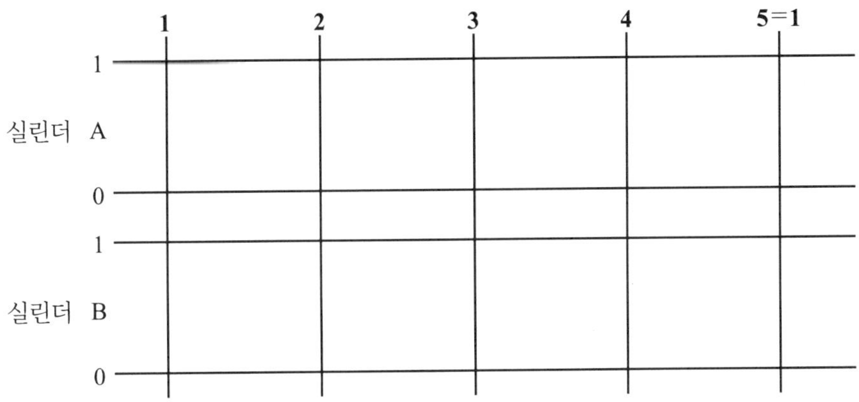

(4) 실습과정

① 공압 부품과 전기 부품을 배치한다.

② 전기 회로도와 공압 회로도에 의해 시스템을 구성한다.

③ 적당한 길이의 공압 호스로 배관을 하고 케이블로 전기배선을 한다.

④ 배관, 배선이 완료되면 시스템을 작동하여 이상 유무를 파악한다.

⑤ 공압과 전기를 차단하고 각종 부품을 정리 정돈한다.

회로도 파악, 배관·배선 및 운전실습 (8)

(1) 실습목표

① 시퀀스 제어를 알 수 있다.

② 변위 단계선도를 작성할 수 있다.

③ 공압배관과 전기배선을 하여 작동시킬 수 있다.

(2) 실습장비 및 재료

① 전기공압 실습테이블 1SET
② 서비스 유닛 1SET
③ 전원 공급기 DC24V
④ 스위치 모듈 1SET
⑤ 릴레이 모듈 1SET
⑥ 연결 케이블 1SET
⑦ 리밋 스위치 4EA
⑧ 5/2-way(또는 4/2-way) 편측 솔레노이드 밸브 2EA
⑨ 속도 조절 밸브 2EA
⑩ 복동 실린더 2EA

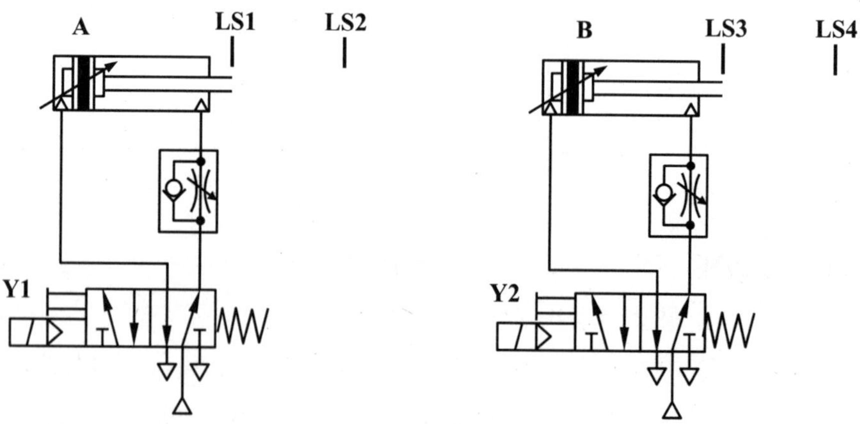

(공압 회로도)

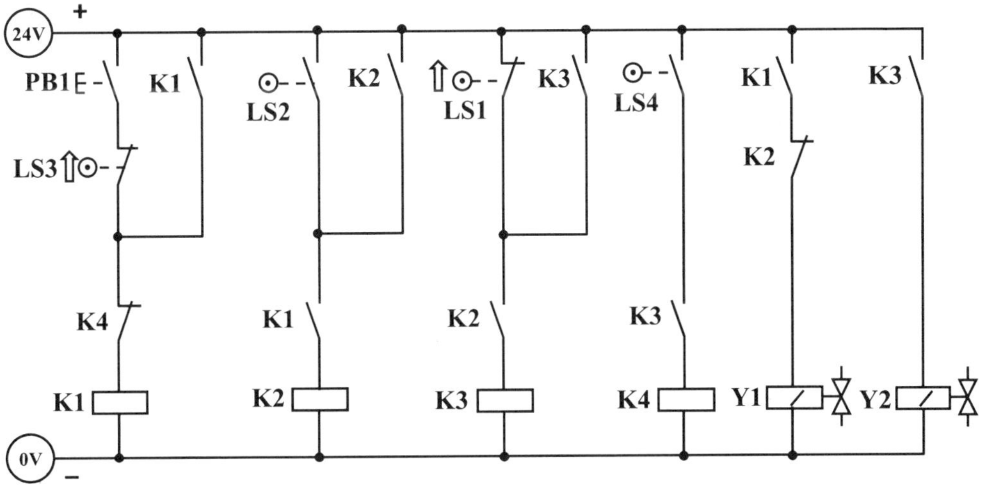

(전기 회로도)

(3) 변위 단계선도 작성하기

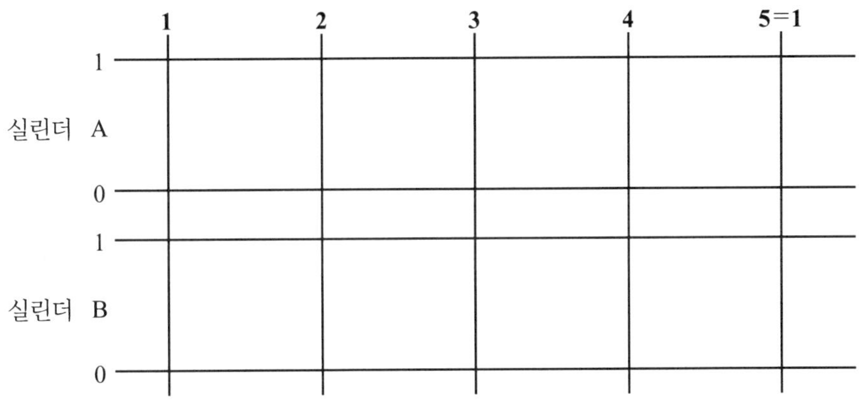

(4) 실습과정

① 공압 부품과 전기 부품을 배치한다.

② 전기 회로도와 공압 회로도에 의해 시스템을 구성한다.

③ 적당한 길이의 공압 호스로 배관을 하고 케이블로 전기배선을 한다.

④ 배관, 배선이 완료되면 시스템을 작동하여 이상 유무를 파악한다.

⑤ 공압과 전기를 차단하고 각종 부품을 정리 정돈한다.

회로도 파악, 배관·배선 및 운전실습 (9)

(1) 실습목표

① 시퀀스 제어를 알 수 있다.

② 변위 단계선도를 작성할 수 있다.

③ 공압배관과 전기배선을 하여 작동시킬 수 있다.

(2) 실습장비 및 재료

① 전기공압 실습테이블 1SET ② 서비스 유닛 1SET

③ 전원 공급기 DC24V ④ 스위치 모듈 1SET

⑤ 릴레이 모듈 1SET ⑥ 연결 케이블 1SET

⑦ 리밋 스위치 4EA

⑧ 5/2-way(또는 4/2-way) 양측 솔레노이드 밸브 2EA

⑨ 속도 조절 밸브 2EA

⑩ 복동 실린더 2EA

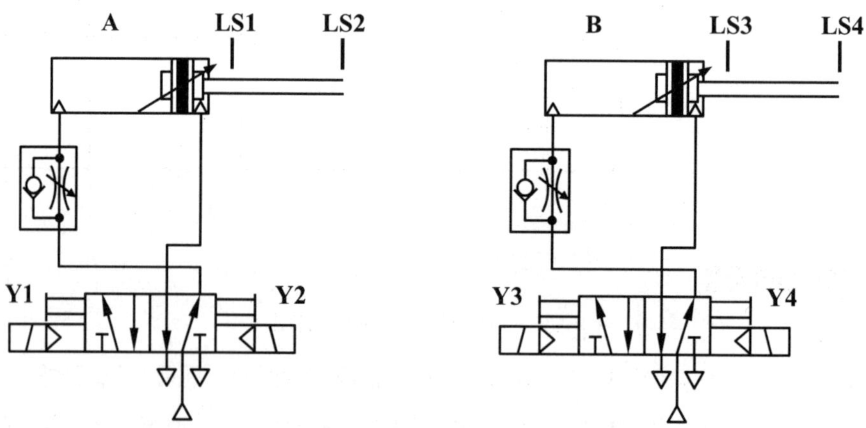

(공압 회로도)

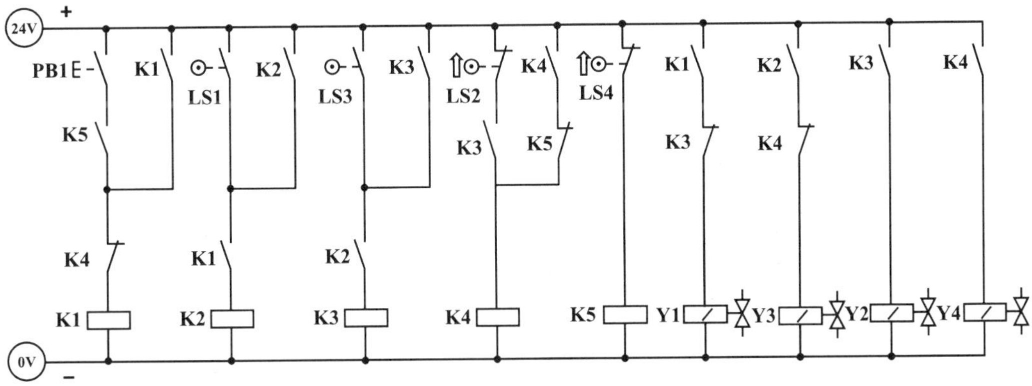

(전기 회로도)

(3) 변위 단계선도 작성하기

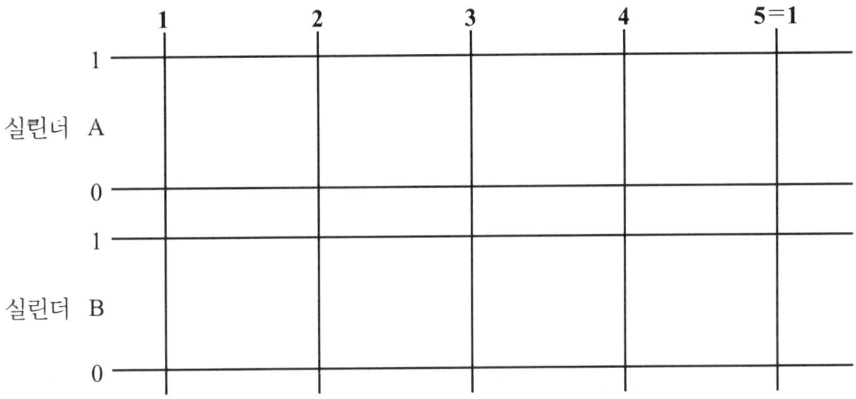

(4) 실습과정

① 공압 부품과 전기 부품을 배치한다.

② 전기 회로도와 공압 회로도에 의해 시스템을 구성한다.

③ 적당한 길이의 공압 호스로 배관을 하고 케이블로 전기배선을 한다.

④ 배관, 배선이 완료되면 시스템을 작동하여 이상 유무를 파악한다.

⑤ 공압과 전기를 차단하고 각종 부품을 정리 정돈한다.

회로도 파악, 배관·배선 및 운전실습 (10)

(1) 실습목표

① 시퀀스 제어를 알 수 있다.

② 변위 단계선도를 작성할 수 있다.

③ 공압배관과 전기배선을 하여 작동시킬 수 있다.

(2) 실습장비 및 재료

① 전기공압 실습테이블 1SET ② 서비스 유닛 1SET

③ 전원 공급기 DC24V ④ 스위치 모듈 1SET

⑤ 릴레이 모듈 1SET ⑥ 연결 케이블 1SET

⑦ 리밋 스위치 4EA

⑧ 5/2-way(또는 4/2-way) 편측 솔레노이드 밸브 1EA

⑨ 5/2-way(또는 4/2-way) 양측 솔레노이드 밸브 1EA

⑩ 속도 조절 밸브 2EA

⑪ 복동 실린더 2EA

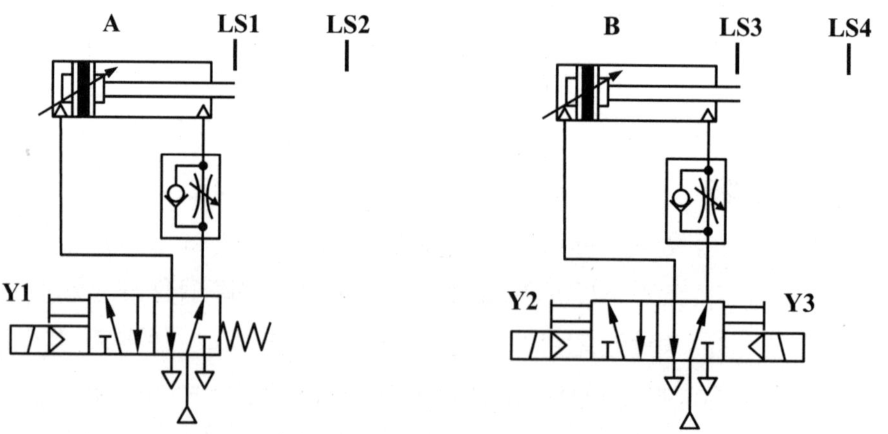

(공압 회로도)

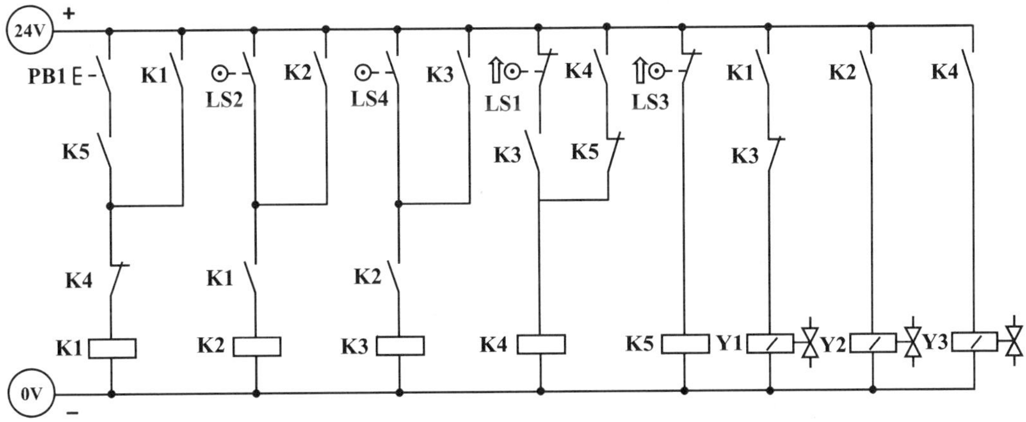

(전기 회로도)

(3) 변위 단계선도 작성하기

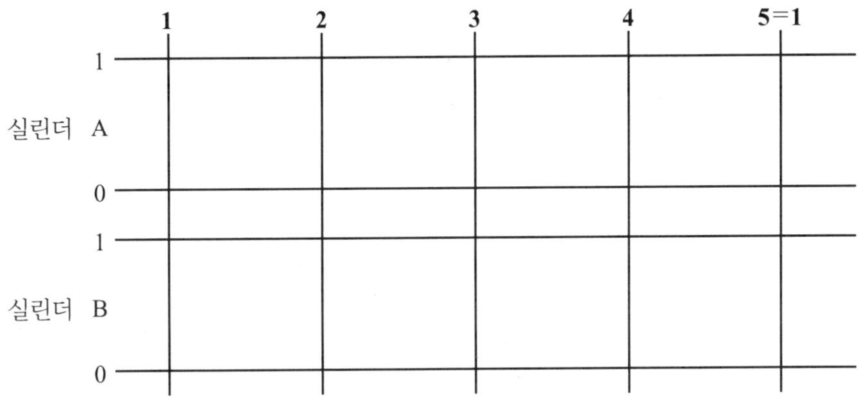

(4) 실습과정

① 공압 부품과 전기 부품을 배치한다.

② 전기 회로도와 공압 회로도에 의해 시스템을 구성한다.

③ 적당한 길이의 공압 호스로 배관을 하고 케이블로 전기배선을 한다.

④ 배관, 배선이 완료되면 시스템을 작동하여 이상 유무를 파악한다.

⑤ 공압과 전기를 차단하고 각종 부품을 정리 정돈한다.

회로도 파악, 배관·배선 및 운전실습 (11)

(1) 실습목표

① 시퀀스 제어를 알 수 있다.
② 변위 단계선도를 작성할 수 있다.
③ 공압배관과 전기배선을 하여 작동시킬 수 있다.

(2) 실습장비 및 재료

① 전기공압 실습테이블 1SET ② 서비스 유닛 1SET
③ 전원 공급기 DC24V ④ 스위치 모듈 1SET
⑤ 릴레이 모듈 1SET ⑥ 연결 케이블 1SET
⑦ 리밋 스위치 4EA
⑧ 5/2-way(또는 4/2-way) 양측 솔레노이드 밸브 2EA
⑨ 속도 조절 밸브 2EA
⑩ 복동 실린더 2EA

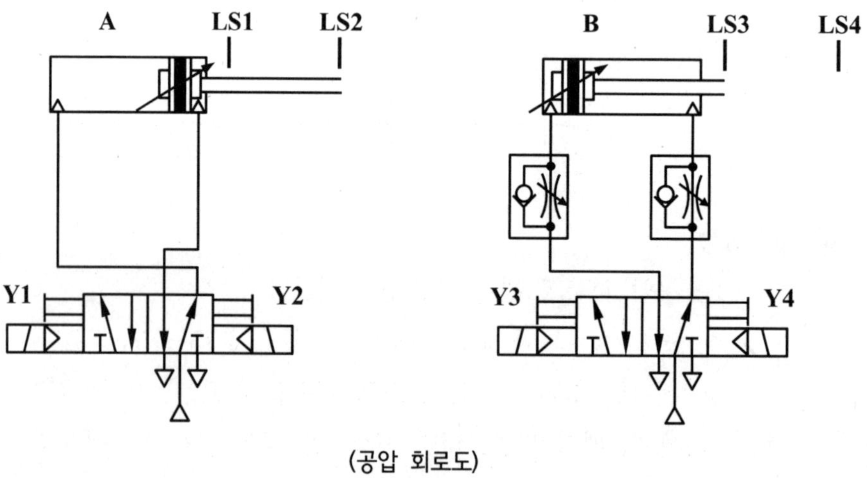

(공압 회로도)

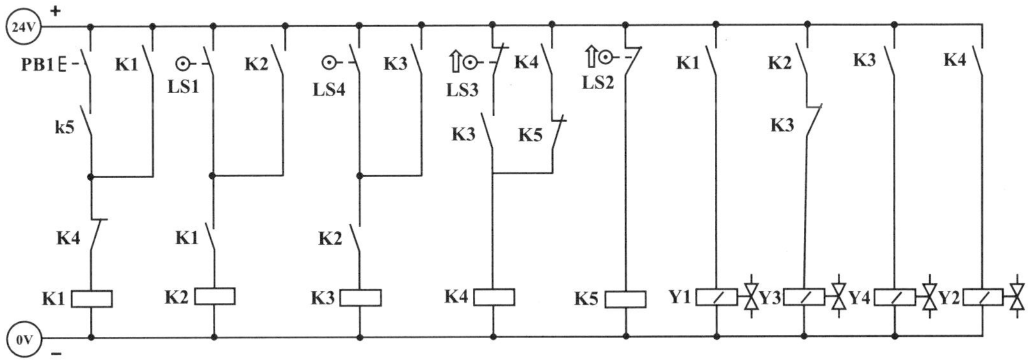

(전기 회로도)

(3) 변위 단계선도 작성하기

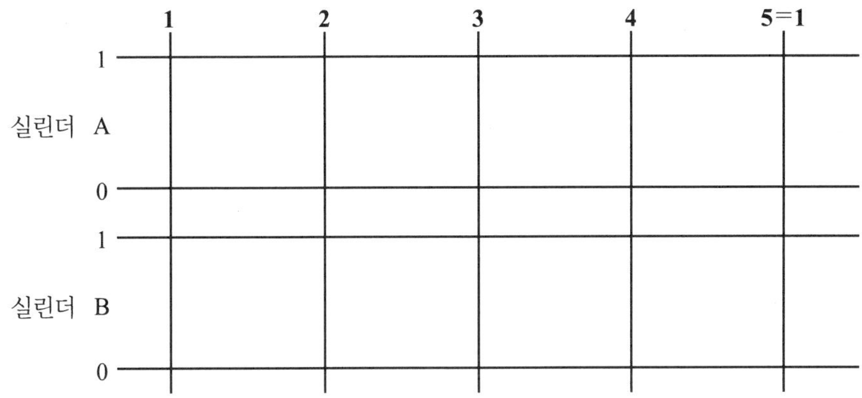

(4) 실습과정

① 공압 부품과 전기 부품을 배치한다.

② 전기 회로도와 공압 회로도에 의해 시스템을 구성한다.

③ 적당한 길이의 공압 호스로 배관을 하고 케이블로 전기배선을 한다.

④ 배관, 배선이 완료되면 시스템을 작동하여 이상 유무를 파악한다.

⑤ 공압과 전기를 차단하고 각종 부품을 정리 정돈한다.

회로도 파악, 배관·배선 및 운전실습 (12)

(1) 실습목표

① 시퀀스 제어를 알 수 있다.

② 변위 단계선도를 작성할 수 있다.

③ 공압배관과 전기배선을 하여 작동시킬 수 있다.

(2) 실습장비 및 재료

① 전기공압 실습테이블 1SET ② 서비스 유닛 1SET

③ 전원 공급기 DC24V ④ 스위치 모듈 1SET

⑤ 릴레이 모듈 1SET ⑥ 연결 케이블 1SET

⑦ 리밋 스위치 4EA

⑧ 5/2-way(또는 4/2-way) 편측 솔레노이드 밸브 1EA

⑨ 5/2-way(또는 4/2-way) 양측 솔레노이드 밸브 1EA

⑩ 속도 조절 밸브 2EA

⑪ 복동 실린더 2EA

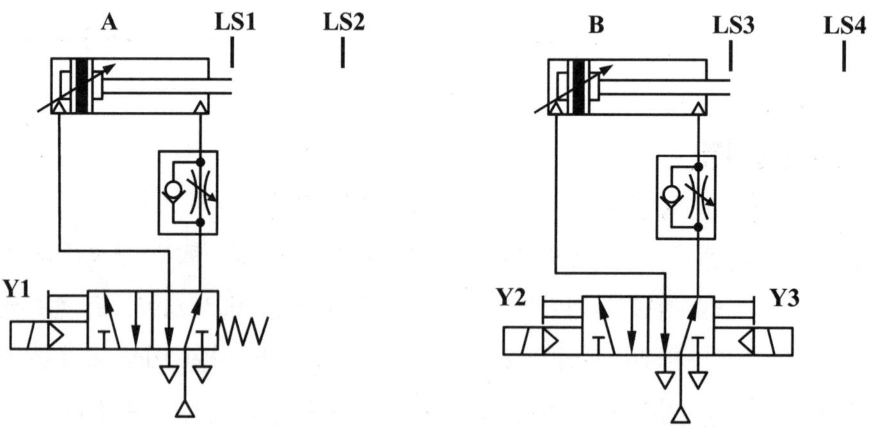

(공압 회로도)

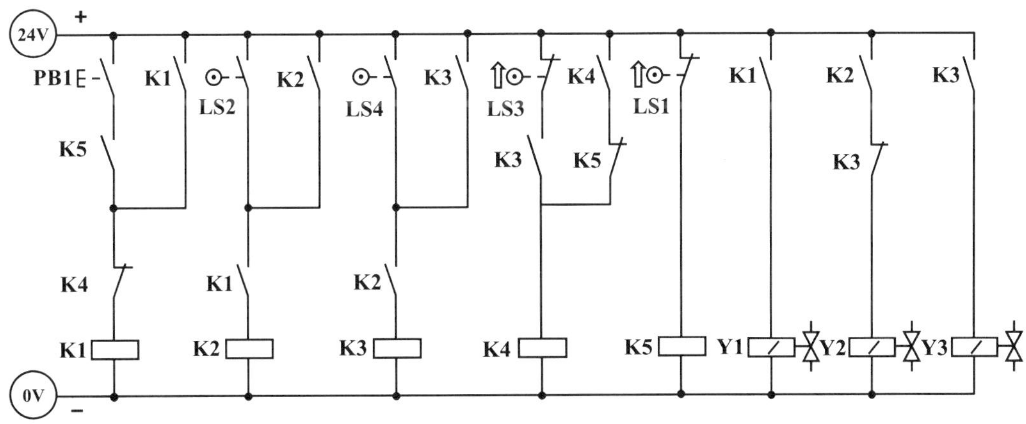

(전기 회로도)

(3) 변위 단계선도 작성하기

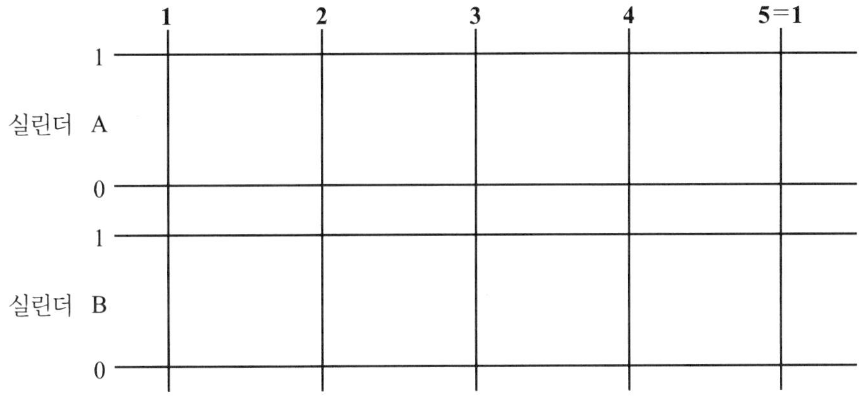

(4) 실습과정

① 공압 부품과 전기 부품을 배치한다.

② 전기 회로도와 공압 회로도에 의해 시스템을 구성한다.

③ 적당한 길이의 공압 호스로 배관을 하고 케이블로 전기배선을 한다.

④ 배관, 배선이 완료되면 시스템을 작동하여 이상 유무를 파악한다.

⑤ 공압과 전기를 차단하고 각종 부품을 정리 정돈한다.

회로도 파악, 배관·배선 및 운전실습 (13)

(1) 실습목표

① 시퀀스 제어를 알 수 있다.
② 변위 단계선도를 작성할 수 있다.
③ 공압배관과 전기배선을 하여 작동시킬 수 있다.

(2) 실습장비 및 재료

① 전기공압 실습테이블 1SET ② 서비스 유닛 1SET
③ 전원 공급기 DC24V ④ 스위치 모듈 1SET
⑤ 릴레이 모듈 1SET ⑥ 연결 케이블 1SET
⑦ 리밋 스위치 4EA
⑧ 5/2-way(또는 4/2-way) 양측 솔레노이드 밸브 2EA
⑨ 속도 조절 밸브 2EA
⑩ 복동 실린더 2EA

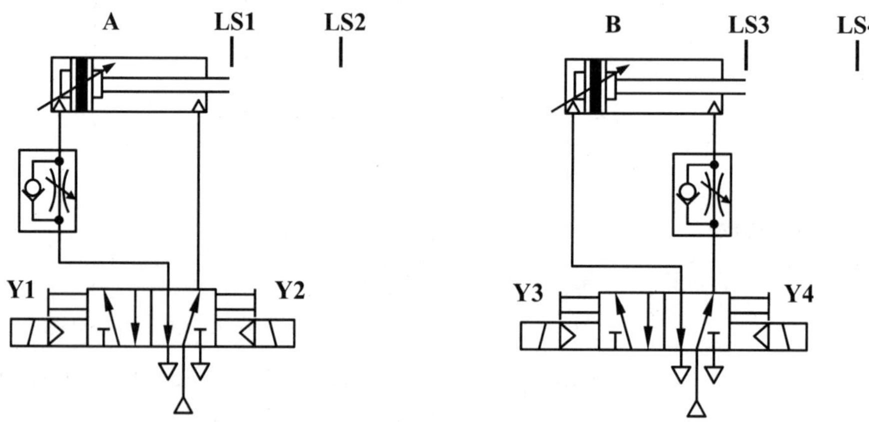

(공압 회로도)

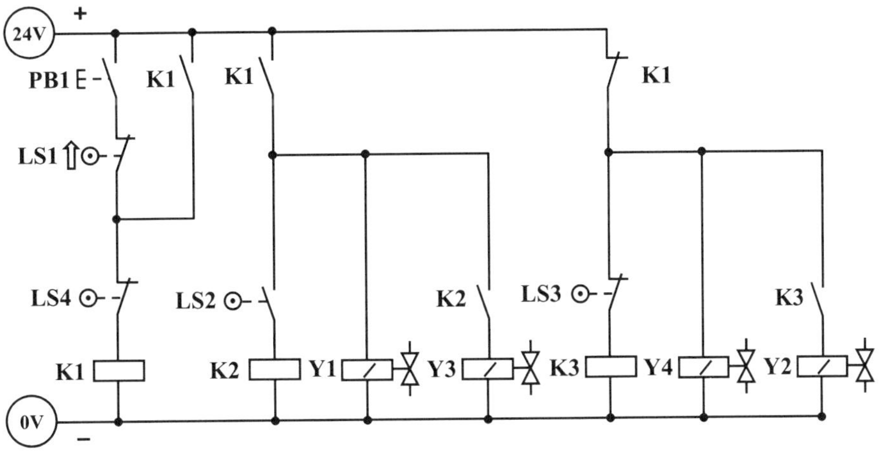

(전기 회로도)

(3) 변위 단계선도 작성하기

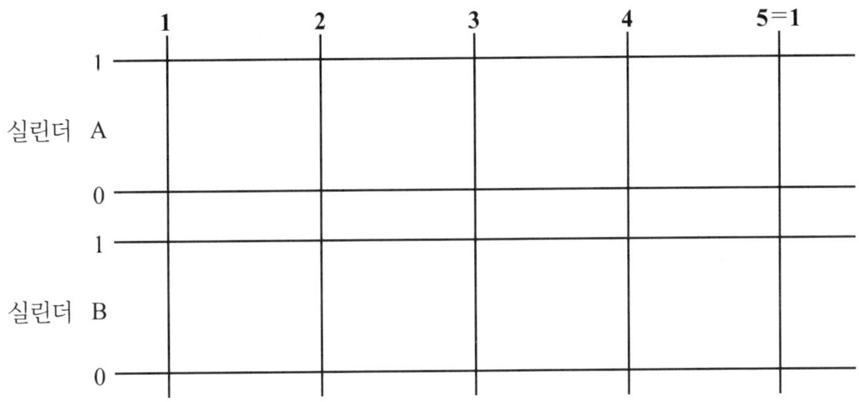

(4) 실습과정

① 공압 부품과 전기 부품을 배치한다.

② 전기 회로도와 공압 회로도에 의해 시스템을 구성한다.

③ 적당한 길이의 공압 호스로 배관을 하고 케이블로 전기배선을 한다.

④ 배관, 배선이 완료되면 시스템을 작동하여 이상 유무를 파악한다.

⑤ 공압과 전기를 차단하고 각종 부품을 정리 정돈한다.

회로도 파악, 배관·배선 및 운전실습 (14)

(1) 실습목표

① 시퀀스 제어를 알 수 있다.

② 변위 단계선도를 작성할 수 있다.

③ 공압배관과 전기배선을 하여 작동시킬 수 있다.

(2) 실습장비 및 재료

① 전기공압 실습테이블 1SET
② 서비스 유닛 1SET
③ 전원 공급기 DC24V
④ 스위치 모듈 1SET
⑤ 릴레이 모듈 1SET
⑥ 연결 케이블 1SET
⑦ 리밋 스위치 4EA
⑧ 5/2-way(또는 4/2-way) 편측 솔레노이드 밸브 2EA
⑨ 속도 조절 밸브 2EA
⑩ 복동 실린더 2EA

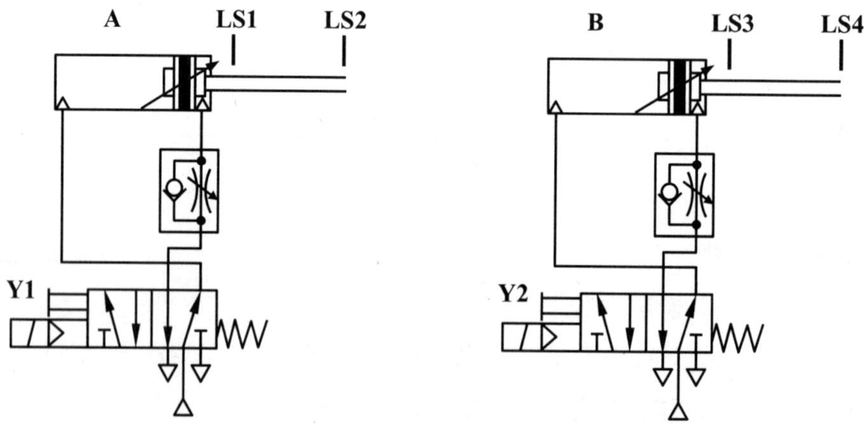

(공압 회로도)

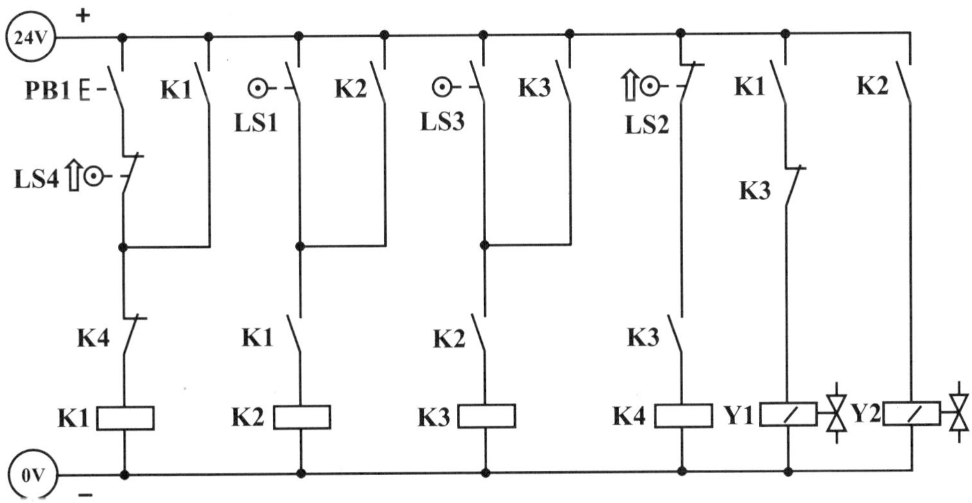

(전기 회로도)

(3) 변위 단계선도 작성하기

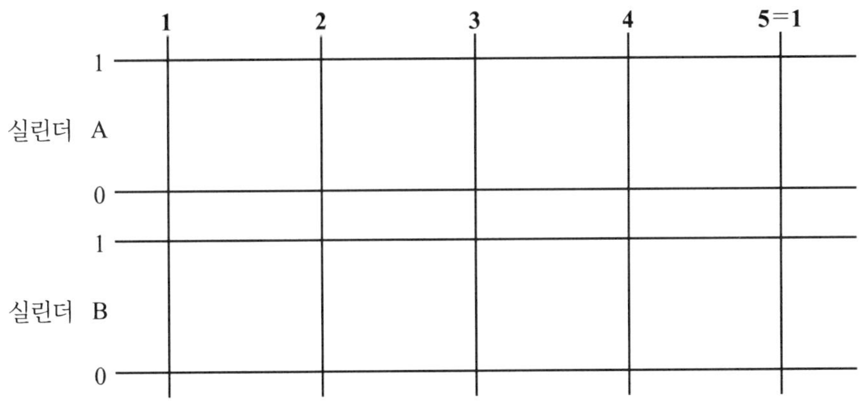

(4) 실습과정

① 공압 부품과 전기 부품을 배치한다.

② 전기 회로도와 공압 회로도에 의해 시스템을 구성한다.

③ 적당한 길이의 공압 호스로 배관을 하고 케이블로 전기배선을 한다.

④ 배관, 배선이 완료되면 시스템을 작동하여 이상 유무를 파악한다.

⑤ 공압과 전기를 차단하고 각종 부품을 정리 정돈한다.

회로도 파악, 배관·배선 및 운전실습 (15)

(1) 실습목표

① 시퀀스 제어를 알 수 있다.
② 변위 단계선도를 작성할 수 있다.
③ 공압배관과 전기배선을 하여 작동시킬 수 있다.

(2) 실습장비 및 재료

① 전기공압 실습테이블 1SET
② 서비스 유닛 1SET
③ 전원 공급기 DC24V
④ 스위치 모듈 1SET
⑤ 릴레이 모듈 1SET
⑥ 연결 케이블 1SET
⑦ 리밋 스위치 4EA
⑧ 5/2-way(또는 4/2-way) 양측 솔레노이드 밸브 1EA
⑨ 5/2-way(또는 4/2-way) 편측 솔레노이드 밸브 1EA
⑩ 속도 조절 밸브 2EA
⑪ 복동 실린더 2EA

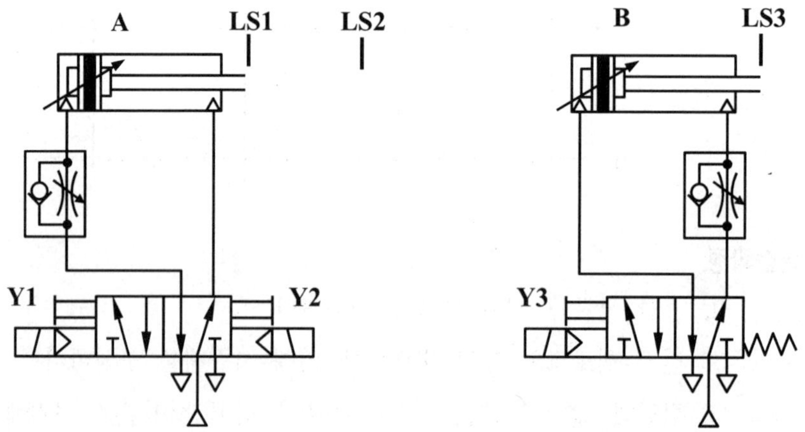

(공압 회로도)

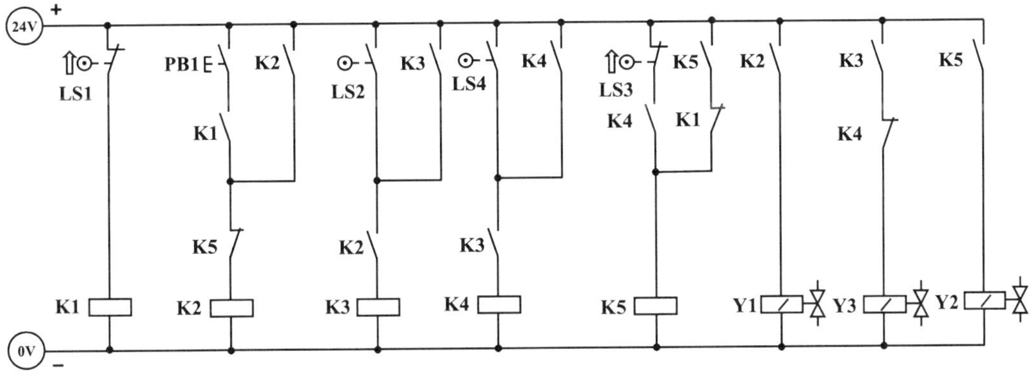

(전기 회로도)

(3) 변위 단계선도 작성하기

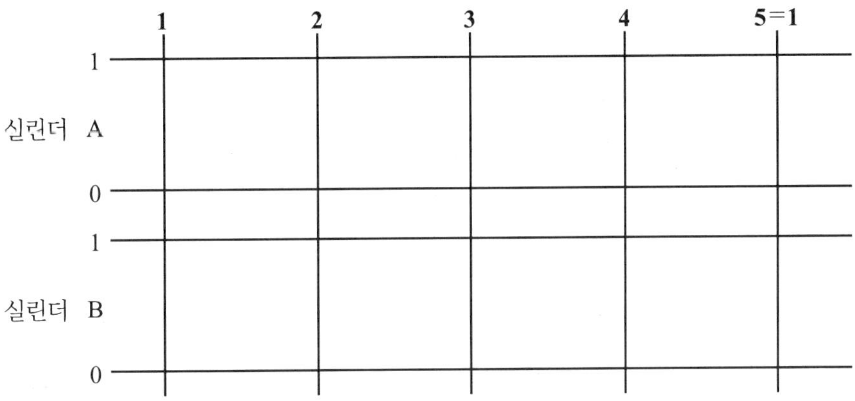

(4) 실습과정

① 공압 부품과 전기 부품을 배치한다.

② 전기 회로도와 공압 회로도에 의해 시스템을 구성한다.

③ 적당한 길이의 공압 호스로 배관을 하고 케이블로 전기배선을 한다.

④ 배관, 배선이 완료되면 시스템을 작동하여 이상 유무를 파악한다.

⑤ 공압과 전기를 차단하고 각종 부품을 정리 정돈한다.

회로도 파악, 배관·배선 및 운전실습 (16)

(1) 실습목표

① 시퀀스 제어를 알 수 있다.

② 변위 단계선도를 작성할 수 있다.

③ 공압배관과 전기배선을 하여 작동시킬 수 있다.

(2) 실습장비 및 재료

① 전기공압 실습테이블 1SET ② 서비스 유닛 1SET

③ 전원 공급기 DC24V ④ 스위치 모듈 1SET

⑤ 릴레이 모듈 1SET ⑥ 연결 케이블 1SET

⑦ 리밋 스위치 4EA

⑧ 5/2-way(또는 4/2-way) 편측 솔레노이드 밸브 2EA

⑨ 속도 조절 밸브 2EA

⑩ 복동 실린더 2EA

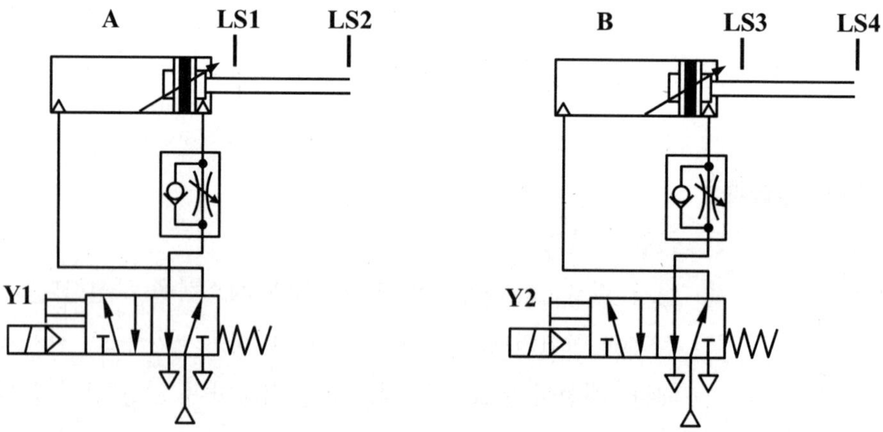

(공압 회로도)

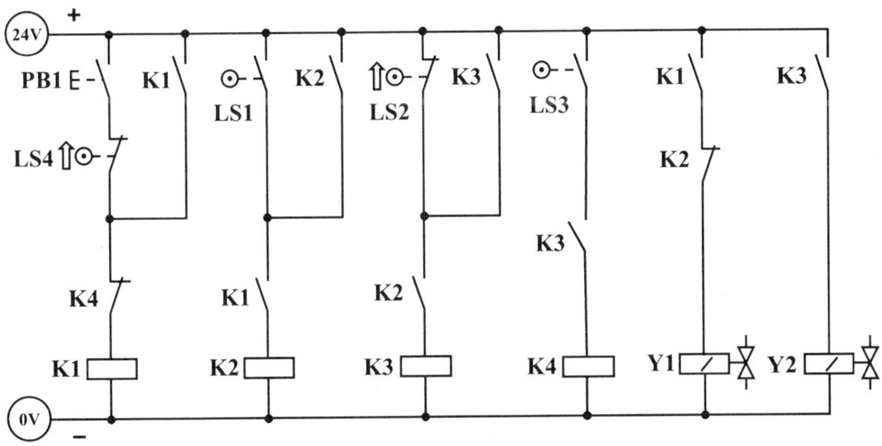

(전기 회로도)

(3) 변위 단계선도 작성하기

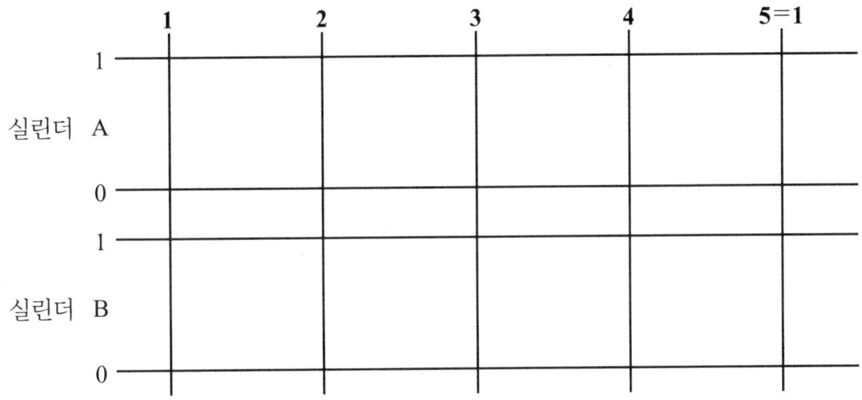

(4) 실습과정

① 공압 부품과 전기 부품을 배치한다.

② 전기 회로도와 공압 회로도에 의해 시스템을 구성한다.

③ 적당한 길이의 공압 호스로 배관을 하고 케이블로 전기배선을 한다.

④ 배관, 배선이 완료되면 시스템을 작동하여 이상 유무를 파악한다.

⑤ 공압과 전기를 차단하고 각종 부품을 정리 정돈한다.

회로도 파악, 배관·배선 및 운전실습 (17)

(1) 실습목표

① 시퀀스 제어를 알 수 있다.

② 변위 단계선도를 작성할 수 있다.

③ 공압배관과 전기배선을 하여 작동시킬 수 있다.

(2) 실습장비 및 재료

① 전기공압 실습테이블 1SET

② 서비스 유닛 1SET

③ 전원 공급기 DC24V

④ 스위치 모듈 1SET

⑤ 릴레이 모듈 1SET

⑥ 연결 케이블 1SET

⑦ 리밋 스위치 4EA

⑧ 5/2-way(또는 4/2-way) 양측 솔레노이드 밸브 2EA

⑨ 복동 실린더 2EA

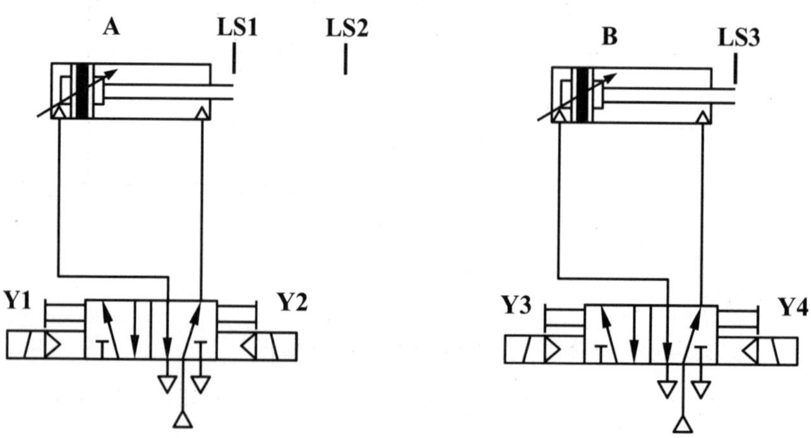

(공압 회로도)

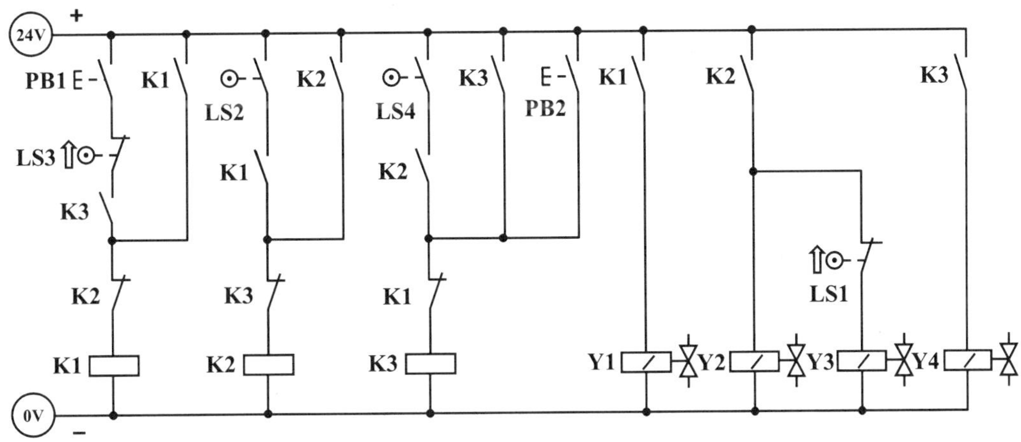

(전기 회로도)

(3) 변위 단계선도 작성하기

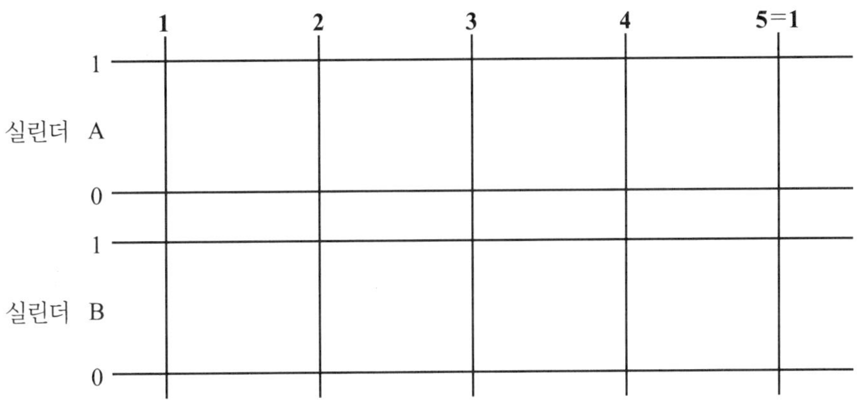

(4) 실습과정

① 공압 부품과 전기 부품을 배치한다.

② 전기 회로도와 공압 회로도에 의해 시스템을 구성한다.

③ 적당한 길이의 공압 호스로 배관을 하고 케이블로 전기배선을 한다.

④ 배관, 배선이 완료되면 시스템을 작동하여 이상 유무를 파악한다.

⑤ 공압과 전기를 차단하고 각종 부품을 정리 정돈한다.

회로도 파악, 배관·배선 및 운전실습 (18)

(1) 실습목표

① 시퀀스 제어를 알 수 있다.
② 변위 단계선도를 작성할 수 있다.
③ 공압배관과 전기배선을 하여 작동시킬 수 있다.

(2) 실습장비 및 재료

① 전기공압 실습테이블 1SET ② 서비스 유닛 1SET
③ 전원 공급기 DC24V ④ 스위치 모듈 1SET
⑤ 릴레이 모듈 1SET ⑥ 연결 케이블 1SET
⑦ 리밋 스위치 4EA
⑧ 5/2-way(또는 4/2-way) 양측 솔레노이드 밸브 2EA
⑨ 복동 실린더 2EA

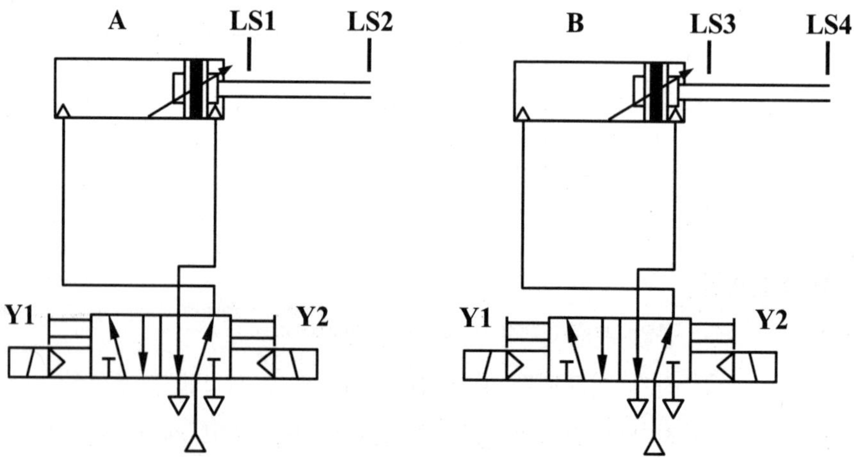

(공압 회로도)

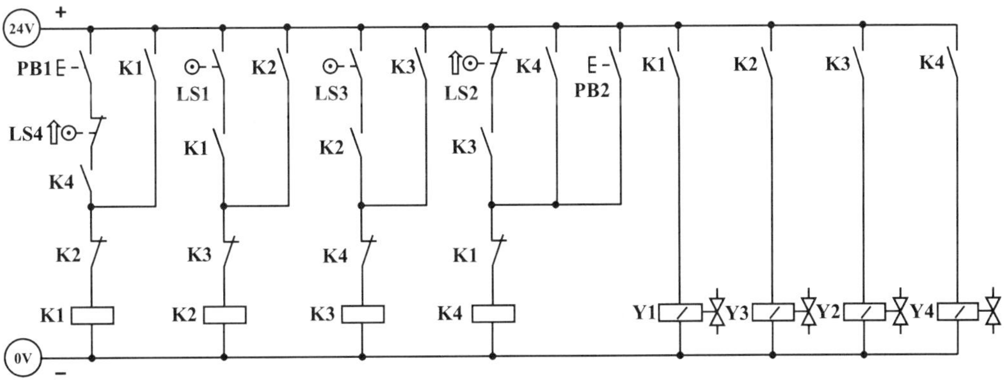

(전기 회로도)

(3) 변위 단계선도 작성하기

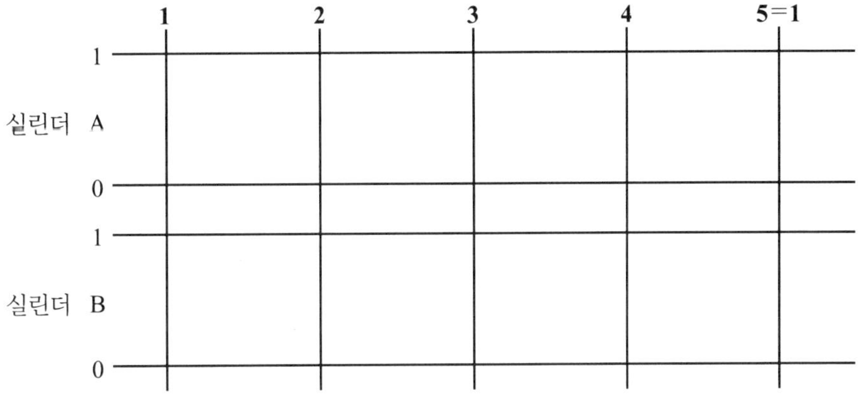

(4) 실습과정

① 공압 부품과 전기 부품을 배치한다.

② 전기 회로도와 공압 회로도에 의해 시스템을 구성한다.

③ 적당한 길이의 공압 호스로 배관을 하고 케이블로 전기배선을 한다.

④ 배관, 배선이 완료되면 시스템을 작동하여 이상 유무를 파악한다.

⑤ 공압과 전기를 차단하고 각종 부품을 정리 정돈한다.

회로도 파악, 배관·배선 및 운전실습 (19)

(1) 실습목표

① 시퀀스 제어를 알 수 있다.
② 변위 단계선도를 작성할 수 있다.
③ 공압배관과 전기배선을 하여 작동시킬 수 있다.

(2) 실습장비 및 재료

① 전기공압 실습테이블 1SET
② 서비스 유닛 1SET
③ 전원 공급기 DC24V
④ 스위치 모듈 1SET
⑤ 릴레이 모듈 1SET
⑥ 연결 케이블 1SET
⑦ 리밋 스위치 4EA
⑧ 5/2-way(또는 4/2-way) 양측 솔레노이드 밸브 1EA
⑨ 5/2-way(또는 4/2-way) 편측 솔레노이드 밸브 1EA
⑩ 속도 조절 밸브 2EA
⑪ 복동 실린더 2EA

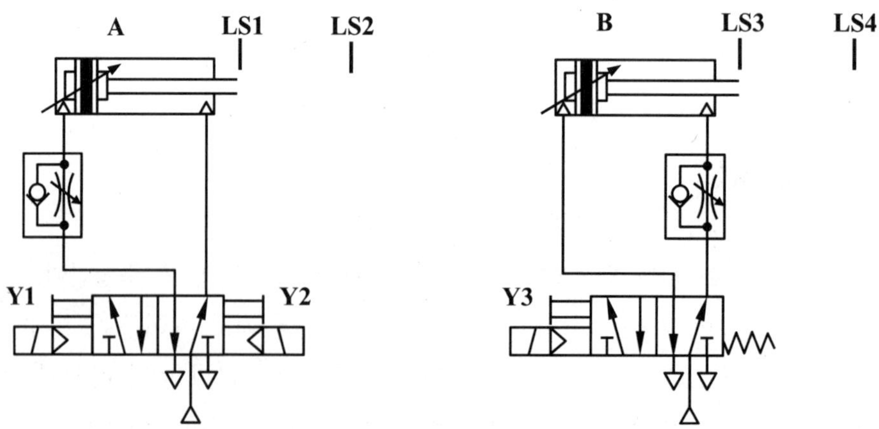

(공압 회로도)

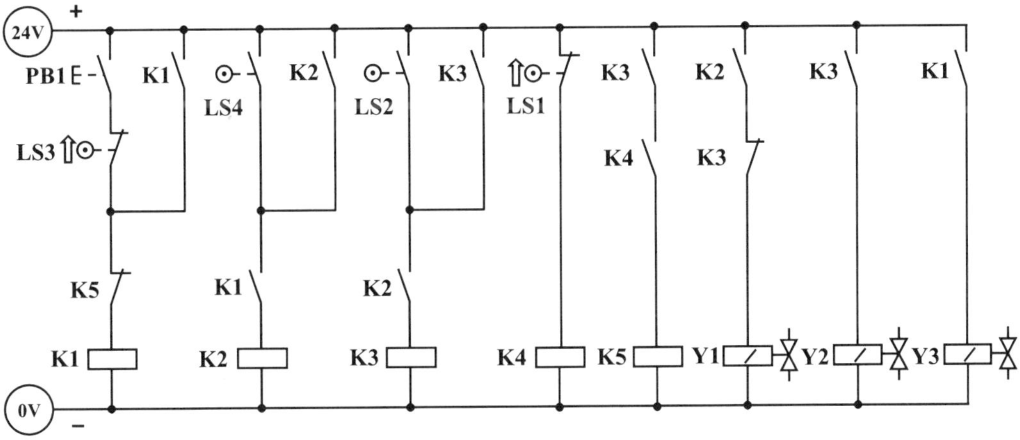

(전기 회로도)

(3) 변위 단계선도 작성하기

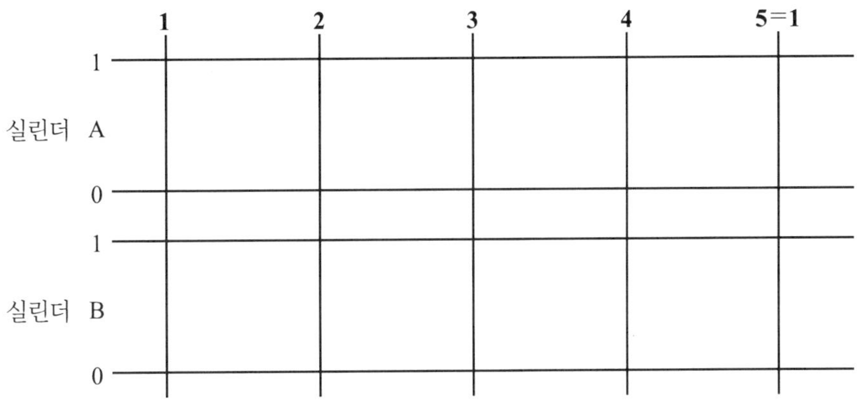

(4) 실습과정

① 공압 부품과 전기 부품을 배치한다.

② 전기 회로도와 공압 회로도에 의해 시스템을 구성한다.

③ 적당한 길이의 공압 호스로 배관을 하고 케이블로 전기배선을 한다.

④ 배관, 배선이 완료되면 시스템을 작동하여 이상 유무를 파악한다.

⑤ 공압과 전기를 차단하고 각종 부품을 정리 정돈한다.

회로도 파악, 배관·배선 및 운전실습 (20)

(1) 실습목표

① 시퀀스 제어를 알 수 있다.
② 변위 단계선도를 작성할 수 있다.
③ 공압배관과 전기배선을 하여 작동시킬 수 있다.

(2) 실습장비 및 재료

① 전기공압 실습테이블 1SET
② 서비스 유닛 1SET
③ 전원 공급기 DC24V
④ 스위치 모듈 1SET
⑤ 릴레이 모듈 1SET
⑥ 연결 케이블 1SET
⑦ 리밋 스위치 4EA
⑧ 5/2-way(또는 4/2-way) 양측 솔레노이드 밸브 2EA
⑨ 속도 조절 밸브 2EA
⑩ 복동 실린더 2EA

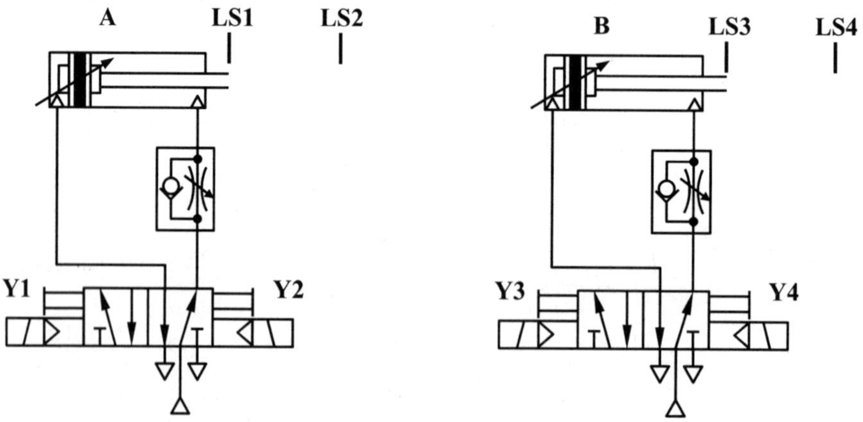

(공압 회로도)

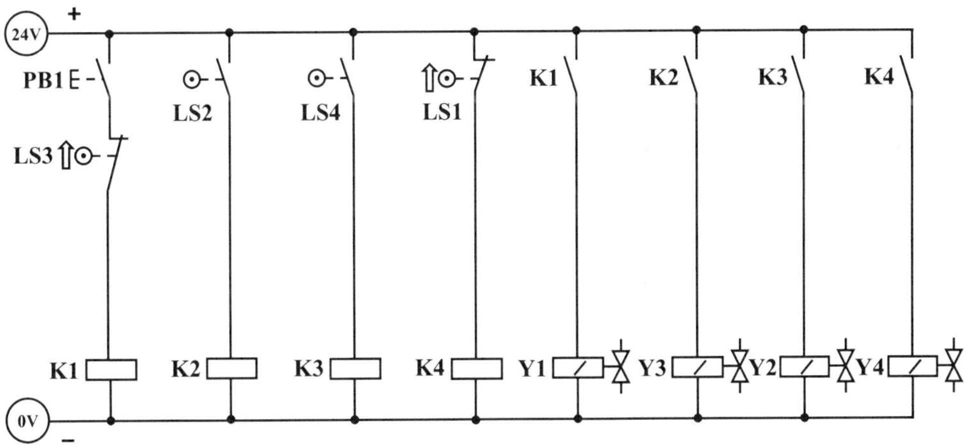

(전기 회로도)

(3) 변위 단계선도 작성하기

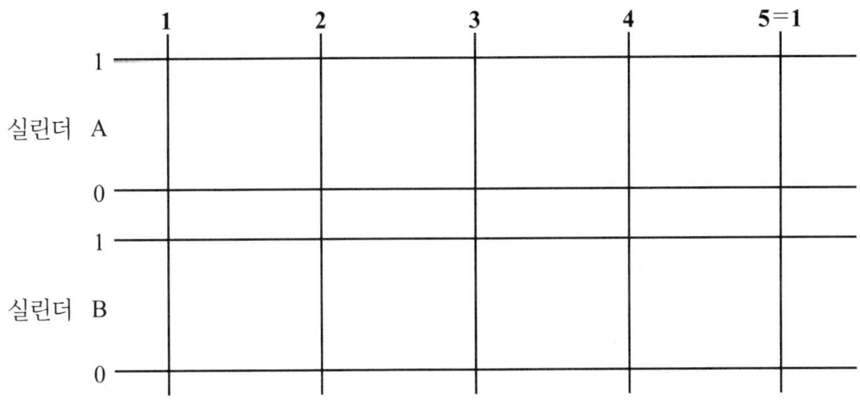

(4) 실습과정

① 공압 부품과 전기 부품을 배치한다.

② 전기 회로도와 공압 회로도에 의해 시스템을 구성한다.

③ 적당한 길이의 공압 호스로 배관을 하고 케이블로 전기배선을 한다.

④ 배관, 배선이 완료되면 시스템을 작동하여 이상 유무를 파악한다.

⑤ 공압과 전기를 차단하고 각종 부품을 정리 정돈한다.

회로도 파악, 배관·배선 및 운전실습 (21)

(1) 실습목표

① 시퀀스 제어를 알 수 있다.

② 변위 단계선도를 작성할 수 있다.

③ 공압배관과 전기배선을 하여 작동시킬 수 있다.

(2) 실습장비 및 재료

① 전기공압 실습테이블 1SET
② 서비스 유닛 1SET
③ 전원 공급기 DC24V
④ 스위치 모듈 1SET
⑤ 릴레이 모듈 1SET
⑥ 연결 케이블 1SET
⑦ 리밋 스위치 4EA
⑧ 5/2-way(또는 4/2-way) 편측 솔레노이드 밸브 2EA
⑨ 속도 조절 밸브 1EA
⑩ 복동 실린더 2EA

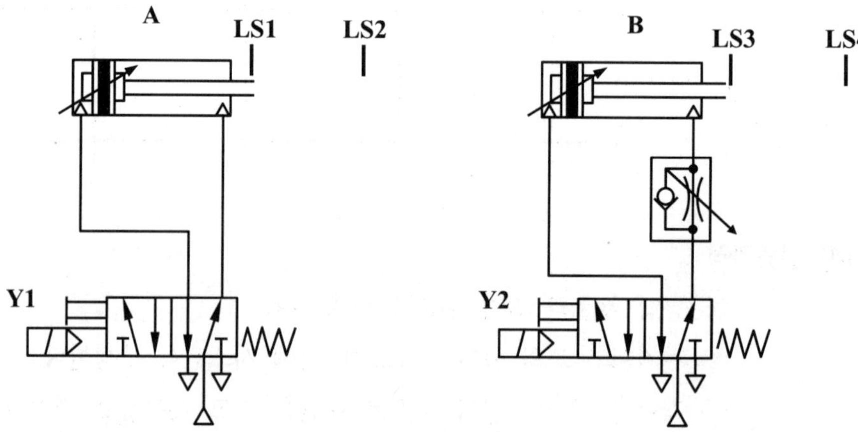

(공압 회로도)

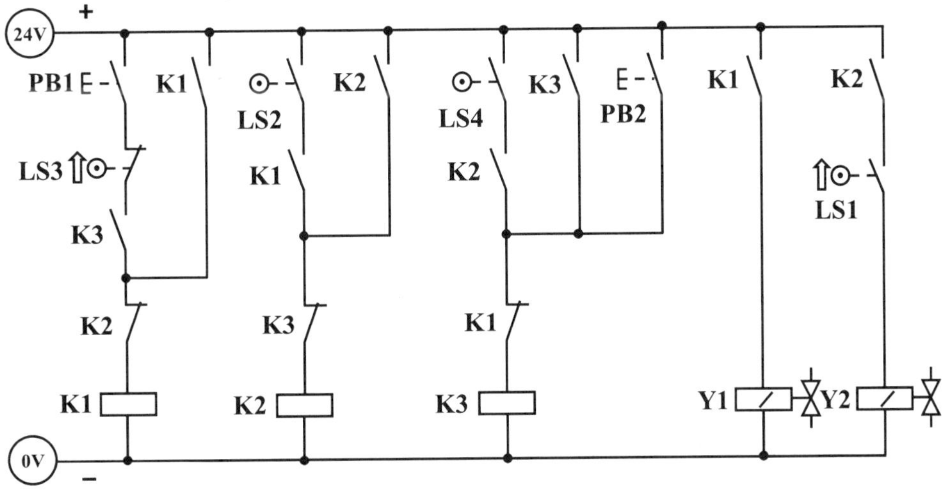

(전기 회로도)

(3) 변위 단계선도 작성하기

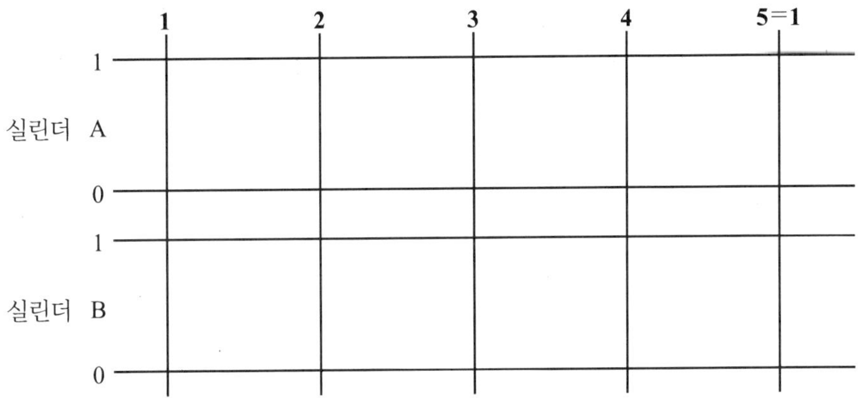

(4) 실습과정

① 공압 부품과 전기 부품을 배치한다.

② 전기 회로도와 공압 회로도에 의해 시스댐을 구성힌다.

③ 적당한 길이의 공압 호스로 배관을 하고 케이블로 전기배선을 한다.

④ 배관, 배선이 완료되면 시스템을 작동하여 이상 유무를 파악한다.

⑤ 공압과 전기를 차단하고 각종 부품을 정리 정돈한다.

회로도 파악, 배관·배선 및 운전실습 (22)

(1) 실습목표

① 시퀀스 제어를 알 수 있다.
② 변위 단계선도를 작성할 수 있다.
③ 공압배관과 전기배선을 하여 작동시킬 수 있다.

(2) 실습장비 및 재료

① 전기공압 실습테이블 1SET ② 서비스 유닛 1SET
③ 전원 공급기 DC24V ④ 스위치 모듈 1SET
⑤ 릴레이 모듈 1SET ⑥ 연결 케이블 1SET
⑦ 리밋 스위치 4EA
⑧ 5/2-way(또는 4/2-way) 양측 솔레노이드 밸브 1EA
⑨ 5/2-way(또는 4/2-way) 편측 솔레노이드 밸브 1EA
⑩ 복동 실린더 2EA

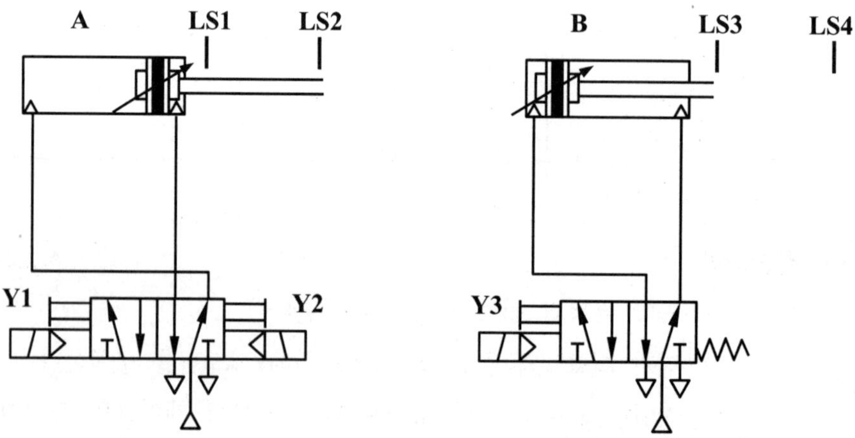

(공압 회로도)

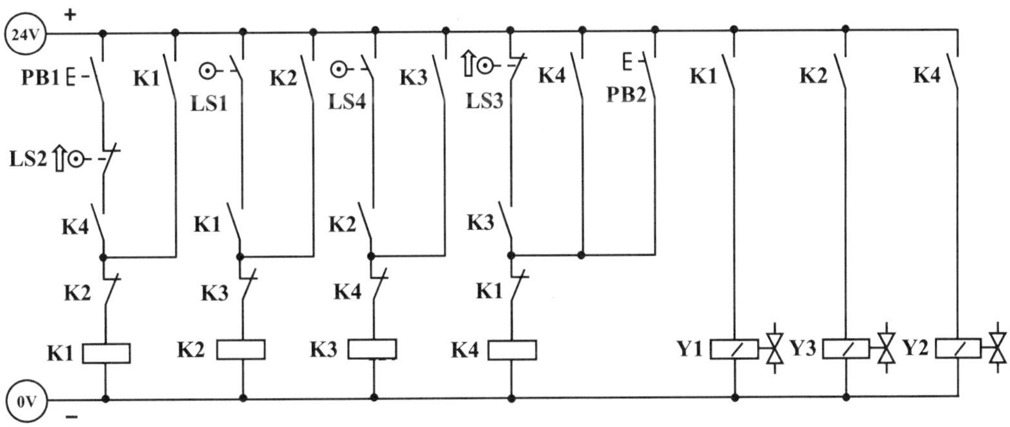

(전기 회로도)

(3) 변위 단계선도 작성하기

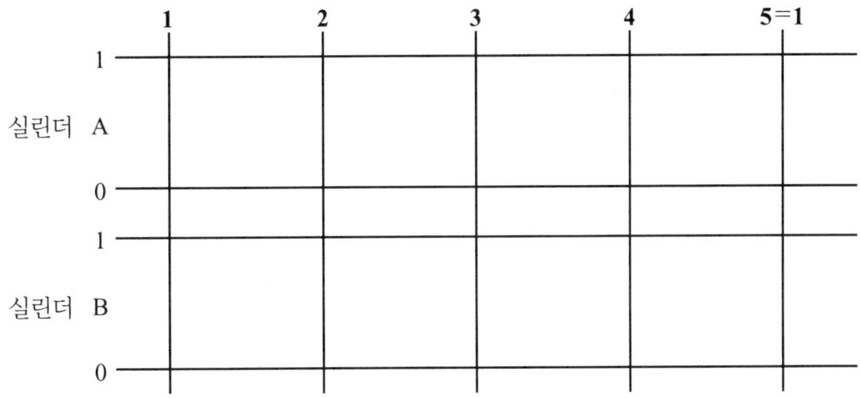

(4) 실습과정

① 공압 부품과 전기 부품을 배치한다.

② 전기 회로도와 공압 회로도에 의해 시스템을 구성한다.

③ 적당한 길이의 공압 호스로 배관을 하고 케이블로 전기배선을 한다.

④ 배관, 배선이 완료되면 시스템을 작동하여 이상 유무를 파악한다.

⑤ 공압과 전기를 차단하고 각종 부품을 정리 정돈한다.

PLC 공압 제어

II

8

PLC 기초

8.1 PLC의 개요

공장 자동화 있어서의 제어 기술은 근래에 매우 급속히 성장하여 왔으며, 그중에서도 PLC는 최근 들어 놀랄 만한 발달과 보급을 보인다. 이제 PLC 기술이 산업의 자동화, 성력화 분야에서 공·유압 등과 같이 그 원동력이 되고 두뇌가 되어 활약한다는 것은 모두가 알고 있는 사실이다. 아울러 근대에 있어서의 자동화, 성력화에 의한 기술 혁명을 주축으로 한 산업 합리화의 물결은 그 일환인 PLC 기술에 의존하는 바가 크며, 이에 따라 기술적 발달이 강력히 요구되고 있다. 따라서 그 넓은 응용 분야와 이용도 전기 전자 기술자는 물론 일반기계 기술자에 있어서도 그 지식의 이해는 필수 불가결한 것이 되고 있다.

8.1.1 PLC 출현 배경

PLC 등장의 첫 번째 이유는 릴레이를 기반으로 하는 시퀀스 제어 시스템의 유지에 드는 비용을 줄이기 위해서였다. 릴레이를 기반으로 한 시퀀스 제어 시스템은 몇 가지 문제점이 있다. 릴레이를 기반으로 한 시퀀스 제어 시스템은 시퀀스 제어 시스템 구성을 유접점 릴레이, 즉 소프트적인 프로그램을 가지지 않는 전자적인 릴레이로 구성한 시스템을 말한다. 이와 같은 릴레이 시퀀스 제어 시스템은 다음과 같은 3가지 문제점을 갖고 있다.

(1) 시퀀스 로직 변경의 어려움

생산 조건의 변경 요구가 있을 경우에는 그 제어 시스템까지 변경하여야 한다. 릴레이 시퀀스는 제어 시스템을 변경할 경우에 납땜이나 전기 결선의 변경 등을 필요로 하기 때문에 경비의 부담 및 장시간의 소요를 필요로 하고, 특히 설비 가동 중에는 시스템의 변경이 불가능한 경우가 대부분이다.

(2) 설비 신뢰성 부족

릴레이는 기계적인 기구이기 때문에 정해진 수명을 가지고 있어서 이의 적절한 유지 보수를 위해서는 정기적인 교체를 필요로 하며, 설비의 거대화에 따라 릴레이의 개수도 증가하게 되어 있어 1개의 릴레이 오작동으로도 전체 프로세스의 셧 다운을 유발할 수 있다.

(3) 트러블 슈팅의 어려움

특별한 소프트 프로그램 없이 단순히 릴레이를 이용하여 시퀀스가 구성됨에 따라 설비의 트러블 발생 시 그 트러블 슈팅을 위해서는 방대한 릴레이 및 배선의 체크를 필요로 한다.

8.1.2 제어 요소

① 입력장치

물리적 신호를 전기 신호로 변환하는 감지기와 제어 장치로 신호를 전송하는 변환 장치로 구성된다.

② 출력장치

장치에서 만들어지는 제어 신호를 실제 구동장치를 유발시키는 조작신호로 변환하는 장치이다.

③ 제어 장치

입력 조건에 따른 제어정책 및 제어 알고리즘을 수행하여 제어 신호를 출력에 내보내는 장치로서, 제어 알고리즘을 소프트웨어로 메모리 장치에 저장하여 유연하게 변경할 수 있는 프로그래머블 제어기와 한 번 결정하여 설치하면 제어 알고리즘이 고정적이어서 변경하기 어려운 하드웨어 시스템으로 크게 나눌 수 있다.

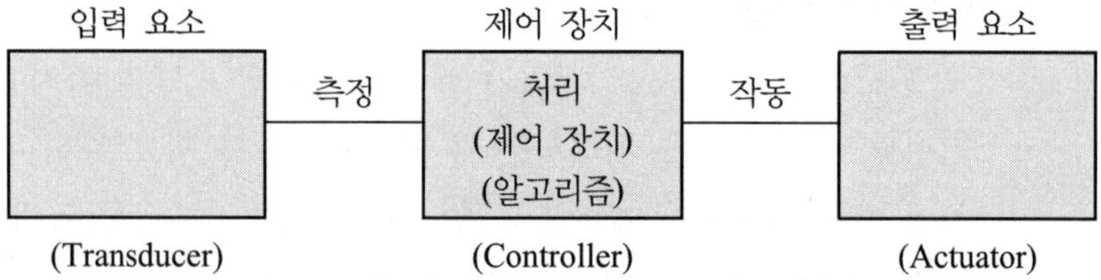

그림 8.1 제어 시스템의 요소

8.1.3 PLC의 정의

PLC란 종래에 사용하던 제어반에 사용하는 릴레이, 타이머, 카운터 등의 기능을 IC, 트랜지스터 등의 반도체 소자로 대체하여, 기본적인 시퀀스 제어 기능에 수치 연산 기능을 추가하여 프로그램 제어가 가능하도록 한 자율성이 매우 높은 제어 장치이며 미국전기공업협회(National Electrical Manufacturers Association, NEMA)에서는 "디지털 또는 아날로그 입출력 모듈을 통하여 로직, 시퀀싱, 타이밍, 카운팅, 연산과 같은 특수한 기능을 수행하기 위하여 프로그램 가능한 메모리를 사용하고 여러 종류의 기계나 프로세서를 제어하는 디지털 동작의 전자 장치"로 정의하고 있다.

8.1.4 PLC의 발달 과정

산업 사회의 발전에 따라 각 공정들이 대규모, 고도화, 복잡화 되고 다양한 형태의 제어 시스템이 요구되고 있다. 이러한 제어 시스템을 유기적으로 연결 또는 변경하기 위해서는 많은 시간과 비용이 소요된다. 자동화를 위한 지금까지의 제어 시스템은 회로도에 따라 여러 관련 소자(relay, contractor, timer, counter 등)들을 연결하여 사용함으로써 실제 배선작업이 어렵고, 시퀀스 제어를 위하여 많은 공간이 필요하였으며, 처리 속도에 한계가 있다는 문제점이 발생하였다, 이러한 여러 원인에 의하여 1968년 미국의 자동차 메이커인 제너럴모터스(General Motors)사가 PLC의 10가지 조건, 즉 '산업용 각종 제어 장치의 구비조건'을 제시하였으며, 이러한 조건이 PLC 개발의 계기가 되었고 각 업체들은 이에 대응하기 위한 전자 장치를 개발하기 시작하였다. 이 10가지 조건은 업체들이 해결하기 어려운 문제이었으나, 1969년 Digital Equipment 사가 'PDP-14'를 개발한 것이 최초의 PLC 탄생이라고 할 수 있다. 표 8.1은 PLC의 역사를 연도별로 정리한 것이다.

GM의 10가지 조건

① 프로그램 및 시퀀스 시스템의 작성과 변경이 용이할 것
② 점검 및 보수가 용이하고 Plug-In 방식일 것
③ 계전기 제어반보다 신뢰성이 높을 것
④ 출력은 상위 컴퓨터와 결합기능을 가질 것
⑤ 계전기 제어반보다 소형일 것
⑥ 계전기 제어반보다 가격 면에서 유리할 것
⑦ 입력은 AC 115V를 공급받을 것
⑧ 출력은 AC 115V, 2A를 공급받을 것
⑨ 전체 시스템 변경을 최소화하면서 기본 시스템은 확장이 가능할 것
⑩ 최저 4K Word까지 확장 가능한 프로그래머블 메모리를 가질 것

표 8.1 PLC의 역사

연도	발달과정
1968	PLC의 개념 태동
1970	논리지시 및 1K 기억용량과 128 I/O 점수 제어기 등장
1974	타이머, 카운터, 산술연산 기능과 12K 기억용량과 1024 I/O 점수처리
1976	원격 입출력 시스템 소개(최초로 규격 제정 - 미국)
1977	마이크로프로세서 PLC 등장
1980	고성능 I/O 모듈, 고성능 통신장비, 고기능 소프트웨어 등장 및 프로그래밍 도구로 마이크로컴퓨터 사용
1983	저렴한 소형 PLC 등장
1985	표준화, 컴퓨터와의 네트워크 기능으로 분산 및 계층 제어 가능
1991	퍼지이론을 도입한 퍼지 모듈 및 전용 퍼지 제어기 등장

8.1.5 PLC의 표준화 및 특징

1) IEC 표준 언어

그동안 PLC를 접하는 엔지니어는 메이커(maker)마다 사용 언어와 통신 네트워크가 서로 달라 많은 불편함을 겪어 왔으나 이러한 불편함을 해소하고, PLC 고객에게 편리성을 도모하고자 IEC에서는 표 8.2와 같이 PLC 국제표준화 규격(IEC 1131)을 구성하여 제정하였다.

표 8.2 PLC의 변천 과정

구분	설명
Part 1	PLC의 기본 기능 및 용어 정의
Part 2	설비의 요구 기능 및 시험조건
Part 3	프로그램 언어
Part 4	사용자 지침
Part 5	통신 및 네트워크

IEC에서 새로 도입한 가장 중요한 특징들은 다음과 같다.

① 다양한 데이터 타입(type)을 지원한다.

② 펑션, 펑션블록, 프로그램 같은 구성 요소가 도입되어 상향식, 또는 하향식 설계가 가능하며, PLC 프로그램을 구조적으로 작성할 수 있다.

③ 사용자가 작성한 프로그램을 라이브러리화하여 다른 환경에서 소프트웨어를 재사용할 수 있다.

④ 다양한 언어를 지원하므로 사용자는 최적의 언어를 선택하여 사용할 수 있다.

⑤ IEC에서 표준화한 PLC용 언어는 2개의 도형 기반 언어와 2개의 문자 기반언어, 그리고 SFC로 이루어져 있다.

(1) 도형식(graphic)언어

① LD(Ladder Diagram): 미국의 사다리형(Ladder)에서 기원한 언어로, 입력과 출력을 조합하여 프로그램을 작성하며, 종래의 릴레이 로직 표현 방식의 언어이다.

② FBD(Function Block Diagram): 블록화한 기능을 서로 연결하여 프로그램을 표현하는 언어이다.

(2) 문자식(text) 언어

① IL(Instruction List): 유럽에서 많이 사용하며, 어셈블리 형태의 명령어 방식의 언어이다.

② ST(Structured Text): 리얼타임 어플리케이션용으로 개발되었으며 파스칼이나 C를 기원으로 한 고급언어이다.

③ SFC(Sequential Function Chart): 공정의 흐름이나 조건 등의 동작을 순차적으로 표현한 형태의 언어이며 시간과 이벤트 등의 제어 시퀀스를 블록으로 정의하도록 되어 있다.

2) PLC의 특징

PLC와 다른 제어 장치들의 특징을 표 8.3에서 나열하였으며, 나열된 제어 장치들의 기능과 장단점을 살펴볼 수 있으며, 다음과 같은 특징을 얻을 수 있다.

표 8.3 제어 장치의 비교

구분	릴레이 제어반	디지털 로직	컴퓨터	PLC
가격	매우 저가	저가	고가	저가
크기	대형	매우 소형	적당	매우 소형
처리속도	느림	매우 빠름	매우 빠름	빠름
노이즈	우수	양호	아주 우수	양호
제어	설계와 설치 시 많은 시간 소요	설계 시 많은 시간 소요	Program 시 아주 많은 시간 소요	간단
복합기능	없음	있음	있음	있음
기능의 변화	매우 어려움	어려움	아주 쉬움	아주 쉬움
유지보수	매우 어려움	어려움	아주 쉬움	아주 쉬움

(1) 용이한 소프트웨어

PLC는 종래의 자동화 시스템에 사용되던 유접점 및 무접점 릴레이 등에 대치되는 것이다.

① 유접점, 무접점 릴레이를 사용하던 사용자가 특별한 전문적인 교육을 받지 않아도 쉽게 이해될 수 있는 소프트웨어다.

② 계산기와는 달리 제어 기능의 효과적 수행이 목적이지 그것을 실현하는 장치를 목적으로 하지 않는다.

③ PLC를 사용한 시스템을 현장에서 보수하고 보전하는 과정에서 PLC의 특별한 지식 없이 쉽게 이해된다.

④ PLC에서는 외부 동작(제어시방)이 내부 동작(프로그램)으로의 변환이 쉽게 되었을 뿐만 아니라 내부의 직렬동작 프로그램이 외부의 병렬동작

으로 대응되는 형태의 소프트웨어로 되었고, 이 역변환성이 계산기와 크게 다른 것이다.

(2) 보수의 용이성

① 생산 현장에서의 조작 및 취급성이 고려된 프로그래머에 의해 쉽게 내부 동작 프로그램을 변경할 수 있고, 그 실행 상태를 종래의 시퀀스 제어 기술로 쉽게 파악할 수 있는 것이다. 이처럼 프로그래머는 PLC와 시퀀스 제어기술을 연결하는 것으로서 PLC의 본질적인 특징이다.

② 프로그래머는 하드웨어나 소프트웨어의 보수 및 감시를 용이하게 할 수 있는 디버그(debug) 기능을 구비하고 있다.

(3) 프로세스 직결성

프로세서와 직결하여 제어를 실행하는 PLC는 프로세서와 직결할 수 있는 입출력을 가지고 있다. 이 입출력은 외부 기기와 CPU의 중간에 위치하고 외부 기기로부터 신호를 논리 레벨로 변환하는 기능과 CPU로부터 논리 레벨로 받은 출력값을 외부 기기가 구동될 수 있는 레벨까지 변환하는 기능을 갖는다.

(4) 배선 및 설치의 용이

릴레이 제어반 제작 시 납땜이나 결선 작업 등 많은 공임이 소요되나 PLC에서는 이것들이 프로그램으로 간단히 처리되며 동일한 사양일 경우 프로그램을 테이프나 디스켓, ROM 등에 저장하여 두었다가 복사가 가능하다.

(5) 설치 면적이 작다

반도체를 사용하였으므로 종래의 제어반보다 설치 면적을 작게 할 수 있다.

(6) 수명이 반영구적이다

무접점 회로를 택하므로 유접점 릴레이에 비해 신뢰성이 높고 수명이 길다.

3) PLC의 단점

(1) 호환성의 결여

표준화가 되어 있지 않고 생산 회사마다 다른 프로그램 언어를 사용하므로 호환성이 없다.

(2) 가격이 비싸다

소규모 제어 회로에서는 릴레이 제어 방식보다 가격이 비싸다.

4) 표준화

사용자가 어떠한 제어 장치(A사 PLC)용으로 개발한 프로그램을 다른 제어 장치(B사 PLC)에도 적용할 수 있도록 해주는 것이다. 이와 같은 기능은 사용자에게 조기에 유용성을 제공하고, PLC에 대한 넓은 선택권을 제공하는 데도 불구하고 초기 각 PLC 제조업체들은 자기 고유의 기술을 고집하며 사용자의 편리는 생각하지 않았다. 그러나 1970년대 초부터 NEMA(미국), GRAFSET(프랑스), DIN(독일) 등 지역별로 규격화를 시작하였으며 1979년부터는 IEC에 의해 표준화가 추진되고 있다.

8.1.6 PLC의 선정 및 적용분야

1) PLC의 선정

PLC를 선정하려면 제어 대상에 대한 시방과 제어 내용을 정확히 이해하고 제어 대상의 기능, 가격, 확장성, 사후관리, 기종의 계속성, 사용자의 수

준 등을 고려하여야 한다.

(1) 입력 점수의 파악

조작반의 누름 스위치, 리밋 스위치 등의 명령을 내리는 입력신호의 수와 근접 센서, 포토 센서, 리드 스위치 등의 신호 수를 더하여 입력 점수로 산정하고, 입력 점수의 개수를 적절히 선정한다. 또한 입력으로 사용되는 센서 등의 사용 전압을 고려하여 입력 모듈(AC 및 DC 전압)의 사양을 선정한다.

(2) 출력 점수의 파악

전원 표시등, 운전 표시능, 과부하 표시등, 부저 등의 표시 또는 솔레노이드 밸브, 릴레이, 전자접촉기의 수를 더하여 출력 점수로 산정하고 8점, 16점, 32점 등의 모듈을 적절히 혼합하여 출력 모듈수를 선정한다. 또한 출력 방식은 릴레이 접점 방식, TR출력 방식, SSR 출력 방식 등이 있으므로 출력부의 사용 전압을 고려하여 선정하여야 한다.

* 일반적으로 출력 전압에 구애를 받지 않는 릴레이 접점 출력 방식의 모듈이 많이 사용되고 있다.

(3) CPU 및 특수모듈의 지원

일반적으로 Digital I/O 외에 Analog I/O와 특수 카드(HSC, POP, PID 등) 지원 기능 등과 CPU의 특성을 고려하여 선정하여야 한다.

2) PLC의 적용분야

설비의 자동화와 고능률화의 요구에 따라 PLC의 적용 범위는 점차 확대되고 있다. 특히 공장 자동화와 FMS에 따른 PLC의 요구는 과거 중규모 이상의 릴레이 제어반 대체 효과에서 현재 고기능화, 고속화의 추세로 소규모 공작기계에서 대규모 시스템설비 등에 적용되고 있다. 표 8.4는 PLC

제어 대상에 따른 적용 분야를 나타낸 것이다.

표 8.4 PLC의 적용분야

분야	제어대상
식료산업	컨베이어 총괄 제어, 생산라인 자동 제어
제철, 제강산업	작업장 하역제어, 원료 수송제어, 압연라인제어, 하역운반제어
섬유, 화학공업	원조 수입출하 제어, 컨베이어 제어, 직조 염색 라인 제어
자동차 공업	전송라인제어, 자동조립 라인제어
기계 산업	산업용 로봇제어, 공작기계제어, 송·배수 펌프 제어
상하수도	정수장 제어, 하수처리제어, 송·배수 펌프 제어
물류산업	자동창고 제어, 하역 설비제어, 반송라인제어
공장설비	압축기 제어
공해방지산업	쓰레기 소각로 자동 제어, 공해 방지기 제어

8.2 PLC의 구조

8.2.1 하드웨어의 구조

PLC는 마이크로프로세서(Microprocessor) 및 메모리를 중심으로 구성되어 인간의 두뇌 역할을 하는 중앙처리장치(CPU), 외부 기기와의 신호를 연결시켜 주는 입출력부, 각 부에 전원을 공급하는 전원부, PLC 내의 메모리에 프로그램을 기록하는 주변 장치로 구성되어 있다. 그림 8.2는 PLC의 전체 구성도를 나타낸 것이다.

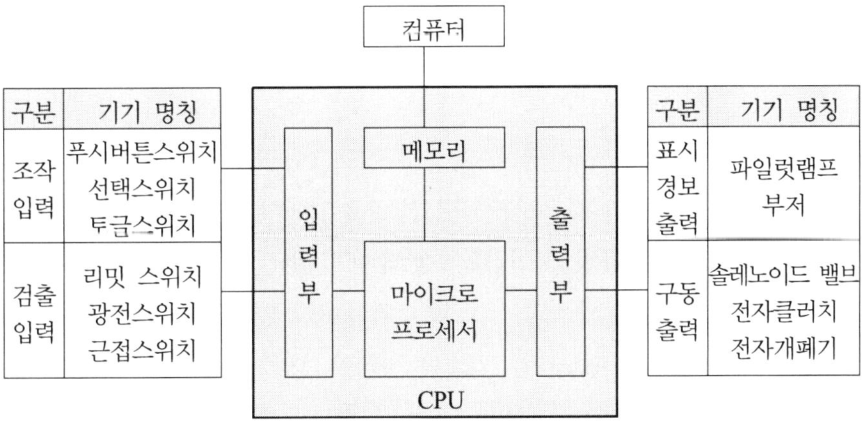

그림 8.2 PLC의 전체 구성도

1) PLC의 CPU

PLC의 두뇌에 해당하는 부분으로서, 메모리에 저장되어 있는 프로그램을 하나씩 꺼내서 해독하여 처리 내용을 실행한다. 이 절차는 매우 빠른 속도로 반복되며, 모든 정보는 2진수로 처리된다.

2) PLC CPU의 메모리

(1) 메모리의 종류

IC 메모리 종류에는 ROM과 RAM이 있다. ROM은 읽기 전용으로, 메모리 내용을 변경할 수 없다. 따라서 고정된 정보를 써넣는다. 이 영역의 정보는 전원이 끊어져도 기억 내용이 보존되는 불휘발성 메모리이다. RAM은 메모리에 정보를 수시로 읽고 쓰기가 가능하여 정보를 일시 저장하는 용도로 사용되나, 전원이 끊어지면 기억시킨 정보 내용을 상실하는 휘발성 메모리이다. 그러나 필요에 따라 RAM 영역 일부를 배터리 백업에 의하여 불휘발성 영역으로 사용할 수 있다.

(2) 메모리 내용

PLC의 메모리는 사용자 프로그램 메모리, 데이터 메모리, 시스템 메모리의 3가지로 구분된다. 사용자 프로그램 메모리는 제어하고자 하는 시스템 사양에 따라 사용자가 작성한 프로그램이 저장되는 영역으로, 제어 내용이 프로그램 완성 전이나, 완성 후에도 바뀔 수 있으므로 RAM이 사용된다. 프로그램이 완성되어 고정이 되면 ROM에 써넣어 ROM 운전을 할 수 있다. 데이터 메모리는 입출력 릴레이, 보조 릴레이, 타이머와 카운터의 접점 상태 및 설정 값, 현재 값 등의 정보가 저장되는 영역으로 정보가 수시로 바뀌므로 RAM 영역이 사용된다.

시스템 메모리는 PLC 제작 회사에서 작성한 시스템 프로그램이 저장되는 영역이다. 이 시스템 프로그램은 PLC의 기능이나 성능을 결정하는 중요한 프로그램으로, PLC 제조업체에서 직접 ROM에 써넣는다.

8.2.2 PLC의 입출력 구조

PLC의 입출력부는 현장의 외부 기기에 직접 접속하여 사용한다. PLC 내부는 DC +5V의 전원(TTL 레벨)을 사용하지만 입출력부는 다른 전압 레벨을 사용하므로 PLC 내부와 입출력의 접속(interface)은 시스템 안정에 결정적인 요소가 되며, PLC의 입출력부는 다음의 사항이 요구된다.

① 외부 기기와 전기적 규격이 일치해야 한다.
② 외부 기기로부터의 노이즈가 CPU쪽에 전달되지 않도록 해야 한다.
(포토커플러(photocoupler)를 사용)
③ 외부 기기와의 접속이 용이해야 한다.
④ 입출력의 각 접점 상태를 감시할 수 있어야 한다. (LED부착)

표 8.5는 입출력에 접속되는 외부 기기의 예이다.

표 8.5 입출력기기

I/O	구분	부착 장소	외부 기기의 명칭
입력부	조작입력	제어반과 조작반	푸시버튼 스위치 선택 스위치 토글 스위치
	검출입력 (센서)	기계장치	리밋 스위치 광전 스위치 근접 스위치 레벨 스위치
출력부	표시경보 출력	제어반 및 조작반	파일럿 램프 부저
	구동출력 (액추에이터)	기계장치	전자 밸브 전자 클러치 전자 브레이크 전자개폐기

(1) 입력부

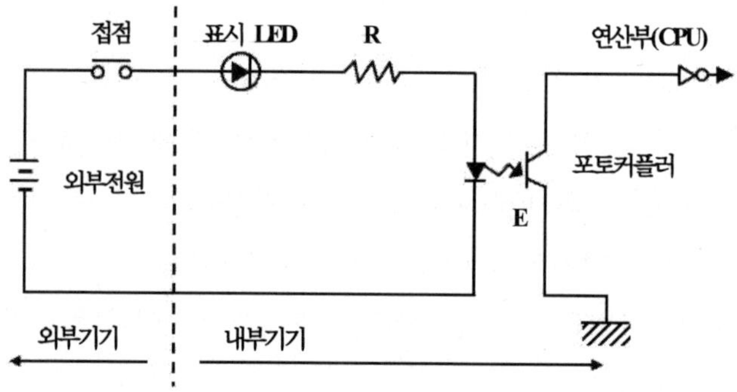

그림 8.3 입력부 회로

외부 기기로부터의 신호를 CPU의 연산부로 전달해 주는 역할을 한다. 입력의 종류는 DC 24V, AC 110/220V 등이 있고, 그 밖의 특수 입력 모듈로는 아날로그 입력(A/D) 모듈, 고속 카운터(high speed counter) 모듈 등이 있다. 입력부 회로의 예는 그림 8.3과 같다.

(2) 출력부

출력부는 내부 연산의 결과를 외부에 접속된 전자접촉기나 솔레노이드에 전달하여 구동시키는 부분이다. 출력의 종류에는 릴레이 출력, 트랜지스터 출력, SSR(Solid State Relay) 출력 등이 있고 그 밖의 출력 모듈로는 아날로그 출력(D/A) 모듈, 위치 결정(POP) 모듈 등이 있다. 트랜지스터 출력부 회로의 예는 그림 8.4와 같다.

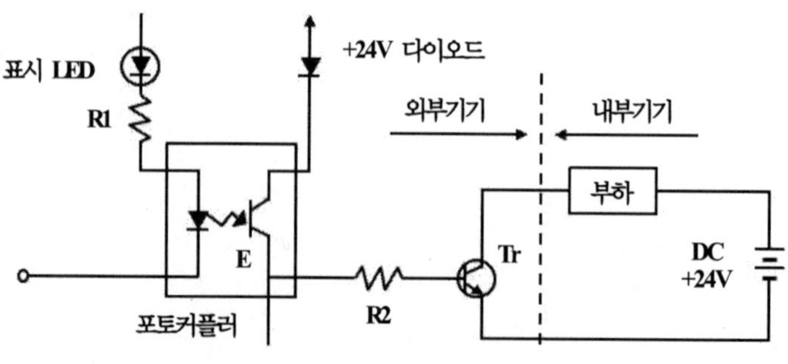

그림 8.4 트랜지스터 출력회로

표 8.6 PLC 출력 모듈의 종류

출력 신호 종류	개폐소자	
	유접점	무접점(반도체)
직류(DC)	릴레이 출력	트랜지스터 출력
교류(AC)	릴레이 출력	SSR 출력

표 8.6에서와 같이 릴레이 출력은 직류나 교류를 모두 사용할 수 있으나 기계적 수명의 한계 때문에 접점의 개폐가 빈번할 경우는 교류 전용인 무접점 SSR 출력이나 직류 전원 전용인 트랜지스터 출력을 사용하여야 한다.

특수모듈

(a) 위치 제어 모듈

지정된 주파수 영역과 전압 레벨로 고속 접점 출력을 처리한다.

(b) PID 제어 모듈

아날로그 입력 모듈에서 받은 현장 데이터를 정해진 설정치에 도달하도록 최적의 조건에 의해 연산하여 그 결과를 아날로그 출력 모듈로 출력한다.

(c) 설정치 제어 모듈

정해진 시간 동안 정해진 설정치를 상승, 유지, 하강을 반복하며 제어한다.

(d) 기타

통신 모듈, 네트워크 모듈, 특정 기기의 제어 모듈 등이 있다.

8.2.3 소프트웨어의 구조

1) 프로그래밍의 개요

PLC를 사용할 경우의 제어 시퀀스는 종래의 릴레이, 타이머 등을 사용한 경우의 시퀀스와는 근본적으로 차이가 없다. 시퀀스를 이해하고 작성하기 위해서는 다음의 3가지 사항을 이해하여야 한다.

① 제어해야 할 대상의 특성을 이해하여야 한다. 즉, 제어 목적, 운전 방법, 동작 등의 각종 전기적인 조건을 알고 있어야 한다.
② 제어 장치에 대한 지식이 있어야 한다. 즉, 릴레이와 PLC의 특성 및 사용 방법을 알고 있어야 한다.
③ 시퀀스를 작성하기 위한 약속을 알고 있어야 한다. 즉, 도 기호, 기구번호, 상태 등에 대한 약속인 규칙을 알고 있어야 한다.

PLC를 사용하든, 릴레이 및 타이머를 사용하든 상기 두 항에는 차이가 없다. 따라서 PLC를 사용한 경우의 제어 시퀀스를 이해하기 위해서는 PLC의 특성과 그 사용 방법을 아는 것이 중요하다. 예를 들면 입출력 카드의 정격 전압, 접점 수 등과 같은 물리적 특성(hardware)과 논리 연산, 타이머, 카운터와 같은 기능적인 특성(software)이 있다. 이것에 대해서는 통상 카탈로그의 사양 항목에 기재되어 있다. 따라서 PLC가 갖고 있는 많은 기능 중에서 제어 장치의 어떤 부분의 기능을 실행시키는가 하는 것이 PLC를 사용하는 방법으로 가장 중요한 점이다.

2) 하드 와이어드와 소프트 와이어드

종래의 릴레이 제어 방식은 일의 순서를 회로도에 전개하여 그곳에 필요한 제어 기기를 결합하여 리드선으로 배선 작업을 하여 요구하는 동작을 실현하였다. 이 같은 방식을 하드 와이어드 로직(hard wired logic)이라고 한다.

하드 와이어드 로직 방식에서는 하드(기기)와 소프트가 한 쌍이 되어 있어 사양이 변경되면 하드와 소프트를 모두 변경해야 하므로, 하드와 소프트를 분리하는 연구 끝에 컴퓨터 방식이 개발되었다. 컴퓨터는 하드웨어만으로는 동작할 수 없다. 하드웨어 속에 있는 기억 장치에 일의 순서를 넣어야만 비로소 기대되는 일을 할 수가 있다. 이 일의 순서를 **프로그램**이라 하며, 또 기억 장치를 메모리라 하고, 이 메모리에 일의 순서를 넣는 작업을 **프로그래밍**이라 한다. 이는 마치 배선 작업과 같다고 생각하면 된다. 이 방식을 소프트 와이어드 로직(soft wired logic)이라 한다. PLC는 이 소프트 와이어드 로직 방식을 취하고 있다.

3) 릴레이 시퀀스와 PLC 프로그램의 차이점

PLC는 LSI 등 전자 부품의 집합으로 릴레이 시퀀스와 같은 접점이나 코일은 존재하지 않으며, 접점이나 코일을 연결하는 동작은 소프트웨어로 처리되므로 실제로 눈에 보이는 것이 아니다. 또, 동작도 코일이 여자되면 접점이 닫혀 회로가 활성화되는 릴레이 시퀀스와는 달리, 메모리에 프로그램을 기억시켜 놓고 순차적으로 내용을 읽어서 그 내용에 따라 동작하는 방식으로 사용자가 제어 로직에 맞게 프로그램의 내용을 마음대로 작성할 수 있는 차이점이 있다.

(1) 직렬 처리와 병렬 처리

PLC 제어와 릴레이 시퀀스의 가장 근본적인 차이점은 그림 8.5에 나타낸 것과 같이 '직렬처리와 병렬 처리'라는 동작상의 차이에 있다. PLC는 메모리에 있는 프로그램을 순차적으로 연산하는 **직렬 처리 방식**이고, 릴레이 시퀀스는 여러 회로가 전기적인 신호에 의해 동시에 동작하는 **병렬 처리 방식**이다. 따라서 PLC는 어느 한 순간을 포착해 보면 한 가지 일밖에 하지 않는다. 먼저 그림 8.5 (a)의 시퀀스도로 PLC와 릴레이의 동작상의 차이점을 설명한다. 릴레이 시퀀스에서는 전원이 투입되어 접점 'A'와 'B', 그리고 접점 'D'와 'E'가 동시에 닫히면, 출력 'C'와 'F'는 동작하고 어느 한쪽이 빠를수록 먼저 동작한다. 이에 비하면 PLC는 연산 순서에 따라 'C'

가 먼저 출력되고 다음에 'F'가 출력된다. PLC와 릴레이의 동작상의 차이점을 그림 8.5 (b)의 경우에서 살펴보면, 먼저 릴레이 시퀀스에서는 전원이 투입되면 접점 'J'가 닫힘과 동시에 'H'가 동작되어 출력 'I'는 동작될 수 없다. PLC는 직렬 연산 처리되므로 최초의 연산 때 'G'가 닫히면 'I'가 출력되고 'J'가 닫히면 'H'가 출력된다. 둘째 번 연산 때 비로소 최초의 연산 때 출력된 'H'에 의해서 'I'의 출력이 해제된다.

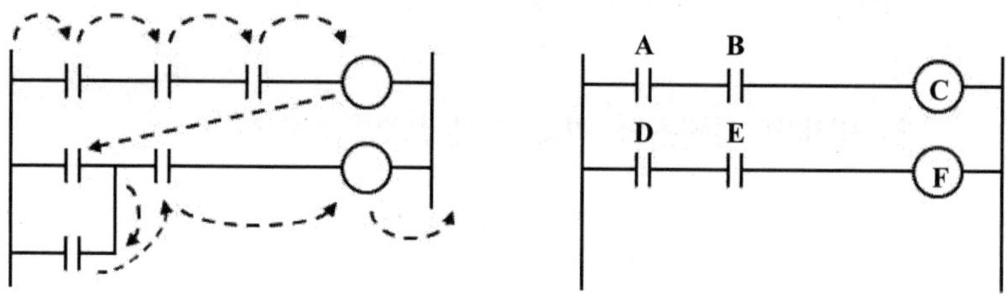

(a) 직렬 처리 방식

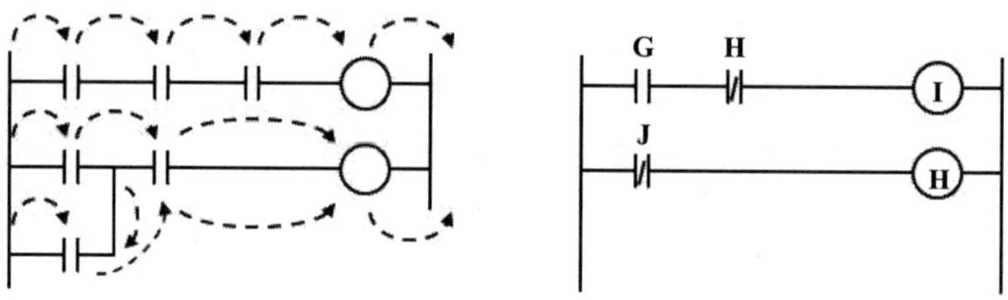

(b) 병렬처리 방식

그림 8.5 연산처리 방식 및 시퀀스도

(2) 사용 접점 수의 제한

릴레이는 일반적으로 개당 가질 수 있는 접점 수에 한계가 있다. 따라서 릴레이 시퀀스를 작성할 때에는 가능한 접점 수를 절약해야 한다. 이에 비하여 PLC는 동일 접점에 대하여 사용 횟수에 제한을 받지 않으며 이는 접점에 대한 정보(ON/OFF)를 정해진 메모리에 저장해 놓고 연산할 때 메모리에 있는 정보를 읽어서 처리하기 때문이다.

(3) 접점이나 코일 위치의 제한

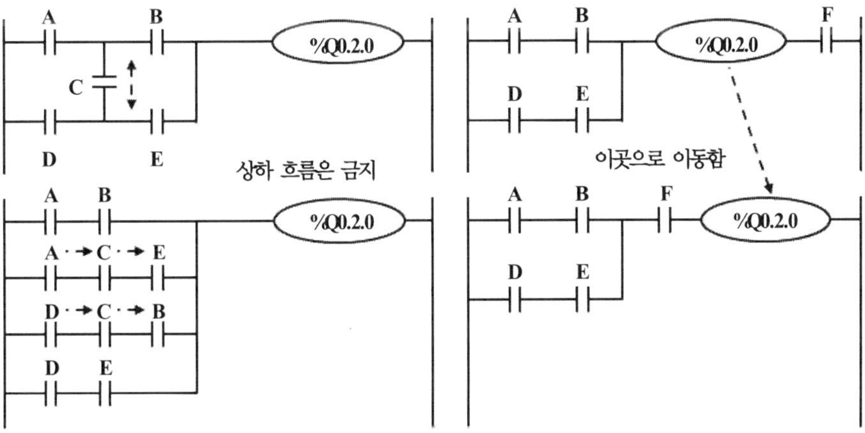

그림 8.6 PLC 시퀀스의 약속 사항

PLC는 릴레이 시퀀스에 없는 약속 사항이 있다. 그 하나는 코일 이후 접전을 금지하는 사항이며 출력 코일을 반드시 오른쪽 모선에 붙여서 작성해야 한다. 그 밖에, PLC는 항상 신호가 왼쪽에서 오른쪽으로 전달되도록 구성되어 있어 릴레이 시퀀스와는 다르게 오른쪽에서 왼쪽으로 그리고 상하로 흐르는 회로 구성을 금지하고 있다. 그림 8.6은 PLC 시퀀스의 약속사항을 나타내고 있다.

(4) PLC 구성 시 주의 사항

릴레이 회로의 경우 고장이 발생해도 그 이상 동작은 한정되지만, PLC의 경우는 시스템 전체의 이상 동작을 일으킨다. 이러한 점에서 제어 전체를 PLC에 맡기는 것은 좋은 방법이 아니며, 기계의 고장이나 전압 기기의 조작 회로 등은 PLC의 외부에서 구성해야 한다. 또, PLC에 전원을 투입하는 순간에 출력 유닛 출력이 ON으로 될 경우 사고를 일으키기 쉬우므로 다음과 같이 외부 출력기기 동작을 방지할 필요가 있다. 그림 8.7의 PLC 구성도 예에서와 같이 특징은 다음과 같다.

① 입력 유닛, 램프 점등용 출력 유닛은 비상정지 회로 전에 접속하면 운전의 정지 상태 등의 파악이 가능하다.

② 출력 유닛은 정지 직전에 대하여 ON/OFF 상태를 유지한다. 이 경우 시스템 메모리의 정전 유지 번지를 사용할 경우 점등 유지되고, 일반 번지를 사용하여 점등 유지를 할 수도 있다.

③ 정지 출력은 그림의 PLC 정지 출력과 같이 구성할 수 있다.

④ 인터록 회로: 정 운전, 역 운전 등의 상반되는 동작이나 기계의 파손, 인사 사고로 이어지는 부분은 외부에서 인터록 회로를 구성하여야 한다.

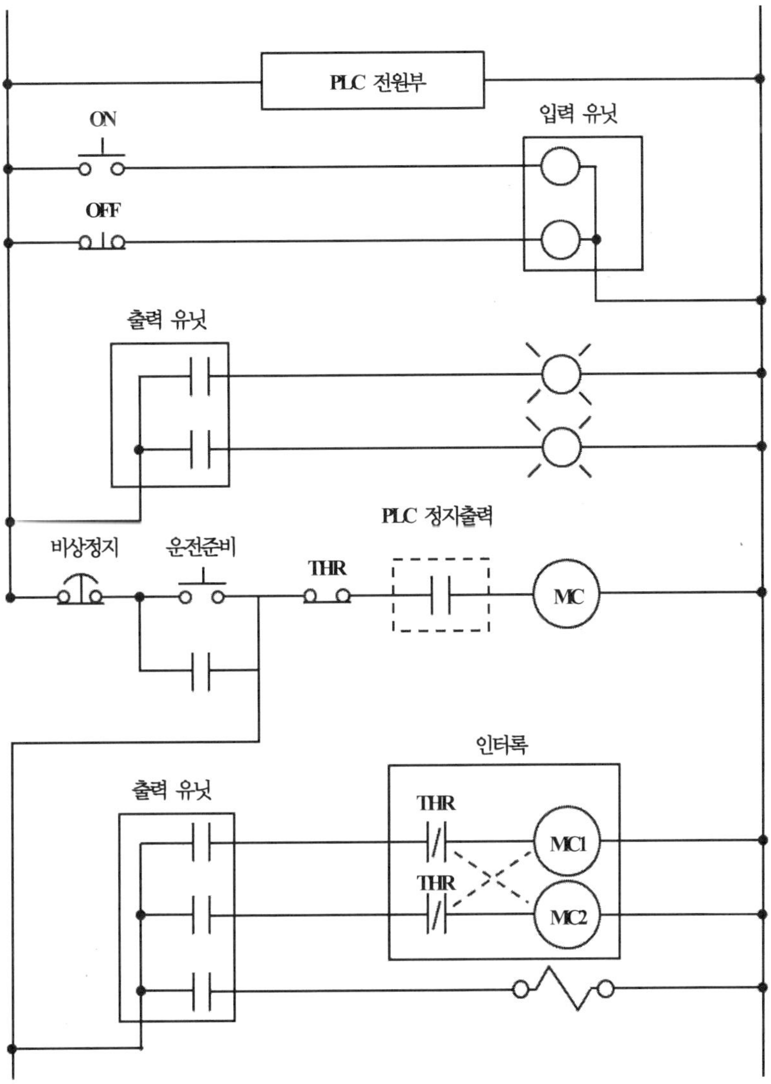

그림 8.7 PLC 구성도 예

(5) PLC 프로그래밍의 설계 순서

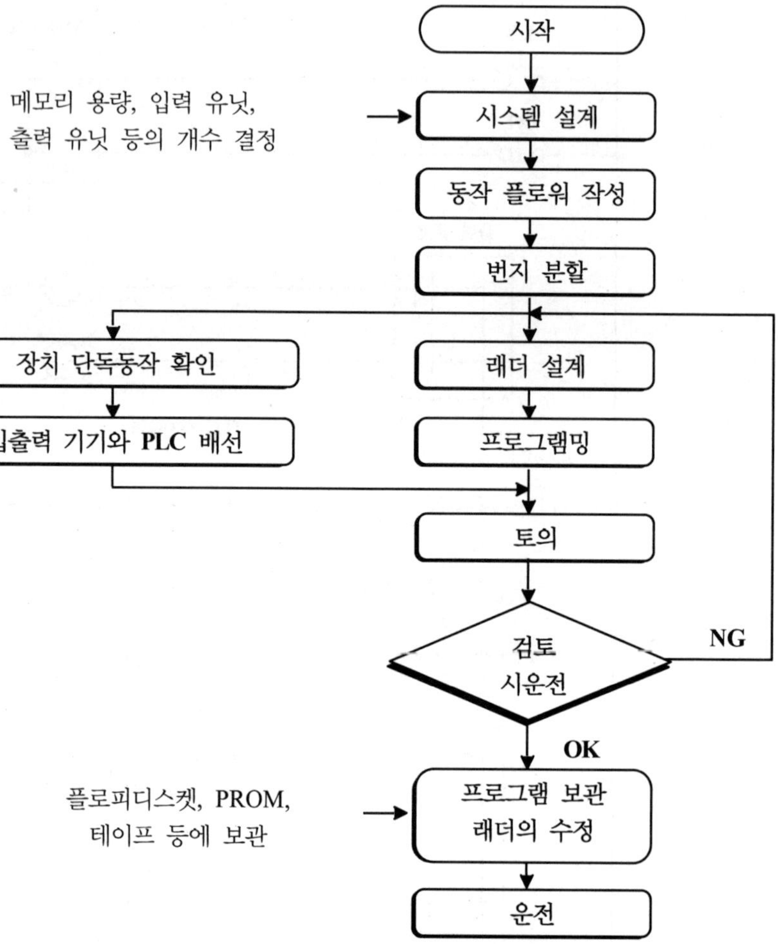

그림 8.8 PLC 프로그래밍 순서도

9

PLC 프로그래밍 기초

9.1 도구상자의 활용

프로그램 편집, 변수 모니터, 타임 차트, I/O 모니터링 등을 할 때 자주 사용하는 명령을 도구상자를 통해서 실행할 수 있다. 또한 메뉴 - 도구상자 - 도구상자 형태를 선택하면 도구상자의 위치와 화면상에 출현을 조정할 수 있으며 그림 9.1과 같다.

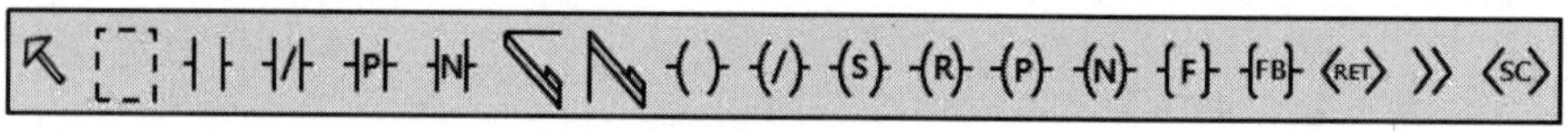

그림 9.1 도구상자

(1) 화살표( )

접점, 코일, 펑션, 펑션 블록 등을 선택하여 이동, 편집, 삭제할 경우 사용한다.

(2) 블록지정( )

한 행 이상을 삭제, 복사 등의 편집 기능을 할 경우 사용된다.

* 블록지정 아이콘을 선택 후 설정하고자 하는 부분으로 이동하여 마우스 좌측을 누르고 드래그 하여 설정하고자 하는 부분을 설정하여 편집한다.

(3) 평상시 열린 접점(normally open contact) ( )

평상시 열린 접점으로 시퀀스 제어의 'a접점'이라고 생각하면 된다(단축키 F2).

* 아이콘을 이용하여 편집하고자 하는 부분에 커서를 이동시키고 마우스 왼쪽 단추를 누른다.

(4) 평상시 닫힌 접점(normally closed contact) (-|/|-)

평상시 닫힌 접점으로 시퀀스 제어의 'b접점'이라고 생각하면 된다(단축키 F3).

* 아이콘을 이용하여 편집하고자 하는 부분에 커서를 위치시키고 마우스 왼쪽 단추를 누른다.

주의 -| |-, -|/|-은 맨 오른쪽 끝에는 올 수 없다(약속사항).

(5) 양 변환 검출접점 (-|P|-)

양 변환 검출 접점이란 접점이 동작되는 순간, 즉 "0"에서 "1"로 변환하는 순간을 검출하여 오른쪽 연결선이 해당 스캔에서 1스캔 동안 연결된다(단축키 Shift + F1).

* 양 변환 검출 접점 아이콘을 이용하여 편집하고자 하는 부분에 커서를 이동시키고 마우스 왼쪽 단추를 누른다.

(6) 음 변환 검출접점 (-|N|-)

음 변환 검출 접점이란 접점이 동작되는 순간, 즉 "1"에서 "0"으로 변환하는 순간을 검출하여 오른쪽 연결선이 해당 스캔에서 1스캔 동안 연결된다(단축키 Shift + F2).

* 음 변환 검출 접점 아이콘을 이용하여 편집하고자 하는 부분에 커서를 이동시키고 마우스 왼쪽 단추를 누른다.

(7) 가로선과 세로선 (, )

가로선과 세로선은 접점과 접점, 접점과 코일 또는 분기 회로 시 가로 및 세로로 회로를 연결하는 연결선이다(단축키 F4, F5).

(8) 코일과 역 코일 (-( )-, -(/)-)

코일은 출력을 나타내며 왼쪽의 입력이 ON 상태이면 여자되고 OFF 상태이면 소자된다. 역 코일 또한 출력을 나타내며 왼쪽의 입력이 ON상태이면 소자되고 OFF 상태이면 여자된다.

구분	왼쪽 회로 입력이 ON인 경우	왼쪽 회로 입력이 OFF인 경우
코일	여자	소자
역 코일	소자	여자

사용법 및 기능 설명

다음 회로는 코일인 경우와 역 코일인 경우를 비교하여 설명하고 있다.

* 코일인 경우
  %I0.0.0이 "1"이면 코일 %Q0.2.0은 출력 "1"이 나온다. %I0.0.0이 "0"이면 코일 %Q0.2.0은 출력이 "0"이 나온다.
* 역 코일인 경우는 코일과 반대 동작을 한다.
  %I0.0.0이 "1"이면 코일 %Q0.3.0은 출력 "0"이 나온다. %I0.0.0이 "0"이면 코일 %Q0.3.0은 출력이 "1"이 나온다.

(9) 세팅 코일과 리셋코일 (-(S)-, -(R)-)

세팅 코일은 왼편의 연결선 상태가 ON이 되었을 때 관련된 부울 변수는

ON이 되고, 리셋 코일에 의해 리셋 되기 전까지는 셋 되어 있는 상태로 유지가 된다. 리셋 코일은 셋 코일에 의하여 ON 되어 있는 코일상태를 리셋 하고자 할 때 사용한다(단축키 Ctrl + F3, Ctrl + F4).

사용법 및 기능 설명

* 다음 회로와 같이 세 접점 신호가 ON인 경우 세팅 코일 %Q0.2.0이 ON 되며 셋 접점이 OFF 시에도 계속 자기유지 상태로 유지된다.
* 리셋 접점을 ON 했을 경우 %Q0.2.0 출력 리셋코일이 ON 되며 세팅 코일의 자기유지가 해제된다.

(10) 양 변환 검출코일과 음 변환 검출코일 (P, N)

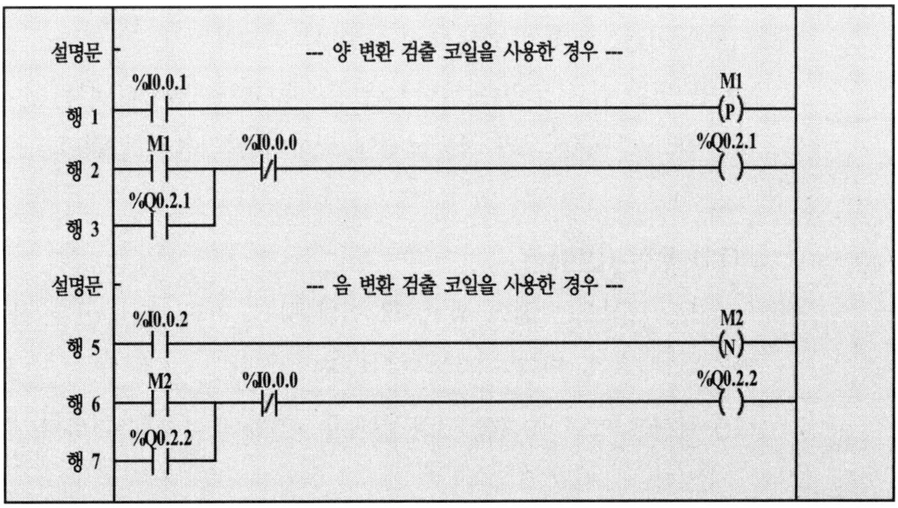

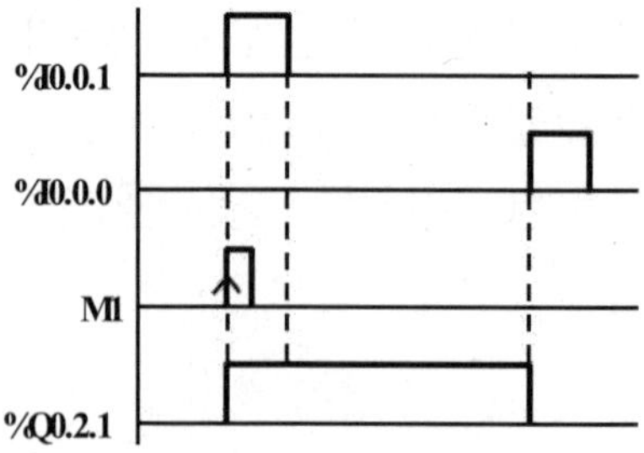

[양 변환 검출 코일]

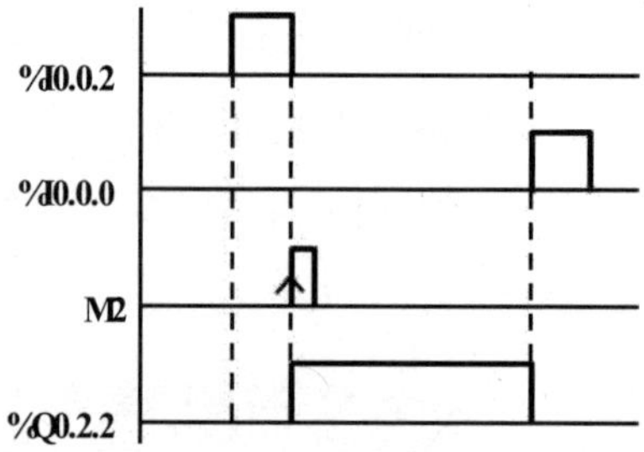

[음 변환 검출 코일]

양 변환 검출코일은 왼편의 연결선 상태가 바로 전 스캔에서 OFF이던 것이 현재 스캔에서 ON이 되는 상승에지 상태에서 1스캔 동안만 ON이 된다.

음 변환 검출코일은 왼편의 연결선 상태가 바로 전 스캔에서 ON이던 것이 현재 스캔에서 OFF 되는 하강에지 상태에서 1스캔 동안만 ON이 된다.

사용법 및 기능 설명

* 양변환 검출 코일은 아래 타임차트에서와 같이 %I0.0.1의 입력 스위치가 ON이 되는 순간 M1이 1스캔 동안 ON이 되며, 그 후로는 동작하지 않으므로 자기유지접점을 추가하였다. 출력 %Q0.2.1의 여자는 %I0.0.0의 입력스위치에 의하여 소자된다.
* 음 변환 검출 코일은 입력 스위치 %I0.0.2를 눌렀다 떼는 순간 M2가 동작하고 %Q0.2.2의 출력코일에 의하여 자기유지가 된다.

(11) 펑션 ({F})

기본 펑션에는 전송 펑션, 형 변환 펑션, 비교 펑션, 산술 연산 펑션, 논리 연산 펑션, 비트 시프트 펑션 등이 있다.

① 펑션은 입력에 대한 연산 결과를 1스캔에 즉시 출력하며, 출력이 하나이다.

② 전송 펑션(MOVE)의 IN, OUT 변수는 모든 데이터형이 지정될 수 있으나, 같은 데이터형이어야 한다.

③ 산술 연산 펑션(ADD, MUL 등)의 IN1, (IN2), OUT 변수는 수치(ANY_NUM) 데이터형만이 지정될 수 있으며, 또한 모두 같은 데이터형이어야 한다.

④ 논리 연산 펑션(AND, OR 등)의 IN1, (IN2), OUT 변수는 비트 상태(ANY_BIT) 데이터형만이 지정될 수 있으며, 또한 모두 같은 데이터형이어야 한다.

⑤ 형 변환 펑션(INT_TO_BCD, BCD_TO_INT 등)의 IN, OUT의 변수는 지정된 데이터형에 의해 고정되어 있으며, 펑션은 라이브러리에 넣어서 사용한다.

9.2 기본 펑션 설명 및 프로그램 예

9.2.1 전송 펑션의 종류와 사용법

(1) MOVE(데이터 전송)

펑션	설명
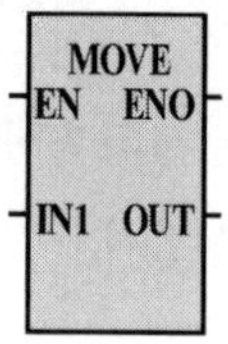	입력 EN: 1일 때 펑션 실행 IN: 전송할 값 출력 ENO: EN 값이 그대로 출력 OUT: 전송된 값 IN, OUT은 모두 같은 데이터 형이어야 함 예) IN %IB0.0.0 이면 OUT %QB0.2.0이어야 한다.

① 프로그램 적용 예 1

실행조건(%I0.0.8)이 ON 되면 MOVE 펑션이 실행되어 1Byte(8bit)인 0.0.0~0.0.7까지의 ON/OFF 정보가 복사되어 0.2.0~0.2.7까지 각 해당 비트에 데이터를 전송한다(Byte 단위로 동작).

* 시뮬레이터에 의한 LD 확인

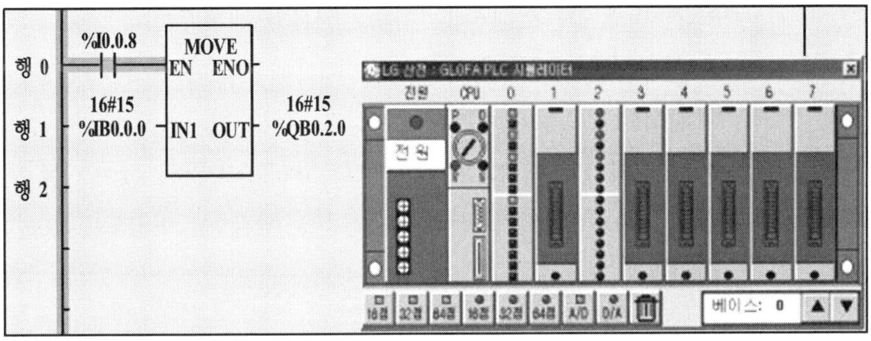

② 프로그램 적용 예 2

스위치 0, 1, 2 중 하나를 ON 하면 MOVE 펑션이 실행되어 코드값을 %QW0.3.0으로 전송한다.

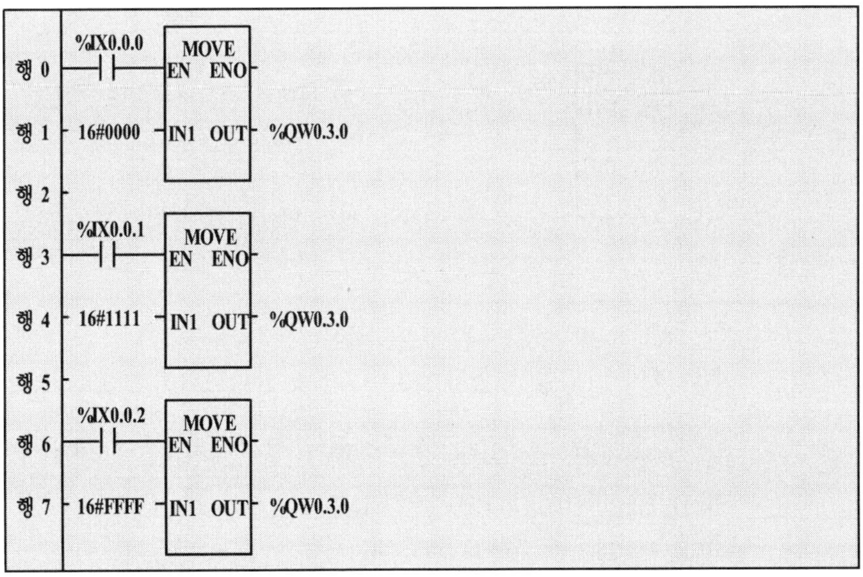

* 시뮬레이터에 의한 LD 확인

(a) 첫 번째 IN1의 16#0000이란 %IX0.0.0(비트)의 값이 ON 되었을 때 출력 %QW0.3.0 (16진수)의 자리에 16진수로 0000을 표현하라는 지시

이다.

(b) 두 번째 IN1의 16#1111이란 %IX0.0.1(비트)의 값이 ON 되었을 때 출력 %QW0.3.0 (16진수)의 자리에 16진수로 1111을 표현하라는 지시이다.

(c) 세 번째 IN1의 16#FFFF란 %IX0.0.2(비트)의 값이 ON 되었을 때 출력 %QW0.3.0 (16진수)의 자리에 16진수로 FFFF를 표현하라는 지시이다.

9.2.2 형 변환 펑션의 종류와 사용법

(1) BCD_TO_*** (BCD형을 정수로 변환)

펑션	설명
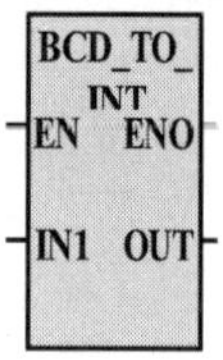	입력 EN: 1일 때 펑션 실행 IN: BCD 형태의 데이터를 갖고 있는 ANY_BIT 입력 값 출력 ENO: EN 값이 그대로 출력 OUT: 타입 변환된 데이터

* 기능

INPUT의 타입을 변환해서 OUT으로 출력한다.

FUNCTION	입력타입	출력타입	내용
BCD_TO_SINT	BYTE	SINT	입력이 BCD 값일 경우에만 정상 변환된다. (입력 데이터 타입이 WORD 일 경우 0~16#9999값만 정상 변환된다.)
BCD_TO_INT	WORD	INT	
BCD_TO_DINT	DWORD	DINT	
BCD_TO_USINT	BYTE	USINT	
BCD_TO_UINT	WORD	UINT	
BCD_TO_UDINT	DWORD	UDINT	

IN이 BCD 형태의 데이터가 아닌 경우 출력은 "0"이 되고 _ERR(연산 에러 플래그), _LER(연산 에러 래치 플래그)은 ON 된다.

* 프로그램 적용

%IW0.1.0을 사용하여 BCD 값 3333을 입력하고 %IX0.0.0을 ON 하면 BCD값이 정수로 변환되어 정수 값에 출력이 된다.

* 시뮬레이터에 의한 LD 확인

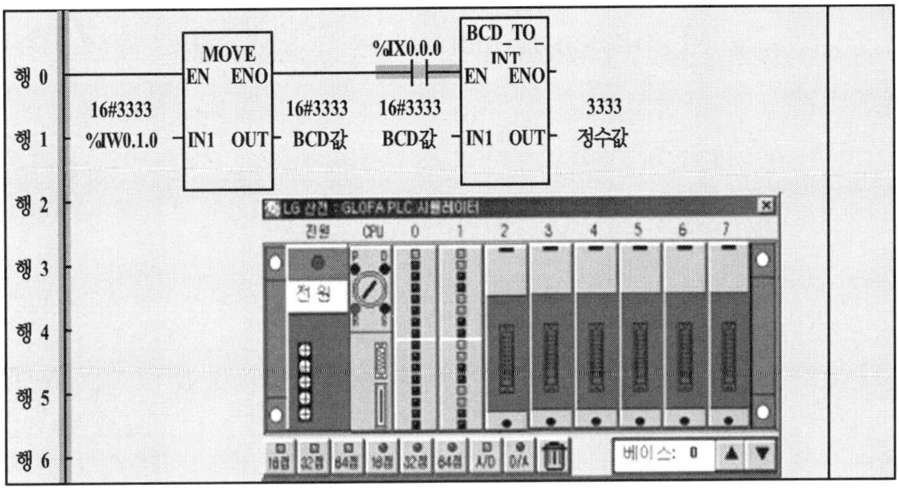

(2) INT_TO_*** (INT 타입 변환)

펑션	설명
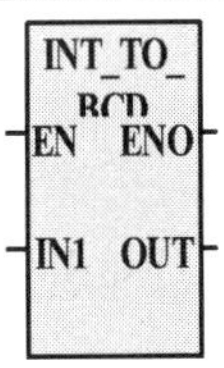	입력 EN: 1일 때 펑션 실행 IN: 정수형의 입력값 출력 ENO: 에러 없이 실행되면 1을 출력 OUT: 타입 변환된 데이터

* 기능

IN을 타입 변환해서 OUT으로 출력한다.

FUNCTION	데이터 타입	내용
INT_TO_SINT	SINT	입력이 −128~127일 경우 정상 변화되나, 그 외 값은 에러가 발생한다.
INT_TO_DINT	DINT	DINT 타입으로 정상 변화한다.
INT_TO_USINT	USINT	입력이 0~255일 경우 정상 변화되나, 그 외 값은 에러가 발생한다.
INT_TO_UINT	UINT	입력이 0~32767일 경우 정상 변화되나, 그 외 값은 에러가 발생한다.
INT_TO_UDINT	UDINT	입력이 0~32767일 경우 정상 변화되나, 그 외 값은 에러가 발생한다.
INT_TO_BOOL	BOOL	하위 1비트를 취해 BOOL 타입으로 변환한다.
INT_TO_BYTE	BYTE	하위 8비트를 취해 BYTE 타입으로 변환한다.
INT_TO_WORD	WORD	내부비트 배열의 변화 없이 WORD 타입으로 변환한다.
INT_TO_DWORD	DWORD	상위 비트 등을 0으로 채운 DWORD 타입으로 변환한다.
INT_TO_LWORD	LWORD	상위 비트 등을 0으로 채운 LWORD 타입으로 변환한다.
INT_TO_BCD	WORD	입력이 0~9,999 일 경우 정상 변환되나, 그 외 값은 에러가 발생한다.

* 에러

변환 에러 발생 시 _ERR(연산 에러 플러그), _LEE(연산 에러 래치 플래그)이 ON 된다.

* 프로그램 적용

%I0.0.0의 입력 스위치가 ON일 때 정수 값 칸에 강제변수 6666을 입력하면 BCD 값이 %QW0.2.0에 6666값이 출력되며, 펑션 INT_TO_BCD 입력에 최대 정수 값 9999 또는 16#270F를 입력하면 %QW0.2.1에 BCD 값 16#9999가 표시된다.

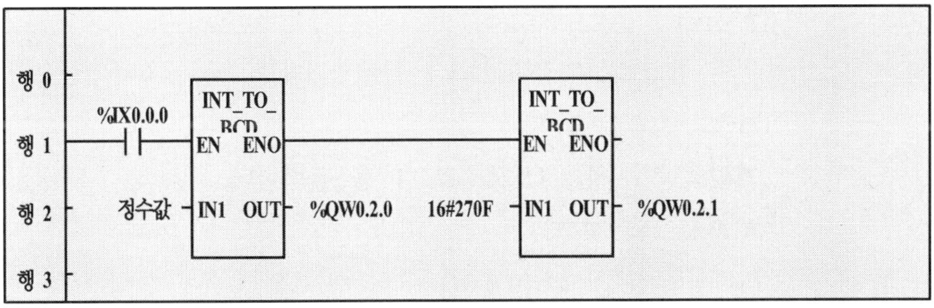

* 시뮬레이터에 의한 LD 확인

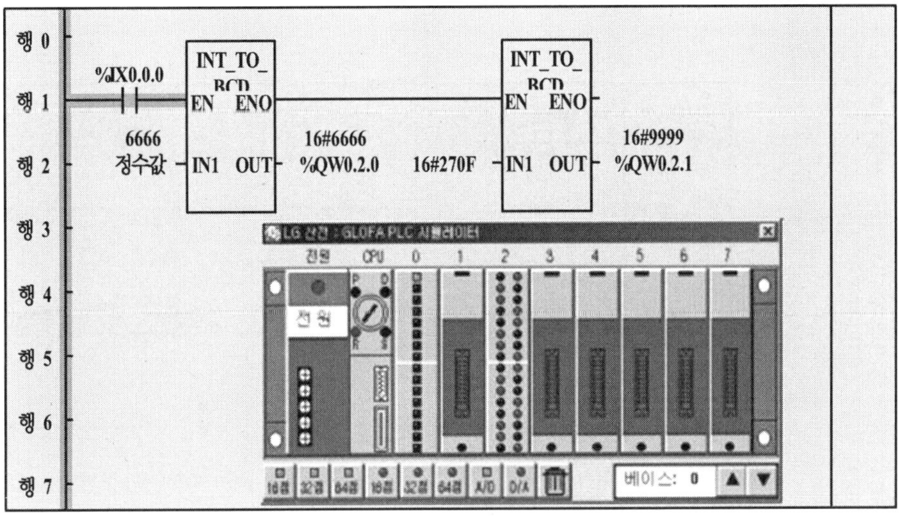

(3) GT ('크다' 비교)

펑션	설명
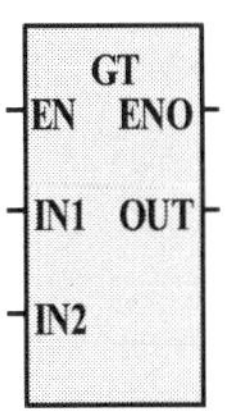	입력 EN: 1일 때 펑션 실행 IN1: 비교할 값 IN2: 비교할 값 * 입력은 8개까지 확장 가능 IN1, IN2, … 는 모두 같은 타입이어야 함. 출력 ENO: EN 값이 그대로 출력 OUT: 비교 결과 값

* 기능

입력 값의 비교 결과 IN1 〉 IN2 〉 IN3 〉 … 〉 INn이 참이면 OUT으로 “1”을 출력한다.

거짓의 경우에는 OUT으로 “0”을 출력한다.

* 프로그램 적용

(a) 실행 조건 %IX0.0.0을 ON하면 GT 펑션이 실행된다.

(b) 입력 변수로 선언된 값 IN1=300, IN2=200, IN3=100을 입력하고, 비교 결과 IN1 〉 IN2 〉 IN3이 되므로, 출력 결과 값 %QX0.3.0은 “1”이 된다.

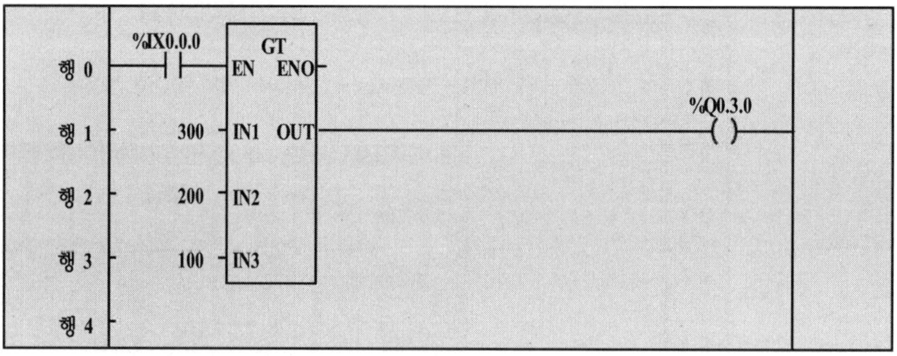

(4) GE (‘크거나 같다’ 비교)

펑션	설명
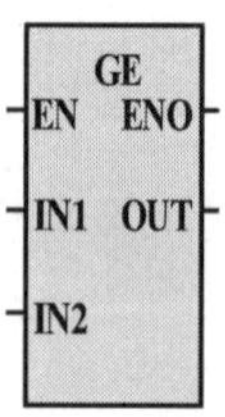	입력 EN: 1일 때 펑션 실행 IN1: 비교할 값 IN2: 비교할 값 * 입력은 8개까지 확장 가능 IN1, IN2, … 는 모두 같은 타입이어야 함. 출력 ENO: EN 값이 그대로 출력 OUT: 비교 결과 값

* 기능

입력값의 비교 결과 IN1 ≥ IN2 ≥ IN3 ≥ … ≥ INn(n은 입력개수)이 참이면 OUT으로 "1"을 출력한다. 거짓의 경우에는 OUT으로 "0"을 출력한다.

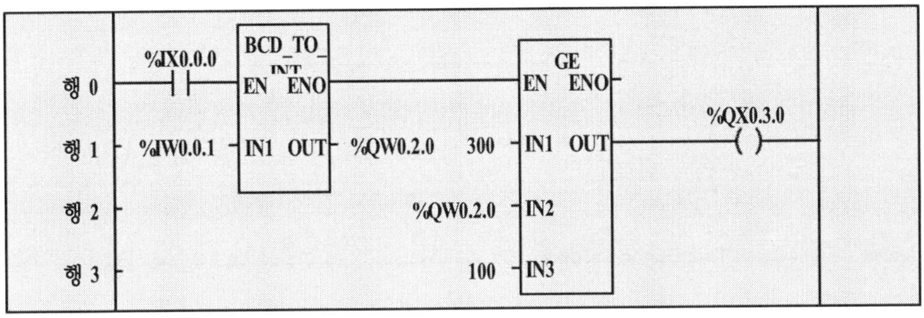

* 프로그램 적용

(a) 실행 조건 %IX0.0.0을 ON 하면 GE 펑션이 실행된다.

(b) 입력 변수로 선언된 값 IN1=300, IN2=%IW0.0.1, IN3=100이면, 비교 결과 IN1 ≥ IN2 ≥ IN3이므로, 출력 결과 값 %QX0.3.0은 "1"이 된다. 즉 IN2의 값이 100보다 같거나 크면 또는 300보다 같거나 작으면 %QX0.3.0은 "1"이 된다.

* 시뮬레이터에 의한 LD 확인

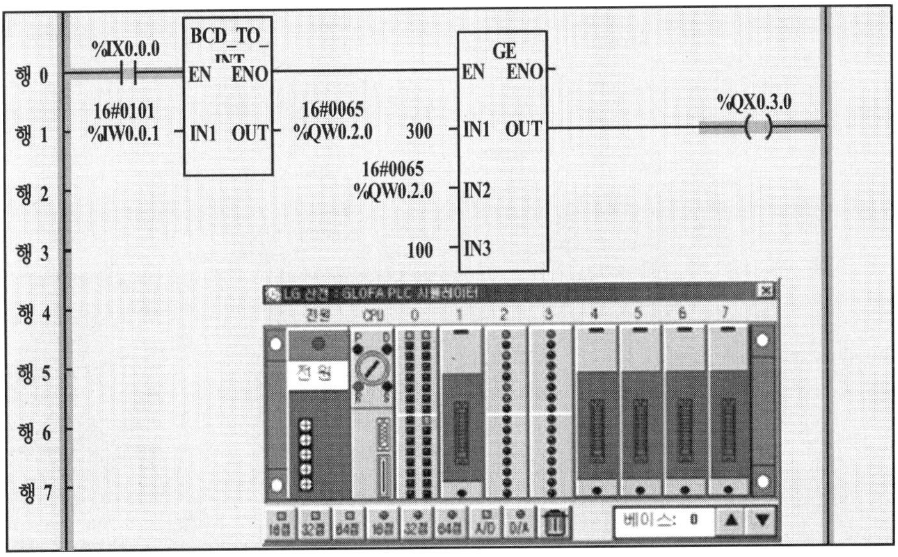

(5) EQ ('같다' 비교)

펑션	설명
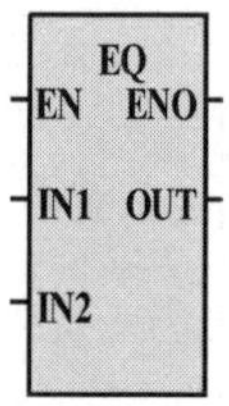	입력 EN: 1일 때 펑션 실행 IN1: 비교할 값 IN2: 비교할 값 * 입력은 8개까지 확장 가능 IN1, IN2, … 는 모두 같은 타입이어야 함. 출력 ENO: EN 값이 그대로 출력 OUT: 비교 결과 값

* 기능

입력 값의 비교 결과 IN1 = IN2 = IN3 = … = INn(n은 입력개수)이 참이면 OUT으로 "1"을 출력한다. 거짓의 경우에는 OUT 으로 "0"을 출력한다.

* 프로그램 적용

%IX0.0.0의 값이 ON일 때 BCD_TO_INT펑션이 실행되며, EQ 값 중 IN3 값이 300(즉 %IW0.0.1)일 때만 %QX0.3.0이 "1"이 된다.

* 시뮬레이터에 의한 LD 확인

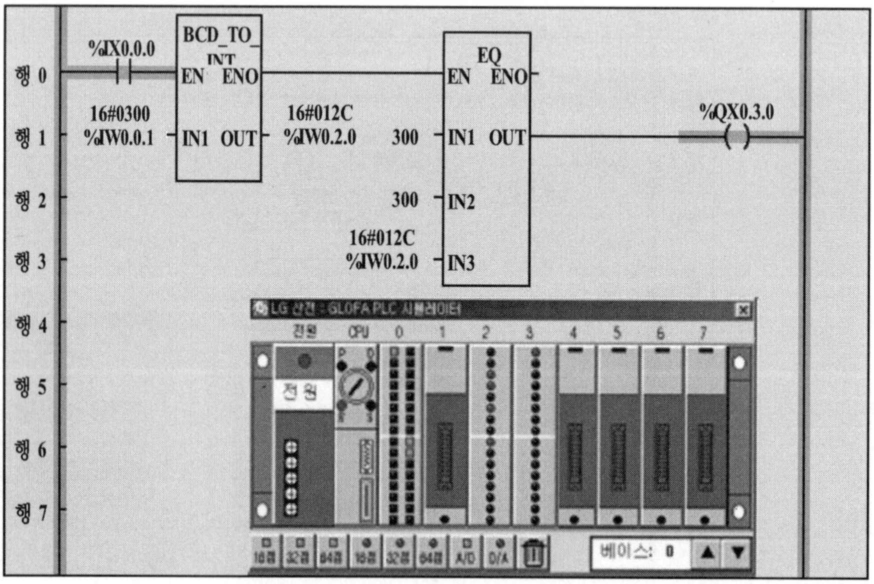

(6) LE ('작거나 같다' 비교)

펑션	설명
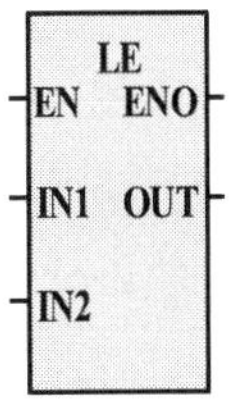 	입력 EN: 1일 때 펑션 실행 IN1: 비교할 값 IN2: 비교할 값 * 입력은 8개까지 확장 가능 IN1, IN2, … 는 모두 같은 타입이어야 함. 출력 ENO: EN 값이 그대로 출력 OUT: 비교 결과 값

* 기능

입력 값의 비교 결과 IN1 ≤ IN2 ≤ IN3 ≤ … ≤ INn(n은 입력개수)이 참이면 OUT으로 "1"을 출력한다. 거짓의 경우에는 OUT으로 "0"을 출력한다.

* 프로그램 예

%IX0.0.0의 값이 ON일 때 BCD_TO_INT펑션이 실행되며, LE 값 중 IN2 값이 100~300(즉 %IW0.0.1)일 때만 %QX0.3.0은 "1"이 된다.

* 시뮬레이터에 의한 LD 확인

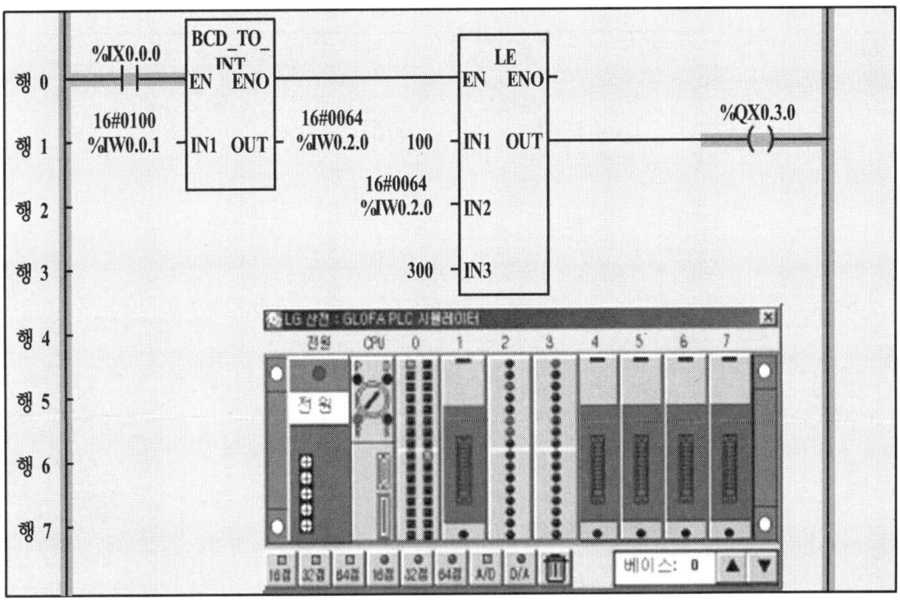

(7) LT ('작다' 비교)

펑션	설명
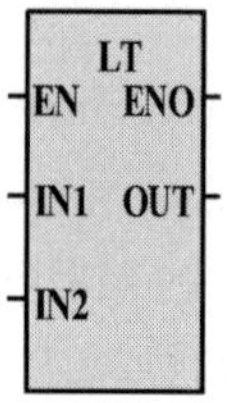	입력 EN: 1일 때 펑션 실행 IN1: 비교할 값 IN2: 비교할 값 * 입력은 8개까지 확장 가능 IN1, IN2, … 는 모두 같은 타입이어야 함. 출력 ENO: EN 값이 그대로 출력 OUT: 비교 결과 값

* 기능

입력 값의 비교 결과 IN1 〈 IN2 〈 IN3 〈 … 〈 INn(n은 입력개수)이 참이면 OUT으로 "1"을 출력한다. 거짓의 경우에는 OUT으로 "0"을 출력한다.

* 프로그램 적용

%IX0.0.0의 값이 ON일 때 BCD_TO_INT펑션이 실행되며, LT 값 중 IN2 값이 101~299(즉 %IW0.0.1 값이)일 때만 %QX0.3.0이 "1"이 된다.

* 시뮬레이터에 의한 LD 확인

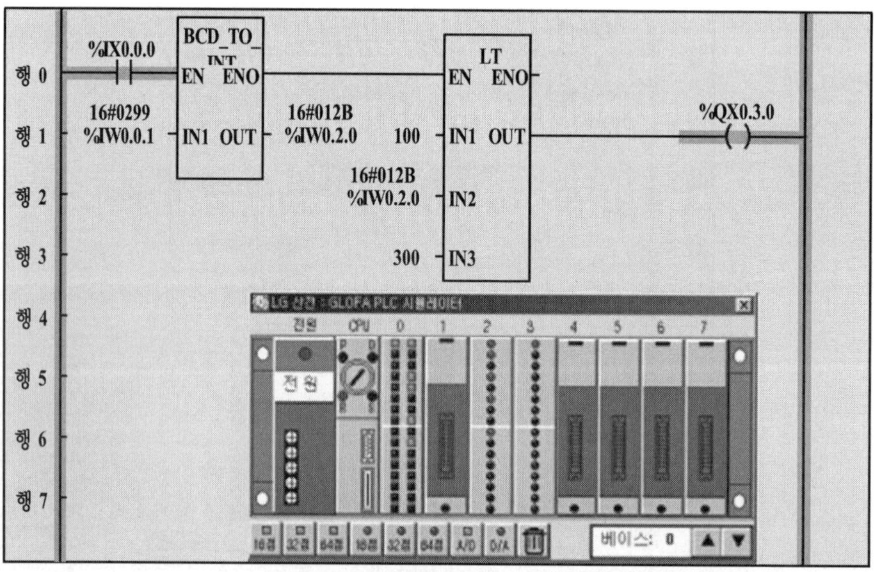

(8) NE ('같지 않다' 비교)

펑션	설명
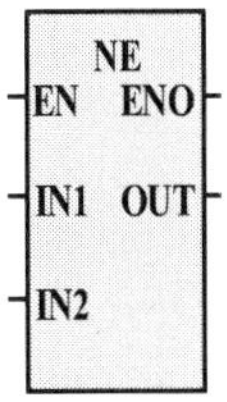	입력 EN: 1일 때 펑션 실행 IN1: 비교할 값 IN2: 비교할 값 * IN1, IN2, … 는 모두 같은 타입이어야 함. 출력 ENO: EN 값이 그대로 출력 OUT: 비교 결과 값

* 기능

비교 결과 IN1과 IN2가 같지 않으면 OUT으로 "1"을 출력한다. 같으면 OUT으로 "0"을 출력한다.

* 프로그램 적용

%IX0.0.0의 값이 ON일 때 BCD_TO_INT펑션이 실행되며, NE 값 중 IN2 값이 300(즉 %IW0.0.1 값이)일 때만 %QX0.3.0이 "0"이 되고 그 외에는 "1"이 된다.

* 시뮬레이터에 의한 LD 확인

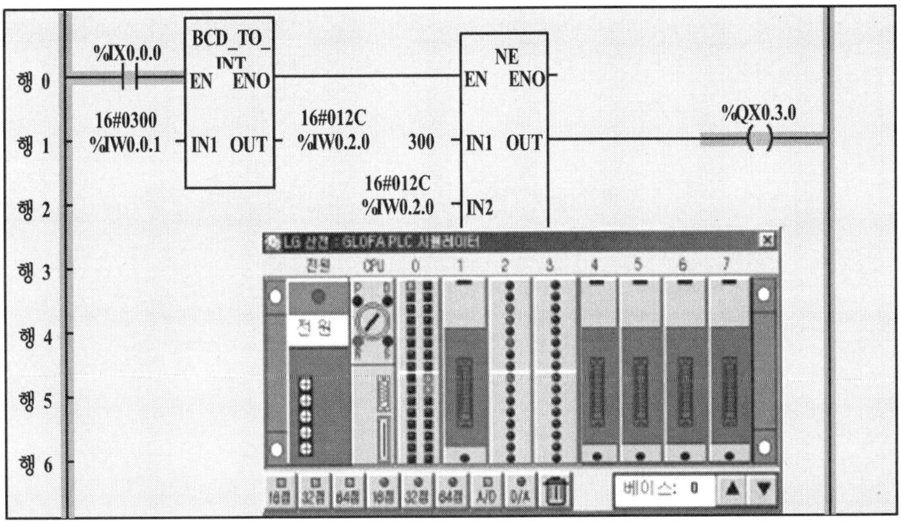

9.3 펑션 블록 ([FB])

펑션 블록은 여러 스캔에 걸쳐 누계된 연산 결과를 출력하므로, 연산 중 누계되는 데이터를 잠시 보관하기 위한 내부 메모리가 필요하다. 따라서 펑션 블록은 사용하기 전에 변수를 선언하는 것처럼 인스턴스 변수를 선언해야 한다. 인스턴스 변수는 펑션 블록에서 사용하는 변수들의 집합이며, 기본 펑션 블록 중 가장 일반적인 것은 타이머와 카운터이다.

* 사용자가 펑션 블록을 생성할 수 있으며 생성된 펑션 블록은 사용자 펑션에 추가된다.

9.3.1 기본 펑션 블록 일람표

① 카운터

NO	펑션 블록이름	기능
1	C T U	가산 카운터 (Up Counter)
2	C T D	감산 카운터 (Down Counter)
3	C T U D	가감산 카운터 (Up Down Counter)

② 타이머

NO	펑션 블록이름	기능
1	T O N	ON 딜레이 타이머 (On Delay Timer)
2	T O F	OFF 딜레이 타이머 (Off Delay Timer)
3	T P	펄스 타이머 (Pulse Timer)

9.3.2 펑션 블록 설명 및 프로그램 사용법

(1) CTU

가산 카운터

펑션	설명
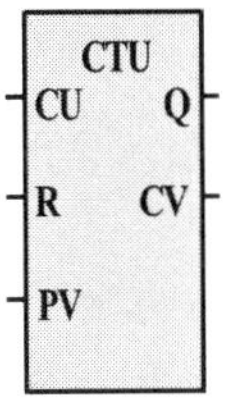	입력 CU: 업 카운터(Up Counter) 펄스입력 R: 리셋 입력(Reset) PV: 설정 값(Preset Value) 출력 Q: 업 카운터(Up Counter) 출력 CV: 현재 값(Current Value)

* 기능

(a) 펄스 입력 CU가 "0"에서 "1"(Rising Edge)이 되면 현재 값 CV가 이전 값보다 1만큼 증가한다.

(b) 단, CV는 정수(INT)의 최대값 32767을 넘지 않는다.

(c) 리셋 입력 R이 "1"이 되면 현재 값 CV는 "0"으로 소거(Clear)된다.

(d) 출력 Q는 현재 값(CV)이 설정 값(PV) 이상이면 "1"이 된다.

* 타임 차트

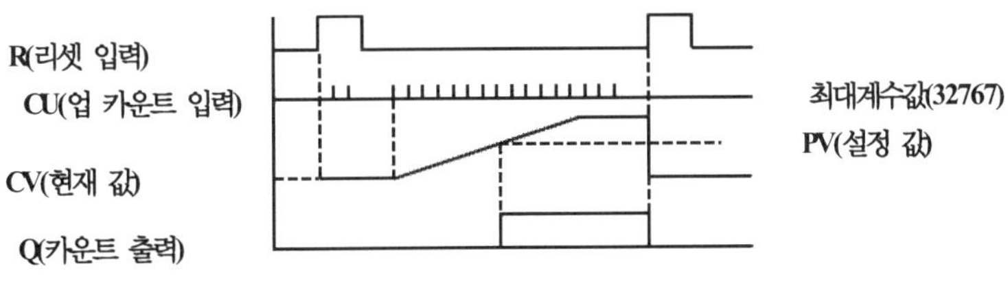

* 프로그램 예

(a) CTU는 펑션 블록이므로 연산 중 누계되는 데이터를 잠시 보관하기 위한 인스턴스 변수를 반드시 선언해야 한다.

(b) GMWIN에서 프로그램 편집 시 CTU의 인스턴스 변수를 선언하면 카운터 출력은 인스턴스 이름.Q, 현재 값은 인스턴스 이름.CV로 변수가 자동 생성된다.

(c) 아이콘 [FB]을 선택하여 펑션 블록 목록 창에서 CTU를 선택한다.

(d) 변수 이름 선언은 제한이 없으나 편의상 C1으로 정의하고 나머지 창들은 디폴트값으로 정의한다.

(e) 토글스위치 “0”(%IX0.0.0)으로 CU에 입상(Rising Edge)펄스를 입력하면 현재 값이 증가한다.

(f) 현재 값을 우측 %QW0.0.2.0에 출력할 것이다.

(g) 현재 값이 10 이상이면 카운터 출력(C1.Q)이 “1”이 되어 램프(%QX0.3.0)가 점등할 것이다.

(h) 토글스위치 “1”(%IX0.0.1)을 ON 하면 현재 값 및 카운터 출력이 리셋되어 0이 된다.

(i) 현재 값(C1.CV)이 0~9999 사이를 벗어나면 펑션 INT_TO_BCD에 의해 _ERR, _LER 플래그가 ON 된다.

(j) 다음 프로그램의 예 중 출력 %QX0.3.0, %QX0.3.1은 똑같은 동작을 실행한다.

(k) 그런데 %QX0.3.1은 카운터 C1.Q의 값에 따라 동작하는 예를 나타내고 있다.

* 시뮬레이터에 의한 LD 확인

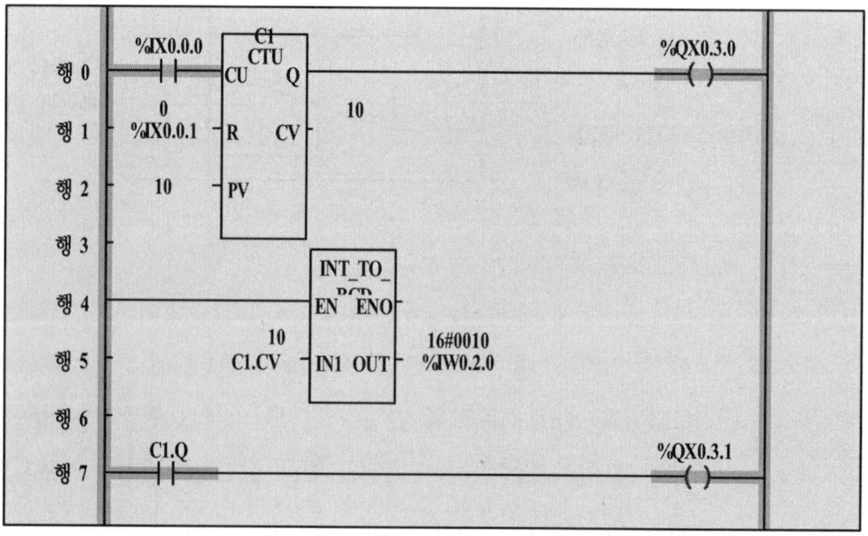

(2) CTD

감산 카운터

펑션	설명
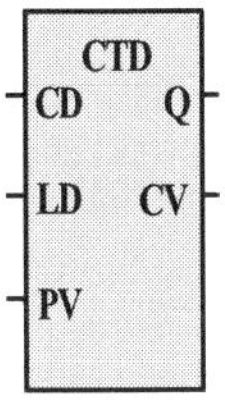	입력 CD: 다운 카운터(Down Counter) 펄스입력 LD: 설정 값 입력(Load) PV: 설정 값(Preset Value) 출력 Q: 다운 카운터(Down Counter) 출력 CV: 현재 값(Current Value)

* 기능

(a) 펄스 입력 CD가 "0"에서 "1"(Rising Edge)이 되면 현재 값 CV가 이전 값보다 "1" 만큼 감소한다.(단, CV는 정수(INT)의 최소값 −32768)

(b) 설정 값 입력 접점 LD가 "1"이 되면, 설정 값 PV값이 현재 값 CV에 로드된다.

(c) 출력 Q는 현재 값(CV)이 "0" 이하이면 "1"이 된다.

* 타임 차트

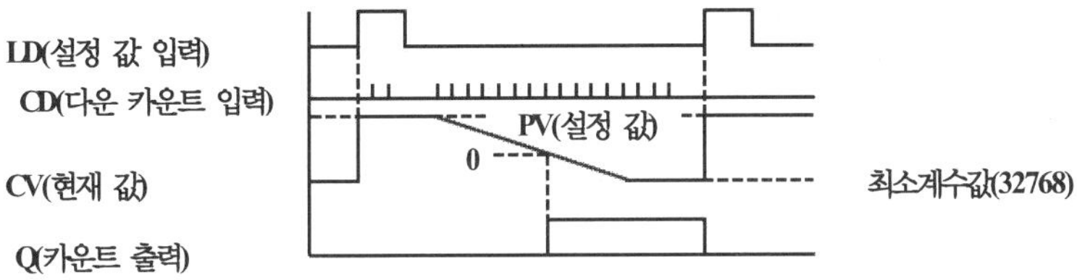

* 프로그램 예

(a) CTD는 펑션 블록이므로 연산 중 누계 되는 데이터를 잠시 보관하기 위한 인스턴스 변수를 반드시 선언해야 한다.

(b) GMWIN에서 프로그램 편집 시 CTD의 인스턴스 변수를 선언하면 카운터 출력은 인스턴스 이름.Q, 현재 값은 인스턴스 이름.CV로 변수가 자동 생성된다.

(c) CTD의 인스턴스 변수 C2를 선언한다.

(d) 설정 값을 10으로 세팅 한다.

(e) 초기에 %IX0.0.2를 누르면 LD가 "1"이 되어 설정 값이 현재 값에 로드된다.

(f) 스위치 %IX0.0.1을 신호에 의하여 CD에 입상(Rising Edge) 펄스를 입력하면 현재 값이 감소한다.

(g) 현재 값이 "0" 이하이면 카운터출력(C2.Q)이 "1"이 되어 (%QX0.3.0)이 점등된다.

(h) 스위치(%IX0.0.2)를 ON 하면 LD가 "1"이 되어 설정 값이 현재 값에 로드된다.

* 시뮬레이터에 의한 LD 확인

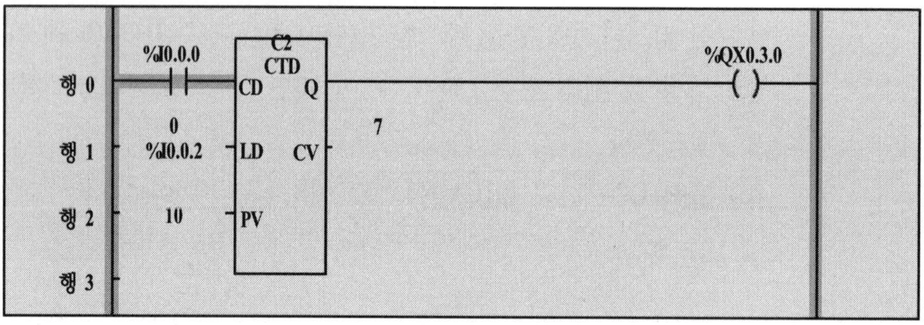

(3) CTUD

가감산 카운터

펑션	설명
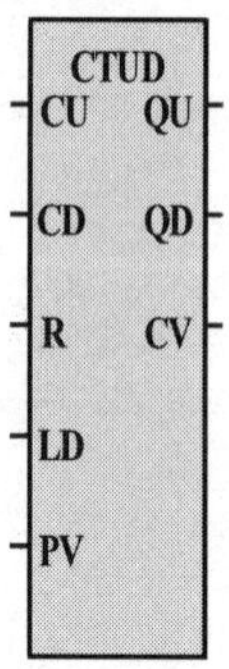	입력 CU: 업 카운터(Up Counter) 펄스입력 CD: 다운 카운터(Down Counter) 펄스입력 R: 리셋 입력(Reset) LD: 설정 값 입력(Load) PV: 설정 값(Preset Value) 출력 QU: 업 카운터(Up Counter) 출력 QD: 다운 카운터(Down Counter) 출력 CV: 현재 값(Current Value)

* 기능

(a) CTUD는 CU가 “0”에서 “1”이 되면 현재 값 CV가 이전 값보다 1만큼 증가하고, CD가 “0”에서 “1”이 되면 현재 값 CV가 이전 값보다 “1” 만큼 감소하는 카운터이다. 단, 현재 값 CV는 정수(INT)의 최소값 −32768~최대값 32767 사이의 값을 갖는다.

(b) 설정 값 입력 접점 LD가 “1”이 되면 현재 값 CV에 설정 값 PV 값이 로드된다. (CV=PV)

(c) 설정 값 입력 R이 “1”이 되면 현재 값 CV는 “0”으로 클리어(Clear)된다.(CV=0)

(d) 출력 QU는 CV가 PV 이상이면 “1”이 되고, QD는 CV가 “0” 이하 일 때 “1”이 된다.

(e) 각 입력 신호에 대해서 R > LD > CU > CD순으로 동작을 수행하며, 신호의 중복 발생 시 우선순위가 높은 동작 하나만 수행한다.

* 타임 차트

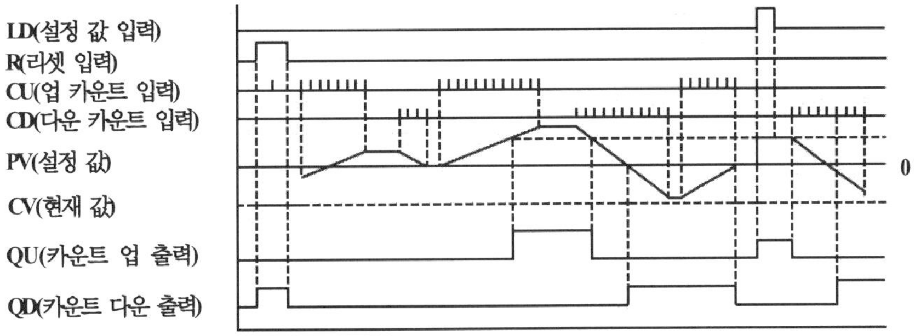

* 프로그램 예

(a) CTUD는 펑션 블록이므로 연산 중 누계되는 데이터를 잠시 보관하기 위한 인스턴스 변수를 반드시 선언해야 한다.

(b) GMWIN에서 프로그램 편집 시 CTUD의 인스턴스 변수를 선언하면 업 카운트 출력은 인스턴스 이름.QU, 다운 카운트 출력은 인스턴스 이름.QD 그리고 현재 값은 인스턴스 이름.CV로 변수가 자동 생성된다.

(c) CTUD의 인스턴스 변수 C3를 선언한다.

(d) 설정 값을 10으로 세팅 한다.

(e) 스위치 %IX0.0.0으로 CU에 입상(Rising Edge) 펄스를 입력하면 현재 값이 증가한다.

(f) 입력 %IX0.0.1로 CD에 입상(Rising Edge) 펄스를 입력하면 현재 값이 감소한다.

(g) 현재 값이 설정 값 이상이면 C3.QU가 "1"이 되어 %QX0.3.0이 "1"이 된다.

(h) 현재 값이 "0" 이하이면 C3.QD가 "1"이 된다.

(i) %IX0.0.2를 ON하면 리셋되어 현재 값은 "0"으로 클리어(Clear) 된다.

(j) %IX0.0.3을 ON하면 LD가 "1"이 되어 설정 값이 현재 값에 로드된다.

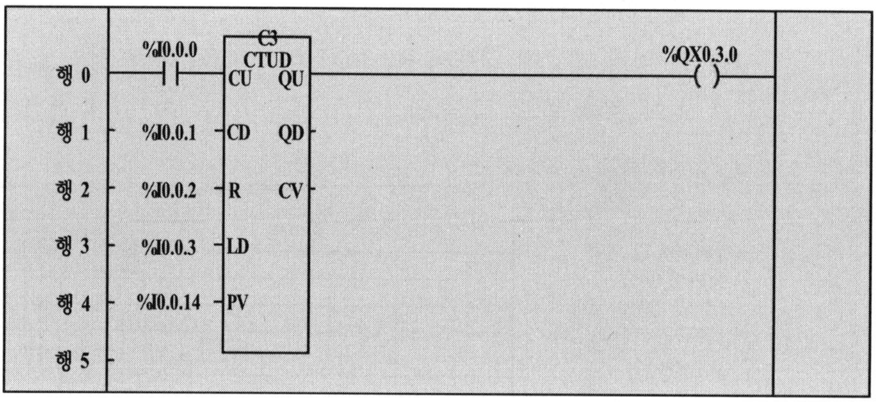

(4) TON

펑션	설명
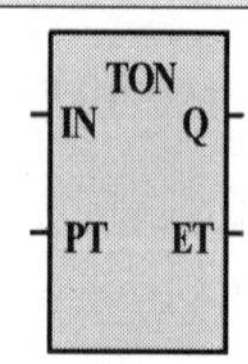	입력 IN: 타이머 기동 조건 PT: 설정시간(Preset Time) 출력 Q: 타이머 출력 ET: 경과 시간(Elapsed Time)

* 기능

(a) IN이 "1"이 된 후 경과 시간이 ET로 출력된다.

(b) 만일, 경과 시간 ET가 설정 시간에 도달하기 전에 IN이 "0"이면, 경과 시간은 "0"으로 된다.

(c) Q가 "1"이 된 후 IN이 "0"이 되면, Q는 "0"이 된다.

* 타임 차트

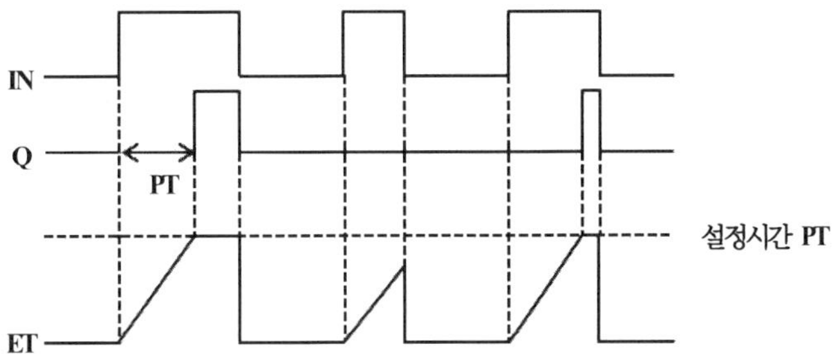

* 프로그램 예

(a) TON은 펑션 블록이므로 연산 중 누계 되는 데이터를 잠시 보관하기 위한 인스턴스 변수를 반드시 선언해야 한다.

(b) GMWIN에서 프로그램 편집 시 TON의 인스턴스 변수를 선언하면 타이머 출력은 인스턴스 이름.Q, 경과 시간은 인스턴스 이름.ET로 변수가 자동 생성된다.

(c) TON의 인스턴스 변수 T1을 선언한다.

(d) 타이머 T1의 설정 시간을 PT에는 5초(T#5S)로 설정한다.

(e) 기동 스위치 %IX0.0.0을 ON 하면 경과 시간(T1.ET)이 디지털 표시기에 출력된다.

(f) 경과 시간 T1.ET가 설정 시간 5초에 도달하면 타이머 출력 T1.Q가 ON되어 출력 %Q0.2.0이 1이 되며 %Q0.2.1은 "0"이 된다.

(g) T1.Q가 ON 된 후 기동 스위치 "0"(%IX0.0.0)를 OFF 하면 T1.Q는 OFF 된다.

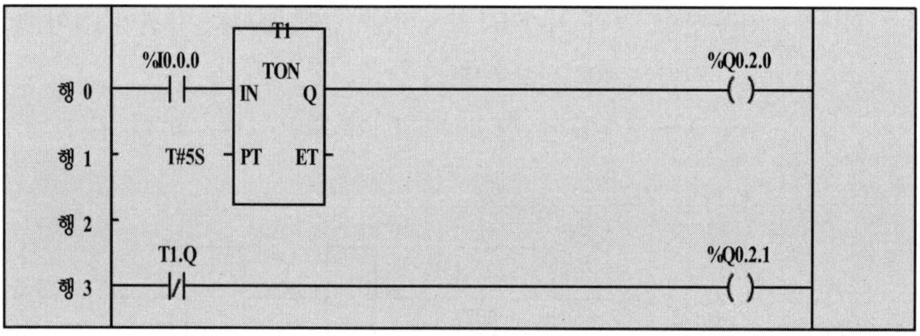

(5) TOF

펑션	설명
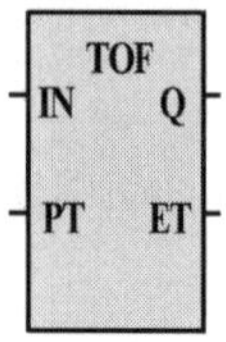	입력 IN: 타이머 기동 조건 PT: 설정시간(Preset Time) 출력 Q: 타이머 출력 ET: 경과 시간(Elapsed Time)

* 기능

(a) IN이 “1”이 되면, Q가 “1”이 되고, IN이 “0”이 된 후부터 PT에 의해서 지정된 설정 시간이 경과한 후 Q가 “0”이 된다.

(b) IN이 “0”이 된 후 경과 시간이 ET로 출력된다.

(c) 만일 경과 시간 ET가 설정 시간에 도달하기 전에 IN이 “1”이 되면, 경과 시간은 다시 “0”으로 된다.

* 타임 차트

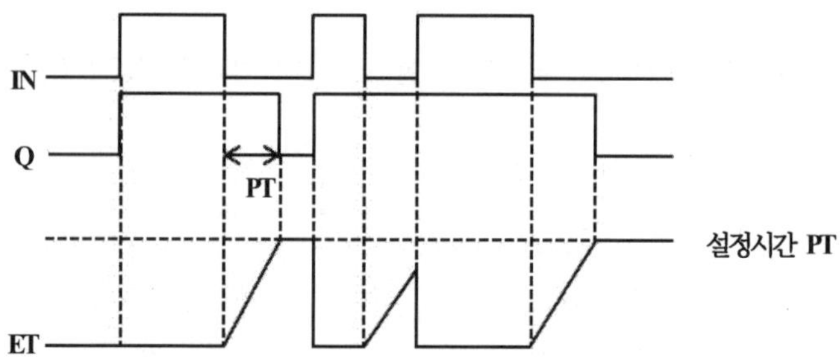

* 프로그램 예

(a) TOF는 펑션 블록이므로 연산 중 누계되는 데이터를 잠시 보관하기 위한 인스턴스 변수를 반드시 선언해야 한다.

(b) GMWIN에서 프로그램 편집 시 TOF의 인스턴스 변수를 선언하면 타이머 출력은 인스턴스 이름.Q, 경과 시간은 인스턴스 이름.ET로 변수가 자동 생성된다.

(c) TOF의 인스턴스 변수 T2를 선언한다.

(d) 타이머 T2의 설정 시간을 3초(T#3S)로 설정한다.

(e) 기동 스위치 %IX0.0.0을 ON 하면 타이머 출력 T2.Q가 ON이 된다.

(f) 기동 스위치 %IX0.0.0을 OFF 하면 경과 시간(T2.ET)이 디지털 표시기에 출력된다.

(g) 경과 시간 T2.ET가 설정 시간 3초에 도달하면 타이머 출력 T2.Q가 OFF 된다.

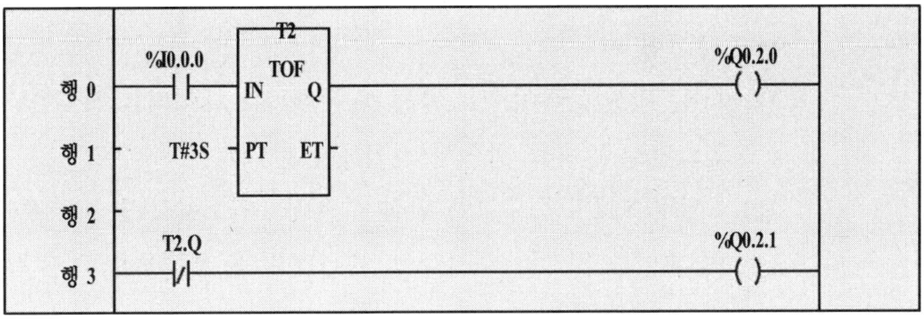

(6) TP

펑션	설명
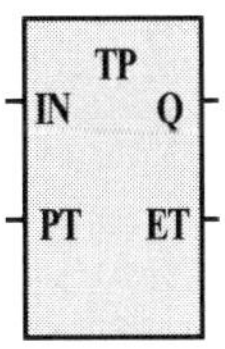	입력 IN: 타이머 기동 조건 PT: 설정시간(Preset Time) 출력 Q: 타이머 출력 ET: 경과 시간(Elapsed Time)

* 기능

(a) IN이 “1”이 되면 PT에 의해서 지정된 설정 시간 동안만 Q가 “1”이 되고, ET가 PT에 도달하면 자동으로 “0”이 된다.

(b) 경과 시간 ET는 IN이 “1”이 되었을 때부터 증가하며 PT에 이르면 값을 유지하다가 IN이 “0”이 될 때 “0”의 값이 된다.

(c) ET가 증가할 동안은 IN이 “0”이 되거나 재차 “1”이 되어도 영향이 없다.

* 타임 차트

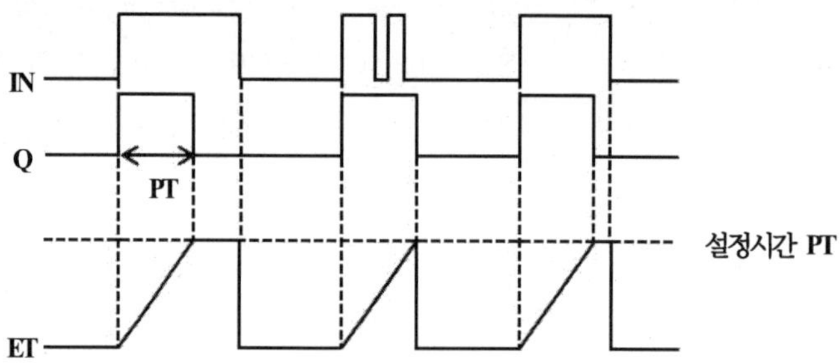

* 프로그램 예

(a) TP는 펑션 블록이므로 연산 중 누계되는 데이터를 잠시 보관하기 위한 인스턴스 변수를 반드시 선언해야 한다.

(b) GMWIN에서 프로그램 편집 시 TP의 인스턴스 변수를 선언하면 타이머 출력은 인스턴스 이름.Q, 경과 시간은 인스턴스 이름.ET로 변수가 자동 생성된다.

(c) TP의 인스턴스 변수 T3를 선언한다.

(d) 타이머 T3의 설정 시간을 3초(T#3S)로 설정한다.

(e) 기동 스위치 %IX0.0.0를 OFF→ON 하면 타이머 출력 T3.Q가 3초 동안 ON 했다 OFF 된다.

(f) T3.ET가 증가할 동안 기동 스위치가 OFF되거나 다시 ON 되어도 영향이 없다.

(g) T3.ET가 증가할 동안 경과 시간(T3.ET)이 디지털 표시기에 출력된다.

* 프로그램 예

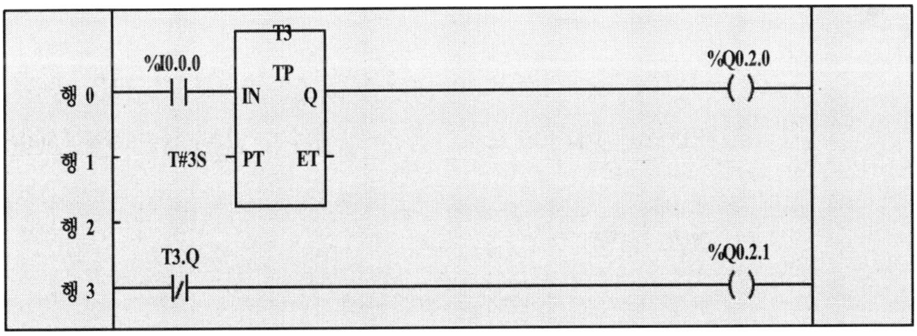

9.4 리턴

프로그램 중 리턴(Return)(RET)을 만나면 프로그램을 종료하는 명령으로 [Return] 이후의 프로그램은 실행하지 않는다(단축키 Shift + F7).

(1) 기능 설명

① 도구 상자에서 RET를 선택한다.
② LD 프로그램 윈도우에서 원하는 위치로 마우스를 옮긴 후에 왼쪽 단추를 누른다.
③ LD 프로그램 윈도우에서 리턴을 입력할 위치로 커서를 이동시킨다.
④ 메뉴 도구 상자 내의 명령 중 리턴(Shift-F7)을 선택한다.

(2) 프로그램의 적용

다음 회로에서와 같이 2행 [Return]의 표시가 있는 부분까지만 실행한다. 프로그램 중 [Return]을 만나면 프로그램을 종료하므로 4행의 프로그램은 실행하지 않는다.

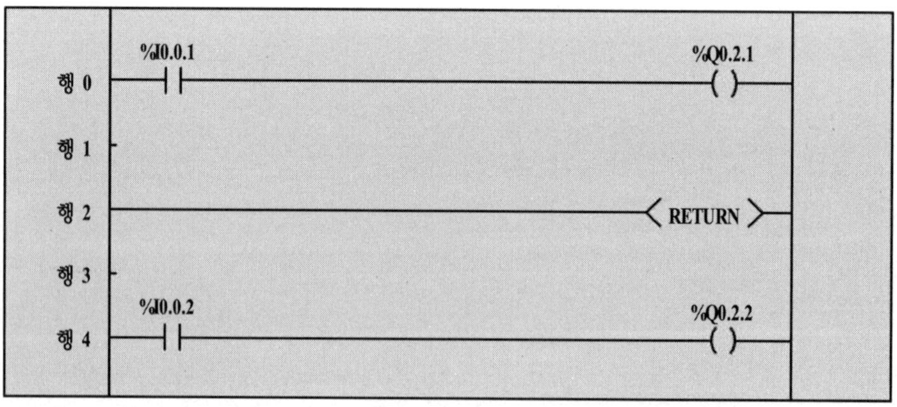

9.5 점프

점프(JUMP)(»)는 LD 프로그램 중에 분기하고자 하는 곳(레이블 명)으로 직접 갈 수 있는 방법이다. 목적지는 레이블로 나타낸다. 서브루틴을 포함하는 LD 프로그램에서 주 프로그램에 포함된 점프는 주 프로그램에 포함된 레이블을 입력해야 하고, 서브루틴 영역에 있는 점프는 서브루틴 안에 있는 레이블로만 분기할 수 있다.

프로그램의 예

① 도구 상자에서 »를 선택한다.

② LD 프로그램 윈도우에서 원하는 위치로 마우스를 옮긴 후에 왼쪽 단추를 누른다.

③ 아이콘 »을 더블 클릭하여 레이블명을 ABC라고 입력한다.

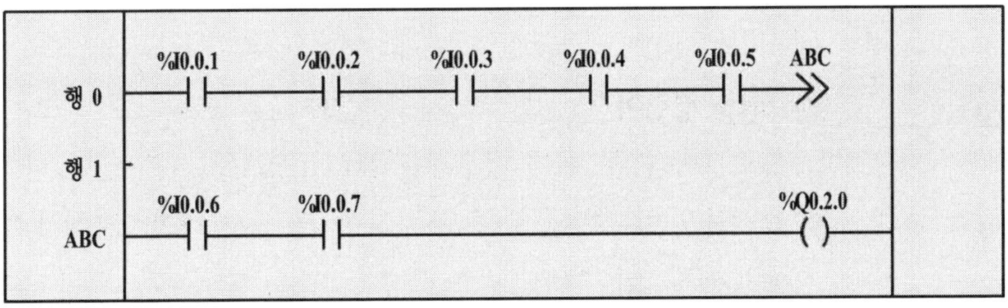

9.6 서브루틴

LD 프로그램에서 END 명령어를 만나면 프로그램을 종료한다. 그러나 불가피하게 END 명령어 이후에 프로그램이 존재할 경우 그 프로그램을 불러와야 할 때가 있는데 이러한 경우, 서브루틴(CALL)(⟨SC⟩) 명령어를 사용하면 편리하다.

프로그램의 예

(1) 서브루틴

① 도구 상자에서 ⟨SC⟩을 선택한다.

② LD 프로그램 윈도우에서 원하는 위치로 마우스를 옮긴 후에 왼쪽 단추를 누른다.

③ 아이콘 를 선택하고 작성된 서브루틴 LD를 더블 글릭 하여 레이블 명을 "ABC"라고 입력한다.

(2) END 명령어

① 프로그램의 끝 행에 마우스를 두고 (행2)를 더블 클릭 한다.

② 레이블 / 렁 설명문 / 주 프로그램 끝 표시 대화상자에서 "주프로그램 끝표시"를 선택한다.

(3) 레이블

① END 명령어 이 후에 불러오기를 하고자 하는 행에 마우스를 두고 더블 클릭 한다.

② 레이블 / 렁 설명문 / 주 프로그램 끝 표시 대화상자에서 레이블을 선택한다.

③ 레이블 추가 대화상자에서 레이블 명을 "ABC"로 정의한다.(최대 16자)

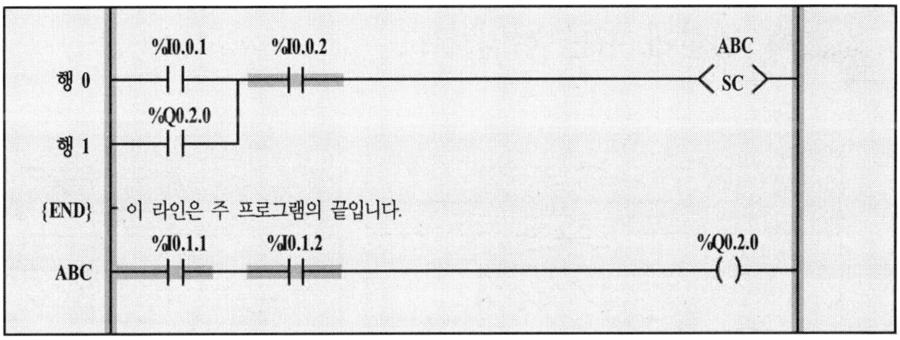

(4) 프로그램 설명

회로에서와 같이 %I0.1.1과 %I0.1.2의 접점이 동작하더라도 %Q0.2.0이 동작하지 않음을 볼 수 있다. 그 이유는 END 명령이 이후에 존재하기 때문에 서브루틴 부름이 실행되지 않으면 동작할 수 없다.

본 회로에서는 %I0.0.1 접점이 동작하면 서브루틴이 ABC를 부르며, %I0.1.1과 %I0.1.2 접점이 동작 후 출력 %Q0.2.0이 동작한다.

9.7 연산에 따른 타임차트

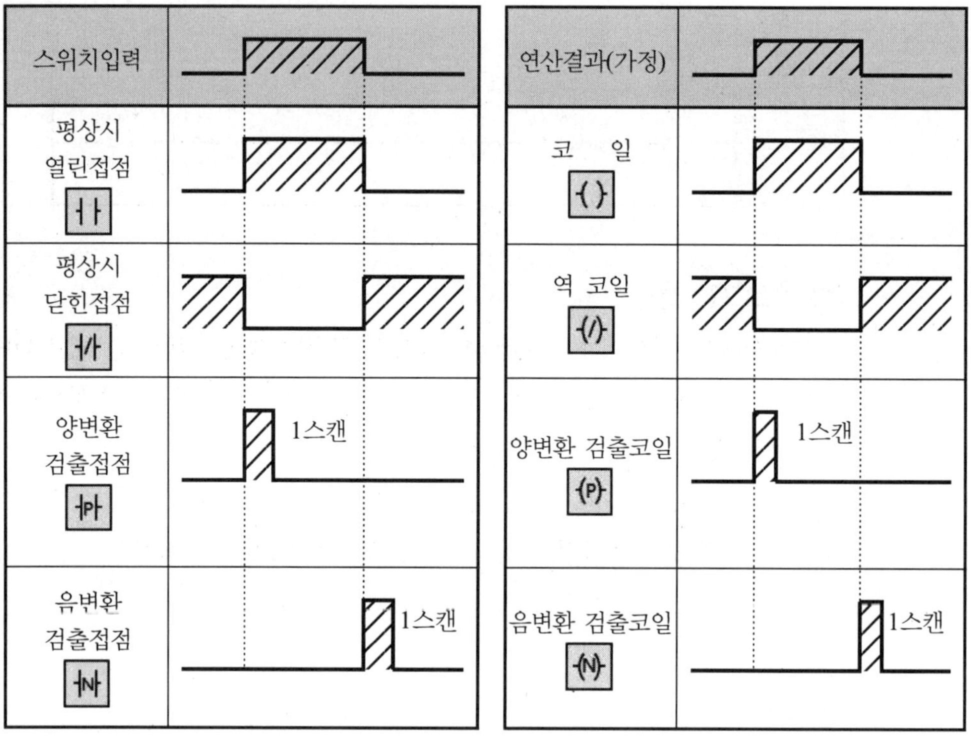

연산에 따른 입출력 도구 타임차트

9.8 시퀀스 연산자

구분	명령어	기호	기능설명	비고
시퀀스 연산자	평상시 열린접점	-| |-	접점 연산	a접점
	평상시 닫힌접점	-|/|-	접점 연산	b접점
	양변환 검출접점	-|P|-	상승 에지에서 1 Scan On 접점	
	음변환 검출접점	-|N|-	하강 에지에서 1 Scan On 접점	
	코일	-( )-	연산결과 출력	
	역 코일	-(/)-	연산결과 반전출력	
	양변환 검출코일	-(P)-	상승에지에서 1 Scan On 접점	
	음변환 검출코일	-(N)-	하강에지에서 1 Scan On 접점	
	세팅 코일	-(S)-	연산결과 세트출력	
	리셋 코일	-(R)-	연산결과 리셋출력	
	점프	>>	레이블 위치로 점프	
	프로그램 종료	<RET>	Return을 만나면 현재 프로그램 종료	
		<SC>	END 명령어를 만나면 현재 프로그램 종료	

10

PLC 제어 회로

10.1 기초 회로

10.1.1 AND 회로 구성하기

개념

2개 이상의 입력이 있을 때, 모든 입력이 존재할 때에만 출력이 나타나는 회로를 AND 회로라고 하며 직렬 스위치 회로와 같다.

모형도

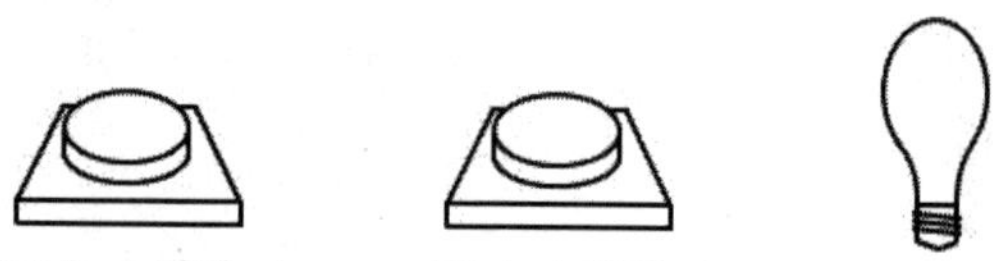

토글 스위치 1 S1(%IX0.0.0)　토글 스위치 2 S2(%IX0.0.1)　램프 L(%QX0.1.0)

진리표

입력		출력
A	B	R
0	0	0
0	1	0
1	0	0
1	1	1

주소 배정

기 호	접 점		내 용
	GLOFA	MASTER-K	
S1	%IX0.0.0	P000	토글 스위치 1
S2	%IX0.0.1	P001	토글 스위치 2
L	%QX0.1.0	P010	램프

시스템 다이어그램

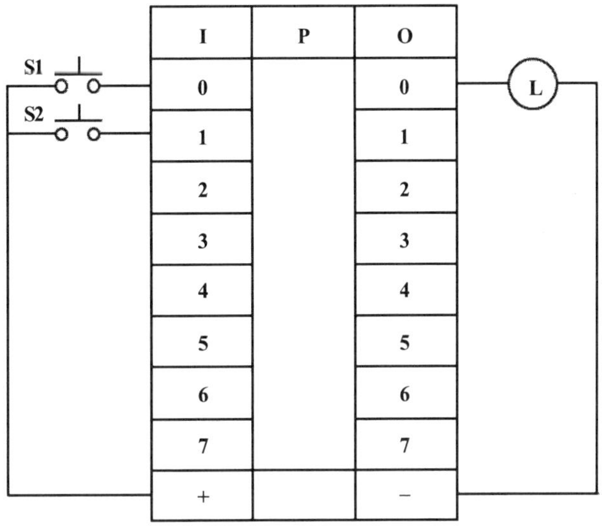

PLC 프로그램

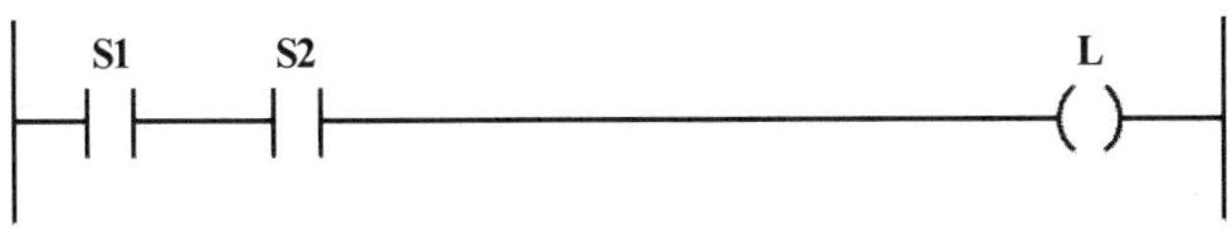

제어 회로

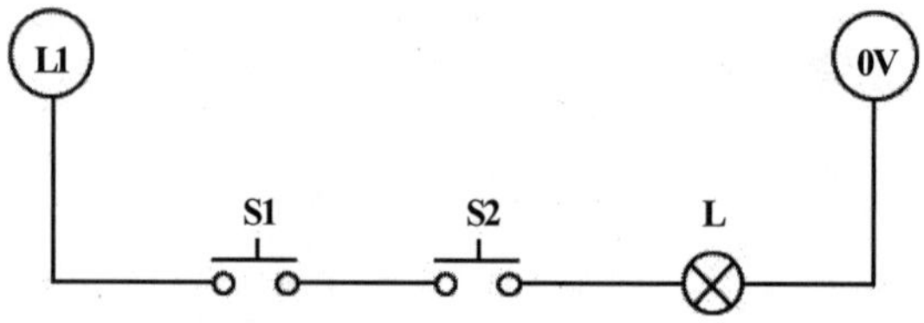

10.1.2 OR 회로 구성하기

개념

OR 회로는 2개 이상의 입력신호 중 하나 또는 그 이상의 신호가 ON 되었을 때 출력을 내는 회로로서 병렬회로라고 한다.

모형도

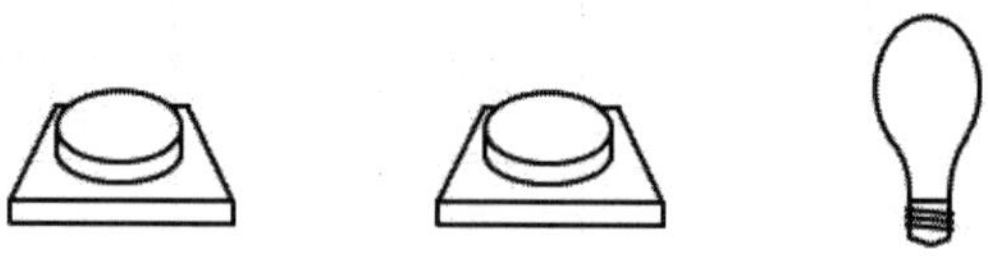

토글 스위치 1
S1(%IX0.0.0)

토글 스위치 2
S2(%IX0.0.1)

램프
L(%QX0.1.0)

진리표

입력		출력
A	**B**	**R**
0	0	0
0	1	1
1	0	1
1	1	1

주소 배정

기 호	접 점		내 용
	GLOFA	MASTER-K	
S1	%IX0.0.0	P000	토글 스위치 1
S2	%IX0.0.1	P001	토글 스위치 2
L	%QX0.1.0	P010	램프

시스템 다이어그램

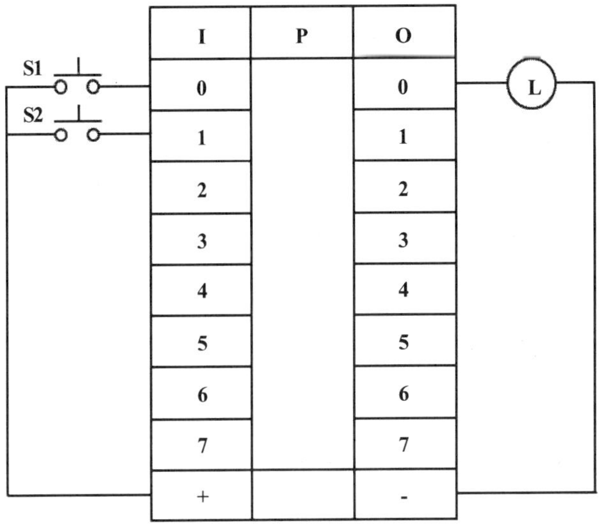

PLC 프로그램

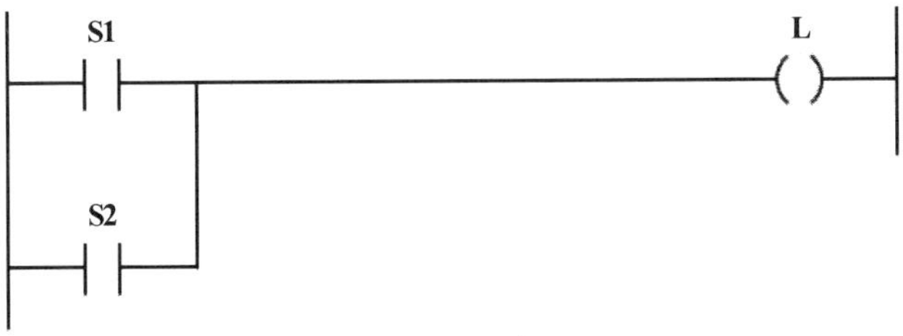

제어 회로

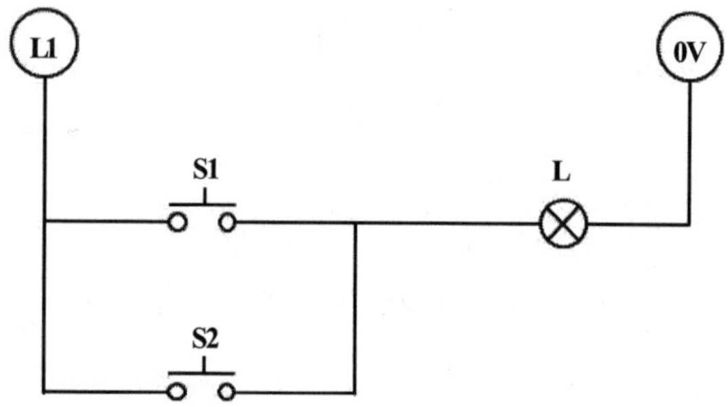

10.1.3 단동/복동 실린더 제어

동작

① PB1을 ON 하면 단동(복동) 실린더는 전진하여 자기유지 되고 멈춘다.

② PB0을 ON 하면 단동(복동) 실린더는 후진한다.

모형도

① 공압 회로(단동 실린더)

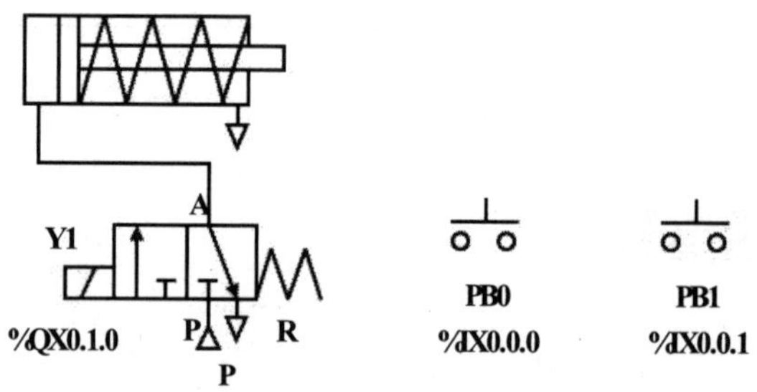

② 공압 회로(복동 실린더)

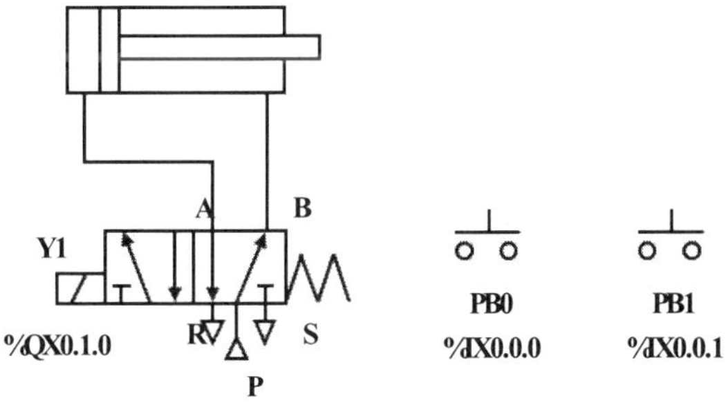

주소 배정

기 호	접 점		내 용
	GLOFA	MASTER-K	
PB0	%IX0.0.0	P000	실린더 후진 버튼
PB1	%IX0.0.1	P001	실린더 전진 버튼
Y1	%QX0.1.0	P010	솔레노이드 밸브
R1	%MX000	M000	보조 계전기

단면도

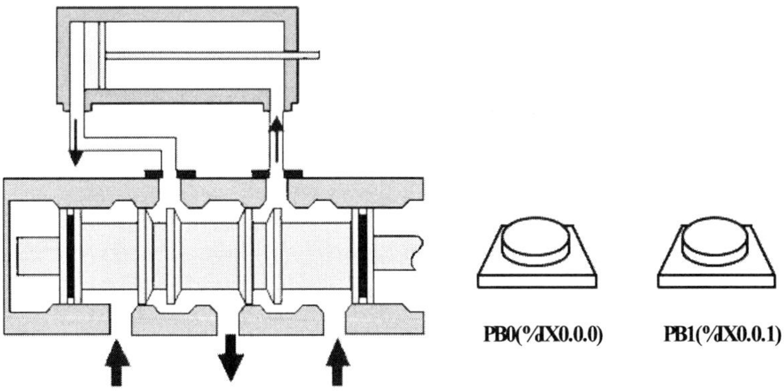

시스템 다이어그램

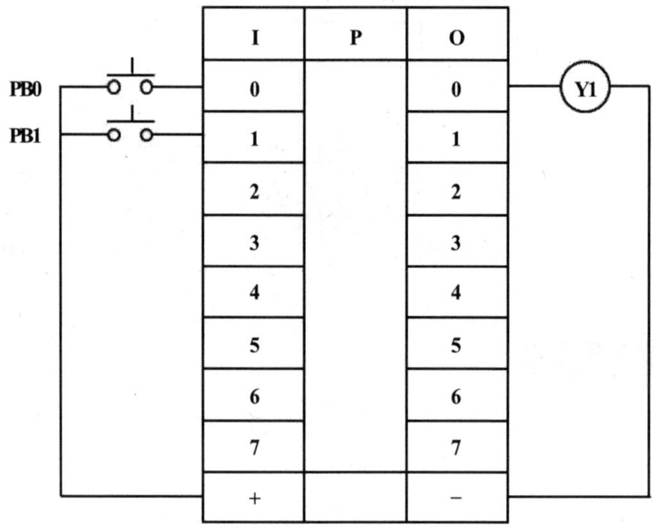

PLC 프로그램

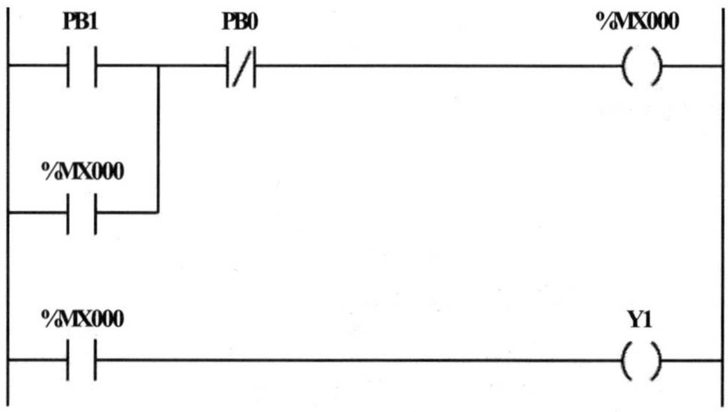

제어 회로

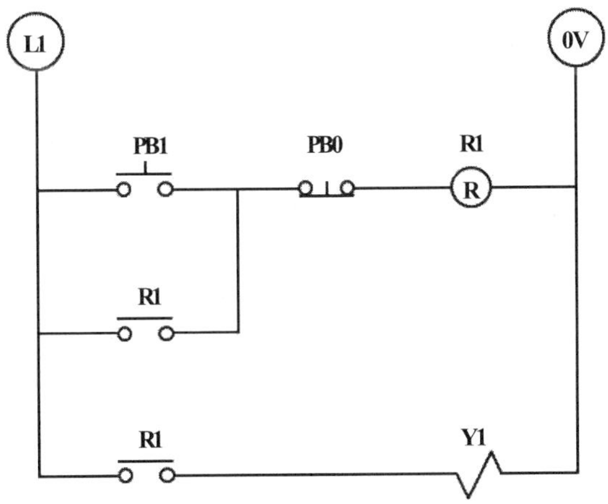

10.1.4 복동 실린더의 자동복귀 회로

동작

① PB1을 ON 하면 Y1이 동작하여 복동 실린더는 전진한다.

② 피스톤 로드가 LS를 ON 하면 실린더는 후진한다.

모형도

공압 회로

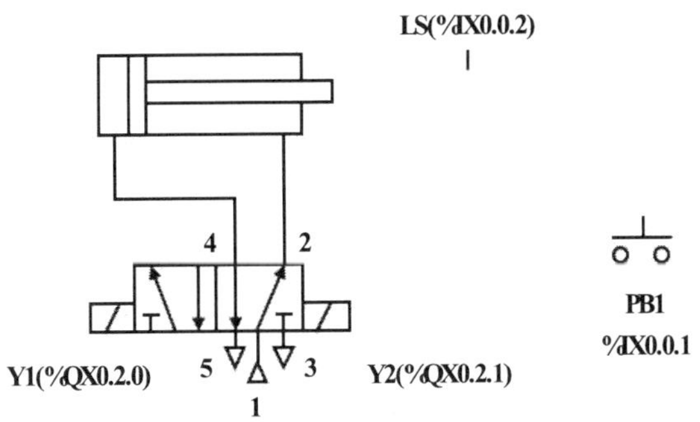

단면도

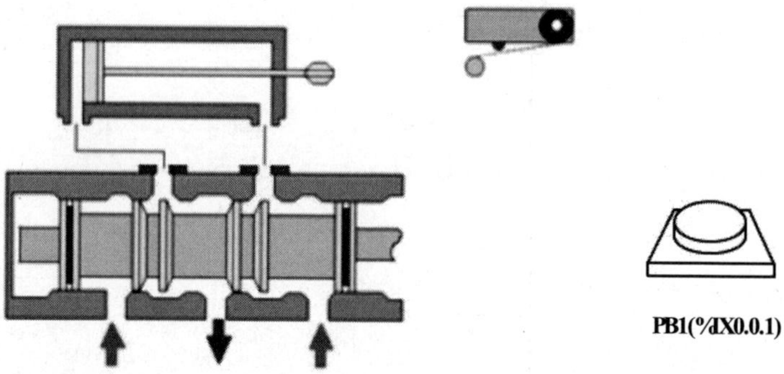

주소 배정

기 호	접 점		내 용
	GLOFA	MASTER-K	
PB1	%IX0.0.1	P001	실린더 전진 버튼
LS	%IX0.0.2	P002	실린디 후진 리밋 스위치
Y1	%QX0.2.0	P020	솔레노이드 밸브 1(전진)
Y2	%QX0.2.1	P021	솔레노이드 밸브 2(후진)
R1	%MX020	M020	보조 계전기(Y1 작동)
R2	%MX021	M021	보조 계전기(Y2 작동)

시스템 다이어그램

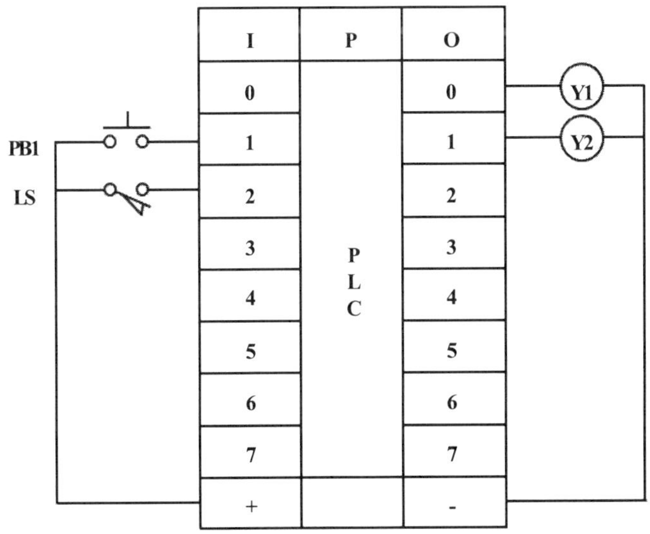

PLC 프로그램

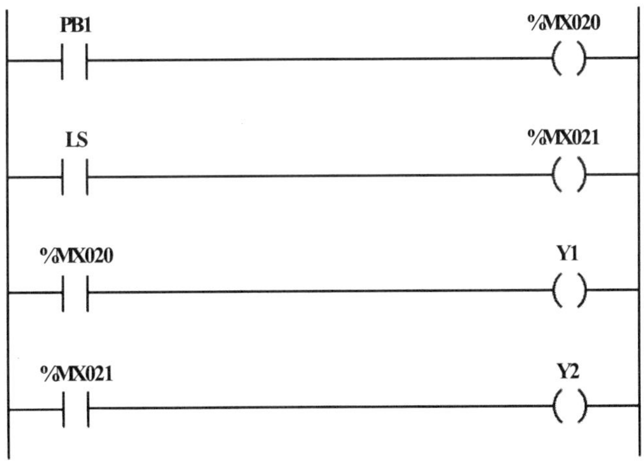

제어 회로

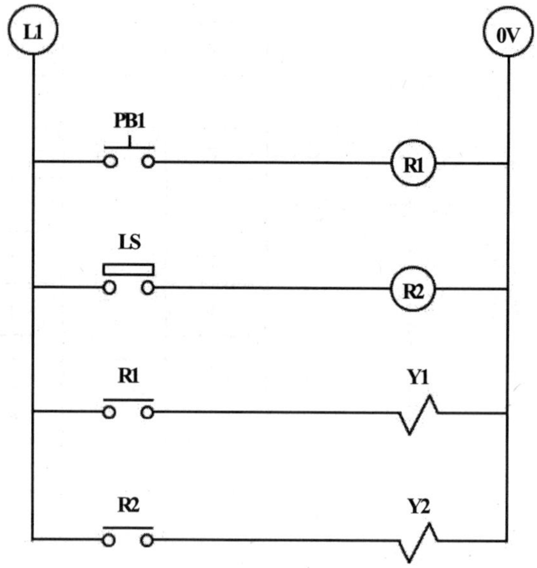

10.1.5 양측 솔레노이드 밸브를 이용한 복동 실린더의 제어

동작

① PB1을 ON 하면 솔레노이드 Y1이 동작하여 복동 실린더는 전진한다.

② PB2를 ON 하면 솔레노이드 Y1은 소자되고, 솔레노이드 Y2가 여자되어 복동 실린더는 후진한다.

③ 솔레노이드 Y1과 솔레노이드 Y2는 인터록(Inter-lock) 회로를 구성하여 2개가 동시에 작동하는 것을 방지한다.

모형도

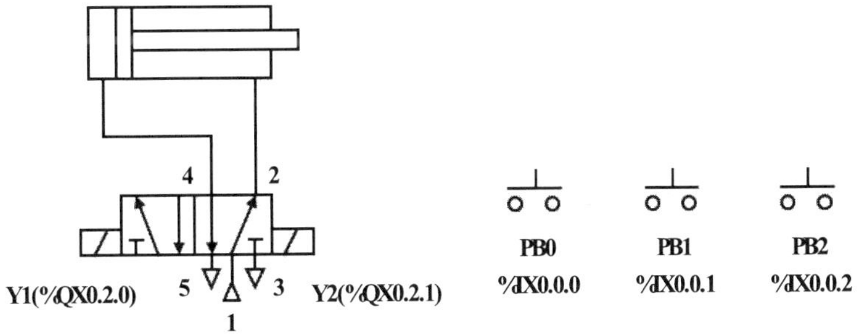

주소 배정

기 호	접 점		내 용
	GLOFA	MASTER-K	
PB0	%IX0.0.0	P000	정지 버튼
PB1	%IX0.0.1	P001	실린더 전진 버튼
PB2	%IX0.0.2	P002	실린더 후진 버튼
Y1	%QX0.2.0	P020	솔레노이드 밸브 1(전진)
Y2	%QX0.2.1	P021	솔레노이드 밸브 2(후진)
R1	%MX010	M010	보조 계전기(Y1 작동)
R2	%MX011	M011	보조 계전기(Y2 작동)

시스템 다이어그램

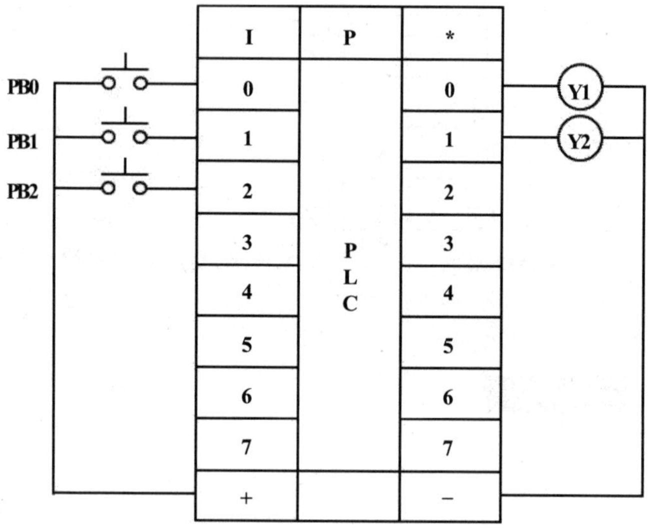

PLC 프로그램

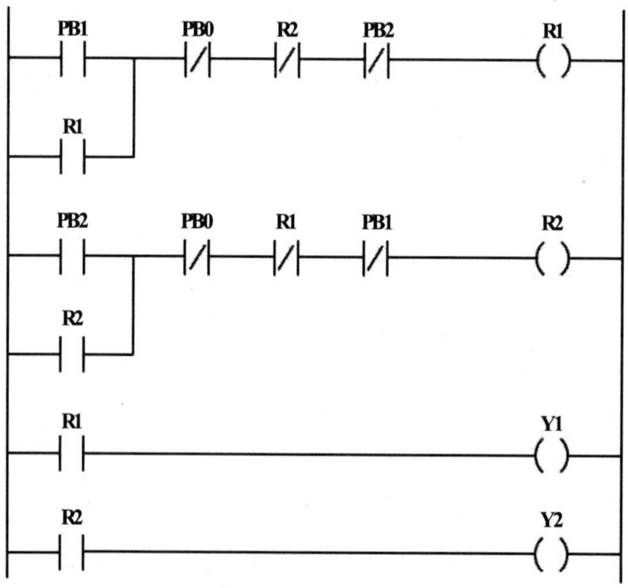

제어 회로

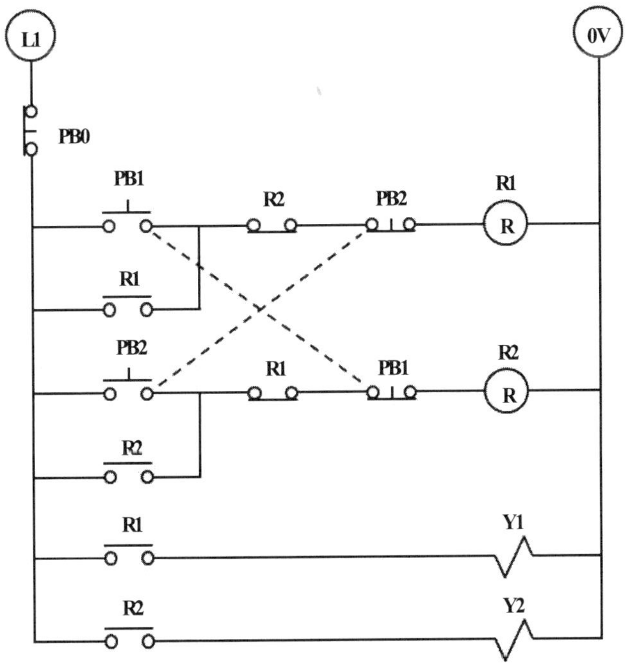

10.1.6 실린더 연속 왕복 운동제어 회로 작성하기

(1) 요구 사항

공압 회로에서 시동 스위치를 누르면 실린더가 전진, 후진 운동을 연속적으로 수행하고, 정지 스위치에 의해 멈추고자 한다. 이를 위해 전진 및 후진 완료 위치에 근접 센서를 이용한다. 또한 시동 스위치는 자기유지회로를 이용하고, 정지 스위치로 해제시킨다.

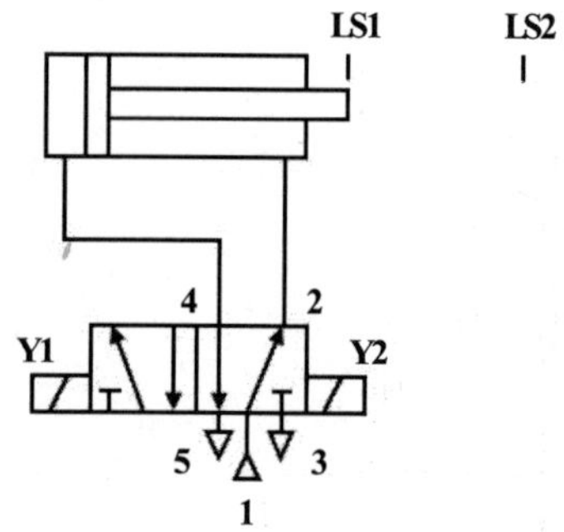

(2) 회로 동작

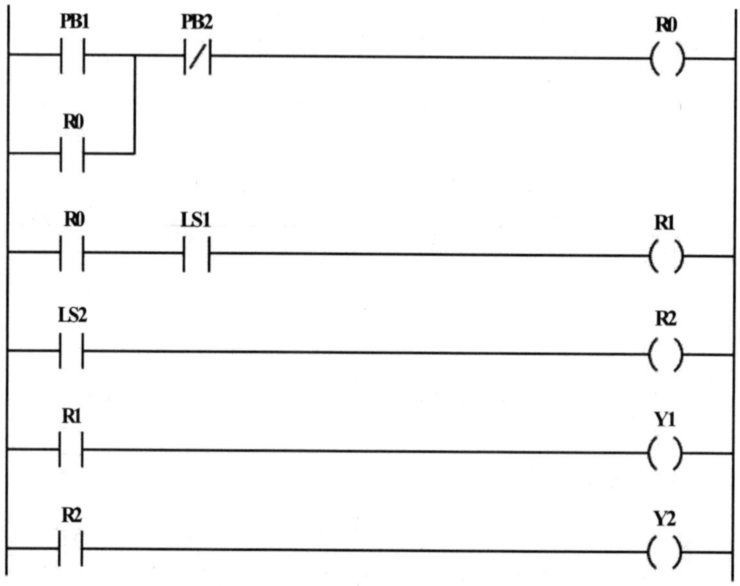

제어 회로에서 시동 스위치 PB1을 누르면 릴레이 R0이 동작하고, R0의 a접점에 의해 자기유지 된다. 또한 R0의 또 다른 a접점은 근접 센서 LS1과 직렬로 연결되어 있는 릴레이 R1을 동작시킴으로써 Y1이 작동되어 실린더가 전진 운동을 한다. 실린더가 전진 운동을 완료하고 근접 센서 LS2를 작동시키면 Y2가 동작되어 실린더는 후진 운동을 하게 된다. 왕복 운동은 정지 스위치 PB2가 입력되어 릴레이 R0가 OFF 될 때까지 계속 유지하

게 된다.

(3) 작업 조건 분석

* 작업 순서 결정

① 시동 스위치 PB1을 누르면 실린더가 연속해서 전진, 후진 운동을 한다.

② 정지 스위치 PB2를 누르면 실린더의 작업이 멈추게 된다.

③ 다시 스위치 PB1을 조작하면 위의 동작을 피스톤이 반복한다.

* 작업 조건에 의한 제어 방법 결정

① 복동 실린더를 사용한다.

② 양측 솔레노이드 밸브를 사용한다.

③ 리밋 스위치를 이용한다.

④ 자기유지회로를 이용한다.

(4) 프로그램 작성

① 제어 회로를 표현할 PLC 프로그래밍 언어 및 명령어를 결정한다.

② 입출력 할당표를 작성한다.

기 호	접 점		내 용
	GLOFA	MASTER-K	
PB1	%IX0.0.1	P001	시작 버튼
PB2	%IX0.0.2	P002	정지 버튼
LS1	%IX0.0.3	P003	후진 감지, 초기 ON 상태
LS2	%IX0.0.4	P004	전진 감지
Y1	%QX0.1.1	P011	솔레노이드 밸브 1(전진)
Y2	%QX0.1.2	P012	솔레노이드 밸브 2(후진)
R0	%MX000	M000	보조계전기(자기유지)
R1	%MX001	M001	보조 계전기(Y1 작동)
R2	%MX002	M002	보조 계전기(Y2 작동)

③ 정지 스위치 PB2는 b접점으로 할당한다.
④ 래더 다이어그램을 작성한다.
⑤ 래더 다이어그램에서 정지 스위치 PB2는 a접점으로 프로그래밍 한다.
⑥ 작성된 프로그램을 검토, 수정한다.

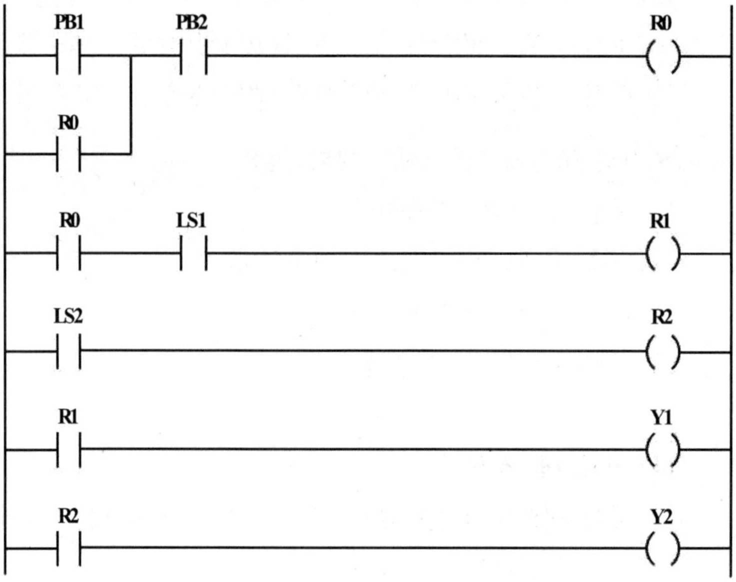

(5) 각 기기를 작업판에 고정 배치

(6) 입출력 단자 결선

① 입출력 할당표를 보고 PLC 결선도를 작성한다.
② 정지 스위치 PB2의 b접점을 확인한다.
③ 리밋 스위치의 공통 단자는 ⊖로 결선한다.
④ 솔레노이드 밸브의 공압배관 A(4) 쪽에는 Y1을 연결한다.
⑤ 솔레노이드 밸브의 공압배관 B(2) 쪽에는 Y2를 연결한다.

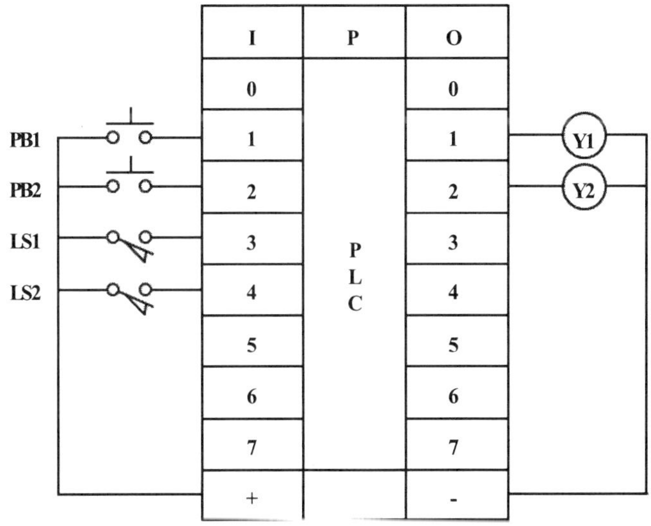

(7) 공압 장치 배관

① 솔레노이드 밸브의 연결구 P(1)는 공압 공급원을 연결한다.

② 솔레노이드 밸브의 연결구 A(4)는 실린더 전진 쪽에 연결한다.

③ 솔레노이드 밸브의 연결구 B(2)는 실린더 후진 쪽에 연결한다.

④ 공압 장치의 배관 상태를 확인 점검한다.

(8) 프로그램 입력

① 래더 다이어그램을 이용하여 프로그램을 입력한다.

② 래더 다이어그램의 각 논리 선에 의한 동작 상태와 기능을 점검한다.

(9) 프로그램 실행

(10) 시험 작동

① 압축 공기의 압력을 $5kgf/cm^2$가 되도록 조정한다.

② 제어 시스템을 작동시킨다.

- 실린더는 초기 상태에서 후진되어 있다.

- 압축 공기 공급 시 실린더의 돌발적인 전진 운동이 일어날 수 있으므로 안전에 주의한다.
- 실린더가 전진 운동을 하면, 수동으로 Y2에 ⊕ 전원을 공급하여 초기화한다.
- 입출력 모듈의 표시 램프를 확인한다.

③ 시동 스위치 PB1을 작동시켜 실린더의 운동 상태를 확인한다.

④ 정지 스위치 PB2를 작동시켜 실린더의 정지 상태를 확인한다.

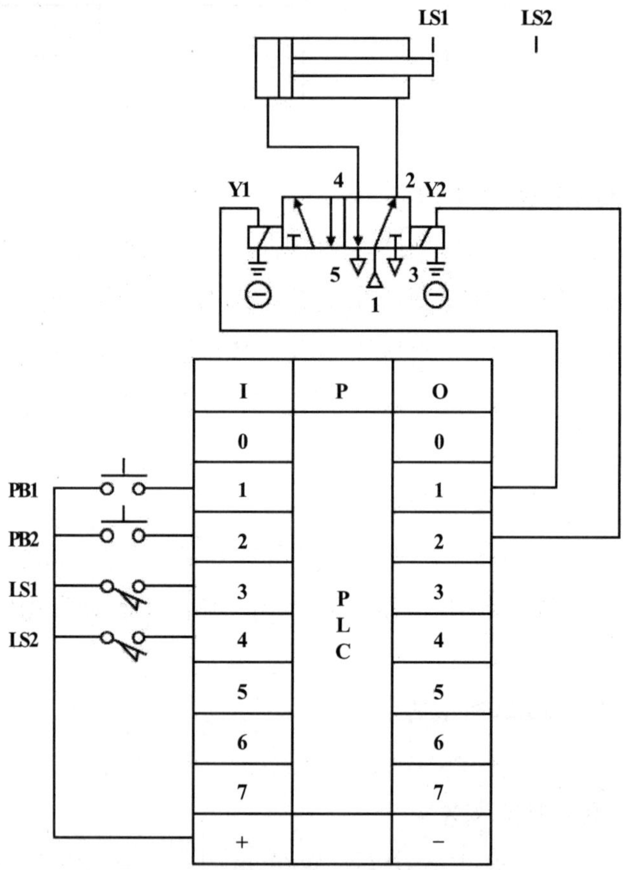

연속 왕복 운동 제어 회로

10.2 시퀀스 회로

10.2.1 순차제어 회로(양측 솔레노이드 밸브) 1

(1) 시퀀스의 표현

앞서 설명한 바와 같이, 공압 실린더를 이용한 시퀀스 제어는 전 단계 작업의 완료 여부를 리밋 스위치나 근접 센서를 이용하여 확인하고, 순차적으로 다음 단계의 작업으로 진행하는 제어를 말한다. PLC 제어 시스템에서는 센서 및 구동 장치의 배선에 따른 제어 시스템의 구성과 제어 회로의 표현 및 설계를 병행하여 준비할 수 있다. 공압 시퀀스 회로 구성에 있어서 작업 요소 및 제어 요소들에 대한 운동 상태 및 개폐 조건을 나타내는 방법은 간결하고 명확하게 하여야 한다. 이는 회로의 이해에 매우 중요한 역할을 하게 된다. 상자 이송 장치를 이용하여 몇 가지 표현 방법을 나타내 보도록 하자.

① 약식 기호 형태(전진 +, 후진 −); A+, B+, A−, B−

② 도표 형태

작업 순서	실린더 A	실린더 B
1단계	전진	-
2단계	-	전진
3단계	후진	-
4단계	-	후진

③ 도식 표현 형태

* 변위 단계선도

변위 단계선도는 작업 요소의 순차적 작동 상태를 나타낸다. 변위는 각 단계의 기능을 나타내고 단계는 해당 작업 요소의 상태 변화를 의미한다. 실린더의 변위 상태는 후진·전진, 상승·하강 또는 0·1로 나타내며 작업 요소의 명칭은 도표 왼쪽에 실린더 A, 실린더 B 등으로 기록한다.

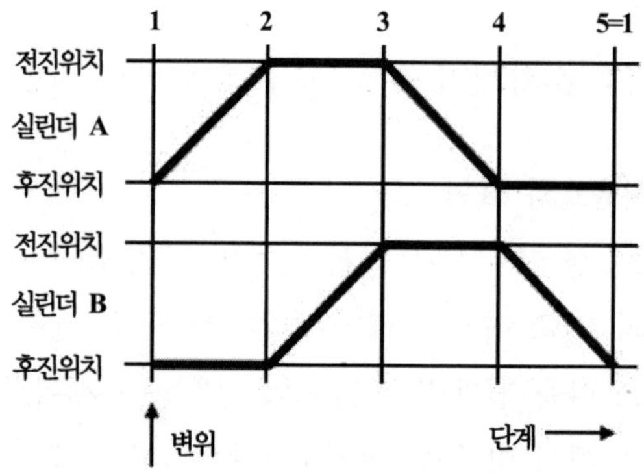

그림 10.1 변위 단계선도

* 변위 시간선도

변위 시간선도는 작업 요소의 변위를 시간의 기능으로 나타내며 변위 단계선도에 비해 시간의 흐름을 t로 표시하여, 각 작업 요소 사이의 시간 관계가 순차적으로 나타난다.

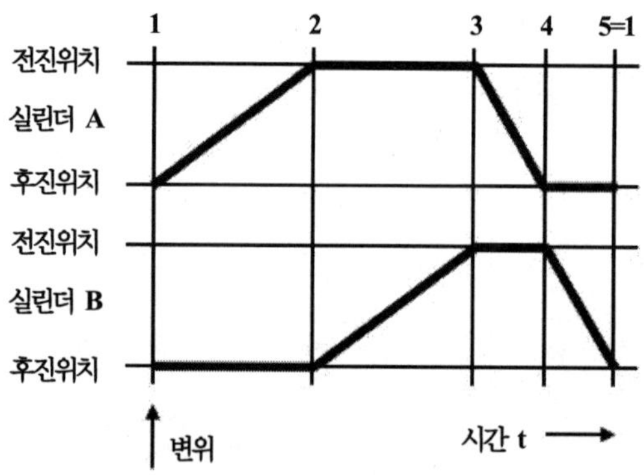

그림 10.2 변위 시간선도

(2) 작업순서

① 작업 준비

* 전원 및 압축 공기를 준비한다.
* 작업에 필요한 PLC 장치, 누름버튼 스위치, 리밋 스위치, 센서, 양측 솔

레노이드 밸브 등을 준비한다.

* 전기 연결선 및 공압 호스를 준비한다.
* 각 기기의 기능을 점검하고, 안전 사항을 확인 점검한다.

② 작업 조건 분석

* 작업 내용에 따른 순서를 결정한다.

(a) 시동 스위치 PB1을 누르면 실린더가 A+, B+, A−, B−을 순서대로 진행한다.

(b) 작업 종료 시 다시 시동 스위치 PB1을 누르면 위의 작업을 반복 실행한다.

* 작업 조건에 의한 제어 방법을 결정한다.

(a) 복동 실린더를 사용한다.

(b) 양측 솔레노이드 밸브를 사용한다.

(c) 스텝퍼 제어 회로를 이용한다.

③ 프로그램 작성

* 회로를 표현할 PLC 명령어를 결정한다.
* 입출력 할당표를 작성한다.
* 시퀀스 제어 회로를 작성한다.

(a) 전기 회로를 이용한 스텝퍼

스텝퍼 제어 회로 작성에서는 구동 요소 각각의 동작을 하나의 제어 신호 그룹으로 나눈다. 따라서 제어 신호 그룹은 다음과 같다.

A+/ B+/A−/ B−

제어 신호 그룹이 4개이므로, 4개의 제어 릴레이가 필요하다. 제어 시스템은 공압 회로와 전기 회로로 구성되므로, 먼저 공압 작업 요소를 그리고 리밋 스위치나 근접 센서 위치를 표시한다.

(b) 1단계, A+ 작업

시동 스위치 PB1이 입력되면 이미 작동되어 있는 리밋 스위치 LS3, R4의 a접점, R2의 b접점을 거쳐 릴레이 R1이 여자된다. 이때 릴레이 R1은 자신의 a접점에 의해 자기유지 된다. 주 회로에서 릴레이 R1의 a접점은 솔레노이드 코일 Y1을 동작시켜 실린더 A를 전진 운동시킨다.

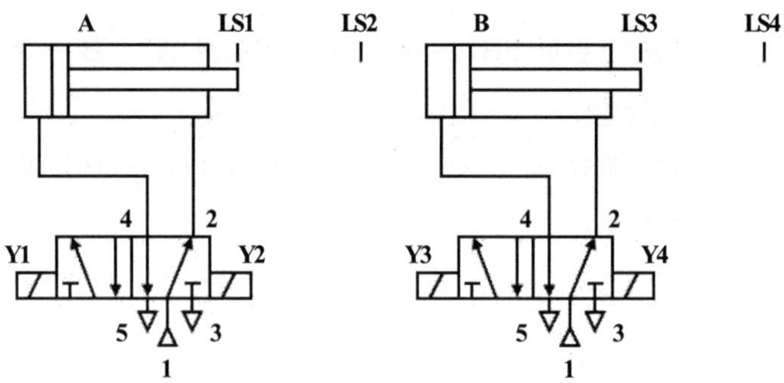

<공압 회로>

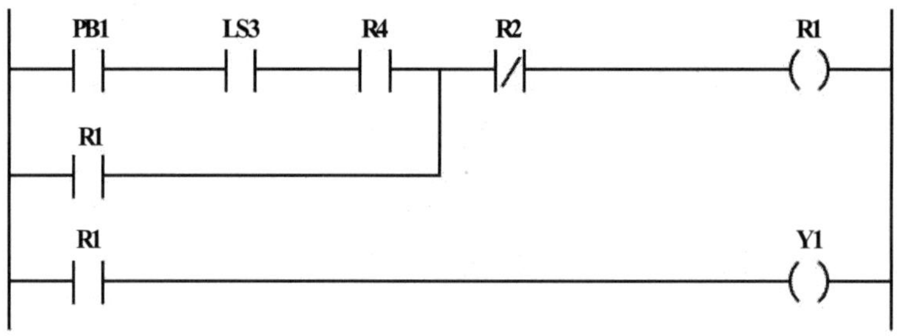

<A+ 작업 제어 회로>

(c) 2단계, B+ 작업

실린더 A가 전진 운동하여 리밋 스위치 LS2를 작동시키면, R1의 a접점은 폐로 상태이고, b접점을 이용한 릴레이 R3는 동작하지 않은 상태이므로 릴레이 R2가 ON 된다. 릴레이 R2 역시 자기유지 된다. 동시에 릴레이 R1의 자기유지회로는 R2의 b접점을 통하여 해제된다. 주 회로에서 릴레이 R2의 a접점은 솔레노이드 코일 Y3을 동작시켜 실린더 B

를 전진 운동시킨다.

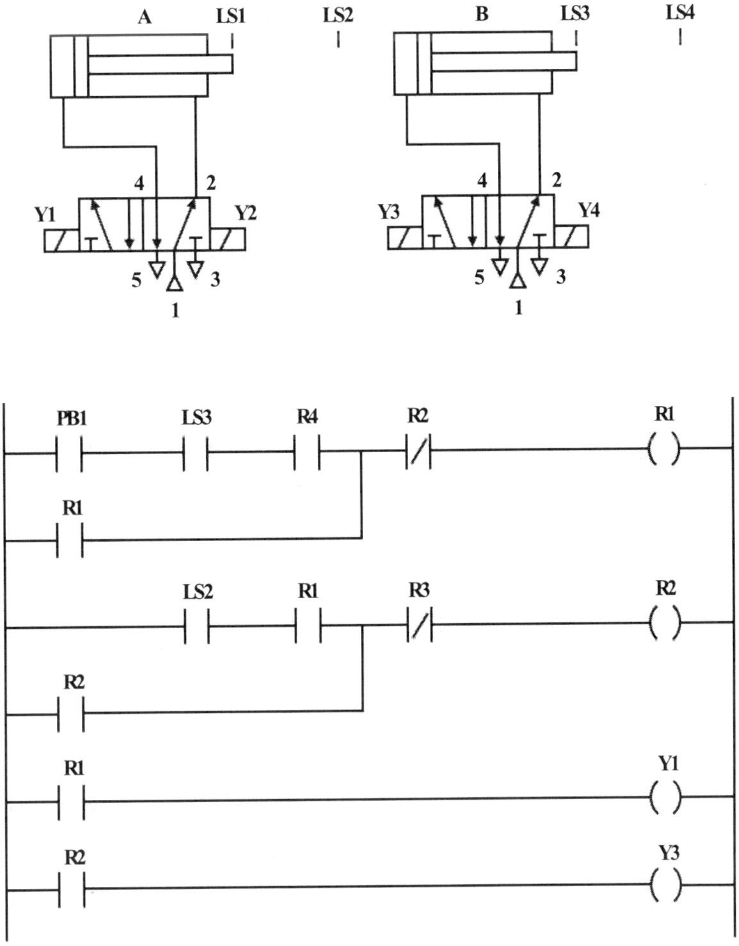

<B+ 작업 제어 회로>

(d) 3단계, A− 작업

실린더 B가 전진 운동하여 리밋 스위치 LS4를 동작시키면, R2의 a접점은 폐로 상태이고, b접점을 이용한 릴레이 R4는 동작하지 않은 상태이므로 릴레이 R3이 ON 된다. 또한 릴레이 R3도 자기유지 된다. 동시에 릴레이 R2의 자기유지회로는 R3의 b접점을 통하여 해제되어 릴레이 R3만 ON 상태를 유지한다. 주 회로에서 릴레이 R3의 a접점은 솔레노이드 코일 Y2을 동작시켜 실린더 A를 후진 운동시킨다.

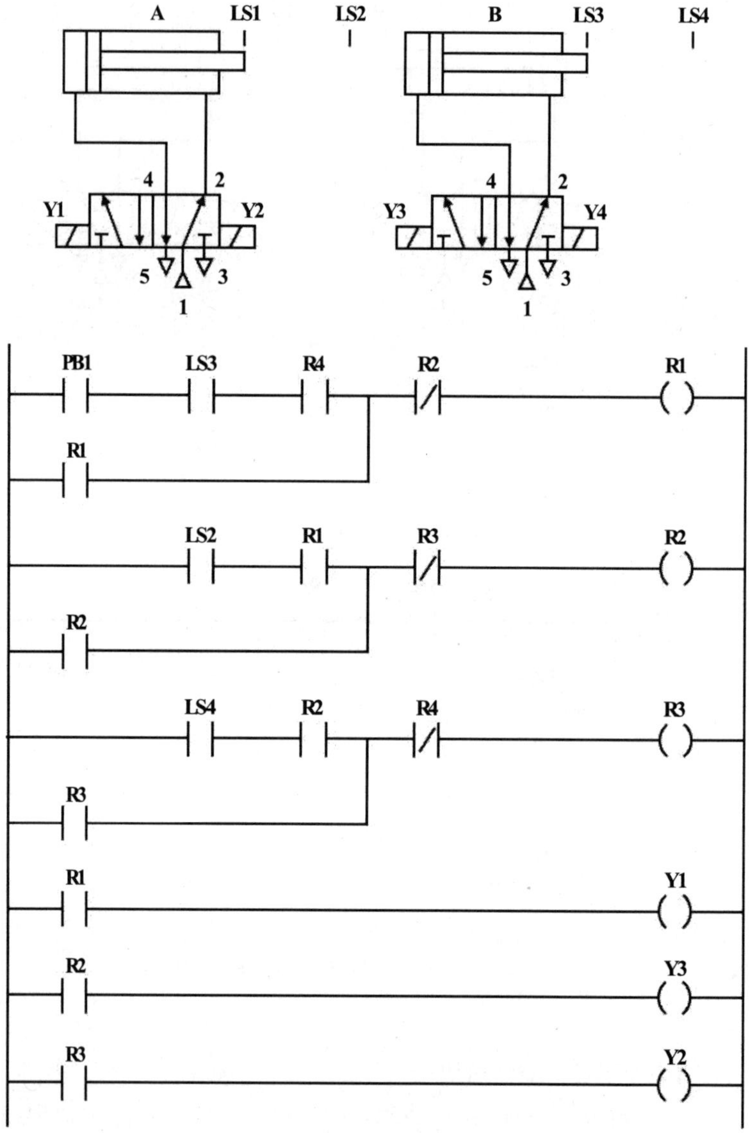

<A- 작업 제어 회로>

(e) 4단계, B– 작업

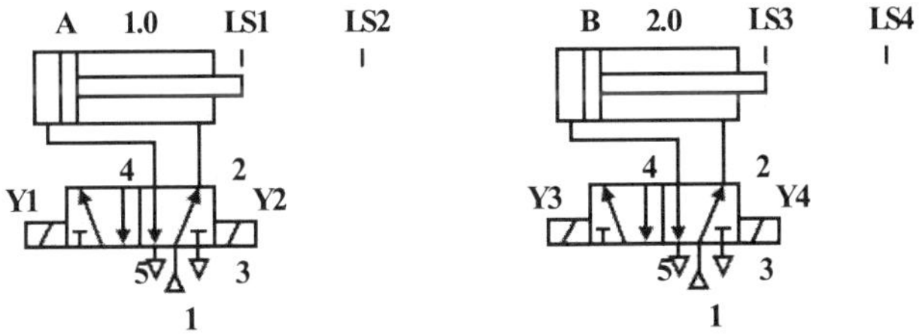

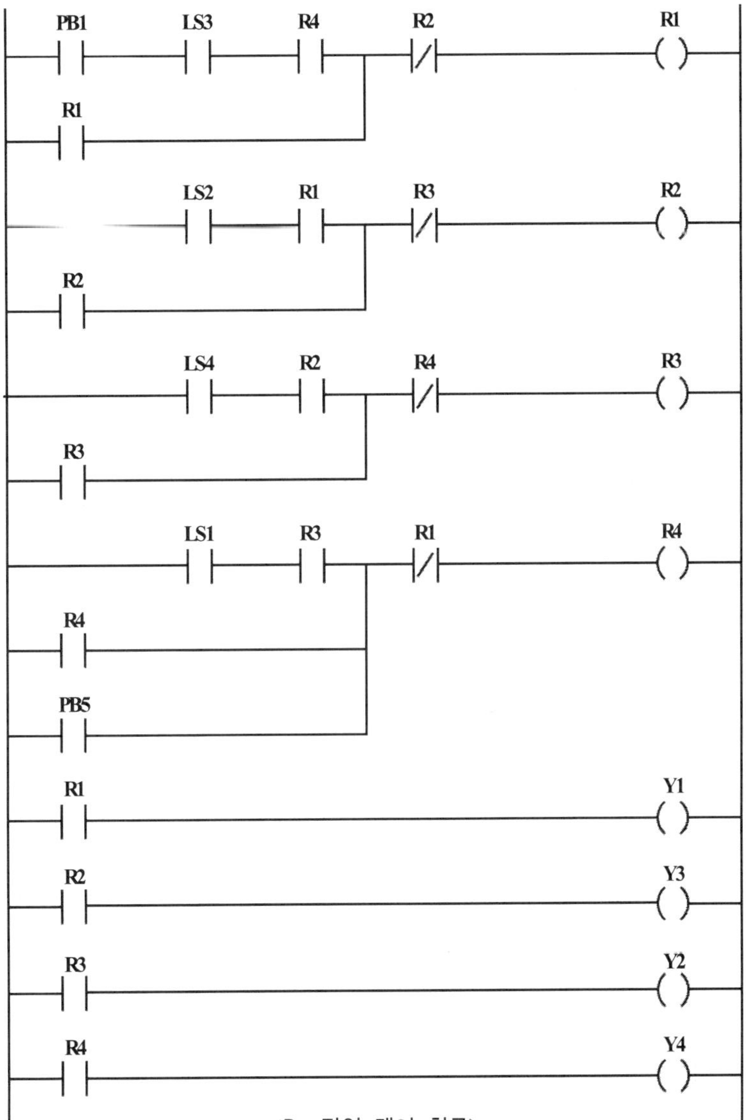

<B– 작업 제어 회로>

실린더 A가 후진 운동하여 리밋 스위치 LS1을 동작시키면, R3의 a접점은 폐로 상태이고, b접점을 이용한 릴레이 R1은 동작하지 않은 상태이므로 릴레이 R4가 ON 된다. 릴레이 R4는 자기유지 된다. 동시에 릴레이 R3의 자기유지회로는 R4의 b접점을 통하여 해제되어 릴레이 R4만 ON 상태를 유지한다. 또한 초기 조건에서 릴레이 R1을 동작시키기 위해서는 릴레이 R1과 직렬로 연결되어 있는 R4의 a접점이 ON 되어 있어야 하므로 자기유지회로와 병렬로 리셋 스위치를 연결하여야 한다. 주 회로에서 릴레이 R4의 a접점은 솔레노이드 코일 Y4를 동작시켜 실린더 B를 후진 운동시킨다.

* 작성된 프로그램 검토 및 수정

(3) 각 기기를 작업판에 고정 배치

* PLC 장치를 배치 고정한다.
* 각 실린더들이 간섭되지 않도록 한다.
* 실린더와 리밋 스위치의 접촉을 확인한다.

(4) 입출력 단자 결선

기 호	접 점		내 용
	GLOFA	MASTER-K	
PB1	%IX0.0.0	P000	시작 버튼
PB5	%IX0.0.5	P005	정지 버튼
LS1	%IX0.0.1	P001	실린더 A 후진 감지
LS2	%IX0.0.2	P002	실린더 A 전진 감지
LS3	%IX0.0.3	P003	실린더 B 후진 감지
LS4	%IX0.0.4	P004	실린더 B 전진 감지
Y1	%QX0.1.1	P011	솔레노이드 밸브 1 (실린더 A 전진)

기 호	접 점		내 용
	GLOFA	MASTER-K	
Y2	%QX0.1.2	P012	솔레노이드 밸브 2 (실린더 A 후진)
Y3	%QX0.1.3	P013	솔레노이드 밸브 3 (실린더 B 전진)
Y4	%QX0.1.4	P014	솔레노이드 밸브 4 (실린더 B 후진)
R1	%MX001	M001	보조 계전기(Y1 작동)
R2	%MX002	M002	보조 계전기(Y3 작동)
R3	%MX003	M003	보조 계전기(Y2 작동)
R4	%MX004	M004	보조 계전기(Y4 작동)

* 입출력 할당표에 따라 PLC 결선도를 작성한다.
* 사전에 전기 연결선의 상태를 점검한다.
* PLC 결선도에 따라 전기 배선을 한다.
* 리밋 스위치 할당 번호와 솔레노이드 밸브의 배치가 일치하는지 확인한다.

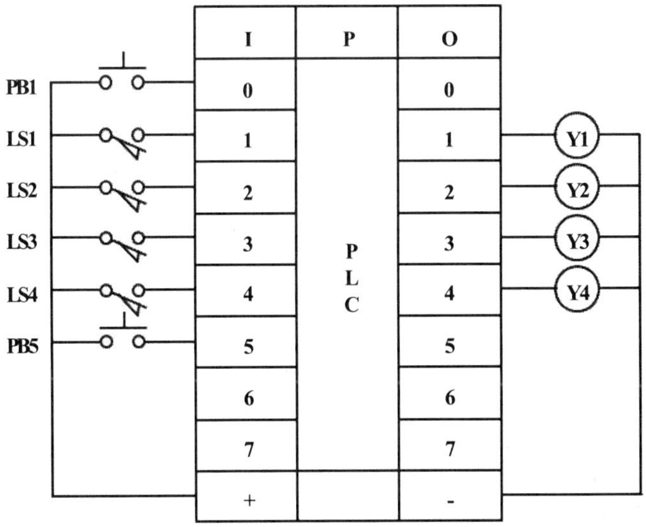

<PLC 결선도>

(5) 공압 장치 배관

* 솔레노이드 밸브 코일의 할당 번호와 각 실린더의 번호가 일치하도록 한다.
* 공압배관은 가능한 한 짧게 한다.

(6) 프로그램 입력

(7) 프로그램 실행

(8) 시험 작동

* 제어 시스템을 작동시킨다.

(a) PLC를 실행(RUN) 모드로 전환하여 동작 상태를 확인한다.
(b) 입출력의 신호 단락을 확인 점검한다.
(c) 리셋 스위치 PB5를 입력하고 입출력 모듈의 표시 램프를 확인한다.
(d) 이때 Y4는 동작 상태가 된다.
(e) 리셋 스위치 PB5는 작업 중에 입력하지 않도록 한다.

* 시동 스위치 PB1을 순간 작동시켰을 때 실린더 운동 순서를 확인한다.
* 실린더의 속도가 너무 빠른 경우 속도 조절 밸브를 이용하여 속도를 감속시킨다.
* 시동 스위치 PB1을 계속 작동시켰을 때 실린더 운동 상태를 확인한다.
* 전원을 차단하여 릴레이가 모두 리셋되면 다시 전원을 공급한다.

(a) 시동 스위치 PB1을 입력하여 본다.
(b) 리셋 스위치 PB5를 입력하여 표시 램프를 확인한 후 시동 스위치 PB1을 입력하여 본다.
(c) 리셋 스위치의 역할을 알아본다.

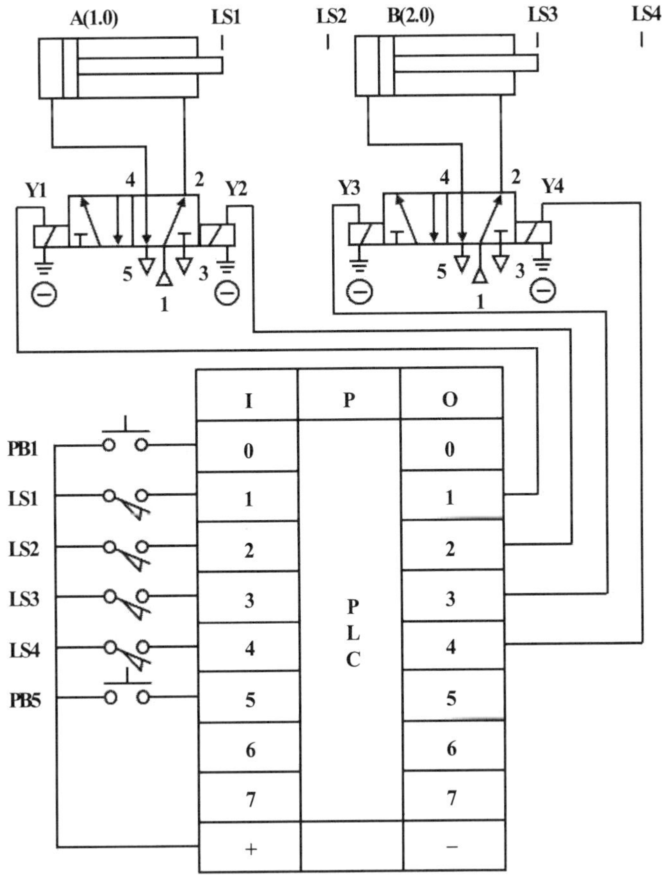
A(1.0)
LS1
LS2
B(2.0)
LS3
LS4
Y1
Y2
Y3
Y4
4
2
5
3
1
PB1
LS1
LS2
LS3
LS4
PB5
I
P
O
PLC
0
1
2
3
4
5
6
7
+
−

<A+ B+ A- B->

10.2.2 순차제어 회로(양측 솔레노이드 밸브) 2

(1) 시퀀스의 표현

앞에서의 순차 제어 회로(양측 솔레노이드 밸브) 1과 같은 PLC 결선도를 사용하나 작업의 진행 순서는 A+ B+ B- A-이다.

(2) 제어 회로

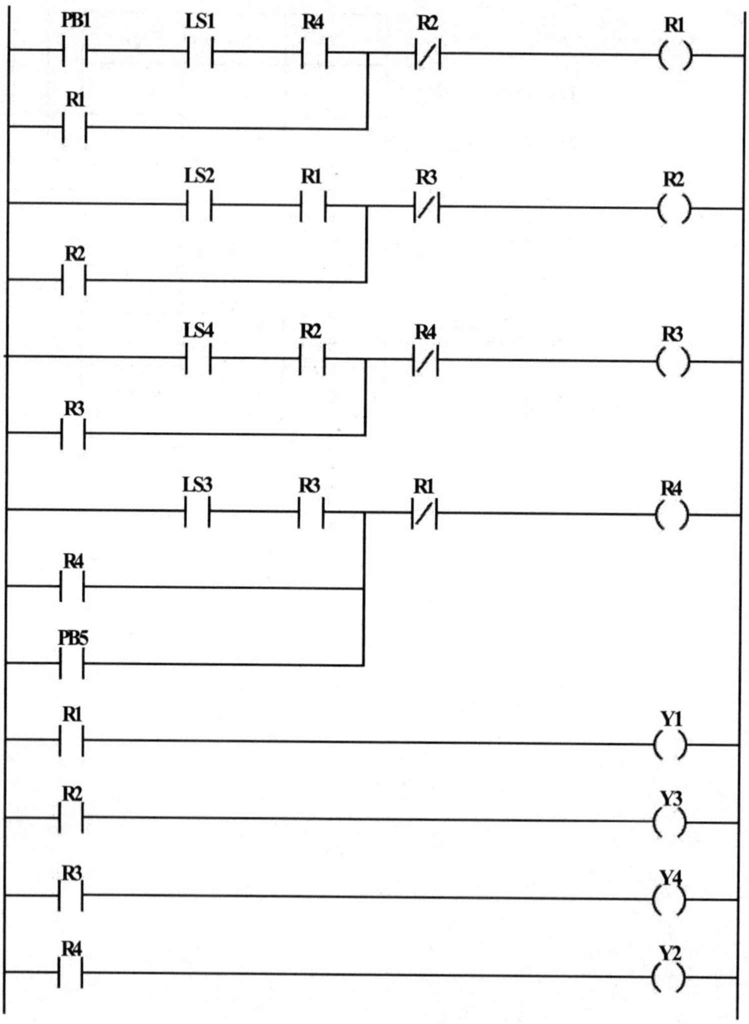

<A+ B+ B- A- 작업 프로그램>

10.2.3 순차제어 회로(편측 솔레노이드 밸브) 1

(1) 시퀀스 제어 회로

공압 실린더를 이용한 시퀀스 제어의 회로를 구성하는 방법에는 양측 솔레노이드 밸브를 이용한 제어 회로, 편측 솔레노이드 밸브를 이용한 제어 회로 두 가지가 있다. 편측 솔레노이드 밸브를 이용한 제어 회로에서는 전원이 차단되는 경우 모든 작업 요소들이 즉시 초기 위치로 복귀하게 되므로 제어 회로의 선정 시 주의하여야 한다.

① 편측 솔레노이드 밸브를 이용한 스텝퍼

양측 솔레노이드 밸브를 이용한 시퀀스 제어 회로 작성에서와 같이 공압 작업 요소 각각의 동작을 하나의 제어 신호 그룹으로 나눈다. 따라서 제어 신호 그룹은 다음과 같다.

A+/B+/A−/B−

제어 신호 그룹이 4개이므로, 4개의 제어 릴레이가 필요하다. 제어 시스템은 공압 회로와 전기 회로로 구성되므로, 먼저 공압 작업 요소를 그리고 리밋 스위치나 근접 센서의 위치를 표시한다.

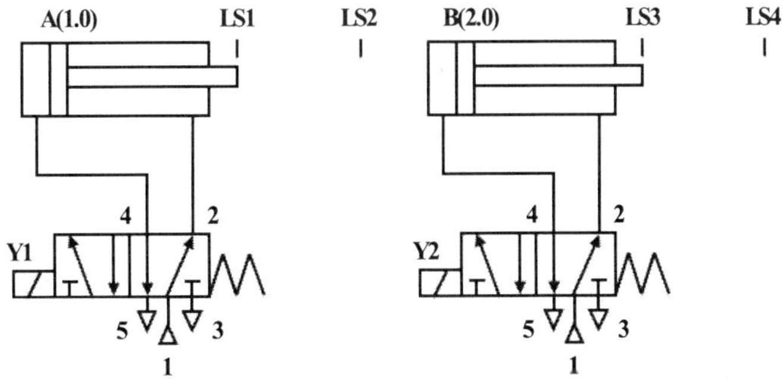

<공압 회로>

② 1단계, A+ 작업

시동 스위치 PB1이 입력되면, 이미 작동되어 있는 리밋 스위치 LS3과 R4의 b접점을 거쳐 릴레이 R1이 동작하게 된다. 이때 릴레이 R1과 병렬 연결되어 있는 자신의 a접점에 의해 자기유지 된다. 주 회로에서 릴레이 R1의 a접점은 솔레노이드 코일 Y1을 동작시켜 실린더 A를 전진 운동시킨다.

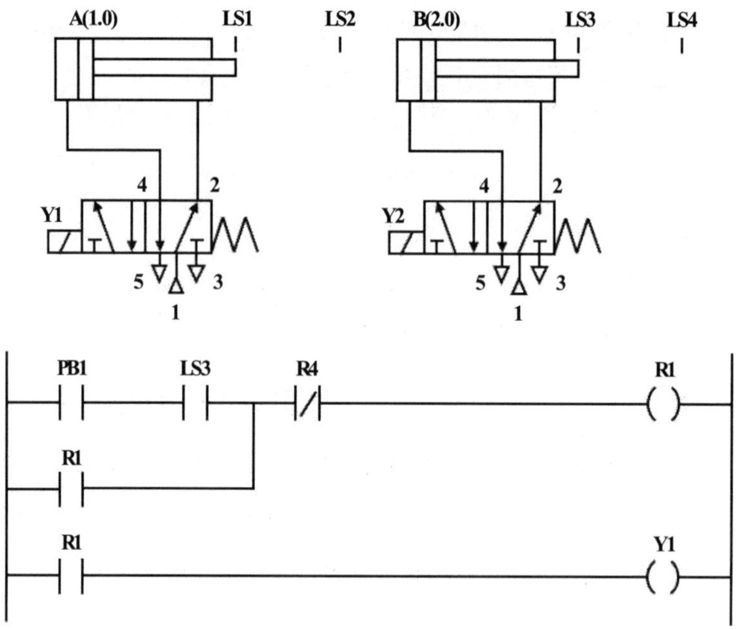

<A+ 작업 제어 회로>

③ 2단계, B+ 작업

실린더 A가 전진 운동하여 리밋 스위치 LS2를 작동시키면, R1의 a접점은 이미 닫힌 상태이므로, 릴레이 R2가 ON 된다. 릴레이 R2 역시 자기유지 된다. 그러나 양측 솔레노이드 밸브의 제어와는 달리 릴레이 R1의 자기유지는 해제되지 않는다. 주 회로에서 릴레이 R2의 a접점은 솔레노이드 코일 Y2를 동작시켜 실린더 B를 전진 운동시킨다.

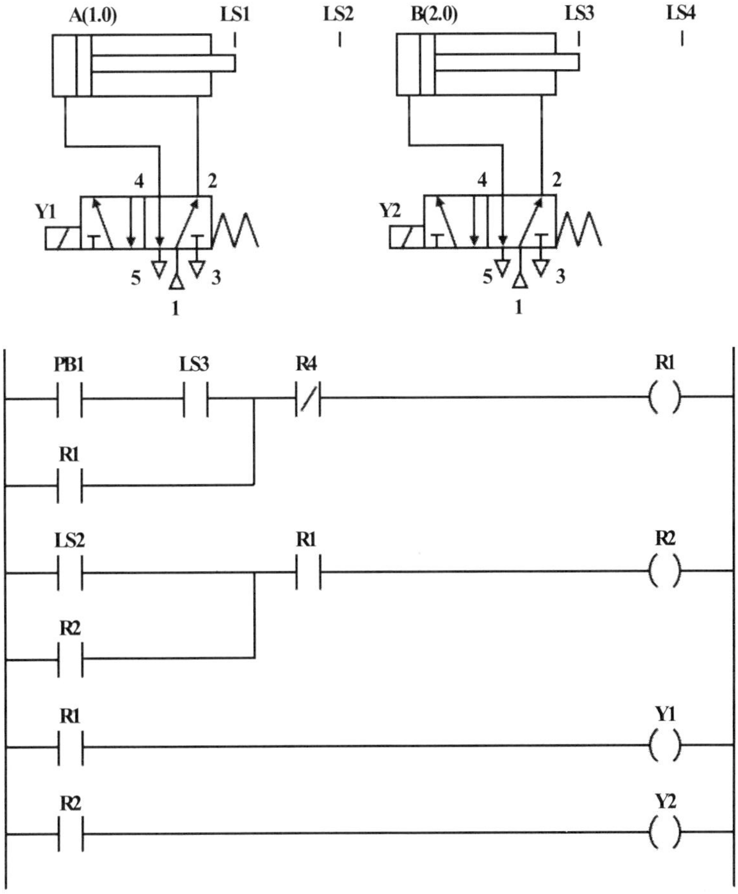

<B+ 작업 제어 회로>

④ 3단계, A− 작업

실린더 B가 전진 운동 완료하여 리밋 스위치 LS4를 동작시키면, R2의 a접점은 폐로 상태이므로 릴레이 R3이 ON 된다. 또한 릴레이 R3도 자기 유지되며, 릴레이 R2의 자기유지회로는 계속 유지된다. 주 회로에서는 실린더 A가 후진 운동을 하기 위해 솔레노이드 코일 Y1이 소자되어야 하는데, 이는 릴레이 R3의 b접점은 Y1과 직렬로 연결하면 된다. 따라서 R3이 ON 되면, 실린더 A는 후진 운동을 하게 된다.

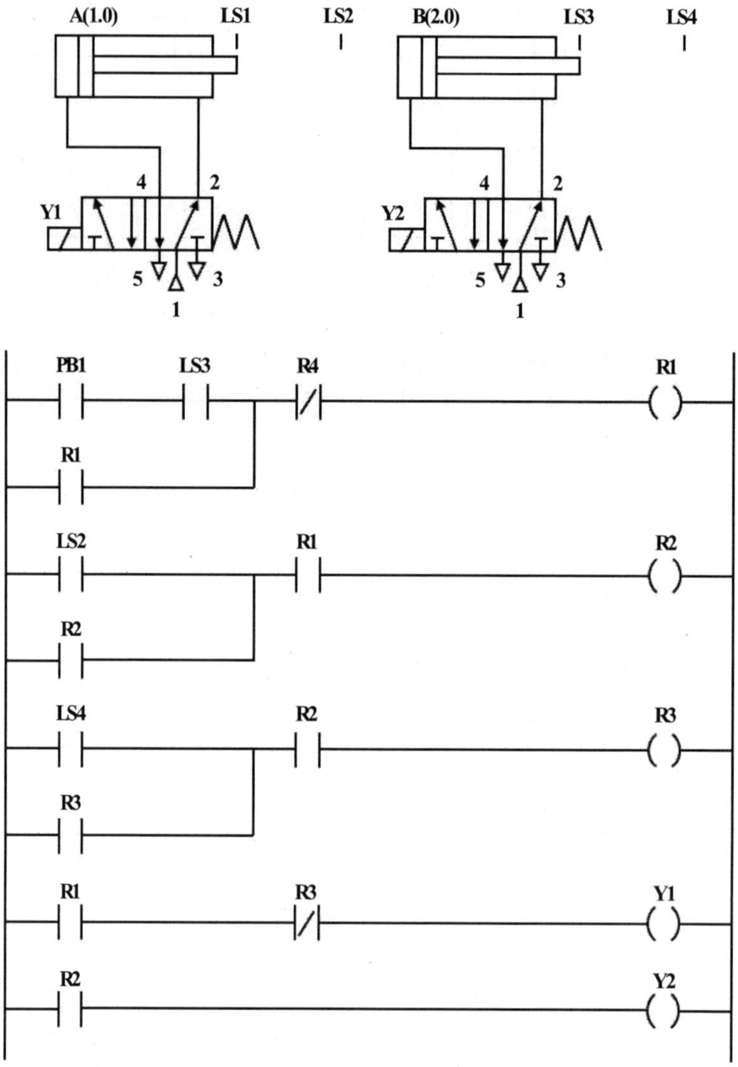

<A- 작업 제어 회로>

⑤ 4단계, B- 작업

실린더 A가 후진 운동하여 리밋 스위치 LS1을 동작시키면, R3의 a접점은 폐로 상태이므로 릴레이 R4가 ON 된다. 이 경우에는 릴레이 R4가 더 이상 자기유지될 필요가 없다. 이때 릴레이 R1과 직렬로 연결된 R4의 b접점이 개방되므로 릴레이 R1이 OFF 된다. 이는 차례로 다음의 릴레이들을

OFF 시키므로 모든 릴레이들이 초기화되고, 솔레노이드 코일 Y2도 OFF 되므로 실린더 B가 후진 운동을 하게 된다.

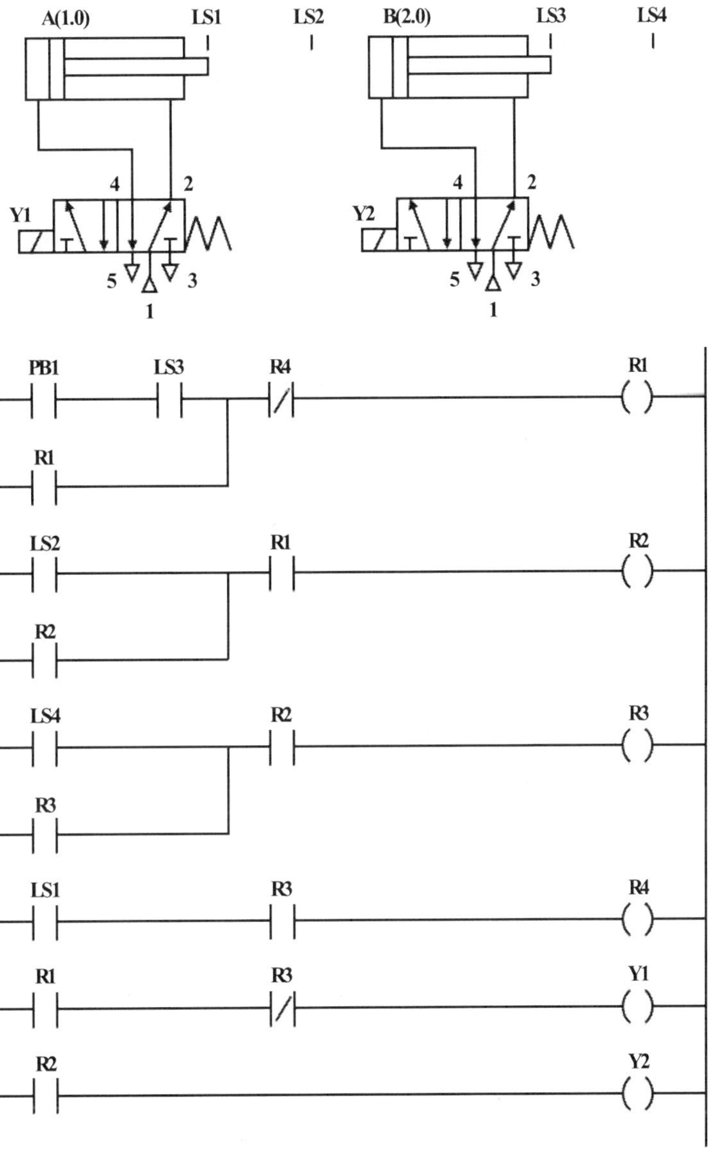

<B- 작업 제어 회로>

⑥ 양측 솔레노이드 밸브를 이용한 회로 구성 방법

양측 솔레노이드를 이용한 제어 회로는 리밋 스위치나 근접 센서에 의한 실린더 위치 확인의 조건과 릴레이로 구성된다. 릴레이에 의한 제어 회로는 주 회로의 작업을 위한 과정과 작업의 순서를 확인하는 과정, 그리고 다음 단계의 작업 실행 조건을 만족시키기 위한 과정으로 이루어진다. 주 회로의 작업을 위한 과정은 자기유지회로와 해당 솔레노이드 코일에 전원을 공급하는 회로로 구성된다. 작업의 순서를 확인하는 것은 a접점을, 다음 단계의 작업 실행 조건은 b접점을 이용한다.

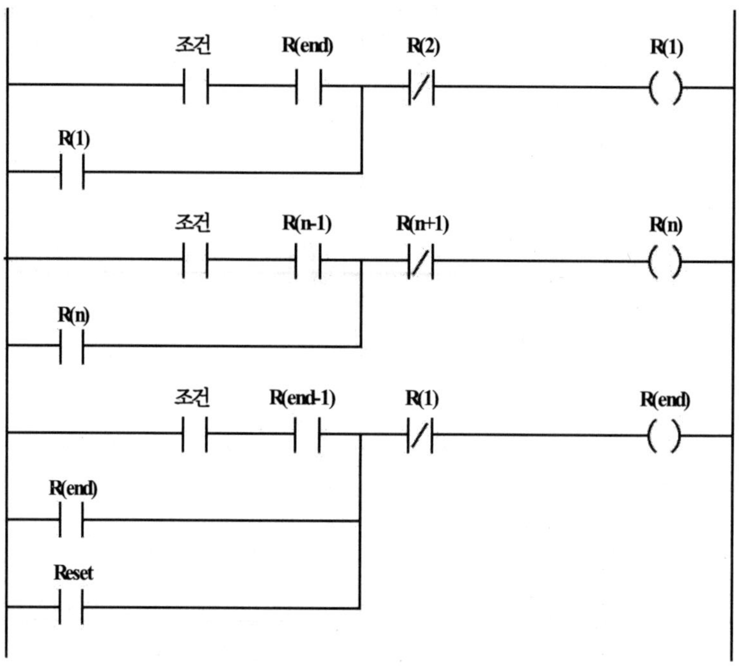

<양측 솔레노이드 밸브 회로 구성>

⑦ 편측 솔레노이드 밸브를 이용한 회로 구성 방법

편측 솔레노이드를 이용한 제어 회로도 리밋 스위치나 근접 센서에 의한 실린더 위치 확인의 조건과 릴레이로 구성된다. 제어 회로는 주 회로의 작업을 위한 과정과 작업의 순서를 확인하는 과정으로 이루어진다. 주 회로의 작업을 위한 과정은 자기유지회로와 해당 솔레노이드 코일에 전원을 공급 또는 차단하는 회로로 구성된다. 작업의 순서를 확인하는 것은 새로운 주기의 작업을 위한 조건도 포함한다. 따라서 제어 회로 내의 릴레이들은 다음 단계의 릴레이에 의해 자기유지가 해제되지 않고, 작업이 종료될 때 마지막 릴레이에 의해 순차적으로 초기화되어 새로운 주기의 작업을 준비하게 된다.

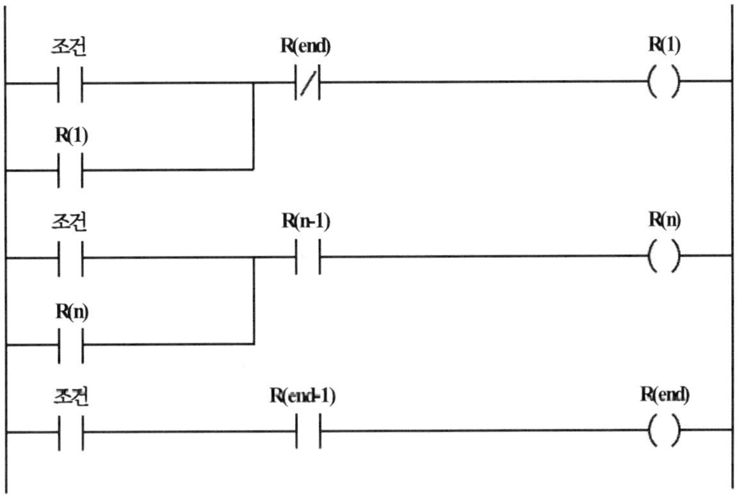

<편측 솔레노이드 밸브 회로 구성>

(2) 작업순서

① 작업 준비

* 전원을 확인하고, 압축 공기를 준비한다.
* PLC 장치, 누름버튼 스위치, 리밋 스위치, 편측 솔레노이드 밸브 등을 준비한다.
* 입출력기기 사양에 따른 PLC 입출력 모듈을 선정한다.
* 전기 연결선 및 공압 호스를 준비한다.
* 각 기기의 기능을 점검하고, 안전 사항을 확인 점검한다.

② 작업 조건 분석

* 작업 내용에 따른 순서를 결정한다.

(a) 시동 스위치 PB1을 누르면 실린더가 A+, B+, A−, B−을 순서대로 진행한다.

(b) 다시 스위치 PB1을 누르면 위의 작업을 반복 실행한다.

* 작업 조건에 의한 제어 방법을 결정한다.

(a) 복동 실린더를 사용한다.

(b) 편측 솔레노이드 밸브를 사용한다.

(c) 스텝퍼 제어 회로를 이용한다.

③ 프로그램 작성

* 제어 회로를 표현할 PLC 프로그래밍 언어 및 명령어를 결정한다.
* 입출력 할당표를 작성한다.
* 완성된 래더 다이어그램을 작성한다.
* 작성된 프로그램을 검토, 수정한다.

④ 각 기기를 작업판에 고정 배치

* 리밋 스위치의 배치 순서를 결정한다.
* 입출력기기를 배치 고정한다.
* 각 기기의 고정 상태를 확인 점검한다.

⑤ 입출력 단자 결선

기 호	접 점		내 용
	GLOFA	MASTER-K	
PB1	%IX0.0.1	P001	시작 버튼
LS1	%IX0.0.2	P002	실린더A 후진 감지
LS2	%IX0.0.3	P003	실린더A 전진 감지

<table>
<tr><th rowspan="2">기 호</th><th colspan="2">접 점</th><th rowspan="2">내 용</th></tr>
<tr><th>GLOFA</th><th>MASTER-K</th></tr>
<tr><td>LS3</td><td>%IX0.0.4</td><td>P004</td><td>실린더B 후진 감지</td></tr>
<tr><td>LS4</td><td>%IX0.0.5</td><td>P005</td><td>실린더B 전진 감지</td></tr>
<tr><td>Y1</td><td>%QX0.1.1</td><td>P011</td><td>솔레노이드 밸브1
(실린더 A 전진)</td></tr>
<tr><td>Y2</td><td>%QX0.1.2</td><td>P012</td><td>솔레노이드 밸브2
(실린더 A 후진)</td></tr>
<tr><td>R1</td><td>%MX001</td><td>M001</td><td>보조 계전기(SOL1 작동)</td></tr>
<tr><td>R2</td><td>%MX002</td><td>M002</td><td>보조 계전기(SOL2 작동)</td></tr>
<tr><td>R3</td><td>%MX003</td><td>M003</td><td>보조 계전기(SOL1 OFF)</td></tr>
<tr><td>R4</td><td>%MX004</td><td>M004</td><td>보조 계전기(SOL2 OFF)</td></tr>
</table>

* 입출력 할당표에 따라 PLC 결선도를 작성한다.

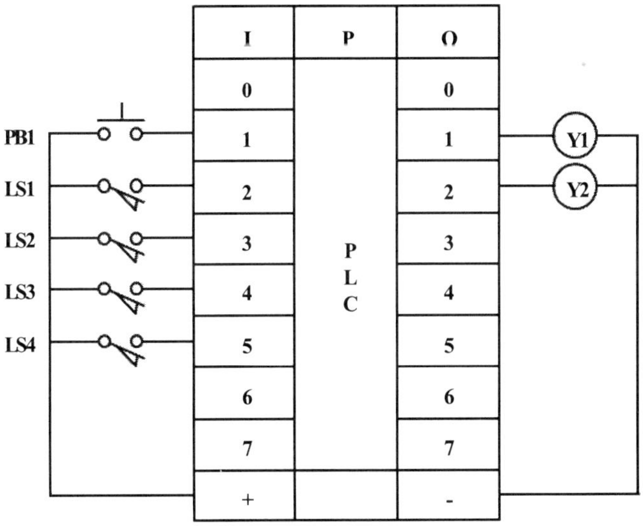

<PLC 결선도>

* 사전에 전기 연결선의 상태를 점검한다.
* 리밋 스위치의 순서와 솔레노이드 밸브 코일의 번호가 일치하도록 한다.

* PLC 접속도에 따라 지정된 단자의 고유 번호에 전기 연결선을 배선한다.

⑥ 공압 장치 배관
* 실린더와 솔레노이드 밸브의 연결구가 일치하도록 한다.
* 공압 장치의 배관은 견고하게 한다.

⑦ 프로그램 입력
⑧ 프로그램 실행
⑨ 시험 작동
* 제어 전원은 24V DC를 압력은 5kgf/cm^{2}임을 확인한다.
* 제어 시스템을 작동시킨다.
(a) PLC를 실행(RUN) 모드로 전환하여 동작 상태를 확인한다.
(b) 입출력의 신호 단락을 확인 점검한다.
(c) 입출력 모듈의 표시 램프를 확인한다.
(d) 실린더는 초기 상태에서 모두 후진되어 있다.
(e) 압축 공기 공급 시 실린더가 전진하면 솔레노이드 밸브의 연결구를 바꾼다.

* 시동 스위치 PB1을 순간 작동시켰을 때 실린더 운동 순서를 확인한다.
(a) 실린더의 속도가 너무 빠른 경우 속도 조절 밸브를 이용하여 속도를 감속시킨다.
(b) 실린더의 속도는 느린 속도에서 서서히 증가하며 조절한다.
* 시동 스위치 PB1을 계속 작동시켰을 때 실린더의 운동 상태를 확인한다.
* 양측 솔레노이드 밸브에 의한 제어 회로와 편측 솔레노이드 밸브에 의한 제어 회로의 차이를 알아본다.

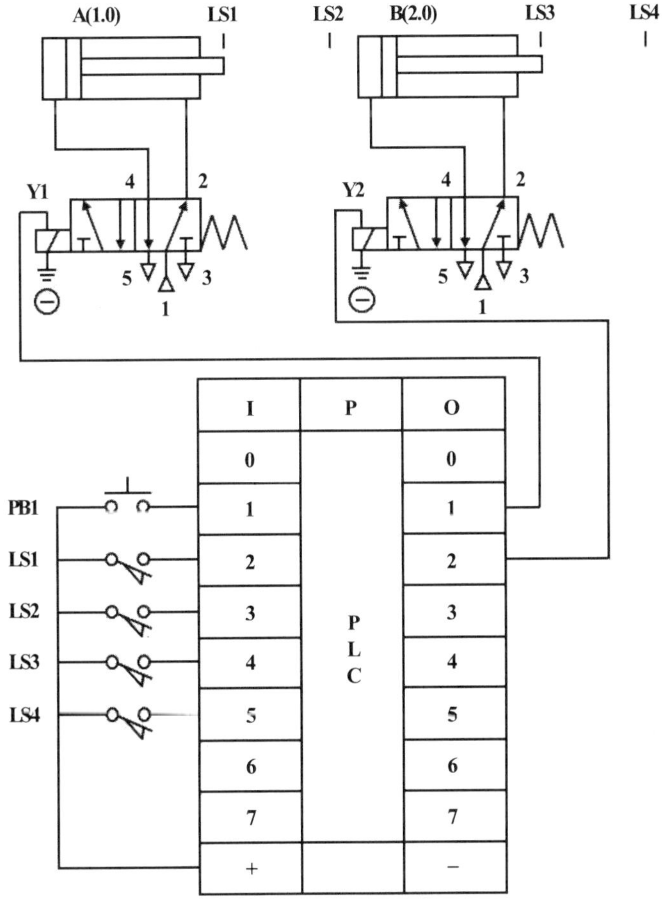

<A+ B+ A- B->

10.2.4 순차제어 회로(편측 솔레노이드 밸브) 2

(1) 시퀀스 표현

앞에서의 순차 제어 회로(편측 솔레노이드 밸브) 1과 같은 PLC 결선도를 사용하나 작업의 진행 순서는 다음과 같다.

A+ B+ B− A−

(2) 제어 회로

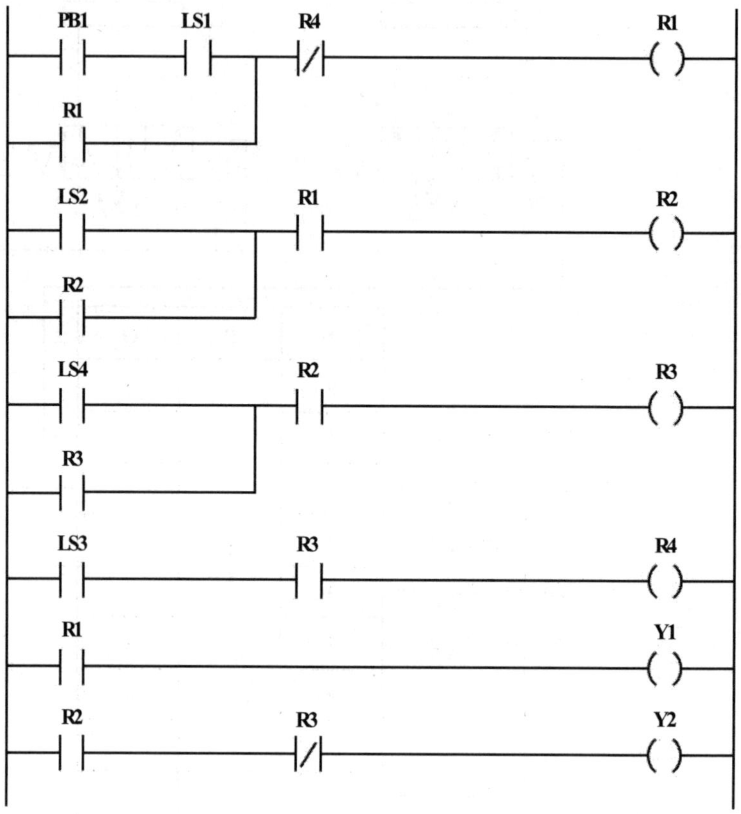

<A+ B+ B- A- 작업 프로그램>

(3) 요구사항

* 초기 상태에서 실린더는 모두 후진되어 있다.
* 제어 조건: 복동 실린더와 편측 솔레노이드 밸브를 사용한다.
* 변위 단계선도를 작성하고, 프로그램을 실행하여 본다.

10.2.5 자동출입문 제어

1) 펄스 회로

PLC에서는 간단한 명령어로 펄스 회로를 제공하는 경우가 많이 있다. 이러한 기능을 이용하는 제어에는 일정 주기의 클록 신호 발생 또는 신호등 제어를 위한 점멸 회로, 계수 동작을 위한 2진(교번) 출력 회로, 펄스 모터의 제어 등이 있다. 펄스의 모양을 나타내는 데는 진폭, 주기, 주파수, 듀티비 등이 있다.

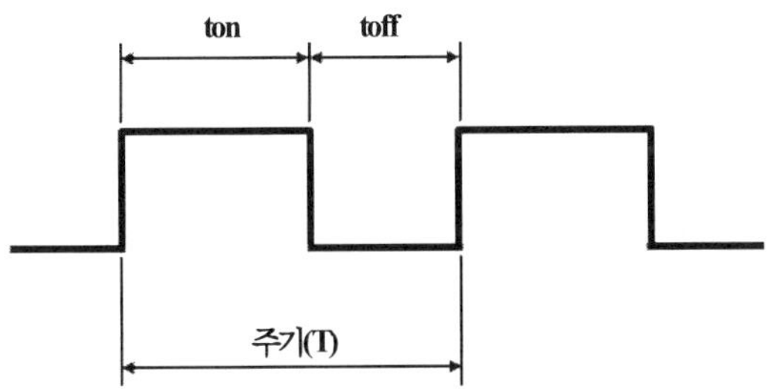

$$\text{듀티비} = \frac{t_{on}}{T}$$

<펄스>

PLC를 이용한 펄스 발생 회로에는 PLC 내부 명령어를 이용하는 방법과 PLC의 프로그램 실행 순서에 의한 스캔 타임 주기의 펄스 회로를 만드는 방법이 있다.

(1) 내부 명령어를 이용하는 방법

PLC 내부 명령으로 미분 펄스를 이용한다. 미분 펄스 명령은 상승 변과 하강 변을 이용할 수 있으며, 1스캔 타임의 시간 동안 출력한다. 따라서 보다 긴 신호를 필요로 하는 경우에는 자기유지와 같은 회로를 이용하여야 한다.

(2) 프로그램 실행 순서에 의한 방법

PLC의 프로그램은 입력된 순서대로 실행되고, 하나의 논리선 내에서는 항상 좌에서 우측으로 신호가 전달된다. 따라서 일반 릴레이 회로에서는 불가능한 1스캔 타임 주기의 펄스 발생 회로의 프로그램이 가능하다.

(가) 상승 변 미분 펄스 동작 등가 회로

다음 회로에서 스위치 PB1을 지속해서 누르고 있다고 하자. 그러면 내부 보조 릴레이 R1이 ON 되고, 다음 논리선에서 a접점이 만족되어 b접점의 R3을 통해 릴레이 R2가 ON 된다. 3번째 논리선에서 a접점의 R1이 만족되어 있으므로 릴레이 R3가 ON 된다. 이때 릴레이 R2는 다음 스캔의 주기 때까지 ON 상태를 유지하다가 2번째 논리선의 조건이 해제됨과 동시에 OFF 된다. 회로에서 릴레이 R2의 출력은 상승 변 미분 펄스의 동작과 같다.

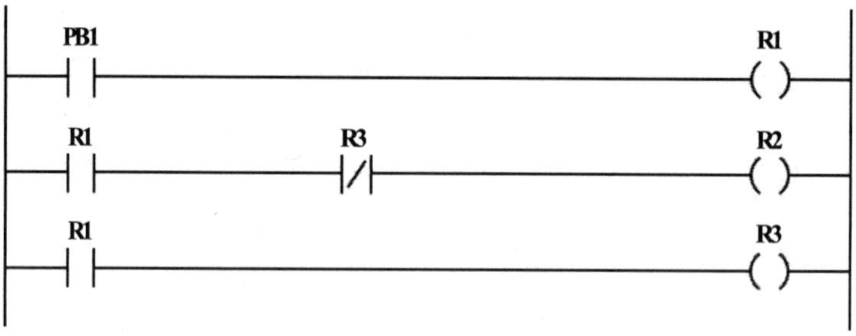

<회로>

타임 차트는 다음과 같다.

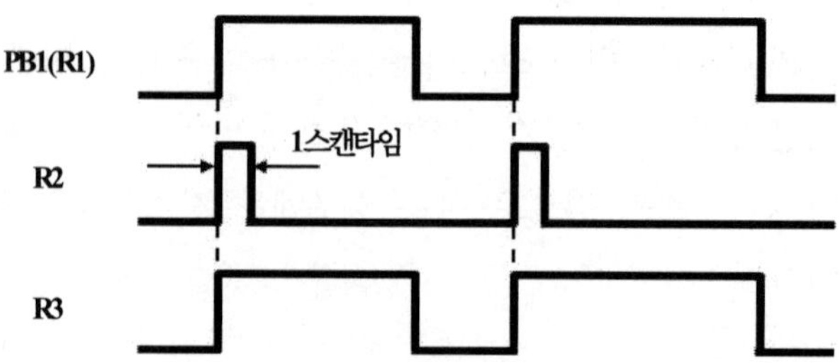

<타임 차트>

(나) 하강 변 미분 펄스 동작 등가 회로

다음 회로는 하강 변 미분 펄스 동작 명령과 등가 회로를 나타낸다. 회로의 동작 순서는 상승 변 미분 펄스 동작 등가 회로와 같다. 회로에서 릴레이 R2의 출력은 하강 변 미분 펄스의 동작과 같다.

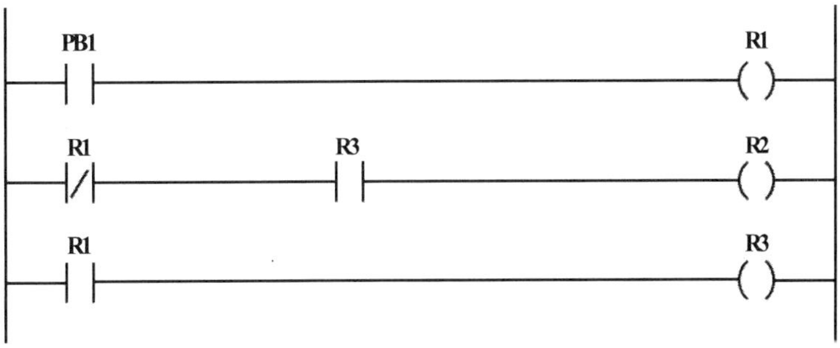

<회로>

타임 차트는 다음과 같다.

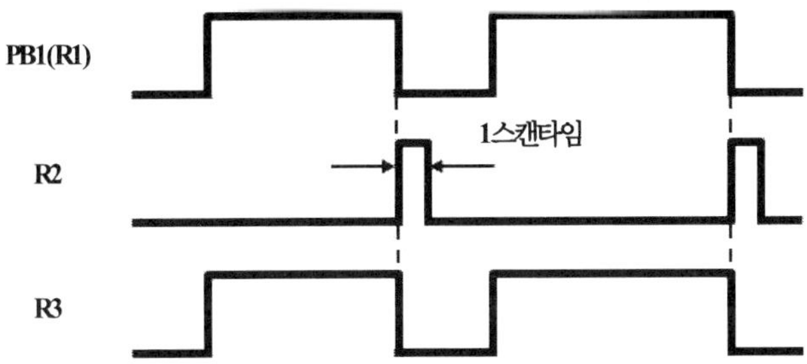

<타임 차트>

2) 작업순서

(1) 작업 조건 분석

* 주어진 작업 내용에 따른 조건과 순서를 분석 결정한다.

(a) 근접 센서 PS1이 감지되면 실린더가 전진하여 출입문을 여는 작업을 한다.

(b) 물체가 통과하면 근접 센서 PS2의 신호를 이용하여 출입문을 닫는 작

업을 한다.

(c) 다시 근접 센서 PS1이 감지되면 위의 작업을 반복 실행한다.

* 작업 조건에 의한 제어 방법을 결정한다.

(a) 복동 실린더를 사용한다.

(b) 양측 솔레노이드 밸브를 사용한다.

(c) 하강 변 미분 펄스 회로를 이용한다.

(d) 근접 센서를 사용한다.

(2) 프로그램 작성

* 제어 회로를 표현할 PLC 프로그래밍 언어 및 명령어를 결정한다.
* 입출력 할당표를 작성한다.
* 래더 다이어그램을 작성한다.

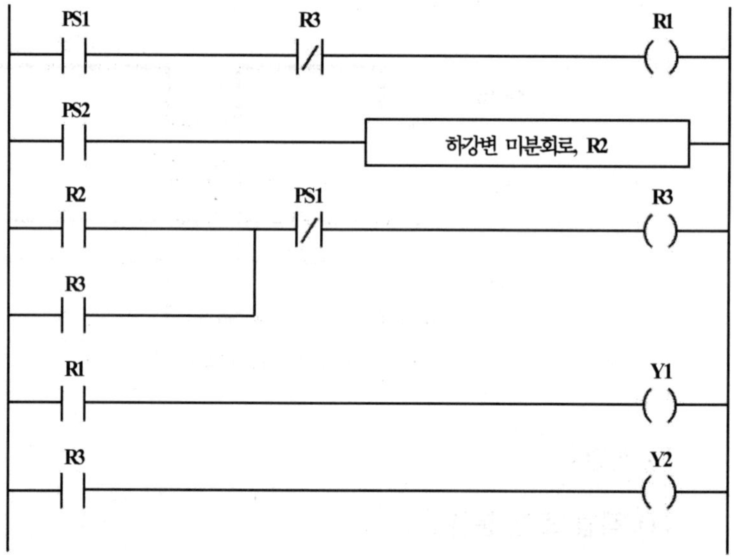

<래더 다이어그램>

(a) 근접 센서 PS1이 감지되면 R3의 b접점을 통해 릴레이 R1이 ON 된다.

(b) 릴레이 R1이 ON 되면 Y1을 동작하여 실린더를 전진시킨다.

(c) R3의 b접점은 물체 통과를 감지하는 근접 센서 PS2가 감지될 때 Y1의 동작을 차단하기 위해 사용된다.
(d) 물체가 통과하면 근접 센서 PS2가 감지되고, 릴레이 R2는 PS2가 ON 상태에서 OFF 상태로 변환할 때 출력한다.
(e) 릴레이 R2가 출력하면 PS1의 b접점을 통해 릴레이 R3에 의해 자기유지 된다.
(f) 릴레이 R3이 ON 되면 Y2를 동작하여 실린더를 후진시킨다.
(g) PS1의 b접점은 물체가 다시 접근할 때 릴레이 R3을 차단하여 Y2의 동작을 정지시키기 위해 사용한다.

* 작성된 프로그램을 검토한다.

(3) 각 기기를 작업판에 고정 배치

* 근접 센서 PS1과 PS2의 배치를 결정한다.
* 실린더의 작동과 출입문 작업의 정의에 따라 솔레노이드 밸브를 배치 고정한다.

(4) 입출력 단자 결선

* 입출력 할당표를 보고 PLC 결선도를 작성한다.
* PLC 접속도에 따라 지정된 단자의 고유 번호에 전기 연결선을 배선한다.
* 근접 센서는 PNP형을 사용한다.
* 공압 장치를 배관한다.
* 프로그램을 입력하고 실행한다.

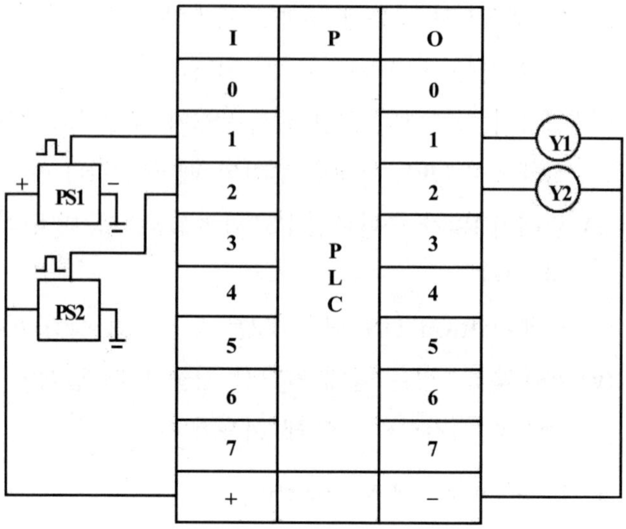

<PLC 결선도>

(5) 시험 작동한다.

* 제어 시스템을 작동시킨다.

(a) 입출력 모듈의 표시 램프를 확인한다.

(b) 실린더는 초기 상태에서 후진되어 있어야 한다.

(c) 속도 조절 밸브를 이용하여 실린더의 전·후진 속도를 느리게 조정한다.

* 근접 센서 PS1을 작동시키고 실린더의 운동 상태를 확인한다.
* 근접 센서 PS2를 작동시키고 실린더의 운동 상태를 확인한다.
* 근접 센서 PS1을 작동시켜 실린더의 전진 운동 중에 근접 센서 PS2를 작동시켜 본다.
* 시험을 반복하여 실린더의 후진 운동 중에 근접 센서 PS1을 작동시켜 본다.

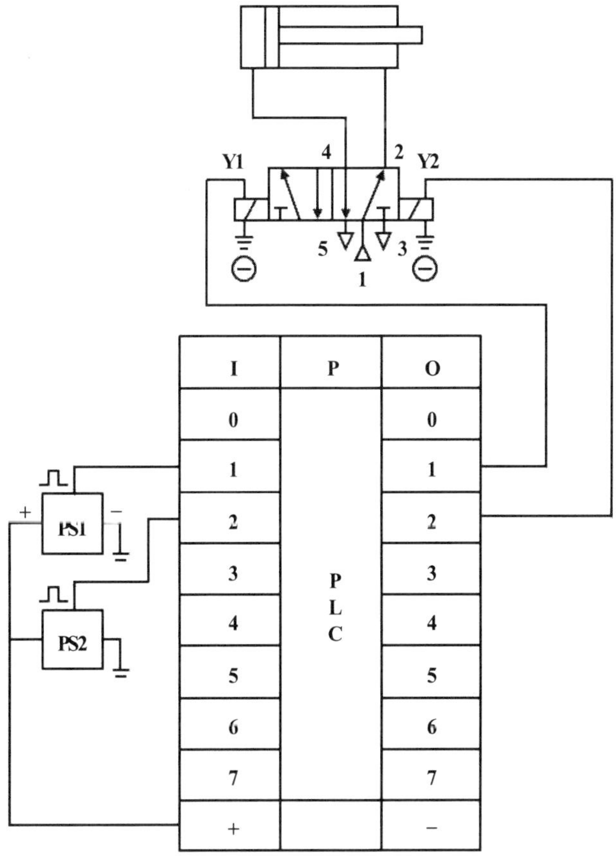

<자동 출입문 제어 회로>

부록

유압·공기압 도면 기호

부록 유압·공기압 도면 기호
(Graphic Symbols for Fluid Power Systems)

1. 적용범위

이 규격은 유압 및 공압 기기 또는 장치의 기능을 표시하기 위한 도면기호(이하 '기호'라 칭한다)에 대하여 규정한다.

비고 이 규격은 배관공사 등이 도면에 사용하는 기호에 대하여는 규정하지 않는다.

2. 용어의 뜻

이 규격에서 사용되는 주된 용어의 뜻은 KS B 0119(유압용어) 및 KS B 0120(공기압 용어)에 따르는데, 다음과 같은 예외도 있다.

(1) 기호 요소: 기기, 장치, 유로 등의 종류를 기호로 표시할 때 사용하는 기본적인 선 또는 도형

(2) 기능요소: 기기·장치의 특성, 작동 등을 기호로 표시할 때 사용하는 기본적인 선 또는 도형

(3) 간략기호: 제도의 간략화를 시도하기 위하여 기호의 일부를 생략하거나 또는 다른 간단한 기호로 대체하는 경우에 사용하는 기호

(4) 일반기호: 기기·장치의 상세한 기능, 형식 등을 명시할 필요가 없는 경우에 사용하는 대표적인 기호

(5) 상세기호: 기호를 간략화 또는 일반화 하지 않고, 기능을 상세히 명시하는 경우에 사용되는 기호. 보통 간략 기호 또는 일반기호에 대비하여 사용한다.

(6) 선택조작: 2개 이상의 조작 방식 중 어느 하나에 의하여 조작하는 방식

(7) **순차조작**: 2개 이상의 방식을 사용하여 조작하는 방식

(8) **2단 파일럿의 조작**: 2개의 파일럿 조작에 의한 순차조작

(9) **1차 조작**: 순차조작에 따라 기기를 조작할 경우의 최초의 조작. 보통, 1차 조작 수단은 인력, 기계 또는 전기 방식으로 조작한다.

(10) **내부 파일럿**: 파일럿 조작용 유체를 조작하는 기기의 내부로부터 공급하는 방식

(11) **외부 파일럿**: 파일럿 조작용 유체를 조작하는 기기의 외부로부터 공급하는 방식

(12) **내부드레인**: 드레인 유로를 기기 내부에 있는 귀환유로에 접속하여 드레인이 귀환유체에 합류되는 방식

(13) **외부드레인**: 드레인이 단독으로 기기의 드레인 포트로부터 밖으로 빼내지는 방식

(14) **단동 솔레노이드**: 코일을 여자시킬 때, 1방향만으로 작동하는 전자액추에이터

(15) **복동 솔레노이드**: 코일의 여자방법을 변경시킴으로써 작동방향을 변화시키는 여자 액추에이터

(16) **가변식 전자 액추에이터**: 입력 전기신호의 변화에 따라 출력 또는 변위량이 변화하는 전자 액추에이터

(17) **가변행정 제한기구**: 밸브의 개도 또는 교축정도 등을 변화시키기 위하여 스풀의 이동량을 규제하는 조정기구

3. 기본사항

유압 공압 기호의 표시방법과 해석과 기본사항은 다음에 따른다.

(1) 기호는 기능 조작 방법 및 외부 접속구를 표시한다.

(2) 기호는 기기의 실제구조를 나타내는 것은 아니다.

(3) 복잡한 기능을 나타내는 기호는 원칙적으로 표 1의 기호 요소와 표 2의 기능요소를 조합하여 구성한다. 단, 이 두 요소로 표시되지 않는 기

능에 대하여는 특별한 기호(표 3~19 중에서 ※ 표를 붙인 기호)를 그 용도에 한정하여 사용하여도 좋다.

관련규격: KS B 0001 기계제도
KS B 0119 유압용어
KS B 0120 공압용어

(4) 기호는 원칙적으로 통상의 운휴상태 또는 기능적인 중립 상태를 나타낸다. 단 회로도 속에서는 예외도 인정된다.

(5) 기호는 해당기기의 외부포트의 존재를 표시하나 그 실제의 위치를 나타낼 필요는 없다.

(6) 포트는 관로와 기호 요소의 접점으로 나타낸다.

(7) 포위선 기호를 사용하고 있는 기기의 외부 포트는 관로와 포위선의 접점으로 나타낸다.

(8) 복잡한 기호의 경우, 기능상 사용되는 접속구만을 나타내면 된다. 단, 식별하기 위한 목적으로 기기에 표시하는 기호는 모든 접속구를 나타내야 한다.

(9) 기호 속의 문자(숫자는 제외)는 기호의 일부분이다.

(10) 기호의 표시법은 한정되어 있는 것을 제외하고는 어떠한 방향이라도 좋으나 90° 방향마다 쓰는 것이 바람직하다. 또한 표시방법에 따라 기호의 의미가 달라지는 것은 아니다.

(11) 기호는 압력, 유량 등의 수치 또는 기기의 설정 값을 표시하는 것은 아니다.

(12) 간략기호는 그 규격에 표시되어 있는 것 및 그 규격의 규정에 따라 고안해 낼 수 있는 것에 한하여 사용하여도 좋다.

(13) 2개 이상의 기호가 1개의 유닛에 포함되어 있는 경우에는 특정한 것을 제외하고, 전제를 1점 쇄선의 포위선 기호에 둘러싼다. 단, 단일기능의 간략기호에는 통상, 포위선을 필요로 하지 않는다.

(14) 회로도 중에서 동일 형식의 기기가 수개소에 사용되는 경우에는 제도를 간략화하기 위하여 각 기기를 간단한 기호 요소로 대표시킬 수가

있다. 단, 기호 요소 중에는 적당한 부호를 기입하고, 회로도 속에 부품란과 그 기기의 완전한 기호를 나타내는 기호표를 별도로 붙여서 대조할 수 있게 한다.

4. 기호의 구성요소

가. 기호 요소

기호를 구성하는 기본적인 요소는 표 1에 따른다.

표 1 기호 요소

번호	명칭	기호	용도	비고
1-1	선			
1-1.1	실선	L > 10E L: 선의 길이 E: 선의 굵기	(1) 주관로 (2) 파일럿 밸브에의 급 관로 (3) 전기 신호선	• 귀환관로를 포함 • 2-3.1을 부기하여 관로와의 구별을 명확히 한다.
1-1.2	파선	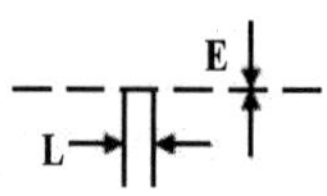 L < 5E	(1) 파일럿 조작 관로 (2) 드레인 관로 (3) 필터 (4) 밸브의 과도위치	• 내부 파일럿 • 외부 파일럿 • 파일럿 관로는 파일럿 방식으로 작동시키기 위한 작동 유체를 보내는 관로를 뜻한다.
1-1.3	1점 쇄선		포위선	• 2개 이상의 기능을 갖는 유닛을 나타내는 포위선
1-1.4	복선	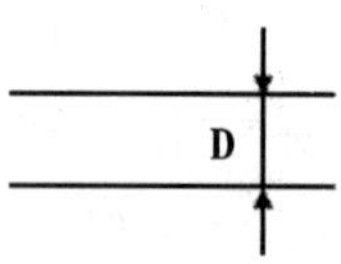	기계적 결합	• 회전축, 레버, 피스톤 로드 등 D 〈 5E D: 선간 거리, E: 선의 굵기
1-2	원			
1-2.1	대원		에너지 변환기	• 펌프 압축기, 전동기 등

번호	명칭	기호	용도	비고
1-2.2	중간원	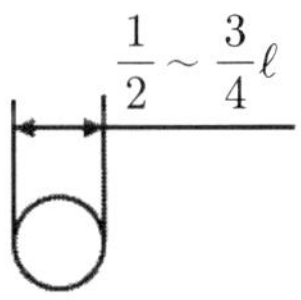	(1) 계측기 (2) 회전이음	
1-2.3	소원	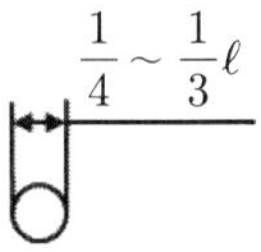	(1) 체크 밸브 (2) 링크 (3) 롤러	• 롤러: 중앙에 점을 찍는다. 
1-2.4	점	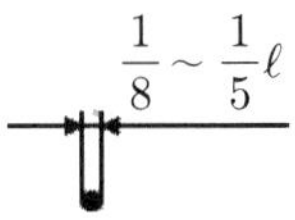	(1) 관로의 접속 (2) 롤러의 축	d ≒ 5E 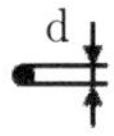
1-3	반원	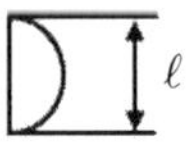	회선 각도가 제한을 받는 펌프 또는 액추에이터	
1-4	정사각형			
1-4.1		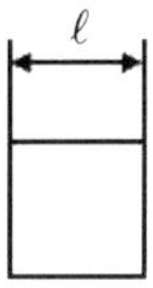	(1) 제어 기기 (2) 전동기 이외의 원동기	• 접속구가 변과 수직으로 교차한다.
1-4.2		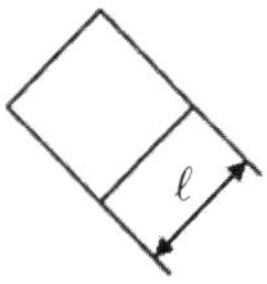	유체 조정기기	• 접속구가 각 변을 두고 변과 교차한다.
1-4.3		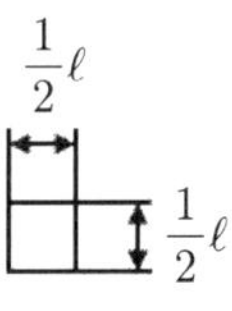	(1) 실린더 내의 쿠션 (2) 어큐뮬레이터 내의 추	• 필터 드레인 분리기, 주유기, 열교환기 등
1-5	직사각형			
1-5.1		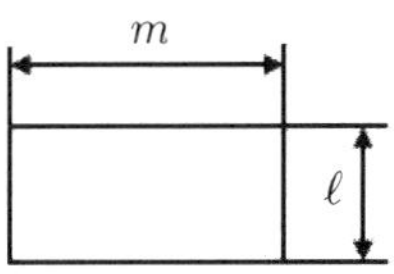	실린더 밸브 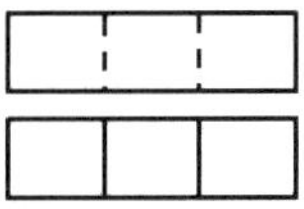	• $m>\ell$ • 총칭하여 부를 때에는 밸브로 하고, 수식어를 붙일 때에는 ○○ 밸브라고 한다. 보기: 압력 제어 밸브

번호	명칭	기호	용도	비고
1-5.2		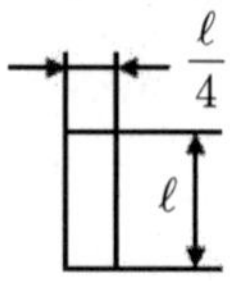	피스톤	
1-5.3		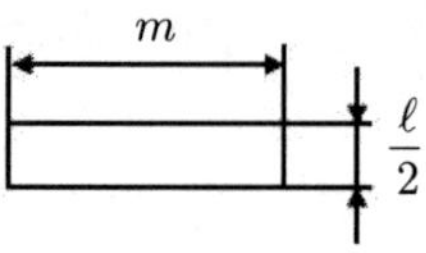	특정의 조작법	• $\ell \le m \ge 2\ell$ • 표 6 참조
1-6	기타			
1-6.1	요형(대)	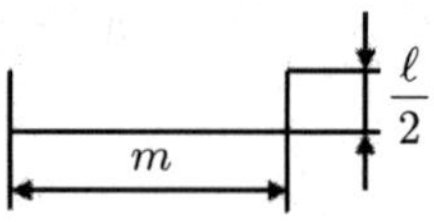	유압 탱크(통기식)	• $m>\ell$
1-6.2	요형(소)	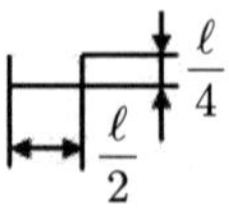	유압유 탱크 (통기식)의 국소표시	
1-6.3	캡슐형	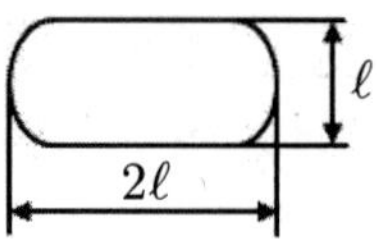	(1) 유압유 탱크 (밀폐식) (2) 공기압 탱크 (3) 어큐뮬레이터 (4) 보조 가스용기	• 접속구는 표 10과 16-2 참조

비고 치수 ℓ은 공통의 기준 치수로 그 크기는 임의로 정하여도 좋다. 또 필요상 부득이 할 경우에는 기준 치수를 대상에 따라 변경하여도 좋다

나. 기능 요소

기능을 나타내는 요소는 표 2에 따른다.

표 2 기능 요소

번호	명칭	기호	용도	비고
2-1	정삼각형			• 유체에너지의 방향 • 유체의 종류 • 에너지원의 표시
2-1.1	흑	▶	유압	
2-1.2	백	▷	공기압 또는 기타의 기체압	• 대기중의 배출을 포함
2-2	화살표 표시			
2-2.1	직선 또는 사선		(1) 직선 운동 (2) 밸브 내 유체의 경로와 방향 (3) 열류의 방향	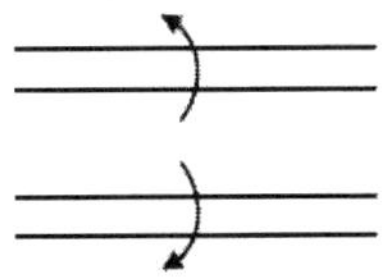
2-2.2	곡선	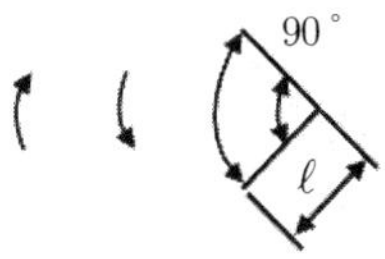	회전 운동	• 화살표는 축의 자유단에서 본 회전 방향을 표시
2-2.3	사선		가변조작 또는 조정 수단	• 적당한 길이로 비스듬히 그린다. • 펌프, 스프링, 가변식 전자 액추에이터
2-3	기타			
2-3.1		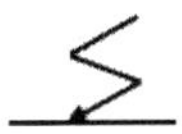	전기 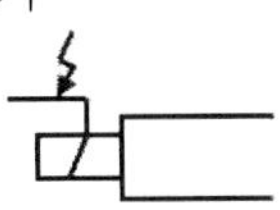	• 공압 회로도에서 특히 계측 및 제어용의 신호가 전달되는 것을 표시한다. • 전기 신호는 기호의 신호 전달로 중에서 전류, 전압에 대해서 사용한다.
2-3.2		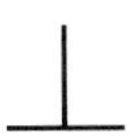	폐로 또는 폐쇄 접속구	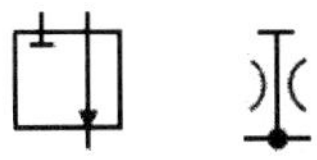

번호	명칭	기호	용도	비고
2-3.3			전자 액추에이터	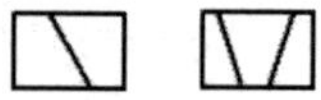
2-3.4			온도지시 또는 온도 조정	
2-3.5			원동기	
2-3.6			스프링	• 11-3, 11-4 참조 • 산의 수는 자유
			조정 스프링 방식	
2-3.7			교축	
2-3.8		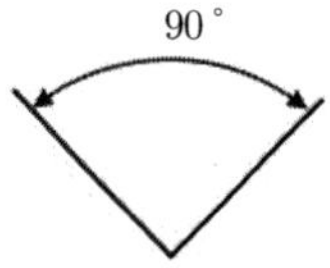 	체크 밸브의 간략 기호의 밸브 시트	
			그 밖의 신호	• 그 밖의 신호의 기호는 전기 이외의 신호 전달로, 예를 들어 공학계기로 부터의 공압 신호나 온도제어용 감열관으로부터의 봉입 증기압 등에 대해서 사용한다. 양기호에 대한 것인데, 일반적으로 이 기호는 신호 전달의 정확한 회로 상황을 표시한다기보다는 오히려 어느 부분으로부터의 신호에 의해 제어되는가라는 개념을 표시하는 데 사용된다. 정확한 회로의 표현에는 별개의 전기 회로도 등을 작성하여 표시한다.

5. 관로 및 접속구

가. 관로

(1) 기호의 표시법

관로의 기호는 기호 요소의 1-1.1, 1-1.2 및 1-2.4를 사용하여 구성한다.

(2) 기호 보기

일반적으로 사용하는 기호의 보기를 표 3에 표시한다.

표 3 관로

번호	명칭	기호	비고
3-1.1	접속	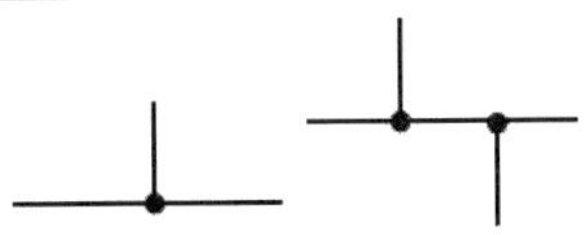	• 관로 및 통로의 접속점 d≒5E d:검은 원의 지름, E:선의 굵기
3-1.2	교차	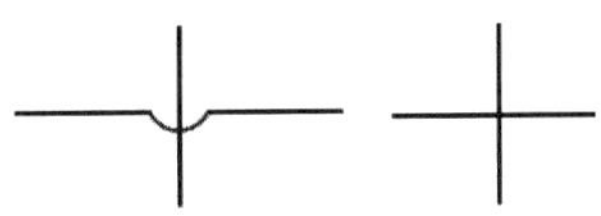	• 관로가 그림 가운데에서 교차할 때에는 한쪽의 선을 그림과 같이 쓰고, 한쪽의 관로를 넘어가는 것을 뜻한다. 분명치 않을 우려가 있을 때에는 +의 사용을 피하는 것이 바람직하다. • 접속하고 있지 않음
3-1.3	처짐 관로		• 처짐 휨 관로라는 것은 고무 호스와 같이 유연성이 있는 관로 d≒5E d: 검은 원의 지름, E: 선의 굵기 • 호스 (통상 가동부분에 접속 된다)

나. 접속구

(1) 기호의 표시법

접속구의 기호는, 기호 요소 1-2.1, 1-2.3, 1-2.4, 1-4.1 및 1-5.1과 함께 기능요소 2-1.1, 2-1.2, 2-3.2 및 2-3.8을 사용하여 구성한다.

(2) 기호 보기

일반적으로 사용하는 기호의 보기를 표 4에 표시한다.

표 4 접속구

번호	명칭	기호	비고
4-1	공기구멍		
4-1.1		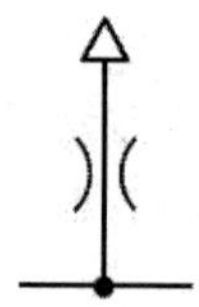	• 연속적으로 공기를 빼는 경우
4-1.2		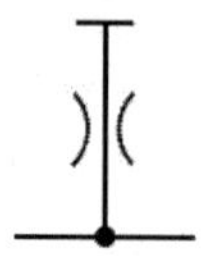	• 어느 시기에 공기를 빼고 나머지 시간은 닫아 놓는 경우
4-1.3		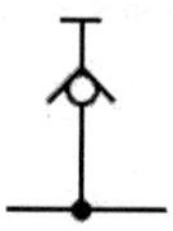	• 필요에 따라 체크 기구를 조작하여 공기를 빼는 경우
4-2	배기구		• 공기압 전용
4-2.1			• 접속구가 없는 것
		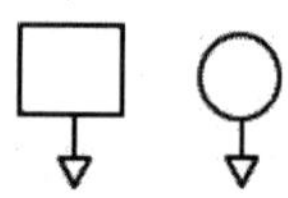	• 접속구가 있는 것
4-2.2	취출구	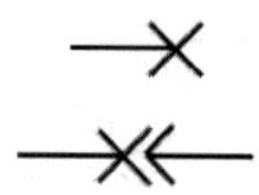	• 취출 관로는 기기와 접속된다. • 닫힌 상태 • 열린 (접속) 상태
4-3	급속이음	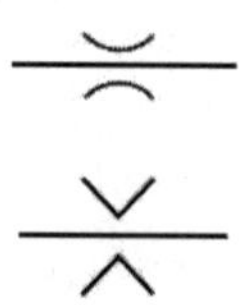	• 고정조리개 초크: 단면 치수에 비하여 비교적 길이가 긴 조리개 저항 오리피스: 단면 치수에 비하여 비교적 길이가 짧은 조리개 저항
	체크 밸브 없음		

번호	명칭	기호	비고
	체크 밸브 있음		
	체크 밸브 없음	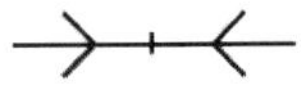	
	한쪽 체크 밸브 붙이	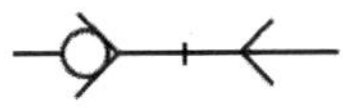	
	양쪽 체크 밸브 붙이	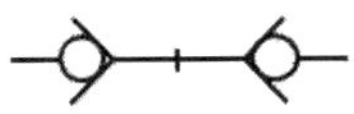	
4-3.1		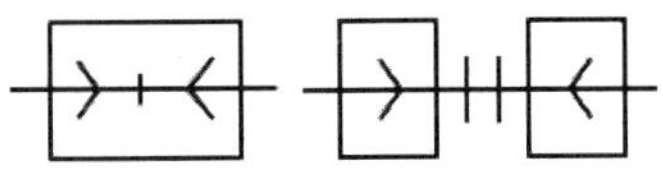	• 체크 밸브 없음
4-3.2		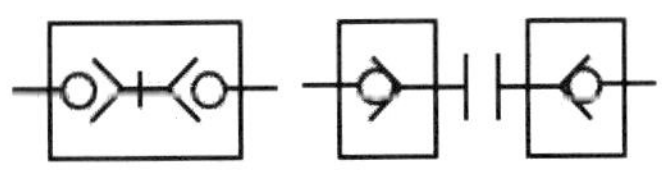 접속 상태 떨어진 상태	• 체크 밸브 붙이(셀프실 이음)
4-4	회전이음		• 스위블 조인트 및 로터리 조인트
4-4.1	1 관로	※ 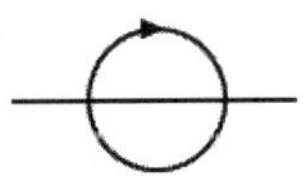	• 1방향 회전
4-4.2	2 관로	※ 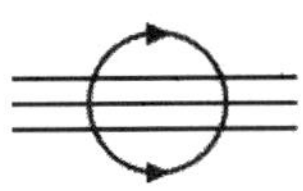	• 2방향 회전

6. 조작기구

가. 기호의 표시법

조작기구 기호의 표시법은 다음에 따른다.

(1) 기호의 구성

조작기구의 기호는, 기호 요소 1-1.4, 1-2.3, 1-2.4 및 1-5.3과 함께 기능요소 2-1.1, 2-1.2, 2-2.3, 2-3.3, 2-3.5 및 2-3.6을 사용하여 구성하는 것 이외에도, 표 5 및 표 6에 나타낸 특별한 기호에 따른다.

(2) 단일 조작기구와 기기의 관계

단일 조작기구와 기기의 관계는 다음에 따른다.

① 조작기호를 도시하는 크기의 비율은 표 1에 따른다.

② 밸브의 조작기호는 조작하는 기호 요소에 접하는 임의의 위치에 써도 좋다.

③ 가변기기의 가변조작을 나타내는 화살표는, 조작기호와 관련되어 있고 늘리거나 구부려도 좋다.

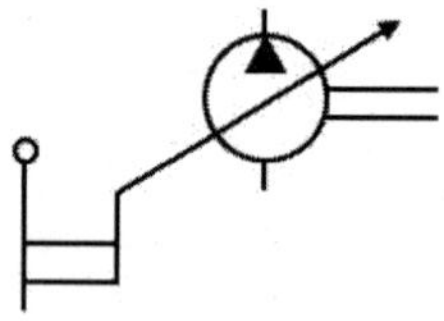

④ 2방향 조작의 조작요소가 실제로 하나인 경우에는, 조작기호는 원칙적으로 하나밖에 쓰지 않는다.

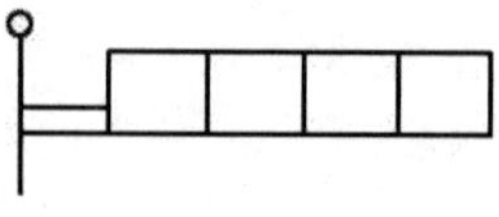

또한 복동 솔레노이드로 조작되는 밸브의 기호에서, 전기신호와 밸브의 상태와의 관계를 명확히 할 필요가 있는 경우에는, 복동 솔레노이드의 기호를 사용하지 않고 2개의 단동 솔레노이드의 기호(6-3.1.1)를 사용하여 그린다.

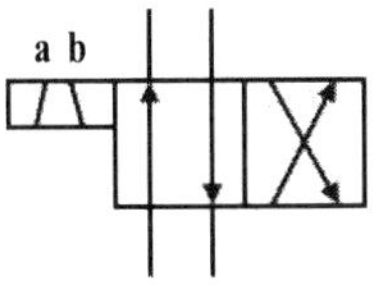

전기신호와의 관계를 나타낼 필요가 없는 경우

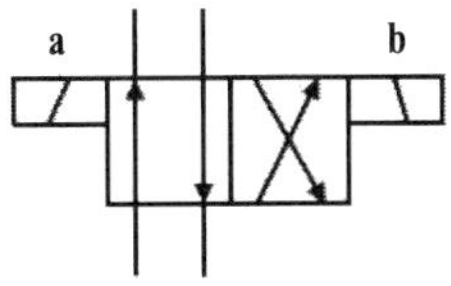

전기신호와의 관계를 나타낼 필요가 있는 경우

(3) 복합 조작기구와 기기의 관계

복합 조작기구와 기기의 관계는 다음에 따른다.

① 1방향 조작의 조작기호는 조작하는 기호 요소에 인접해서 쓴다.

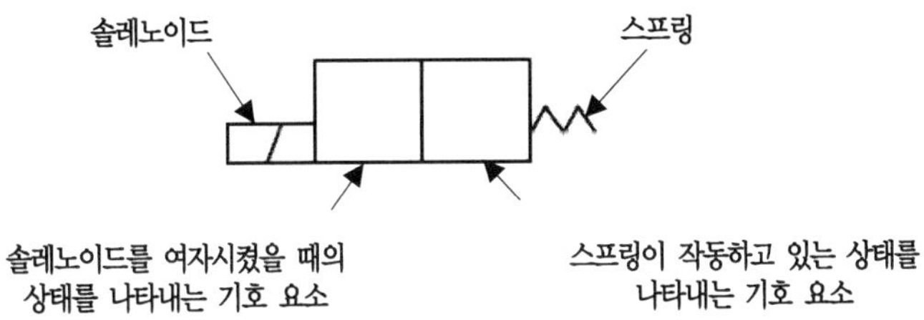

② 3개 이상 스풀의 위치를 갖는 밸브의 중립위치의 조작은, 중립위치를 나타내는 직사각형의 경계선을 위 또는 아래로 연장하고 여기에 적절한 조작기호를 기입함으로써, 명확히 할 수가 있다.

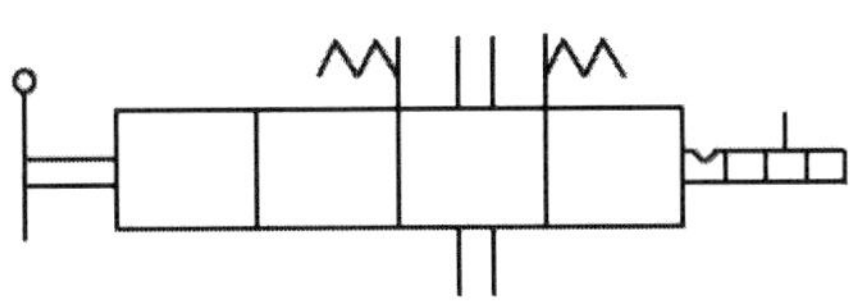

③ 3위치 밸브의 중앙위치의 조작기호는 외측 직사각형의 양쪽 끝 면에 기입해도 좋다.

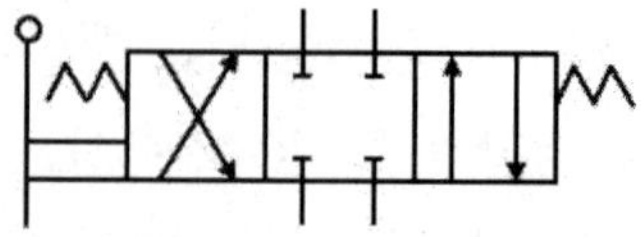

④ 프레셔 센터의 중앙위치의 조작기호는, 기능요소의 정삼각형(2-1.1 또는 2-1.2)을 사용하여 나타내고 외측의 직사각형 양쪽 끝 면에 삼각형 정점이 접하도록 그린다.

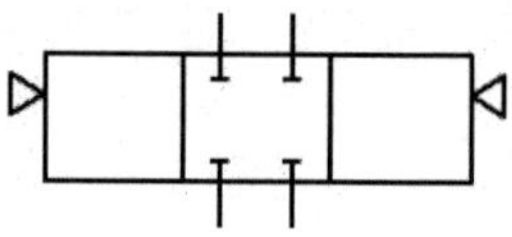

⑤ 간접 파일럿 조작기기에 내부 파일럿과 내부 드레인 관로의 표시는, 간략 기호에서는 생략한다.

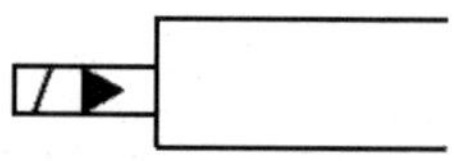

⑥ 간접 파일럿 조작기기에 1개의 외부 파일럿 포트와 1개의 외부 드레인 포트가 있는 경우의 관로표시는 간략 기호에서는 한쪽 끝에만 표시한다. 단 이외에 다른 외부파일럿과 외부 드레인 포트가 있는 경우에는 다른 끝에 표시한다. 또한, 기기에 표시하는 기호는 모든 외부 접속구를 표시할 필요가 있다.

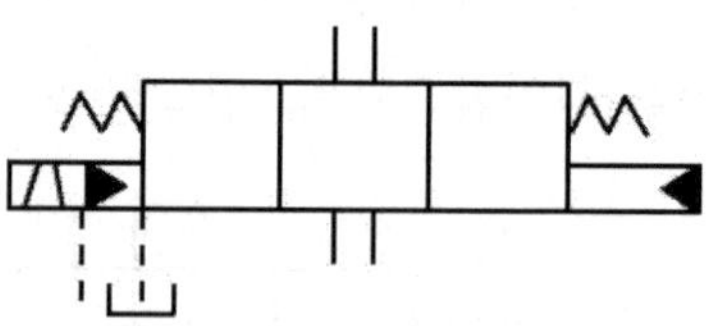

⑦ 선택조작의 조작기호는 나란히 병렬해서 표시하든가 필요에 따라 직사각형의 경계선을 연장하여 표시하여도 좋다. 다음 그림은 솔레노이드나 누름버튼 스위치에 의하여 각각 독립적으로 조작될 수 있는 밸브를 나타낸다.

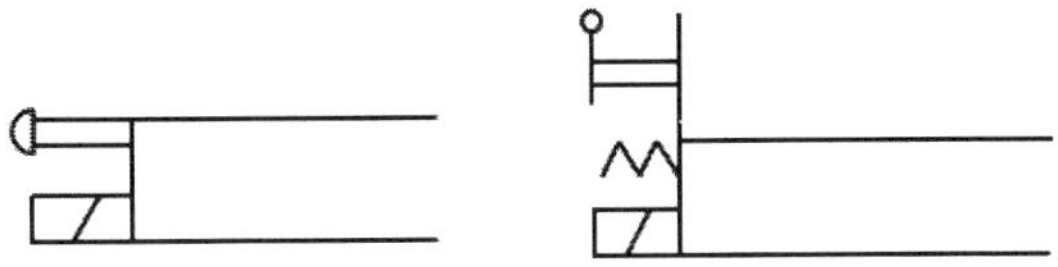

⑧ 순차조작의 경우에는, 조작기호를 조작되는 순서에 따라 직렬로 표시한다. 그림은 솔레노이드가 파일럿 밸브를 조작하고 이어 그 파일럿 압력으로 주 밸브를 작동시키는 밸브를 나타낸다.

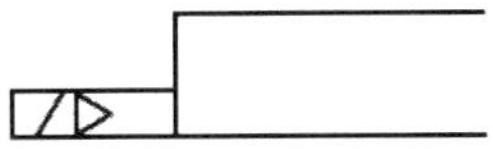

⑨ 멈춤쇠는 스풀의 위치와 동수로 그리고 같은 순서로 분할하여 표시한다. 고정용 그루브의 위치는 고정하는 위치에만 표시한다. 또한, 밸브의 스풀 위치에 대응시켜 고정구를 나타내는 선을 표시한다.

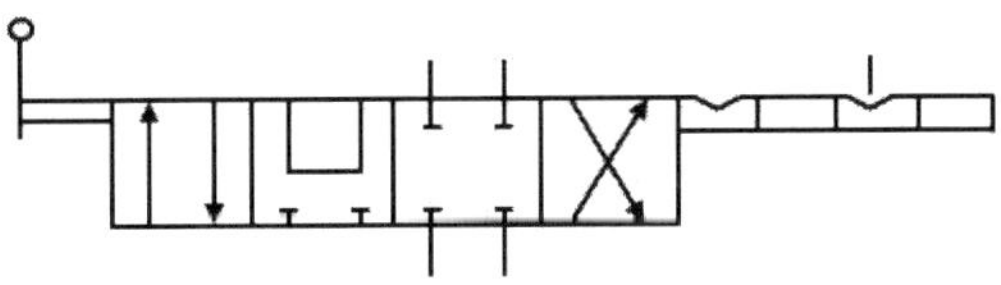

나. 기호 보기

일반적으로 사용하고 있는 기호의 보기를 표 5와 6에 표시한다.

표 5 기계식 구성부품

번호	명칭	기호	비고
5-1	로드	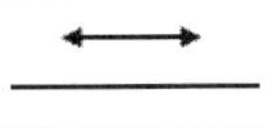	• 2방향 조작 • 화살표의 기입은 임의
5-2	기계식의 연결 회전축 레버, 로드 연결부 회전축 고정점 붙이 연결부	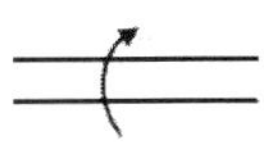 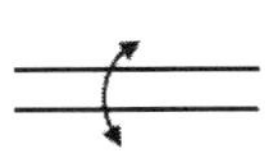	• D<5E, d=(2~3)D D: 선 간 거리 연결부 E: 선의 굵기 고정점 붙이 연결부 d: 원의 지름 • 1방향만인 경우 • 양쪽방향인 경우 • 회전 방향을 표시하는 화살표는 그

		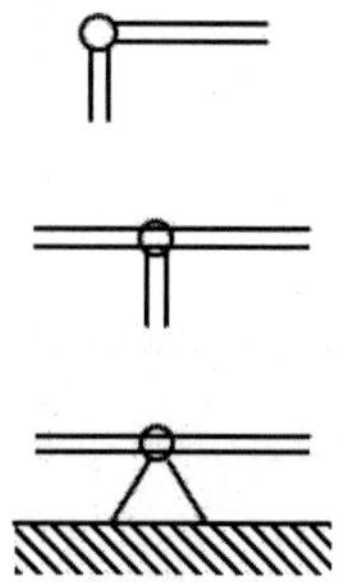	원호 중심을 원동기 쪽으로 한다. • 연결부는 가동 또는 고정의 어느 것이든 좋으며 또 직각이 아니어도 괜찮다.
5-3	멈춤쇠	※ 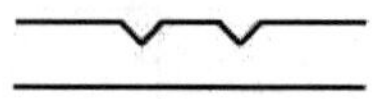	• 2방향 조작 • 화살표의 기입은 임의
5-4	래치	※ 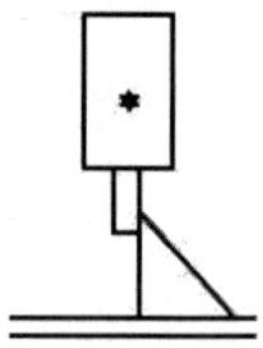	• 2방향 조작 • 고정용은 그루브 위에 그린 세로 선은 고정구를 나타낸다. • 1방향 조작 * 해제의 방법을 표시하는 기호
5-5	오버센터기구	※ 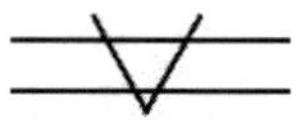	• 2방향 조작

표 6 조작 방식

번호	명칭	기호	비고
6-1	인력조작	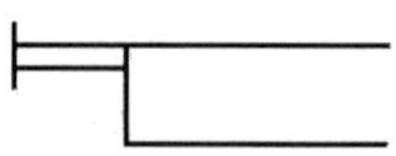	• 조작 방법을 지시하지 않은 경우, 또는 조작방향의 수를 특별히 지정하지 않은 경우의 일반기호
6-1.1	누름버튼	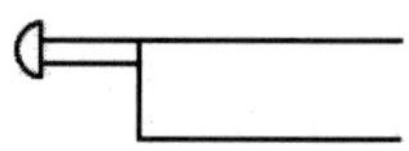	• 1방향 조작
6-1.2	당김버튼	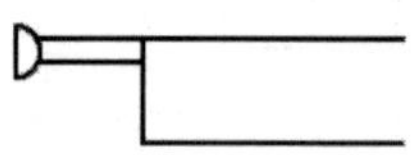	• 1방향 조작
6-1.3	누름당김버튼	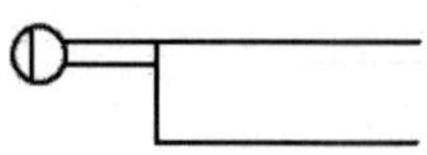	• 2방향 조작
6-1.4	레버	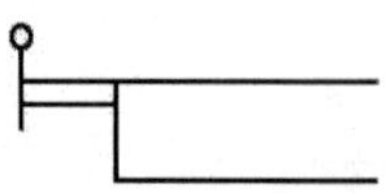	• 2방향 조작(회전운동을 포함)

번호	명칭	기호	비고
6-1.5	페달	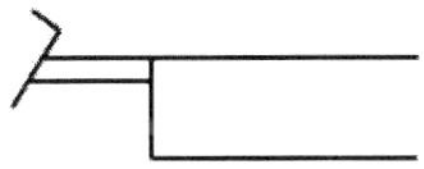	• 1방향 조작(회전운동을 포함)
6-1.6	2방향 페달	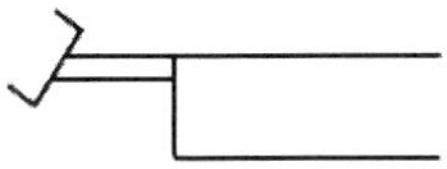	• 2방향 조작(회전운동을 포함)
6-2	기계조작		
6-2.1	플런저	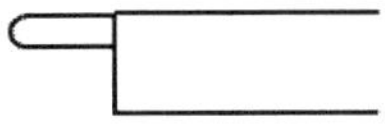	• 1방향 조작
6-2.2	가변 행정 제한 기구	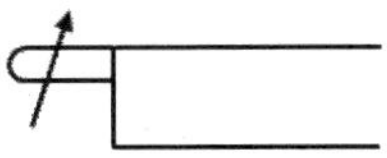	• 2방향 조작
6-2.3	스프링	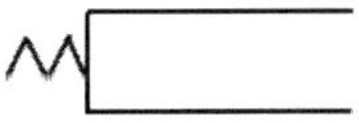	• 1방향 조작
6-2.4	롤러	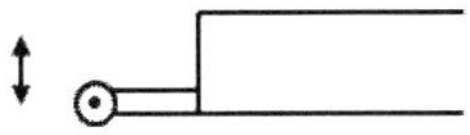	• 2방향 조작
6-2.5	편측작동롤러	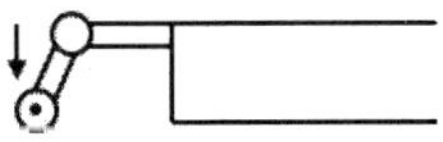	• 화살표는 유효조작 방향을 나타낸다. 기입을 생략하여도 좋다. • 1방향 조작
6-3	전기조작		
6-3.1	직선형 전기 액추에이터		• 솔레노이드 토크 모터 등
6-3.1.1	단동 솔레노이드	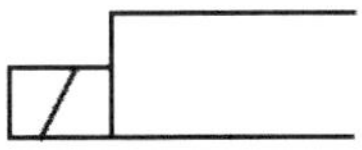	• 1방향 조작 • 사선은 우측으로 비스듬히 그려도 좋다.
6-3.1.2	복동 솔레노이드	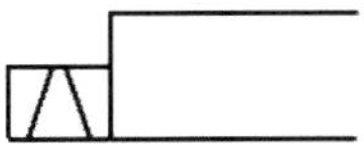	• 2방향 조작 • 사선은 위로 넓어져도 좋다.
6-3.1.3	단동가변식 전자 액추에이터	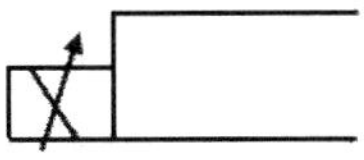	• 1방향 조작 • 비례식 솔레노이드, 포스 모터 등
6-3.1.4	복동가변식 전자 액추에이터	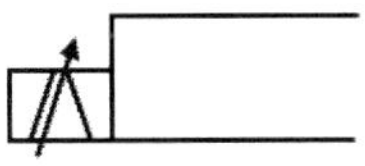	• 2방향 조작 • 토크 모터 등
6-3.2	회전형 전기 액추에이터	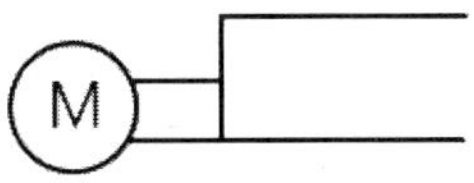	• 2방향 조작 • 전동기

번호	명칭	기호	비고
6-4	파일럿조작		
6-4.1	직접 파일럿 조작		
6-4.1.1		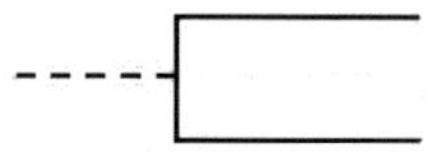	
6-4.1.2		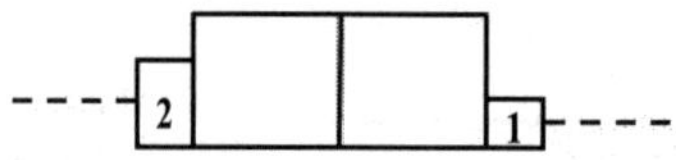	• 수압면적이 상이한 경우, 필요에 따라, 면적비를 나타내는 숫자를 직사각형 속에 기입한다.
6-4.1.3	내부 파일럿	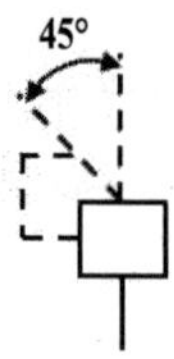	• 조작유로는 기기의 내부에 있음
6-4.1.4	외부파일럿	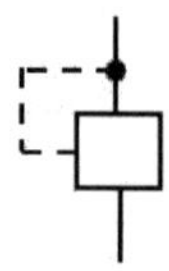	• 조작유로는 기기의 외부에 있음
6-4.2	간접 파일럿 조작		
6-4.2.1	압력을 가하여 조작하는 방식		
(1)	공기압 파일럿	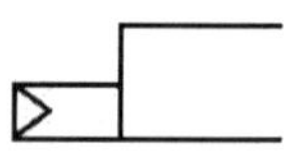	• 내부 파일럿 • 1차 조작 없음
(2)	유압 파일럿	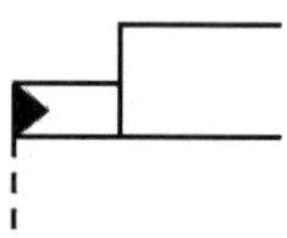	• 외부 파일럿 • 1차 조작 없음
(3)	유압 2단 파일럿	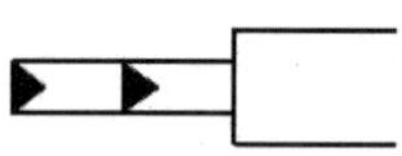	• 내부 파일럿, 내부 드레인 • 1차 조작 없음
(4)	공압 유압 파일럿	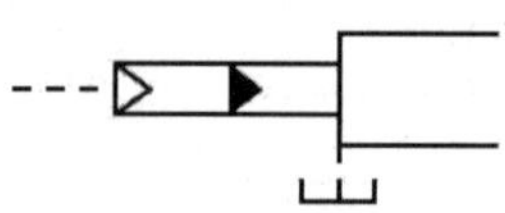	• 외부 공압 파일럿, 내부 유압 파일럿, 외부 드레인 • 1차 조작 없음
(5)	전자 공압 파일럿	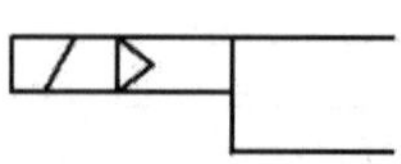	• 단동 솔레노이드에 의한 1차 조작 붙이 • 내부 파일럿

번호	명칭	기호	비고
(6)	전자 유압 파일럿	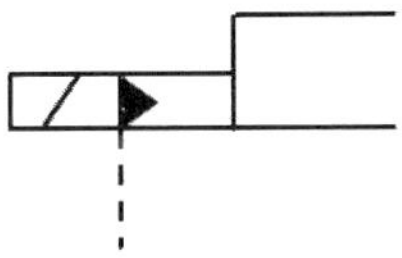	• 단동 솔레노이드에 의한 1차 조작 붙이 • 외부 파일럿, 내부 드레인
6-4.2.2	압력을 빼내어 조작하는 방식		
(1)	유압 파일럿	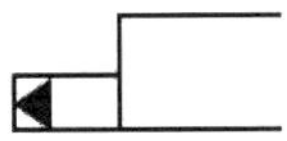	• 내부 파일럿, 내부 드레인 • 1차 조작 없음
		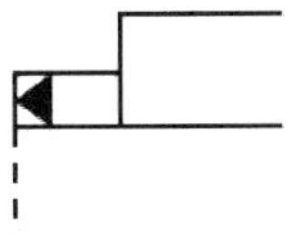	• 내부 파일럿 • 원격조작용 벤트포트 붙이
(2)	전자 유압 파일럿	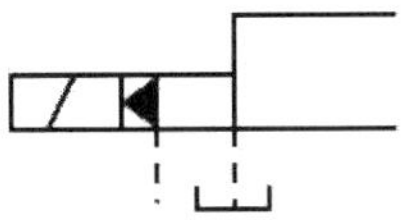	• 단동 솔레노이드에 의한 1차 조작 붙이 • 외부 파일럿, 외부 드레인
(3)	파일럿 작동형 압력 제어 밸브	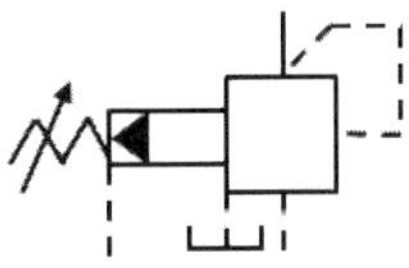	• 압력 조정용 스프링 붙이 • 외부 드레인
(4)	파일럿 작동형 비례전자식 압력 제어 밸브	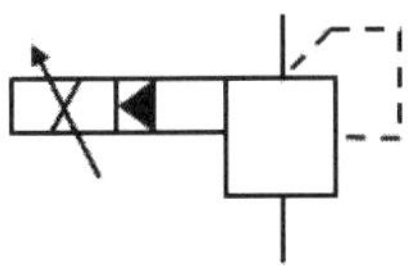	• 원격조작용 벤트포트 붙이 • 단동 비례식 액추에이터 • 내부 드레인
6-5	피드백		• 일반기호
6-5.1	전기식 피드백	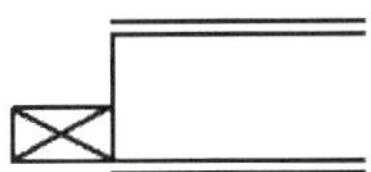	• 전위차계, 차동변압기 등의 위치 검출기
6-5.2	기계식 피드백	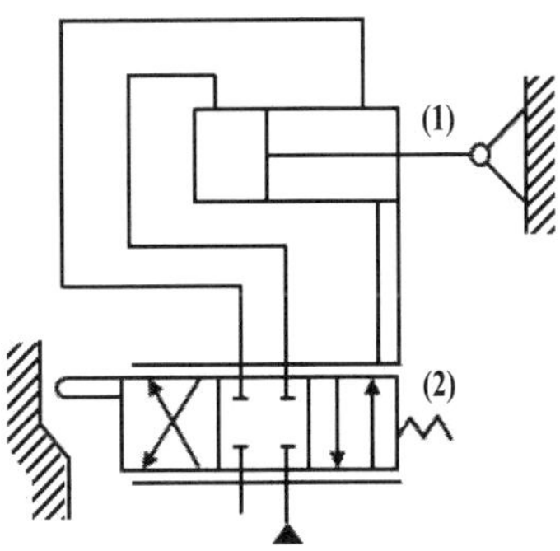	• 제어대상과 제어요소의 가동 부분간의 기계적 접속은 1-1.4 및 8.1.(8)에 표시 (1) 제어 대상 (2) 제어 요소

7. 에너지의 변환과 저장

가. 펌프 및 모터

(1) 기호의 표시법

① 펌프 및 모터의 기호는, 기호 요소 1-2.1 또는 1-3과 기능요소 2-1.1 및 2-1.2를 사용하여 구성한다.

② 기계식 회전 구동은 1-1.4 및 1-2.2를 사용하여 표시한다.

③ 1회전당의 배제량이 조정되는 경우에는 2-2.3을 사용하여 표시한다.

④ 다음과 같은 상호 관련을 표시하는 경우에는 부속서에 따른다.

(a) 축의 회전 방향

(b) 유체의 유동 방향

(c) 조립 내장된 조작요소의 위치

⑤ 가변용량형 기기의 조작기구의 기호는 6. 가. (2) ③과 같이 표시한다. (표 7 및 부속서 참조)

(2) 기호 보기

일반적으로 사용되는 기호의 보기를 표 7에 표시한다.

표 7 펌프 및 모터

번호	명칭	기호	비고
7-1	펌프 및 모터	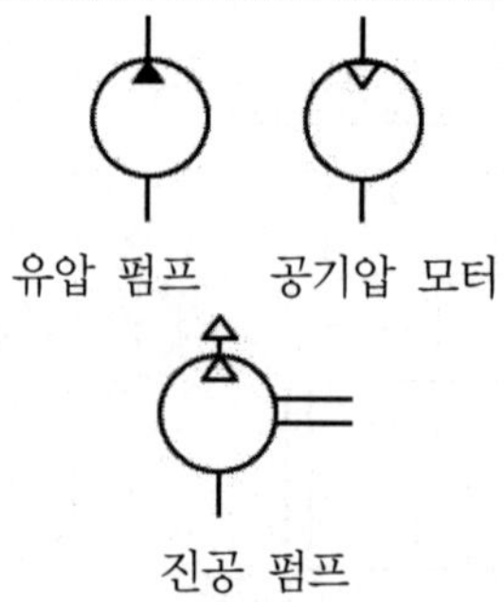	• 일반기호

번호	명칭	기호	비고
7-2	유압 펌프	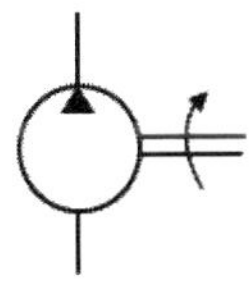	• 1방향 유동 • 정용량형 • 1방향 회전형
7-3	유압 모터	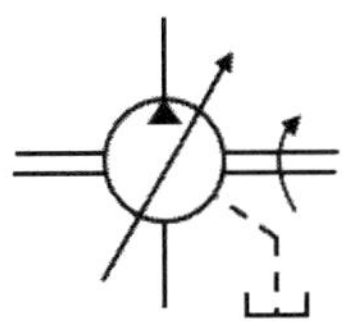	• 1방향 유동 • 가변용량형 • 조작기구를 특별히 지정하지 않는 경우 • 외부 드레인 • 1방향 회전형 • 양축형
7-4	공압 모터	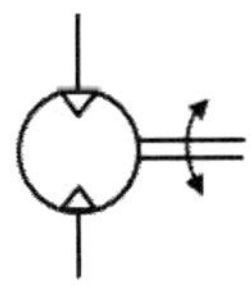	• 2방향 유동 • 정용량형 • 2방향 회전형
7-5	정용량형 펌프·모터	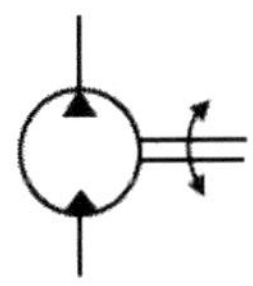	• 1방향 유동 • 정용량형 • 1방향 회전형
7-6	가변용량형 펌프·모터 (인력조작)	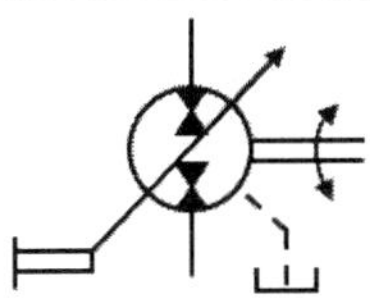	• 2방향 유동 • 가변용량형 • 외부 드레인 • 2방향 회전형
7-7	요동형 액추에이터	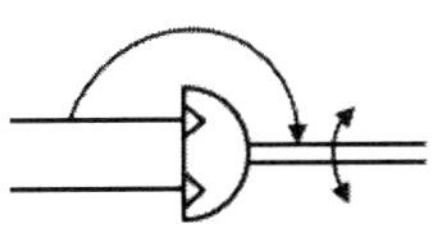	• 공기압 • 정각도 • 2방향 요동형 • 축의 회전방향과 유동방향과의 관계를 나타내는 화살표의 기입은 임의(부속서 참조)
7-8	유압 전동 장치	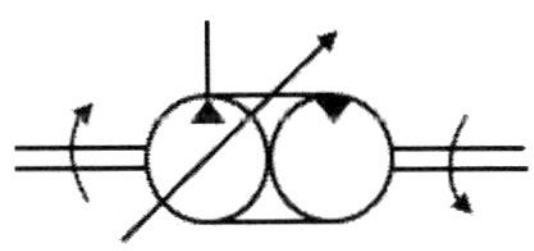	• 1방향 회전형 • 가변용량형 펌프 • 일체형

번호	명칭	기호	비고
7-9	가변 용량형 펌프(압력보상 제어)	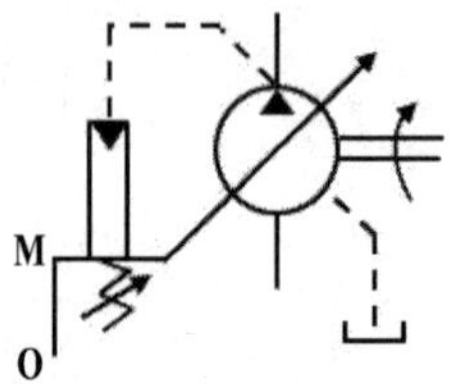	• 1방향 유동 • 압력조정 가능 • 외부 드레인(부속서 참조)
7-10	가변 용량형 펌프·모터 (파일럿조작)	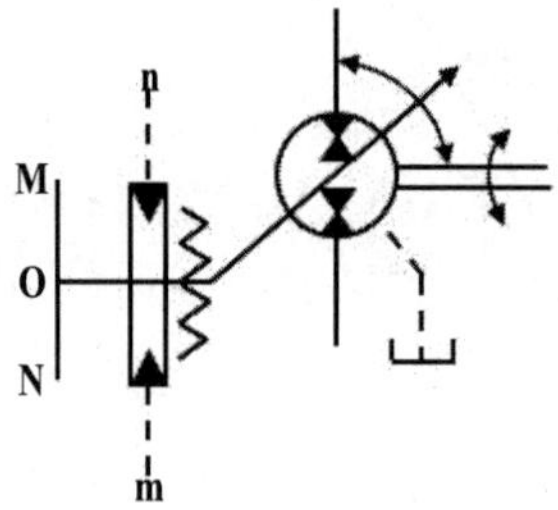	• 2방향 유동 • 2방향 회전형 • 스프링 힘에 의하여 중앙위치 (배제용적 0)로 되돌아오는 방식 • 파일럿 조작 • 외부 드레인 • 신호 m은 M방향으로 변위를 발생시킴(부속서 참조)

나. 실린더

(1) 기호의 표시법

① 실린더의 기호는 기호 요소는 1-1.4, 1-5.1, 및 1-5.2와 기능용 요소 2-1.1 및 2-1.2를 사용하여 구성한다.

② 단동 실린더는 한쪽 포트를 배기(드레인)에 접속시킨다.

③ 쿠션은 1-4.3, 쿠션 조정은 2-2.3을 사용하여 표시한다.

④ 필요에 따라서는 피스톤 기호 위에 피스톤 면적비를 표시한다.

(2) 기호 보기

일반적으로 사용되는 기호의 보기를 표 8에 표시한다.

표 8 실린더

번호	명칭	기호	비고
8-1	단동 실린더	상세 기호 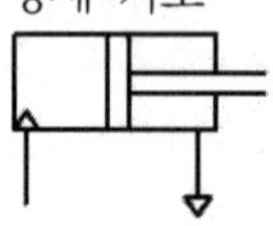 간략 기호 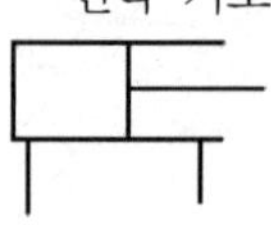	• 공기압 • 압출형 • 편로드형 • 대기중의 배기(유압의 경우는 드레인)

번호	명칭	기호	비고
8-2	단동 실린더 (스프링 붙이)	(1) (2) 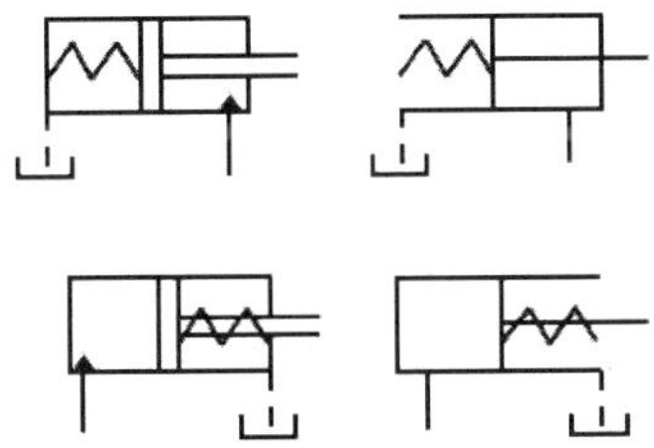	• 유압 • 편로드형 • 드레인측은 유압유 탱크에 개방 (1) 스프링 힘으로 로드 압출 (2) 스프링 힘으로 로드 흡인
8-3	복동 실린더	(1) (2) 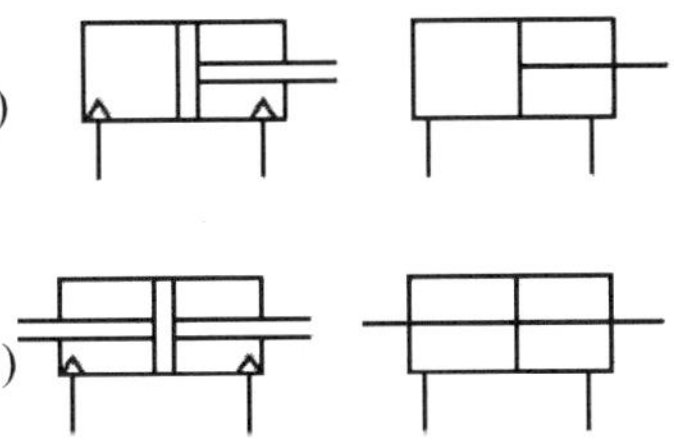	(1) • 편로드 • 공기압 (2) • 양로드 • 공기압
8-4	복동 실린더 (쿠션붙이)	2:1 2:1 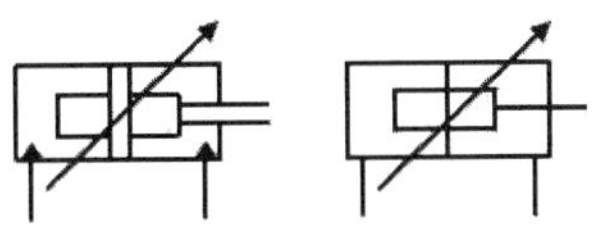	• 유압 • 편로드형 • 양쿠션, 조정형 • 피스톤 면적비 2:1
8-5	단동 텔레스코프형 실린더	※ 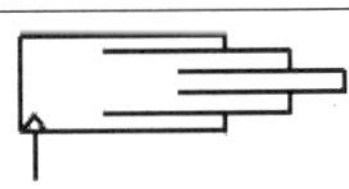	• 공기압
8-6	복동 텔레스코프형 실린더	※ 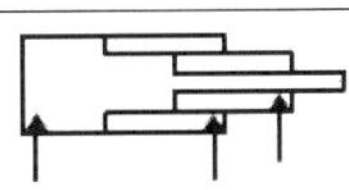	• 유압
	램형 실린더	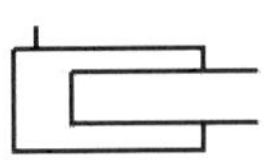	• 수압부분의 바깥지름이 로드의 바깥지름과 같은 단동 실린더를 램형 또는 플랜저형 실린더라고 한다. • 기호 중앙의 'ㄷ'으로 로드를 표시한다.
	다이어프램형 실린더	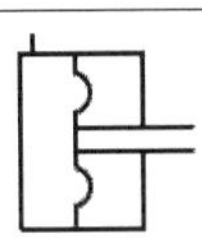	

다. 특수 에너지-변환기기

특수 에너지-변환기기의 기호 보기를 표 9에 표시한다.

표 9 특수 에너지-변환기기

번호	명칭	기호	비고
9-1	공기유압 변환기	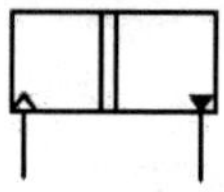 단동형 ※ 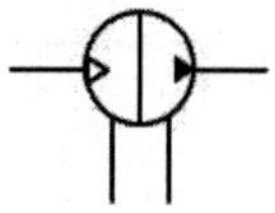 연속형 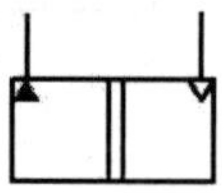	• 입력 쪽 공압과 동일 압력의 출력 쪽 유압을 내보내는 기기를 표시한다.
9-2	증압기	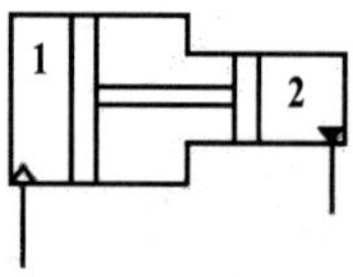 단동형 ※ 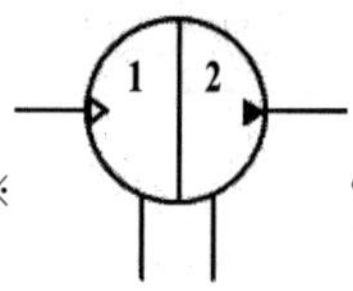 연속형	• 압력비 1:2 • 2종 유체용

라. 에너지 용기(어큐뮬레이터 (축압기), 가스용기 및 공기탱크)

(1) 기호의 표시법

에너지 용기의 기호 표시법은 다음에 따른다.

① 에너지 용기의 기호는 기호 요소 1-6.3을 사용한다.

② 어큐뮬레이터의 접속구는 하부 반원과 1-1.1과의 접점으로 표시한다.

③ 보조 가스용기의 접속구는 상부 반원과 1-1.1과의 접점으로 표시한다.

④ 어큐뮬레이터의 부하의 종류(기체압, 추, 스프링력)를 나타내는 경우에는 2-1.2, 1-4.3, 2-3.6의 기호를 사용한다.

(2) 기호 보기

일반적으로 사용하는 기호의 보기를 표 10에 표시한다.

표 10 에너지-용기

번호	명칭	기호	비고
10-1	어큐뮬레이터	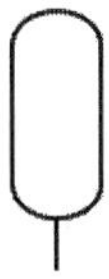	• 일반기호 • 항상 세로형으로 표시 • 부하의 종류를 지시하지는 않는 경우
10-2	어큐뮬레이터	기체식 중량식 스프링식 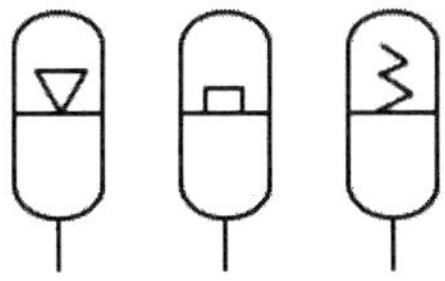	• 부하의 종류를 지시하는 경우
10-3	보조 가스용기		• 항상 세로형으로 표시 • 어큐뮬레이터와 조합하여 사용하는 보급용 가스용기
10-4	공기 탱크		

마. 동력원

(1) 기호의 표시법

동력원의 기호는 기호 요소 1-2.1 및 1-4.1과 기능요소 2-1.1, 2-1.2 및 2-3.5를 사용하여 구성한다.

(2) 기호 보기

일반적으로 사용하는 기호의 보기를 표 11에 표시한다.

표 11 동력원

번호	명칭	기호	비고
11-1	유압(동력)원	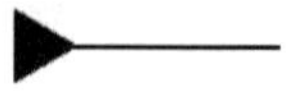	• 일반기호
11-2	공기압(동력)원	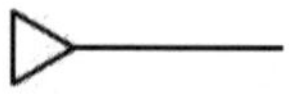	• 일반기호
11-3	전동기	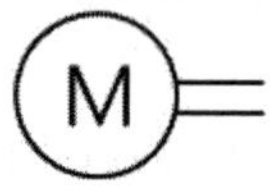	
11-4	원동기	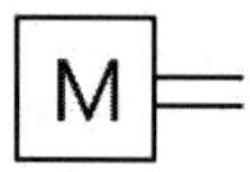	(전동기를 제외)

8. 기호 표시법의 공통사항

가. 기호 표시법의 공통사항

에너지의 제어와 조정의 기호 표시법의 공통사항은 다음에 따른다.

(1) 에너지의 제어와 조정의 기호는 기호 요소 1-1.4 또는 1-5.1을 사용한다.

(2) 제어 기기의 주 기호는 1개의 직사각형 (정사각형 포함) 또는 서로 인접한 복수의 직사각형으로 구성한다.

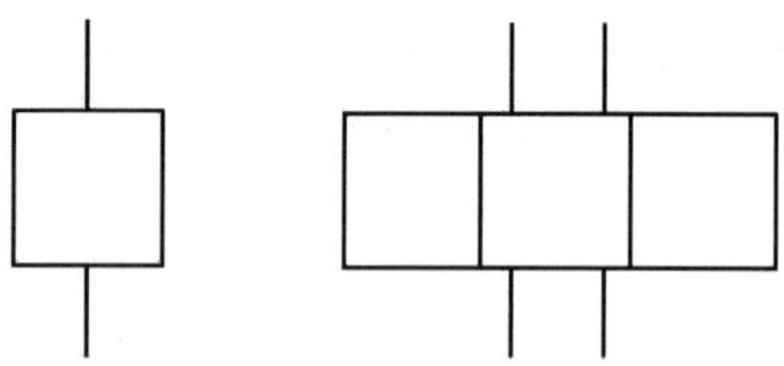

(2) 유로, 접속점, 체크 밸브, 교축 등의 기능은, 특정의 기호를 제외하고, 대응하는 기능 기호를 주 기호 속에 표시한다.

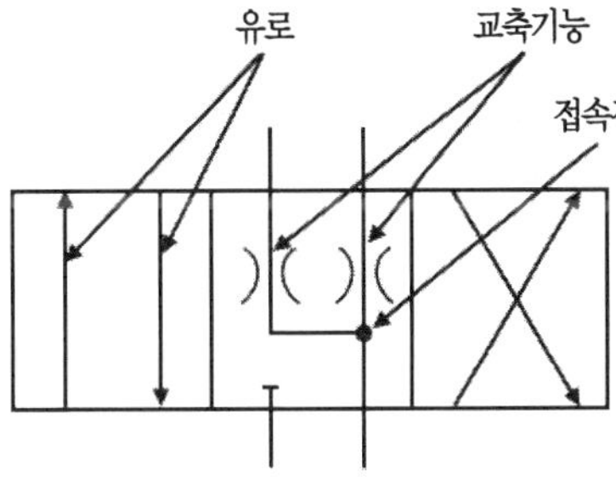

(4) 작동위치에서 형성되는 유로 등의 상태는, 조작기호에 의하여 눌려진 직사각형이 이동되어, 그 유로가 외부접속구와 일치되는 상태가 소정의 상태가 되도록 표시한다.

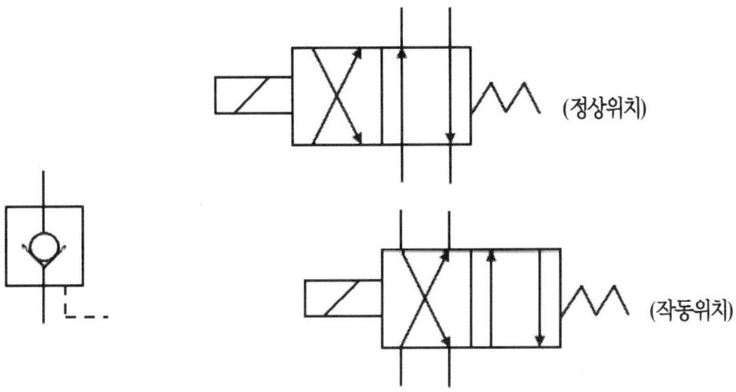

(5) 회부 접속구는 통상, 일정 간격으로 직사각형과 교차되도록 표시한다. 단, 2포트 밸브의 경우는 직사각형의 중앙에 표시한다.

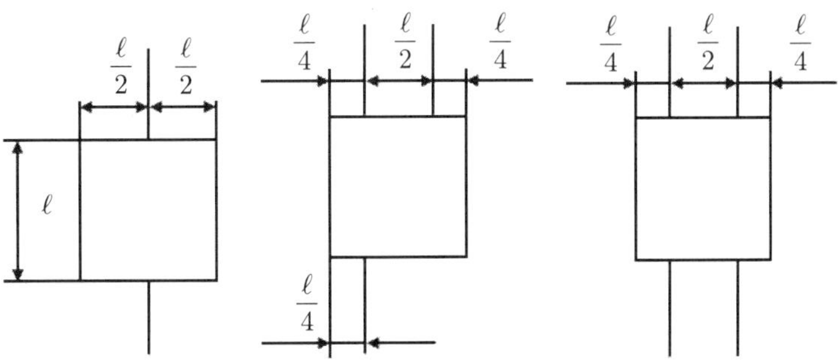

(6) 드레인 접속구는, 드레인 관로기호를 직사각형의 모서리에서 접하도록 그려 나타낸다. 단, 회전형 에너지 변환기기의 경우는, 주관로 접속구로부터 45°의 방향에서 주기호(대원)와 교차되도록 표시한다.

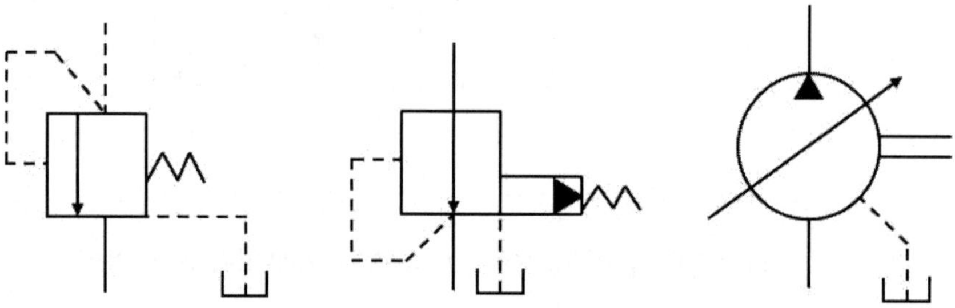

(7) 과도위치를 나타내고자 할 경우에는, 명백한 작동위치를 표시하는 인접하는 두 직사각형을 분리하고 그 중간에 상하변을 파선으로 하는 직사각형을 삽입하여 표시한다.

(8) 복수의 명백한 작동위치가 있고, 교축 정도가 연속적으로 변화하는 중간위치를 갖는 밸브는, 직사각형 바깥쪽에 평행선을 기입한다.

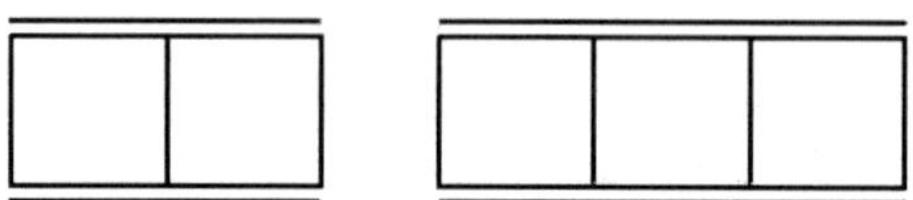

명백한 작동위치가 2개 있는 밸브는 통상 다음과 같은 일반기호로 표시한다.

또한, 기호를 완성하면 유동방향을 나타내는 화살표를 기입한다.

번호	명칭	상세기호	일반기호	비고
(a)	2포트 밸브	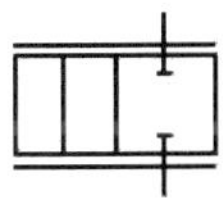	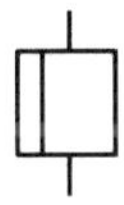	• 상시폐 • 가변교축
(b)	2포트 밸브	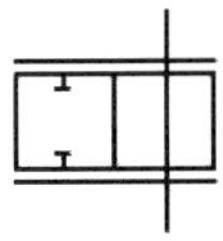	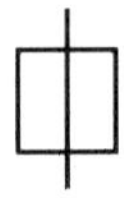	• 상시개 • 가변교축
(c)	3포트 밸브	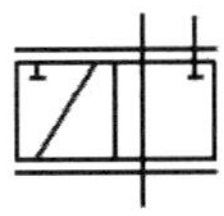	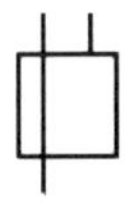	• 상시개 • 가변 교축

(9) 제어 기기와 조작기구의 관계를 나타내는 방법은 6. 가. (2) 및 6. 가. (3)에 따른다.

(10) 적층밸브의 기호는 이 규격에서는 규정하지 않는다.

나. 전환밸브

(1) 기호의 표시법

전환밸브의 기호는 8. 가. 의 규정에 따르는 것 이외에 기능요소 2-2.1, 2-2.3 및 2-3.2를 사용하여 구성한다.

(2) 기호 보기

일반적으로 사용하는 기호의 보기를 표 12에 표시한다.

표 12 전환 밸브

번호	명칭	기호	비고
12-1	2포트 수동 전환 밸브	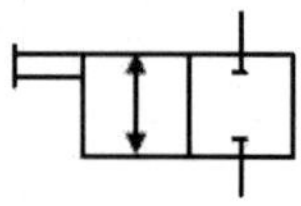 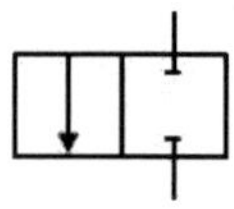	• 2위치 • 폐지밸브 ① 기본 표시에 기호를 붙인 것이 전환 기호로 된다. ② 정사각형(직사각형)의 상·하변의 바깥쪽에 접속하고 있는 실선을 관로로 나타낸다. ③ 관로는 원칙적으로 밸브의 정상 위치 또는 중립 위치로 나타내는 정사각형(직사각형)에 접속한다. ④ 연속한 정사각형(직사각형)의 수는 밸브의 전환 위치의 수를 나타낸다. ⑤ 각 정사각형(직사각형)에 기입된 화살표는 하나의 전환 위치에서의 흐름 방향을 나타낸다. ⑥ ⊥, ⊤는 밸브 내의 통로가 닫혀 있음을 나타낸다. ⑦ 제어 동작에 대응하여 흐름의 전환을 연속적으로 할 경우에는 직사각형의 바깥쪽에 평행선을 기입한다.
		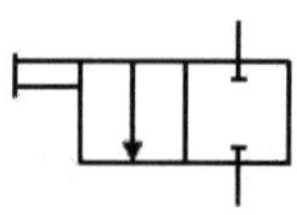	• 2위치 인력방식
		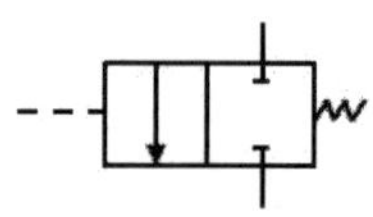	• 스프링 옵셋 파일럿 방식
12-2	3포트 전자 전환 밸브	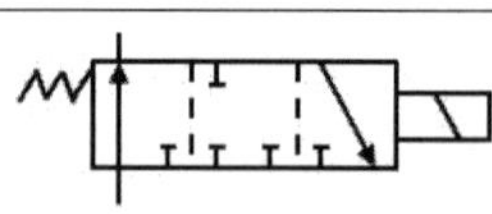	• 2위치 • 1과도 위치 • 전자조작 스프링 리턴 • 외부 파일럿 방식
		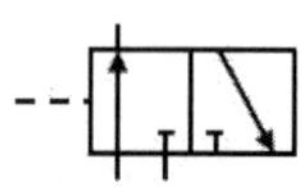	• 3위치 • 스프링 설정 방식

번호	명칭	기호	비고
			• 전자조작 스프링 리턴
12-3	5포트 파일럿 전환 밸브	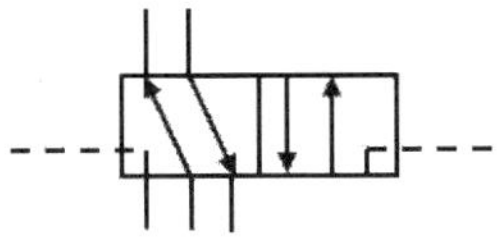 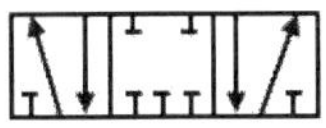	• 2위치 • 2방향 파일럿 조작 • 3위치
12-4	4포트 전자 파일럿 전환 밸브	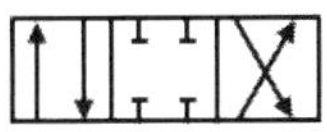 상세 기호 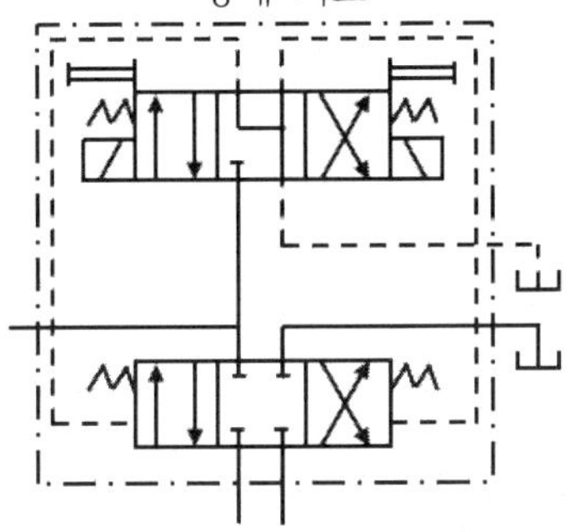 간략 기호 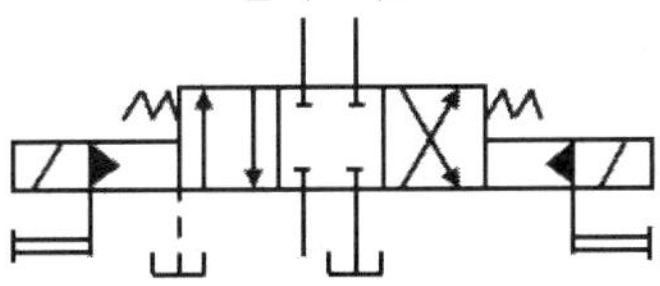	• 4/3-way 방향 전환 밸브의 중립 위치에서의 흐름 모양은 원칙으로 밸브 내의 통로가 접속되어 있는 구멍의 명칭을 연결하여 나타낸다. • 주 밸브 3위치 스프링 센터 내부 파일럿 • 파일럿 밸브 4포트 3위치 스프링 센터 전자조작(단동 솔레노이드) 수동 오버라이드 조작 붙이 외부 드레인
12-5	4포트 전자 파일럿 전환 밸브	상세 기호 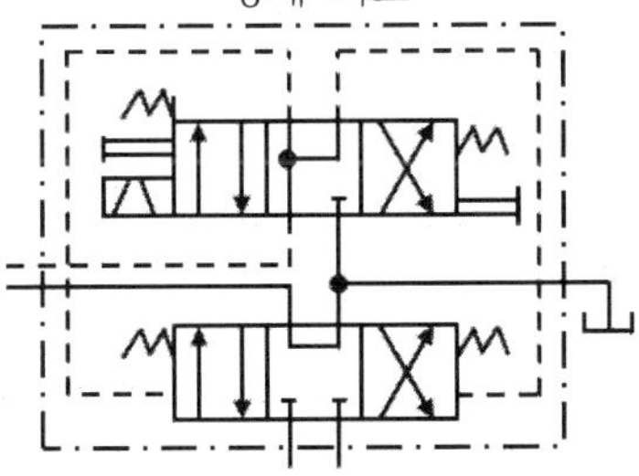	• 주 밸브 3위치 프레셔 센터(스프링 센터 겸용) • 파일럿 밸브 4포트 3위치 스프링 센터 전자조작(복동 솔레노이드) 수동 오버라이드 조작 붙이

번호	명칭	기호	비고
		간략 기호 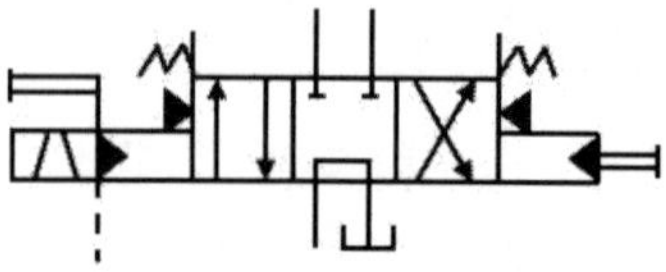	외부 파일럿 내부 드레인
		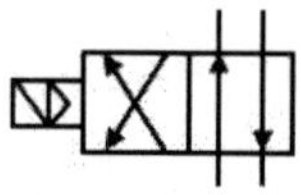	• 2위치 • 스프링 옵셋 솔레노이드 내부 파일럿 방식
12-6	4포트 교축 전환 밸브	중앙위치 언더랩 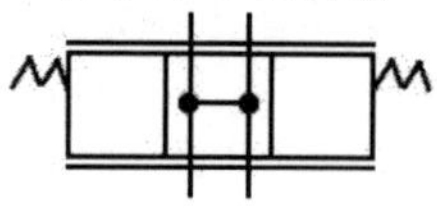 중앙위치 오버랩 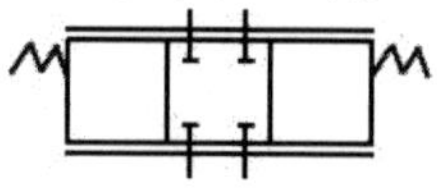	• 3위치 • 스프링센터 • 무단계 중간위치
12-7	서보 밸브	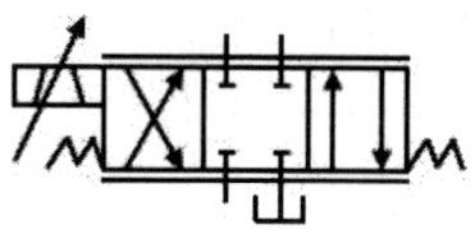	• 대표 보기

다. 체크 밸브, 셔틀 밸브, 배기 밸브

(1) 기호의 표시법

체크 밸브, 셔틀 밸브, 배기 밸브 기호의 표시법은 다음에 따른다.

① 체크 밸브, 셔틀 밸브, 배기 밸브의 기호는 8. 가. 의 규정에 따른 것 이외에 기호 요소 1-2.3과 기능요소 2-3.6 및 2-3.8을 사용하여 구성한다.
② 지장이 없는 한 간략기호를 사용한다.
③ 간략기호에서 스프링의 기호는 기능상 필요가 있는 경우에만 표시한다.

(2) 기호 보기

일반적으로 사용하는 기호의 보기를 표 13에 표시한다.

표 13 체크 밸브, 셔틀 밸브, 배기 밸브

번호	명칭	기호	비고
13-1	체크 밸브	상세기호 간략기호 (1) 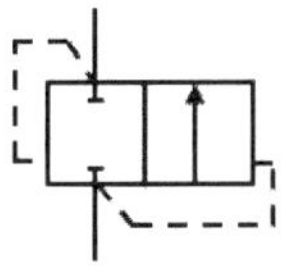  (2) 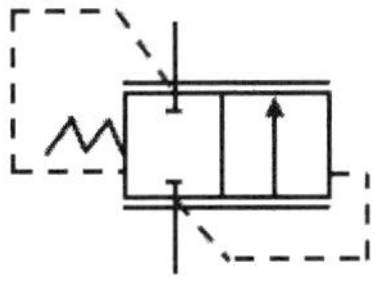 	(1) 스프링 없음 (2) 스프링 붙이
13-2	파일럿 조작 체크 밸브	상세기호 간략기호 (1) 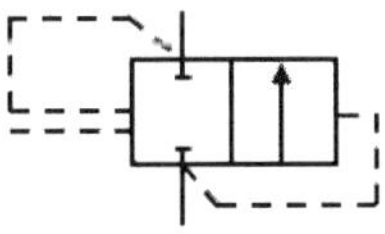  (2) 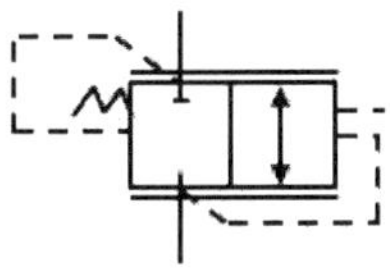 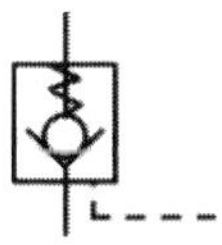	(1) • 파일럿 조작에 의하여 밸브 폐쇄 • 스프링 없음 (2) • 파일럿 조작에 의하여 밸브 열림 • 스프링 붙이
13-3	고압 우선형 셔틀 밸브	상세기호 간략기호 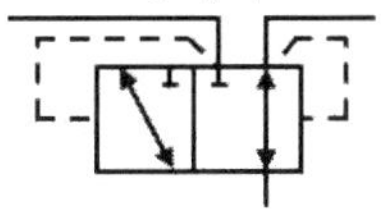 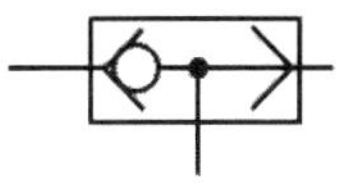	• 고압쪽 측의 입구가 출구에 접속되고, 저압쪽 측에 입구가 폐쇄된다.
13-4	저압 우선형 셔틀 밸브	상세기호 간략기호 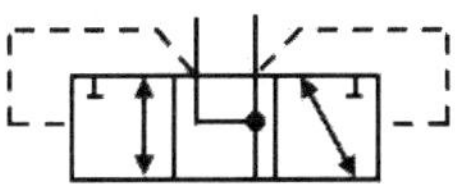 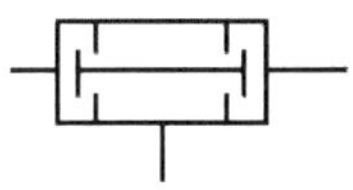	• 저압쪽 측의 입구가 출구에 접속되고, 고압쪽 측에 입구가 폐쇄된다.
13-5	급속 배기 밸브	상세기호 간략기호 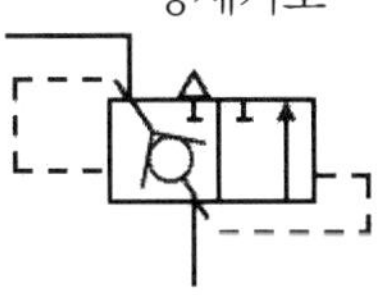 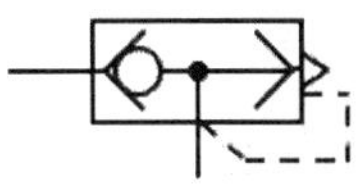	

라. 압력 제어 밸브

(1) 기호의 표시법

압력 제어 밸브 기호의 표시법은 다음에 따른다.

① 압력 제어 밸브의 기호는 8. 가. 의 규정에 따른 것 이외에 기호 요소 2-2.1 및 2-3.6을 사용하여 구성한다.

② 압력 제어 밸브는 8. 가. (8)에 규정하는 일반기호로 표시한다.

③ 정사각형의 한쪽에 작용하는 내부 또는 외부 파일럿 압력은 반대쪽에 작용하는 힘에 대항하여 작용한다.

④ 외부 드레인 관로는 표시한다.

(2) 기호 보기

일반적으로 사용하는 기호의 보기를 표 14에 표시한다.

표 14 압력 제어 밸브

번호	명칭	기호	비고
14-1	릴리프 밸브	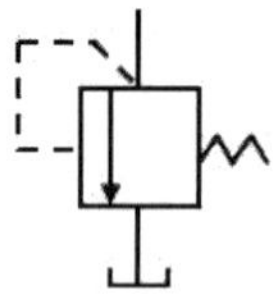	• 작동형 또는 일반기호
14-2	파일럿 작동형 릴리프 밸브	상세 기호 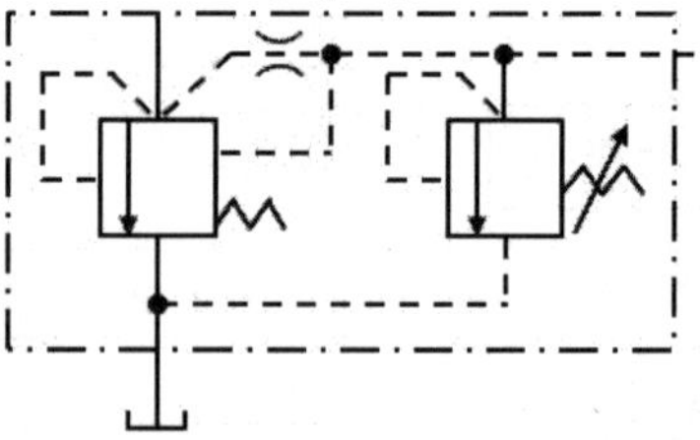 간략 기호 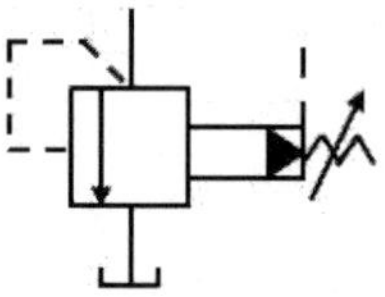	• 원격 조작형 벤트포트 붙이

번호	명칭	기호	비고
14-3	전자 밸브 장착 (파일럿 작동형) 릴리프 밸브	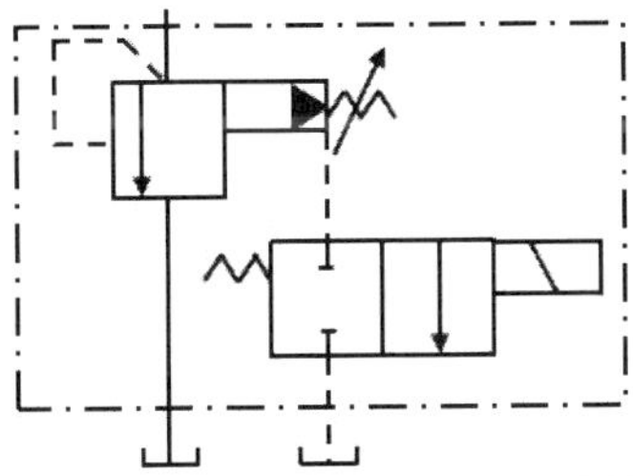	• 전자 밸브의 조작에 의하여 밸브 포트가 열려 무부하로 된다.
14-4	비례전자식 릴리프 밸브(파일럿 작동형)	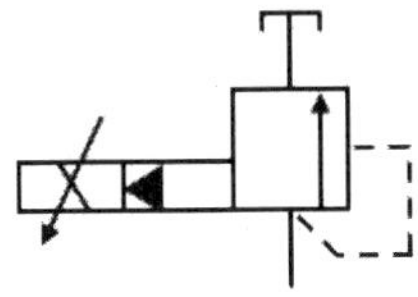	• 대표 보기
14-5	감압 밸브	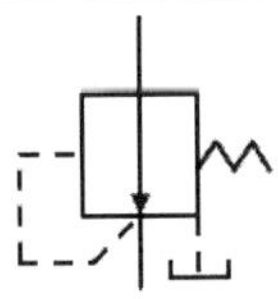	• 작동형 또는 일반기호
14-6	파일럿 작동형 감압 밸브	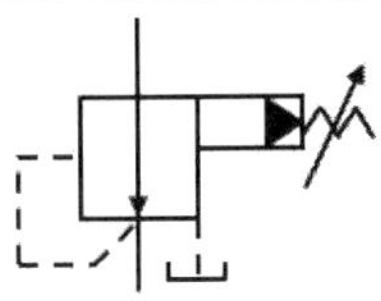	• 외부 드레인
14-7	릴리프 붙이 감압 밸브	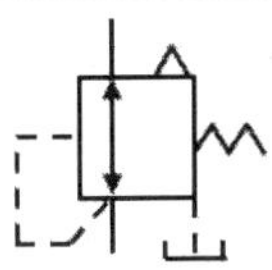	• 공압용
14-8	비례전자식 릴리프 감압 밸브 (파일럿 작동형)	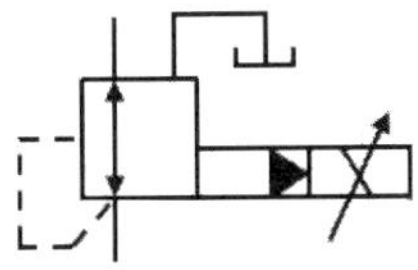	• 유압용 • 대표 보기
14-9	일정비율 감압 밸브	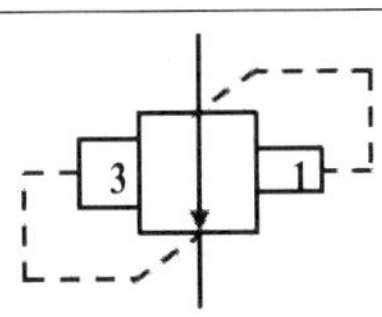	• 감압비: 1/3
14-10	시퀀스 밸브	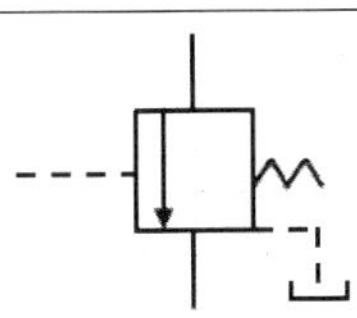	• 작동형 또는 일반 기호 • 외부 파일럿 • 외부 드레인

번호	명칭	기호	비고
14-11	시퀀스 밸브 (보조 조작 장치)	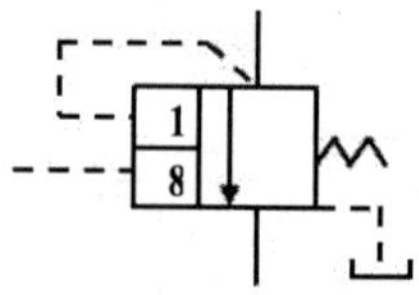	• 작동형 • 내부 파일럿 또는 외부 파일럿 조작에 의하여 밸브가 작동됨 • 파일럿압의 수압 면적비가 1:8인 경우 • 외부 드레인
14-12	파일럿 작동형 시퀀스 밸브	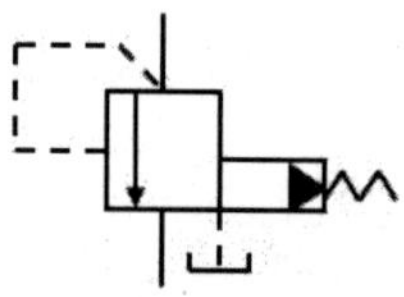	• 내부 파일럿 • 외부 드레인
14-13	무부하 밸브	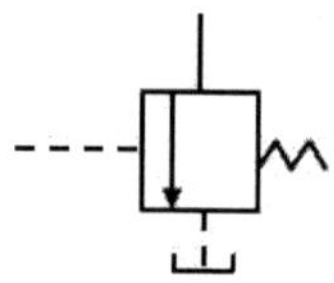	• 작동형 또는 일반기호 • 내부 드레인
14-14	카운터 밸런스 밸브	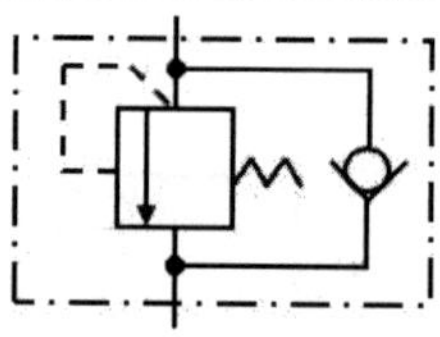	
14-15	무부하 릴리프 밸브	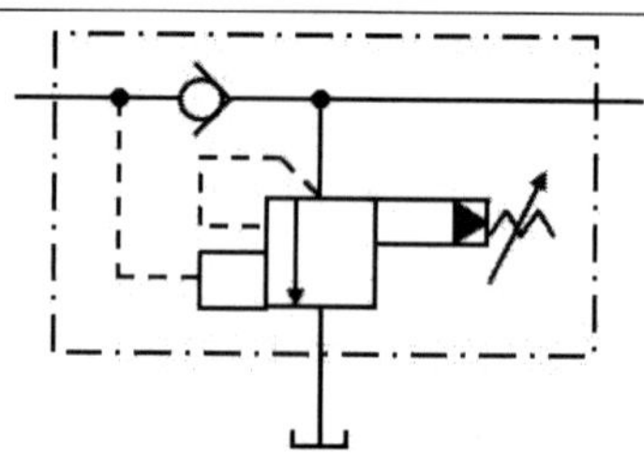	
14-16	양방향 릴리프 밸브	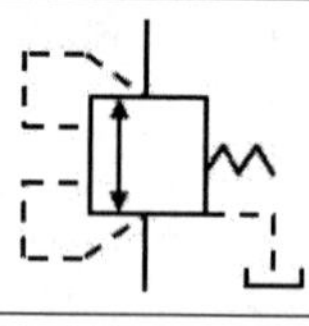	작동형 외부 드레인
14-17	브레이크 밸브	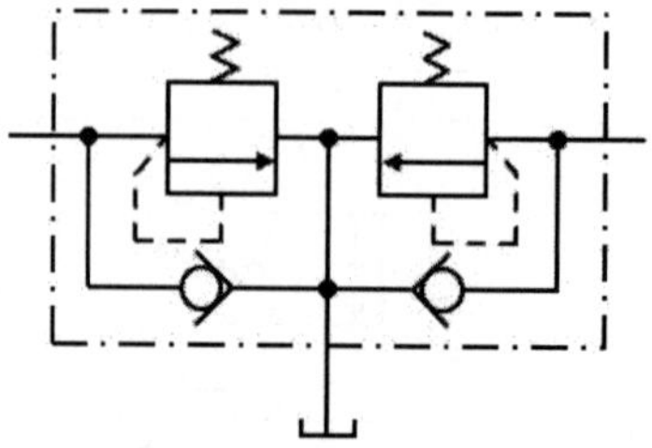	대표 보기

마. 유량 제어밸브

(1) 기호의 표시법

유량 제어밸브 기호의 표시법은 다음에 따른다.

① 유량 제어밸브의 기호는 8. 가. 의 규정에 따른 것 이외에 기능요소 2-2.3 및 2-3.7을 사용하여 구성한다.

② 유량 제어밸브의 표시는 다음에 따른다.

(a) 조작과 밸브의 상태변화 사이의 관계를 표시할 필요가 있는 경우에는 8. 가. (8)에서 규정하는 일반 기호를 사용한다.

(b) 밸브의 상태변화는 존재하나 조작과의 관계를 명시할 필요가 없는 경우에는 간략기호를 사용한다.

(2) 기호 보기

일반적으로 사용하는 기호의 보기를 표 15에 표시한다.

표 15 유량제어 밸브

번호	명칭	기호	비고
15-1	교축밸브		
15-1.1	가변 교축밸브	상세 기호 간략 기호 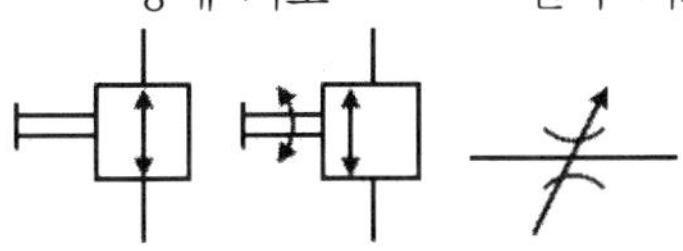	• 간략기호에서는 조작 방법 및 밸브의 상태가 표시되어 있지 않음
15-1.2	스톱밸브	※ 	• 통상, 완전히 닫혀진 상태는 없음
15-1.3	감압 밸브(기계조작 가변 교축밸브)	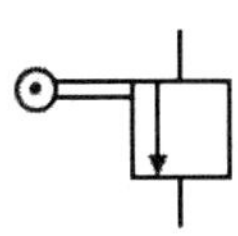	• 롤러에 의한 기계조작 • 스프링 부하
15-1.4	1방향 교축밸브 속도제어 밸브 (공기압)	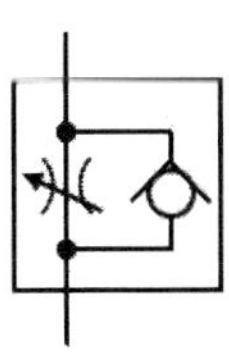	• 가변교축 장착 • 1 방향으로 자유유동, 반대 방향으로는 제어 유동

번호	명칭	기호	비고
15-2	유량조정 밸브		
15-2.1	직렬형 유량 조정 밸브	상세 기호 간략 기호 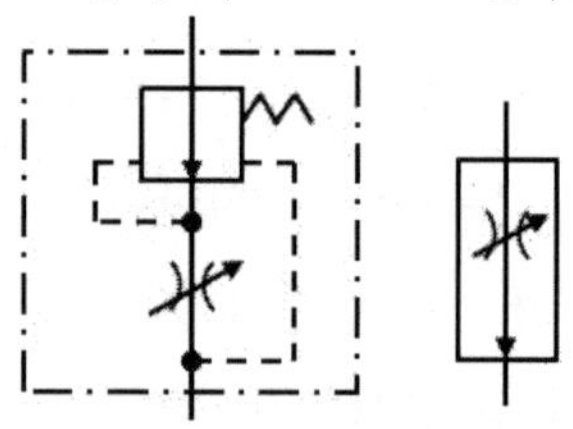	• 간략기호에서 유로의 화살표는 압력의 보상을 나타낸다.
15-2.2	직렬형 유량조정 밸브(온도보상 붙이)	상세 기호 간략 기호 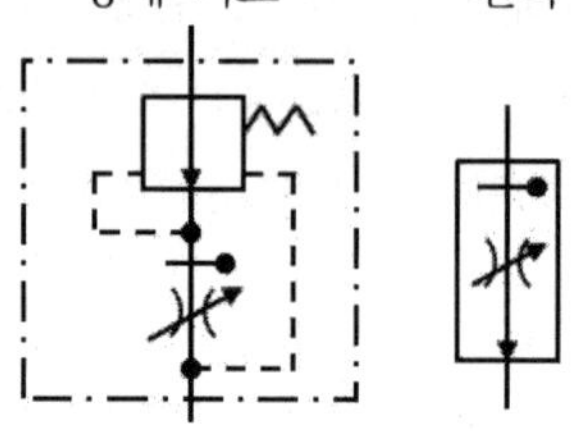	• 온도보상은 2-3.4에 표시한다. • 간략기호에서 유로의 화살표는 압력의 보상을 나타낸다.
15-2.3	바이패스형 유량 조정 밸브	상세 기호 간략 기호 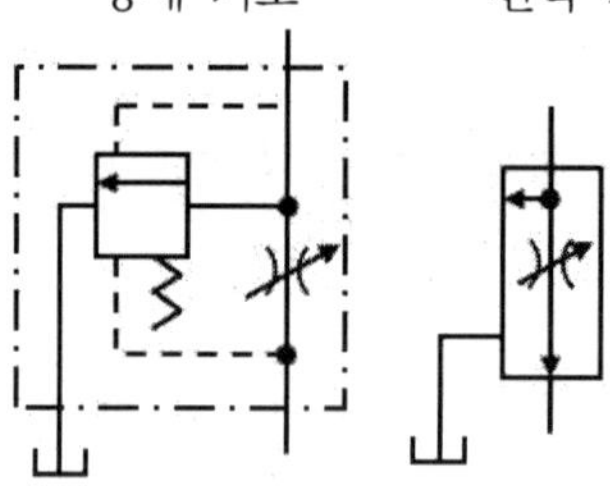	• 간략기호에서 유로의 화살표는 압력의 보상을 나타낸다.
15-2.4	체크 밸브 붙이 유량조정 밸브 (직렬형)	상세 기호 간략 기호 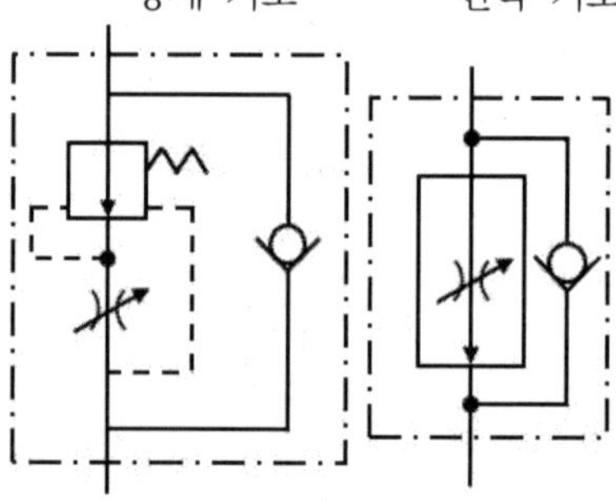	• 간략기호에서 유로의 화살표는 압력의 보상을 나타낸다.

번호	명칭	기호	비고
15-2.5	분류 밸브	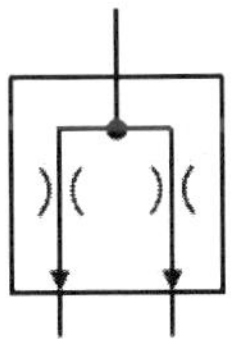	• 화살표는 압력보상을 나타낸다.
15-2.6	집류 밸브	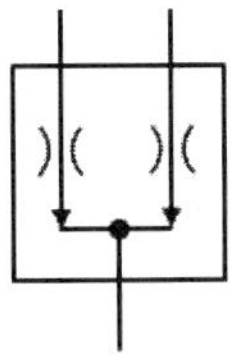	• 화살표는 압력보상을 나타낸다.

9. 유체의 저장과 조정

가. 기름 탱크

(1) 기호의 표시법

기름 탱크 기호의 배기 밸브 기호의 표시법은 다음에 따른다.

① 기름 탱크의 기호는 기호 요소 1-1.1, 1-1.2, 1-6.2를 사용하여 구성한다.

② 기름 탱크의 기호는 수평위치로 표시한다.

③ 각 기기로부터 탱크에의 귀한 및 드레인 관로에는 국소 표시 기호 [16-1(4)]를 사용하여도 좋다.

(2) 기호 보기

일반적으로 사용하는 기호의 보기를 표 16에 표시한다.

표 16 기름 탱크

번호	명칭	기호	비고
16-1	기름 탱크 (통기식)	(1) 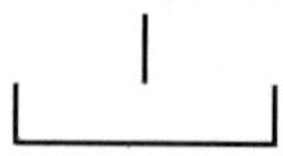 (2) 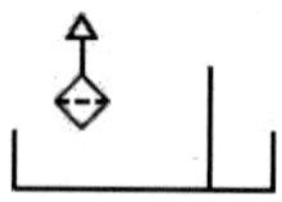 (3) 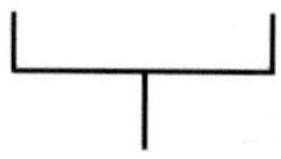 (4) 	(1) 관 끝을 액체 속에 넣지 않는 경우 (2) 관 끝을 액체 속에 넣는 경우 • 통기용 필터(17-1)가 있는 경우 (3) 관 끝을 밑바닥에 접속하는 경우 (4) 국소 표시기호
16-2	기름 탱크 (밀폐식)	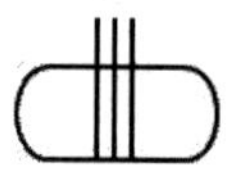	• 3관로의 경우 • 가압 또는 밀폐된 것 • 각 관 끝을 액체 속에 집어넣는다. • 관로는 탱크의 긴 벽에 수직

나. 유체조정 기기

(1) 기호의 표시법

유체조정 기기의 기호의 표시법은 다음에 따른다.

① 유체조정 기기 기호는 기호 요소 1-1.2 및 1-4.2와 기능요소 2-2.1을 사용하여 구성한다.

② 배수기 또는 배수기를 조립 내장한 기기의 기호는 수평위치로 표시한다.

(2) 기호 보기

일반적으로 사용하는 기호의 보기를 표 17에 표시한다.

표 17 유체조정 기기

번호	명칭	기호	비고
17-1	필터	(1) 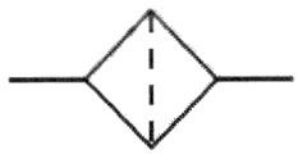	(1) 일반기호
		※ (2) 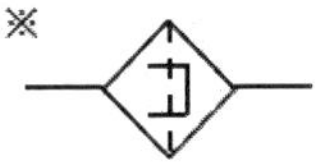	(2) 자석붙이
		(3) 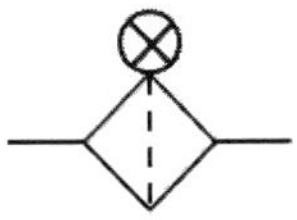	(3) 눈막힘 표시기 붙이 • 원칙적으로 정방향을 45° 기울인 것으로 한다.
17-2	드레인 배출기	※ (1) 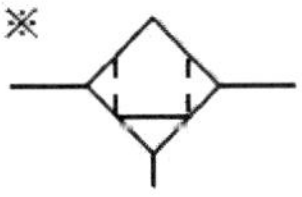	(1) 수동배출
		※ (2) 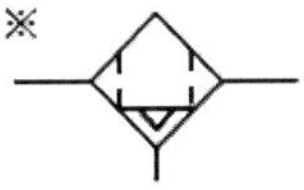	(2) 자동배출
17-3	드레인 배출기 붙이필터	※ (1) 	(1) 수동배출
		※ (2) 	(2) 자동배출
17-4	기름분무 분리기	※ (1) 	(1) 수동배출
		※ (2) 	(2) 자동배출
17-5	에어드라이어	※ 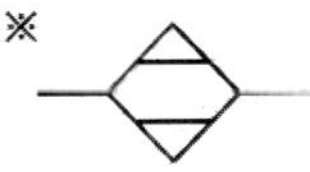	
17-6	루브리케이터	※ 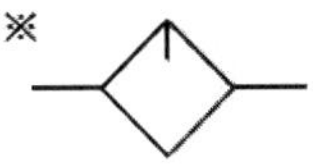	

번호	명칭	기호	비고
17-7	공기압 조정유닛	상세 기호 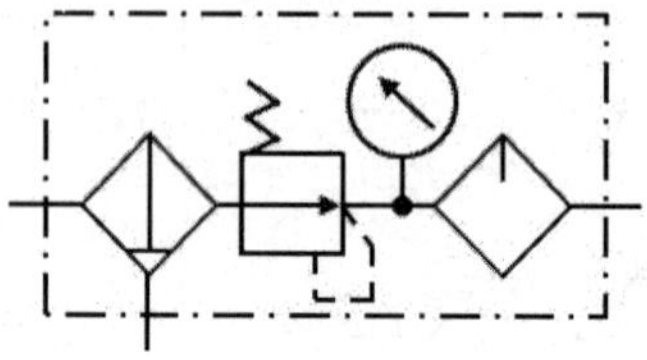 간략 기호 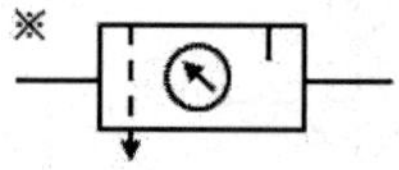	• 조립 유닛의 도형은 수 개의 요소(기기)가 하나의 유닛으로 조립되어 하나의 완성된 기능을 가지는 경우에 필요에 따라 사용한다. • 수직 화살표는 배출기를 나타낸다.
17-8	열교환기		
17-8.1	냉각기	(1) 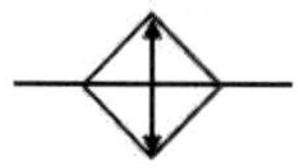 (2) 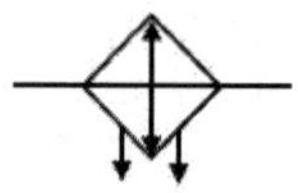	(1) 냉각액용 관로를 표시하지 않는 경우 (2) 냉각액용 관로를 표시하는 경우
17-8.2	가열기	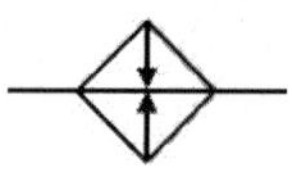	
17-8.3	온도 조절기	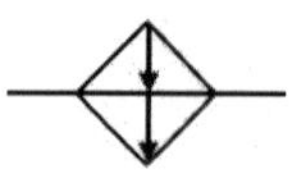	• 가열 및 냉각

10. 보조 기기

가. 계측기 및 표시기

(1) 기호의 표시법

계측기 및 표시기의 기호의 표시법은 다음에 따른다.

① 계측기 및 표시기의 기호는 기호 요소 1-2.2와 기능요소 2-2.1, 2-3.4 및 2-3.7을 사용하여 구성한다.

② 전기접속은 2-3.1에 따라 표시한다.

(2) 기호 보기

일반적으로 사용하는 기호의 보기를 표 18에 표시한다.

표 18 보조 기기

번호	명칭	기호	비고
18-1	압력계측기		
18-1.1	압력 표시기	※ 	• 계측기의 간이 표시 • 계측은 되지 않고 단지 지시만 하는 표시기
18-1.2	압력계	※ 	접점붙이압력계
18-1.3	차압계	※ 	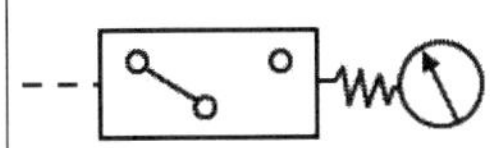
18-2	유면계	※ 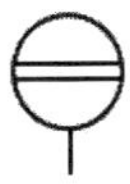	• 평행선은 수평으로 표시
18-3	온도계		
18-4	유량계측계		
18-4.1	검류기	※ 	
18-4.2	유량계	※ 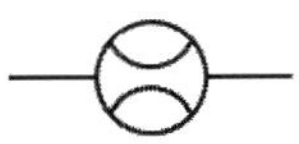	
18-4.3	적산유량계	※ 	
18-5	회전 속도계	※ 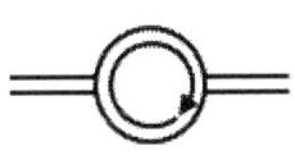	
18-6	토크계	※ 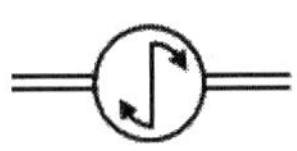	

나. 기타의 기기

기타의 기기 기호의 보기를 표 19에 표시한다.

표 19 기타의 기기

번호	명칭	기호	비고
19-1	압력 스위치	※ 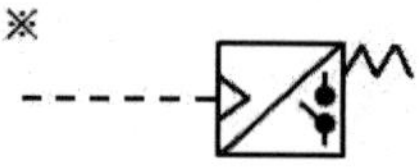	오해의 염려가 없는 경우에는 다음과 같이 표시하여도 좋다. ※ 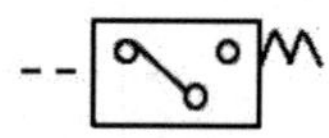
19-2	리밋 스위치	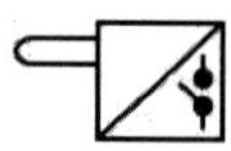	오해의 염려가 없는 경우에는 다음과 같이 표시하여도 좋다. 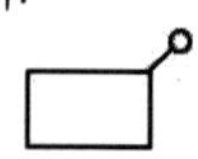
19-3	아날로그 변환기	※ 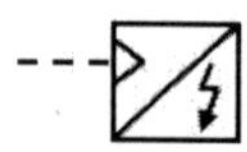	• 공기압
19-4	소음기	※ 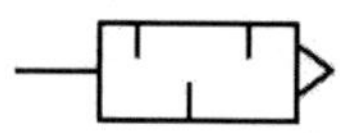	• 공기압
19-5	경음기	※ 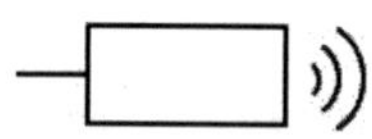	• 공기압용
19-6	마크넷 세퍼레이터	※ 	

부속서

1. 적용범위

이 부속서는 회전형 에너지 변환기기(이하 기기라 칭함)의 회전방향, 유동방향 및 조립 내장된 조작요소의 위치의 상호관계를 사용하여 표시할 때 표시법에 관해서 규정한다.

주 기기에 조립 내장되어 있는 배제 용적 또는 유동방향 등을 변화시키는 조작요소의 위치를 말한다.

2. 표시법

(1) 축의 회전방향과 유동방향의 관계

축의 회전방향은 동력의 입력점으로부터 출력점을 향해서 주 기호와 동심으로 그린 원호형 화살표로 표시한다. 다만, 2방향 회전형 기기에 관해서는 어느 한 방향의 회전방향만을 표시한다. 또한, 양축형 기기에 관해서는 한쪽 축에 대해서 표시하면 된다.

주 회전방향을 바꿈으로써 유동방향이 바꾸어지는 기기, 또는 유동방향을 바꿈으로써 회전방향이 바꾸어지는 기기, 기기의 양쪽으로 돌출되는 관통축을 갖는 기기

① **펌프의 회전방향**: 펌프의 회전방향은 입력축으로부터 송출관로를 향해서 그린 동심 원호형 화살표로 표시한다.

② **모터의 회전방향**; 모터의 회전방향은 유압유의 유입관로부터 출력축을 향해서 그린 동심 원호형 화살표를 표시한다.

③ **펌프 모터의 회전방향**: 펌프 모터의 회전방향은 ①에서 규정한 펌프의 경우에 준한다.

주 펌프와 모터의 양쪽 기능을 갖는 기기

(2) 축의 회전 방향과 조작요소 위치와의 관계

축의 회전방향과 조작요소 위치와의 관계를 표시할 필요가 있는 경우에는, 위치의 표식을 회전방향 화살표의 선단 근방에 기입한다.

(3) 축의 회전방향과 출력특성의 관계

축의 회전방향에 따라 출력특성이 달라지는 기기의 회전방향을 나타내는 양쪽의 화살표 선단 근방에 각각의 특성의 상위점을 표시한다(표 A-11 참조).

(4) 조작요소의 위치 표시

조작 요소의 위치는 조작요소의 위치와 그 표지를 표시하는 지시선을 사용하여 다음에 따라 표시한다.

① 조작요소 위치의 표시: 조작요소의 위치는 기기의 배제 용적이 최소인 위치와 최대인 위치를 나타내는 것으로서, 이 표시(다음 그림의 M, O, N)는 실제의 기기에 표시되어 있는 부호를 사용하는 것이 바람직하다.

② 조작요소 위치의 지시선: 조작요소의 위치를 표시하는 지시선의 기기는 가변조작 화살표 또는 그 인출선에 수직으로 표시한다.

또 지시선의 가변조작 화살표와의 접점은 운휴 휴지상태를 나타낸다.

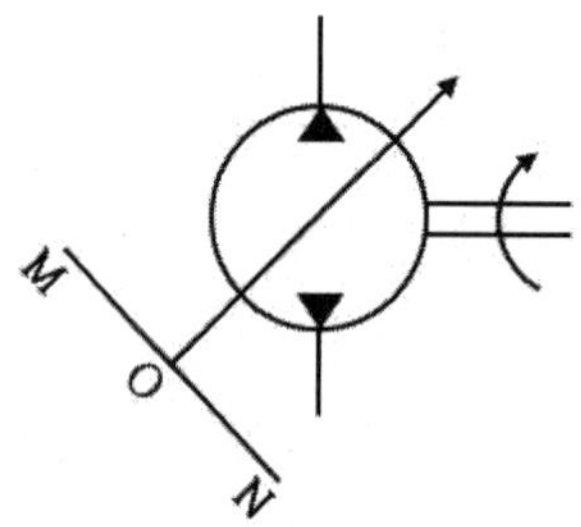

3. 기호 보기

기호 보기를 다음 표에 표시한다.

부속서 표 기호 보기

번호	명칭	기호	비고
A-1	정용량형 유압모터	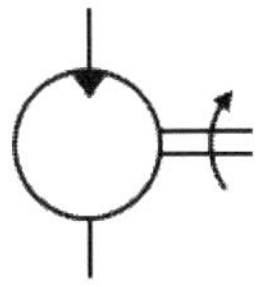	(1) 1방향 회전형 (2) 입구 포트가 고정되어 있으므로, 유동 방향의 관계를 나타내는 회전방향 화살표는 필요 없음
A-2	정용량형 유압펌프 또는 유압모터 (1) 가역회전형 펌프 (2) 가역회전형 모터	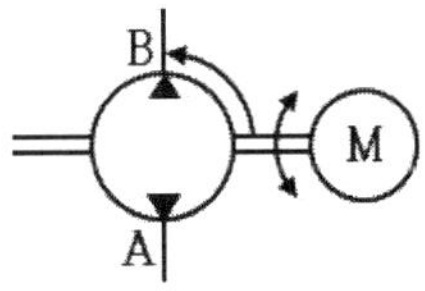 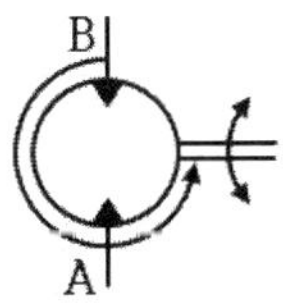	• 2방향 회진·양축형 • 입축력이 회전할 때 B포트가 송출구로 된다. • B포트가 유입구일 때 출력축은 좌회전이 된다.
A-3	가변용량형 유압펌프	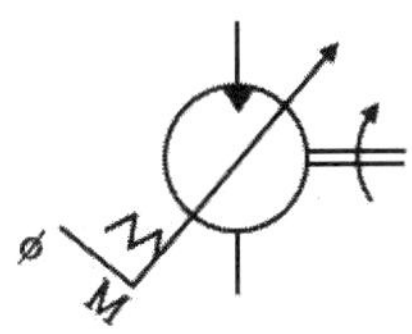	(1) 1방향 회전형 (2) 유동방향과의 관계를 나타내는 회전방향 화살표는 필요 없음. (3) 조작요소의 위치표시는 기능을 명시하기 위한 것으로서, 생략하여도 좋다.
A-4	가변용량형 유압 모터	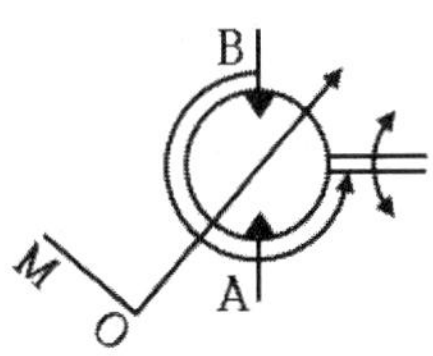	• 2방향 회전형 • B포트가 유입구일 때 출력축은 좌회전이 된다.
A-5	가변용량형 오버 센서 펌프	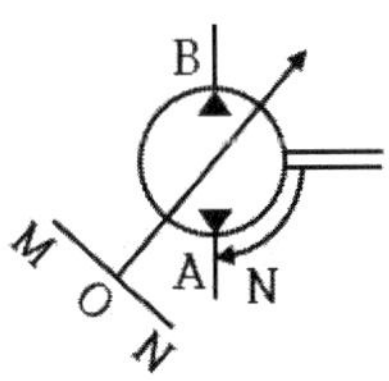	• 1방향 회전형 • 조작요소의 위치를 N의 방향으로 조작하였을 때, A포트가 송출구가 된다.

번호	명칭	기호	비고
A-6	가변용량형 유압펌프 또는 유압모터 (1) 가역회전형 펌프 (2) 가역회전형 모터	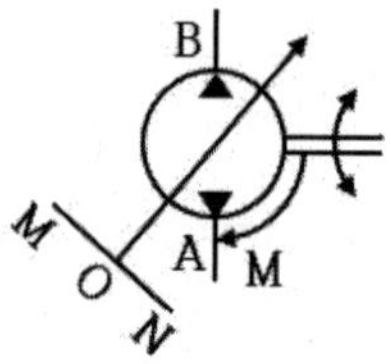 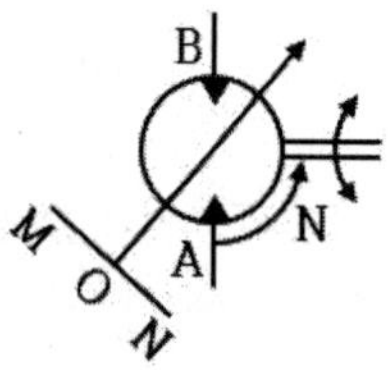	• 2방향 회전형 • 입력축이 우회전할 때, A포트가 송출구로 되고, 이때의 가변조작은 조작요소의 위치 M의 방향으로 된다. • A포트가 유입구일 때, 출력축은 좌회전이 되고, 이때의 가변조작은 조작요소의 위치 N의 방향으로 된다.
A-7	정용량형 유압펌프 · 모터	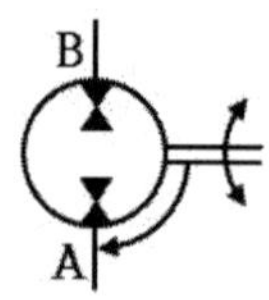	• 2방향 회전형 • 펌프 기능을 하고 있는 경우 입력축이 우회전할 때 A포트가 송출구로 된다.
A-8	가변용량형 유압펌프 · 모터	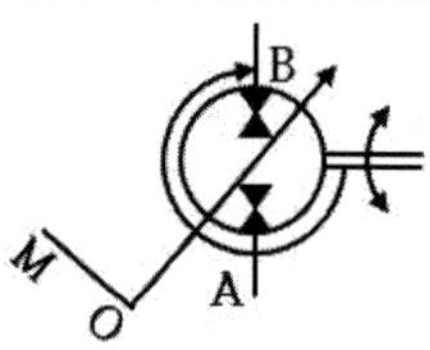	• 2방향 회전형 • 펌프 기능을 하고 있는 경우, 입력축이 우회전할 때 B포트가 송출구로 된다.
A-9	가변용량형 유압펌프 · 모터	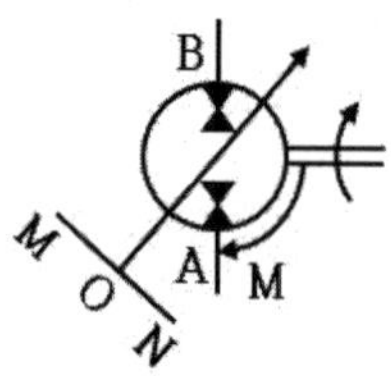	• 1방향 회전형 • 펌프 기능을 하고 있는 경우, 입력축이 우회전할 때 A포트가 송출구로 되고, 이때의 가변 조작은 조작요소의 위치 M의 방향이 된다.
A-10	가변용량형 가역회전형 펌프 · 모터	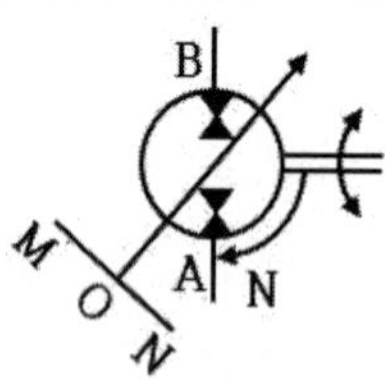	• 2방향 회전형 • 펌프 기능을 하고 있는 경우, 입력축이 우회전할 때 A포트가 송출구로 되고, 이때의 가변조작은 조작요소의 위치 N의 방향이 된다.
A-11	정용량·가변용량 변환식 가역회전형 펌프	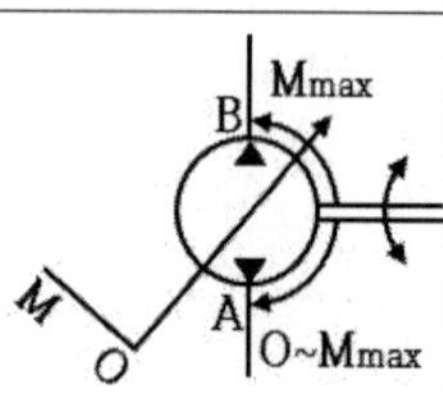	• 2방향 회전형 • 입력축이 우회전일 때는 A포트를 송출구로 하는 가변 용량 펌프가 되고, 좌회전인 경우에는 최대 배제용적의 적용량 펌프가 된다.

인용 및 참고한 문헌과 자료

- 전기공압제어, 이종신, 도서출판 YOUNG
- 한국훼스토 공압제어 자료
- ED 공압제어 자료
- 우선제어 공압제어 자료
- 한국산업인력공단 공압제어 교육자료
- LG산전 PLC 매뉴얼 및 교육자료
- KS 규격집
- 웹사이트 관련 정보

PLC 전기공압제어

지은이 이종신
펴낸이 조경희
펴낸곳 경문사
펴낸날 2017년 3월 2일 1판 1쇄
2019년 3월 5일 1판 2쇄
등 록 1979년 11월 9일 제 313-1979-23호
주 소 04057, 서울특별시 마포구 와우산로 174
전 화 (02)332-2004 팩스 (02)336-5193
이메일 kyungmoon@kyungmoon.com
facebook facebook.com/kyungmoonsa

값 30,000원

ISBN 979-11-6073-036-4